U0309480

"十三五"国家重点出版物出版规划项目

国家出版基金项目
NATIONAL PUBLICATION FOUNDATION

载人航天出版工程
总 主 编：周建平
总 策 划：邓宁丰

空间模拟器设计技术

黄本诚　刘波涛　李志胜　著

中国宇航出版社

·北京·

图书在版编目（CIP）数据

空间模拟器设计技术 / 黄本诚，刘波涛，李志胜著
. --北京:中国宇航出版社,2017.5
ISBN 978 - 7 - 5159 - 1335 - 3

Ⅰ.①空… Ⅱ.①黄… ②刘… ③李… Ⅲ.①航天模拟器－设计 Ⅳ.①V524

中国版本图书馆 CIP 数据核字（2017）第 133490 号

责任编辑　侯丽平　　　　　　　　**封面设计**　宇星文化

出版
发行　**中国宇航出版社**
社　址　北京市阜成路 8 号　　　　　邮　编　100830
　　　　（010)60286808　　　　　　（010)68768548
网　址　www.caphbook.com
经　销　新华书店
发行部　（010)60286888　　　　　　（010)68371900
　　　　（010)60286887　　　　　　（010)60286804(传真)
零售店　读者服务部
　　　　（010)68371105
承　印　北京画中画印刷有限公司
版　次　2017 年 5 月第 1 版　　　　　2017 年 5 月第 1 次印刷
规　格　880×1230　　　　　　　　　开　本　1/32
印　张　23.625　　　　　　　　　　字　数　680 千字
书　号　ISBN 978 - 7 - 5159 - 1335 - 3
定　价　288.00 元

《载人航天出版工程》 总序

  中国载人航天工程自 1992 年立项以来，已经走过了 20 多年的发展历程。经过载人航天工程全体研制人员的锐意创新、刻苦攻关、顽强拼搏，共发射了 10 艘神舟飞船和 1 个目标飞行器，完成了从无人飞行到载人飞行、从一人一天到多人多天、从舱内实验到出舱活动、从自动交会对接到人控交会对接、从单船飞行到组合体飞行等一系列技术跨越，拥有了可靠的载人天地往返运输的能力，实现了中华民族的千年飞天梦想，使中国成为世界上第三个独立掌握载人航天技术的国家。我国载人航天工程作为高科技领域最具代表性的科技实践活动之一，承载了中国人民期盼国家富强、民族复兴的伟大梦想，彰显了中华民族探索未知世界、发现科学真理的不懈追求，体现了不畏艰辛、大力协同的精神风貌。航天梦是中国梦的重要组成部分，载人航天事业的成就，充分展示了伟大的中国道路、中国精神、中国力量，坚定了全国各族人民实现中华民族伟大复兴中国梦的决心和信心。

  载人航天工程是十分复杂的大系统工程，既有赖于国家的整体科学技术发展水平，也起到了影响、促进和推动着科学技术进步的重要作用。载人航天技术的发展，涉及系统工程管理，自动控制技术，计算机技术，动力技术，材料和结构技术，环控生保技术，通信、遥感及测控技术，以及天文学、物理学、化学、生命科学、力学、地球科学和空间科学等诸多科学技术领域。在我国综合国力不断增强的今天，载人航天工程对促进中国科学技术的发展起到了积极的推动作用，是中国建设创新型国家的标志性工程之一。

  我国航天事业已经进入了承前启后、继往开来、加速发展的关键时期。我国载人航天工程已经完成了三步走战略的第一步和第二步第一阶段的研制和飞行任务，突破了载人天地往返、空间出舱和空间交会对接技术，建立了比较完善的载人航天研发技术体系，形成了完整配套的研制、生产、试验能力。现在，我们正在进行空间站工程的研制工作。2020 年前后，我国将建造由 20 吨级舱段为基本模块构成的空间站，这将使我国载人航天工程进入一个新的发展阶段。建造具有中国特色和时代特征的中国空间站，和平开发和利用太空，为人类文明发展和进步做出新的贡献，是我们航天人肩负的责任和历史使命。要实现这一宏伟目标，无论是在科学技术方面，还是在工程组织方面，都对我们提出了新的挑战。

以图书为代表的文献资料既是载人航天工程的经验总结，也是后续任务研发的重要支撑。为了顺利实施这项国家重大科技工程，实现我国载人航天三步走的战略目标，我们必须充分总结实践成果，并充分借鉴国际同行的经验，形成具有系统性、前瞻性和实用性的，具有中国特色的理论与实践相结合的载人航天工程知识文献体系。

《载人航天出版工程》的编辑和出版就是要致力于建设这样的知识文献体系。书目的选择是在广泛听取参与我国载人航天工程的各专业领域的专家意见和建议的基础上确定的，其中专著内容涉及我国载人航天科研生产的最新技术成果，译著源于世界著名的出版机构，力图反映载人航天工程相关技术领域的当前水平和发展方向。

《载人航天出版工程》凝结了国内外载人航天专家学者的智慧和成果，具有较强的工程实用性和技术前瞻性，既可作为从事载人航天工程科研、生产、试验工作的参考用书，亦可供相关专业领域人员学习借鉴。期望这套丛书有助于载人航天工程的顺利实施，有利于中国航天事业的进一步发展，有益于航天科技领域的人才培养，为促进航天科技发展、建设创新型国家做出贡献。

周建平

2013 年 10 月

序　一

20 世纪 80 年代以来，世界航天事业迅速发展，我国航天活动从试验阶段进入应用阶段，并积极开发各种新型航天器，特别是载人航天工程、探月工程的发展及新一代通信卫星、导航卫星、资源卫星、气象卫星与各类小型卫星的发展，与此同时，空间模拟器技术也得到不断的研究开发，以适应航天技术发展的要求。

在地面模拟太空环境，建立中、大型空间模拟器，以供航天器整星（船）在发射之前进行检验与验证的真空热试验，并开展空间环境模拟技术、试验技术的研究，这是保证卫星或飞船在轨道运行的长寿命与高可靠的必不可少的重要工作，是航天器研制工作的重要程序之一。大型空间环境模拟器规模庞大，技术复杂，难度大，世界上只有几个航天大国才能独立研究与研制，它是我国航天技术发展中必需的重大基础设施。

本书从模拟理论、总体设计，到各分系统设计、计算、工艺技术研究，以及国内外发展概况方面论述了空间模拟器，并结合空间环境模拟与试验技术，获得了系统设计理论与工程设计知识。

本书主要作者黄本诚先生是我国 KM1 \ KM2 \ KM3 \ KM4 空间模拟器研制的主要技术负责人，也是 KM6 工程的总设计师。

我国建成的 KM6 载人航天器空间环境试验设备，又称 KM6 特大型空间模拟器；主模拟室直径 12 m，高 22.4 m，是我国 20 世纪最大的空间模拟器，也是国际上四大空间模拟器之一，其真空容器的设计、超高真空系统的设计、热沉的设计、氮系统的设计、氦系统的设计、载人试验系统的设计、测试系统的设计等都达到了当前国际先进水平。本书作者具有丰富的工程与实践经验，因此书中的许多内容都是工程实践经验与国内外先进技术的总结，本书与已出版的其他相关方面的著作相比，有显著的特点——工程性强、专业性强、针对性强，有创新性，技术水平与学术水平高。

20世纪90年代以来，由于我国航天技术的发展，从事航天器技术的研究、试验与研制单位逐年增加，书中列举的各种理论、方法、技术以及有关工程数据，对从事航天器技术研究与研制人员，航天器环境工程的研究、研制与试验人员和其他相关专业的科技人员具有重要参考意义，也可作为高等院校相关专业的本科生与研究生的教学参考书。

王　浚

中国工程院院士

序 二

　　航天器与地面设备的最大差别是所处的环境不同，航天器在轨道飞行的空间环境十分复杂。为了确保航天器的质量与可靠性，在发射前必须完成地面环境模拟试验。这是航天器研制过程中的重要环节。《空间模拟器设计技术》是作者多年来从事航天器空间模拟器设计、研制，空间环境试验技术研究与实践的经验与理论的总结，并反映了国内外最新技术进展，论述深入，具有针对性，有很高的实用价值。本书内容新颖、实例丰富、概念清楚、系统性强，有创新性。在国内外尚未见到同类专著出版，是一本高水平的学术著作。

　　空间模拟器设计技术是一门多学科交叉的新兴技术，它涉及真空、低温、辐照、光学、测控、机械、计算机、空间环境模拟等多项专业技术，并涉及普通物理、高能物理、空间物理、化学、材料学、机械学、真空科学、深冷科学等多种学科，它的发展将推动许多基础学科的发展。

　　本书的出版为从事航天技术科研与设计人员、试验技术人员提供了十分有价值的参考资料，也可以作为相关专业本科生与研究生教学用参考资料。

张履谦

中国工程院院士

前　言

航天器在发射前，必须在地面模拟的空间环境中进行空间环境模拟试验，以确保其可靠性。国内外所有新研制的航天器都要在空间模拟器中做热真空、热平衡试验（简称真空热试验），同时根据功能不同、要求不同做特殊空间环境试验。因此，空间环境模拟器是各国发展航天技术所必需的、重要的基础设施。目前世界上模拟室直径 10 m 左右的空间模拟器有 30 多台，模拟室直径 6 m 以上的有 300 多台，模拟室直径 2 m 以上的有 1 000 多台。空间模拟器设计技术是航天技术中重要的分支学科。

空间模拟器设计涉及的专业面很宽，包括：航天器总体设计技术、空间模拟器试验技术、热物理学、真空技术、低温技术、光学技术、结构力学、载人航天技术、自动控制技术、机械工程技术、计算机应用技术、试验数据处理及数据挖掘技术等。它的系统组成有：真空容器系统、真空系统、热沉系统、液氮系统、气氮调温系统、氦系统、太阳模拟器系统、红外模拟器系统、运动模拟器系统、载人航天试验系统、测量控制系统、数据采集与试验管理系统等。

本书共有 15 章，论述中、大型空间模拟器的设计与制造技术，对各分系统的设计、工艺与性能分析做了阐述，并介绍了国内外的新科技成果等。

本书可供从事空间环境模拟技术研究、设计、研制的专业人员参考，同时可供从事航天技术研究、设计、研制、试验的工程技术人员参考，亦可作为高等院校相关专业的本科生与研究生的教学参考书。

刘国青同志参加了本书的撰写工作，并对相关章节提出了修改意见。下列同志对本书相关章节进行了认真的审核并提出修改意见：陈金明、杨晓宁、杨林华、祁妍、王晓冬、刘敏、茹晓勤、王紫娟、李高、臧友竹、吴树迎、刘劲松、童靖宇、孙蓓新、冯伟泉、钱北行、李虎等。此外，张立伟、郝宁为本书的出版做了很多工作，在此一并表示感谢！

作　者

2015 年 10 月

目　录

第1章 概 论

1.1 概述

空间的概念，是指宇宙空间，它是长度、宽度、高度表现出来的三维的无限范围，包括了地球在内的所有天体。

在地球上讨论人类的航天活动，空间的定义则是指地球大气层以外的宇宙空间，又称太空或外层空间，有时也称为"天"。空间上界是无限的，下界高度距地面约 $100\sim120$ km，这是航天器运行轨道近地点所能及的最低高度。

空间又可划分为太阳系空间和太阳系以外的空间，太阳系空间包括地球空间、行星空间和行星际空间。行星空间是指行星引力的作用范围或者是行星磁层或大气层所及范围；行星际空间是指太阳系行星空间之间的空间。太阳系以外的空间进一步可划分为恒星际空间、恒星空间和星系际空间。

地球空间是指地球大气层以上的空间，地球空间外边界若按地球磁层范围来确定，其高度约为 10 个地球半径，若按地球引力范围来确定，其半径（距地心）约为 9.3×10^5 km。有时把地球静止轨道（距地面约 3.58×10^4 km）及其以下的空间称为近地空间，把距地球大于等于地-月距离（约 3.84×10^5 km）的空间称为深空。

空间模拟器是在地面上模拟空间环境，这里指的空间环境是指航天器在轨道运行时所遇到的自然环境和人为环境，以供航天器进行空间环境试验。它的设计、研究、制造工艺是一门工程学科，是由于航天技术的发展而产生的新兴学科，是航天工程学科中的重要分支。它涉及多门学科与技术，主要有：热物理学、电学、光学、磁学、力学、声学、空间物理学、真空科学与技术、深冷技术、计算机技术、自动化技术、机械工程技术等。

1.2 近地空间环境

近地空间环境可分为自然环境、航天器诱导环境和人为环境。

1）自然环境是空间自然存在的环境，包括大气层、高真空、原子氧、各种粒子辐射（如质子、电子、α粒子和重离子等辐射）、太阳辐射、微流星、重力场和地磁场等环境。

2）航天器诱导环境是由于航天器在轨运行和工作时形成的环境，包括有微重力、污染（由姿控发动机羽流污染、材料放气污染等造成）等环境。

3）人为环境是人为产生的环境。如碎片，碎片主要由寿命终了或失效解体的航天器、末级运载火箭在太空残留推进剂引起爆炸等产生。早年欧美国家用火箭人为攻击卫星，引起爆炸破碎，也产生了大量碎片。另外，运载火箭和航天器各种无线电射频引起的电磁干扰等也是人为环境。

1.3 空间环境及其效应

1.3.1 真空环境及其效应

（1）真空环境

大气层的大气密度基本上是随着高度的增加呈指数规律下降。大气质量分布如下：

1）大气在 0～20 km 范围占总质量的 90%；

2）大气在 0～50 km 范围占总质量的 99.9%；

3）大气在 100 km 以上占总质量的 0.000 1%。

地球大气层特性如表 1-1 所示。

表 1 - 1 地球大气层特性

高度/km	温度/K	压力/Pa	密度/(kg/m²)	高度/km	温度/K	压力/Pa	密度/(kg/m²)
0	288.0	1.013×10^5	1.225	150	679.0	9.383×10^{-4}	3.087×10^{-9}
20	218.0	5.509×10^3	8.801×10^{-2}	230	1 310.0	1.358×10^{-4}	2.600×10^{-10}
40	252.0	2.932×10^2	4.004×10^{-3}	300	1 527.0	4.070×10^{-5}	6.077×10^{-11}
60	251.7	2.237×10^1	3.095×10^{-4}	1 000	1 645.0	3.790×10^{-8}	4.438×10^{-14}
80	202.5	1.171×10^0	2.013×10^{-5}	2 000	1 645.0	8.145×10^{-11}	2.771×10^{-17}
100	210.0	4.005×10^{-2}	6.642×10^{-7}	3 000	1 645.0	4.253×10^{-11}	3.186×10^{-18}

（2）真空环境效应

航天器运行轨道高度不同，真空度也不同；轨道越高，真空度越高。真空环境产生的影响如下。

1）压力差效应。压力差的影响在 $1 \times 10^5 \sim 1 \times 10^2$ Pa 的粗真空范围发生。当卫星的密封容器进入稀薄气体层后，容器承受外部压力加剧，可能会导致密封舱变形或损坏，贮罐中液体或气体的泄漏增大，使用时间缩短。

2）真空放电效应。真空放电发生在 $1 \times 10^3 \sim 1 \times 10^{-1}$ Pa 低真空范围。当电极之间发生自激放电时称为电击穿。当真空度达到 1×10^{-2} Pa 或更高时，在真空中分开一定距离的 2 个金属表面，在受到具有一定能量的电子碰撞时，会从金属表面激发出更多的次级电子，它们还不断与 2 个金属表面来回发生多次碰撞，并产生放电现象，称为微放电。射频空腔、波导管等装置有可能由于微放电而使其性能下降，甚至产生永久性失效。

3）辐射传热效应。卫星在空间真空环境下，与外界的传热主要通过辐射形式，见 1.3.5 节。

4）真空出气效应。卫星用的材料，在高于 1×10^{-2} Pa 的真空度下，气体会不断地从材料表面释放出来。放出的气体又会重新凝聚在卫星的低温部件上对这些部件产生污染。卫星的低温部件一般是光学镜片、镜头、传感器等，或者是有光学敏感特性的热控涂层。

由于污染，系统的光学性能下降，太阳能吸收率增加，卫星平均温度增加。

5) 材料蒸发、升华和分解的效应。考虑空间材料的蒸发、升华会造成材料组分的变化，引起材料质量损失，造成有机物的膨胀，改变材料原有的性能，如改变热物理性能与介电性能，引起自污染等。

6) 粘着和冷焊的效应。粘着和冷焊一般发生在 1×10^{-7} Pa 以上的超高真空环境下。这种现象可使航天器的一些部件出现故障，如：加速轴承的磨损，减少其工作寿命；使电极滑环、电刷、继电器开关触点接触部位出现故障。

7) 真空泄漏效应。航天器上一些真空密封部件在空间环境作用下，可能出现真空泄漏，导致该部件产生失效。据分析在航天史上有约 50% 的重大故障与真空泄漏有关。

1.3.2　原子氧环境及其效应

（1）空间原子氧环境

在空间 200～1 000 km 的轨道高度内，原子氧是大气中含量最多的成分，大约占 80%，特别是 300～500 km 高度范围内，原子氧占有绝对优势。原子氧是太阳辐照中紫外光与氧分子相互作用并使其分解形成的，在低地球轨道中原子氧的密度（平均数密度）为 $10^9/cm^3 \sim 10^6/cm^3$，原子氧在轨道上热能一般为 0.01～0.025 eV，对应温度一般为 1 000～1 500 K，而航天器相对大气的速度接近 8 km/s。相对航天器的高速碰撞，原子氧的动能约为 5 eV，通量为 1×10^{15}（$cm^{-2} \cdot s^{-1}$），具有极强的氧化能力。原子氧是通过剥蚀和辉光放电与材料相互作用的。原子氧与紫外辐照组合环境的效应加速了对材料的剥蚀。

（2）空间原子氧环境效应

空间原子氧环境造成航天器结构材料的剥蚀老化，剥蚀的材料会成为航天器的一种污染源，造成热控涂层的损害，会使一些材料镜面反射率减小、表面电导率降低等。

1.3.3　粒子辐射环境及其效应

1.3.3.1　空间粒子辐射环境

空间粒子辐射环境主要有地球辐射带、太阳宇宙线和银河宇宙线，三部分空间粒子，包括质子、电子、α粒子和重离子。

（1）地球辐射带

地球辐射带是被地球磁场捕获的带电粒子所形成的区域。地球辐射带的大致结构如图 1-1 所示。辐射带主要由质子、电子和少量重核组成。

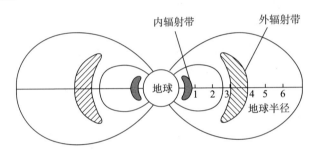

图 1-1　地球辐射带结构示意图

内辐射带靠近地球，在赤道平面上 600～10 000 km 高度范围内，中心位置高度为 3 000～5 000 km，在地球子午面上纬度边界为 ±40°。内辐射带所捕获的电子能量范围为 0.04～4.5 MeV，所捕获的质子能量范围为 0.1～400 MeV。

外辐射带是离地球较远的捕获粒子区。外辐射带在赤道平面上大约 10 000～60 000 km 的高度范围内，其中心强度位置离地面约 20 000～25 000 km，在地球子午面上纬度边界范围为 ±（55°～70°）。所捕获的粒子主要是电子，其能量范围为 0.04～7 MeV。也有能量很低的质子，在几兆电子伏以下。内外辐射带之间粒子辐射强度较弱的区域称为槽区（或称为过渡区）。

（2）太阳宇宙线

太阳耀斑爆发时所发射出来的高能粒子流，通常称为太阳宇宙线或太阳带电粒子辐射。它们绝大部分是质子流，故又常称为太阳质子事件。太阳表面宁静时不发射太阳宇宙线。

太阳宇宙线组成除质子外，还包含有少量的电子和 α 粒子及少数电荷数大于 3 的粒子，如碳、氮、氧等重核离子。

太阳宇宙线的能量一般在 1 MeV～10 GeV 范围内，大多数在 1 MeV 至数百 MeV 之间。10 MeV 以下的太阳粒子称为磁暴粒子，能量低于 0.5 GeV 太阳质子事件称为"非相对论质子事件"，能量高于 0.5 GeV 太阳质子事件称为"相对论质子事件"。

（3）银河宇宙线

银河宇宙线，是从太阳系以外银河各个方向来的高能带电粒子，其粒子通量很低，但能量很高。银河宇宙线的粒子范围是 40～10^{13} MeV，甚至更高。银河宇宙线是由电子和元素周期表中所有元素的原子核组成的。元素周期表中前 28 种元素的核离子是其主要成分，其中成分最大的是质子（氢核），约占总数的 84.3%；其次是 α 粒子，约占总数的 14.4%；其他重核成分约占总数的 1.3%。在太阳活动低年时，银河宇宙线积分通量在距地面 50 km 以上的空间约为 4 粒子数/（$cm^2 \cdot s$）；在太阳活动高年时，银河宇宙线强度约比低年减少 50%。

1.3.3.2　空间粒子辐射环境效应

（1）单粒子翻转效应

空间宇宙线或辐射带中某高能带电粒子轰击微电子器件，在其间内部极短路径（仅几微米）上产生大量的电子-空穴对，在器件电场作用下迅速集结，形成密集电荷，造成电子器件工作状态的瞬时翻转，即所谓的"单粒子翻转事件"，一般不使器件永久失效，而是产生软故障。随着器件集成越来越高，导致单粒子翻转事件所需的临界电荷越来越小，发生的概率也越来越高。

（2）单粒子锁定效应

在 CMOS 电路（固有 P-N-P-N 结构以及内部寄生晶体管）中，当高能带电粒子，尤其是重离子穿越芯片时，会在 P 阱衬底结中沉积大量电荷。这种瞬时电荷流动所形成的电流，在电阻上产生压降，会使寄生晶体管的基-射极正偏而导通，结果造成锁定事件。如果锁定时通过器件的电流过大，可将器件烧毁。当出现锁定现象时，器件不会自动退出锁定状态，除非采取断电措施，然后重新启动，方可恢复。

（3）辐照损伤效应

带电粒子对航天器的辐照损伤的影响，主要通过以下 2 种方式。

1）电离作用。即入射粒子的能量通过被照物质的原子电离而被吸收，高能电子大都产生这种作用。

2）原子位移作用。即被高能粒子击中的原子的位置移动，脱离原来所处晶格中的位置，造成晶格缺陷。

高能质子和重离子既能产生电离作用，又能产生位移作用。这些作用导致航天器上的各种材料、电子器件等性能变差，严重时会损坏。

1.3.4　太阳辐射环境及其效应

1.3.4.1　太阳辐射环境

（1）太阳电磁辐射环境

太阳是一个中等恒星，可见的日面叫光球层，近似为 6.4×10^3 K 温度的黑体。光球层上面是一个透明的色球层，温度高达 5.0×10^3 K。色球层上的日冕，温度高达 1×10^6 K。太阳不断地发射出能量为 4×10^{33} erg/s（1 erg=10^{-7} J）的电磁辐射。太阳的发射波长从 1×10^{-14} m 的射线到 1×10^{-4} m 的无线电波，不同的波长所辐射出的能量是不同的，其中可见光的辐射能量最大（能量峰值的波长为 0.48 μm），可见光和红外部分的能量占总能量的 90% 以上，是航天器真空热试验的主要模拟热环境，太阳能可作为航天器在轨运行的主要能源。

位于地球大气层外，在距离太阳为 1 个天文单位，并垂直于太阳光线的单位面积上，在单位时间内接收到来自太阳的总电磁辐射能称为一个太阳常数，其加权平均值是 1 353×（1±2%）W/m²。由于地球椭圆轨道的影响，在夏至（远日点）辐射到地球的太阳辐射值比平均日地距离处要小 3.27%，在冬至（近日点）要大 3.42%。近地卫星离地球高度相对日地距离是极小的，因此，可不考虑卫星高度的影响。

太阳辐射可分为热辐射和非热辐射两部分。若辐射源质点辐射出的能量分布遵守玻尔兹曼分布就称为热辐射；反之称为非热辐射。波长在 0.28～1 000 μm 内的辐射能占太阳总辐射能的 99.43%，这些辐射的主要来源是太阳光球的热辐射，其辐射功率比较稳定。在太阳辐射光谱的两端，即波长小于 0.28 μm 的紫外线、X 射线、γ 射线和大于 1 000 μm 的电磁波，其主要来源是太阳日冕区的非热辐射。这些非热辐射的功率很小，但变化很大。它们的功率随太阳耀斑和黑子活动成倍或几十倍地变化。

不同波长的电磁波辐射能量各不相同。可见光的辐射强度最大。可见光和红外辐射能量占总量的 90% 以上；无线电波、X 射线和紫外线占太阳总辐射能量的比例很小。太阳辐射波长在 0.276～4.96 μm 范围的光谱能量占总太阳能的 99%，波长在 0.217～10.94 μm 范围内的光谱能量占总太阳能的 99.9%，波长在 0.18～40 μm 范围内的光谱能量占总太阳能的 99.99%。

（2）紫外辐射环境

在太阳可见光外波长较短的一侧是紫外辐射，紫外辐射按波长可划分为 3 个区域：近紫外（0.38～0.31 μm）、中紫外（0.31～0.17 μm）和远紫外（0.17 μm 以下）。

紫外线的辐射能量占太阳总辐射能量的 8.73%，而短于 0.24 μm 的辐射只占太阳总辐射能量的 0.14%。紫外辐射照度用紫外太阳常数单位，一个紫外太阳常数的数值等于 11.805 4 W/cm²。

（3）太阳光压环境

太阳辐射作用于物体表面产生的辐射压称为光压。航天器在高轨道上飞行时要考虑光压的作用。

若太阳垂直于物体表面，在单位时间、单位物体表面面积上所受到的太阳光能量为 s，则与这部分能量相对应的动量为 s/c，c 为光速。在地球轨道位置（接近 1 个天文单位），此数值就是一个太阳常数，等于 1 353 W/m²。

对于全反射的物体表面，并且垂直于太阳辐射方向的物体表面所受到的太阳光压为 $2s/c = 9.02 \times 10^{-6}$ N/m²。对于太阳光全吸收的物体表面，并且垂直于太阳辐射方向的物体表面所受到的太阳光压为 $s/c = 4.51 \times 10^{-6}$ N/m²。对太阳光全透过的物体表面，所受到的光压为 0。

1.3.4.2 太阳辐射环境效应

（1）温度效应

太阳辐照的不同谱段，对航天器有不同的影响。航天器主要吸收红外和可见光谱段这部分能量，它将导致航天器本身温度的变化。吸收热量的多少取决于结构外形、涂层材料热性能和飞行高度。这部分能量是航天器热量的主要来源之一。若航天器的热设计处理不当，会造成航天器温度过高或过低，影响航天器的正常运行。

（2）机械应力的影响

太阳辐照压力所产生的机械应力，能严重地影响航天器的姿态和自旋速率。尤其受热不均匀引起的热弯曲效应最大。所以在设计航天器的姿态控制系统时，特别在设计高轨道航天器与重力梯度稳定的航天器的姿态控制系统时，必须考虑太阳辐照压力的机械应力影响。

（3）紫外辐照效应

波长短于 300 nm 的所有紫外辐照能，虽然只占太阳总辐照能的 1% 左右，但所起作用很大。紫外线照射到航天器的金属表面，由于光电效应而产生许多自由电子，使金属表面带电，航天器表面电位升高，将干扰航天器的电磁系统。

紫外线会使光学玻璃、太阳能电池盖板和甲基异丙稀窗口等改变颜色，影响光谱的透过率。紫外线会改变热控涂层的光学性质，使表面逐渐变暗，对太阳辐照的吸收率显著提高，影响航天器的温度控制。长寿命航天器的热控设计必须考虑紫外线对热控涂层的影响。

1.3.5　热环境及其效应

（1）热环境

航天器在轨道上所遇到的热环境有航天器接受的外部热流、内部热流和向深冷空间辐射热流等三部分。

外部热流主要来自太阳直接热辐射、地球对太阳辐射的反射和地球热辐射三部分。地球对太阳辐射的反射是地球大气层对太阳辐射的反射（大气向上光）和大气向下光通过地球反射穿过大气层到航天器的反射。地球热辐射是由于地球本身的温度为 300 K 而产生的热流，当航天器进入地球阴影时航天器只接受地球热辐射的热量。内部热流来自航天器各个分系统的仪器设备的耗电或机械摩擦等产生的热量。同时，航天器的热量通过其专门设计的外表散热面向 4 K 深冷空间辐射出去。

一般对航天器的热设计来说，热环境主要考虑外部热流、内部热流和空间热沉（即 4 K 深冷空间）。而对于高轨道来说，例如，地球静止轨道（轨道高度为 35 786 km），外部热流只考虑太阳热辐射，即忽略地球热辐射和反射。

在分析太阳热辐射时，对任何轨道的航天器，太阳辐射强度（以太阳常数表示）需要考虑日地距离和太阳光的入射角的影响。日地距离：1 月 3 日为近日点，太阳常数为 1 399 W/m^2；7 月 4 日为远日点，太阳常数为 1 309 W/m^2；太阳常数平均差 $\pm 3.3\%$；太阳常数最大和最小差 6.8%。

（2）热环境效应

热环境主要对航天器产生热应力、热变形效应，对热设计产生影响。在空间，热环境对航天器的外露组件产生热应力与热变形。在地面，对抛物面天线、太阳电池阵等组件，应在太阳辐照与冷黑环境下检验热应力与热变形的问题。

1.3.6 微流星与空间碎片环境及其效应

微流星是宇宙空间天然存在的微小天体，空间碎片是人类的航天活动造成的废弃物。

（1）微流星环境

微流星体通常是指直径在 1 mm 以下、质量在 1 mg 以下的固体颗粒。它们在太阳引力场作用下运动，围绕太阳沿着椭圆轨道运行。

1）微流星体的第一个起源。在火星轨道和木星轨道之间，有一个小行星带，其中有数以万计小天体，沿着各自的轨道绕太阳公转。由于各种引力撬动，其轨道不断变化，免不了互相倾轧、碰撞。星体相碰时，除一部分升华外，会产生大部分碎片，这些碎片仍在太阳系空间内沿绕日轨道运动，有的就向地球方向飞来，在进入地球大气时由于摩擦生热，在天空产生很亮的光迹，称为流星。经过大气未烧完而落入地球表面的称为陨石。形成流星的物体称为流星体。体积和质量很小的流星体称为微流星体。

2）微流星体的第二个起源。微流星体的第二个起源来自慧星，慧星具有极为扁长的绕日轨道，当它从远离太阳处飞达近日点附近时，由于温度、辐射压力的剧烈变化而不断挥发、解体，形成微流星体。崩溃的慧星碎片在其轨道上能延伸很长的距离。当其与地球相遇时就形成了流星雨。

微流星体的大部分起源于慧星，小部分起源于小行星。相对于地球的速度为 11～72 km/s，平均速度为 20 km/s。

（2）空间碎片环境

空间碎片是指在地球轨道运行的不再发挥作用的人造物体及其

碎片，随着空间应用不断发展和竞争越来越激烈，碎片逐年累积增加。按照空间碎片的尺寸，通常将其分为三种。

1）大碎片。尺寸大于 10 cm 的废弃人造空间物体。通过地面望远镜及雷达可以观测并确定其轨道，可建立动态数据库。过去的 40 年已被跟踪观测并编目的大碎片已超过 30 000 个。这些碎片包括废弃的航天器和运载火箭的末级；执行任务中抛弃的物品，如航天器整流罩、螺栓、螺母、空推进剂箱等；卫星爆炸试验，运载火箭爆炸，以及因碰撞和解体产生的大碎片及脱落的活动部件，如系绳、天线、太阳电池阵等。

2）小碎片。尺寸在 1～10 cm，通过天基雷达可以观测到。但是，对这类碎片不能进行有效可靠的跟踪，根据模型估算超过 200 万块。小碎片主要由如爆炸螺栓等高强度爆炸、碰撞以及温控涂层表面退化脱落的大片漆片等产生。

3）微小碎片。尺寸在 1 cm 以下，这类碎片主要靠天基探测和空间飞行实验回收样品的分析结果，建立环境模型来估算。据估计目前小于 0.1 mm 的碎片有 200 多亿块。这类碎片主要是爆炸螺栓产生的碎屑；固体火箭燃烧产物，如 Al_2O_3 颗粒；温控涂层表面退化脱落的微小漆片；碎片碰撞产生的二次碎片云等形成。

（3）空间碎片、微流星体环境效应

航天器受到空间碎片、微流星撞击后，产生整体损坏或热控涂层破坏、太阳电池阵损坏、天线变形、推进剂箱爆炸、舷窗玻璃被击穿、信号失真等效应。

1.3.7　地球磁场环境及其效应

（1）地球磁场环境

地球磁场可分为内源场和外源场。内源场起源于地球内部，它包括基本磁场和外源场变化时在地壳内的感生磁场，是地球固有磁场，占总磁场的 99% 以上，相当稳定，它决定了近地轨道的磁环境。外源场起源于地球附近的电流体系，包括电离层电流、环电流、场向电流、磁层顶电流及磁层内其他电流体系，只占总磁场的 1% 以下，变化复杂，对高轨道航天器的环境有影响。

地球磁场的主要部分是内源场中的基本磁场。基本磁场是地球固有的磁场，起源于地核中的电流体系。地球磁场十分稳定，变化极缓慢，年变化率在千分之一以下。基本磁场又分为偶极子磁场、非偶极子磁场和地磁异常等几个部分。其中，偶极子磁场约占地球磁场的 90%，在几百千米到几个地球半径高度的空间，地球磁场大体呈现为偶极子磁场。偶极子磁轴与地面的交点为地磁极，其位置在不断变化，相对地球自转轴偏离 $11.2° \sim 17°$。

地球磁场强度随磁纬增加而增加，可按式（1-1）计算。磁纬从 0° 增加到 90°，磁场强度从 0.311 G（高斯），增加到 0.622 G。磁场矢量方向大致与地面平行。若把地球磁场近似看作均匀磁场，用 B_0 表示磁赤道处的磁场强度，用 θ 表示地心矢量与磁赤道的夹角（称为磁纬），用 R 表示地心距，则地球空间磁场强度的幅值

$$B = \frac{B_0}{R^3}(1 + 3\sin^2\theta)^{1/2} \qquad (1-1)$$

外源场中的重要部分来自太阳风，即太阳喷发出来的等离子体。由于它有极高的电导率，在它到达地球附近时，等离子体中的电子和离子在地磁场的作用下，向相反的方向偏转，形成一个包围地球的腔体，称为磁层。

地球磁场中的外源场部分由于各种原因在不断变化，地球的变化磁场可分为平静变化场与扰动变化场。扰动变化包括磁暴、亚暴和磁脉动等。磁暴是扰动变化中最强烈的一种，是全球性的强扰动，其出现的频率与太阳活动有关。亚暴是磁尾的一种激烈而频繁的运动形式。

（2）地球磁场环境效应

地球磁场环境效应影响航天器的轨道、姿态，影响航天器上磁性仪器的测试精度，但也可以利用地球磁场控制航天器的姿态。

1.3.8　空间引力场环境及其效应

引力场效应是制约航天器运动的基本外力。人造地球卫星之所以能够围绕地球运动，正是由于地球的引力作用。人造地球卫星或载人飞船除受地球的引力作用外，还会受到月球和太阳的引力影响。

几个天体（地球、月球、火星和金星）的基本引力和几何特性见表 1-2。

表 1-2　几个天体的基本引力和几何特性

天体 项目	地球	月球	火星	金星
赤道半径/km	6 378	1 738	3 394	6 051
扁率	1:298	1:326	1:192	0
极半径/km	6 356	1 732	3 376	6 051
平均半径/km	6 311	1 736	3 388	6 051
引力常数	398 600	4 902	42 828	32 485
表面自由落体加速度/（km/s）	9.81	1.67	4.02	8.43
第一宇宙速度/（km/s）	7.91	1.68	3.60	7.23
第二宇宙速度/（km/s）	11.18	2.38	5.09	10.78

1.3.9　空间冷黑环境及其效应

（1）空间冷黑环境

不考虑太阳与航天器的辐射，宇宙空间的能量密度约为 $1 \times 10^{-5} \ \text{W/m}^2$，相当于温度为 3 K 的黑体发出的能量。在空间，航天器的热辐射全被吸收，没有二次反射，这一环境称为冷黑环境，也称热沉。

（2）空间冷黑环境效应

1）空间冷黑环境将严重影响航天器在轨运行的热控性能，可能造成航天器温度偏高或偏低而失效。航天器热设计必须考虑冷黑环

境的影响，它是航天器热平衡试验、热真空试验的主要模拟环境
参数。

2）卫星上可伸缩性的活动机构，如太阳电池阵、天线等，在冷
黑环境下由于冷黑环境影响会使展开机构卡死，影响其伸展性能。

3）航天器上某些有机材料在冷黑环境下会产生老化和脆化，影
响材料的性能。

1.3.10 空间污染及其效应

（1）空间污染

空间污染的来源主要包括：

1）未完全燃烧的发动机推进剂，姿控发动机的排气；

2）卫星本体高分子材料的热分解、解吸、出气；

3）空间大气环境等污染源。

（2）空间污染效应

空间污染造成的效应，可以分为热物理效应、光学效应和电效
应。污染将影响卫星热控涂层的热物理特性，会造成热控表面涂层
退化、卫星图像失真、太阳电池阵功率下降，影响热控涂层所要求
的太阳吸收率 α 和发射率 ε 等光学特性。

1.3.11 空间等离子体环境及其效应

（1）空间等离子体环境

太阳辐射与地球磁场、地球高层残余大气相互作用，产生复杂
多变的日地空间等离子体环境。

从离地面 60 km 起，直至与星际空间的等离子体相接的广大区
域均属等离子层，等离子体密度、组分、能量随高度变化而变化。

（2）空间等离子体环境效应

空间等离子体环境对航天器主要产生以下效应：

1）形成静电场，污染环境，影响探测结果。

2）产生放电脉冲，造成信号失真，影响材料性能和太阳电池光

电转换效率。

3）影响飞行姿态。

4）高电压太阳电池阵产生弧光放电、电流泄漏。

1.3.12　空间微重力环境及其效应

（1）空间微重力环境

航天器在轨道运行中，由于受到外界动力（如大气阻力、天体振动等），航天器内部扰动力（如活动部件的微振，姿态与轨道调整控制的力等），空间轨道上航天器工作飞行时由于对接、分离、机构展开等产生重力加速度的微重力环境，一般为 $(10^{-3}\sim10^{-6})\,g$。

在微重力环境下将出现与地面不同的物理现象。

（2）微重力环境效应

微重力环境对航天器产生以下效应：

1）影响航天器的对接与分离。

2）影响太阳电池阵与天线的展开。

3）影响航天员的生理功能等。

人类可以利用微重力环境进行资源开发，是发展空间产业的重要环境条件。

1.3.13　空间大气环境及其效应

（1）空间大气环境

空间大气密度随高度增加迅速降低。虽然在 200 km 的高空，真空度为 1×10^{-4} Pa，密度只有 3×10^{-5} g/m³ 左右，已相当稀薄，但对航天器的阻尼效应仍不能忽视。

（2）空间大气环境效应

1）大气对航天器的作用力与大气密度成正比。在高轨道上运动的航天器，遇到的大气稀薄，阻尼小，轨道寿命较长。在轨道高度800 km 以上的航天器，寿命在几十年以上。在低轨道上运行的航天器遇到的大气密度较稠密，受到的阻力大，寿命短。高度在 200 km

左右的航天器寿命只有几天到几十天。对于椭圆轨道，航天器受到的大气阻尼主要在近地点附近的一段轨道，近地点大气阻尼下降缓慢，远地点以较快的速率下降。航天器的轨道是由长半轴逐渐缩短的椭圆变成圆轨道，以后再逐渐下降到大气层以内使航天器陨落。

　　2）实时的空间大气密度数值，对于预报航天器的轨道、航天器的陨落时间和地点，预测导弹的命中程度都是很重要的，反过来也可以利用航天器轨道的变化，来测定空间大气密度的分布。

1.4　航天器经历的环境

　　航天器在不同飞行剖面，经受着各种不同组合的环境应力。因此，航天器要做到长寿命、高可靠，必须要适应各种环境条件。

　　航天器所经历的主要环境条件有：

　　1）地面环境。包括制造、测试、运输和储存过程中温度、湿度、振动等环境。

　　2）发射环境。包括点火升空、级间分离、抛罩、变轨过程中产生的振动、噪声、冲击、加速度等力学环境。

　　3）在轨运行环境。包括真空、冷黑、太阳辐射、电子、质子、原子氧、弱磁场、微重力、等离子体、空间碎片、微流星等空间环境。

　　4）返回再入环境。包括调姿、制动、再入、着陆等诱导产生的气动力加热与力学环境。

1.5　空间模拟器

1.5.1　空间模拟器的分类

　　一般，直径 2 m 以下称为热真空环境试验设备；直径 2 m 以上称为空间模拟器。

（1）空间模拟器按大小分类

直径 2 m 至 7 m 称为中型空间模拟器；直径 8 m 至 11 m 称为大型空间模拟器；直径 12 m 以上称为特大型空间模拟器。

（2）空间模拟器按用途分类

①通用空间模拟器

直径 2 m 以上，用于航天器真空热试验（包括热平衡试验与热真空试验，是航天器发射前必须做的 2 个试验）的设备，称为通用空间模拟器。

②专用空间模拟器

直径 2 m 以上，用于航天器或分系统在空间环境下的鉴定、验证与定标试验的专用设备。如航天器光学遥感器定标空间模拟器，用于遥感系统的红外与多光谱定标试验；航天器姿控发动机羽流场效应试验空间模拟器，用于空间环境下测定羽流场的力学效应、热学效应、污染效应、温度效应等，并验证数值模拟的正确性；火箭发动机性能测试试验空间模拟器，用于火箭发动机推力、寿命、可靠性、启动性能、热性能、羽流场羽焰效应等试验；空间环境下飞行器识别与验证试验的空间模拟器等。

1.5.2　热真空试验设备

热真空试验设备又称热真空环境试验设备，直径 2 m 以下，这类设备一般分为三种。

（1）通用热真空试验设备

通用热真空试验设备分两种：一种是模拟空间热真空环境，提供航天器部、组件试验；另一种是模拟航天器舱内环境，提供航天器部、组件试验。

（2）特殊热真空试验设备

在空间热真空环境基础上增加某些空间环境参数，用于航天器特殊组件的空间环境试验。如无油超高真空热真空试验设备，用于航天器运动部件的冷焊、干摩擦，性能评价与机理研究等试验；原子氧、紫外热真空试验设备，用于检验原子氧、紫外对材料表面的剥蚀、老化的协合效应；模拟地磁亚暴热真空试验设备，用于测量表面充放电特性、模拟静电放电对电子电路的干扰；等离子体热真空环境试验设备，高能粒子辐照热真空试验设备，电子、质子、紫外综合环境热真空试验设备，这类设备分低能、中能、高能设备，检验航天器表面材料、涂层在空间轨道的退化效应。

（3）常压或低压热循环试验设备

为了降低试验费用、缩短热真空试验的时间，通过常压或低压热循环试验，检验航天器零、部件及分系统工艺的合理性，发现早期故障。一般设备直径 2 m 以下，特殊条件下设备直径大于 2 m。

1.6 空间环境工程学研究的主要内容

空间模拟器是模拟航天器在轨真空、冷黑、太阳辐射等环境，空间模拟器设计是空间环境工程学中的主要分支学科。

空间环境工程学研究的主要内容：

1）空间环境对航天器的影响及其机理的研究。

2）空间环境地面模拟方法及其模拟技术的研究。内容包括：空间环境物理及空间环境效应模拟（用一种有效的模拟方法达到某种环境模拟的效果），空间环境模拟设备的研制，空间环境模拟方法的研究与模拟误差分析，空间环境数值模拟技术的研究等。

3）空间环境利用的研究。

4）空间环境模拟的试验方法、试验技术、试验理论的研究。试验方法包括：试验规范、试验标准化、环境试验预示、虚拟试验技术等。

5）空间环境防护技术的研究。

航天器是由多个分系统、数万个零部件组成的极为复杂的产品，在轨道运行期间一旦出现故障，除了航天飞机、载人飞船和空间站外，一般都不能直接维修，因此要求有很高的可靠性。由于生产批量小，难以实现自动化加工，产品质量和稳定性难以保证。其研制周期长、协作面广，给产品质量控制增添了难度。航天器研制、发射耗资巨大，一般都以数亿元甚至数十亿元计，因此必须做充分的环境试验。充分的地面环境模拟试验，还可以使航天器得到合理的设计，避免过厚的屏蔽与结构，减少备用推进剂，降低研制成本，节省经费。所以航天器环境工程的研究和试验是航天器设计研制过程中的重要环节。

50 多年的航天技术的发展实践证明，几乎所有的航天器所经历的环境参数，对航天器都有不可忽视的影响。环境导致的航天器事故不胜枚举，据统计，其中空间环境占 70%，力学环境占 20%，其他环境为 10%。因此，世界各航天国家都重视空间环境工程的发展，将其作为航天技术的重点之一来进行研究，同时它也是发展航天技术的重要基础学科。

1.7 空间模拟器与整星空间环境试验技术

航天器在发射前必须进行热真空与热平衡试验，只有通过试验考核的航天器才能进入发射阶段。大部分航天器发射前在空间模拟器中进行真空热试验后就运往发射场，如神舟 1 号至神舟 11 号，都在 KM6 空间模拟器中完成真空热试验后进行发射。空间实验室天宫一号和探月工程的嫦娥系列等航天器也在 KM6 设备中进行了相应的热真空、热平衡试验，之后才进行发射。

航天器空间环境试验技术是研究航天器发射之前在地面进行的各种空间环境试验方法、试验技术与试验可靠性等。空间环境模拟试验是航天器研制工作中的重要程序。

1.7.1 空间模拟器是航天器环境试验验证工作的必要手段

1) 为确保航天器的设计和制造质量能够满足合同规定的要求，在规定的寿命期内完成规定的任务，必须对航天器研制过程中的每项设计、制造和装配进行检验、考察和试验，确信每件产品直到整个航天器，其设计和制造、装配都能满足要求，这就是所谓环境试验验证工作。空间模拟器是航天器环境试验验证工作的必要手段。

2）环境试验验证工作对航天器有特殊的重要性，因为航天器要求具有极高的可靠性，而且发射上天后出了故障很难修复，只有在研制过程中采取一定的手段来进行严格和全面的验证工作，揭露设计和制造上的缺陷，确认航天器设计和制造正确无误，才能有把握认为研制的航天器能够顺利上天并完成预定的飞行任务。

3）试验验证工作实质上是环境验证，因为验证工作离不开航天器实际经受到的环境，要在模拟或再现航天器所经受的实际环境下，来考察航天器及其各种性能参数，空间模拟器是唯一实现航天器系统级空间环境试验的设备。

1.7.2 空间环境试验的必要性

由于航天器是由成千上万个零部件组成的复杂产品，发射以后，若出现故障，除航天飞机、载人飞船和空间站外，在轨道上一般不能直接维修，因此很难查明原因。航天器的研制、发射耗资巨大，一旦发射失败，不仅经济上造成巨大损失，在政治和军事上也将带来不良影响。

从1957年至2005年已发射6000多颗航天器，1989年前各国发射航天器的总数达3954颗，发射失败和灾难性事故达140次，前10年发射的航天器平均寿命只有一年左右，在这些故障中，50%以上是由空间环境的影响造成的。我国从1970年至1990年发射了30颗卫星，就其中26颗卫星的不完全统计，故障达43次之多。美国哥伦比亚航天飞机1981年4月首次飞行共发生故障80次，第2次飞行发生故障54次。苏联联盟（Sayat）飞船，因船箭分离后密封舱泄漏，3名航天员全部遇难。中国的1颗通信卫星发射后不久，由于1个转发器失效，导致其不能继续正常工作；第1颗气象卫星运行39天后便失去正常工作能力。这些重大故障主要是由于对地面空间环境模拟试验没有给予充分的重视与认真的考虑所造成的。

由于绝大部分航天器是不回收的，在太空产生故障后不容易查明原因，因此，只有在地面的空间环境试验验证中才能查明故障的原因。

由于以下诸多理由，必须在地面空间模拟器中进行空间环境试验：

1) 航天器在轨道运行期间一旦出现故障，除航天飞机、载人飞船和空间站以外，不能直接维修，因此，要求有很高的可靠性；

2) 航天器是由多个系统、上万个零部件组成的极为复杂的产品，其中一个零件故障可能会造成整个航天器的失效；

3) 由于航天器生产批量小，难以实现自动化加工，因此，产品质量的一致性和稳定性难以保证；

4) 航天器的研制周期长、协作面广，给产品质量控制增加了难度；

5) 航天器研制、发射和使用耗资巨大，一般都以千万元计，有的甚至高达数亿元、数十亿元；

6) 航天器的发射成功与否对一个国家的政治、经济和军事的影响甚大。

1.7.3　空间环境试验方法与使用程序

随着航天技术的发展，应用卫星的新特点是长寿命和多功能，载人航天器的特点是重复使用（航天飞机）、永久性（空间站）和大尺寸等。这些特点对空间环境模拟试验提出了更高、更严格的要求，而且要考虑长期效应。

航天器的空间环境试验一般分为 3 个阶段，即研制试验、正样鉴定试验和验收试验。在每个阶段又按航天器组装级别的不同而分为组件级、分系统级和系统级（航天器整体）试验。

（1）空间环境试验方法

空间环境试验方法主要有以下几种试验方法。

1) 缩比模型试验。是建立在相似理论基础上的试验方法，按照相似准则制造缩小模型进行试验（如热试验等），然后将结果换算为原型的相应参数。

由于航天器越来越大，能否用缩比模型在较小的空间模拟器中试验，在理论上进行过研究，但由于模型的真实性及边界条件的不确定，现在基本上不采用。

2）数值模拟试验。航天器利用空间模拟器试验，得到一定原始数据的情况下，再用数学分析方法，预报试验结果，缩短试验周期，以节省经费。

3）效应模拟试验。这种模拟方法与真实模拟具有同等或近似的效果，如在空间模拟器中用一根斜导轨悬吊太阳电池阵展开，用导轨的斜度克服重力，模拟微重力试验，具有近似的效果。

4）全尺寸物理模拟试验。用真实尺寸的模型或实物，在空间模拟器中进行航天器的物理模拟试验（如热真空、热平衡试验），试验数据可靠。

（2）空间环境试验程序

1）理论探索性试验。通过试验取得理论分析数据与数学模型。

2）研究、研制性试验。通过试验取得一系列材料、各种结构的数据。

3）验证性试验。通过试验来验证飞行器的安全及可靠性。

1.7.4 空间环境模拟试验技术的主要研究方向

1）大型热真空与热平衡试验技术研究。

a）在空间模拟器中用瞬态热流红外模拟试验代替稳态热流红外模拟试验研究，实现轨道上动态热环境模拟试验，要求发出的热流随时间的变化和实际情况相接近。

b）数值模拟试验技术的研究。在空间模拟器中用短时间或以某个工况取得的基本数据，采用数值分析方法预示试验结果，缩短热平衡试验的时间。

c）在空间模拟器中用红外热流模拟试验代替太阳模拟试验技术

的试验方法研究。

d）缩比试验技术研究。由于航天器尺寸的加大，模拟室尺寸受到限制，利用分舱或组件的热平衡试验结果，用数学模型分析边界条件，推算航天器试验结果的试验技术研究。

2）在空间模拟器中进行轻质、柔性件展开与变形的试验技术研究。

针对航天器上的各种轻质、柔性结构，如天线、太阳电池阵等，评价其展开的性能与功能。在空间模拟器中，在微重力环境与热真空环境下做展开试验，例如在斜单轨上吊挂太阳电池阵的展开试验，即模拟微重力条件，研究它的位移差、效应及功能。还可研究天线、太阳电池阵等轻质构件在空间模拟器中空间热环境下的变形与测量技术。

3）在空间模拟器中进行综合环境模拟试验技术研究。

包括空间多参数环境的综合试验技术及空间环境与力学环境综合作用下的协同效应试验技术研究，如在空间模拟器中安装振动台试验。

4）在空间模拟器中进行航天员舱外活动的试验技术研究。

包括：对载人航天器的航天员出舱活动进行对接及各种修理；训练航天员适应空间环境的能力；评价各类装置的性能与功能；研究舱外活动的模拟试验方法与试验技术。

5）在空间模拟器中进行火箭发动机、姿控火箭发动机、电火箭等性能及羽流试验技术研究。

在空间环境下，对各种控制、机动变轨和发动机的高空性能、弹道性能、热力性能、结构性能进行试验等。航天器的变轨飞行中广泛使用各种姿控与机动飞行的火箭发动机，要求在模拟空间环境下鉴定其性能、寿命和可靠性，评价其功能，测定羽流场的力、热、温度、污染效应。由于推进系统的工作状态、火箭条件变化很大，如何实现经济、有效的模拟试验是很复杂的研究课题。

6）在空间模拟器中进行空间光学遥感器定标试验技术研究。

　　7）在空间模拟器中进行太空机器人与深空探测车的评价与检验试验技术研究。

　　8）在空间模拟器中进行飞行器光电跟踪与定标试验技术研究。

　　9）在空间模拟器中进行航天员与座舱空间环境试验技术研究。

　　在空间热真空环境下的人、船联合试验，进行功能评价、出舱活动，安全救生系统的检验试验等。

　　10）在空间模拟器中进行航天器深空环境试验技术研究。

　　11）在空间模拟器中进行航天器组件加速试验技术研究。

　　12）在空间模拟器中进行空间武器性能与功能试验技术研究。

　　13）在空间环境条件下进行人工攻防作用的试验研究。

　　14）空间环境数值模拟试验技术研究。

1.7.5　在空间环境模拟器中进行典型试验的项目

　　在空间模拟器中进行热平衡试验与热真空试验通称真空热试验。航天器被放置在用来模拟空间外部热流（用太阳模拟器或红外热流模拟装置）环境、冷黑环境、真空环境等 3 个环境参数综合的空间模拟器中进行实验。

　　（1）热平衡试验

　　①热平衡试验的目的

　　用模拟空间热环境条件下获得的航天器温度分布数据来校核热设计；考核航天器热控系统维持航天器组件、分系统和整个航天器在规定工作温度范围的工作能力；验证航天器热数学模型的正确性。

　　热平衡试验规范的制订，必须考虑极端热工况，因 1 颗航天器在天上要出现几十个热工况，而每次试验由于时间与经费的关系，只能取其中 2 个或 3 个极端工况，这个极端工况不仅是外部热流的最大或最小值，还要考虑内热源变化、航天器寿命早期和末期以及航天器运行姿态等变化综合的极端工况。

　　②热平衡试验项目

　　1）稳态热流红外模拟试验。在轨道周期积分平均热流和恒定内热源条件下，对航天器进行从某一初始温度分布变化到其极限的平衡温度分布的试验。

2）瞬态热流红外模拟试验。因为航天器相对太阳、地球的位置及方位是不断变化的，因而航天器表面各部分接受的太阳辐射、地球辐射和地球反照也是变化的，即航天器表面吸收的外部热流是随航天器运行而不断变化的。所以用航天器瞬态红外热流模拟方法进行热平衡试验，比用轨道周期积分平均热流模拟方法进行热平衡试验更能接近飞行轨道的真实热环境，并可获得航天器有关组件的最高温度和最低温度以及温度的瞬时变化情况。

3）数值模拟预报技术。由于热平衡试验的周期相当长，耗费很多的人力、物力和财力，为了缩短试验周期，国内外进行了瞬时温度数值模拟预报研究。在热平衡试验进行一段时间后，根据航天器在外层空间的温度场的方程及其边界条件，导出瞬时温度的通解形式，使用试验的最初一段时间的测量值，利用最小拟合原则，决定通解系数，给出瞬时温度预报方法。这一方法对缩短热平衡试验时间，给出正确的平衡温度及因故障中断试验提供正确的试验结果，具有重要意义。

③红外热流模拟试验装置

红外热流模拟试验装置分为温度控制板、石英灯加热器、电阻丝加热器和接触式加热器等。用红外热流模拟试验装置可模拟多种热环境，其技术简单、制作容易、成本低、操作维护方便、经济，但真实性差，一般用于外形简单、表面光学性质变化不大的试件。对于复杂结构的试件必须用太阳模拟器，这种模拟器真实、数据可靠、试验精度高，但技术复杂、成本高、运行维护困难。

瞬变热流红外模拟试验一般采用红外石英灯加热方法，其优点如下：

1）响应速度快，能适应航天器瞬变热流和瞬变温度的模拟；

2）对航天器的阻挡系数小；

3）安装灵活，能适用于复杂表面形状的热流和瞬变温度模拟；

4) 通用性较好, 红外灯在使用寿命内可重复使用;

5) 可用于正样阶段试验;

6) 研制与运行费用低, 维护方便。

④热平衡试验的分类

1) 组件热平衡试验。对航天器上某些关键仪器、组件的热环境条件和热控措施进行模拟, 通过试验验证设计是否正确。组件热试验是完成热设计的重要环节, 可以减少航天器整体热试验次数、节省经费, 加快研制进度。

2) 航天器整体热平衡试验。按航天器研制阶段可分为: 热模型航天器热平衡试验, 正样航天器热平衡鉴定试验和发射航天器热平衡验收试验。

• 热模型航天器热平衡试验, 简称热控航天器试验。目的是获得有效的工程设计数据, 校核热数学分析模型, 验证热设计方案的正确性。

• 正样航天器热平衡鉴定试验。热控系统的初样方案经过热控航天器试验的验证, 结合分析计算和必要的补充试验等手段, 即可修改成为正样方案, 确定正样热控系统技术状态。正样研制完成后, 抽样做热平衡鉴定试验。要求航天器上所有仪器都是符合实际使用要求的正样产品。

• 发射航天器热平衡验收试验。正样航天器通过热平衡鉴定试验后, 就可以认为航天器的热设计正确, 热控措施符合要求。但为了避免发射航天器的热控系统出现偶然性失误和生产过程中某些工艺上的疏忽、缺陷等, 有时还要对发射的航天器进行热平衡验收试验。

(2) 热真空试验

热真空试验的目的是在规定的压力与鉴定级或验收级热真空试验温度条件下, 暴露航天器的设计与工艺问题, 评定工作性能, 验证飞行功能。其环境条件为真空度大于 6.5×10^{-3} Pa, 热沉内表面半球向发射率大于 0.90, 采用红外热流模拟装置或太阳模拟器, 升降温速率应接近于预计的轨道运行情况，冷浸时间一般为 8 h。

①鉴定热真空试验

其目的是验证航天器在规定的压力与鉴定级温度条件下是否满足设计要求。温度条件的最高温度比最高预示温度高 10 ℃，最低温度比最低预示温度低 10 ℃。

②验收热真空试验

其目的是在规定的压力与验收级温度条件下暴露材料和工艺缺陷。温度条件的最高（或最低）温度为最高（或最低）预示温度，温度循环次数至少 4 次。

（3）在空间模拟器中进行红外多光谱遥感器辐射定标试验

①试验内容

利用遥感技术观测地球和大气层的各种特征及现象的遥感卫星，如用于观测云迹风、海洋表面温度、云顶高度图、云层分布图、对流层顶部水气分布图和基本气候数据等气象学参数的气象卫星；用于勘测和研究农林、土地、海洋、水文和矿藏等地球资源的资源卫星；用于观测和研究海面风、海浪、海洋水准面、海水温度、海冰和叶绿素等海洋资料的海洋观测卫星。

这些卫星有个共同的特点，就是使用了远距离探测技术。当波长在 0.3～3 μm 范围时，可利用可见光及可见近红外探测技术，但在该波段范围内，容易受到散射和反射的太阳光干扰。地气系统的辐射和大气组分的吸收带等主要位于 3～25 μm 波段范围内，所以采用红外探测技术就特别合适。可见光探测技术只能在地球受到太阳光照射的一面使用，而没有受到太阳光照射的另一面（即黑夜面），可见光探测技术就无能为力了，必须使用红外探测技术。除了可见光和红外探测技术外，还有微波探测技术。卫星上利用以上 3 种探测技术进行探测的遥感器分别称为可见光遥感器、红外遥感器和微波遥感器。利用可见近红外和热红外光谱中的几个谱段进行探测的仪器称为红外多光谱遥感器，亦称为红外多光谱扫描仪。

为了实现对地球散射和反射的太阳辐射以及地球红外辐射的定

量测量，在遥感卫星发射前，必须在模拟规定的空间环境条件和模拟地球辐射特性及反射太阳辐射特性的专用设备中，对星载遥感器进行性能检验试验和辐射定标试验。比如我国已经发射的"风云一号"卫星和"风云二号"卫星以及"资源一号"卫星，在发射前除了进行整星的热平衡试验和热真空试验外，还专门对星载遥感器进行了全面的性能检验试验和辐射定标试验。

②试验目的

遥感器的辐射定标试验目的主要有以下几方面。

1）进行遥感器的全面性能试验。星载遥感器是遥感卫星的主要有效载荷。它要向地面接收站连续不断地提供探测到的地球各种有关特征和现象的有用信息。因此，如果星载遥感器工作不够正常，时好时坏，就等于整个卫星工作不正常；如果星载遥感器彻底失效，就等于整个卫星报废。所以星载遥感器是遥感卫星的关键仪器。

2）进行辐射定标。星载遥感器的辐射定标包括规定的可见光波段、可见近红外波段、近红外波段和红外波段的定标及内定标。通过定标确定遥感器在工作温度范围内的输出信号与标准辐射源、仪器内参考辐射量之间的函数关系，用于将卫星飞行过程中获取的目标信息通过反演得到目标的光谱反射特性和光谱辐射特性。

③遥感器的红外辐射定标试验

通过辐射定标，以遥感器的输出信号作为过渡，用标准红外辐射源测定星上的参考红外辐射源的发射率，以使遥感器在卫星上获取的目标辐射信息通过反演而成为定量的有用信息。

另外，还有载人航天器热平衡试验和载人航天器热真空试验。

1.8 空间模拟器的主要环境参数

1.8.1 真空环境

空间的真空度随轨道高度不同而不同，离地面 100 km 高度处的

真空度是 4×10^{-2} Pa；300 km 处是 4×10^{-5} Pa；3 000 km 处是 4×10^{-11} Pa。根据气体的传热性能与压强的关系，在 10^{-1} Pa 压力以下主要是辐射传热，对流和气体分子热传导可以忽略不计。

从工程上讲，在模拟室内用 10^{-3} Pa 的真空度来模拟宇宙空间的超高真空环境，在航天器热平衡试验时，对热控温度带来的影响是可以忽略不计的。

1.8.2 冷黑环境

宇宙空间是一个温度为 3 K、吸收系数为 1 的冷黑空间。在这个环境中运行的航天器发出的热量不再返回，没有辐射再反射，因而这种环境是理想的绝对黑体，称为冷黑环境。

在空间模拟器中，用铝、铜或不锈钢制成的管板结构，内通液氮，表面涂以高吸收率的黑漆，用于吸收航天器发出的绝大部分辐射热，这种结构称为热沉。用热沉结构近似模拟空间冷黑环境，对航天器热平衡试验结果带来的误差不大，在工程上还可以通过计算来修正。

通过误差计算可知，若航天器表面温度为 300 K，热沉内壁温度为 100 K，所引起的模拟误差仅为 1% 左右。

1.8.3 空间外热流环境

空间外热流环境主要包括太阳辐照、地球辐射和地球反照。太阳是一个高温热辐射体，直径为 1.393×10^{6} km，温度为 6 000 K，$0.18 \sim 40$ μm 的波长范围占总辐射能的 99.99%，在不同季节，太阳的辐照度略有不同。

模拟外热流的装置和方法，按模拟热流的特点可分为两类：一类是太阳模拟器，它是模拟外热流的辐照度、光谱特性、准直角、均匀性、稳定性，同时模拟地球辐射和反照的装置，采用这种装置的模拟方法称为入射热流模拟法；另一类是红外模拟器，例如用红外灯、电阻加热片等加热装置对航天器进行加热，使航天器表面的吸收热流等于该表面吸收的空间外热流,采用这种装置的模拟方法称为吸收热流模拟法。常用的外热流模拟装置有:太阳模拟器、红外模拟器、表面接触式电加热模拟器。

1.8.4 航天器真空热试验环境模拟参数

在空间模拟室内做航天器真空热试验时,环境模拟参数要求如下:

1) 真空度:优于 6.5×10^{-3} Pa;

2) 热沉温度:低于 100 K;热沉内表面特性:对太阳的吸收率 $\alpha_s > 0.95$,半球向发射率 $\varepsilon > 0.90$;

3) 空间外热流:用太阳模拟器或红外模拟器;用太阳模拟器辐照度在 $(0.6 \sim 1.3) S_0$(S_0 为太阳常数)范围内可调,用红外模拟器采用相应的外热流。

1.9 建立空间模拟器的必要性

1.9.1 热真空、热平衡试验的需要

30 多年来国内外航天技术发展的经验证明,所有新型号的航天器发射之前,都必须在空间模拟器内做热真空与热平衡试验,验证航天器的功能,校核热控系统的设计,以提高航天器的飞行可靠性,保证航天器的工作寿命。

1.9.2 载人航天器试验的需要

空间模拟器是发展载人航天技术的重要基础设施。由于载人航天器尺寸大、结构复杂、载荷量大,需往返飞行及大量的舱外活动等特点,必须建立大型空间模拟器,以提供必要的试验条件。通常要做如下试验:

1) 整船热平衡试验;

2) 整船热真空试验;

3）整船鉴定验收试验；

4）航天员生命保障系统、环境控制系统试验；

5）气闸舱动作、航天员出舱活动和舱外航天服系统功能试验；

6）座舱爆炸减压和应急处理试验；

7）飞船轨道应急飞行和舱内航天服系统功能试验；

8）航天员轨道飞行适应性功能试验；

9）交会对接机构等大型活动部件的动作和功能试验；

10）大舱段和联合舱段的热真空、热平衡试验。

1.9.3　航天器特殊组件试验的需要

某些大型柔性展开机构，如太阳帆板、天线等在空间环境下的展开试验，火箭分离罩分离试验等。

1.9.4　航天器可靠性与经济上的需要

因为大多数航天器不回收，往往不清楚故障发生的部位，很难查明原因，充分的模拟试验可大大提高航天器的可靠性。从经济上看，发射一次航天器比研制一台空间模拟器投资大几倍，发射不成功或空间运行故障带来的损失将是重大的，建造空间模拟器所花的经费完全可以从减少航天器故障与失败中得到弥补。因而从经济性与可靠性出发，世界各国著名的航天公司都建有自己的空间模拟器。

1.9.5　航天器研制性试验与改进性试验的需要

航天器的研制性试验与改进性试验，需重复试验，为了减少投资，缩短研制周期及方便可靠，需要有自己的空间模拟器。

1.10　空间模拟器的国内外进展

1.10.1　中国空间模拟器的发展概况

我国从 1961 年开始进行空间模拟器的设计与研制工作。第一批空间模拟器的建成（KM1、KM2、BZ1、BZ2 等 4 台设备）被视为我国航天事业的重要成果之一，是我国空间环境模拟技术的开创性工作。因这些设备比我国第一颗卫星上天提前 5 年建成，故有充分的时间供卫星及零部件做大量的真空热试验研究工作，为我国第一颗卫星一次发射成功提供了可靠保证。

中国也是世界上最早独立研制空间模拟器的国家之一，第一台空间模拟器从 1961 年开始设计，1965 年研制完成并投入使用，至今先后建成了 KM1，KM2，KM3（KM3A、B、C、D、E、F），KM4，KM5，KM5A，KM6，KM7，KM7A，KM8 等空间模拟器及一批专用空间模拟器与特殊空间模拟器，目前世界第三大、亚洲最大的 KM8 空间模拟器已研制完成。

（1）中国空间模拟器发展的必要性

1）所有从事航天技术的国家在航天器上都采用了大量的新技术、新材料、新型微电子器件等，一般都须做空间环境可靠性试验。

2）不同型号的航天器其性能与功能各不相同，航天器的结构也不同，边界条件不同，环境工况不同，空间环境影响也会有很大差别，因此各国及航天大公司，都投巨资建立自己的空间环境实验室进行试验研究，并提供充分的试验，以提高航天器的可靠性。

3）空间环境工程学是随着航天技术的发展而发展起来的，航天器上的一些特殊分系统与部件，如光学遥感器、姿控发动机、大型电池阵、大型天线等以及特殊的航天飞行器，需要研制一批专用空间模拟器与特殊空间模拟器，在空间环境下进行检验与验证试验。

（2）中国空间模拟器的发展历程

中国空间模拟器的发展主要分为五个阶段。

1）第一阶段，20 世纪 60 年代初，空间环境工程的开创性研究工作，为我国第一颗卫星的发射成功做出重要贡献。

1958 年，中国科学院"581"工程组正式成立。1961 年，科学家钱骥提出研制我国第一批空间环境模拟设备，为此成立了专门的研究组，后归属北京卫星环境工程研究所。1961 年，三位 1960 年毕业的大学生，根据我国当时研制的第一颗卫星东方红一号直径 1 m、质量 500 kg（含工装）的技术要求，研制出主模拟室直径 2 m，真空度 10^{-3} Pa，热沉温度 100 K，吸收系数大于 0.90，用红外灯作为模拟太阳的热源，称为 KM1、KM2 的两台空间环境模拟设备，这也是我国当时最大的金属高真空系统。同时完成两台直径分别为 0.5 m 与 0.8 m 的 BZ1、BZ2 部件级热真空设备。在美、苏的技术封锁下，我国科学家独立研究了空间环境试验的模拟方法、模拟技术及真空与冷黑环境的模拟机理，解决了如何模拟太空的真空环境、冷黑环境、热辐射环境等一系列技术问题，于 1965 年完成研制任务并投入使用。并于 1967 年完成我国第一台辐照面积直径 0.8 m 的太阳模拟器的研制工作，填补了我国空间环境模拟技术的空白。KM1、KM2 空间环境模拟设备的性能达到当时的国际先进水平，其研制成功为我国第一颗人造卫星、第二颗人造卫星，提供了长时间的空间环境试验平台，是当时我国空间技术的重大成果之一，获 1978 年全国科学大会奖。它的研制成功不仅促进了我国航天技术的发展，确保我国第一颗卫星、第二颗卫星的发射成功，也为我国金属高真空获得技术和大型金属（碳钢镀镍）高真空容器的制造、真空检漏与测试技术的发展取得了丰富的经验，同时第一次解决了模拟太空冷黑环境的热沉技术，发展了太阳模拟技术，解决了在太阳模拟技术中的一系列光学技术问题，促进了相关学科的发展。KM1 空间模拟器在完成我国第一颗卫星的模装星试验与组件试验后，约 1980 年调入北京控制工程研究所，进行姿控发动机点火与羽流场试验研究工作，至今仍在工作，已历时 50 年。KM2 空间模拟器，在完成我国第一颗、第二颗卫星的真空热试验后，完成了巴基斯坦第一颗卫星的真空热试验，一直用于卫星部组件试验，至今仍在工作，已有 50 年的历史。

2）第二阶段，20 世纪 60 年代末期，1965—1970 年研制 KM3 空间模拟器，为我国中、小型试验卫星的发展做出贡献。

由于我国返回式卫星研制工作的需要，于 1965 年提出建立 KM3 空间环境模拟设备。KM3 设备的真空容器直径 3.6 m、长

7.3 m，第一次采用单相密闭液氮系统与活塞式氦制冷机。该设备于
1970 年建成，是当时国内最大的不锈钢真空容器，解决了不锈钢大
型超高真空容器的制造工艺、大开孔补强、真空气密性设计与工艺
问题等。KM3 的热沉温度为 $100\sim373$ K、热沉表面发射率为 0.93、
真空度优于 5×10^{-7} Pa，达到超高真空水平，是当时我国最大的金
属超高真空系统，是我国首次采用大型深冷泵，对 O_2、N_2 的抽速可
达到 1×10^6 L/s。

设备由 7 个分系统组成，其中液氮系统、氦系统采用封闭式循
环，在国内是首次使用，系统复杂，难度较大。它的研制成功不仅
为整星试验提供了保证条件，还为大型柔性结构，如天线、太阳能
电池阵在空间环境下的展开提供了超高真空与高、低温环境条件。
该设备性能达到当时国际先进水平，1971 年为我国第一颗返回式卫
星、科学试验卫星做整星试验，并进行了风云一号太阳能电池阵展
开试验、星箭包带解锁试验等，1978 年获全国科学大会奖。

1972 年，KM3 空间模拟器为我国第一颗气象卫星进行了红外遥
感扫描辐射计定标试验，中小型卫星及卫星部组件的真空热试验。
该设备目前仍在用于航天器型号试验，已有 45 年的历史。

20 世纪 60 年代末，相继建立了 BZ5、BZ6（又称小 KM1 设备，
直径 1 m）高真空热试验设备，BZ7 无油超高真空设备等，建立了
KFT 高精度小太阳无油超高真空设备，获部级科技进步一等奖，其
模拟室直径 1.4 m，真空度 10^{-7} Pa，太阳模拟器辐照面直径为
$\phi400$ mm，热沉温度 $100\sim373$ K 可调。随着空间环境模拟设备的发
展，相关实验室也相继成立，如真空标定实验室、温度标定实验室、
光学标定实验室、压力标定实验室、动力学标定实验室、电学标定
实验室等。

3）第三阶段，20 世纪 70 年代，建立 KM4 空间环境模拟设备，
为我国大、中型应用卫星空间环境模拟试验服务，达到国际先进
水平。

1967 年，根据大型应用卫星试验规范、试验方法、模拟误差与

可靠性的研究，提出建立 KM4 空间环境模拟设备。KM4 真空容器直径 7 m、高 12 m、容积 400 m³。配有模拟太空冷黑环境的热沉、真空系统、液氮系统、氦系统、太阳模拟系统、运动模拟器、红外模拟器、总控系统等，热沉温度低于 100 K，用以模拟空间热真空环境。

在 KM4 空间模拟器的研制过程中突破了很多关键性技术，如在 400 m³ 的大型模拟室内获得超高真空度 5×10^{-6} Pa，是国内首创；在大型真空容器的加工研制中解决了直径 7 m 的封头与法兰热处理技术与制造工艺，大型容器的大开孔补强，超规范外压稳定设计计算及大型法兰变形、真空密封技术与大门运行机构方案等；解决了在 400 m³ 大型模拟室内获得超高真空度的真空抽气系统的设计与计算；解决了应用卫星的大尺寸、大气体载荷、大热负荷空间环境试验技术；首次解决了液氮系统、气氮系统、氦系统、太阳模拟器系统等多个分系统的综合控制与调试；建立了先进的数据采集系统、控制系统、20 K 透平式氦膨胀制冷机。

KM4 设备于 1976 年建成，1978 年用于第一颗通信卫星的热真空试验。KM4 设备的性能达到了 20 世纪 80 年代国际同类设备的先进水平，其研制规模与难度不亚于卫星型号的研制任务。它的研制成功，使我国的热真空实验室成为当时世界同类设备的 5 大实验室（含美、苏、欧、日）之一，超过了欧洲空间局的规模与性能。1978 年，该设备对外开放，受到美国航空航天局（NASA）、欧洲空间研究与技术中心（ESTEC）、德国 MBB 等代表团的赞扬，认为具有国际同类设备的先进水平。

该设备先后供我国通信卫星系列、气象卫星系列、返回式卫星系列等 50 多颗应用卫星进行大型热真空试验，并提供运载火箭分离罩的分离试验，为我国航天技术的发展做出了重大贡献。

1988 年，对 KM4 太阳模拟器进行改进恢复，获得成功。它的辐照面积 7 m²，是我国最大的高性能太阳模拟器。20 世纪 80 年代相继对 KM4 空间环境模拟设备与 KM3 空间环境模拟设备采用低温泵进行了无油化改造。

KM4 空间环境模拟设备的研制成功，先后获全国科学大会奖、国家科技进步一等奖以及多项部级成果奖。KM4 太阳模拟器获国家科技进步二等奖。

4）第四阶段，20 世纪 90 年代，建立 KM6 空间环境模拟设备，为我国载人航天技术的空间环境模拟试验服务，达到国际先进水平。

20 世纪 90 年代，随着我国载人航天技术的发展，航天器环境工程得到了新的发展。1987 年，在我国 863 高技术项目中提出建立 KM6 载人航天器空间环境试验设备，KM6 主模拟室直径 12 m，高 22.4 m，由三舱组成。主舱、辅舱容积 3 200 m^3，真空度达到 4.5×10^{-6} Pa；载人试验舱由 A 舱、B 舱、C 舱组成，有 10 个舱门供航天员进出。KM6 热沉温度 100 K，是国际上三大载人航天器空间环境试验设备之一，总体性能达到国际先进水平，为我国神舟一号至神舟八号飞船的环境试验做出了重大贡献，并先后为天宫一号空间实验室，嫦娥一号、二号月球卫星，嫦娥三号月球探测器与月球车及一系列的大型应用卫星完成了空间环境真空热试验。同时航天器环境工程形成了一门多学科综合的新型学科。

20 世纪 90 年代还建立起一批空间特殊环境试验设备，有原子氧、紫外试验设备，等离子体试验设备，大型表面充放电试验设备，激光驱动微小碎片试验设备，二级轻气炮碎片试验设备，多光谱定标试验设备，形成了多参数系列化环境试验设备；建立了总装、测试、试验（AIT）中心，为我国各种系列大型应用卫星及载人飞船的环境试验提供了重要的保证条件。

如今，空间环境模拟技术伴随着中国航天技术的发展，形成了包括真空科学技术、低温技术、光学技术、空间热物理技术、电学、磁学、力学等多学科综合的航天器环境工程学科。该学科的发展带动了人才的发展，培养与造就了一批科学技术队伍与学科带头人，一系列著作陆续出版，包括《空间环境工程学》《空间模拟器设计》《航天器空间环境试验技术》《空间真空环境与真空技术》《环境模拟技术》《卫星环境工程和模拟试验技术》《航天环境模拟设备手册》等。北京卫星环境工程研究所作为研究该专业领域的单位招收人机与环境工程专业硕士研究生、博士研究生，并培养博士后，现已开设了空间环境工程学、空间模拟器设计、航天器空间环境试验技术、航天器力学环境工程等研究生专业课；并成立了"可靠性与环境工程"国防重点实验室与"机电产品环境与可靠性试验中心"。

航天器环境工程学伴随着我国航天技术的发展而成长。在过去 50 多年的发展过程中，它的各项技术获得了很高的荣誉。航天器环境工程学的未来发展，将为我国载人航天技术的发展、探月工程的发展、高可靠长寿命航天器的发展，研究先进的环境模拟技术，研究新的环境试验技术、试验方法，研究虚拟试验技术、环境效应的预示技术、环境防护技术、攻防环境的试验技术以及预示航天器在轨的故障与寿命技术做出贡献。

我国航天系统于 1984 年成立了"航天空间环境工程（第十）专业技术信息网"，中国宇航学会成立了"航天环境工程专业委员会"，1986 年航天工业部成立了"航天工业部科学技术委员会结构强度与环境工程专业组"，发行了《航天器环境工程》刊物，每年举行全国性的学术讨论会，以推动空间环境工程学的发展。

"航天器环境工程学"是航天工程学科中的重要分支学科。

5）第五阶段，21 世纪 20 年代，中国将要跻身于世界航天强国，要建立长寿命空间站，开展载人登月、深空探测活动，非常有必要建立 KM8 空间模拟器大型实验室。

KM8 空间模拟器直径 17 m、高 32 m，有效空间直径 15 m、高 22 m，真空度 6.5×10^{-5} Pa，热沉温度 100～358 K，为空间站、载人登月、深空探测活动服务。

此阶段因大型应用卫星、载人航天的真空热试验需要，建立了 KM7 空间环境模拟器，直径 9 m、长 15 m。北京、上海、长春、西安等地，相继建立了直径 4 m 到 18 m 的专用空间模拟器。

全国约有 20 多台大中型空间模拟器已建成投入使用。

1.10.2 国外空间模拟器的发展

国外大型空间模拟器 1968 年开始建造,以美国最多,美国大型空间模拟器大多数属于美国国家航空航天局,另外美国的 40 多家公司与大学也建造了一定数量的空间模拟设备。公司和大学所拥有的设备是政府所有的两倍,但是这些设备主要是中小型的,也有大型的,属于公司的容器总体积仅约为属于政府的容器总体积的十分之二。

20 世纪 80 年代以后,世界上从事航天事业的国家通过实践经验、教训,更重视空间环境工程的发展。美国、苏联、欧洲空间局、日本、印度、巴西、韩国、印度尼西亚等国家和机构都投巨资发展空间环境模拟技术,建立大型空间模拟器与大型空间环境实验室。

世界上典型空间模拟器的介绍如下。

(1) 美国

20 世纪 60 年代开始,美国先后研制了 17 台大型热真空环境模拟设备。欧洲空间局和日本在 70 年代初的通信卫星借用美国的空间环境模拟设备进行整星热真空试验,此后不久就自行研制环境模拟设备。美国 RCA 公司 1984 年又建成了直径为 16.7 m 的球形空间模拟器,以试验航天飞机轨道器货舱。

美国国家航空航天局为了完成载人飞船试验和航天员人体试验,建造了两个大型载人飞行试验用空间模拟器,简称 A 容器与 B 容器。

①A 容器

A 容器是美国最大的做热真空试验的空间模拟器,直径 19.8 m、高 36 m,侧门直径 12.2 m。空载极限真空度 1.3×10^{-3} Pa、热沉温度 100~400 K 可调,转动平台直径 13.7 m。在地平面上设有并锁,在 9.45 m 标高处有一单锁。

热沉温度为 100 K、热负荷为 280 kW,太阳模拟器安装在容器的顶部与侧面,顶部辐照面积为直径 4 m,侧面辐照面积为 4 m×

10 m，辐照强度 64～1 510 W/m² 可调。

②B 容器

B 容器用作载人及有关运动机构试验，容器直径 10.6 m、高 13.1 m，有效空间直径 7.6 m、高 9.1 m，空载极限真空度 1.3×10^{-2} Pa，热沉温度为 80～400 K 可调，转动平台直径 6.1 m。B 容器设有气闸舱，可容纳 3 名航天员。

(2) 欧洲空间局

1964 年以来，西欧各国在空间技术方面进行了合作，为了充分利用欧洲空间局和其他国家已有的试验设备，避免重复建设，欧洲空间局决定对欧洲各国的主要环境试验设备进行统一协调，统一规划，拥有大型空间模拟器的主要单位有：荷兰的欧洲空间研究与技术中心（ESA/ESTEC），德国工业设备管理公司（IABG），法国的宇航环境工程试验中心（Intespace）和比利时的列日宇宙物理研究所（IALSPACE）。

①欧洲空间研究与技术中心大型空间模拟器

这台设备是欧洲最大的空间模拟器，地点设在荷兰。真空容器直径 10 m、高 15 m，热沉直径 9.5 m、高 10 m。副容器小头直径 8 m，大头直径 11.5 m，长 14.5 m。

真空容器上直径 10 m 的顶盖可移开，侧门直径 5 m，在其上开有直径 1.8 m 供人进出的门，容器上开有 25 个直径 250 mm 的测量引线孔。容器内有一支承试验的平台，它通过一连接结构座落在容器下面的 90 t 混凝土块上，从而使该支承平台不受外来振动的影响，平台经受的振级小于 10^{-3} g，支承试验件的最大载荷为 60 t。

②德国工业设备管理公司（IABG）大型空间模拟器

该设备主模拟室直径 6.8 m、长 13 m、卧式。真空容器用不锈钢制造，容器的一端装有太阳模拟器准直镜，另一端可以打开以进出试件。

热沉内径为 6.3 m，用不锈钢制造，温度在 100～400 K 之间可调。

极限真空度 3×10^{-5} Pa。太阳模拟器辐照面积直径 3.6 m，辐照强度 $1.4S_0$，辐照均匀性为 $\pm 4\%$，在 ± 1.5 m 的试验体积内均匀性为 $\pm 5\%$，准直角为 $\pm 2°$，稳定性为 $\pm 1\%$。

③法国宇航环境工程试验中心的大型空间模拟器

该设备主模拟室内径 6 m、高 7 m。副容器直径 5 m、长 9 m。

热沉温度 $100 \sim 400$ K 可调。均匀度在 100 K 时为 ± 10 K，调温变化速度为 80 K/h。太阳模拟器，辐照面积直径 3.8 m，准直角小于 $4°$，辐照强度 $400 \sim 1\,500$ W/m^2 之间可调，辐照均匀性在 85% 的试验面积上为 $\pm 4\%$，光源用 36 只 6.5 kW 氙灯。

④比利时列日宇宙物理研究所的大型空间模拟器

模拟室直径 5 m、长 6 m，模拟室内装有 1.8 m×6 m 的光学平台。该平台与容器隔振而座落在一块单独的 350 t 质量的水泥块上，该平台受外界振动干扰极小，仅为 2 $g \sim 4 \times 10^{-6}$ g 之间，适用于对高精度的有效载荷进行干涉测量。350 t 质量块为十字形，十字形臂上可以安装光学测量所需的光学仪器。

真空系统由机械泵、涡轮分子泵、低温泵组成，在 3 h 内可将容器抽到 10^{-4} Pa 真空度。

（3）苏联大型空间模拟器

苏联大型空间模拟器现基本上都归属俄罗斯所有。

①模拟室直径 17.5 m 的大型空间模拟器

该设备模拟室直径 17.5 m、高 40 m、壁厚 50 mm，用软法兰结构，总容积 8 300 m^3，顶盖大门直径 14.8 m，呈蝶形，封头凸面朝向容器内部，结构材料用 lCr18Ni9Ti 不锈钢制造。

有效试验空间直径 6 m、高 24 m、容积 3 000 m^3。内设工作转台，承重 100 t。真空抽气系统配有 22 台油扩散泵与低温泵，容器内装有内装式低温氦板，真空度 1.3×10^{-4} Pa。

热沉温度 100 K，热沉材料用铝材制造，内表面涂黑漆，对太阳的吸收系数 $\alpha_s = 0.95 \pm 0.02$，半球向发射率 $\varepsilon = 0.9 \pm 0.03$。

太阳模拟器采用离轴式系统，光源用氙灯，辐照面积 6 m×24 m，从侧面进光，辐照强度 $0 \sim 1.85$ kW/m² 可调（带滤光片时最大为 1.4 kW/m²），均匀性为 $\pm 10\%$，准直角 $\pm 7°$。

②模拟室直径 8 m 的空间模拟器

该设备模拟室直径 8 m、高 15 m、容积 600 m³，有效试验空间直径 6 m、高 10 m，内设有工作转台，最大承重 16 t，转速 0.1 r/min～1 r/d，无引线时可转 360°，有引线时转动 $\pm 180°$。真空容器顶盖是全开的大门，侧门设计成长方形。

热沉温度 $(-190 \pm 3)℃$，用铝材制成，表面涂黑漆，吸收系数 0.90。真空系统由油扩散泵与机械泵组成。

（4）日本大型空间模拟器

①主模拟室直径 13 m 的空间模拟器

该设备模拟室直径 13 m、长 23 m、卧式，真空容器用不锈钢制造。副容器直径 10 m，内装太阳模拟器准直镜。总体积约 5 000 m³。有效试验空间直径 12 m、长 16 m，容器一端可以完全打开，进出安装试件用，直径 13 m。容器开有大约 150 个孔，用于测量引线、氮、氦的进出口和观察孔等。真空容器曾作 1/10 的缩比试验。在容器底装有支承试件用平台，最大承载能力 45 t。

②直径 8.5 m 的空间模拟器

该设备真空容器直径 8.5 m、高 25 m，用不锈钢制造，工作空间为直径 4 m 的球，容器壁厚 20 mm，内表面用 200# 抛光，容积 1 350 m³。上封头为全开的直径 8.5 m 大门，侧面开有直径 5 m 的侧门。

（5）印度大型空间模拟器

该设备建在印度孟加拉的印度空间研究院（ISRO）的卫星中心。主模拟室为立式，直径 9 m，高 14 m，副容器水平放置，直径 7 m，用于安装太阳模拟器，壁厚 22～29 mm，内表面抛光。主容器上有一个直径 4 m 的侧门。热沉温度 100 K，用 00Cr19Ni10 不锈钢制造。

第2章 空间模拟器总体设计

2.1 概述

空间模拟器又称空间环境模拟器，是一个由多个功能和性能不同的分系统组合而成的复杂的系统。空间模拟器总体设计，必须保证满足用户的技术指标要求和特定的设计任务要求，满足不同专业队伍对各个分系统的功能和性能要求，要使设计的分系统是合理的、可行的、经济的、优化的，并具有多种用途，可扩展使用。

空间模拟器总体设计是顶层设计，是创造性设计、系统性设计、综合性设计，是把握方向、确定大局、确定空间环境模拟器功能与性能的设计。

因此，空间模拟器总体设计直接关系到最终功能、性能、研制成本及研制周期是否满足要求，是否最优化。空间模拟器总体设计时首先要明确总体技术指标。

2.2 总体设计主要技术指标的确定

2.2.1 明确服务对象

明确服务对象，根据服务对象明确技术指标。空间环境模拟器主要服务对象，有下列几方面：

1）航天器热真空与热平衡试验；

2）运载器分离罩分离真空热试验；

3）空间光学遥感器定标试验；

4）航天器太阳电池阵、天线等可展开机构的展开试验；

5）空间机器人与深空探测器的评价与检验试验；

6）飞行器光电跟踪与定标试验；

7）航天员与座舱空间环境试验；

8）航天器深空环境试验。

2.2.2　总体技术指标要求

（1）指导思想

1）环境相似性。空间环境模拟器主要模拟空间真空、冷黑、太阳辐照环境。这些环境参数应尽可能满足航天器环境试验相似性要求。根据任务书提出的主要服务对象，在经费允许的条件下可以考虑增加后续试验的其他空间环境参数。

2）多用途。可考虑提供多种型号航天器的真空热试验。各种组件的功能试验，如太阳帆板等柔性机构的展开试验、姿态发动机性能与功能试验、火箭整流罩的分离试验等，要留有可扩展、可改造的余地。

3）先进性。主要技术指标应达到当前国际同类设备的先进水平，尽可能采用当前国际同类设备的先进技术，对航天器有最少的试验污染，有较高的环境模拟精度。

4）创造性。在继承原有技术的基础上，设计一个满足用户任务要求的、优化的、创新的、有特定功能的、新的空间模拟器。

5）经济性。考虑国内的加工制造能力、设计研制水平，真空容器的大小还应考虑运输条件与现场加工的经费可行性。要考虑空间模拟器运行成本和维护成本。

6）使用方便、安全可靠。设备应有利于使用单位的试验方便、试件运输方便，操作方便、安全可靠，设备的连续运行时间应在 30 天以上。

7）主模拟室安放形式的设计应有利于试验与使用。模拟室形式一般有：立式、卧式、球式、箱型等四种。模拟室形式的设计应根据航天器试验要求而定。

（2）主模拟室

主模拟室大小应根据航天器试验要求而定，主要有内直径、长度、高度等。

（3）热沉主要要求

热沉主要考虑：热沉结构形式；几何尺寸，主要有内直径、长度、高度等；热沉的温度范围：一般为 100～373 K；热沉内表面半球向发射率 $\varepsilon_h \geqslant 0.90$、对太阳吸收率 $\alpha_S \geqslant 0.95$；热沉开孔面积要求，一般无热沉面积为总面积的 3%；热沉一般选用不锈钢、纯铝、紫铜等材料。

（4）真空度要求

根据试验要求确定空载极限真空度，一般空载真空度优于 5×10^{-4} Pa；根据载荷泄漏率与使用要求，一般试验要求有载真空度优于 6.5×10^{-3} Pa。

（5）太阳模拟器要求

太阳模拟器形式根据用户要求选用，有离轴式、准直式、发散式等；根据试验件大小确定辐照面积直径；辐照度一般要求在 600～1 800 W/m² 可调；此外还有辐照不均匀度要求、准直角要求等。

论述红外模拟器代替太阳模拟器的可行性；一般采用红外石英灯或不锈钢带笼式加热器，辐照度一般为 0～800 W/m²。

（6）试验件安装平台要求

①运动模拟器

面对太阳模拟器辐照，一般要求：自旋轴速度 1～10 r/min 可调，准确度为额定速度的 ±3%；慢速旋转速度：1 r/d（即每天一转）～24 r/d 可调；姿态轴转角：±90°转动；位置准确度：±0.4°；转速：10～60（°）/min。

②试件支承平台

试件支承平台根据试验件大小和质量，确定最大载荷要求与平台尺寸；平台表面不平度根据航天器装载热管与相关仪器要求而定，试验过程中要求自动调节。

③试件悬吊试验台

可以利用容器壁上的悬吊点，对试件悬吊试验，热背景小。最大载荷要求：容器壁上可设 4～6 个吊点，每个吊点的载荷要求根据试验件大小与质量而定。

（7）热负荷要求

液氮系统热负荷，根据试件的最大热负荷要求与系统本身热负荷而定。气氮系统与电加热系统热负荷，根据系统本身热负荷与试验方法要求而定。

（8）测量与控制系统

测量与控制系统一般分为两部分，即模拟器有关系统的测量与控制和对试验测温系统等参数的测量与控制。

（9）模拟室内外试验摄像系统

根据不同的试验要求，具有在整个试验期间对被试产品进行多路不同角度摄像以监控整个试验过程产品的状态，同时监控设备各分系统的运行情况。

（10）污染量与控制要求

设备连续空载运行 24 小时有机污染量一般不大于 1×10^{-7} g/cm^2。

（11）连续无故障运行时间

连续无故障运行时间一般为 30 天，太阳模拟器系统为 15 天。

2.3　总体技术指标中特殊要求的确定

2.3.1　根据不同特殊使用要求增加对应分系统的特殊要求

（1）空间特殊环境模拟的要求

根据某些特殊环境试验要求，要在模拟室内进行如引入电子、质子、等离子体、微流星、空间碎片等环境参数模拟，需要增加能够模拟这些参数的分系统。

（2）遥感器定标试验要求

根据需要增加遥感器定标试验的标准太阳模拟器、点源黑体或面源黑体、定标光学系统等。

（3）满足座舱与航天员空间环境试验特殊要求

根据需要增加紧急复压系统（在 30 s 内复压到半个大气压、在 30 s 内复压到 1 个大气压）、环境控制系统、灭火系统、摄像系统、照明系统、专用通信系统及气闸舱系统，以保证航天员生命安全的要求。

（4）姿控发动机空间环境试验特殊要求

根据需要增加大抽速的气氦或液氦低温泵、大抽速的分子泵等及专门的测试系统。

（5）飞行器光电跟踪、识别与定标试验特殊要求

根据需要增加地球红外模拟器、定标光学系统、太阳模拟器、专用的运动模拟器、点源黑体、20 K 冷屏与专用光学跟踪系统等。

（6）航天器太阳电池阵、天线等可展开机构的展开试验特殊要求

根据需要增加克服重力的斜吊轨机构、红外灯阵系统，以及调温子系统等。

（7）月球、火星、水星、金星等其他星球环境试验特殊要求

增加相关的分系统，如地表环境、温度环境、重力环境、辐照环境等分系统。

因此，需要在模拟器设计及建设内容上增加能够满足模拟这些参数的分系统。

2.3.2　满足各分系统间的相互约束的特殊要求

（1）对真空容器的特殊要求

真空容器是空间模拟器的主体，大门的开启要考虑操作、使用方便，试件进出口方便；操作平台的搭建以及引线口的位置要分配合理、方便操作。

满足热沉进出口位置要求，以保证热沉的温度均匀性要求；保证太阳模拟器进光口的方位能满足试验特殊要求。

（2）对真空系统的要求

由于航天器真空热试验要求无污染，特别是无油污染，因此采用无油真空系统或少油真空系统；在空间模拟器运行 24 小时后，敏感元件在 -50 ℃温度下，表面沉积的污染量小于 1.0×10^{-7} g/cm²。

姿控发动机的空间环境试验，由于气量大，发动机工质带有氢的化合物，低温泵抽氢气后不可再生，需要有液氦低温泵系统，建议增加大容量的分子泵系统等。

（3）对液氮系统的特殊要求

在保证热沉液氮制冷的条件下，同时能提供低温泵的液氮用量，氦系统的液氮用量，真空容器复压系统的氮气用量，载人试验系统气闸舱复压系统的氮气用量等。

2.3.3　环境、污染与安全的特殊要求

（1）噪声控制要求

空间模拟器运行时，产生的噪声，建议不超过 60 分贝，以避免对周围人群的噪声污染；主要噪声来源为热沉启动预冷时的喷气噪声、初抽真空系统的排气噪声、氮气加热系统的压缩机的振动噪声等。

（2）毒气排放及污染处理要求

姿控发动机的空间环境试验，如发动机工质用有毒的化合物，必须设计有毒气体排放系统、污染处理系统，保证操作人员的环境卫生与健康安全。

（3）防污染要求

试验结束时，主模拟室复压时，为防止产生对航天器的污染，先放进洁净氮气，到 1 000 Pa，再放洁净空气到常压；热沉复温时设计有防污染冷板，热沉复温过程温度始终低于航天器温度，以防止水蒸气对航天器的污染。

（4）厂房清洁要求

为了防止航天器试验时的污染，实验室的环境洁净度应达到航天器研制环境洁净度要求，一般在 10 万级。

（5）实验室氧气浓度监测要求

为了人身安全，实验室内应安装氧气检测器，特别是当实验室内液氮系统与气氮系统有氮气泄漏时，氧气浓度降低会造成实验室内工作人员窒息死亡。

2.3.4　制造与工艺的特殊要求

（1）设计制造工艺要求

实现产品设计数字化、设计与制造一体化，提高设计与制造效率，保证产品质量。

（2）大法兰制造工艺要求

中、大型空间模拟器制造，大法兰在工厂加工后，若条件许可，可以运输到现场组装；特大型空间模拟器制造，直径 10 m 以上大法兰，只能在现场加工；由于现场场地面积的限制，大法兰在现场加工，在没有专门的加工厂房的条件下，可采用大法兰粗加工后直接与筒体焊接，在真空容器上直接加工密封槽与平面精加工，并达到真空密封要求。采用这种优化工艺与加工改进方法，完成大法兰制造，是在 KM6 真空容器大法兰制造工艺基础上的进一步提高。

（3）热沉材料与制造工艺要求

由于热沉温度要求的拓宽，根据不同要求，低温分别为 4 K、20 K、100 K，高温分别为 323 K、353 K、393 K；为了保证不产生冷漏，热沉材料与焊接工艺都有特殊要求。深冷下的热沉材料，由过去的铝或紫铜板管材料，发展为不锈钢管与铜翅片焊接材料，到目前采用不锈钢板复合焊接材料，这是国际上的发展趋势，同时要求对材料与制造工艺提出了特殊要求，一般低温性能与焊接性能较好的不锈钢材料牌号选 306L。

（4）其他分系统的制造与工艺的特殊要求

相关分系统及重要部件的制造与工艺的特殊要求，如太阳模拟器光学镜面加工制造的特殊要求、运动模拟器源讯传输系统的特殊要求、氦制冷系统透平制冷机与无油螺杆压缩机设计制造的特殊要求都是十分复杂的。

2.3.5　优化设计与计划进度的特殊要求

（1）成本与提高效益的要求

效益包括经济效益与社会效益；要求在规定的投资总额和投资强度下，设计出能够产生预期效益、达到规定的技术指标、可靠且使用方便的空间模拟器。

（2）优化设计与提高效益的要求

优化设计，缩短设计周期，保证设计质量，是提高效益的有效途径；总体方案设计中充分利用软件和现有成熟技术，是降低成本、减小风险、提高效益的有效途径。

充分利用计算机技术、多学科一体化设计平台和仿真技术也是优化设计、降低成本的有效途径。

总体方案设计中充分利用现有的试验平台，留有可扩充的接口，扩大使用范围，做到一机多用，也是提高效益的有效途径。

（3）研制周期控制的要求

利用系统工程方法，加强管理，优化研制技术流程，缩短研制周期，提高研制质量也是降低成本、提高效益的有效途径。

（4）计划进度控制的要求

进度对任何工程设计都很重要，在市场经济激烈竞争中，时间的设计要求意义更大，保证既快又好地研制出满足要求的空间模拟器方案设计是一项重要目标，也是评价总体方案设计好、差的一个重要标准。

总体设计要考虑以上各方面并提出特殊要求。

2.3.6　测试与维修的特殊要求

（1）测试方法要可靠、通用

测试方法要自动化、通用化、标准化，保证在出现故障或性能衰退后能容易、迅速、准确地找到故障点。

（2）特殊测量机构的特殊要求

例如，三维测量移动机构是真空羽流试验时流场参数的测量装置，其上安装有测量用的各种传感器，以完成羽流流场参数的测量，因此对三维测量移动机构提出在真空、高温、低温下移动的技术指标。

太阳模拟器均匀性测量，是对测量敏感器通过 X、Y 两轴运动机构进行测试，所以要有特殊要求。

（3）温度场的测量要求

从液氦温度（4 K）、液氢温度（12 K）、液氮温度（100 K）到 373 K 的各温区，多点巡回测量，给出严格的误差要求。

（4）可维修性要求

在研制过程中，由于各种原因使仪器设备性能变差或失效，因此需要仪器设备可更换和可维修，所以要提出可维修性的特殊要求。

2.3.7　发展与接口的特殊要求

所设计的空间模拟器，在以后发展过程中，应具有可扩展试验功能的能力。充分考虑在现有空间模拟器上留有可扩展试验功能的接口要求。

2.4　总体方案设计任务与步骤

2.4.1　总体方案设计的宗旨

空间模拟器设计是一个复杂的工程系统设计，由若干不同功能的分系统组成，整个工程系统需要不同专业的技术人员来完成，这样就需要总体技术人员根据系统任务要求，先进行总体方案设计，然后分解任务，向各分系统设计人员提出设计要求，分系统就可以进行详细设计。从总体方案设计所分解出的分系统要求，能保证各分系统是相互关联、相互作用、相互协调的，能保证各分系统所综合成的系统是能够满足任务要求的、优化的、先进的工程系统。

2.4.2　总体方案设计的步骤

1) 在任务分析的基础上，提出空间模拟器的实现技术途径。包括容器、热沉、真空获得系统、液氮系统、气氮系统、氦系统、太阳模拟器系统等的技术途径，然后提出总体方案设想。

2) 进行方案论证与选择。将技术要求，转化成空间模拟器总体和各分系统的功能及性能参数，使各分系统满足总体的约束要求，以及其他各种特殊要求，以完成总体方案设计论证与方案选择。

3) 将空间模拟器系统功能与性能参数分解到各个分系统与重要设备中。设计和确定各分系统相互之间的光、机、电、热、力学等接口，保证各分系统之间的各种功能的、物理的和程序的接口相匹配，完成各分系统工程研制任务书与技术要求。

4) 制定空间模拟器研制技术流程。划分研制阶段，对于特大型设备考虑设计模型，每个研制阶段需要做哪些研究试验，需要哪些分系统配合，明确主线与辅线，明确先后次序等。

2.4.3　总体方案设计任务

(1) 总体方案设计任务

总体方案设计任务是完成一个满足总体技术指标与用户特定任务要求的、优化的空间模拟器方案设计，并向各分系统下达研制任务书。完成的总体方案设计及所设计的各分系统的性能指标、功能和各种接口关系应是合理的、可行的、协调的、经济的、优化的。

(2) 提出任务与要求

任务提出有两种形式：一种是基于国内某总体部门的发展需要

提出研制某种航天器及其分系统的试验需求，经与用户协商后申报立项，批准后开始研制；一种是由国内外某公司、用户提出招标书，研制部门经分析提出总体方案去投标，中标后开始研制。无论哪一种形式，都需要有用户提出的任务。

任务要求一般包括：任务目的与服务对象（试验项目、试验目的、功能要求、未来的发展试验项目）、使用技术指标、经费预算、研制周期等。

2.4.4　总体对分系统方案类型的选择和要求

总体对重要分系统的方案类型、重要技术指标要进行选择。如真空系统是否为无油系统、是否有污染量要求；热沉材料选择为铜、不锈钢或铝；液氮系统为开式或闭式循环；热沉加热系统为气氮系统或电加热系统；太阳模拟器为发散型、准直同轴型或离轴型；试件支撑平台调平与防震要求；测控系统的自动化程度要求及其他特殊要求等；分系统方案选择和论证，由于分系统方案不同，总体方案设计会有很多差异。

2.5　空间模拟器分系统组成

空间模拟器主要由下列分系统组成。

（1）真空容器

1）容器形式：一般有立式、卧式、球式和箱型。模拟室形式的设计应根据航天器试验要求而定。

2）几何尺寸：直径、高度、长度等要求。

3）模拟室材料要求。

4）真空容器总体漏率要求。

5）其他分系统对真空容器的要求。

真空容器是空间模拟器的主体，一般用不锈钢板制造，内表面抛光。其尺寸大小、有效容积与形式按用户试验要求确定。

（2）热沉系统

1）热沉系统结构形式：一般为立式、卧式；

2）热沉系统几何尺寸：主要有内直径、长度、高度等；

3）热沉系统的温度范围：一般为 $100 \sim 373$ K；

4）热沉系统内表面热特性要求：热沉内表面半球向发射率 $\varepsilon_h \geqslant$ 0.90、对太阳吸收率 $\alpha_S \geqslant 0.95$；

5）热沉系统开孔面积要求：一般无热沉面积为总面积的 3%；

6）热沉系统材料要求：一般采用 0Cr18Ni9、纯铝、紫铜等材料；

7）热沉系统板式要求：蜂窝胀板式结构、不锈钢管铜翅片异形结构等。

（3）真空系统及复压系统

真空系统用于空间模拟器获得所需的真空度。真空系统分为高真空系统与低真空系统。高真空系统又分为有油扩散泵真空系统与无油或少油真空系统，采用外接式低温泵或油扩散泵或分子泵系统，特殊要求大抽速采用 20 K 内装式气氦深冷泵或 4 K 内装式液氦深冷泵。低真空系统采用干泵加罗茨泵或机械泵加罗茨泵系统。试验时，有载真空度一般要求为 $1 \sim 5 \times 10^{-3}$ Pa，无载极限真空度应优于 5×10^{-4} Pa。

复压系统：试验完成后可使空间模拟器恢复常压，一般先用氮气复压到 1 000 Pa，再用清洁、干燥的空气复压。

（4）液氮系统

液氮系统用于热沉制冷，包括液氮供给与储存系统，并提供真空系统、氦系统及其他系统用液氮。

热沉制冷用液氮系统一般分为：开式沸腾系统、带压节流系统、单向密闭循环系统、自重力循环系统；为保证热沉温度在 100 K 以下，液氮系统应有足够大的热负荷、扬程与过冷度能力。

（5）气氮系统与调温、加热系统

气氮系统用于热沉恢复常温，一般把热沉加热到 320 K 以上，进行模拟室复压或对热沉进行 180～373 K（或 353 K）的调温，用于航天器热真空试验，也可以用加热带或其他方法对热沉进行加热。

（6）氦系统

用于内装式 20 K 深冷泵冷源的氦系统，制冷机出口温度约 12 K、氦板出口温度约16～18 K，保证深冷泵氦板温度低于 20 K，要求系统有足够的制冷量与压力。

用于内装式 4 K 深冷泵冷源的氦系统，应配有液氦供给系统、冷氦气回收系统等。

（7）太阳模拟器

1）准直式太阳模拟器。准直式太阳模拟器分为离轴准直式太阳模拟器与同轴准直式太阳模拟器两种类型；离轴准直式太阳模拟器一般辐照不均匀度在辐照试验面内不大于±5％，辐照体不均匀度不大于±6％，辐照不稳定度不大于±1％/h，发散角或准直角一般要求为±2°；同轴准直式太阳模拟器一般辐照不均匀度在辐照试验面内不大于±10％，辐照体不均匀度不大于±12％，辐照不稳定度不大于±1％/h，准直角一般要求为±2°。

2）发散式太阳模拟器。一般辐照不均匀度在辐照试验面内不大于±10％，光束发散角一般为±（12°～15°）。

3）其他要求。太阳模拟器辐射的光谱成分为氙灯光谱，要求符合约翰逊曲线或 NASA 曲线；采用计算机数采、管理、实时显示太阳模拟器辐照不稳定度和氙灯电性能参数等；连续无故障运行时间一般为 15 天。

4）太阳模拟器辐照面积，根据航天器的大小与试验要求，确定辐照面积的大小、形状与尺寸。

（8）红外模拟器

模拟太阳热流，代替太阳模拟器做真空热试验。红外模拟器的加热装置有红外灯、红外笼、电阻加热器等形式，红外模拟器使航天器表面吸收的热流等于该表面在空间飞行时吸收的外热流，不考虑热流的光谱特性，只要求具有相同的热效应。

红外模拟器模拟空间外热流，辐照度一般为 $0\sim800$ W/m²；辐照面积根据航天器面积大小而定，可通过数百台程控电源对红外热流加热区进行自动控制；温度测量通道根据航天器试验要求而定。

（9）运动模拟器

运动模拟器模拟航天器在太空相对于太阳的运动姿态的变化，一般姿态轴转角为 $\pm90°$，自转轴转速为 $1\sim12$ r/m，慢速为 $1\sim24$ r/m 可调。最大载荷应能承受航天器及其夹具的重力，有足够测量引线通道数目。运动模拟器上应覆盖温度为 100 K 的热沉，减少红外热辐射背景。

面对太阳模拟器辐照，一般要求：自旋轴速度 $1\sim10$ r/min 可调，准确度为额定速度的 $\pm3\%$，慢速旋转速度：1 r/d（即每天一转）~24 r/d 可调；姿态轴转角：$\pm90°$转动；位置准确度：$\pm0.4°$；转速：$10\sim60$（°）/min；常平架摆角范围：$\pm30°$；定位精度：$\pm0.5°$；转速：$10\sim60$（°）/min；温度测量精度：±0.5 K；滑环接触电阻：$\leqslant0.05$ Ω；滑环间绝缘电阻：$\geqslant100$ MΩ；滑环间隔离度：$\geqslant40$ dB；根据用户要求确定试件最大质量、试件尺寸、不平衡力矩等。运动模拟器轴的准确位置及运行速度，通过数据采集与处理系统打印记录；运动模拟器上覆盖有 100 K 热沉；连续运行时间一般为 15 天。

（10）试验平台

支撑试件的试验平台，在真空热试验过程中由于温度的影响，会产生变形，还由于一些特别的有效载荷、光学系统、热管等的要求，试验平台应可以自动调整平衡；对于一些特殊试验，如扫描辐射计定标试验的试验平台等，为了减小温度变化引起的变形，选择温度膨胀系数小的材料，如铟钢等。试验平台上应覆盖温度为 100 K 的热沉，减少红外热辐射背景。

（11）测控系统

测控系统是空间环境模拟器重要的分系统之一，包括总测控、真空系统测控、氮系统测控、氦系统测控、太阳模拟器系统测控、热沉温度测量、数采系统、外热流模拟与控制、摄像系统、污染量测量系统、平台水平调节测量系统等；测控系统负责控制整个空间环境模拟器各系统中的设备运行和参数测量。

（12）实验室环境与基建工艺

①环境要求

一般要求温度（20± 5）℃，湿度30％～60％，10万级净化。以"KM6载人航天器空间环境模拟设备"为例，实验室高度：确定吊车吊钩底离地高度；确定吊车吊钩底离直径12 m法兰平面高度。大厅桥式吊车：共装有3个吊钩，大吊钩载重75 t，用于吊直径12 m封头及试件，中吊钩载重25 t，用于吊试件，小吊钩载重10 t，用于试件翻转。吊车运行速度为20 m/min或5 m/min；主吊钩起吊速度为5.0 m/min或0.25 m/min；中吊钩与小吊钩起吊速度为10 m/min与1 m/min。

②地面要求

地面铺涂环氧树脂（自流平），载荷为50 kN/m²。

③接地要求

在实验室大厅设置各种接地桩，一般试验件接地桩接地电阻小于1 Ω，测试用接地桩接地电阻小于0.2 Ω、防静电接地桩要求接地电阻小于1 Ω等。

（13）其他特殊分系统配置要求

例如，用于航天器空间遥感器扫描辐射计定标试验的空间模拟器，要配置定标光学系统、黑体、标准太阳模拟器等。

用于航天器姿态控制发动机羽流效应试验的空间模拟器，要配置专门的测试系统、大抽速的液氦深冷泵、液氦制冷系统等。

用于飞行器隐身识别系统试验的空间模拟器，要配置专门的定标光学系统、黑体、地球红外模拟器等。

用于载人航天试验的空间模拟器，要配置航天员进出空间模拟器的气闸舱、紧急复压系统、环控系统、专门测控系统、消防系统等。

2.6　总体设计方法与优化

总体设计方法首先要完成下列几个阶段工作。

1) 明确总体方案设计的基本任务，考虑总体综合设计、优化设计；

2) 完成预先研究、总体方案可行性论证，完成总体设计中的反馈与评审、关键技术分析；

3) 遵循总体设计基本原则和遵循可靠性保证原则；

4) 制定研制技术流程；

5) 建立研制质量保证体系。

2.6.1　总体方案设计的基本任务

1) 在任务分析的基础上，提出实现空间模拟器设计、研制任务的技术途径，包括满足用户要求的空间环境试验要求、试验项目、试验方法等；选择实现相关技术指标的有关分系统的技术方案，如太阳模拟器的方案、液氮系统的方案、加热系统的方案、氦系统的方案、测控系统的方案、真空系统的方案等；协调大系统之间的接口，提出空间模拟器总体方案设计的设想。

2) 进行方案论证和选择，将用户要求转化成由若干分系统组成的空间模拟器总体和分系统的功能及性能参数，使空间模拟器总体能适应相应的空间环境试验要求。

3) 将空间模拟器总体和分系统的功能及性能参数，分解到各分系统及其下一级子系统中；设计和确定它们相互之间的光、机、电、热、力学等接口。最终完成分系统与子系统的工程研制任务书与技术要求。

4) 制定研制技术流程，绘制研制技术流程图；确定与划分研制阶段，明确关键技术，确定每个研制阶段所要进行的研制性试验、验证性试验；确定需要哪些分系统配合；明确主线与辅线。对特大型工程明确是否要制造总体模型,明确管路走向。

5)明确研制质量要求,制定质量保证大纲;明确分阶段进行验收调试,制定验收大纲。

2.6.2 总体综合设计

总体综合设计按其任务可分为下列几个方面。

1)通过机械和电气两个方面的设计把各个分系统集成起来,形成有机的空间模拟器总体设计。把设备、仪器、管路、电缆等在机械方面连接成有机的整体;把各仪器、设备在供电和电信息传输方面连接成有机的整体。

2)进行各个分系统之间的接口设计,如氮系统与容器、太阳模拟器与容器、热沉与容器、氦系统与容器、测控系统与容器等的接口设计以及各分系统之间的接口设计。

3)总体及各分系统与实验室基建的布局设计,包括管路走向以及实验室基建工艺与电气接口的设计。

4)对各个分系统提出验收测试设计,以及联合调试的综合测试设计。测试设计包括测试设备研制或购买、测试方案制定、测试大纲、测试细则的编写等。通过各种功能和性能测试,验证空间模拟器的性能、功能和质量的完好性。

5)提出空间模拟器总体研制质量保证工程要求。包括研制产品质量保证、可靠性、安全性、可用性、可测试性、可维修性、软件保证大纲及规范等,以保证各个分系统和空间模拟器总体的研制质量。

2.6.3 优化设计

设计能满足用户要求的具有特定功能的分系统有很多方案,在设计过程中需要通过优化,设计出最优方案。分系统的组成应是合理的,功能和性能应是满足用户和总体要求的,接口关系应是合理的、正确的,研制技术流程和环境模拟试验应是合理的、必要的。

例如，太阳模拟器有很多方案，如离轴式，其性能好，但加工制造难度大、成本高、加工周期长；发散式，只能满足一定条件的性能，但加工制造难度小、成本低、加工周期短。所以要在满足用户和总体要求的前提下确定方案。

优化设计应从以下几个方面进行综合评价：

1）技术性能是否满足总体指标和用户要求；

2）各分系统之间、各分系统与总体之间技术接口是否合理；

3）研制成本是否最低；

4）研制进度是否最快；

5）风险程度是否最小；

6）先进性是否有竞争力。

空间模拟器技术是个新兴技术领域，分系统多、专业多、技术复杂，总体设计的优化目标函数多，很难建立一个通用的模型完成定量的优化，只能通过定性和定量的比较来决策。

2.6.4　预先研究

预先研究阶段，也是总体方案设想阶段，在明确用户基本要求后，经过任务初步分析，找出基本技术途径。预先研究工作包括主模拟室的形式与构型选择、各分系统方案的分析、论证总体与各分系统之间的接口设计与协调、关键技术分析、总体方案继承性分析；可靠性分析、安全性分析、研制技术流程的制定、提出研制质量保证工程要求；研制周期和经费的基本估计等。提出几种满足用户要求的总体方案设想，目的是为下一阶段技术工作设计一个框架。同时供用户、航天器总体、上级机关、分系统设计技术人员共同讨论和研究，以便进一步开展工作，这项工作是很有必要的，也很有意义。

2.6.4.1　总体方案设想的主要方法

（1）对国外资料进行调研

通过资料调研，对美、欧、俄罗斯等航天国家进行考察，借鉴他们的经验和技术，开阔我们的思路。

（2）参考国内同类空间模拟器

国内同类空间模拟器的经验和技术不仅可以用来参考和借鉴，有一些技术和产品还可以直接应用。

（3）积累个人实践经验

负责总体方案设想的设计师应具有丰富的经验，并有较强的获取资料能力，没有经验的人是不适宜做总体工作的。

（4）集思广益

对初步考虑的总体方案设想要广泛征求同行专家的意见，集思广益，以更好地改进总体方案设想。

（5）到国内专业工厂进行能力调研

大型真空容器加工，对材料制造、加工设备以及加工工艺都提出很高要求。热沉制造也对加工工艺要求较高。真空泵国内外供应情况对系统设计至关重要。因此有必要到国内有关专业厂家进行调研，为以后的设计准备必要的资料。

2.6.4.2　总体方案设想的内容

1）选择能够满足技术指标要求与用户特定使用技术要求的空间模拟器初步方案构想，并做初步分析。

2）提出能满足用户使用技术指标要求的主模拟室的方案设想，并提出可能实现的技术途径。

3）初步提出组成空间模拟器必不可少的分系统的设想，并初步提出分系统的可行方案和相互间的关系。

4）初步分析空间模拟器总体性能技术指标要求，对水、气、电等能耗做初步估算。

5）初步提出空间模拟器实验室布局的方案设想及实验室通风、净化等的技术要求；试验件进出实验室与主模拟室的吊装方案等。

6）提出空间模拟器总体与分系统在总体方案可行性论证阶段的设想。

7）配合有关部门初步估算空间模拟器的研制经费。

8）配合有关部门初步估计空间模拟器的研制周期。

9）对实现总体方案设想的可行性和风险进行初步分析。

在完成以上各项工作后，组织各分系统设计师一起讨论，集思广益。然后，对最后形成的总体方案设想进行总结和评价。分析是否满足总体技术指标与用户特定任务要求，找出其优点和不足，必要时，请同行专家进行评审。

2.6.4.3　总体方案设想的择优

空间模拟器总体设计初期，以整体优化为目标的多方案比较、综合和选优的工作是必不可少的。对所提出的多个总体方案设想进行分析、比较和评价，从中优选出好的设想方案，或者从各设想方案中找出较好的部分，以便综合出更好的设想方案。评价重点应放在如下几个方面。

1）分析总体设想方案的设计有多大程度满足空间模拟器初步设计任务书的功能和技术指标要求，当有指标不能满足时，要分析原因，是用户要求不合理还是研制单位做不到。总体设计者就所分析的问题都要向用户反映，与用户一起对初步设计任务书进行协商调整。

2）分析总体设想方案，在技术上是否合理、是否可行。在技术上是否合理是指是否以最小的代价获得整体的最优，是否可行是指有无难以攻克的关键技术。

3）分析总体设想方案所冒的技术风险有多大，通过技术继承性和关键技术来分析；继承现有技术和产品越多，而需要攻克的关键技术越少，技术风险就越小，反之就越大。

4）在研制经费和周期的限制条件下，从技术继承性、关键技术分析，经费是否过低和周期是否过短，对用户初步设计任务书进行反馈，及时协商调整。

5）总体设想方案的实现是否需有适当的基础设施支持；加工制造条件、运输条件是否满足，配套设备是否需要国外引进等。

通过综合分析，找出总体设想方案的特点、优点和缺点，以及存在的问题，做出综合评价。

2.6.5　总体方案可行性论证

对总体方案设想阶段提出的多个方案进行论证、分析和比较，并通过性能指标的进一步分析和论证，找出一个可行、最优的总体方案。

2.6.5.1　总体方案可行性论证的目的

在预先研究阶段，由于各方面条件和资料有限，总体设计师所提出的一些空间模拟器设想方案，只是初步的、粗略的、概要的方案；其中总体和分系统的性能技术指标有些是未定的、假设的、凭经验的内容和数据；其中的关键技术还不太明确，所提出的设想方案会有缺点和错误。因此，在总体方案设计前需要进入总体方案可行性论证阶段。在该阶段，对多个总体设想方案做进一步的分析和论证。最后，设计出一个可行的空间模拟器总体方案，经评审通过后，作为总体方案设计的依据。

2.6.5.2　总体方案可行性论证的内容

总体方案可行性论证的主要内容有：任务分析、服务对象、试验项目、总体方案论证、主模拟室基本构型设计、总体设计技术指标分析、分系统组成与技术性能分析、主模拟室与分系统之间的接口设计、关键技术分析、研制技术流程制定、实验室布局与实验室建设技术指标分析、可靠性与安全性初步分析、初步提出分系统设计要求等。

（1）编写论证报告

在总体方案可行性论证阶段除进行调查、研究、分析和计算外，还要与航天器总体协调，与下一层各分系统进行充分的技术协调，在此基础上完成空间模拟器总体方案可行性论证工作。技术分析和协调一般要反复多次，这是因为随着设计工作不断开展，认识逐渐加深、分析逐渐清晰，约束条件逐渐明确，论证逐渐细化，需要协调、协商总体与各分系统的各项要求、技术接口、约束条件来细化技术方案。

编写论证报告的目的：进行再次分析、协调、综合、总结，对总体工作做一次复查和复核，如果发现问题还可以及时纠正、修改、补充。

编写论证报告也是为了交给同行专家组评审，专家组评审时要有一个完整的设计报告。只有报告评审通过后，总体方案可行性论证阶段才算完成，才能转入总体方案设计阶段。

总体方案可行性论证结果可为编写各分系统初步研制任务书提供依据。

（2）论证报告的主要组成

1）前言。说明任务来源、任务用途、任务意义、任务要求、本报告性质、设备简单组成等。

2）引用文件。列出本报告所引用的技术文件代号和名称。

3）用户要求。写出用户各方面的要求，包括任务定义、使用技术要求、研制周期等。

4）总体设计指导思想。提出完成任务的指导思想，例如，充分利用成熟技术、利用先进的制造工艺、引进先进的配套设备、确保性能指标、提高可靠性、降低风险等。

5）总体方案论证。总体方案设计，通过多方案比较给出论证结果。

6）分系统方案论证。论述分系统功能，通过多方案比较，给出论证结果。

7）总体性能指标确定。包括主模拟室真空容器组成、性能指标；空载与有载真空度；热沉温度与内表面发射率；试验有效空间；太阳模拟器形式，辐照面积，均匀性等；运动模拟器性能；红外热流模拟系统性能；试件支承平台性能，调平、最大载荷等；进出航天员试验的载人试验舱性能；容器上吊点数量、载荷；温度测量通道；热负荷，如氮系统热负荷、试件最大热负荷；测控性能指标要求；其他特殊系统指标要求；连续运行周期等。

8）分系统性能指标分析、确认。分系统间的接口关系要求。

9）实验室净化、布局、面积、高度，水、电、气，吊车等指标要求。

10）主模拟室与各分系统间的基本接口协调。

11）关键技术分析与说明。提出在研制中重点关注的技术项目和问题，需要提前进行试验验证的项目。

12）可靠性、安全性设计。初步完成全系统故障模式及影响分析，给出基本评价。

13）技术风险分析。从技术、进度等方面分析有哪些风险，采取什么措施降低风险。

14）研制技术流程的初步制定。

15）研制经费和周期的基本估计。

16）分析是否满足用户要求。若不能满足，要说明原因，并提出解决办法，或与用户协商调整。

17）可行性方案的基本评价。给出空间模拟器总体方案可行性的基本评价，并给出结论性说明。

2.6.6　提出初步设计要求

根据总体方案论证结果，向各分系统下达初步研制任务书或合同，包括技术要求、经济指标、研制周期要求等。

各分系统设计师进一步开展工作，对不能满足要求或不协调的接口，需向总体反馈，再进行协商调整。随着设计工作不断向前推进，分系统设计要求进一步明确，分系统设计师也须参加讨论和分析，总体方案设计阶段要提出正式技术要求（任务书或合同）。提出正式技术要求后，分系统设计师就可开展方案设计和设备的设计优选。

2.6.7　总体设计中的反馈与评审

一台空间模拟器，从用户下达任务合同开始到完成总体方案设计，提出各个分系统研制任务书，需要总体设计师和用户及各个分系统设计师之间经过多次反馈、协商和调整，才能使设计不断深入和细化。完成总体方案设计，还需要通过验证：如空间模拟器总体布局通过实物模装或计算机三维造型模装来验证；又如，对个别设计需要用实验验证；对设计和计算需要进行复核和复审。完成的设计需要交专家组评审通过后，才能转入总体综合设计。评审是空间模拟器研制中非常重要的、不可缺少的一种验证方法。

总体设计过程要有反馈控制观念和反馈协调方法，才能做好总体设计工作。总体设计师向分系统设计师以文件形式提出设计依据和要求，在分系统研制过程中可能会出现难于实现的技术问题，则在下一阶段研制中分系统设计师就需要向上一阶段总体设计提出反馈修改意见。此外，总体设计师还会在下一阶段设计时发现上一阶段的错误或不合理之处，总体设计师也要对自己在上一阶段中的设计错误或不合理之处进行修改。所以，在空间模拟器研制中，设计反馈是不可缺少的一项重要工作。

反馈协调技术事项，在空间模拟器研制初期较多，在总体设计方案论证阶段较多，随着空间模拟器研制的进展，反馈协调技术事项会越来越少，到空间模拟器研制的后期总体设计师对反馈协调工作就越要慎重，因为空间模拟器研制是一个复杂的系统工程，到了研制后期，许多技术状态都已确定，有一点更改将会影响一片，这时若需要更改技术状态，总体设计师要进行全面分析和必要的验证。

（1）评审的意义

在总体设计过程中，评审是一项很重要、不可缺少的设计工作。评审的目的是请同行专家对总体设计进行评价和把关。若发现重大问题，评审就不能通过。只有评审通过后，才能转入下一阶段工作。

1）对总体设计进行全面评价。评价满足任务提出方需求程度，总体设计是否合理可行，总体设计是否全面完成。

2）审查研制方客观原因产生的缺陷。由于研制方客观经验不足使设计产生缺陷，专家组可以帮助提出改进建议。

3）审查研制方主观原因产生的缺陷。由于研制方主观原因使方案产生的缺陷，专家组可以提出批评，并帮助提出改进建议。

（2）评审组织

评审工作应由以下几方面人员组织来完成。

1）专家组。又称评审组或评审委员会，由各类国内外同行专家组成。专家组组长在专家组内产生，由决策组确定。各专家组由不直接参加该项目工作的人员组成。评审组通过评阅文件、提出问题与质疑，最后提出评价意见和建议。

2）总体设计组。设计组在某一阶段总体设计完成后，经过总结，提交评审文件；负责回答专家组提出的问题，并执行决策组做出的决定。

3）决策组。一般应由总设计师、总指挥、研制单位领导及用户代表组成，它确定是否执行评审组提出的建议，技术问题由总师最后确定，其他问题经决策组各方讨论取得一致意见。

（3）评审方式

评审方式一般是组织评审会议。评审方式包括以下内容：

1）总体设计组提前一个星期把评审材料送交专家组评阅。

2）专家组评阅后提出问题，并返回给总体设计组。

3）总体设计组对每个问题准备好回答材料。

4）召开专家组、总体设计组、决策组三方人员参加的评审会议，在评审会议上，总体设计组回答问题，专家组进一步质疑，总体设计组答疑。

5）最后，专家组形成评审意见和建议。评审意见应包括：对设计的评价、评审结论、评审建议等。

（4）评审中需注意的几个问题

1）因为空间模拟器研制是一个复杂的系统工程，总体设计牵涉到各个分系统和各个部门，牵涉到多个学科、多门专业技术，所以，总体设计评审还需要各个分系统研制人员及有关管理部门参加。

2）专家组评价，是一种常用的设计评价方式，专家组由对空间模拟器设计富有经验的专家和层次高的多名专家共同组成。参与评价活动的专家作为代表某一方面的特殊个人，在评价中反映的不仅仅是他个人的见解，更多的应是他所代表的某一方面，如某一专业、用户等的意见。

3）如果评审对象有多个方案，特别是有几个研制方竞争时，需采取评分办法。

2.6.8　关键技术分析

在开展总体方案设想技术工作时，要对空间模拟器总体和分系统中所采用的技术，包括产品、原材料、工艺流程、测试方法等各种硬件和软件进行分析。空间模拟器设计中所可能采用的技术，可以分成：成熟技术、成熟技术基础上的延伸技术、不成熟技术和新技术四类。

1）成熟技术。指已经过空间模拟器试验考验过的技术。

2）延伸技术。指在成熟技术基础上进行少量修改设计的产品和软件。

3）不成熟技术。指那些在成熟技术基础上要进行大量修改设计的产品和软件。这些技术必须经过重新研究、生产和试验来确定它们是否适合在空间模拟器上采用。

4）新技术。指过去还没有在空间模拟器上采用过的新技术，并且必须经过研究、生产和试验验证后，才能确定是否采用。

可能采用的不成熟技术和新技术都属于关键技术。

关键技术分析意义：关键技术分析是总体设想方案可行性的一个重要因素。关键技术太多，或某技术难于短期突破，说明这个方案的可行性有问题或方案的技术风险太大，会延误空间模拟器研制总进度。

设计师队伍掌握的高、新、难技术较多，研制水平也较高，他们在承担空间模拟器研制中，提出的关键技术就少。反之，就可能提出较多的关键技术。

如果在总体方案设计中一定要采用若干关键技术，为了不影响空间模拟器研制进度，有下列两条途径可以采用。

1）将本单位在空间模拟器方案设计中形成的关键技术（包括硬件和软件）委托承担过这类关键技术、经验丰富、技术水平高的研制部门去承担研制，或者直接向国外购买现有的产品。这样，就化解了关键技术，降低了技术风险，加快了研制进度。

2）有计划、有目标地将一些预计在以后若干年内会在空间模拟器设计中采用的高、新、难关键技术项目预先安排技术攻关。这些关键技术攻关成果可以直接在新立项的空间模拟器设计中得到应用。

作为空间模拟器研制单位，也应自筹资金，对预见到的关键技术，组织经验丰富、技术水平高的设计人员进行攻关。

2.6.9　总体设计基本原则与质量保证

（1）满足用户需求原则

空间模拟器总体设计必须以用户需求或国家的特定需求为目标和依据，完成空间模拟器总体方案设计，使最终研制出的空间模拟器满足用户的各项要求。除满足用户的性能指标要求外，还要满足用户提出的研制周期和研制成本控制要求。此外对于用户提出的一些特殊需求，如可扩展性和继承性等，也应尽量满足。

用户提出的要求既是空间模拟器总体设计的输入条件，又是空间模拟器各个阶段总体设计的约束条件。

（2）整体性原则

空间模拟器是一个复杂的大型系统，由多个分系统、子系统与独立部件组成，是相互关联、相互制约、相互协调组合而成的有机整体。总体设计师，既不能因追求分系统局部先进和考虑创造性，使费用支出过大，又不可降低对分系统的性能指标要求。总体设计师要保证，用最小的代价、最优的性能，研制出满足用户各项要求的空间模拟器。

（3）层次性原则

站在总体层次，进行系统级的设计，而不可超越系统层次，不可干涉分系统的设计。把复杂的空间模拟器系统，根据各组成部分的不同功能、不同模拟技术，分成若干分系统，组织不同专业技术特长的设计师队伍和研制单位承担研制。总体设计师负责顶层设计，把用户下达的任务要求作为主要设计依据，把上一层次经选择和确认的各系统的各种接口作为约束条件，经系统方案论证确定系统构成、选择分系统方案、分析性能、分配指标、制定接口要求，最后向下一层次的各分系统研制单位下达研制任务书。

总体设计要做到以下三点：

1）要广泛调研资料，掌握同类空间模拟器的设计经验。深入了解各个分系统（仪器设备、阀门等）的组成，各组成部分的功能、性能指标及其之间的联系。

2）充分认识系统工程的运行程序思想、创造性思维、反馈协调和整体最优的观念。要发挥创造性，先做出顶层设计的初步输出结果，把初步结果交给下一层次的分系统，然后经过多次反馈协调，达到整体最优。

3）程序性要求：总体设计包括总体方案设计和总体综合设计两部分。系统级设计，是从零开始的设计，要给出下面各层次的设计输入要求，各分系统之间有先后次序关系，不能颠倒，然后把各分系统进行综合，集成为满足技术要求的空间模拟器。总体设计必须按照研制程序进行。

（4）阶段性原则

空间模拟器研制总体设计大概分为四个阶段：

1）从用户提出初步任务要求开始研制到完成总体方案设想的预先研究阶段。

2）从用户提出正式设计任务书开始到完成总体可行性方案论证的可行性论证阶段。

3）从方案可行性论证结束到完成总体方案设计，并下达对下一级（含总体综合设计和分系统详细设计）的设计任务书的总体方案设计阶段。

4）从总体方案设计完成开始到总体综合设计结束的总体综合设

计阶段，给出基建工艺要求、实验室建设工艺要求等。

四个阶段的划分，是存在先后顺序的，前一阶段工作为后一阶段工作提出必要的输入条件，包括技术要求和约束条件。如总体方案设计阶段，关键技术没有完成，就不能转入总体综合设计阶段，否则关键技术攻关完成后，需要改变技术状态和指标，将会引起相关分系统等的更改，造成很大的浪费。

（5）创新性和继承性原则

创新性是系统工程很重要的工作准则。空间模拟器系统是一个复杂的系统，是 20 世纪 50 年代末发展起来的新技术，其技术、工艺和性能还在不断地创新和提高，有许多新概念、新理论、新技术、新材料、新工艺不断涌现，要求总体设计师用创新性思维，不断地提高空间模拟器的性能，不断地开发空间模拟器新的应用领域。

总体设计还要处理好创新和继承的关系。要在利用现有成熟的技术上，创造出优化的新系统、新技术、新工艺，不能为创新而创新。

（6）效益性原则

空间模拟器总体设计师，要有效地利用现有的成熟技术和产品，进行最佳的组合，提高可靠性。合理简化技术流程，缩短研制周期，降低研制成本，达到用户对空间模拟器整体技术指标和性能的要求。真正做到性能最优、成本最低、效益最高、周期最短，下列条件对获得最高效益是非常有益的。

1）项目组应该由具有扎实理论基础和丰富实践经验的技术人才组成；

2）应采用先进加工制造设备与先进的加工工艺；

3）采用先进的分析仿真技术和软硬件平台；

4）建立先进的、科学的和合理的系统工作管理体系；

5）尽量采用高性能的配套元器件、原材料；

6）任务经费及时到位。

（7）可扩展性原则

空间模拟器投资大、研制周期长，随着航天技术的发展，应具备可扩展或可改造的潜力，增加分系统以能为不同型号的航天器试验服务。KM1 设备直径 2 m，1961 年设计，1965 年研制成功，为东方红一号卫星做方案设计验证，改造后至今仍然用于姿控发动机羽流效应试验。KM2 设备直径 2 m，1965 年研制成功后，先后完成东方红一号卫星、东方红二号卫星、巴基斯坦第一颗卫星等空间真空热试验，至今仍用于航天器各种组件试验。KM6 设备 1998 年完成神舟飞船空间真空热环境试验后，先后完成神舟一号至神舟十一号飞船、天宫一号空间环境试验，嫦娥系列月球卫星、月球着陆器试验，经扩展后仍提供航天员出舱试验，留有载人试验用的航天员进出的气闸系统、紧急复压系统等接口，并留有太阳模拟器试验的接口等。KM1 设备、KM2 设备均已为我国航天事业服务 50 多年，KM6 设备已经服务近 20 年，都具有可扩展性。

(8) 可靠性与质量保证原则

一般现代复杂产品的品质都应包括产品功能、性能、可靠性指标。可靠性研制开始于 20 世纪 40 年代。到了 20 世纪 50 年代，可靠性开始引进统计方法和概率概念以后，可靠性才得到广泛应用，可靠性问题才作为一门新兴学科被系统地加以研究。到了 20 世纪 60 年代对可靠性定义、管理、数据收集、用语等方面进行了国际间的协调，开展了国际间的交流及可靠性评估，并提出电子元器件必须经过严格筛选，制定了一系列关于可靠性的基础规定和标准。

可靠性技术目前已贯穿产品的设计、制造、试验、运输、保管、维修及保养等各个环节。可靠性设计对空间模拟器研制尤为重要。

可靠性设计包括：电子产品可靠性设计，机械产品可靠性设计，软件产品可靠性设计等。可靠性与质量保证的关系是：可靠性是系统在规定运行条件和规定环境条件下，在规定时间内完成规定功能（任务）的能力，用概率进行度量；质量保证是确保在空间模拟器系统的研制过程中，根据可靠性分析、归档和鉴定，提出的质量要求能够得到满足。质量保证由一系列系统化、规范化的流程组成，用于保证研制的系统能够满足可靠性标准提出的技术要求和质量标准，其中包括检查、测试、验证和校核等文件。

（9）制定研制技术流程

空间模拟器的研制技术流程是空间模拟器研制各阶段工作程序的进一步细化，包括总体设计、各个分系统设计、制造、测试、试验、调试和空间模拟器总装集成、测试、联合调试、试验与管理等。空间模拟器研制技术流程一般用方框图和表格来表示。空间模拟器研制技术流程，包括研制阶段的划分、各个阶段任务和工作内容、工作顺序及它们之间的关系。图 2 - 1 所示为某大型空间模拟器的研制技术流程。表 2 - 1 为 M3aa2 设备到货验收项目工作说明，表 2 - 2 为 M3aa2 粗抽系统安装部分工作说明，表 2 - 3 为 M3aa2 高真空调试验收部分工作说明。

表 2 - 1　M3aa2 设备到货验收项目工作说明

\multicolumn{3}{c} M3aa2 - 1 工作项目说明（设备到货验收项目）
序号	项目内容	备注
1	保障条件： a) 国外订货及时到货，报关及进关，商检完毕； b) 国内订货及时加工完毕到货，各种款项按合同及时支付； c) 验收场地和验收装置准备完毕，水、电、气路条件具备； d) ϕ1 320 mm 阀门测试罩及时到货	
2	工作内容： a) 进口 ϕ1 320 mm 阀门验收调试（8 台，地点：唐家岭）； b) 南光厂 ϕ800 mm 和 ϕ500 mm 阀门验收（地点：四川成都）； c) 南光厂 ϕ1 320 mm 阀门验收调试（地点：唐家岭）； d) 分子泵验收试运转（地点：唐家岭）； e) 上海阀门验收试运转（地点：唐家岭）； f) 粗抽机组组装后调试（地点：唐家岭）	
3	注意事项： 按合同验收技术要求严格进行，验收工作要有文字记录（纪要、实验记录）	
4	参加人员：八室负责技术，机加车间负责装配	
5	完成时间：40 天，8 台 30 天	

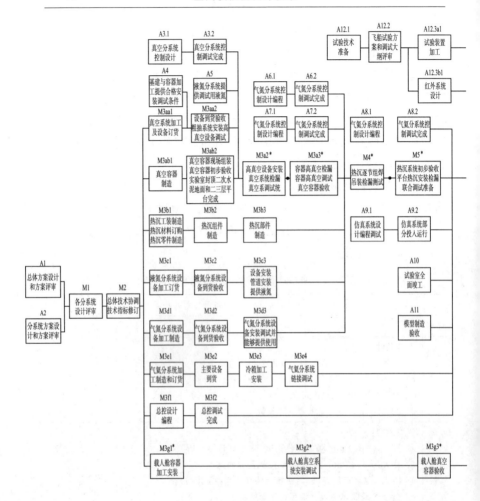

图 2-1　某大型空间模拟器

注：1）用小圆圈黑点表示几个关键的节点；2）每一个方框都概括出工作内容；3）带 *
以及完成时间。其中表2-1、表2-2、表2-3列出M3aa2设备到货验收项目工作说明，

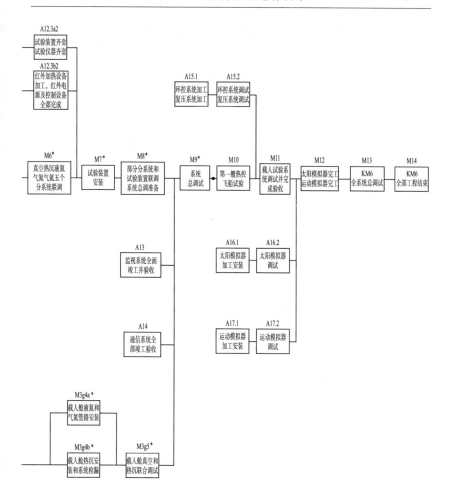

研制技术流程图示例

号者有详细工作项目说明，内容包括保障条件、工作内容、注意事项、参加单位
M3aa2粗抽系统安装部分工作说明，M3aa2高真空调试验收部分工作说明

表 2 - 2　M3aa2 粗抽系统安装部分工作说明

M3aa2 - 2 工作项目说明（粗抽系统安装部分）

序号	项目内容	备注
1	保障条件： a）安装所需工装设备，准备齐全（吊具、运输工装）； b）现场水电满足要求； c）粗抽系统设备配套齐备（阀门、管路、机组、冷阱、真空计等）； d）电工一名，管工一名； e）LN$_2$ 分系统提供 LN$_2$	
2	工作内容： a）真空机组组装就位； b）ϕ800 mm 阀门安装； c）ϕ800 mm 管路一层安装； d）大冷阱安装； e）地下室管路安装； f）粗抽机组分别试运转	
3	参加人员：八室负责技术，机加车间负责安装，上海真空泵厂协助安装调试机组	
4	完成时间：1 个半月	

表 2 - 3　M3aa2 高真空调试验收部分工作说明

M3aa2 - 2 工作项目说明（高真空设备调试验收）

序号	项目内容	备注
1	保障条件： a）低温泵按时总装完成，检漏通过； b）低温泵测试罩加工完毕，检漏通过； c）各种小阀门按时到货验收； d）真空计，测温元件准备齐全； e）制冷剂按时到现场； f）测试场地符合要求，水电无故障； g）提供 LN$_2$，每次 1 t	

续表

M3aa2－2 工作项目说明（高真空设备调试验收）

序号	项目内容	备注
2	工作内容（12 台泵逐台调试，程序基本一致）： a）组装制冷机； b）测试台和低温泵组装； c）测试系统（包括低温泵）检漏； d）低温泵启动运行； e）测低温泵极限真空度； f）测低温泵抽速（仅测两台）； g）低温泵停泵回温，结束测试； h）更换下一台低温泵	
3	参加人员：八室负责技术，机加一个班组配合	
4	完成时间：40 天	

　　空间模拟器研制技术流程是空间模拟器总体设计的重要内容之一。它的制定决定了空间模拟器的研制阶段、质量、周期和成本，而且决定了各个分系统的研制阶段、质量、周期和成本，所以它是带有全局性的一项重要工作。空间模拟器研制技术流程还可作为有关部门制定空间模拟器研制（设计、制造、测试和试验）计划流程的依据，也可作为物资采购计划和安排经费等依据。

2.7　分系统的设计原则

2.7.1　真空容器的设计原则

　　（1）真空容器尺寸的确定

　　①按热模拟方法的不同要求确定真空容器尺寸

　　航天器与空间模拟器的特征尺寸（如长度、直径）之比要求如下：

　　1）采用太阳模拟器，一般不大于 1∶3，以减少试验容器壁的反射效应，使运动模拟器有足够的空间进行安装与运行。

2）采用红外模拟器，一般不大于 $1:1.5$，以便在试验件的周围有足够的空间来安排所需的各种红外模拟装置。

3）采用接触式电加热器，一般在 $1:2\sim1:3$ 之间，以减少试验容器壁的反射效应。

②根据试验件大小与试验误差要求确定真空容器尺寸

$$(D_M/D_V)^2 \geqslant \left[\left(\frac{1}{\varepsilon_1}-1\right)/\delta_1\right] \tag{2-1}$$

式中　D_M——模拟室特征尺寸，m；

　　　　D_V——航天器特征尺寸，m；

　　　　ε_1——热沉面向被试航天器表面的半球发射率；

　　　　δ_1——试验误差。

一般由尺寸引起的模拟误差不应超过 3%。例如，热沉半球发射率为 0.9，试验误差为 3%，由式（2-1）计算 $D_M/D_V=2$，即模拟室尺寸与航天器直径之比为 2 是合理的。

空间模拟器与航天器特征尺寸之比与热沉发射率的关系如图 2-2 所示。

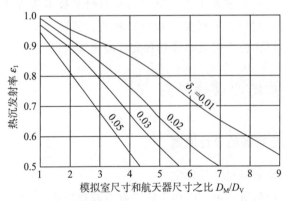

图 2-2　空间模拟器与航天器的特征尺寸之比与热沉发射率的关系图

③根据加工运输的可能性

根据当地机械加工能力及运输条件考虑尺寸大小，此外，还应考虑公路与铁路桥洞尺寸极限。更大尺寸可以考虑在现场加工。

④考虑航天员的出舱试验的需要

对用于载人航天器试验的空间模拟器，应考虑航天员舱外活动的空间，应留有紧急抢救用的滑梯等辅助机构的安装位置。

⑤考虑专用系统的容积

专用空间模拟器应考虑专用系统需要的容积大小。

（2）防振机构的设计

对于一些带有精密仪器、光学专用系统的试验，容器底部应设计有可以移动的光学试验平台，平台下面带有隔振装置，防止地面振动对光学试验平台的影响，容器底部还应有支撑红外加热笼和试验件等的装置。

（3）航天器吊挂支撑点设计

容器壁周围应设计进行悬吊航天器试验的支点，对于卧式容器的底部应设计有导轨，顶部应安装有单轨吊车，可悬吊航天器。

（4）真空容器结构形式设计

真空容器的形式可根据使用要求确定为立式、卧式、球式或箱型等。

（5）各种试验用法兰接口设计

容器壁上应开有足够数量的测量引线孔、观察孔与真空测量用规管孔座等以及相关分系统的接口孔。

2.7.2 真空系统的设计原则

（1）真空获得系统清洁无油要求

对于高精度、复杂、精密、带有光学遥感器或其他光学敏感器的航天器，在进行热真空与热平衡试验时，要求尽可能减少对航天器的污染。因此在进行真空系统设计时，应尽量采用无油抽气系统，如果必须采用有油抽气系统，则应采取有效的防污染措施。

（2）传热学的理论要求

对航天器真空热试验的要求，按照传热学理论，真空度高于 1.0×10^{-2} Pa，其对流热传导可忽略不计。

在模拟室内剩余气体引起的传导误差为

$$\frac{Q_c}{Q_R} = \frac{\frac{1}{2}\left(\frac{\gamma-1}{\gamma+1}\right)\left(\frac{R}{2\pi M T_2}\right)^{\frac{1}{2}} p_c (T_1 - T_2)}{\sigma \varepsilon_V F_T (T_1^4 - T_2^4)} \qquad (2-2)$$

式中　Q_c ——气体分子的热传导；

　　　Q_R ——辐射换热；

　　　γ ——气体分子的比热比；

　　　R ——气体常数；

　　　M ——气体分子量；

　　　p_c ——模拟室真空度（压力），Pa；

　　　σ ——斯特藩-波尔兹曼常数；

　　　ε_V ——航天器的表面半球发射率；

　　　F_T ——航天器表面积与热沉表面积的比值；

　　　T_1 ——试验时航天器表面的温度；

　　　T_2 ——热沉内表面温度。

压力与热传导的关系见图 2-3。由此可见，在模拟室内，当其压力达到 1×10^{-2} Pa 时，则由剩余气体引起的传导量不到辐射换热的 1%，可以忽略不计。

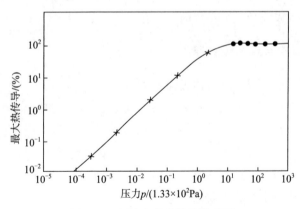

图 2-3　压力与热传导的关系图

（3）真空热试验的要求

美军标 1540（D、E）要求，航天器进行热真空与热平衡试验时，模拟室内压力应低于 1.3×10^{-2} Pa。我国国军标 GJB 1027（A）要求进行一般航天器热真空与热平衡试验时，模拟室内压力低于 1.3×10^{-3} Pa。对于带密封舱航天器，如飞船，模拟室内压力应低于 6.5×10^{-2} Pa。

由于航天器中有各种仪器盒，用多层涤纶薄膜包扎，因夹层内外的放气通道小、内外存在压差，为了确保航天器各部位达到试验要求的真空度，要求模拟室内真空度优于 5.0×10^{-3} Pa，真空系统极限真空度要求优于 10^{-4} Pa。

（4）特殊组件试验真空度的要求

航天器的特殊组件试验，如航天器与运载包带的解锁分离试验，大型活动机构粘着、冷焊试验，要求模拟室真空度优于 1.0×10^{-7} Pa。

（5）抽气时间的要求

达到试验真空度的抽气时间应小于 24 h（包括：粗真空抽气时间、高真空抽气时间、航天器在真空下检测及导通时间、热沉加液氮时间、航天器在真空热环境第二次检测及导通时间等），最好小于 16 h，以便于 24 h 之内统筹安排合理的试验程序。对载人航天器试验，为了缩短参试航天员的试验时间，抽气时间要求更短，不应大于 8 h。

（6）系统要求能承受突然增压的冲击

在做载人航天器试验时，由于航天员系统的故障，需进行紧急复压，真空系统应能承受复压的冲击。

（7）复压气体洁净要求

复压系统应先充氮气约到 1 000 Pa，再充干燥空气，保持充气气体的洁净度。

（8）真空系统要有检漏功能的要求

真空系统要考虑承担对真空容器、热沉及其他分系统的真空氦质谱检漏工作。

（9）低温泵再生要求

真空系统如采用低温泵系统，要考虑低温泵有便于再生的功能。

（10）系统具有抽氦、氢等气体能力的要求

真空系统要考虑有一定抽气能力的分子泵系统，便于对氦、氢等气体的抽气。

2.7.3　热沉的设计原则

（1）热沉温度要求

航天器在空间模拟器中进行热真空试验时，用 100 K 的热沉温度模拟太空的 3 K 温度，对航天器造成的温度误差 ΔT_1，经过推导可以得出

$$\Delta T_1 = \frac{\alpha_1}{\varepsilon_1} \frac{T_2^4 - T_1^4}{4 \times 100 T_1^3} \qquad (2-3)$$

式中　ΔT_1——航天器温度误差；

　　　α_1——航天器表面的平均吸收率；

　　　ε_1——航天器表面的平均发射率；

　　　T_1——航天器表面温度；

　　　T_2——热沉内表面温度。

因为对航天器造成的温度误差 ΔT_1 与热沉温度是四次方的关系，因此用 100 K 热沉温度模拟 3 K 热沉温度，其误差只有约 1%，在允许范围内。

图 2-4 表示热沉温度对航天器温度误差的影响。

当 $T_1 = 300$ K 时，对于 $\alpha_1/\varepsilon_1 = 1$ 的航天器，用 100 K 的热沉温度来模拟 3 K 的环境，对受试航天器带来的温度误差小于 1 K 。

（2）热沉内表面半球发射率要求

经过推导由于热沉吸收率不等于 1，在航天器上造成的温度误差如下

$$\Delta T_2 = \frac{\alpha_1}{\varepsilon_1}(1 - \alpha_s) \frac{q}{4 \sigma T_1^3} \qquad (2-4)$$

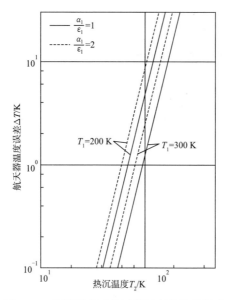

图 2-4　热沉温度对航天器温度误差的影响

式中　σ——斯特藩-玻尔兹曼常数，5.67×10^{-8} W/（m^{2}K^4）；

$\quad\quad q$——热负荷，W/m^2；

$\quad\quad \alpha_s$——热沉吸收率；

$\quad\quad T_1$——航天器温度，K；

$\quad\quad \alpha_1$——航天器表面的平均吸收率；

$\quad\quad \varepsilon_1$——航天器表面的平均发射率。

对于 $q = 1.0 \times 10^3$ W/m^2 的情况，当 $T_1 = 300$ K 和 350 K 时，绘出如图 2-5 所示的两组曲线。

对于 $T_1 = 300$ K，$\alpha_1/\varepsilon_1 = 1$，而热沉吸收率 $\alpha_s = 0.95$ 时，在航天器上造成的温度误差约为 8 K。当 $q = 5.0 \times 10^2$ W/m^2，$T_1 = 300$ K，$\alpha_1/\varepsilon_1 = 1$，$\alpha_s = 0.95$ 时，误差约为 4 K。

（3）热沉温度不均匀性要求

经过推导，对于球形航天器和球形热沉，由于热沉温度不均匀，对航天器温度造成的误差为

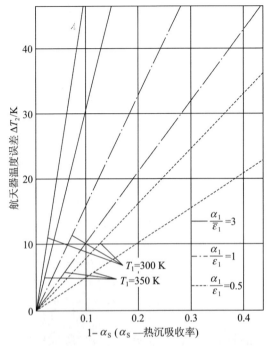

图 2-5　热沉吸收率对航天器温度误差的影响

$$\Delta T_3 = \frac{T_2^3 \Delta T_2}{4T_1^3} + \frac{T_2^2 \Delta T_2^2}{2T_1^3} + \frac{T_2 \Delta T_2^3}{4T_1^3} + \frac{\Delta T_2^4}{20T_1^3} \qquad (2-5)$$

式中　T_2——热沉温度，K；

　　　ΔT_2——热沉温度变化值，K；

　　　T_1——航天器温度，K。

当航天器温度 $T_1 = 300$ K，热沉温度 $T_2 = 100$ K（取等效的均匀热沉温度），热沉温度变化 $\Delta T_2 = 10$ K 时，在航天器上造成的温度误差为 0.2K。图 2-6 表示热沉温度不均匀对航天器表面温度的影响。热沉温度低于 100 K，其不均匀性模拟误差在温度测量误差范围之内，可以进行考虑，只要考虑热沉温度低于 100 K 的要求。

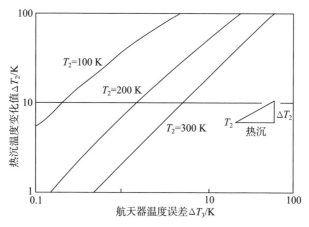

图2-6　热沉温度不均匀对航天器表面温度的影响

（4）热沉开孔控制要求

在模拟室上，一些穿孔（如引线孔、观察孔等）面积是不能安置热沉的，这些穿孔部分的温度比较高，将向受试航天器发射能量，造成航天器温度的误差。如果考虑从较热的穿孔处辐射的能量等于 100 K 的热沉表面积辐射的能量，则受试航天器的温度应不受穿孔的影响。

可列出如下公式

$$\sigma \varepsilon_3 A_3 T_3^4 = \sigma \varepsilon_2 A_2 T_2^4 \qquad (2-6)$$

简化后得

$$A_3 / A_2 = (\varepsilon_2 / \varepsilon_3)(T_2^4 / T_3^4) \qquad (2-7)$$

式中　ε_2——热沉发射率；

　　　T_2——热沉温度，K；

　　　ε_3——穿孔部位的发射率；

　　　T_3——穿孔部位的温度，K。

假如：$\varepsilon_2 = 0.95$，$T_2 = 100$ K，$\varepsilon_3 = 0.5$，$T_3 = 280$ K，则计算得 $A_3 / A_2 = 0.03$。

这说明，无热沉面积 A_3 若为总面积 A_2 的 3%，则对航天器的影响可忽略不计。

热沉表面温度、发射率、有限尺寸对航天器表面温度的效应关系式如下

$$\Delta T = T_1 - T_{10} = T_1 \left\{ 1 - \left[\frac{\varepsilon_2}{\varepsilon_2 + F_{1,2} \varepsilon_1 (1 - \varepsilon_2)} \right]^{1/4} \left[1 - \left(\frac{T_2}{T_1} \right)^4 \right]^{1/4} \right\}$$

$$(2 - 8)$$

式中　　T_1——试验时航天器表面温度，K；

　　　　T_{10}——航天器在空间飞行时表面温度，K；

　　　　ε_1——航天器表面发射率；

　　　　$F_{1,2}$——航天器表面积与热沉表面积比值；

　　　　ε_2——热沉内表面发射率；

　　　　T_2——热沉内表面温度，K。

如果取 $\varepsilon_2 = 0.90$，$T_2 = 100$ K，$\varepsilon_1 = 0.70$，$T_1 = 300$ K，$F_{1,2} = 1/3$，由式（2-8）可得 $\Delta T = 2.83$ K，$\Delta T / T_1 < 1\%$。若其他参数相同，令 $T_1 = 150$ K，则 $\Delta T = 8.93$ K，$\Delta T / T_1 = 3\%$。

以上分析表明用液氮热沉来模拟宇宙空间的低温和黑背景，对于温度在常温附近的航天器的热平衡试验，其模拟误差可控制在 1% 左右。而对于航天器上的低温部件或者航天器处于低温工况时，将会带来较大的模拟误差。

2.7.4　液氮系统的设计原则

液氮系统的主要设计参数有：热负荷、过冷度、温度、压力、流量。

（1）满足模拟室热负荷要求

模拟室热负荷包括热沉、管路系统、液氮泵、过冷器、试验件、太阳模拟器等。液氮系统设计时应能满足热负荷要求。

（2）过冷度要求

对闭式循环系统液氮泵要有足够大的过冷度，保证单相密闭循环。过冷度与液氮流量、热负荷、压力有关。

（3）温度要求

根据热负荷、流量、压力计算热沉进出口温度、过冷器前后温度、液氮泵前后温度，保证液氮在热沉中单相流动。

（4）液氮泵扬程要求

根据液氮泵到热沉的最大高度、整个液氮管路管阻、过冷度等，计算出液氮泵所要克服的扬程，液氮泵的名义扬程应大于计算扬程。

（5）液氮流量要求

根据热负荷、液氮压力、过冷度计算系统所需要的流量，液氮泵名义流量应大于计算流量。

（6）其他系统需求

液氮系统应考虑其他系统液氮用量的需求，如气氮系统、真空系统、氦系统、太阳模拟器系统等的用量需求与供应。

（7）液氮储存量要求

液氮系统的液氮贮槽用量，要考虑储存 2~3 天的用量，包括热沉预冷消耗用量。

2.7.5 气氮系统的设计原则

气氮系统的设计参数有流量、压力、温度、热负荷，系统应满足各项要求。

（1）温度要求

一般要求系统出口温度应在 180~373 K 可调，对于一些用作热真空试验的设备，还要求系统具有一定的调温速率，并且使热沉温度不均匀度约为 ±5 K。

（2）热负荷要求

根据系统负荷、热沉热负荷、试件热负荷计算气氮系统所要求克服的热负荷，要求加热系统应有足够的加热能力，满足加热需求。

（3）压力要求

系统中的氮气压缩机要求有足够的增压能力，保证加热气体能够到达所加热热沉的各个部位，确保热沉能够迅速进行回温。压缩机所要克服的阻力包括扬程、加热器、阀门和气氮管路等全部管阻。

（4）流量要求

系统应具有足够的流量，满足对热沉进行快速回温的要求，系统流量可以根据热沉回温时间和所需要的回温值进行计算。

2.7.6　氦系统的设计原则

（1）20 K 氦系统的设计

20K 氦系统的设计参数有热负荷、温度。

①热负荷要求

根据氦板对热沉的辐射热负荷、试件对氦板热负荷与系统管路热负荷大小确定。

②温度要求

氦板温度应低于 20 K，氦制冷机的进口温度一般低于 16 K，出口温度一般应低于18 K。确定透平式或活塞式制冷机的转速、制冷量、温度等。

（2）4 K 液氦系统的设计

1）确定热负荷大小；

2）确定制冷量，每小时液氦消耗量大小；

3）确定氦气再液化产量。

2.7.7　太阳辐照环境的设计原则

太阳模拟器应满足辐照面积、辐照度、辐照均匀性、辐照稳定度、准直角、光谱等各项模拟参数要求。

（1）辐照面积

太阳模拟器辐照面积应满足被试航天器最大外包络尺寸的包络要求。一般在任务书中规定。

（2）辐照度

大气层外，日地平均距离处的平均辐照度是 1.353 kW/m^2，称为一个太阳常数（s_0）。不同季节辐照度略有变化，远日点（7月）

的辐照度变化是 -3.4%，近日点（1 月）的辐照度变化是 $+3.4\%$，考虑到春分、秋分、冬至、夏至不同季节及地球反照、地球红外辐射等因素，太阳模拟器的辐照度应设计为 $(0.5\sim1.3)s_0$ 可调。

（3）辐照均匀性

太阳光可认为是完全均匀的。最佳离轴太阳模拟器的面辐照均匀性为 $\pm4\%$，体均匀性为 $\pm6\%$。

经过推导得出，受试航天器上输入能量的误差 $\Delta Q_i/Q_i$ 和航天器温度误差 $\Delta T_1/T_1$ 的关系如下

$$\Delta T_1/T_1 = (1/4)(\Delta Q_i/Q_i) \tag{2-9}$$

式中　ΔT_1——温度误差值，K；

　　　T_1——航天器表面温度，K；

　　　ΔQ_i——输入能量误差值，W；

　　　Q_i——输入能量值，W。

上式说明，输入能量变化 4%，航天器温度变化 1%。当航天器温度为 300 K 时，输入能量变化 10%，航天器温度变化 2.5%（即 7.5 K）。

（4）辐照稳定度

虽然由于季节变动和太阳黑子的增减，宇宙空间太阳光的辐照稳定度在 $\pm3.4\%$ 内变化，但可以认为在数天的短时间内是完全稳定的。由于太阳模拟器氙灯电源输入功率的变动、弧光飘动而引起的辐照不稳定，可以控制在试验误差范围 $\pm2\%$ 之内；优质的太阳模拟器，辐照稳定度可达到 $\pm0.5\%$。对于多灯方式的太阳模拟器，弧光飘动引起的变动可因相互叠加而抵消，因此与单灯方式相比，辐照稳定度变化较小。

（5）准直角

宇宙空间的太阳辐照平行度，即准直角为 $\pm16'$。不论从光线方向或从与光线成直角的方向看太阳，都可以在一定方向以一定的视角（张角）半角 $16'$ 看到太阳，可以认为太阳在无穷远，有半角 $16'$ 的视角。

　　由于太阳模拟器辐射的准直角和空间太阳辐射的准直角不一样，在航天器表面造成的温度误差如图 2 - 7 所示。一般要求离轴太阳模拟器的准直角小于 $\pm 2°$。

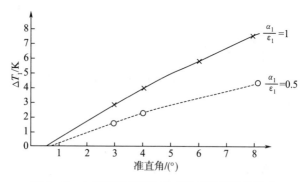

图 2 - 7　太阳模拟器准直角对航天器温度的影响

（6）光谱

　　太阳模拟器的光谱成分在 $0.3 \sim 3.0\ \mu m$ 的谱域之内，即可知能量为太阳辐射总能量的 96.6%（在 $0.2 \sim 0.3\ \mu m$ 谱域内的能量为太阳辐射总能量的 $1\% \sim 2\%$）。模拟太阳辐射的光谱分布曲线可遵照约翰逊曲线或引用美国 NASA 曲线。

2.7.8　测控系统的设计原则

　　测控系统是空间环境模拟器重要的分系统之一，包括真空系统测控、氮系统测控、热沉温度测量、数采系统、外热流模拟与控制、摄像系统、总控系统、污染测量系统、水平调节系统，测控系统负责对整个系统中的设备和参数进行测量与控制，提供热试验所需的环境和条件。

　　在研制过程中必须严格执行国家或航天工业部的有关规范标准，这将作为研制及验收的基本依据。有关规范标准包括硬件设备选型、线缆敷设安装工艺、电气制作及安装工艺、焊接工艺、检验工艺、软件工程化、设计文件、电气接线图、项目接线表、设备清单、产品合格证、测试检验报告等文件资料签署完整有效，并符合验收归档要求。

1）仪器、设备选型必须符合《航天用电气、电子和机电元器件保证要求》。

2）真空系统、氮系统、氦系统等，测控结构为二级，采用 PLC 技术，可实现对设备运行状态检测及互锁保护。

3）制作工艺、焊接工艺、表面处理工艺、电缆走线、捆扎、标记等工艺采用国家标准或行业标准。

4）软件是测控系统的关键，必须执行软件工程化的要求。PLC 软件具有良好的开放性，能跟系统所用的仪表和设备进行交互，根据流程控制要求实现流程的逻辑关系和必要的互锁保护。

上位机软件能够对整个系统的运行状况进行监视，包括工艺流程总图、设备的运行状态、仪表的控制参数等。功能画面显示，包括实时报警显示、历史报警显示和趋势曲线显示等。真空度曲线显示使用对数坐标；报表、曲线显示和打印，使用组态软件的报表编制功能编制各种报表，包括实时数据的报表和历史数据的报表，绘制历史曲线，并能打印报表和曲线。

5）当系统处于远程控制状态时，可以在控制计算机上进行手动控制，使用鼠标、键盘点击组态画面中的按钮，通过 PLC 来启动和停止现场的设备，控制命令实际发出前要进行确认。

开发一套实时数据库应用软件，将真空系统、氮系统、数采系统、热流模拟控制系统、摄像系统、水平调节系统等数据采集到数据库中，供局域网中的其他计算机调用或查询。

2.8　空间模拟器的投资与运转费用

2.8.1　空间模拟器的投资

空间模拟器的投资，通常要占航天技术总投资的 10% 左右。

1）在 20 世纪 60 年代，美国于 1967 年建成一台模拟室直径 30 m、长 27 m、总容积为 16 114 m³ 的空间模拟器，用于试验带原子动力装置的航天器，总投资为 2 400 万美元，真空容器制造费为 275 万美元。美国 60 年代初建成的马克 1 号空间模拟器，模拟室直径 12 m、体积 1 746 m³，总投资 1 750 万美元。1967 年在休斯顿空间中心，建成模拟室直径 19.8 m、容积为 11 293 m³ 的大型空间模拟器，总投资为 1 900 万美元。美国为阿波罗飞船研制的实验基地，总投资约为 15 亿美元。

2）在 20 世纪 70 年代，中国研制的一台 KM4 空间模拟器，直径 7 m、高 12 m，总投资约为人民币 3 000 万元，相当于 400 万美元（按当时的比价）。

3）在 20 世纪 80 年代，日本 1986 年拨款 100 亿日元，合 1 亿美元研制日本最大的空间模拟器，直径 13 m、长 23 m。1989 年印度委托美国建造直径 9 m、高 14 m 的空间模拟器，总投资 2 500 万美元。

4）在 20 世纪 90 年代，中国 1993 年投资 2 亿人民币，合 2 500 万美元，研制 KM6 空间模拟器，直径 12 m、高 22.4 m。

所以，不同地区、不同国家、不同时期，投资费用差别较大。一般，美、日、印的投资费用是中国的 4 倍。

2.8.2　空间模拟器的运转费用

国外大型空间模拟器试验费用昂贵。

美国五年内用于阿波罗飞船试验的运行费用约为 25 亿美元，平均每年 5 亿美元。

据美国统计，地面设备的研制与试验费用的投资约占航天技术总投资的 20%；而据俄罗斯的统计约占 40%。

美国通用电气公司，一台模拟室体积为 900 m³ 的空间模拟器，每小时运行费用为 1 000 美元（1967 年报价）。

俄罗斯最大的空间模拟器，直径 17.5 m，每小时运行费用为

7 500 美元（1991 年报价）。

　　美国一台空间模拟器直径 19.8 m，每小时运行费用为 10 000 美元（1989 年报价）。

　　中国 KM6 空间模拟器，直径 12 m、高 22.4 m，每小时运行费用为 10 000 元人民币（1997 年报价）。中国第一艘飞船，做第一次热平衡试验历时 33 天，耗费 1 000 万人民币（含试验准备时间），如在国外做试验至少需要 1 000 万美元，可节省 7 000 万人民币。3 次大型试验可节省 2.1 亿人民币，相当于研制一台 KM6 空间模拟器的费用，经济效益十分明显。

　　中国曾将一颗广播卫星的组件，送国外某公司进行试验，在模拟室直径 6.8 m 的空间模拟器中做一星期试验，支付了 50 万美元，每小时运转费用为 3 300 美元。而在中国 KM4 空间模拟器中做同样试验每小时运转费用为 3 000 元人民币（合 500 美元，1991 年报价），只相当于国外试验费用的七分之一。由于试验费用非常昂贵，因此从事航天技术的国家，都建立自己的空间模拟器，这在经济上是合算的。

第 3 章　真空容器设计技术

3.1　概述

真空容器是空间模拟器的主要分系统之一。真空容器不仅是空间模拟器的主体，也是整个空间模拟器系统实验室内部布局、外围保障及基础建设的基准。

真空容器根据使用要求的不同，一般分为圆柱形、球形、箱形、圆锥形等结构。根据操作方式的不同，圆柱形结构又分为立式与卧式两种。

针对材料、部组件、整星及飞船等不同的服务对象，将空间环境模拟器按真空容器直径大小分为小型、中型、大型及特大型空间环境模拟器。直径 2 m 以下的称为小型真空容器，直径 2 m 至 8 m 的真空容器称为中型真空容器，直径 8 m 至 12 m 的称为大型真空容器，直径大于 12 m 的真空容器称为特大型真空容器。

我国自 20 世纪 60 年代初开始进行空间环境模拟技术的研究，并已建成以 KM 系列为主流型号的多台空间环境模拟器。正是这一系列设备的研制和应用，为我国的航天事业在各阶段的发展起到了积极重要的作用。

小型真空容器主要用于材料或组件的冷焊、干摩擦、辐射等特殊试验，结构形式大多采用圆柱钟罩形或卧式真空容器铰链式侧开门，此形式开启方便、操作简单。小型空间模拟器又称热真空试验设备，我国小型空间模拟器 BZ 系列，如 BZ1、BZ2、BZ3、BZ4、BZ5 真空容器均采用卧式圆柱形结构。随着控制方式的进步，高低温实现手段的多样化，小型设备的人机交互以及自动化程度不断提高。同时根据试验对象对温度范围的要求不同，小型环模模拟设备的热沉又可细分为液氮制冷、机械制冷等不同类型。

中型空间模拟器主要用于小型卫星及卫星分系统试验。我国 KM3 空间模拟器的真空容器，采用圆柱形卧式结构、鞍式支座，直径为 3.6 m，长为 7.3 m。

大型空间模拟器主要提供对卫星及飞船的整机试验，真空容器通常采用圆柱形、球形两种结构，近年由于材料进步以及计算机仿真技术的提高，大型箱形结构也在应用中出现。

中国第一台特大型空间环境模拟器是 KM6 载人航天器空间环境模拟器，它是一台多用途、功能完善的综合性空间环境模拟器，无论从建造规模还是技术性能都达到国际先进水平，是国际上五大经典空间环境模拟器之一。

中国最大的空间环境模拟器是 KM8 空间环境模拟器，它是一台试验空间大、全自动化、高性能的新型空间环境模拟器，是亚洲最大、世界第三大的空间环境模拟器。

美国休斯敦空间中心的空间环境模拟器 A 容器，其直径 19.8 m、高 37 m，是世界上最大的空间环境模拟设备，曾为阿波罗宇宙飞船等大型航天器提供过试验。

3.2　真空容器的结构设计与计算

3.2.1　真空容器的结构设计与稳定性计算

3.2.1.1　真空容器结构设计

（1）真空容器设计尺寸的确定

空间模拟器的特征尺寸根据总体设计原则确认后作为输入条件，在满足特征尺寸的前提下，根据总体功能及布局需求确定或修订真空容器的最终尺寸。

（2）真空容器的结构及支座形式确定

真空容器的安放应该有利于试验与使用。模拟室通常有圆柱形立式、圆柱形卧式、球形和方箱型四种。

1）圆柱形立式：容器受力状态好，热沉温度均匀，液氮不易产生气堵。试验件可以用大型桁吊从上部吊入容器，航天器或舱段试验可以悬吊在模拟室内，减少热背景。但厂房要求高，一次性建筑造价比较高。

2）圆柱形卧式：对长试验件可卧放试验，试验件进出可用真空室内小车，通过导轨配合真空室外对接车运输，比较方便。真空室两端大门可根据需求打开，满足真空室外装配操作，对厂房高度要求小，建筑造价比较低。但热沉的温度均匀性及受力情况较差，航天器立式试验受高度限制。

3）球形：空间环境模拟辐射等参数较优、受力条件好，但空间利用率小。

4）方箱型：方形容器有利于对批量的成组试验件进行重复试验或鉴定，或有特殊平面辐射需求的试验可选择方形容器，其选材和组装较方便，对强度的设计及薄壁结构工艺的应用已经逐步成熟。

模拟室形式的设计应该根据航天器试验需求而定，国外大多数设备采用立式，主要考虑其多用途。

根据不同的容器形式通常采用如下支座形式：裙座式主要用于立式容器（如我国 KM4 空间环境模拟器采用裙座式），立柱式一般用于球形与立式圆柱真空容器（如 KM6），鞍式用于卧式真空容器 KM7。

（3）选材及焊缝

1）真空容器一般以圆筒形壳体的设计为佳，其强度高、耗材少、焊缝少；由于国内材料的进步，现在环境模拟装置真空容器均选用优质不锈钢制成，为减小真空室壁厚可在真空容器外增设低碳钢加强筋以提高强度，异型材复合板也是可选方案之一。

2）为减少虚漏和漏气量，焊缝总长应尽可能短，并考虑采用钻孔、开槽等方法消除虚漏；尽可能不采用或少采用可拆卸连接的真空密封。

（4）容器隔振机构的确定

对于带有精密光学系统的试验，容器底部应设计有可移动的光学试验平台，平台下部需带有隔振装置，防止地面振动对光学试验平台产生影响，用于光学试验的特殊环境模拟设备还需考虑整体隔振措施。

（5）容器内支撑及吊点的确定

容器壁周围应设计有悬吊航天器试验的支撑点，对于卧式容器，其底部应设计有导轨，底部安装吊车可以悬吊航天器。真空容器内底部还需考虑设置转台、支撑红外笼等试验用工装及试验件的装置。

（6）容器开孔的原则

1）要有足够的开孔数量，同时应尽可能减少开热沉通光孔。

2）开孔种类单一化：为便于维护和操作真空容器开孔，应该在满足条件的情况下归一化，尽可能减少开孔种类。

3）功能集中化：考虑实验室总体布局，要便于和分系统对接。需将真空获得类、测量控制类、液氮供给类等开孔规划到特定的区域。

3.2.1.2 真空容器稳定性计算

真空容器属于外压容器。容器受外压时，器壁内产生压缩薄膜应力，其计算方法与受内压时的拉伸薄膜应力相同。外压容器的破坏形式有两种：一种是因强度不足而导致的压缩屈服失效，另一种是因刚度不够发生的失稳失效。当容器所受的外压达到某一极限值时，横断面会突然失去原形，被压扁或出现波纹，这种现象称为外压容器的失稳。外压容器的设计计算应包括强度计算和稳定性计算两个方面。由于薄壁外压容器的失稳往往是在强度破坏前发生，即失稳应力低于屈服强度，所以稳定性计算是外压容器设计中主要考虑的问题。

（1）真空容器稳定性分析

将真空容器在承受外压而导致其失稳变形时的压力称为临界压力，用 p_{cr} 表示，p_{cr} 与 L/D 和 δ_e/D 有关，其中，L 为真空容器计算长度，D 为真空容器中面直径，δ_e 为真空容器计算壁厚。

临界值的发生有两种情况：

1）长圆筒：被压扁时，花瓣数 $n=2$，p_{cr} 仅与 δ_e/D 有关；

2）短圆筒：被压扁时，形成多瓣花朵状，p_{cr} 与 L/D 和 δ_e/D 均有关。

真空容器的壁厚主要按薄壳理论计算。壁厚比内径小得多时，即可以看成薄壳，实际由下列条件确定

$$\delta_e/D_i \leqslant 0.04 \qquad (3-1)$$

式中　D_i——真空容器内径。

（2）薄壁长圆筒稳定性计算

当外压容器足够长，两端的封头和法兰对长圆筒的支撑作用可以忽略时称为长圆筒。长圆筒失稳时的现象类似于受轴向压力的细长杆。长杆的原始挠度会降低杆件抗轴向压力的稳定性，在轴向压力的作用下，很小的挠度也会导致杆件被压溃。在外压作用下的圆筒也是如此，当不圆度产生后，变形一直发展直到被压扁为止。圆筒的不圆度同样也会降低其抵抗外压的稳定性。长圆筒的临界压力计算公式如下

$$p_{cr} = \frac{2E}{1-\mu^2}\left(\frac{\delta_e}{D_0}\right)^3$$

$$[p] = \frac{2.2E^t}{m}\left(\frac{\delta_e}{D_0}\right)^3$$

$$\qquad (3-2)$$

$$s \geqslant D_0\sqrt[3]{\frac{mp}{2.2E^t}} + C$$

$$[p] = \frac{2.59E\delta_e^2}{mLD_0\sqrt{D_0/\delta_e}}$$

式中　p_{cr}——临界压力，MPa；

　　　E——圆筒所选材料的弹性模量，MPa；

　　　s——圆筒计算壁厚，mm；

　　　δ_e——圆筒的有效厚度，mm；

D_0——圆筒的中面直径，可近似等于圆筒外径，mm；

μ——泊松比；

C——附加厚度，mm，

$[p]$——许用外压，MPa；

m——稳定系数。

对钢制长圆筒，将 μ 代入式（3-2），即可得如下公式

$$p_{cr} = 2.2E\left(\frac{\delta_e}{D_0}\right)^3 \qquad (3-3)$$

由式（3-2）可知，长圆筒的临界压力仅与筒体的 δ_e/D_0 及材料的 E 和 μ 有关，式（3-2）仅限于弹性范围内使用。当筒体处于弹塑性弯曲状态时，此时发生的失稳现象称为非弹性失稳。非弹性失稳的机理和计算相当复杂，工程上通常采用经验公式进行近似计算。

（3）薄壁短圆筒稳定性计算

由于短圆筒封头及法兰对圆筒的影响必须考虑，失稳状况更加多样，失稳时侧向和轴线方向都发生变形，故稳定性计算要比长圆筒复杂得多。下面我们采用世界各国设计规范中常用的米赛斯（Misses. R. V）公式进行薄壁短圆筒临界压力计算

$$p_{cr} = \frac{E\delta_e}{D_0(n^2-1)\left[1+\left(\dfrac{nL}{\pi D_0}\right)^2\right]^2} + \frac{E}{12(1-\mu^2)}$$

$$\left(\frac{\delta_e}{D_0}\right)^3\left[(n^2-1)+\frac{2n^2-1-\mu}{1+\left(\dfrac{nL}{\pi D_0}\right)^2}\right] \qquad (3-4)$$

式中　p_{cr}——临界压力，MPa；

E——圆筒所选材料在设计温度下的弹性模量，MPa；

δ_e——圆筒的有效厚度，mm；

D_0——圆筒的中面直径，mm；

L——圆筒的设计长度，mm；

μ——泊松比；

n——圆筒失稳波形数。

由式（3-4）做工程简化，可得薄壁短圆筒最小临界压力 p_{cr} 的计算公式

$$p_{cr} = \frac{2.59E\delta_e^2}{LD_0\sqrt{D_0/\delta_e}} \qquad (3-5)$$

分析式（3-5）可知，短圆筒的临界压力不仅与材料的 E、μ 和 δ_e/D 有关，而且与筒体的 L/D 亦有关，L/D 值越大则 p_{cr} 越小。

（4）临界长度计算

对于已知直径和壁厚的筒体来说，L_{cr} 是区分长、短圆筒的临界长度。如果圆筒长度刚好等于 L_{cr} 时，则长圆筒和短圆筒的临界压力应该相同，由此根据式（3-3）和式（3-5）可得

$$2.2E\left(\frac{\delta_e}{D}\right)^3 = \frac{2.59E\delta_e^2}{LD\sqrt{D/\delta_e}}$$

经整理有临界长度公式

$$L_{cr} = 1.18D\sqrt{D/\delta_e} \qquad (3-6)$$

由式（3-6）可知当圆筒的长度 $L > L_{cr}$ 时属长圆筒，$L < L_{cr}$ 时为短圆筒。筒体计算长度示意图如图 3-1 所示。

3.2.2　真空容器壳体及封头设计

3.2.2.1　真空容器壳体设计计算

真空容器的设计可通过如下三种方式进行，分别为解析法、图算法、对比法，设计时需根据具体需求进行选择。其中解析法和图算法可以对新开发的设备进行设计且相互校对。

（1）解析法

解析法主要针对全新规格的真空容器，或同等规模结构有较大变动的真空容器。

由于筒体存在的几何缺陷以及材料的不均匀性，类似于强度计算中的安全系数，解析计算过程中引入稳定系数 m，设计压力 p 只能小于或等于许用压力 $[p]$，即

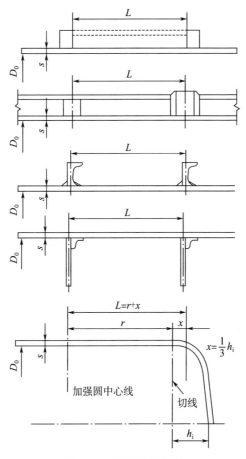

图 3-1　筒体计算长度

$$p \leqslant [p] = \frac{p_{\mathrm{cr}}}{m} \tag{3-7}$$

将式（3-3）和式（3-5）分别代入式（3-7），得到长、短圆筒的壁厚公式如下。

对于长圆筒有

$$[p] = \frac{2.2E^t}{m} \left(\frac{\delta_{\mathrm{e}}}{D_0} \right)^3 \tag{3-8}$$

$$s \geqslant D_0 \sqrt[3]{\frac{mp}{2.2E^t}} + C \qquad (3-9)$$

其中

$$C = C_1 + C_2 + C_3$$

式中　　p——设计压力，MPa；

s——设计壁厚，mm；

D_0——圆筒外径，mm；

m——稳定系数，取 $3 \sim 4$；

E^t——圆筒所选材料在设计温度下的弹性模量，MPa；

C——厚度附加量，mm；

C_1——钢板厚度负偏差按相应钢板标准选取，mm；

C_2——腐蚀裕量，mm；对于碳素钢和低合金钢，取 $C_2 \geqslant$ 1 mm，对于不锈钢，当介质的腐蚀性极微时取 $C_2 = 0$；

C_3——抛光减薄量，mm。

对于短圆筒有

$$[p] = \frac{2.59E\delta_e^2}{mLD_0 \sqrt{D_0/\delta_e}} \qquad (3-10)$$

$$s \geqslant D_0 \left(\frac{mpL}{2.59ED_0} \right)^{0.4} + C \qquad (3-11)$$

式中　　L——筒体计算长度，mm；

其他参数同式（3-9）。

$$\sigma_{cr} \leqslant \sigma_s^t \qquad (3-12)$$

式中　　σ_{cr}——临界应力，MPa；

σ_s^t——使用温度下容器所选材料的屈服极限，MPa。

临界应力为

$$\sigma_{cr} = \frac{p_{cr}D_0}{2\delta_e} = \frac{mpD_0}{2\delta_e} \qquad (3-13)$$

如果式（3-12）不成立，筒体将发生屈服破坏。此时按式（3-14）计算壁厚

$$s = \frac{pD_i}{2[\sigma]^t\phi - p} + C \tag{3-14}$$

式中　p——设计外压力，MPa；

　　　s——设计壁厚，mm；

　　　D_i——圆筒内径，mm；

　　　$[\sigma]^t$——筒体材料的许用应力，MPa；

　　　ϕ——焊缝系数；

　　　C——厚度附加量，mm。

焊缝系数表见表 3-1。

表 3-1　焊缝系数表

探伤情况/焊缝状态	双面焊对接焊缝	单面焊对接焊缝（有垫板）
100%无损探伤	$\phi = 1.00$	$\phi = 0.90$
局部无损探伤	$\phi = 0.85$	$\phi = 0.80$

解析法计算真空容器步骤如图 3-2 所示。

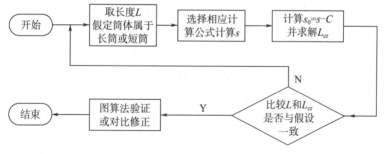

图 3-2　解析法计算真空容器步骤

（2）图算法

为简化计算，工程上常利用图算法来计算原筒体的壁厚，并可以通过图算法快速验证解析法所得理论结果。用于图算法的图表是以米赛斯（Misses. R. V）公式为基础制定的。

无论长圆筒还是短圆筒，计算临界压力的公式可归纳为

$$p_{cr} = kE^t \left(\frac{\delta_e}{D_0}\right)^3 \qquad (3-15)$$

式中，k 为特征系数，它与圆筒的尺寸 L/D_0 及 D_0/δ_e 有关，即

$$k = f(L/D_0, \ D_0/\delta_e) \qquad (3-16)$$

在临界压力作用下，筒壁产生临界应力（周向应力）

$$\sigma_{cr} = \frac{p_{cr} D_0}{2\delta_e} \qquad (3-17)$$

周向应变 A 为

$$A = \frac{\sigma_{cr}}{E} = \frac{p_{cr} D_0}{2\delta_e E^t} \qquad (3-18)$$

将式（3-16）代入式（3-18），可得

$$A = \frac{k}{2} \left(\frac{\delta_e}{D_0}\right)^2 = f(L/D_0, \ D_0/\delta_e) \qquad (3-19)$$

式（3-19）说明，若筒体壁厚和直径已知，则筒体失稳时，周向应变 A 是筒体长度 L 和直径 D_0 之比的函数。

利用式（3-19），以 A 为横坐标，L/D_0 为纵坐标，可绘制出一系列具有不同 D_0/δ_e 值的 $A-L/D_0$ 关系曲线。图 3-3 所示为外压或轴向受压圆筒几何参数计算图。图上部垂直线簇表示长圆筒的情况，失稳时的周向应变与 L/D_0 无关，即长圆筒的临界压力与 L/D_0 无关。图下部斜线簇则表示短圆筒的情况，失稳应变与 L/D_0 和 D_0/δ_e 均有关。每根曲线的转折点所表示的长度是圆筒的临界长度，适用于各种材料计算。

$p_{cr} = m [p]$ 代入式（3-18），得

$$A = \frac{m[p]D_0}{2\delta_e E^t} \qquad (3-20)$$

即有

$$AE^t \frac{2}{m} = \frac{[p]D_0}{\delta_e} \qquad (3-21)$$

取 $m=3$，并令

$$\frac{[p]D_0}{\delta_e} = B$$

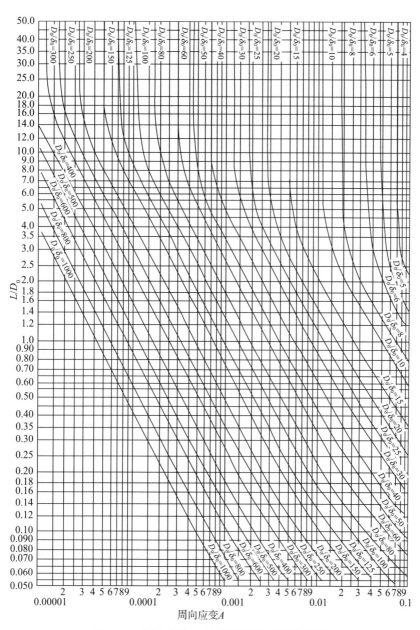

图 3 - 3　外压或周向受压圆筒几何参数计算图

因此可得

$$B = \frac{2}{3} E^t A \qquad (3-22)$$

则

$$[p] = \frac{B\delta_e}{D_0}$$

在式（3-22）中，B 与 A 的关系可利用材料拉伸曲线在坐标方向按三分之二比例缩放表示。

根据不同材料拉伸曲线可得到不同的 $B-A$ 图，亦称壁厚计算图，请查阅 GB150《钢制压力容器》相关内容进行计算。由于材料在不同温度下 E^t 的取值不同，因此可得不同温度下的 $A-B$ 曲线，适用于弹性失稳和非弹性失稳情况。

（3）对比法

对于已有同等或略小规模的真空容器，如果需要重复制造或改进，常用的方法是找到正在运行且状态良好的容器进行对比。此做法不仅可确保设备的可靠性，同时可以大大缩短设备建设周期，降低人工成本。此外新设计的项目也可通过已有的设备进行验证。

3.2.2.2 真空容器封头设计计算

真空容器常见的封头形式有半球形、椭圆形、碟形、球冠形、无折边锥形、折边锥形和平盖等，如图 3-4 所示。受外压作用的封头与外压筒体一样会发生失稳现象，外压封头除需满足强度条件外还必须做稳定性校核。

半球形封头计算如下。

①解析法

根据薄壁球壳的弹性小挠度理论，可得球壳临界压力

$$p_{cr} = \frac{2E^t \delta_e^2}{D_0^2 \sqrt{3(1-\mu^2)}} \qquad (3-23)$$

式中　p_{cr}——临界压力，MPa；

　　　　D_0——球壳中性面半径，mm；

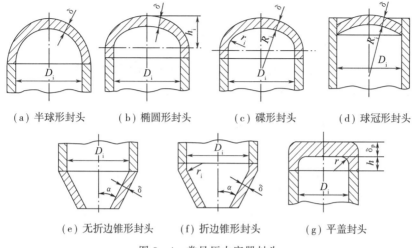

（a）半球形封头　　　（b）椭圆形封头　　　（c）碟形封头　　　（d）球冠形封头

（e）无折边锥形封头　　　（f）折边锥形封头　　　（g）平盖封头

图 3-4　常见压力容器封头

μ——泊松比；

E^t——材料在设计温度下的弹性模量，MPa；

δ_e——计算厚度，mm。

设计壁厚可表示为

$$\delta = \delta_e + C \qquad (3-24)$$

由式（3-23）计算 δ_e，然后代入式（3-24），可得

$$\delta = D_0 \sqrt[4]{3(1-\mu^2)} \sqrt{mp/2E^t} + C$$

$$\approx D \sqrt[4]{3(1-\mu^2)} \sqrt{mp/2E^t} + C \qquad (3-25)$$

式中　D——球壳外半径，mm；

m——稳定系数，取 $m=5$；

p——设计压力，MPa；

C——壁厚附加量，mm。

其他符号同式（3-23）。

②图解法

借助外压圆筒和球壳壁厚计算图来进行计算，在计算图中规定

$$C = C_1 + C_2 + C_3 \qquad (3-26)$$

式中　C——厚度附加量，mm；

　　　C_1——钢板厚度负偏差按相应钢板标准选取，mm；

　　　C_2——腐蚀裕量，mm；对于碳素钢和低合金钢，取 $C_2 \geqslant$
　　　　　1mm，对于不锈钢，当介质的腐蚀性极微时取 $C_2 = 0$；

　　　C_3——抛光减薄量，mm。

3.2.2.3　圆筒真空容器加强圈设计计算

由式（3-10）变形为式（3-27）可知，选择小的 L/D_0 即减小筒的计算长度或增加筒体壁厚 δ_e，都可以提高真空容器的临界失稳压力 p_{cr}。减小计算长度的方法是在圆筒外部设置加强圈。空间模拟器的真空容器大多采用不锈钢材料，如果从筒体外部设置加强圈，则是非常经济的

$$p_{cr} = \frac{2.59E\delta_e{}^2}{LD_0\sqrt{D_0/\delta_e}} = 2.59E\frac{\left(\dfrac{\delta_e}{D_0}\right)^{2.5}}{\left(\dfrac{L}{D_0}\right)} \qquad (3-27)$$

加强圈要有足够的刚性，常用扁钢、角钢、工字钢等其他型钢制成。大型环境模拟设备加强圈所需截面惯性矩大，故多采用碳钢焊成箱形结构，如图 3-5 所示。

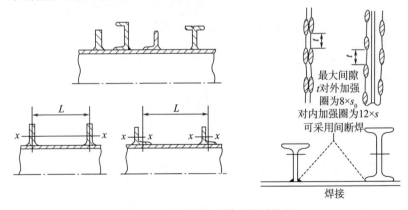

图 3-5　加强圈与壳体连接结构图

$(x - x)$—轴向；t—焊缝最大间隙；s_0—容器设计壁厚；s—容器实际壁厚

　　加强圈与筒体之间的焊接可采用间断焊，加强圈自身的环向连接采用对焊。筒体外部的加强圈如果采用间断焊，则在筒体失稳时的支撑作用相对减弱，所以其间断焊每侧的总长不应低于容器外圆周的一半。

　　在真空容器加强圈焊接过程中，要避免加强圈和筒体焊缝叠加焊死的现象出现，要为容器的检漏操作留下检漏通道。

　　为保证加强圈对筒体的支撑作用，加强圈不应任意消弱或割断。如果必须割断时，则其消弱或割断的弧长不大于图 3 - 6 给定的数值。

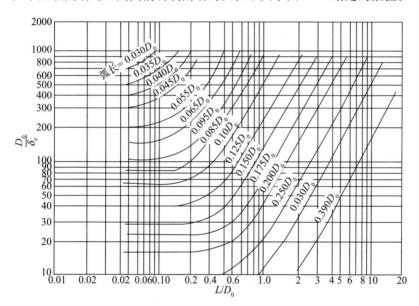

图 3 - 6　加强圈允许弧长间断值

3.2.2.4　真空容器法兰设计

　　大型法兰一般有两种结构形式：一种是硬法兰，又称刚性法兰，根据制造工艺和形式的差异又可分为实心法兰和空心法兰；另一种是软法兰，又称柔性法兰。

　　(1) 硬法兰

　　大多数大型硬法兰，为了防止法兰加工变形，影响真空密封，采用两层橡胶垫圈的密封形式，两层橡胶垫圈之间抽真空至 1 Pa，如果法兰加工变形小，则不需要抽真空。中国 KM4 空间模拟器真空容器中大法兰的结构形式如图 3 - 7 所示。

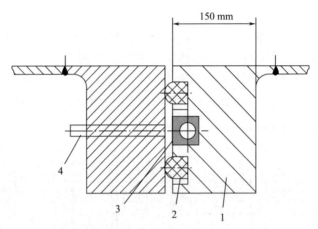

图 3 - 7　中国 KM4 空间模拟器真空容器中大法兰的结构形式
1—法兰；2—O 形密封圈；3—冷却水管；4—真空抽气口

对于大型环境模拟设备通常采用实心法兰，法兰采用经等分后的不锈钢锻件制成。当前在实际应用过程中为减小法兰重量，方便大门的开启也常采用加强筋方式的空心结构法兰，如图 3 - 8 所示，法兰密封面采用与容器筒体同一标号的不锈钢厚板分段焊接而成，法兰外侧及外对面采用碳钢厚板加强而成。这种法兰无论从材料的获得、锻件加工、材料减重和经济性上均得到较大的提高，并已成熟应用。

（2）软法兰

在夹紧过程中允许有一定的柔性变形，法兰的结构形式是通过夹紧器对柔性法兰进行预夹紧。图 3 - 9 所示为直径 9 m 的大法兰结构，图 3 - 10 所示为直径 17.5 m 的大型软法兰结构。

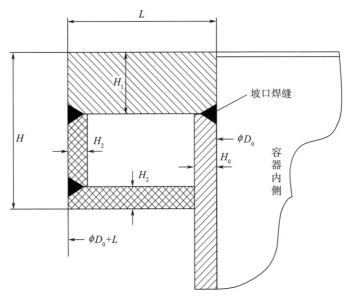

图 3-8　空心法兰结构设计示意图

ϕD_0 —法兰内径（容器内径）；$\phi D_0 + L$ —法兰外径；L —法兰宽度；H —法兰总厚；

H_0 —容器器壁厚度；H_1 —不锈钢法兰密封面厚度；H_2 —碳钢加强筋厚度

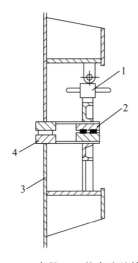

图 3-9　直径 9 m 的大法兰结构

1—螺杆千斤顶；2—密封法兰；3—真空容器壁；4—支撑法兰

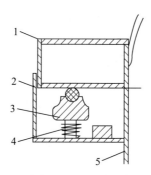

图 3 – 10　直径 17.5m 的大型软法兰结构

1—箱型法兰；2—直径 20 mm 密封圈；3—软法兰；4—压紧弹簧；5—真空容器壁

3.2.3　球形真空容器设计

　　球形真空容器就其本身的力学结构、模拟空间辐射环境方面对真空热试验有较好的优势；试验过程中将被试航天器固定在球体中心，在室内设计有模拟太阳、行星和试验所需天体。例如，美国通用电气公司在 20 世纪 70 年代便拥有直径 11.7 m 的球形空间模拟器，兰德公司拥有直径 18 m 的球形容器，甚至应用筒体和半球组成异型组合型容器。国内目前也有大型球体和半球组成的异型模拟设备。

3.2.3.1　球形真空容器分瓣设计

　　大型薄壁球形容器大多选择分瓣式形状的零件拼装焊接而成，主要是因为此类零件形状易于通过平面划线的方法切割而成，然后采用滚圆的方法制成近似弧形或制成球形零件。容器的分瓣不仅要求标准而非近似的球体，还要求有相当高的精度，这就要求每个零件都要通过机械加工外缘形状从而满足球体的装配精度。

　　对于小型的球形容器直接加工两半球，再进行拼焊即可，但对于直径较大的真空容器需在现场进行多瓣球体拼焊。

　　大型球体加工分瓣的划分设计方案是基于正六面体膨胀形成球体的思想，然后根据容器大小进行二次分解而提出的，如图 3 – 11

所示。如此设计不仅解决了现场加工的难度，满足了球瓣冲压的一致性问题，同时保证了球体加工的圆度和真空对容器焊点的需求，最大交汇处只有 T 型焊点。

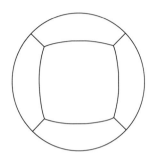

图 3-11　球形容器分瓣划分方案示意图

3.2.3.2　球形真空容器壁厚设计

真空状态下的球体，按稳定条件计算时，其理论壁厚计算如下

$$s_0 = 0.8 D_B \sqrt{\frac{p\sqrt{3}\,(1-\mu^2)^{1/2}}{E^t}} \qquad (3-28)$$

实际壁厚为

$$s = s_0 + C$$

式中　s_0——计算壁厚，mm；

$\quad\quad\ s$——球体实际壁厚，mm；

$\quad\quad\ C$——壁厚附加量，mm；

$\quad\quad\ D_B$——球体内径，mm；

$\quad\quad\ p$——外压设计压力，MPa；

$\quad\quad\ E^t$——温度为 t 时材料的弹性模量，MPa；

$\quad\quad\ \mu$——泊松比。

具体厚度需根据容器材质及直径确定，球成型后在任何方向上椭圆度都不得大于 $0.5\% D_B$，根据球内径大小，为了保证其椭圆度，从冲压工艺上的具体要求讲，板厚应考虑冲压减薄量，球的最薄处壁厚按下式计算，和式（3-26）一致，针对不同材料壁厚有所不同

$$C = C_1 + C_2 + C_3$$

式中　C_1——钢板最大负公差，可根据板材标准查得；

　　　C_2——腐蚀裕量，在此设备中选的不锈钢 C_2 可以取 0；

　　　C_3——封头冲压时的拉伸减薄量，一般取 $10\% \sim 15\%$。

3.2.3.3　抽真空时球所受的均匀外压的变形量

取外压 $P_0 = 0.1$ MPa，径向最大位移即变形量。径向最大位移为

$$\frac{u}{R_0} = \frac{kK^3 p_0}{E(K^3 - 1)} \left[(1 - 2\mu) + \frac{(1 + \mu)}{2k^3} \right] \tag{3-29}$$

其中

$$K = \frac{R_0}{R_i}$$

$$k = \frac{r}{R_i}$$

$$k' = \frac{r}{R_0}$$

式中　R_i，R_0——球壳内外半径；

　　　r ——任意一点半径；

　　　E ——容器材料的弹性模量；

　　　μ ——泊松比，不锈钢为 0.3。

式（3-29）可验证容器变形量是否在要求的范围内。

3.2.4　箱型真空容器设计

箱型真空容器在大型及超大型空间模拟设备中也得到广泛的采用，比如气闸舱及容器上的进出通道等。通常采用薄壁结构通过加强筋的布置及设计满足其力学结构，其优点在于对综合空间（试验空间及实验室空间）的有效利用率较高，加工制造过程对材料规格要求较为单一和常规。从经济性上考虑，箱体内壁可选择异型复合板料，采用不锈钢层作为容器内壁，外壁碳钢层直接和碳钢加强筋

进行同种材料焊接。箱体设计过程中具体的工作接口、开门方式、支撑结构等均可采用现有的模拟软件进行很好的模拟确定。大型薄壁真空箱体如图 3 - 12 所示。

图 3 - 12　大型薄壁真空箱体加工图

3.2.5　有限元计算在大型真空容器设计中的应用

有限元方法的基本思想是将连续的求解区域离散为一组有限个且按一定方式互相连接在一起的单元组合体。由于单元可以按不同的连接方式进行组合，且单元又可以有不同的形状，所以它能很好地适应复杂的几何形状、复杂的材料特性和复杂的边界条件。其理论基础是力学的变分原理、最小位能原理，即受到载荷作用的弹性体或结构的位能，用由于变形而贮存起来的内能与外载荷的位能之和来表示，如果物体处于平衡状态，位能则为极小值。由此来获得每个元素的平衡方程组。

有限元分析过程包括下述六个步骤。

1) 连续体的离散化，即将给定的物体分割成等价的有限元系统，对于二维连续体，有限元可以是三角形、三角形的组合或四边形。对于三维连续体，有限元可以是四面体、长方体或六面体。

2）选择位移模型，假设的位移函数或模型仅仅近似地表示真实或精确的位移分布。

3）用变分原理推导元素刚度矩阵，刚度矩阵由根据元素的材料与几何性质导出的平衡方程的系数所组成，可通过应用最小位能原理而获得。

4）集合整个离散化连续体的代数方程，这个过程包括由各个元素的刚度矩阵集合成整个物体的总刚度矩阵，以及元素节点力矢量集合成总的力或载荷矢量。

5）求解未知位移。

6）由节点位移计算单元的应变和应力。

对于真空容器，由于需要开大量的各种规格的法兰孔，为了提高容器的抗失稳能力和强度，在容器上焊有各种加强筋和补强板。对于这些复杂的结构，采用传统的力学解析方法是无法对其进行力学分析的，而有限元方法，在进行大型真空容器的应力、应变分析和抗失稳能力分析方面，有其独特的优越性。有限元方法在真空容器设计及制造工艺研究过程中也得到了广泛的应用。

3.3　大型圆柱形真空容器参数简要说明

KM6 空间模拟器为中国最大的综合性载人航天器空间环境模拟试验设备，除有特大型真空容器外，组合容器结构的多样性以及功能的综合性集成度较高。因此特对该设备设计参数进行简要说明。

3.3.1　真空容器参数说明

KM6 真空容器的特征尺寸及结构形式见表 3-2。

表 3 - 2　KM6 真空容器的特征尺寸及结构形式

序号	容器名称	特征尺寸	结构及支撑方式	封头、大门及开启方式	开孔及说明
1	主容器	内径 12 m，高 22.4 m	圆柱形，立式；12 根立柱支承柱	底部封头：椭圆形；顶部大门：椭圆形，直径 12 m，桥式吊车开启；侧面大门：椭圆形，直径 6.5 m，电机驱动开启	筒壁上一侧开有 7.5 m 的孔，与辅容器焊接成一体；另一侧开有直径 6.5 m 大门孔，安装 6.5 m 侧大门；开有 2 个 0.9 m×1.85 m 的方舱门孔，安装方舱门，与载人试验舱 A、B 气闸舱相通；8 个直径 1.32 m 低温泵法兰孔，以及其他粗抽、测量等接口
2	辅容器	内径 7.5 m，长 15 m	圆柱形，卧式，两鞍座支承	侧面封头：椭圆形，直径 7.5 m；另一端与主容器焊接成一体	容器上焊有 1 个喇叭形进光孔；1 个真空抽气孔；其他测量及功能法兰孔
3	载人舱	内径 5 m，长 15 m	圆柱形，卧式，两鞍座支承	侧面大门：碟形，直径 5 m；电机驱动开启	舱体上有 3 个直径 1.32 m 低温泵法兰孔；80 多个规格不一的其他法兰孔

KM6 真空容器简要总图如图 3 - 13 所示。

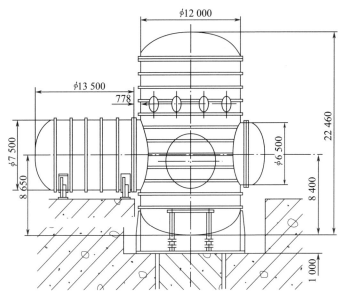

图 3 - 13　KM6 真空容器简要总图

3.3.2 容器壳体设计计算参数

3.3.2.1 壳体设计计算参数

KM6 容器壳体设计计算参数见表 3 - 3。

表 3 - 3　KM6 容器壳体设计计算参数

设计参数	主容器	辅容器	载人舱
设计外压 p/MPa	0.1	0.1	0.1
设计温度 t/℃	30	30	30
筒体内直径 D_i/mm	12 000	7 500	5 000
筒体计算长度 L/mm	1 250	2 128	2 000
材料	0Cr18Ni9	0Cr18Ni9	0Cr18Ni9
许用应力 $[\sigma]$/MPa	137	137	137
弹性模量 E/MPa	199 000	199 000	199 000
钢板负偏差 C_1/mm	1.5	1.5	1.5
腐蚀裕量 C_2/mm	0	0	0
抛光减薄量 C_3/mm	1	1	1
焊缝系数 ϕ	1.0	1.0	1.0

3.3.2.2 封头设计计算参数

封头设计计算参数见表 3 - 4。

表 3 - 4　封头设计计算参数

设计参数	直径 12 m 封头	直径 7.5 m 封头	直径 6.5 m 封头	直径 5 m 封头
设计外压 p/MPa	0.1	0.1	0.1	0.1
设计温度 t/℃	20	20	20	20
封头内直径 D_i/mm	12 000	7 500	6 500	5 000
碟形封头球面部分内半径 R_i/mm	—	—	—	4 500
封头曲面深度 h_i/mm	3 000	1 875	1 625	

续表

设计参数	直径 12 m 封头	直径 7.5 m 封头	直径 6.5 m 封头	直径 5 m 封头
材料	0Cr18Ni9	0Cr18Ni9	0Cr18Ni9	0Cr18Ni9
许用应力 $[\sigma]$ /MPa	137	137	137	137
弹性模量 E/MPa	199 000	199 000	199 000	199 000
钢板负偏差 C_1/mm	1.5	1.5	1.5	1.5
腐蚀裕量 C_2/mm	0	0	0	0
抛光减薄量 C_3/mm	1	1	1	1
焊缝系数 ϕ	1	1	1	1

3.3.2.3　法兰设计计算参数

法兰设计计算参数见表 3-5。

表 3-5　法兰设计计算参数

设计参数	直径 12 m 法兰	直径 6.5 m 法兰	直径 5 m 法兰
设计外压 p/MPa	0.1	0.1	0.1
设计温度 t/℃	20	20	20
法兰材料	0Cr18Ni9	0Cr18Ni9	0Cr18Ni9
许用应力 $[\sigma]$/MPa	131	131	131
筒体壁厚 δ_0/mm	21	21	16
法兰高颈宽端 δ_1/mm	44	38	40
法兰环厚度 δ_f/mm	167	130	120
法兰环内径 D_i/mm	12 000	6 500	5 000
法兰环外径 D_0/mm	12 430	6 800	5 200
法兰环颈高 h/mm	70	50	60
胶圈槽中心直径 D_L/mm	12 133	6 618	5 100

3.3.2.4　大门补强设计计算参数

补强设计计算参数见表 3-6。

表 3-6　补强设计计算参数

设计压力 p/MPa	筒体内直径 D_i/mm	筒体名义厚度 δ/mm	筒体壁厚附加量 C_1/mm	筒体材料	许用应力 $[\sigma]_t$/MPa
0.1	12 000	22	2.5	0Cr18Ni9	137

接管名义厚度 δ_t/mm	接管壁厚附加量 C_2/mm	开孔内直径 d_i/mm	接管材料	补强圈材料	补强圈许用应力 $[\sigma]_b$/MPa
20	2.5	7 500	0Cr18Ni9	20	133

3.3.2.5　主容器加强圈设计计算参数

主容器加强圈设计计算参数见表 3-7。

表 3-7　主容器加强圈设计计算参数

设计外压 p/MPa	筒体外径 D_0/mm	筒体有效厚度 δ_e/mm	筒体计算长度 L_0/mm	加强圈材料	加强圈材料弹性模量 E/MPa
0.1	12 044	19.5	1 250	20	198 000

3.4　大型真空容器的制造工艺

3.4.1　大型真空容器的制造流程

3.4.1.1　概述

大型真空容器体积大、结构复杂、接管及开孔多。对应的超大型法兰、封头及容器在加工、运输、安装过程中难度较大，不可预知因素及风险较多。严谨的设计方案、周详的环境考虑、有效地执行质量管理体系要求，直接关系到制造施工能否有条不紊、按照统一的安排与步调顺利进行。因此，需要采取先进的施工工艺，合理

地安排施工顺序，充分发挥人力、物力的潜在力量和积极性，强调
技术和质量管理，强调降低成本，提高经济效率，以保证施工顺利
进行及胜利完成。

3.4.1.2　真空容器的制造流程

真空容器制造安装流程包括以下几个关键点：

1）审核经设计及工艺评审的图纸。

2）法兰、封头加工工艺方案的确定。

3）容器安装、组焊方案及质保体系的建立及评审。

4）板材、焊料及密封圈、标准件等的订购。

5）法兰加工专用设备的设计及制造。

6）封头模具的设计制造。

7）法兰锻件生产、粗加工、现场拼焊。

8）法兰与封头或短筒现场组焊及密封面的精加工。

9）筒体分片预制。

10）容器安装、组焊工艺的确定，工装的设计及加工，小型接
管法兰的加工制造。

11）容器总体安装、组焊，焊缝打磨，真空室内表面抛光。

12）对所有焊缝进行氦质谱仪检漏。

13）安装所有法兰、大门等密封机构，对所有法兰等的密封连
接处进行氦质谱仪检漏。

14）真空容器进行抽真空考核结构强度、总体检漏等关键特征
指标。

15）工程总体联合验收。

3.4.2　真空容器筒体制造工艺

3.4.2.1　真空容器预制阶段施工工艺

（1）材料保管、检验和验收

制造真空容器的所有材料应有质量证明书和试验报告，材料进

现场后必须堆放在隔离区内待检。保管和使用这些材料必须按有关规定执行。

（2）真空容器筒体壁板排版图绘制

绘制排版图应根据供料规格、施工图和有关规范中的规定进行。

真空容器在生产制造过程中，为了防止焊接应力集中产生变形，对接的壁板间应采用 T 型焊缝连接，不允许采用十字连接，焊缝与焊缝之间的距离需进行真空性能优化和设计。

（3）真空容器壁板切割与坡口加工

1）为了保证下料和安装的精度，划线、下料时只能有一个基准点。必须使用合格证在有效期内的量具，以克服相对误差，确保下料尺寸准确。

2）板材下料时应按排版图的尺寸进行。板材及其他材料可采用锯和气焊切割、剪板机剪切、等离子切割和打磨等加工方法，加工到所需要的形状和尺寸。钢板边缘加工面平滑，且不得有分层、裂纹和夹渣等缺陷。当怀疑某处有缺陷时，应采用着色渗透探伤方法检查，一旦发现有裂纹、夹渣等缺陷，应立即更换材料。

3）板材切割前，用测厚仪认真检查板材厚度，下料尺寸的偏差应符合钢板下料允许偏差。

4）焊缝坡口形式和尺寸的选用，可采用真空容器或压力容器相应的焊缝坡口标准，坡口应加工到符合焊接工艺规程对坡口的要求。

（4）钢板板材弯曲

1）在不锈钢板材弯曲加工前，应采用角向磨光机对壁板内表面进行预抛光。

2）不锈钢板在三辊卷板机上滚弧前，应事先对上下辊进行打磨处理，使其平整光滑，以保证弯曲加工时，不致损伤母材。

3）不锈钢壁板弯曲加工时，为了使之形成合适的曲率，壁板两端在滚圆前，必须采用压头板进行弯曲，滚圆后立放在平台上进行手工调校，使用已设计的标准弧长样板进行检查，确保其间隙不大于设计要求。

（5）钢板编号

所有壁板预制件，按排版图要求编号，标出对应角度方位，编号应清晰易见，以便安装和检查记录。

（6）板材运输

所有壁板预制件在保管和运输中，应使用胎具以防止产生变形。

3.4.2.2　真空容器的安装工艺

（1）施工前的准备工作

施工前必须做好下列各项准备工作。

① 人员培训

施工前要组织各专业施工人员进行技术交流，学习图纸，熟悉规程，统一施工步调，明确施工要求、操作规程和安全防火措施等。

② 清理场地

清理、平整拼装焊接施工场地。

③ 准备工装

备齐施工用各种设备（如卷扬机、倒链等），制订各种吊装工艺，并且完成吊装、运输用支架、胎具的设计和加工工作。

（2）安装方法

对于大型真空容器的安装，有多种安装方法。对于立式容器，可以采用正装法，就是至下而上一节一节装；也可以采用倒装法，就是按从上往下顺序进行吊装。对于卧式容器，可以采用卧装和立式安装然后放倒就位等安装方法。各种安装方法各有其优缺点，采用哪种安装方法，应根据现场条件以及施工队的具体情况来确定。例如，KM6 主容器的安装采用了一种正装与倒装相结合的新工艺，就是主容器下段采用正装，一节一节由下往上安装。上段采用倒装，由上往下吊装。KM6 辅容器及载人试验舱采用内立柱多点倒装法将其立起来，然后借助两台轮胎吊车放倒，并就位到带滚杠的运输台架上。最后利用设置在主厂房内的卷扬机与主容器进行就位。

（3）大型容器安装工艺

容器组装前根据土建交工资料，由土建、安装等单位有关人员对基础进行严格的验收，确认强度、方位、中心距、水平标高、支柱间中心距等合格后才能进入施工现场。

①基础检验内容和标准

1）应检验土建单位在容器基础中心预埋钢板上是否标出中心点，并在每个支柱基础上是否标出中心和中心十字线。

2）用水平仪测量各基础标高，其偏差值不得大于±（0～20）mm。

3）用经纬仪精确等分各支柱的中心距后，用盘尺检查基础圆直径，偏差不得大于±5 mm，检查各支柱中心偏移情况，偏差不得大于±20 mm。

4）用卷尺测量支柱基础上的地脚螺栓中心，偏差不得大于±2 mm，如果支柱基础地脚螺栓采用二次浇灌，则预留孔中心距偏差不得大于±15 mm。

5）用水平尺测支柱基础上水平面水平度，每米水平度允许偏差5 mm。

6）地脚螺栓预留孔深度不得大于±20 mm。

7）基础外观检查，上平面及各侧面不得有肉眼可见的裂纹。

②KM6 主容器下端正装安装工艺

主容器的下封头、支柱及最底层一节筒体组装，可利用设置在基础上的圆筒胎，0 m层楼板上的鞍形支架及悬挂在其上的手拉倒链等工装机具来进行。先分片在圆筒胎下借助专用卡具、马板、楔块等组装顶圆板，焊接成型后再装瓣片，测量各部件尺寸无误后，依次焊接封头的纵环焊缝。

支柱安装前，打出基础麻面，配置好斜垫铁，完成之后，再逐根吊装组对支柱，全部支柱焊接完成后，采用正装方法分片组装主容器最底层一节筒体。

③KM6 主容器中段倒装安装工艺

主容器中段安装采用电动顶升多点倒装工艺，为保证该工艺能够实施，中段倒装前在下封头底部增设补强筋。在最底层一节筒体上口，组焊临时支承平台。该工艺的原理是通过带紧线器的拉杆将均布设立在临时支承平台四周的若干台电动顶升机及平衡柱，紧固在壁板下口的胀圈及组合叉钩上，连接在一起形成吊装设备。主容器安装由主容器中段最上一节板开始依次往下进行安装，即先在临时支承平台上，组对最上一节壁板。顶升时，借助顶升机的起重钩，来提升设置在容器壁上的胀圈。由于胀圈和壁板被若干组合叉钩连在一起，所以当胀圈被提起时，壁板也随之被带起来。容器壁板被顶升机一节一节顶起来，直到主容器中段安装完成为止。

3.4.2.3　真空容器的焊接工艺

（1）真空容器焊接前准备

大型真空容器结构尺寸大、质量重，对制造质量要求高，因此焊接制造工艺难度较大。在制造过程中，除了保证焊接质量外，还必须对容器筒体的椭圆度、相贯开孔和焊接变形等进行预控。因此对于施工关键点，应提出工艺的技术要求和措施。

原材料从入库验收、出库、车间加工、现场安装、试压到最后竣工验收等所有环节都必须严格采用研制时的标准进行。尤其是焊接质量，不仅要求上岗焊工有高级焊工合格证，而且在上岗前应进行严格的考试，成绩不合格者不得上岗。

（2）保证焊接质量措施

1）为了保证真空容器具有良好的稳定性及为了确保几何尺寸，除安装工艺外，还应采用加大胀圈截面等措施，来增加筒壁刚性，减少吊装和焊接引起的变形。

2）容器之间相贯处的焊缝，是密接性不好保证的地方，在划线、开孔、组对、焊接时，施工人员必须严格按照如下工艺要求的技术措施进行。

a）采用直尺，利用投影原理来进行划线。比照实物，沿实物外壁移动直尺找出若干投影点，然后将其连成一个圆，沿此圆线进行切割。

b）为了防止开口和焊接变形，在开口和焊接之前，应进行加固。

c）为了减小在开直径较大的孔时引起收缩变形，对于直径大于或等于 1 m 的孔，应采用间断跳割方法。

d）直径 500 mm 左右的接管开孔，需在焊接前采用加固措施固定。

e）容器与接管相贯处焊接，若采用的焊接工艺不合理，就容易导致筒壁出现大的变形，为此施工时应按对称均布的顺序和要求进行。使用相同的焊接参数，对称分布在筒体内沿同一方向分段退焊，内圈第一遍施焊完毕再焊外圈，内外交替直到焊接工作结束。

f）为减小筒体立缝的焊接变形，施焊前应在立缝上点焊"护口板"，一般设置 4 块。

3）加强筋防焊接变形预控措施。

a）筒壁焊缝被加强筋遮盖部分，必须经 100％X 射线探伤合格，确认没有问题后，方可进行加强筋的拼装和焊接工作。

b）为了保证筒壁的椭圆度，在加强筋拼装前，宜事先将胀圈胀紧到与加强筋相对应的位置上，然后再组装外侧加强筋。

4）焊缝焊后处理。

a）容器所有焊缝必须进行 100％ 的 X 射线探伤，探伤不合格处，需进行补焊，但同一位置补焊次数不得大于两次，否则需切割下该处重新进行焊接。容器内外表面上的焊巴，不仅要打磨平整，而且还需进行磁粉探伤。

b）利用氦质谱仪对所有焊缝进行检漏，漏率不合格处必须进行补焊，但同一位置补焊次数不得大于两次，否则需切割下该处重新焊接。

3.4.3　法兰制造工艺

3.4.3.1　法兰制造工艺过程

（1）大型法兰制造工艺流程

法兰可按如图 3 - 14 所示工艺流程进行制造。

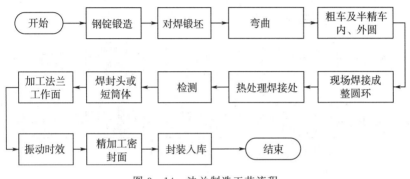

图 3 - 14　法兰制造工艺流程

（2）大型法兰加工中的关键技术

大型法兰加工中的关键技术有：

1）法兰组焊成环时防止翘曲及面外变形；

2）法兰锻坯的弯曲精度控制，特别是弹复量的计算；

3）现场加工工艺及设备的研制；

4）精加工工艺。

3.4.3.2　法兰毛坯锻造与弯曲工艺

（1）锻坯截面尺寸确定

由于锻坯需经过弯曲、粗车后再精加工，弯曲时虽然截面尺寸略有畸变，但不影响粗车加工。在粗车加工后内外径及长颈法兰尺寸均车到图纸尺寸。在精车时，仅加工法兰密封面。考虑到这些因素，同时考虑焊接面外变形，锻造余量可取为：在密封面方向上留下单边加工余量。

（2）法兰锻坯的压弯工艺

为了减少在现场拼焊对接的工作量，以及减少两端头为直边而造成材料的浪费，法兰锻坯采用 1 加 1 焊接方案。如 KM6 直径 12 m 法兰采用 8 段锻坯焊成 4 段然后弯曲去两头，直径 6.5 m 法兰由 6 段锻坯焊成 3 段然后再弯曲，而直径 5 m 法兰由 3 段锻坯直接弯曲。

（3）弯曲工艺

弯曲工艺流程见图 3-15。

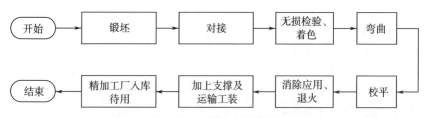

图 3-15　弯曲工艺流程

法兰锻件 1+1 焊接后打平焊口，探伤检查合格后进行弯曲。弯曲可以在油压机上进行，采用上凸、下凹的弧形压模压弯。压弯成型后去掉两直头。压弯时产生的残余应力，需进行退火消除应力处理。

3.4.3.3　大型法兰组装与焊接工艺

（1）大型法兰分段焊接变形控制

大型法兰在拼焊过程中将产生三种焊接变形，即由焊接横向收缩沿焊缝上下方向分布不均匀引起法兰平面度变化，即面外位移；由内外横向收缩不均匀，引起法兰圆度变化，即面内横向位移；由横向收缩量引起法兰周长的变化。

1）对于法兰主体焊缝引起平面度的变化，在前几层，可以采用分三段退焊，短段加分段退焊，或上薄下厚的焊层配合分段退焊等措施，并通过控制分段退焊的层数及其后直通焊层数的合理比例，可控制法兰平面度的变化。

2）法兰主体部分焊缝拼焊过程中，横向收缩量占总横向收缩量的 80%～90%，对周长的控制，应预留一定的间隙。

3）法兰主体部分焊接时，前几层横向收缩及角度变化大，因此，对于法兰圆度应在前几层通过一侧单加一层，或内外侧焊层厚度不同的措施，来加以调整。

4）对于法兰高颈部分的焊接，采用锤击方法，使每一焊层延展，可基本消除变形。

（2）法兰组装方法

①法兰组装拼焊方式

对于大型法兰，可以采用多段锻制毛坯压制出弧形，在制造厂分别将每两段毛坯组焊在一起（简称 1＋1 方法）。法兰采用 1＋1 方法组焊，可以在制造厂钢平台设置的支架上进行，其焊口的施焊步骤与法兰整体组焊基本相同。

②法兰整体组焊前应具备的条件

1）为了便于法兰整体组装和焊接，需在现场设置一圆筒式工作台。该工作台主要由筒体、上下槽钢加固圈、槽钢支柱、斜垫铁等组成。法兰找平找正利用经纬仪、斜垫铁进行。

2）焊口施焊前，应点焊牢固龙门板，以便控制焊口收缩和角变形。

3）电焊条选用 ϕ3.2 mm，ϕ4.0 mm 两种。

4）焊接设备采用直流电焊机，选用直流反极性。

③角变形的测量

每焊完一层，对焊口角变形的大小及方向应进行测定并作记录。施焊前在法兰焊口顶底及内外两侧按一定距离打上冲孔，用游标卡尺测冲孔之间的距离变化，确定焊缝横向收缩值。角变形的测量是通过上述方法，以相对应的内外侧横向收缩值之差来反映角变形的大小及方向，以顶底横向收缩值之差，来确定由于角变形而引起的挠度值。另外也可测量法兰同一断面上焊口所处位置的最大内径与最小内径之差，来确定焊口环向角变形的大小及方向。

④ 拼焊最佳工艺参数和焊接变形控制措施

法兰拼焊最佳工艺参数和焊接变形控制措施如下：

1）焊接方法：手工电弧焊，立向对称焊。

2）选择合适的焊接材料，并通过试验确定对应板厚的焊接电流。

3）采用合适的焊接顺序、方向及焊层厚度。

4）焊接过程中焊接变形控制量要准确。

（3）法兰的焊接

①控制法兰变形的附加措施

1）消除重力的影响。为了消除重力的影响，焊至两层后，用千斤顶顶住焊缝正中央，抵消重力对法兰上拱量的影响。调整预紧力，可微调每层焊缝产生的上拱量大小。

2）消除摩擦力的影响。为了消除摩擦力的影响，在每瓣法兰下面垫上聚四氟乙烯片。由于聚四氟片乙烯与法兰的摩擦力很小，仅为 0.04，因而大大减小了法兰与支架间的摩擦。

3）锤击措施。在最后几层中，采用锤击方法，消除一部分残余应力。锤击可以微调上、下、左、右的横向收缩，效果比较显著。若下端锤击密度大，则法兰上拱量减小，反之，法兰上拱量增大。若内侧锤击密度大，则法兰焊缝处直径减小，反之，法兰焊缝处直径增大。

②焊接变形测量

为了控制法兰的变形，在法兰拼焊过程中，要随时测量焊接变形。由于法兰的圆度、平面度及周长的变化主要由焊接的横向收缩引起，因此测量横向收缩很重要。可以用引伸仪测量法兰与筒体对接时横向收缩量，用水平仪测量法兰的平面度，用电子水平仪测量法兰直径方向的变形。

③焊接顺序

焊接顺序根据具体工艺要求确定。

④变形互相抵消的焊接工艺

对称从焊缝外侧开始焊第一层，焊层厚度控制在 2~3 mm。焊层薄，可以降低焊接热量，减小焊接变形。施焊过程中，焊接速度不宜太快，每焊完一层后，可根据情况稍待一段时间。焊接前 5 层，收缩变形速度最快，占总收缩量的 80% 左右。焊完 8 层后收缩基本稳定，因此必须严格控制前 8 层尤其是前 3 至 5 层的焊接工艺，以便有效地控制收缩变形。前 3 至 5 层应不在同一时间内施焊，避免热量过于集中。第一层焊缝引起的变形量最大，并且每层焊缝所引起的变形量一般不能相互抵消，所以第二层焊缝采用何种焊接顺序及焊层厚度、焊接速度、电流大小，应视第一层焊缝角变形的大小及方向来确定。采用这种焊接工艺来控制变形量，是减小法兰焊接变形的主要措施之一。例如焊完第一层后，其中一个焊口的实测结果是 Δ 底距离大于 Δ 顶距离（因角变形引起外挠），内侧 ΔC_1、ΔC_3 距离大于外侧 ΔC_2、ΔC_4 距离（因角变形引起焊口内凹），当第一遍焊完出现上述情况时，则由另一名焊工焊内侧第一层，另外还视具体情况采用以下措施，如加大电流，使焊层厚度加大到 4~5 mm，使内侧第一层焊层厚度大于外侧或增加焊层层数，这样就可以把先焊的焊缝产生的变形，靠后焊的焊缝产生的变形来抵消。以后每层焊完后进行清查和测量变形值。采用这种双 U 型坡口，正反两方向角变形互相抵消的焊接工艺，焊完内外两侧前八层后，焊口收缩基本趋于稳定。此后再在内外侧由两名焊工同时施焊，焊完余下的各层焊缝。

焊层堆敷方式，基本上采用单道多层焊，层与层之间分段接头处错开的距离不小于 30 mm。为了控制收缩量，后几层宜采用多层多道焊的堆敷方式。法兰施焊完毕，焊口应进行退火处理，消除内应力。

3.4.3.4　法兰消除应力热处理及振动时效工艺

法兰在冷热加工过程中，会产生残余应力，这将影响其尺寸稳定性，因此必须降低或消除残余应力。

消除残余应力的方法有自然时效、热处理和振动时效等。自然时效降低残余应力不明显，但尺寸精度稳定性好，该工艺简单易行，但生产周期长。热处理时效对尺寸精度稳定性好，降低残余应力明显，但成本高，投资大。对于大型法兰，整体时效难于实现。振动时效效果可以达到或接近自然时效和热处理时效的效果，并可以大大缩短时效时间，降低时效成本（热处理的 1/20 以下）。

3.4.3.5　大型法兰现场精加工

法兰的各表面经过铣削、粗车等粗加工和半精工序加工，然后进行现场精加工，通常采用如下工序。

（1）现场组合式多功能机床设备

对大型真空容器大法兰的精加工，由于尺寸大，如果在现场安装一台特大型组合机床，则需要很大的投资，并且在法兰加工完成以后，该机床将难于发挥效益，造成投资浪费。因此需要在现场寻找既结构简单又能完成任务的加工手段和设备。

例如，KM6 工程在现场采用自行设计制造的多功能机床，设备投资低。实践使用证明，该设备完全能满足法兰精加工的要求。

（2）多功能机床工作原理及组成

多功能机床本体，通过横梁和滚轮，直接安装并夹紧于工件上。铣削平面时，机床本体处于夹紧状态。铣刀沿工件径向完成一次铣削后，松开夹紧轮，将机床沿工件圆周方向移动对应行程距离，再夹紧机床本体，重复上述沿径向切削运动。切削深度靠测量装置的测量结果加以调整，以保证整个法兰面的平面度要求。

由于法兰平面度和表面光洁度要求很高，因而机床不仅有铣削装置进行粗加工，还可以换成磨削、珩磨、抛光等进行精加工。在精加工时，机床本体可通过滚轮带动沿工件圆周方向绕工件连续回转运动，以便磨削并抛光，达到要求的平面度和光洁度。

加工密封槽时，用立铣刀沿工件径向给出一定的切削精度后，令机床沿工件圆周方向，以铣削进给速度连续进行铣削，机床本体沿工件圆周方向连续运动一周，即完成一次加宽密封槽的铣削。可使铣刀沿密封槽内、外圆柱面进行铣削，用砂轮代替铣刀对密封槽进行珩磨。

（3）法兰现场精加工工艺

法兰加工工艺过程：工件去毛刺—工件找正—平面铣削—铣削密封槽—平面珩磨—槽磨削—抛光等处理。

（4）加工过程中的检测

在加工过程中是边加工边检测，以检测结果决定进一步加工的切削深度，因此加工精度和速度，取决于检测的精度和速度。检测的方法和仪器设备的选用是至关重要的。

（5）自重引起法兰面的平面度误差分析

法兰与筒体焊接时，是采用在筒体下使用若干个通过精确调整后的支撑，将筒体支撑起来，然后将法兰放置在筒体的上端面，再进行焊接。由于法兰和筒体的质量较大，如果所选择的支撑方式不正确，尤其是如果所选择的支撑数目不够多时，必然会引起筒体和法兰在轴线方向上的变形。可以采用有限元分析方法，对法兰由自重而引起的密封面平面度误差进行分析计算。

3.4.4　大型真空容器开孔补强与对接焊接工艺

（1）引言

对于大型空间环境模拟器的真空容器，为了满足试验要求，容器之间经常出现大开孔相贯焊接，并且经常需要在大容器和封头上焊接法兰孔。由于两容器间的相贯焊缝是空间密闭焊缝，拘束度较大，将导致较大的焊接变形和应力，如 KM6 主容器分别与直径 7.5 m 辅容器、直径 6.5 m 侧门和直径 5 m 载人试验舱相贯焊接。此外，在主容器上还焊有 8 个直径 1.32 m 的低温泵进出口法兰，在载人试验舱上焊有 3 个直径 1.32 m 法兰和多扇高 1.85 m、宽 0.9 m 的方舱门。这些相贯线焊缝不仅导致容器母线的变化，还将引起大法兰平面度变化，导致真空密封面失效。因此在进行相贯筒体组装与焊接时，必须采取严格的工艺措施，以确保焊后容器变形与法兰平面度的变化在允许范围内。

（2）容器相贯焊缝焊接变形的研究

①缩比试验研究

在两个容器相贯焊接时，由于焊缝的密闭性，将使容器产生较大的焊接变形，容器的焊接变形主要由焊接时的横向收缩及纵向收缩所引起，同时横向收缩沿厚度方向的不均匀将导致角变形。

②有限元分析

为了验证焊接试验结果，对模型进行有限元分析。法兰部分采用三维固体元，壳体部分采用三维壳元。

（3）容器相贯焊缝实际施焊工艺流程

当小容器与大容器相贯时，纵向收缩和横向收缩都将引起法兰平面度局部下凹，但法兰的倾斜不明显，需要验证数值结果与实验结果，选用吻合较好的参数。

当容器与主容器相贯时，无论焊缝纵向收缩还是横向收缩都将引起主容器的上法兰的局部下凹，且下凹值都较大。因此可以根据该结论来制定出容器相贯焊缝制造工艺流程图，见图 3-16。

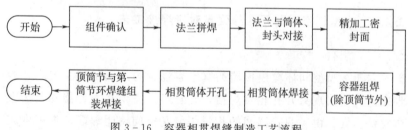

图 3-16　容器相贯焊缝制造工艺流程

根据相贯线焊缝模型缩比试验及有限元分析结果，制定以下相贯焊缝焊接工艺。

1）上法兰与主容器焊接前，主容器上的主要相贯焊缝必须焊完，且已开孔。

2）相贯小筒体首先与主容器组对。组对时修磨坡口，与主容器间的间隙尽量小，然后点固焊。

3）焊前在主容器内壁沿相贯焊缝处，焊上马板，以尽量减少焊接产生的变形。

4) 先焊内侧，焊三层后，再焊外侧，焊二层。接着内侧填平盖面，外侧填平盖面。

5) 焊接时，采用分段退焊。

6) 相贯焊缝焊完后，开相贯孔，采用分段对称开孔。

7) 对于直径较大的相贯孔，由于是采用插入式接管焊接，因此采用先开孔，后组焊。

(4) 直径 6.5 m 侧大门与主容器相贯焊接工艺

侧大门与主容器整体相贯焊接，不仅会导致主容器法兰面变形，也会造成侧大门本身法兰的法兰面产生变形。法兰变形除了与焊接规范、接头形式、焊缝位置、焊接顺序、材料性能、壁厚、装配顺序及两个被焊构件的自重、刚度等因素有关外，还与下列因素有密切关系。

1) 由于在相贯焊缝处，都带有补强圈，若相贯焊缝与补强圈过于贴合、过于集中，且补强圈焊缝只能在外侧焊接，就会导致焊缝横向收缩不对称，从而使法兰变形大、易产生内凹变形。

2) 门脖相贯焊缝和补强圈焊缝焊后横向收缩沿相贯焊缝周长上的差异，易引起法兰平面度的变化。

3) 两个相贯件的质量、刚度不同，刚度较小的被焊件极易产生变形。

4) 法兰密封面离焊口愈近，焊接产生的变形对法兰面平面度的影响愈大。

5) 不锈钢如 0Cr18Ni9 等的热导率低，线性膨胀系数大。由于热导率低，热量不易传开，温度会升高，而线性膨胀系数又高，因此横向收缩量大。

综上所述，法兰密封面变形必将较大，需严格加以控制。

3.4.5　门与封头制造工艺

（1）封头制造工艺

大型真空容器的封头，其特点是直径很大，厚径比小（为 2%～3%），精度要求高，且材料为不锈钢，封头内表面还要求进行抛光。特别是大型封头各瓣片的组焊及其与大直径法兰高颈部分的对接，不仅错边量允差小而且封头整体精度要求十分严格。加工生产过程又必须在施工条件较差的现场进行。上述特点给封头模具制造、瓣片压制、坡口加工、预研预装、组焊安装及内壁抛光都将带来很大的困难。因此，必须制定和实施有效的工艺技术流程，以最终保证封头制造、组焊后各项技术指标达到设计要求。

①大型封头形状参数的优化设计

为了满足设计要求和制造精度，首先必须确定封头形状的设计参数。由于标准椭圆曲线上各点的曲率是变化的，所以分瓣压制很难做到。目前国内大部分厂家都采用两段圆弧近似代替标准椭圆曲线。寻找最接近标准椭圆曲线的设计参数（R 和 r），使其偏差值最小，且保证成型后各项精度指标均完全在标准椭圆曲线规定的允差之内。

②封头分瓣方案

大型封头分瓣，有多种方案，下面介绍两种分瓣方案。

1）小顶盖加外 2 圈片瓣方案。这种方案焊缝长、块数多、模具多、焊接工作量大，难于控制焊接变形。

2）球顶加短周瓣方案。其实质是中部按球做，边部周瓣不长，可采用整体模压加矫正。这种方案可以大大减小焊缝长度，降低焊接工作量，有利于控制焊接变形。

例如，KM6 直径 12 m、7.5 m、6.5 m 的大门均为椭圆形封头，均采用了第二种分瓣方案。采用该种方案，球顶制作可以有两种方法。一种是先焊成两块圆板成对胀形法，另一种是模压球瓣，再组焊。前一种方案的优点是材料利用率高，球顶部分组焊容易，但需控制板料径向收缩。

（2）封头大门的制造工艺

①封头与法兰在施工现场组对焊接

1）封头吊装前，在封头和法兰上分别标出 0°，90°，180°，270° 位置线，吊起封头就位到法兰上后，按上述位置线找正并进行点焊。采用这种措施是为了减小组装时产生的累积误差，以保证错边量达到设计要求，同时起到减小焊接变形、避免强力对口的作用。

2）施焊前，除了装上设计已有的正式加强筋板外，还需视具体情况补加防变形加强筋板。

②封头法兰对接环缝焊接方法与顺序

1）先焊第一遍外角缝，清根后再焊第一遍内角缝。施焊前，多名焊工对称均布，沿同一方向做分段跳焊。然后分别焊第一、二遍，并依次沿同一方向转动做分段退焊，以后各层亦采用分层退焊。

2）对防变形加强筋板，应待环缝焊接全部结束，焊缝冷却后，方可拆除。

③控制封头与法兰错边量工艺措施

封头最终组焊后尺寸会出现一定的变化，法兰在对接组焊后也有一定的收缩，如何保证加工后法兰与封头之间的错边量小于允许值（一般为 3 mm），是保证封头大门制造质量的关键点。对于小型封头大门，法兰车削加工周期短，可以在封头加工后，根据封头的实际尺寸来车削法兰。但对于大型真空容器的封头大门，封头与大门的加工周期都很长，时间上不允许等封头组焊完之后再车削法兰，因此必须从工艺上解决该问题。

通常采用以下工艺，即严格控制周长的工艺。在工厂内将法兰锻坯—加—焊接时，测出焊缝收缩量，作为计算法兰最后焊口焊接收缩量的依据。同理，焊接主容器下封头时，测出封头周向的收缩量，作为计算焊接大门封头收缩量的参考数据。根据这两组数据，计算出在组焊前封头及法兰的周长量，并且在制造中严格控制该周长量，以保证封头与法兰之间的错边量在允许的范围内。

（3）方舱门的制造工艺

方舱门主要用作人员进出真空容器的通道。方舱门的设计与加工难度远远大于圆形门，但在使用时，却比圆形大门更加方便。尤其在做载人航天人-机空间环境联试时，参试航天员及救生员身穿笨重的航天服，行走不便，采用方舱门作通道，有利于航天员进出。美国约翰逊空间中心 A、B 容器气闸舱通道舱门采用方舱门。我国 KM6 主、辅容器及载人试验舱上共使用了 12 扇方舱门。

方舱门要求必须能开闭方便、迅速、可靠，同时又能满足严格的真空漏率指标。为此要求门框及门扇法兰平面度每米不得超过 0.12 mm，总平面度不得超过 0.24 mm。对于长方形的门框和门扇法兰，这种要求是极为严格的。它对加工工艺的制定及实施带来巨大的困难。此外，门扇扁平形，中间焊有许多加强筋及转楔支座，进行这些加强筋和转楔支座的焊接，容易使门扇产生扭曲变形而报废。因此在制定焊接加工工艺时，对焊接顺序、焊缝坡口形状、焊接电流及焊工都有极严格的要求。

①方舱门的加工流程

方舱门的整个加工流程如下。

1）门框和门扇，根据几何尺寸分成多块进行粗加工，要求加工后光洁度达∇4 以上，留 2 mm 左右的焊后加工余量，并且根据焊接要求，加工焊缝坡口。

2）门扇加强筋分块加工，侧面需抛光处理确保光洁度达到∇6 以上。把加强筋按顺序焊接成一体。

3）门扇及门框法兰进行组焊，焊接时确保其变形量在预定的范围内，否则需进行矫正。把门扇法兰同加强筋、转楔支座、观察窗座等按一定顺序进行焊接，焊后要求进行矫正、消除应力、打磨焊缝等处理。门框法兰与门颈脖进行组焊，焊后要求消除应力。

4）把门扇及门框法兰成对进行精加工，加工后要求平面度总体不超过 0.24 mm，每米不超过 0.12 mm。密封槽形状尺寸及公差、光洁度等要达到图纸要求。

　　5）设计制造专用胎具，以确保门在加工后的运输过程中不产生变形。

　　6）严格按照焊接工艺要求，确保门框与真空容器焊接后，门框法兰的变形量控制在图纸要求的范围内。

　　②焊接工艺规程总则

　　由于方舱门的加工难度及工作量都在焊接上，焊接好坏直接影响方舱门的质量，因此必须制定焊接工艺规程，确保焊接质量。

　　1）必须对待焊件的外形尺寸、平面度及焊缝坡口进行检查，核对坡口形式、角度无误后方可进行下面的工序。

　　2）焊前必须对待焊件坡口两侧 20～30 mm 范围内采用角向砂轮磨削去除氧化层，再用酒精或丙酮擦洗干净、晾干。

　　3）多层焊时，严格控制层间温度，必须低于 60 ℃，每焊完一道焊缝，必须采用锤击法改善接头的残余应力分布和矫正焊接变形。

　　4）对于门框和门扇组件，焊后应对焊缝进行振动法去应力处理，以确保门框和门扇的形状、尺寸精度和稳定性。

　　③门扇焊接工艺

　　门扇是方舱门的密封面，为了保证门扇与门框具有良好的密封性能，对门扇边框法兰平面度也要求很高。为了减轻门扇焊后加工量，必须把门扇的焊接变形控制在非常小的范围内，这对焊接工艺要求极为严格。

　　边框法兰与门板、加强筋、转楔支座及观察窗窗体之间的焊接，极易使门扇产生扭曲变形而报废，对焊接顺序、焊缝坡口、焊缝高度及焊接电流都有严格要求。

　　④门框焊接工艺

　　门框的加工难度也较大，门框法兰有燕尾形密封槽，其形状尺寸公差、光洁度等要求非常高，如果采用焊后加工燕尾形密封槽则很困难，因此采用焊前加工密封槽。对多块边框法兰组件，按图纸要求的尺寸、形位公差及光洁度加工密封槽。门框边框法兰的焊接顺序同门扇边框法兰一样，但对焊接工艺要求更严，焊后进行矫正处理，打磨抛光焊缝，去除应力。

　　⑤方舱门与筒体组焊

　　方舱门从工厂加工出来后，运到设备加工现场，在运输过程设计专门的卡具，并且成对运输。门框与真空容器的安装，主要包括以下关键步骤：

　　1）根据图纸要求划线、开孔，并且打磨焊接坡口。

　　2）插入门框，调整门框法兰平面的垂直度，可使其稍有点仰角，对门框进行点焊固定。

　　3）从门框左右两侧面中间部位开始焊接，两位焊工同时施焊，内外各焊两遍后开始向上下逐段扩展，每段长度约 500 mm。每扩展段焊一遍焊缝，对中间段补一遍焊缝，依次类推。

　　左右侧面所有焊缝焊两遍以上后，开始焊上下两侧面焊缝，要求每焊一遍，对左右焊缝补一遍焊缝，直到所有焊缝填满为止。

3.4.6　KM6 大型喇叭形、锥形圆筒的焊接工艺

　　在 $\phi 7.5$ m 的辅助真空容器上焊接喇叭形进光孔，用于输入太阳模拟器的光斑。该光斑直径 $\phi 6.8$ m，同中心轴线要求成 $29°\pm 3'$，结构上采用大型包络式加强筋，大型锥形进光孔与辅助容器的夹角（即离轴角），要求为 $29°\pm 3'$，在激光准直仪作为反射镜，NAZ8 水准仪组成光学系统监控下，采用小电流，从不同方位进行焊接，并矫正变形；锥形喇叭筒与辅助容器在焊接前后及焊接过程中检测的 3 次结果数值为 $28°59'19''$。

3.5　球形真空容器的制造工艺

　　球形真空容器加工工艺过程主要有：原料拼焊，球面成型，球面加工，球体组装，球体焊接，焊缝探伤检漏，焊缝去应力，开孔，法兰加工，法兰焊接，以及真空系统加工调试等。容器加工工艺流程如图 3-17 所示。

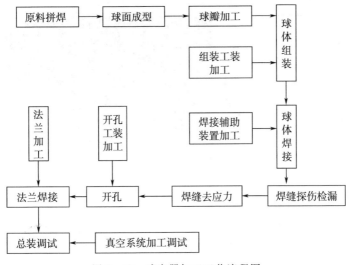

图 3-17　球容器加工工艺流程图

以下具体就焊接方法、成型方法、球瓣加工方法、组装方法、球体焊接方法以及开孔方法等工艺过程进行说明。

（1）球面成型

球面成型方法可以采用铸造、模锻、旋压。铸造的坯料无法保证以下工序的焊接要求，同时铸造材质的气孔率、放气率等都很大，首先应该排除。模锻压力成型或旋压成型都可满足要求。其中模锻精度要比旋压成型高，但模具成本也相应高，模锻冲压和旋压都可备选，最终选择哪一种成型方法需根据球瓣的尺寸大小确定，旋压则更适合大型零件的成型。图 3-18 所示为球面成型示意图。

（2）球瓣加工

球瓣的加工要根据所选择的球瓣形状及尺寸选择加工机床，总的原则初步考虑应该选择立式车床加工内外球面，选择卧式铣床或龙门铣床加工球瓣的截交线边界。如果球瓣压力加工的表面质量能满足要求，则可省略表面加工。这样可以保证加工机床的普遍性，不致因选择特大型机床的困难而影响实施性。

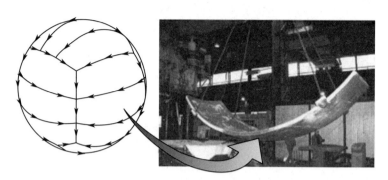

图 3 - 18　球面成型

（3）开孔方法

考虑工艺的延续性原则，不能采用靠选择适合加工范围的机床来满足球壳开孔方法。因为，小型的球体开孔如果采用这种方法，并不能保证将来主体装置也能找到合适的加工机床，或者即便有更大的机床，加工费用也增加太大。况且这种加工的周期很长，很难找到这样一种机床允许长时间地被占用。常用的方法是选择中小型的铣床或镗床，设计制造专用的加工装卡具，来满足本装置的加工。开孔方式见图 3 - 19。

同时，为使开孔加工对主机装置靶室的加工提供工艺示范，考虑用开孔器进行加工。利用开孔器加工的技术关键是要有相应的装置能保证开孔的位置精度。球体设计专用的光学经纬仪，既可以用作球体的开孔加工定位，同时又能用作法兰焊接的对心定位。它既是一种测量装置，同时也是一种在线式实时监测仪器。在装置的垂直轴心和水平轴心的焦点处（经纬仪原点），设置一个带通光小孔的准直管，孔径要满足测量的精度并且要保证准直管的轴心通过经纬仪的原点。从带有游标调节装置的垂直转盘上发出的激光束，通过随动的准直管，相当于从空间一个固定点向外发出一束很细的激光。如果将上述经纬仪固定在一个球的球心处，通过转动水平和垂直两个转盘，即可完成在球体上的角度测量。

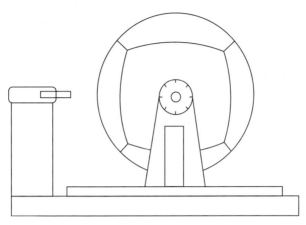

图 3-19 开孔方式

（4）球体的焊接工艺及焊缝探伤

①组装定位方式

1）要保证球瓣中心对称线必须相交于一点，即球体的球心。

2）分瓣之间的接缝处要加强连接的刚性，以保证在焊接过程中子块间的位移尽可能小。

3）根据外径结构设计对应弧度辅助工装。

②焊接变形应力控制

1）根据球体的特点，对变形的控制以采用钢结构固定法为主。

2）焊前预热，对子块焊接区周围预热，保证焊接熔合，并减小焊接时焊接接头和其他部位的误差，减小应力和变形。

3）合理的施焊顺序和焊接工艺，施焊时首先焊接 X、Y、Z 各个方向的焊缝，然后再焊接 X、Y 方向的圆周形焊缝。

③焊接工艺

根据容器的选材，选择对应的焊接方式。

④焊后处理

为释放应力稳定尺寸，可采用以下处理方式：

1）红外电加热履带对整个结构加热，保温缓冷；

2）采用振动时效，消除应力，稳定尺寸；

3）焊后去除工艺附属件，清理打磨焊缝表面，内表面机械抛光。

⑤探伤检测及真空检漏

1）探伤采用 X 射线探伤，在施焊过程中进行，每焊接 10 mm 厚熔敷金属探伤 1 次，不合格时立即返修，探伤比例 100％，所有探伤底片存档备案。

2）对所有焊缝采用罩检法进行氦质谱检漏，确认不漏为合格。整体真空检漏，将所有法兰孔密封，连接真空系统作为辅助系统，用氦质谱检漏仪进行整体检漏，主要进行球体球瓣焊缝的密封性检测。

第4章 热沉设计技术

4.1 空间冷黑环境

空间冷黑环境是航天器在飞行轨道中经历的主要环境之一。太空的"冷",如果不计太阳和附近行星的辐射,则星球、银河系和宇宙线的所谓背景辐射的总剩余能量是可忽略不计的。估计这个能量密度在任何方向约为 $10^{-5}\,\text{W/m}^2$,这相当于温度约 3 K 的黑体发出的能量。太空的"黑",使太空几乎能吸收从航天器表面发出的所有热辐射与气体分子,没有二次反射,即航天器没有同空间其他星球进行热交换的可能,所以太空可以被看作理想的黑体,又被称作热沉环境。由上述可知,没有太阳辐照时的空间环境几乎是一个"冷"和"黑"的空间。宇宙的这一特性在空间上是均匀的各向同性的而且不随时间而变化。

在地面上模拟空间冷黑环境是用铜、铝或不锈钢材料组成的管板结构,内表面涂上黑漆,对太阳吸收率 $\alpha_s \geqslant 0.95$,$\varepsilon_h \geqslant 0.90$,表面温度低于 100 K,工程上也称热沉。

模拟空间冷黑环境的热沉是航天器热试验的三个基本条件(即太阳辐照、真空与冷黑环境)之一,是航天器热设计必须考虑的环境参数。冷黑环境不仅影响航天器工作时的热性能,而且也决定着航天器某些部件的工作特性,影响航天器柔性伸展机构的展开性能,以及有机材料的老化与脆变等。至今世界上已建成的数千台大小空间环境模拟室内均设置有模拟冷黑环境的热沉,其结构形式、表面形状、材料选择各有特点,选择最佳方案对提高大型热沉的模拟精度与设备性能是至关重要的。

　　出于经济与技术上的考虑，热沉模拟采用的是环境效应模拟原理。用 100 K 温度模拟太空 3 K 的温度，即在模拟条件下航天器上感受到的效应和航天器在轨道上飞行时感受到的效应相近，其误差在设计允许的范围之内。

4.2　热沉模拟的有效性研究

　　评价热沉模拟技术的有效性的主要依据是：热沉表面的温度分布均匀性；吸收系数的大小；在航天器模拟试验时带走热量维持稳定温度的能力；建造与运行中的经济指标等。在对同步轨道下阴影段环境进行模拟时，还要求提高整个热沉模拟的完整性和测定整个热沉的红外辐射背景。航天器模拟试验中高于热沉温度的一些装置辐射出的一部分热量，使试验结果产生误差。为减少太阳模拟器或红外加热器关闭后的辐射热量，避免由此造成的试验误差，设计了各类活动热沉装置。例如对装有太阳模拟器的设备，采用液氮冷却的活动挡板热沉，当太阳模拟器关闭后，此挡板热沉即伸出挡住模拟太阳光束通过的面积。对采用红外加热器的设备，有时将红外加热器自动抽出，使航天器面对热沉，有时将红外加热器装在有液氮循环的支架上，当红外灯关闭后即通入液氮起到热沉模拟作用。

　　美国和德国在一次合作的实验研究中测量了一个太阳常数下液氮热沉上有无开孔的效应。结果表明，最后稳定温度仅差 1.1 ℃，这可由计算技术来处理。美国福特公司于 1976 年在 NATO - H 同步卫星的热真空试验中也表明在太阳模拟或红外模拟下可以不考虑热沉上开孔等的效应，这是由于太阳模拟的能量比起开孔的热辐射要大得多，处于旋转状态卫星的试验更是减小了开孔的效应。

　　当模拟阴影轨道时，热沉开孔的效应就不能忽略了。美国国家航空航天局兰利（NASA - Lan - gley）研究中心在一台外径为 244 cm、柱长为 457 cm 的空间模拟设备热沉上开了两个直径为 89 cm 的抽气孔，对热辐射的情况进行了测量，结果表明：相对开孔角度的不同，热辐射由 8 W/m² 增强到 38 W/m²（而未开孔的液氮热沉理论上的热辐射为 2 W/m²），这些数值比太阳辐射时的热量小很多，做太阳辐射试验时可以忽略，但对宇宙深处（无太阳辐射试验时）的航天器温度会造成较大影响。试验表明，8 W/m² 热辐射可使航天器温度为 78 K，而 38 W/m² 可使航天器温度为 160 K。

4.3　热沉模拟的热辐射

4.3.1　有外部热源时，热沉温度对航天器的热辐射

太空是一个无限大的热沉，而地面模拟设备的热沉却是有限的。地面模拟热沉的温度因技术与经济上的原因取为 100 K，而太空温度为 3 K。航天器在太空冷黑环境下接受的热辐射与在地面上模拟热沉温度下接受的热辐射引起的试验误差为

$$\frac{\Delta Q}{Q_T} = \frac{Q'_s - Q_T}{Q_T} + \frac{Q'_s - Q_s}{Q_T} = \left[F_T \left(\frac{T_2}{T_1} \right)^4 + (1 - F_T) \right] +$$

$$\frac{1 - \alpha_{ms}}{\alpha_{ms}} (1 - F_s)$$

$$(4-1)$$

式中　Q_T——航天器向太空辐射的热量；

　　　Q_s——太空中航天器接受太阳辐照的反射热；

　　　Q_T'——航天器与热沉的辐射交换热；

　　　Q_s'——外部热源（太阳）照在航天器上反射后与热沉的热交换热量；

　　　F_T——航天器与热沉的辐射换热的角系数；

　　　F_s——航天器反射热与热沉的角系数；

　　　T_1——航天器表面温度；

　　　T_2——热沉内表面温度；

　　　α_{ms}——外部热源对航天器辐射的吸收系数。

　　对于热沉温度 100 K，吸收系数 0.95，航天器表面温度 300 K，热沉直径 8 m，航天器直径 4 m，表面涂层为白色，其试验温度误差为 1%。

4.3.2　由压力、剩余气体引起的热传导误差

　　由压力、剩余气体引起的航天器温度误差的传热模型为

$$\frac{Q_C}{Q_R} = \frac{\frac{1}{2}\left(\frac{r-1}{r+1}\right)\left(\frac{R}{2\pi M T_2}\right)^{\frac{1}{2}} P_C(T_1 - T_2)}{\sigma^{\epsilon_m} F_T(T_1^4 - T_2^4)} \qquad (4-2)$$

式中　Q_C——分子热传导；

　　　r——气体分子的比热比；

　　　Q_R——辐射热传导；

　　　R——气体常数；

　　　M——气体分子量；

　　　P_C——模拟室的容器真空度；

　　　σ——斯特藩-玻尔兹曼常数；

　　　ϵ_m——航天器的表面发射率。

　　对于热沉温度 100 K，航天器温度 300 K，气体是氢，压强为 10^{-4} Pa 的情况下，分子传热为辐射热的 1% 以下。

4.3.3　没有外部热辐射时，热沉温度、尺寸与发射率对航天器热试验的影响

　　热沉壁板与航天器表面之间的辐射换热为

$$Q = \frac{\sigma F_1(T_1^4 - T_2^4)}{\frac{1}{\epsilon_1} + \frac{F_1}{F_2}\left(\frac{1}{\epsilon_2} - 1\right)} \qquad (4-3)$$

式中　F_1——航天器的外表面积；

　　　F_2——热沉的内表面积；

　　　ϵ_1——航天器的表面发射率；

　　　ϵ_2——热沉内表面的发射率。

航天器在太空向宇宙的辐射热为

$$Q_0 = \varepsilon_1 \sigma F_1 T_1^4 \tag{4-4}$$

航天器在环境模拟室内与热沉的辐射换热和在太空与宇宙间的辐射换热的相对误差为

$$\delta = \frac{Q_0 - Q}{Q_0} = \frac{\varepsilon_1 \sigma F_1 T_1^4 - \dfrac{\sigma F_1 (T_1^4 - T_2^4)}{\dfrac{1}{\varepsilon_1} + \dfrac{F_1}{F_2}\left(\dfrac{1}{\varepsilon_2} - 1\right)}}{\varepsilon_1 \sigma F_1 T_1^4}$$

$$= \frac{\varepsilon_1 \dfrac{F_1}{F_2}\left(\dfrac{1}{\varepsilon_2 - 1}\right)}{1 + \varepsilon_1 \dfrac{F_1}{F_2}\left(\dfrac{1}{\varepsilon_2} - 1\right)} + \frac{\left(\dfrac{T_2}{T_1}\right)}{1 + \varepsilon_1 \dfrac{F_1}{F_2}\left(\dfrac{1}{\varepsilon_2} - 1\right)} = \delta_1 + \delta_2 \tag{4-5}$$

当热沉表面发射率 $\varepsilon_2 \neq 1$ 时，就会产生误差 δ_1，热沉内表面和航天器表面之比 $\dfrac{F_2}{F_1}$ 与误差 δ_1 的关系见图 4-1，当 $\dfrac{F_2}{F_1} = 1.5 \sim 3$ 之间时，可使模拟误差小于 3%。

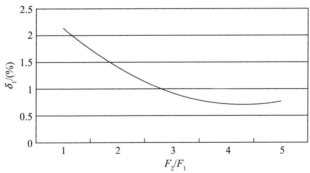

图 4-1 热沉内表面与航天器表面之比 $\dfrac{F_2}{F_1}$ 与误差 δ_1 的关系

当热沉温度 $T_2 \neq 0$ K 时，就会产生误差 δ_2，热沉内表面温度和误差 δ_2 的关系见图 4-2，对于航天器的温度为 300 K，热沉内表面温度 100 K，误差 $\delta_2 < 1.2\%$。

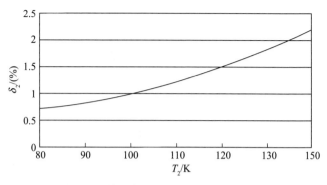

图 4-2　热沉内表面温度和误差 δ_2 的关系

4.4　热沉热负荷计算分析

4.4.1　航天器对热沉的辐射与反辐射的数值模拟

假设航天器为一旋转球体，按能量守恒定律，向热沉辐射的总能量为

$$E_0 F_0 = \sum_{i=1}^{n} E_i F_i = \int_F \phi_{0-F} E_i F_i \, dF = \sum E_0 F_0 \phi_{0-F} \quad (4-6)$$

式中　E_0——航天器的单位面积的热辐射能；

　　　F_0——航天器的表面积；

　　　E_i——热沉某一面积接受航天器的热辐射能；

　　　F_i——热沉的某一面积；

　　　ϕ_{0-F}——航天器到热沉的角系数。

热沉第 i 部分接受航天器热辐射的比例为

$$\frac{Q_i}{Q_0} = \frac{F_i \phi_{0-Fi} E_i}{E_0 F_0} \quad (4-7)$$

假定航天器是一个球体，太阳光照到航天器上产生漫反射。太阳光与反射光线的夹角为 λ 的某部分热沉其接受的热流为 $A_e S_a \cos\lambda$。其反射到热沉的辐照强度为

$$\frac{dq_a}{dt} = S_a a A_e \frac{1}{\pi} \int_{-\frac{\pi}{2}}^{\frac{\pi}{2}} \cos\lambda \, d\lambda \quad (4-8)$$

积分可得总热流

$$q_a = \frac{2}{\pi} S_a a A_e t \qquad (4-9)$$

式中 q_a——热沉接受航天器反射总热流；

A_e——热沉吸收航天器反射热的面积；

S_a——航天器的反射热流强度；

t——时间；

a——吸收系数。

4.4.2 用太阳模拟器进行真空热试验对热沉辐射热的计算

太阳模拟器辐照面积为 S，辐照度为 1.5 太阳常数（一个太阳常数为 1 353 W/m^2），则对热沉的总热负荷 Q_1

$$Q_1 = S \times 1.5 \times 1\,353 \eta_1 \eta_2 \qquad (4-10)$$

式中 Q_1——太阳辐照热负荷；

S——辐照面积；

η_1——准直镜的吸收系数；

η_2——窗口镜的吸收系数。

4.4.3 用红外模拟器进行真空热试验对热沉辐射热的计算

航天器做真空热试验除了用太阳模拟器外，有时用红外模拟器代替，例如用红外笼式不锈钢带进行加热或用贴片式红外加热，模拟太阳的热流其中以红外笼式红外加热器对热沉的热负荷为最大。以直径 1 m 的球形航天器为例做热通量试验，单位面积的热流约为 777 W/m^2，其计算如下。

（1）太阳和地球反照对航天器辐射总能量

球形航天器的表面积为 $F = 4\pi r^2 = 3.14\ m^2$。

考虑地球对太阳的反照热流强度为 $0.3 S_0$，S_0 为太阳常数 1 400 W/m^2。

太阳和地球反照的辐射热为

$$q_0 = 1.3 S_0 = 1.3 \times 1\,400 = 1\,820 \text{ W/m}^2$$

航天器表面涂层对太阳光的吸收系数设为 $\alpha = 0.19$。

这样，航天器接受太阳和地球反照辐射的总能量为

$$W_1 = \alpha q_0 F = 0.19 \times 1\,820 \times 3.14 = 1\,086.5 \text{ W}$$

（2）地球对航天器的红外辐照

地球红外辐照强度为 $0.15 S_0 = 210 \text{ W/m}^2$

航天器表面涂层对红外辐照吸收系数设为 $\alpha = 0.66$。

总的红外辐射量为

$$W_2 = 210 \times 3.14 \times 0.66 = 431.5 \text{ W}$$

（3）航天器为直径 1 m 球要求的辐射能量

红外加热笼不锈钢带内表面涂黑，吸收系数约为 0.94，而外表面吸收系数约为 0.11，所以不锈钢加热笼的电功率为

$$W_{\text{总}} = \frac{W_1 + W_2}{0.94 \times (1 - 0.11)} = \frac{1\,518}{0.94 \times 0.89} = 1\,810 \text{ W}$$

红外加热器比航天器大，因而辐射热不仅是直射还有散射，必须考虑角系数 ϕ 的影响，角系数通过计算或作图可得，经计算 $\phi = 0.74$，则总功率为

$$W_{\text{总}} = \frac{1\,810}{0.74} = 2\,440 \text{ W}$$

航天器热通量试验单位面积的热流为

$$q = \frac{2\,440}{3.14} = 777 \text{ W/m}^2$$

4.4.4　热沉接受圆柱体真空容器壁辐射热的数值模型

热沉接受圆柱体真空容器壁辐射热的数值模型如下

$$Q_1 = \frac{\sigma F_2 (T_3^4 - T_2^4)}{\dfrac{1}{\varepsilon_2} + \dfrac{F_2}{F_3}\left(\dfrac{1}{\varepsilon_3} - 1\right)} \qquad (4-11)$$

将上式简化可给出

$$Q_2 = \frac{\sigma F(T_3^4 - T_2^4)}{\dfrac{1}{\varepsilon_2} + \dfrac{1}{\varepsilon_3} - 1} \qquad (4-12)$$

式中　F_3——容器内表面积；

　　　F_2——热沉外表面积；

　　　T_3——容器内表面温度；

　　　T_2——热沉外表面温度；

　　　ε_3——容器内表面抛光的平均发射率；

　　　ε_2——热沉外表面抛光的平均发射率；

　　　F——容器内表面面积与热沉外表面面积的平均值。

4.4.5　热沉传导漏热的计算

热沉传导漏热的计算如下

$$Q = n\frac{A_m}{L}\lambda(T_1 - T_2) \qquad (4-13)$$

式中　Q——传导漏热；

　　　A_m——支承材料的接触面积；

　　　L——支承材料的长度；

　　　λ——支承材料热传导系数；

　　　$T_1，T_2$——支承材料两端点的温度；

　　　n——支承数。

4.4.6　容器内剩余气体的传导漏热

容器内剩余气体的传导漏热在 10^{-4} Pa 真空度下因仅占辐射传热的 1% 以下，故可以忽略不计。

4.5　热沉模拟的结构设计

热沉模拟的结构设计中一般有总体设计、热设计、结构设计等几个主要部分。总体设计应决定热沉各部分的温度、吸收率、几何尺寸、总体布局、性能预报与误差分析等。热设计包括计算各种热负荷、漏热、对深冷工质的要求、换热状况和运转性能估计等。结构设计包括为达到所需吸收率应采用的表面结构、管路走向与布置、支撑形式等。选材的内容是根据需要就材料的热学与真空性能、加工成型、焊接能力等来选定材质与材型。

4.5.1　热沉的形式

空间环境模拟设备其容器通常有立式、卧式、球形 3 种，而热沉形式主要分为立式、卧式两种，其优缺点分述如下。

卧式：安装、使用方便，便于加工。结构受力不好，因此一般用于中、小设备（直径小于 5 m），直径超过 5 m 的要考虑分区。

立式：热沉温度分布比较均匀，不易产生气堵。结构受力较好，但安装比较困难。特大型设备一般用立式。

4.5.2　热沉壁板形式

热沉壁板必须有高的吸收系数。在热沉的内表面上除了喷涂高黑度的黑漆外，还应有一定的皱纹度，以减少太阳辐射和使试验物上发出的气体分子和辐射热不再返回到试验物上，因此，热沉壁板的设计应满足以下 3 点要求。

1）要求热沉的吸收系数大于 0.95，红外半球发射率大于 0.90。

2）热沉内表面温度在 100 K 以下，局部温度不超过 110 K，无热沉面积（即开孔面积）不超过 3%。

3）热沉结构具有一定的强度和刚度，加工制造和使用方便。

热沉壁板形式通常有以下 11 种，见图 4 - 3。

热沉壁板以（d）凹槽形为最佳，吸收系数可达 0.998，可吸收航天器发出和反射的绝大部分辐射热。因制作困难，比较通用的形式是图 4 - 3 所示的（a）、（b）、（c）、（h）、（i）等。用不锈钢制造的热沉，一般采用（h）、（i）两种形式。对着太阳辐照的一面热沉，一般采用（d）凹槽形，按 14°加工槽，槽深 4 mm、板厚 14 mm 以上，可提高吸收系数，增加热容量，也可根据制造工艺与使用要求选用其他形式。

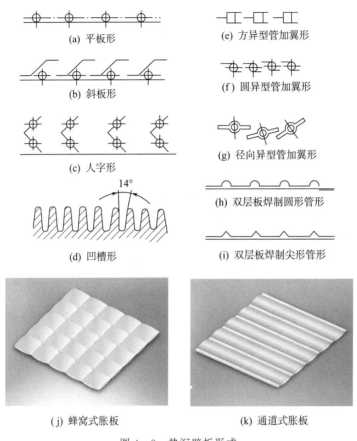

(a) 平板形

(e) 方异型管加翼形

(b) 斜板形

(f) 圆异型管加翼形

(c) 人字形

(g) 径向异型管加翼形

(d) 凹槽形

(h) 双层板焊制圆形管形

(i) 双层板焊制尖形管形

(j) 蜂窝式胀板

(k) 通道式胀板

图 4-3　热沉壁板形式

近年研发出的不锈钢胀板热沉，是采用两张不锈钢板利用特殊焊接形式焊接在一起，形成不同形式的流道，然后利用液压手段使两片板胀起，形成最终的流道，适用于多种温区的多种制冷方式。国内液压成型板加工工艺，其基本特点是采用激光自动焊接，多种截面形状可供选择，液压胀板一次成型。根据不同温区、不同低温介质的使用，选择合适的截面形式，可有效提高降温速率，满足使用要求。

4.5.3　热沉材料的选择

合理地选用热沉材料，对降低制造成本、减轻质量、提高设备的性能，都有着很重要的意义。要求热沉材料在超高真空条件下放气量少，低温下具有一定的强度和可塑性，而且焊接性能好。在液氮温度下，有些金属的抗拉强度和屈服强度会增加，而延伸率会降低，大多数金属的冲击韧性会显著减弱。当韧性减小时，就会变脆，失去抵抗外力时产生局部应力的能力。镍钢、不锈钢、紫铜、黄铜、铝青铜及纯铝等材料的晶格是面心立方体，在低温下具有足够的韧性，其低温机械性能有的比常温还高，在真空条件下放气量少。低碳钢的晶格是体心立方体，具有低温脆性，且碳钢的锈蚀表面在真空下出气量大。黄铜含有锌，在真空下易挥发。因此，一般选用纯铝、不锈钢、紫铜作为热沉的材料，几种材料的性能比较见表 4-1。

表 4-1　三种材料的性能比较

参　　　数		不锈钢 OCr18Ni10	铜 T2	铝 L4-1
屈服强度/MPa	20℃	295	58.8	31.3
	−180℃	275	78.4	39.2
延展率/（%）	20℃	56	48	35
	−180℃	37	38	48
冲击韧性/（MPa·m）	20℃	—	0.771	0.912
	−180℃	1.127	0.892	1.549
比热容/（J·kg⁻¹·K⁻¹）	20℃	490	386	902
	−180℃	251	232	422
热导率/（W·m⁻¹·K⁻¹）	20℃	15	450	150
	−180℃	8	590	140
密度/（kg·dm⁻³）		7.9	8.9	2.7
加工难易程度		难	易	易
焊接难易程度		易	较易	较难

续表

参　　数	不锈钢 OCr18Ni10	铜 T2	铝 L4 - 1
从 300 K 预冷到 100 K 所需 LN$_2$ 量（T）	12.3	10.8	15.6
所需热沉片材料费（万元）	100	120	68

从表 4 - 1 中可以看出，用铝材制造热沉，成本低、质量小、密度小；从经济效益与时间效益方面来衡量，铝比铜占有明显的优势。从焊接性能比较，铝采用氩弧焊，是金属本身的熔化焊接，因此，铝焊缝比铜焊缝抵抗冷热冲击的性能好、质量高。总体来说，铝可以制造各种形状的型材，在超高真空条件下放气量少，因此，国内外在过去的十几年内大部分选用铝材料作为大型热沉的材料。国外用铝热沉的材料主要有 1100、6063、5083 三种，相当于我国的牌号 L4 - 1、LD31、LF4。根据做 KM4 铝热沉的经验，用 L2 代替 L4 - 1 更为合理。L2 的杂质含量低，低温性能更加优越，耐腐蚀更好一些，其他诸如焊接性能等也都不错。日本两台大型空间环境模拟设备的热沉均用的是 6063（LD31），少量的热沉元件（不是全部）也有用防锈铝的。KM6 热沉所用的支管为带有较宽翼板的管子。这种管子是挤压成型的，坯料经过模具时要分成 3～4 股料通过模具，然后再在高温下焊成一个圆形管。因此它是焊合管而不是无缝管。根据我们的调研结果，国内目前只能用 L2（或 L3）和 LD31 这两种材料挤出这种管子来。因此，我们只能用这两种材料进行比较。

热沉使用的铜材牌号为：T2。铜的密度是铝的三倍，相应的骨架及支撑结构均需加强，这将使热沉质量加大，热容量增加，致使预冷时间加长，必然使液氮消耗量增多。而铜采用的是钎焊，铜材较铝和不锈钢来说价格最高，且易生铜锈，铜的主要优点是导热非常好。我国在大型设备热沉研制中除了 20 世纪 80 年代建造的 KM4 采用了铜热沉，之后再没采用过，但在小型的设备中还经常使用铜作热沉。

不锈钢的最大优点是耐腐蚀性强，近年来，国内外在制作发动机高空点火试车模拟设备的热沉时，由于排放出大量的有毒、有腐蚀性的物质，对铜和铝都有很大的腐蚀作用，必须选用不锈钢作热沉材料。据国外使用单位报道，部分铝热沉因长期冷热交变，有裂纹产生，因此部分空间模拟器改用不锈钢材料制造热沉。例如，欧洲空间研究与技术中心（ESTSC）发现他们过去制造的铝热沉，因长时间的冷热交变产生裂纹，因此，1986 年研制的模拟室直径 10 m 的热沉选用不锈钢材料，国外不锈钢牌号选用 304L，中国牌号为 00Cr19Ni10。

大型热沉要有支撑骨架，大部分的支撑骨架材料选用奥氏体不锈钢，它除了具有较低热导率外，即使在低温下，还具有较高的强度，表面出气率低。对于特大型热沉不宜采用整体结构，如将直径 10 m 以上的热沉建成整体，刚度会很差，不易吊装，因此，一般直接用容器壁作为骨架基体，热沉分片分段骨架直接固定在容器上，这种固定方法是特大型热沉最佳的方案。大型热沉与容器壁之间设有辐射屏，一般用表面吸收率小的板材制作，通常可以用不锈钢光亮板、铝板、镀铝膜等作辐射屏，这样可减少热沉对容器的辐射热。安装辐射屏后，根据表面吸收率的大小，可减少二分之一以上的辐射热。

热沉的表面面向试验件的一侧需要喷涂特制黑漆，黑漆喷涂后形成的表面光学性能要达到要求。按真空热试验的要求，对太阳光的吸收率 α_s 不小于 0.95；半球向发射率 ε_h 不小于 0.90。

在骨架与热沉之间，容器与热沉之间，有温差存在，因此在它们的接触部分，要选用绝热材料，以减少热量的传递。一般选用聚四氟乙烯作绝热材料，此材料是化学稳定性较好的一种特殊热塑性材料，有很高的耐低温性能和耐热性能，工作温度为 $-180 \sim +250\ ℃$，耐水性极好，热导率较低，是优良的绝热材料。

综上所述，可以根据热沉的尺寸、使用环境、经济性等，从强度、刚度、焊接性能、加工难易、真空性能等来选择热沉材料。国内外几台大型空间模拟器热沉的材料选择见表4-2。

表 4 - 2　国内外几台大型空间模拟器热沉的材料选择

序号	设备名称及所属国家	建造日期	简体尺寸 $(\phi \times H/L)$ /m	热沉材料	热沉温度范围	热沉内表面特性
1	美 AEDC MARK 1	1970	$\phi 12.8 \times 25.6H$	304L	100 K	涂黑
2	美 NASA - MSC A 容器		$\phi 19.8 \times 36H$	铝	100~400 K	涂黑
3	俄 BK600/300		$\phi 17.5 \times 40H$	铝	100 K	$\alpha_s = 0.95 \pm 0.02$ $\varepsilon_h = 0.9 \pm 0.03$
4	美洛克希德德尔它容器	1986	$\phi 12.2 \times 24.4L$	铝	90~110 K	
5	欧洲空间研究与技术中心（ESTEC）大型模拟器	1980	$\phi 10 \times 15H$	304L	100 K	$\alpha_s \geqslant 0.95$ $\varepsilon_h \geqslant 0.90$
6	印度大型空间模拟器	1989	主 $\phi 9 \times 13.5H$ 副 $\phi 7 \times 11L$	304L	100~273 K	涂黑
7	日筑波大型空间模拟器	1989	主 $\phi 14 \times 23H$ 副 $\phi 10 \times 20L$	606 铝	100 K $-100~+60$ ℃	$\varepsilon_h = 0.9$
8	中国 KM4	1978	$\phi 7 \times 12H$	T2 铜	100 K	$\varepsilon_h = 0.9$
9	中国 KM6	1997	主 $\phi 12 \times 22H$ 副 $\phi 7.5 \times 22L$	L2 铝	<100 K $-80~+60$ ℃	$\alpha_s \geqslant 0.96$ $\varepsilon_h \geqslant 0.91$
10	中国 KM6 副模拟室	1997	$\phi 5 \times 10L$	304 管铜翼片	100 K $-80~+60$ ℃	$\alpha_s \geqslant 0.96$ $\varepsilon_h \geqslant 0.91$
11	中国 KM7	2009	$\phi 9 \times 13.5L$	304 管铜翼片	100 K $-80~+60$ ℃	$\alpha_s \geqslant 0.96$ $\varepsilon_h \geqslant 0.90$
12	中国 KM7A	2015	$\phi 10 \times 15.8L$	304 不锈钢板式	100 K	$\alpha_s \geqslant 0.96$ $\varepsilon_h \geqslant 0.90$
13	中国 KM5B	2014	主 $\phi 10 \times 16.2H$ 副 $\phi 7 \times 10L$	304 管铜翼片	100 K $-80~+60$ ℃	$\alpha_s \geqslant 0.96$ $\varepsilon_h \geqslant 0.90$
14	中国 KM3D	2014	$\phi 3.6 \times 5.5L$	304	100 K $-80~+60$ ℃	$\alpha_s \geqslant 0.96$ $\varepsilon_h \geqslant 0.90$
15	中国 KM8	2016	$\phi 17 \times 32H$	304 不锈钢板式	100 K $-80~60$ ℃	$\alpha_s \geqslant 0.96$ $\varepsilon_h \geqslant 0.90$

4.5.4　热沉支管间距设计

对于管板焊接式热沉壁板形式，两支管中间一点的板温度最高，为了保证不高于 100 K，限定这一点与管子之间的温差不得高于 5 K。

在受均匀辐射热负荷时，最大温差为

$$\Delta T = \frac{g\left(\dfrac{L}{2}\right)^2}{2b\lambda} \tag{4-14}$$

式中　ΔT——两液氮管之间中心与液氮管壁的温差，K；

　　　L——两支管间距离，m；

　　　b——热沉板厚度，m；

　　　g——辐射热负荷，W/m^2；

　　　λ——热导率，W/(m·K)。

根据以上计算，考虑热沉的刚度与强度计算，选择合理的壁板厚度、翼板长度等。

4.5.5　热沉液氮进出口管设计

热沉液氮进出口的设计要求：

1）门热沉进出口管采用不锈钢金属软管，以保证在门打开时，不拆卸热沉进出口管。

2）热胀冷缩的设计。由于热沉在工作过程中，温差约 300 K，会发生自由伸缩的，所以在热沉与骨架之间、热沉与容器之间，要留有伸缩的余量。热胀冷缩的余量为

$$\Delta L = \alpha L(T_1 - T_2) \tag{4-15}$$

式中　ΔL——伸长量，m；

　　　α——材料热膨胀系数；

　　　T_1——材料高温温度，K；

　　　T_2——材料低温温度，k。

3）液氮进出口方案设计。液氮进出口方案设计见图 4-4。

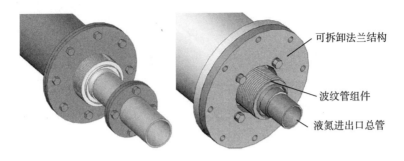

(a) 不可拆式波纹管结构　　　(b) 可拆式波纹管结构

图 4 - 4　液氮进出口方案图

4.6　分子沉模拟技术

　　分子沉模拟就是在空间模拟室内吸附剩余气体分子，在抽真空上属于大抽速的低温泵又称内装式深冷泵，通常有 5×10^5 L/s 以上的抽速，有的达到每秒几百万升的抽速，是特大型空间环境试验设备不可缺少的抽气手段，特别是对于载人航天器试验的空间环境试验设备及大型超高真空试验设备。我国中大型空间环境试验设备中的 KM3 设备、KM4 设备及 KM6 设备均配有内装式深冷泵。

　　克莱彼从理论和实验角度对深冷泵做了深入的研究，用冷壁对剩余气体分子的捕获概率来表示深冷泵的特征，并给出了被抽走的分子数与从航天器发出的分子数的相互关系。对同心球计算为

$$Z = \frac{A_1}{A_2} \frac{1-f}{f} \qquad (4-16)$$

式中　Z——分子被冷壁捕获之前重新回到航天器的次数；

　　　A_1——航天器的表面面积；

　　　A_2——深冷表面积；

　　　f——粘附系数。

　　当 $f=1$ 时，则 $Z=0$，相当于星际空间。假定 $A_1 : A_2 = 1 : 10$，当 $f=0.5$ 时，$Z=0.1$，即发出 10 个分子，仅仅只有一个分子又重新

回到航天器上。当 $f = 0.005$ 时，$Z = 20$，分子发出后被深冷表面吸附之前重新落在航天器上需要碰撞 20 次。因此 f 必须大于 0.5，只有深冷泵才能满足这个要求，深冷泵有足够的抽速，能抽除航天器所放出的气体分子。

4.6.1　分子沉模拟的结构形式

（1）结构形式

内装式深冷泵有 4 种结构形式，如图 4-5 所示，即匣子形、人字行、斜板形、平面形。其最佳设计尺寸，根据真空容器尺寸大小，按蒙特卡洛法计算，应具有较大的抽速与较小的热负荷。为防止直接受试件的热辐射，深冷泵是在液氮热沉壁板的保护下，所以要在热沉结构设计中，同时考虑深冷泵的结构设计。4 种结构形式的主要特性见表 4-3。深冷泵的主要特性是由屏蔽板的迁移几率 p_r 和辐射传输系数 β 决定，用蒙特卡洛法计算其最佳值。p_r 和 β 之间有着相互

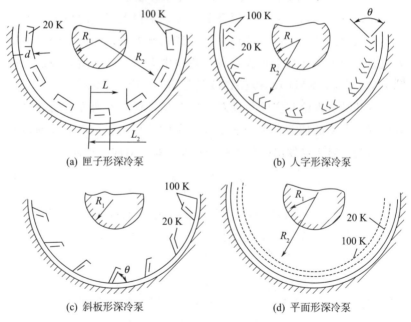

(a) 匣子形深冷泵　　　　　　　(b) 人字形深冷泵

(c) 斜板形深冷泵　　　　　　　(d) 平面形深冷泵

图 4-5　内装式深冷泵的结构形式图

制约的关系。辐射传输系数 β 其意义是传到冷凝板的热负荷与入射到低温泵入口的热负荷之比为

$$\beta = \frac{Q_t}{Q_i \alpha} \qquad (4-17)$$

内装式深冷泵，按照温度分为 4 K 深冷泵与 20 K 深冷泵 2 种。4 K 深冷泵通常用液氦贮槽直接将液氦通入深冷泵制冷；20 K 深冷泵是通过一套氦制冷系统制冷。

表 4 - 3　深冷泵类型及主要特性

匣子形深冷泵	$\dfrac{d}{L}$	0.16	0.25	0.50
	p_r	0.16	0.014	0.015
	$\beta = \dfrac{Q_t}{Q_i \alpha}$	0.009	0.014	0.015
平面形深冷泵	$\dfrac{R_1}{R_2}$	0.63	0.52	0.31
	p_r	0.30	0.34	0.44
	$\beta = \dfrac{Q_t}{Q_i \alpha}$	0.017	0.017	0.016
人字形深冷泵	θ	60^0	90^0	120^0
	p_r	0.44	0.40	0.52
	$\beta = \dfrac{Q_t}{Q_i \alpha}$	0.020	0.020	0.022
斜板形深冷泵	θ	45^0	—	—
	p_r	0.51	—	—
	$\beta = \dfrac{Q_t}{Q_i \alpha}$	0.031	—	—

注：α—低温板的吸收率；Q_t—入射到低温板的热负荷；Q_i—低温泵入口的热负荷；β—辐射传输系数；p_r—屏蔽板的迁移几率。

（2）国外空间环境模拟室内装式深冷泵的结构方案设计

国外几台空间环境模拟室内装式深冷泵的结构设计如图 4 - 6 所示。

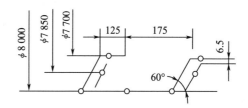

(a) 日本筑波宇宙中心直径8.5 m模拟室深冷泵方案

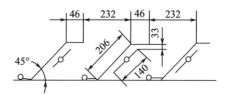

(b) 美国JPL直径11.7 m，1号球形模拟室深冷泵方案

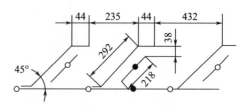

(c) 美国JPL直径11.7 m，2号球形模拟室深冷泵方案

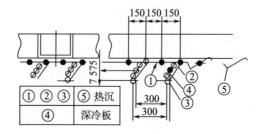

(d) 日本筑波宇宙中心直径13 m模拟室深冷泵方案

图 4 - 6　国外几台空间环境模拟室内装式深冷泵的结构方案

1）日本筑波宇宙中心 $\phi 8.5$ m 空间环境模拟室内装式深冷泵方案设计如图 4-6（a）所示，该设备深冷泵的深冷板共 73 根，每根长 9 m，铝材制造。深冷泵结构尺寸比较合理。缺点是倾角为 60°，加大了氦板热负荷，减小了有效试验空间。

2）美国通用电器公司为喷气推进实验室（JPL）制造的直径 11.7 m 的 1 号球形模拟室深冷泵方案如图 4-6（b）所示，这种设计氦板尺寸过长，开口处挡板平面太窄，达不到光学密封要求，热负荷大，效率差，影响有效空间。

3）美国通用电器公司为喷气推进实验室（JPL）制造的直径 11.7 m 的 2 号球形模拟室深冷泵方案如图 4-6（c）所示。

4）日本筑波宇宙中心模拟室直径 13 m 的深冷泵方案如图 4-6（d）所示。

（3）中国空间环境模拟室内装式深冷泵的结构方案设计

中国 KM3 空间环境模拟室深冷泵方案设计如图 4-7（a）所示，该结构氦板宽度较窄，影响抽速。KM4 空间环境模拟室铝热沉的深冷泵方案设计如图 4-7（b）所示。KM4 空间环境模拟室铜热沉的深冷泵方案设计如图 4-7（c）所示。KM5 空间环境模拟室的深冷泵方案如图 4-7（d）所示。KM6 空间环境模拟室的深冷泵方案设计如图 4-7（e）所示。

4.6.2 深冷抽气速率计算

（1）深冷抽气的基本原理

在大型空间环境模拟试验设备中 20 K 气氦深冷泵采用深冷凝结原理，在冷冻的吸附板上物理捕获气体分子。在超高真空下，深冷抽气速率决定于可冷凝气体分子撞击深冷表面的几率和这些分子撞击深冷表面被捕获的几率，通常用捕获系数、有效捕获系数、迁移几率或捕获几率来表示。

根据分子运动论，在自由分子流动范围内，假设第一次碰撞在深冷表面上的每个分子均被捕获，则单位深冷表面上分子容积流的

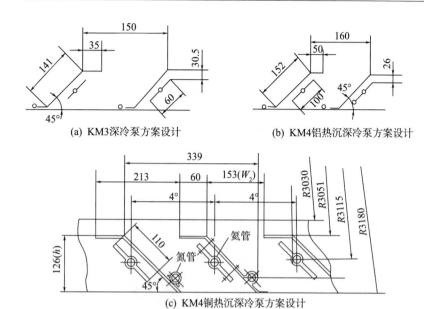

(a) KM3深冷泵方案设计　　　　(b) KM4铝热沉深冷泵方案设计

(c) KM4铜热沉深冷泵方案设计

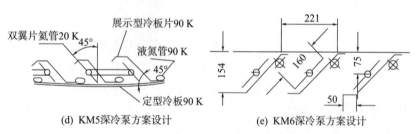

(d) KM5深冷泵方案设计　　　　(e) KM6深冷泵方案设计

图 4-7　中国空间环境模拟室内装式深冷泵的方案设计

最大速率为

$$S_m = \sqrt{\frac{RT_g}{2\pi M}} \tag{4-18}$$

式中　T_g——被抽气体温度；

　　　M——被抽气体分子量；

　　　R——气体常数，又称普适气体恒量。

R 可由 1 克分子的气体在标准状态的压强 P_0、体积 V_0、温度 T_0 下求得

$$R = \frac{P_0 V_0}{T_0} = 8.312\ 8\ \mathrm{J/(mol \cdot K)}$$

因此，由分子平均速度决定的理想抽气速率为

$$S_m = \sqrt{\frac{RT_g}{2\pi M}} = 3.638\sqrt{\frac{T_g}{M}} \qquad (4-19)$$

事实上理想抽气速率与实际抽速是不一致的，根据实验其实际抽速计算为

$$S = \frac{P_0 V_0 T_1}{P_1 A_1 T_0} \qquad (4-20)$$

式中　S——系统的实际抽速，$\mathrm{L/(cm^2 \cdot s)}$；

　　　P_0——进气压力，Pa；

　　　T_0——进气温度，K；

　　　V_0——在 P_0 和 T_0 下通过标准漏孔的流量，L/s；

　　　A_1——深冷板的表面积，$\mathrm{cm^2}$；

　　　T_1——模拟室内温度，K；

　　　P_1——模拟室内压力，Pa。

在大型空间环境模拟室内的压力测量，最好采用质谱分析、分压强测量的方法。

（2）捕获系数（C）、有效捕获系数（C_e）、迁移几率（p_r）、俘获几率 G。

①捕获系数 C

实际抽速 S 与理论计算抽速 S_m 的比值 C 叫作捕获系数，即分子第一次碰撞在深冷表面上实际被冷凝或捕获的几率，同第一次碰撞在深冷壁板上全被捕获的理论值之比

$$C = \frac{S}{S_m} = \frac{S}{\sqrt{\frac{RT_g}{2\pi M}}} \qquad (4-21)$$

两种气体的捕获系数的计算为

$$C = P_1 C_1 + P_0 C_0 \qquad (4-22)$$

式中　P_0，P_1——两种气体的百分数；

C_0，C_1——两种气体的捕获系数。

气体温度对捕获系数的影响，麦克斯维尔等人已从理论上进行了分析。确定了气体分子按速率分布的统计规律，通常称为麦克斯维尔速度分布定律。此定律指出了在热平衡状态下，当气体分子的相互作用可以忽略不计时，分布在任一速率区间 $f(v_x)$ 沿着 x 方向的速率在 $v_x \sim v_x + \mathrm{d}v_x$ 之间的速度分布函数为

$$f(v_x) = \left(\frac{M}{2\pi T_g}\right)^{\frac{1}{2}} \mathrm{e}^{-\left(\frac{Mv_{x_0}^2}{2kT_g}\right)} \qquad (4-23)$$

麦克斯维尔速度分布定律只对平衡状态的气体才成立，根据这个定律所有的分子第一次同深冷表面碰撞有一个小于临界值 v_x 的速度标准，碰撞在冷凝面上的被冷凝的分子数为 $\int_0^{v_{x_0}} v_x f(v_x)\mathrm{d}v_x$，向深冷表面入射的分子数为 $\int_0^\infty v_x f(v_x)\mathrm{d}v_x$，则捕获系数为

$$C = \frac{\displaystyle\int_0^{v_{x_0}} v_x f(v_x)\mathrm{d}v_x}{\displaystyle\int_0^\infty v_x f(v_x)\mathrm{d}v_x} \qquad (4-24)$$

可以从理论上分析推导气体温度对捕获系数的影响，捕获系数 C 的理论计算为

$$C = \frac{\dfrac{1}{2}\left(\dfrac{M}{2\pi kT_g}\right)^{\frac{1}{2}}\left(-\dfrac{2kT_g}{M}\right)\left(\mathrm{e}^{-\frac{M}{2kT_g}v_{x_0}^2}-1\right)}{\dfrac{1}{2}\left(\dfrac{M}{2\pi kT_g}\right)^{\frac{1}{2}}\left(-\dfrac{2kT_g}{M}\right)(-1)} = 1 - \mathrm{e}^{-\frac{M}{2kT_g}v_{x_0}^2}$$

$$(4-25)$$

式中　k——玻耳兹曼常数；

　　　M——气体分子量；

　　　T_g——气体的绝对温度。

$\left(\dfrac{Mv_{x_0}^2}{2k}\right)$ 这个数对各自的气体是一个常数。假设 $\dfrac{1}{2}Mv_{x_0}^2 = \varepsilon$，则捕获系数表示为

$$C = 1 - e^{-\frac{\varepsilon}{kT_g}} \tag{4-26}$$

式（4-26）反映了气体温度与捕获系数之间的关系。表 4-4 列出了气体温度为 300 K 对 20 K 的深冷表面其 $\frac{\varepsilon}{k}$ 的计算值。

表 4-4　气体温度 300 K 对 20 K 深冷表面其 $\frac{\varepsilon}{k}$ 计算值

气体	N_2	A_r	CO_2	CO	90%N_2 10%O_2	N_2O	80%N_2 20%O_2	O_2
$\frac{\varepsilon}{k}$	290	393	283	532	361	288	416	532

几种气体在不同温度时的捕获系数值绘于图 4-8 中，图中纵轴为捕获系数 C，横轴为深冷表面温度 T_s。查得几种气体捕获系数的综合值见表 4-5。

采用下式可计算出有效捕获系数 C_e 值，它与热沉屏蔽板的形状和尺寸有关

$$S = C_e A \left(\frac{RT_g}{2\pi M}\right)^{\frac{1}{2}} \tag{4-27}$$

式中　A——深冷泵开口面积，cm^2；

　　　C_e——有效捕获系数。

②迁移几率 p_r

把最后到达氦板的气体分子数与进入泵开口面积的气体分子数的比率叫作迁移几率 p_r。如果到达氦板的气体分子数全被捕获，则迁移几率 p_r 等于 C_e，p_r 其值大小取决于热沉屏蔽板与深冷泵的结构形状与外形尺寸。

用蒙特卡洛法可计算迁移几率 p_r，假设：入射分子的方向和位置两者都是随机的；气流是稳定的分子流，分子与屏蔽板撞击后按余弦定律发射；气体分子在深冷板上的捕获系数是 1。在日本东京特希勒电子技术实验室（EL），有一台 $\phi 2$ m 的空间环境试验设备，其

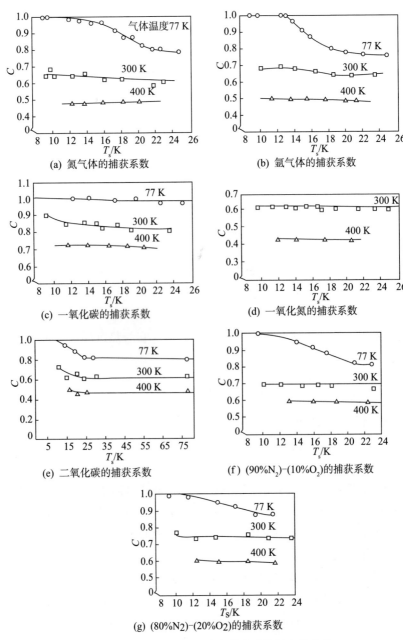

图 4-8　几种气体的温度与捕获系数的相关曲线

表 4-5 几种气体捕获系数的综合值

序号	气体名称	气体温度 T_g/K	表面温度 T_s/K	捕获系数 C
1	H_2	100	3.5~3.8	1.00
		300		0.9
		500		0.81
		700		0.70
		77	10	1.00
		300		0.67
		400		0.47
2	N_2	77	15	0.97
		300		0.64
		400		0.47
		77	20	0.87
		300		0.61
		400		0.47
		77	25	0.80
		300		0.61
		400		0.47
3	CO	77	10~25	1.00
		300		0.88
		400		0.73
4	N_2O	300	77	0.61
		300	10~25	0.62
		400	10~25	0.43
5	O_2	77	20	1.00
		300		0.86
		400		0.73

续表

序号	气体名称	气体温度 T_g/K	表面温度 T_s/K	捕获系数 C
6	CO_2	195	10	1.00
		300		0.73
		195	15	0.95
		300		0.63
		400		0.51
		195	20	0.90
		300		0.66
		400		0.44
		195	25	0.83
		300		0.62
		400		0.46
		300	77	0.62
7	A_r	250	3.8	0.998
		350		0.997
		500		0.996
		77	10	1.00
		300		0.68
		400		0.50
		77	15	0.92
		300		0.62
		400		0.47
		77	20	0.78
		300		0.65
		400		0.47
		77	25	0.77
		300		0.65
		400		0.47
8	H_2O	300	77	0.95

续表

序号	气体名称	气体温度 T_g/K	表面温度 T_s/K	捕获系数 C
9	NH_3	300	77	0.45
10	CH_3OH	300	77	1.00
11	C_2H_5OH	300	77	1.00
12	CCl_4	300	77	1.00
13	CCl_3	300	77	0.93
14	CH_2Cl_2	300	77	0.82
15	CF_2Cl_2	300	77	0.76
16	SO_2	300	77	0.74
17	CH_3Cl	300	77	0.56

深冷泵方案如图 4-9 所示。用蒙特卡洛方法计算 p_r 值为 0.398，如果假设捕获系数为 1，则抽速为

$$S = p_r A \left(\frac{RT_g}{2\pi M} \right)^{\frac{1}{2}} \qquad (4-28)$$

式中　A——深冷泵的开口面积，cm^2。

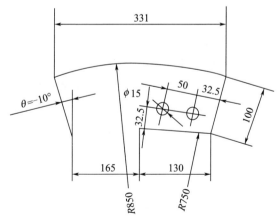

图 4-9　日本一台空间环境试验设备深冷泵的方案设计

③俘获几率 G

在抽速计算中提出的俘获几率 G，它是入射到低温抽气阵列入口端且最终为阵列所俘获的分子总数的百分数。它与复杂的三维深冷网板的结构有关，根据有关文献可推导，其抽速计算为

$$S = \left(\frac{2G}{2-G}\right)\sqrt{\frac{RT_g}{2\pi M}}A \qquad (4-29)$$

对于人字辐射屏蔽板，俘获几率 G 为

$$G = g_s \left\{ \frac{1-2(1-g_c)(1-f)+(1-g_c)^2(1-f)^2-g_c^2}{1-(1-g_c)(1-f)(2-g_s)+(1-g_s)[(1-g_c)^2(1-f)^2-g_c^2]} \right\} \qquad (4-30)$$

式中　g_s——碰撞在屏蔽板上分子通过的几率；

　　　g_c——碰撞在深冷板上分子通过的几率；

　　　f——深冷板的粘附系数。

对于斜板式的深冷泵，简化推导，其俘获几率为

$$G = g_s \left[\frac{1-2(1-f)+(1-f)^2}{1-(1-f)(2-g_s)+(1-f)^2(1-g_c)} \right] \qquad (4-31)$$

20 K 气氦深冷泵是现代大型空间环境模拟室达到超高真空的基础，它不仅可以抽除 He、H_2、Ne 以外的所有气体，而且还能抽除金属油扩散泵锅炉中裂化产生的低分子碳氢化合物（例如，CH_4、C_2H_6 等），它的抽速比其他任何形式的泵都要大。

另外，模拟空间冷黑环境 100 K 的热沉温度也起着深冷抽气的作用，如水蒸气等在 100 K 冷壁上将完全被凝结。其冷壁表面的抽速也决定于俘获几率和气体在液氮温度下的蒸气压，在抽气 1 小时后，一般金属的放气量为 10^{-5} Pa·L/(s·cm²) 左右，其中 90% 是水蒸气，而 100 K 冷壁对水蒸气的抽速可达 $1.3×10^5$ L/(s·m²) 左右。

（3）深冷板上霜层厚度对抽气速率的影响

试验证明，在试验过程中由于充进大量的氮气，深冷板上凝结

固体氮的厚度达 1 cm，泵的抽气速率也不减小。根据傅里叶的热传导公式，可求出低温板与固体氮表面的温差为

$$\Delta T = \frac{Qd}{\lambda A_s} \qquad (4-32)$$

式中　Q——霜层表面单位时间内所吸收的热量；

　　　d——霜层厚度；

　　　λ——霜层的热导率；

　　　A_s——低温板面积。

二氧化碳在深冷板上形成的霜层，对 H_2、N_2、O_2 有很大的抽速。形成深冷霜最佳的温度是 10～20 K，对氢的抽速可达 14～30 L/（s·cm²），在 9 K 以下形成的深冷霜对氩的抽气能力比同温度下裸表面高 20 倍。

在 KM4 空间环境模拟室内做抽速试验时，放进大量的气体，如氮、氧、氩等，在20 min内即可恢复到原来的极限真空度。这说明深冷泵即使吸附了大量的气体，其抽速并不减小。

4.6.3　深冷泵的热负荷

（1）冷凝被抽气体的热负荷

冷凝被抽气体的热负荷计算如下

$$W_1 = QSp \qquad (4-33)$$

式中　W_1——凝结热负荷；

　　　S——低温泵抽速；

　　　p——气体压强；

　　　Q——凝结热，温度为 T 的每克分子气体降到冷凝板温度 T_c 时放出的热量，其值见表 4-6。

（2）氮板 100 K 对 20 K 低温板的热负荷

其热负荷的计算式为

$$W_2 = \sigma A (T_1^4 - T_2^4) \frac{\varepsilon_1 \varepsilon_2}{\varepsilon_1 + \varepsilon_2 - \varepsilon_1 \varepsilon_2} \qquad (4-34)$$

式中 σ ——斯特藩-玻尔兹曼常数；

   A ——辐射表面积；

   T_1 ——氦板温度；

   T_2 ——氦板温度；

   ε_1 ——氦板发射率；

   ε_2 ——氦板发射率。

（3）航天器本身辐射热与太阳辐照反照的辐射热对深冷泵的热负荷

热负荷的计算式为

$$W_3 = Q\varepsilon_1\eta\alpha\delta \qquad (4-35)$$

式中 Q ——总辐射热；

   η ——辐射能量有效系数（带氦板一节热沉中所接受能量占总热沉能量的系数）；

   α ——氦板的吸收率；

   δ ——辐射面积系数（该节热沉中布有氦板的面积系数）。

表 4-6 氮气凝结热值

[单位：J/（Pa·L）]

冷凝板温度/K　氦气温度/K	4.2	10	20
80	4.12×10^{-3}	4.09×10^{-3}	4.05×10^{-3}
300	6.99×10^{-3}	6.96×10^{-3}	6.90×10^{-3}

（4）深冷板的传导漏热

深冷板的传导漏热为

$$W_4 = n\frac{A}{L}\lambda(T_1 - T_2) \qquad (4-36)$$

式中 W_4 ——传导漏热；

   L ——支承材料的长度；

   λ ——支承材料热传导系数；

T_1，T_2——支承材料两端点的温度；

n——支承数。

深冷泵总的热负荷为 W_0

$$W_0 = W_1 + W_2 + W_3 + W_4 \qquad (4-37)$$

根据经验数据，大型空间环境模拟室深冷泵泵口单位面积上的热负荷：$g = 6 \text{ W/m}^2$。KM4 铜热沉深冷泵泵口面积为 48.9 m^2，其总热负荷估算为 294 W。

4.7　热沉制造工艺

热沉的工作环境是低温（常规设备温度可达 -196 ℃，有些设备甚至达到 -250 ℃），内部有一定的压力（一般工作压力不超过 0.8 MPa），它又是放在一个高真空容器内，因此要求热沉材料有良好的低温性能，在低温下具有一定的强度、韧性，不允许发生低温脆裂事故。更主要的是材料应具有优良的焊接性能，保证密封焊缝在长期高低温冷热交变下，仍能保持良好的气密性，此外还要有比较好的导热性，在室温高真空条件下表面出气率比较低，便于抽真空。

热沉要做到一次成功必须有一套严格的加工工艺和检验措施，才能保证热沉材料本身及密封焊缝在长期多次冷热交变环境下保持高度的真空气密性，这是热沉研制成功的必要条件。热沉加工的主要流程如图 4-10 所示。

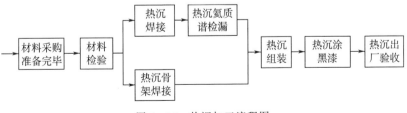

图 4-10　热沉加工流程图

4.7.1　材料的检验

首先要求材料的化学成分及力学性能必须符合国标有关规定，尽量向已通过 ISO 9002 质量认证的大型企业订购。

热沉材料中流体使用的管材及管件的质量控制最为关键。一般抽取 5％管材进行气压试验，管内充入 1.35 MPa 无油、干燥压缩气体放入水中，3 分钟内不得有漏气反应。并对使用的管材进行氦质谱检漏，测定整根管材的总漏率，单根管漏率一般不大于 5×10^{-10} Pa·m³/s。管材内壁要求清洁无油，存放时要求两端封闭以防灰尘和脏物进入管内。目的是所使用的管材本身无残次、裂纹。

金属软管、波纹管组件等逐根进行液氮冷冲击，再进行氦质谱检漏，单根管漏率要求不大于 5×10^{-10} Pa·m³/s。

黑漆也是很重要的材料之一，它的好坏影响热沉的质量。黑漆使用前要先做试片，试片要用和热沉同样的材料制作 3 个（100 mm×100 mm），要对试片进行热沉工作温度范围的冷热冲击，有脱落现象的不能使用。冷热冲击后的试片交至有国家资质的检测部门测定黑漆对太阳光的吸收率和半球向发射率是否满足指标要求，并出具性能测试报告。

4.7.2　焊接工艺及质量控制

热沉管路的焊接是需要严格控制的，包含两个环节：焊接工艺和焊工技术。

根据不同的选材采用相应的焊接工艺，但焊接工艺在确定前要经过测试。一般是按焊接工艺焊接试验件，将试验件进行打压、冷热冲击、氦质谱检漏，检验合格的工艺才能定型。目的是严格控制焊接工艺满足热沉在真空低温环境的使用。

对焊工的基本要求是具有国家专业机构颁发的焊工证。上岗前对焊工进行考核，每个焊工焊接试验件，经检验合格的准予上岗。

热沉管路焊接前要做好焊接工装，将管材内外表面清洗除油，尤其是焊口附近要确保清洁、干燥。焊接完成后，也要分批次地进行打压、冷热冲击、氦质谱检漏，合格的准予进入下一个工序。有必要的还要进行探伤检查，所有的管路环焊缝要进行100%探伤检验，其焊缝质量不低于JB/T 4730.3中规定的Ⅱ级；所有角焊缝渗透检验，焊缝质量不低于JB/T 4730.5中规定的Ⅰ级。

4.7.3　热沉的检漏

　　由于热沉工作于高真空环境下，因此对漏率有非常高的要求，所以必须采用氦质谱检漏系统。为考验热沉焊缝的质量，热沉在氦质谱检漏前要做一次冷热冲击，冷冲击前是否需要检漏可根据情况安排。检漏系统原理如图4-11所示，辅助真空系统采用了分子泵加液氮冷阱复合系统。分子泵可将管内抽至检漏范围的高真空，有助于检漏仪节流阀的充分开启。液氮冷阱可捕集管内表面90%以上的水蒸气，故不仅可加快检漏速度还可提高系统的检漏灵敏度。正式检漏时可关掉分子泵进气阀，让管内全部气体都通过检漏仪，故可以保证系统的可检漏率低于热沉要求的最小漏率值。

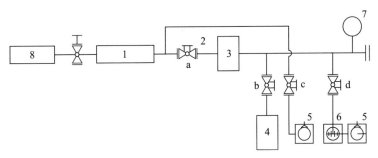

图 4-11　检漏系统原理

1—被检管件；2—（a，b，c，d）阀门；3—冷阱；4—氦质谱检漏仪；

5—机械泵；6—分子泵；7—真空计；8—标准漏孔

检漏方法和步骤如下：

1）热沉检漏时应保证是清洁、干燥的，以免水蒸气堵塞

10^{-7} Pa·m^3/s 以下的微小漏孔，否则需要在热沉清洗完后用热风加热到 120 ℃，通干燥气体烘干热沉内外。

2）热沉在装入容器前的检漏可采用氦罩法、喷枪法，在可行的条件下尽量使用氦罩法，喷枪法主要应用在寻找漏点的时候。氦罩法是用容器、塑料等将热沉整体包围，将热沉管路内部接入检漏系统，检漏时将氦气充入氦罩。

3）先用机械泵 5 将管抽至 10 Pa 左右，即关粗抽阀改用分子泵 6 抽气，直到关闭分子泵进气阀，检漏仪进气阀全开，质谱室内真空度仍能满足仪器要求为止。用装在远端的 ST－1 型标准漏孔 8 标定此时的可检灵敏度和反应时间。当可检灵敏度高于热沉最小漏率要求时方可进行检漏。当冷阱不加液氮难以达到要求时，需向冷阱内注入液氮。

4）可以利用辅助真空泵将氦罩中的空气抽出（以塑料膜紧贴管壁为准），立即充入氦气直到膜套鼓起来为止，也可以直接充入氦气。观察时间大于反应时间，但不小于 3 分钟，以满足漏率要求为合格。

4.8　热沉总装技术

热沉设计时要根据尺寸大小、运输条件和现场场地条件制定可行总装方案。总装方案的确定直接影响热沉的结构设计方案。

直径小于 5 m 的热沉，一般采用整体安装的方案。直径超过 5 m 的热沉，一般考虑分片装入容器的方案。根据设备尺寸，形式（卧式或立式），以运输、现场总装场地条件等约束作为热沉设计的输入条件。

热沉总装过程包括以下几个过程：组装焊接；安装传感器及测量线缆；氦质谱检漏；涂黑漆；安装防辐射屏；吊装入容器；连接进出液管，如图 4－12 所示。

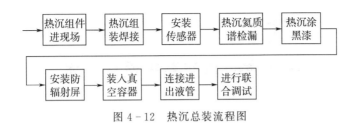

图 4 - 12　热沉总装流程图

4.9　热沉测温技术

热沉温度测量一般采用 Pt100 铂电阻或者铜 - 康铜热电偶传感器，在氦制冷的热沉中需要使用铑铁电阻。工程上传感器大多采用铠装形式。试验过程中测控系统利用数采仪器或 PLC 实现数据的采集、记录。

温度传感器 Pt100 铂电阻，测量范围为 $-200 \sim +850\ ℃$。铂电阻接线为 4 线制，其连接线和接插件可直接连接到罐壁法兰上。热电偶测量范围为 $-200 \sim +200\ ℃$，接线为 2 线制。铑铁电阻的测量范围为 $-263 \sim +27\ ℃$。

传感器的安装工艺一般有焊接基座安装和黏贴两种形式。热沉上固定的测温点常规采用焊接基座安装的形式，即将预制好的与热沉板同种材质的安装块焊接在热沉板上，再将铠装传感器插入安装块上的孔中，插入时可填入一些导热硅脂，这种形式安装较稳固可靠。黏贴的方式一般使用在临时测温点，需要使用低温导热胶，由于热沉温差大，黏贴的传感器在使用一段时间后会出现脱胶的现象，导致温度测量出现较大误差。

第 5 章　真空系统设计技术

5.1　概述

真空系统是空间环境模拟设备工程实现过程中接口最复杂的分系统之一，其所建立的人为真空环境性能指标的好坏是决定空间环境模拟设备实现空间冷黑环境、空间外热流环境模拟的基础。真空系统工作过程涵盖从试验开始到结束的整个试验周期，对真空容器的真空获得、真空及污染测量、复压控压及尾气排气过程，均属于空间环境模拟设备真空系统的研究范畴。

空间环境模拟设备具有被抽容器容积较大、真空容器及试验件材料及表面状况不同、试验过程放气量大以及气体负荷多样等特性；对应真空系统除要求能够满足清洁无油、无尘等优良真空品质外，还需具备有效的高抽气速率、极限真空度高、测量仪器灵敏等特点；因此实现过程中对真空系统在实验室的布局、真空获得及测量系统的选择，以及与其他系统的接口确认都有较高的要求。

伴随着我国空间技术的发展和需要，真空系统在空间环境模拟设备的建设过程中的规模以及综合性要求日益增强。与此同时真空获得及测量技术不断进步、可选材料的市场化、可选器件多样性、控制模式逐步提升，都需要在真空系统的设计和实施过程中采用更科学和更系统的管理。因此需要在保障质量的前提下实行流程化、模块化设计，从而提高设备总体的安全性、可靠性、可维护性和总体经济效率，科学合理地集成真空系统。

5.2　真空系统设计流程

真空系统设计流程即真空系统设计思路和工程实施方法的一般过程，包括挖掘真空系统的功能及指标要求，确定系统的总体结构，确认真空获得及测量系统的算法和方法，零件验收和部件调试，系统联调以及测试、验收、维护和升级过程。

（1）需求分析

根据总体设计要求，对真空系统要解决的问题进行详细的分析，包括需要的容器特征尺寸等基础指标数据，要得到什么样的真空特性指标，最后应用过程中工作环境特性和工作过程气体成分等参数。通常必须对以下指标进行逐一复核：

1）设备容器特性：确定真空容器结构形式、尺寸、材质、表面光洁度，确定如热沉、密封方式、观察窗口等相关参数；

2）真空度指标：根据空间环境模拟设备总体要求，确定设备的真空度，并区别空载极限真空度、带载真空度、某工况真空指标等参数要求；

3）真空建立时间：根据设备总体要求，确认不同真空度所需的建立时间；

4）真空漏率：根据总体要求及试验工况确定设备总体漏率和分系统漏率，通常动态真空系统总体漏率为空载极限真空度的1/10；

5）真空品质：确定系统的应用侧重、清洁无油以及污染测量指标，特别强调光学系统应用设备的特殊要求；

6）过程气体成分分析：在设备抽真空初期为大气成分，伴随真空抽气过程真空度的提高，被抽容器固有表面的气体特性；特别强调试验件引入表面状况及材料对气体成分的影响，如是否有酸性、碱性、有毒气体产生等；同时着重分析试验过程中试验件放出气体成分，如氢气、氧气、惰性气体等。

（2）模块设计及布局规划

1）结合设备总体任务规划真空系统模块：通常大型系统根据总体要求对真空容器系统进行反向要求和设计，真空系统一般由真空获得系统、真空测量系统、控制管理系统、复压系统、外围保障系统等部分组成，图 5 - 1 所示为真空系统功能模块划分。

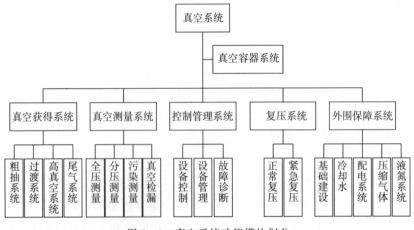

图 5 - 1 真空系统功能模块划分

2）根据实验室布局要求确认具体模块位置，并结合现场空间确定地基及支撑基础；新建基建要做好总体规划与布局，利用已有实验室解决总体配套和改造问题。

（3）详细设计

根据需求分析参数指标及真空获得过程中的实际工况，依据低真空体积计算、高真空面积计算原则，确定系统容积、表面积、漏率等参数。应用工程公式详细计算粗抽系统管道直径、阀门配置、高真空系统抽速等。逐一确定过渡系统针对的气体成分、检漏系统的灵敏度等参数。

（4）设备选型

1）根据详细计算参数，选择对应的在工程和经济允许范围内的真空获得设备型号、厂家等参数信息，并在可靠性、可维护性、经济性等基础上详细分解模块，如备份及冗余设计等；

2）根据真空极限指标及详细设计，确认所涉及的真空测量设备，包括真空规计、四极质谱计、石英晶体微量天平等的型号；

3）确认所涉及的真空阀门；

4）验证真空管道的直径、长度等参数，并投产；

5）合理设计并确认验收工装；

6）确定保障模块所涉及的接口。

真空系统设计接口表见表 5-1。

表 5-1　真空系统设计接口表

序号	接口系统	接口说明	依据
1	真空容器	真空获得与测量接口	需求分析
2	基础建设	实验室规划，水、电、气路	模块设计、设备选型
3	液氮系统	如果需要液氮冷阱	需求分析、设备选型
4	真空系统内部	真空泵、阀门、管道之间的接口	详细设计、设备选型
5	真空控制系统	现场调试及控制，远程控制	设备选型
6	总控系统	软件，向总控提供真空状态数据	详细设计、设备选型

（5）零部件及组件验收

1）依据图纸验收真空管道，包括：几何参数、漏率、焊口及接口等工程参数；

2）利用验收工装根据选型表逐一验收真空规计、阀门、获得设备的单项参数；

3）根据模块设计结论调试模块技术指标参数；

4）验收与采购件配套的接口；

5）模块验收。

（6）真空系统安装调试

依据总体规划进行系统现场组装，调试。

（7）真空系统验收

出厂验收：硬件验收，软件验收，技术指标验收，分系统验收，总体验收。

5.3 真空获得系统组成

5.3.1 概述

空间环境模拟设备真空获得系统由真空机组、连接管道及真空阀门、污染捕集器等真空组件和其真空测量及控制系统构成。实现对被抽真空容器的真空建立和真空指标检测。

我国从 20 世纪 60 年代初建造 KM1 开始，一直到 KM5 均以扩散泵作为主抽泵，其中 KM2 装置一直被使用到现在还在继续提供正常服务，空载极限真空度 6.7×10^{-5} Pa。70 年代从 KM3 开始已经采用气氦工作板作为深冷泵应用，KM4 也同样采用气氦制冷的低温冷板，80 年代 KM3、KM4 改造为外接式低温泵作为主抽泵。其中 1982 年启用的 KF1，是我国最大的纯无油超高真空空间环境模拟设备之一，配置有分子筛吸附泵、钛球升华泵、电子轰击式钛升华泵、非对称阴极三极溅射离子泵等。90 年代初 KM6 空间环境模拟器主抽系统已开始采用外接式低温泵作为主抽泵并配置深冷氦泵，从此大口径外接式低温泵的研制开始进入工程阶段并成熟应用于空间环境模拟设备。我国本世纪最新的 KM7 设备采用高真空系统配置低温泵主抽、分子泵系统辅抽，粗抽系统采用干式泵机组，该种配置已被国际公认为空间环境模拟设备真空获得系统的最佳配置方案。

隶属于北京航空航天大学的真空羽流效应试验系统为当前国际上最先进的空间环境模拟器之一。该模拟器真空系统配置采用外接式清洁无油真空获得系统，其内部深冷液氦热沉及羽流吸附泵的大型工程化设计和应用也是全国首例。同时该模拟器拥有当前国际上最完备的真空系统，包括真空获得系统、在线真空与污染测量系统、自动控制及网络系统、低温泵再生及自增压供液氦系统、充排气处理及尾气净化处理、真空照明及摄像系统等完备的工艺控制及处理流程。该模拟器真空系统采用模块化设计，结合试验室布局，将系统规划为高真空系统、粗抽系统两个相互独立的系统，而其内部采

用并联冗余结构，实现在满足系统总体要求的基础上既能提高系统
应用可靠性，又能满足在线维修维护的需要。图 5 - 2 为大型姿控发
动机羽流参数测试空间模拟器外接真空系统部分的原理图。

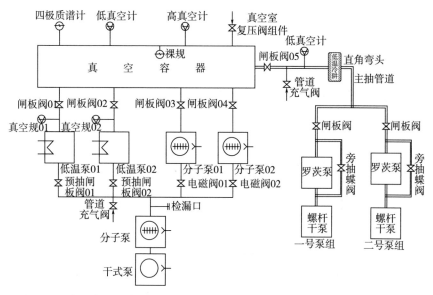

图 5 - 2　大型姿控发动机羽流参数测试空间模拟器外接真空系统部分的原理图

5.3.2　空间环境模拟设备常用真空获得设备

5.3.2.1　粗抽系统常用设备

（1）罗茨泵

罗茨泵又称机械增压泵，是一种无内压缩的旋转变容式真空泵。
罗茨泵由于抽速很高、结构简单、运行经济，在空间环境模拟设备
中一直得到广泛的应用，并延续到现在。一般来说，罗茨泵具有以
下特点：

1）在较宽的压力范围内有较大的抽速，工作压力范围为 $10^3 \sim 10^{-1}$ Pa，它不能从大气开始抽气，其允许入口压力为 $10^2 \sim 10^3$ Pa，
工作时必须有前级泵来维持其允许的最大出口压力（通常等于允许

入口压力)。在 $10^3 \sim 10^{-1}$ Pa 范围有几乎不变的抽速。

2) 设有旁通溢流阀,可在大气压力下启动,缩短了抽气时间。

3) 泵内转子之间、转子与泵腔壁之间有间隙,泵内运动件无摩擦,不必润滑,泵腔内无油。

4) 转子形状对称,动平衡性能良好,运转平稳且运转时噪声低。

5) 结构紧凑,占地面积小,通常选卧式结构,泵腔内气体垂直流动,有利于被抽的灰尘或冷凝物的排除。

罗茨泵在空间环境模拟设备工程领域中应用时,一般与前级泵(旋片泵、滑阀泵和螺杆泵等)串联构成机组,作为机械增压泵来应用,使被抽真空容器获得 10^{-1} Pa 量级以上的真空。

(2) 螺杆泵

干式螺杆泵可以获得从大气到 10^{-1} Pa 范围的真空度,通常作为干式罗茨泵的前级,通过旁抽建立真空容器 10^3 Pa 以上的粗真空,同时作为前级满足粗抽系统更高真空的建立。

干式螺杆泵能抽除含有大量水蒸气及少量粉尘的气体,极限真空更高,消耗功率更低,具有节能、免维修等优点。它是油封式真空泵的更新换代产品。

干式螺杆泵既能满足大抽速、高真空及耐腐蚀的要求,同时又能保证清洁无油的真空品质,近年来干式真空泵作为新型真空获得产品已被大量应用于大型空间环境模拟设备中。这种非接触型干式泵,是 20 世纪 90 年代初期出现的一种理想的泵种,以其抽速范围宽、结构简单紧凑、抽气腔元件无摩擦、寿命长、能耗低、无油污染等优点得以广泛应用。

(3) 涡旋泵

涡旋式真空泵(简称涡旋泵)是近年来开发出的一种新型干式真空泵。涡旋泵工作压力范围宽,可获得从大气到 10^{-1} Pa 以内的真空,且在较宽的压力范围内有稳定的抽速。结构简单小巧、振动噪声低,可灵活地就近布置到对应主抽泵附近作为前级。

由于其可靠性高，综合性能优越，涡旋泵作为一种新型的无油泵在空间环境模拟设备分子泵系统前级、低温泵预抽等单元中作为常用设备。

（4）滑阀泵

滑阀式油封机械泵又称滑阀泵，同旋片泵一样，也是一种变容式气体传输泵。其应用范围和使用条件与旋片泵基本相同。

滑阀泵由于其结构特点，容量比旋片泵大得多，比旋片泵工作更可靠，因此常常被用在大型真空设备上。滑阀泵有单级和双级两种形式。单级泵的极限压力对小泵≤0.6 Pa，对大泵≤1.3 Pa，双级泵的极限压力≤0.06 Pa。

气镇的开启和防油污的返流措施是滑阀泵应用过程需要考虑的重点。条件允许的情况下，工程上大抽速应用环境已逐步被干式螺杆泵替代。

（5）旋片泵

旋片式油封机械泵又称旋片泵，是一种变容式气体传输真空泵，是最基本的真空获得设备之一，其工作压力范围为大气到 10^{-2} Pa。它可以单独使用，也可以作为其他高真空泵的前级泵，用以抽除密封容器中的干燥气体。若附有气镇装置，还可以抽除一定量的可凝性气体。但旋片泵不适于抽除含氧量过高的、有爆炸性的、对金属有腐蚀性的、与泵油会发生化学反应的、含有颗粒尘埃的气体。

旋片泵多为中小型泵，有单级和双级两种。一般双级泵，可以获得较高的真空度。空间环境设备对减小泵的噪声、防止泵的喷油等要求较高，通常在使用该种泵作前级时需在管道上设置低温冷阱，防止返油污染。

作为无油系统前级或者预抽泵在应用中已逐渐被小型干泵代替。

5.3.2.2　高真空系统常用设备

高真空获得设备是系统获得高真空所需的主抽泵，这类泵的特点是抽气速率较大，且均在分子流状态工作，因此需要配置对应的预抽泵或前级泵才能工作。

（1）外接式低温泵

低温泵作为理想清洁无油、大抽速超高真空获得设备，被广泛应用于空间环境模拟设备中。低温泵是利用低温表面将被抽空间的气体冷凝、捕集、吸附或冷凝＋吸附，使被抽空间的压力大大降低，从而获得并维持真空状态的抽气装置。低温泵是一种储存式捕集排气设备，被抽气体直接储留在泵内，随抽气量的加大，低温泵的吸附性能逐渐饱和。为使低温泵能够有良好的持续工作性能，除需尽可能提高低温泵的启动所需的本底真空外，还需对低温泵进行定期再生维护。

低温泵的抽气基本原理是使某一固体表面温度足够低，使其低于空气中主要气体成分的饱和蒸气压温度，空气中大部分气体被凝结。低温泵利用氦气压缩机将二级冷头冷却到 20 K 以下，空气中除 H_2、He 以外，大部分空气中主要气体成分都会被冷凝，达到了抽真空的目的。

外接式低温泵利用其二级冷板的吸附作用，在低温表面上凝结可凝结气体的同时，将不易冷凝的气体（如 H_2、He）也一起埋葬或捕集吸附抽除。当可凝结气体流向低温表面凝结时把非可凝性气体也裹带到低温表面上，共同被吸附。也有当非可凝性气体还没有来得及离开低温表面时又有一些可凝性气体凝结在它上面，从而把它覆盖在可凝性气体底下来捕获非可凝性气体。

（2）分子泵

分子泵是一种靠高速运动的刚体表面来携带气体分子实现抽气的一种新型机械式真空泵。这种泵具有启动快，结构小巧，噪声低，有的甚至可以任意角度安装等特点，在工程上被广泛所采用。分子泵工作需要满足启动压力，配置对应的前级真空泵。

涡轮分子泵可以获取的极限真空度可以达到 10^{-9} Pa 以上，对油蒸气等高分子量气体的压缩比很高，因而残余气体中油蒸气的分压力很低。

目前磁悬浮式涡轮分子泵已达到实用化程度，其具有启动快、抽速大、高压缩比、无油污染等优点。所用轴承是一种转子与定子之间没有机械接触的新型高性能轴承,利用电磁力作用将转子悬浮起来,具有高转速、无机械磨损、噪声小等特点。选择用磁轴承支承的分子泵,从根本上解决了传统轴承润滑造成的油蒸气返流污染等问题,作为清洁真空的重要获得手段用来获取清洁无油的超高真空环境。但是对于中大型空间环境模拟设备,由于分子泵抽速的限制,通常作为过渡系统或辅助主抽泵进行工作。

涡轮分子泵通过高速旋转的动叶片和静止的定叶片相互配合来实现抽气。对被抽环境中很难排出的 H_2、He 等较轻的气体抽气速率较大,特别是对 H_2 的抽速比对空气的抽速大近 20%,根据这一特性,分子泵通常用作检漏系统的主抽泵,进行检漏应用。

(3)扩散泵

油扩散泵是射流泵的一种,是以扩散泵油为工作介质,由锅炉加热形成油蒸气,经喷嘴加速后形成高速射流,被抽气体扩散到油蒸气射流中,被携带到泵出口,然后通过配置的前级泵排出。扩散泵工作在高真空区域,其工作压力范围为 $10^{-1} \sim 10^{-6}$ Pa,极限压力可达 10^{-8} Pa。扩散泵具有结构简单、操作方便、使用寿命长、抽速大的特点,是早期广泛应用于空间环境模拟设备的主抽泵。但由于扩散泵效率低,并存在返油对真空容器会造成污染等问题,因此限制了扩散泵在要求清洁真空环境中的应用,现已基本退出了空间环境模拟设备的应用领域。

(4)内装式深冷泵

内装式深冷泵的结构形式灵活,低温吸气面可以做成插入式,用于无法布置其他类型泵的场合,使得泵结构设计的自由度增大。详细内容参看第 4 章热沉设计技术。

5.3.2.3 其他组件

(1)真空阀门

真空系统中,用来切断或接通管路气流,改变气流方向及调节气流量大小的真空系统元件称为真空阀门。真空阀门的主要性能是它的流导、漏气率、开闭动作的准确性和可靠程度，以及阀门的开闭时间。阀门的准确性、可靠程度和它的开闭时间，则应根据具体的使用情况提出具体的要求。

　　真空阀门按其性能、结构形式、驱动方式、通道方式及通道直径大小、材料和用途等进行分类，见表5-2。

表 5-2　真空阀门的分类

分类方法	阀门名称
工作压力	低真空阀门、高真空阀门、超高真空阀门
用途	截止阀、放气阀、节流阀、换向阀
结构形式	闸板阀、碟阀、针阀、挡板阀、翻板阀
驱动方式	手动阀、电动阀、电磁阀、气动阀、手电两用阀
通道方式	角阀、直通阀、双通阀
材质	不锈钢阀、铝阀、玻璃阀
密封方式	金属密封、胶圈密封

　　空间环境模拟设备中与容器连接的阀门通常选用超高真空双向密封闸板阀和金属直角阀，早期的采用扩散泵作主泵的真空系统也采用挡板角阀进行主阀门与真空容器对接。蝶阀、胶圈密封角阀则常用在粗抽系统中。

　　（2）可拆卸密封件

　　对于空间环境模拟设备，常用的密封件有 O 形圈、无氧铜垫圈、银丝等可拆卸密封件。对于热真空试验环境，特别对于液氮引入接口，为保证真空密封性，需要选择密封件材料可工作在所允许的最低和最高温度范围内。如果超出这个温度范围，连接处的密封性能明显下降，甚至完全失去密封作用。因此连接处的工作温度范围是选取密封材料和设计密封结构的重要参数。因此密封件通常选用的密封材料见表5-3。

表 5 - 3　空间环境模拟设备常用密封方式及材料说明

密封件	密封方式	工作温度范围 /℃	适用真空区域
氟橡胶圈	快接密封	−30～240	高、超高真空
无氧铜圈	刀口密封	−200～500	超高真空
聚四氟乙烯	压接密封	−150～250	高、超高真空
银丝	压接密封	−200～450	超高真空

（3）真空电极

真空容器内功率输入及信号传输所用的电极统称为穿舱接插件，是满足电绝缘、真空密封和承受一定的电流负荷要求的专用双向传导结构。

电极及电极密封材料的选取取决于工作电压、电流、频率、温度等；电传导结构形式的选择取决于设备的工作压力范围。根据电传导结构的用途不同可分为：低压小电流引入结构、低压大电流引入结构和高压引入结构等。

电极引入线结构有：玻璃-金属封接结构、陶瓷-金属封接结构和可拆卸橡胶密封引入结构。

（4）观察窗

在真空应用设备中，一般通过观察窗来监视真空容器内部的生产状态（如观测温度、试料状态等）或传输光源。根据密封形式的不同，真空设备的观察窗可分为可拆连接和不可拆连接。前者用于高真空和低真空系统，后者用于超高真空系统。在不可拆连接中，采用无氧高导铜和玻璃的不匹配封接或者使用可伐与玻璃的匹配封接结构，两者都能承受 300～450 ℃的高温烘烤。真空中常用的视场用观察窗材料采用石英玻璃，但对于红外测量则需要配置锗玻璃，而紫外光源传输需要具体根据光学指标选择氟化镁特制玻璃。具体的光学窗口形式及观察窗材质请根据参数要求，查阅工程资料确定。

（5）低温冷阱

冷阱（冷凝捕集器），是利用低温冷壁来捕集可凝性蒸气的一种低温冷凝捕集器。冷阱在环境模拟设备中特别是早期用扩散泵作为主泵的高真空和超高真空系统中，安装在主泵入口和真空容器之间的管路上。冷阱不仅能有效地捕集来自蒸气流泵的返流蒸气和部分裂解物，而且还可抽除来自真空容器内的可凝性蒸气。冷阱的效果除了取决于其结构，还取决于所使用的冷壁温度，低温冷壁的温度愈低效果愈好。

为了获得清洁的真空环境，减少乃至消除有害蒸气，对于选用有油封机械泵或抽除有碱性、酸性等气体的情况，管道中同样需要设置低温冷阱来捕集系统中的可凝性蒸气。

5.3.3　真空机组及其应用说明

真空机组是将真空泵与相应的真空元件按其性能要求组合起来构成的模块化抽气装置。其特点是功能相对独立，结构紧凑，便于空间布置，使用方便，便于维护。

应用于空间环境模拟设备的真空抽气机组可以分为粗抽机组、高真空机组、分子泵机组（过渡机组），均为无油真空机组。工程上真空机组的名称以主泵命名。

5.3.3.1　粗抽机组

粗真空抽气机组通常从被抽真空容器内部起始压力为大气状态开始工作，其主要特点是能够适应工作压力高、排气容量大，但抽速相比高真空机组较低。环境模拟装置主要利用粗抽机组快速建立能够满足高真空系统启动的工作压力，通常也在粗抽过程中进行真空放电试验、大排气量点火试验等。

（1）有油及准无油粗抽机组

由于粗抽泵组的结构及工作方式限制，当前工程上主流粗真空机组均为有油或准无油机组，该类粗真空抽气机组常由两级组成：主泵（罗茨泵）＋前级泵（往复式真空泵、油封式机械泵、干式机械泵等），整套机组可安置在一个机架上。使用粗抽真空机组，还需要根据被抽气体清洁程度、腐蚀性、湿度或其他特殊要求，配置必要的除尘器、吸附冷阱以及尾气处理装置等部件。作为大抽速主泵的罗茨真空泵，通常和前级泵之间选用带旁抽阀门连接，当前级泵抽到罗茨泵允许启动压力时才能启动主泵工作。典型的粗抽机组（如图 5-3 所示）如 KM3 设备粗抽系统部分，通过在粗抽主管道上设置液氮吸附冷阱，将带油前级泵组作为无油粗抽机组来使用。

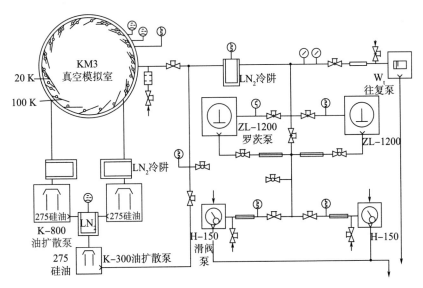

图 5-3　KM3 真空获得系统原理图

大型空间环境模拟设备干式粗抽机组如图 5-2 所示，其粗抽系统在保证粗抽系统清洁无油的前提下，通过并联冗余结构提高系统的可靠性及可维护性。

（2）纯无油粗真空机组

对于特殊需求的粗抽系统，如做光学定标试验的环境模拟设备中的粗抽系统部分，也可采用分子筛吸附泵，配置前级干式涡旋泵等组成纯无油真空机组。分子筛吸附泵的体积、质量与它能抽的容积相比是很大的，使用时还需消耗大量液氮，故只用在小型无油超高真空设备中。

5.3.3.2　高真空机组

高真空抽气机组工作于分子流状态下，与低真空抽气机组相比，其特点是工作压力较低、排气量小、抽速大。对于大型的空间环境模拟设备，高真空抽气机组的主泵通常为油扩散泵、低温冷凝泵等。这些泵需要配置预抽泵和前级泵，以弥补不能直接排气到大气的不足。

前级泵主要用来抽除真空容器中的大量气体，使真空容器内的气体压力由大气压力降到主泵能够正常工作时的真空度。前级泵需配合主泵运行在整个工作周期内。

预抽泵是为低温泵或者离子泵等气体捕集泵建立满足启动的本底真空，当主泵正常启动或处于工作过程中时预抽泵停止工作。

典型的有油高真空获得系统，见图 5-3 所示 KM3 高真空获得系统部分。

典型的准无油高真空获得系统，见图 5-2 大型姿控发动机羽流参数测试空间模拟器外接真空系统部分。

5.3.3.3　分子泵机组（过渡机组）

分子泵机组通常是为了满足系统检漏需求，除高真空获得系统建立更高的工作启动本底真空环境外，还需要弥补高真空获得阶段对难抽气体的抽出，通常引入分子泵系统作为辅助或过渡系统。对于小型的空间环境模拟设备也可以直接用分子泵作为设备的高真空系统。

例如，KM6 高真空系统中的分子泵系统，选用三台 TPH2200 分子泵作为低温泵抽气系统的辅助泵，辅助抽除模拟室内的氢气、氦气。

容器中大量额外氢气的来源主要是内装式低温泵的氢板放气，氢板的最大漏气量为 1.33×10^{-3} Pa·L/s，综合其他因素的影响，容器中氢气的最大含量也不会超过 1.33×10^{-2} Pa·L/s，在低温泵抽氢饱和状态下，分子泵工作时的分压为 2.0×10^{-6} Pa。由于在高真空环境下不能利用低温泵进行系统的检漏，利用分子泵高真空系统的三台 TPH2200 分子泵作检漏系统的主抽泵用。

5.4　被抽气体分析及计算

5.4.1　真空抽气过程

空间环境模拟设备为典型的动态真空获得系统，工程上通常将其真空获得系统维持真空容器内压力值 10^{-1} Pa 作为参考，将真空抽气过程划分为粗真空获得阶段和高真空获得阶段。

5.4.1.1　粗真空抽气过程

若真空容器所有的内表面上无气体的吸附和脱附现象发生，则这种抽气过程称作理想状态的抽气过程。被抽容积为 V（单位 m^3），泵的抽气速率为 S（单位 m^3/s），在这种理想状态的抽气过程中，容器内压力 p（单位 Pa）的变化为

$$V \frac{\mathrm{d}p}{\mathrm{d}t} = -Sp \tag{5-1}$$

当时间 $t=0$ 时，压力为 p_0，压力 p 与时间 t 的关系式为

$$p = p_0 \exp\left(-\frac{S}{V}t\right) \tag{5-2}$$

由式（5-2）可以看出，当 t 上升时，压力 p 下降，达到了粗抽阶段抽真空的目的。

5.4.1.2　高真空抽气过程

当气压低于 10^{-1} Pa 时，容器的内表面会大量放气。若单位时间内，容器内总放气量为 Q（单位为 Pa·m^3/s），则式（5-1）变为

$$V \frac{\mathrm{d}p}{\mathrm{d}t} = -Sp + Q \tag{5-3}$$

其中

$$Q = Q_1 + Q_e + Q_p + Q_b + Q_r \tag{5-4}$$

式中　Q_1——漏气量；

　　　Q_e——容器内表面吸附气体的脱附量；

　　　Q_p——容器内部的扩散或渗透的放气量；

　　　Q_b——泵向真空容器的返流气量；

　　　Q_r——真空容器内装配的机构的放气量。

在对数坐标上，压力 p 与时间 t 呈直线关系，如图 5-4 所示。

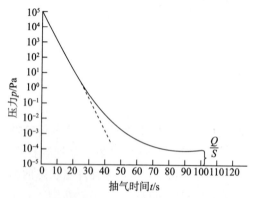

图 5-4　真空容器内压力和抽气时间的关系曲线

从图 5-4 中可以看出在式（5-1）的有效范围内，压力成直线减小，称作容积抽气；超过这个范围，压力下降有所偏移，最后与横轴平行了，这时式（5-3）的 Q 起作用了，在真空系统中 Q_e 及 Q_r 占大部分，因此这段为表面放气的排气过程，通常称为表面排气。

由式（5-3）得知，处于平衡态时 $\dfrac{\mathrm{d}p}{\mathrm{d}t}=0$，$Q$ 为定值时，得到极限压力表达式

$$P_u = \frac{Q}{S} \tag{5-5}$$

由此可知，Q 确定了容器内压力的极限值 P_u。容器漏气忽略不计的情况下，系统极限真空度取决于表面放气率。

5.4.2　粗抽阶段气体分析及计算

粗真空获得阶段真空设备主要抽除被抽容器内的空间自由气体，其设备自身内表面的出气量可以忽略不计，容器内有效体积为 V（单位 m^3），起始压力为 p_a（单位 Pa），此两物理量可作为依据计算气体量 Q（单位 Pa·m^3）。

对于特定需要在低气压阶段做大放气量试验的空间环境模拟设备，除容器有效体积外，还须确定试验过程中瞬间所释放出气体的放气量 Q_f 及释放气体类型，并作为气量来源累加到总气量中进行核算

$$Q = V \cdot p_a + Q_f \tag{5-6}$$

式中　Q——粗抽阶段大气负荷量，Pa·m^3；

　　　Q_f——粗抽阶段特定试验释放出来的气体量，Pa·m^3。

5.4.3　高真空阶段气体分析及计算

高真空获得阶段空载极限真空建立所需排出的气量主要来源于暴露在设备内部的不同材料表面放气量，其大小取决于所暴露表面的材质、表面特性及其对应表面积 S 的大小（单位 m^2）。

高真空获得系统在动态工作过程中抽除的总气体负荷计算为

$$Q = Q_l + Q_e + Q_p + Q_g \tag{5-7}$$

式中　Q_l——真空容器中的漏气和虚漏流量，Pa·L/s；

　　　Q_e——真空容器中各种材料表面解吸释放出来的气体流量，Pa·L/s；

　　　Q_p——真空容器外大气通过器壁材料渗透到真空容器内的气体流量，Pa·L/s；

　　　Q_g——工艺过程中真空容器内产生的气体流量，Pa·L/s。

说明：对于泵的返流量，当前工程上主要采取干式粗抽系统，可忽略不计。

5.4.3.1　漏气流量 Q_1

泄漏是指大气通过各种真空密封的连接处和各种真空容器漏隙通道（包括孔隙、裂缝、焊缝的气孔等）进入真空容器的漏气流量 Q_1（Pa·m³/s）。虚漏是容器内多孔材料中的气体和死空间中的气体慢慢漏入系统。在设计真空系统时，可以根据真空设备的极限压力，以及大气组分对设备性能的要求，对 Q_1 提出适宜的要求，直接给出允许的漏气流量。然后通过设计、加工和检漏技术来加以保证，避免虚漏现象发生。对于确定的装置，漏气流量 Q_1 是个常数。

漏气流量 Q_1 通常采用真空容器内允许的压力增长率（压升率）p_{ys} 来计算

$$Q_1 = p_{ys} \cdot V = p_{ys} \cdot V/3\,600 \qquad\qquad (5-8)$$

其中

$$p_{ys} = \frac{\Delta P}{\Delta t}$$

式中　　p_{ys}——压升率，Pa/h；

　　　　V——真空容器的容积，L。

此外，工程上大型动态真空系统在泵对系统的有效抽速 S（单位 L/s）已确定，且系统要达到的空载极限真空 p（单位 Pa）也已经确定的情况下，通常规定系统的总允许漏气流量按下式确定

$$Q_1 = \frac{1}{10} S \cdot p \qquad\qquad (5-9)$$

5.4.3.2　放气流量 Q_e

真空容器内被抽真空后，暴露于真空中各种构件材料的表面放气量，即单位时间内的放气流量可以用 Q_e（Pa·m³/s）表示，主要包括如下几种气源。

1）表面吸附气体的脱附：任何一个固体表面都吸附有若干个单分子层的气体，所吸附的气体量与周围气体的压力有关，吸附和脱附将达到一个动平衡。在高真空条件下，表面吸附气体分子的脱附大于它重新吸附的气体，因而成为高真空系统的一个气源。

2) 溶解气体的解吸：材料在冶炼过程中溶解有一定气体，同时材料暴露在大气中，由于扩散也会溶解一些气体。材料暴露到高真空下，由于浓度梯度的存在，被溶解的气体又会从材料内部向高真空侧反扩散，成为一个气源。

3) 材料的蒸发和分解：有些材料在真空中具有高的饱和蒸气压，如油脂。有些材料的稳定性很差，例如某些有机材料在真空环境下发生分解。高真空系统中应尽量避免使用高蒸气压和易分解的材料。

真空容器中材料表面放气流量 Q_e 与所选材料性能、过程处理工艺以及材料表面状态有关。根据已查材料的出气率，按下式计算放气流量

$$Q_e = \sum q_i \cdot A_i \qquad (5-10)$$

式中　q_i——真空容器中第 i 种材料单位表面积的放气速率，Pa·L/（s·m²），一般用抽气 10 h 后的放气速率数据；

　　　A_i——第 i 种材料暴露在真空容器中的表面积，m²。

对于真空中常用材料的出气率数据，可以查阅有关真空材料文献资料，暂不能获得的材料放气率实验数据，则可采用与其类似或接近材料的放气率近似替代。但需要注意，即使同一种材料，各机构所得的实验数据可能相差几个数量级，这除了测量方法不同引起的差别外，还由于试样的加工、预处理和储存等的不同所致。因此，对出气率要视材料及处理工艺和使用条件按经验选取。

还应指出，材料的表面出气率是它暴露于 10^{-2} Pa 高真空下的时间的函数，随暴露时间（高真空抽气的时间）的增加而降低。金属材料的表面出气率，从抽气开始到抽气 1h 结束，约降低一个数量级，抽气 10 h 的出气率又会比抽气 1h 的出气率低一个数量级。随后要抽气 100 h 才能再降一个数量级。

5.4.3.3　渗透气体流量 Q_p

气体分子或原子碰撞到真空容器壁表面，首先被吸附，进而一部

分气体以分子态或先离解成原子态溶解在壁表面层，达到一个平衡溶解度。由于大气侧平衡溶解度高于真空侧，气体就由高浓度的大气侧向真空侧扩散，最后在真空侧以分子态解吸和释放出来。大气通过容器壁结构材料向真空容器内渗透的气体流量，以 Q_p（$Pa \cdot m^3/s$）表示。

真空系统器壁渗透的气体流量 Q_s 对于空间环境模拟设备真空容器的金属外壁可以不考虑，而观察窗口、密封胶圈以及四氟垫圈等密封材料需要考虑此值。对于 10^{-8} Pa 以上的超高真空系统中不宜使用弹性密封圈。

5.4.3.4　工艺过程中真空容器内产生的气体流量 Q_g 的计算

气体负荷 Q_g（$Pa \cdot m^3/s$）包括在工艺过程中被处理的材料放出的气体流量和在工艺过程中直接引入到真空容器中的试验气体流量。

尽管试验件进入容器前经过密封封存、真空表面处理，同时在洁净间内完成装配，但是在装配过程中直接暴露大气带来的吸附污染会逐渐释放出来，特别是在高温工作环境下会更加强烈，迅速降低真空性能。

工艺过程气体，特别如尾流等，由于液体燃烧而导致大负荷气体量剧烈释放，迅速破坏既有真空环境，为维持试验的进行需根据详细的设计输入条件和在工程试验数据的基础上确定气体量大小。

预先估计被试验物（如各种卫星）或被处理物出气的大小是比较困难的，但有四种办法可以解决：1) 根据国内外类似的设备估算；2) 根据材料的出气率估算；3) 做一些试验测定；4) 如果以上三种方法都不行，只好加大抽速，使系统空载极限压力比试验压力降低 1~3 个数量级。

5.5　抽气时间和压力的计算

5.5.1　气体流动状态及其判别

空间环境模拟设备通常为高真空获得系统，如果需要做冷焊等特殊空间试验，需要试验工作真空度达到 1.3×10^{-7} Pa 以上，其抽气范围较广，跨越 10 多个量级。在获得高真空的过程中，稀薄气体在容器及管路中的气体流动可分为三种基本流动状态：湍流、粘滞流和分子流，同时经历两个过渡区域湍-粘滞流、粘滞-分子流状态。

湍流仅在真空系统工作粗抽阶段的瞬间出现，管道中气体压力、流速较高时，流动处于不稳定状态，流场中各质点的速度随时间而变化，惯性力在流动中起主导作用。除特大型真空容器外，一般湍流持续时间很短，在工程设计计算过程中通常不考虑该流态。但是在中大型容器粗抽阶段尾气设计及处理过程需考虑管道的尾气排出能力及尾气管道发热现象。

粗抽阶段主要考虑的粘滞流是指管路中气体压力逐渐降低后，气体流动变为具有不同速度的流动层，流线随着管道形状变化而变化。

高真空获得阶段主要考虑分子流，是指管道中气体压力降低到气体分子平均自由程和管道直径相当时，气体分子只与管壁碰撞，分子间碰撞可以忽略，气体的流动是大量分子单独运动的综合效果，靠管内分子密度梯度推动进行。

在空间环境模拟设备真空获得系统工程化设计的过程中，结合具体工程经验仅取粘滞流和分子流两个流体进行核算，其中粗真空阶段按粘滞流设计计算，高真空阶段统一按分子流态考虑。可根据管道中气体的平均压力 $\bar{P}$（单位 Pa）和管道的有效直径 D（单位 m）的乘积来判别，即

$$\begin{cases} D \cdot \bar{P} > 0.665，单位为 \text{Pa} \cdot \text{m}，粘滞流 \\ 0.02 < D \cdot \bar{P} < 0.665，单位为 \text{Pa} \cdot \text{m}，粘滞流-分子流 \\ D \cdot \bar{P} < 0.02，单位为 \text{Pa} \cdot \text{m}，分子流 \end{cases}$$

$$(5-11)$$

式中　D——管道的有效直径，单位 m；

　　　$\bar{P}$——管道中气体的平均压力，单位 Pa。

5.5.2　容器有效抽速及管道流导

真空获得系统的任务就是抽除被抽容器中的各种气体，泵或机组对容器的抽气作用除受泵或机组本身的抽气能力影响外，管道组件也对气流有阻碍作用。这就需要我们更加详细地理解系统有效抽速和管道流导之间的关系。

5.5.2.1　管道的流导计算

管道的流导用来表示气流的通过能力，即单位压差下，流经管道的气流量的大小（单位 m^3/s 或 L/s）为

$$U = \frac{Q}{P_1 - P_2} \tag{5-12}$$

真空系统管道组件通常是由直管道、阀门、弯头管道等真空元件构成的连接真空容器抽口和真空泵抽气口之间的部分，有些还需要配置捕集器（如低温冷阱或除尘器），对于高真空系统真空容器抽气口引出段的长度也需计算其对应流导。

（1）粗抽阶段管道流导的计算

空间环境模拟设备所选管道通常为工业上可选的标准圆管道，很少有异型管道，以下流导计算公式适合计算轴线长度为 L 与管内径为 D 的圆管道。

粗抽阶段管道中气体流态为粘滞流，通常工程计算中按管道的长短来选择计算公式，即比值 $\frac{L}{D} \geqslant 20$，真空管道入口对气流的影响可以忽略时定义为长管道；比值 $\frac{L}{D} < 20$，对于 20 ℃的空气，管口效应对气流的影响通常不能忽略时定义为短管道。

粗抽阶段圆管道流导计算如下

$$U = \begin{cases} 1.34 \times 10^3 \dfrac{D^4}{L} \bar{P}, & \left(\dfrac{L}{D} \geqslant 20 \text{ 时，长管道}\right) \\[4mm] 1.34 \times 10^3 \dfrac{D^4}{L+R} \bar{P}, & \left(\dfrac{L}{D} < 20 \text{ 时，短管道}\right) \end{cases} \tag{5-13}$$

式中 U——管道流导，m^3/s；

$\quad\quad D$——管道内径，m；

$\quad\quad L$——管道长度，m；

$\quad\quad \overline{P}$——管道中气体的平均压强，Pa。

（2）高真空阶段管道流导的计算

高真空阶段，圆形直段管道内气体状态按分子流状态计算，其对应的管道流导按式（5-14）进行计算。对于 20 ℃的空气

$$U=\begin{cases}121\dfrac{D^3}{L}，(\dfrac{L}{D}\geqslant 20\ \text{时，长管道})\\[4mm]11.6A\ \dfrac{1}{1+\dfrac{3}{4}\dfrac{L}{D}}\overline{P}，(\dfrac{L}{D}<20\ \text{时，短管道})\end{cases}(\text{m}^3/\text{s})$$

$$(5-14)$$

式中 A——管道截面积，m^2；

其他符号定义同式（5-13）。

分子流状态，对于圆形直角弯管道，通常将 L 等值为 $L=L_m+D$（式中 L_m 为直角弯管道中心轴线长度），然后带入式（5-14）进行计算。

（3）弯头、阀门及捕集器流导确定

弯头流导计算：工程计算中可将 L 等值为 $L=L_m+D$（式中 L_m 为直角弯管道中心轴线长度），代入式（5-13）或式（5-14）进行计算；阀门及标准捕集器根据所选类型的不同，查阅其给定的对应流导参数进行计算。

（4）串并联管道流导确定

对于复杂系统涉及管道串并联结构，其应用的流导计算公式如下所述。

并联真空管道组件的总流导等于各分支流导之和

$$U=U_1+U_2+\cdots+U_n \quad\quad (5-15)$$

串联真空管道组件的总流导的倒数等于各元件流导的倒数之和

$$\frac{1}{U} = \frac{1}{U_1} + \frac{1}{U_2} + \cdots + \frac{1}{U_n} \qquad (5-16)$$

综上，为提高泵的利用系数，降低真空设备的投资和后期综合运行费用，合理设计并配置真空管道组件尤其重要，特别是对于高真空系统的抽气管道更应如此。

5.5.2.2　系统的有效抽速

最简单的真空系统如图 5-5 所示。

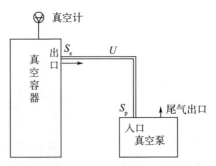

图 5-5　最简单的真空系统

真空系统对被抽容器抽气时，真空容器内的气体负荷通过流导为 U 的管道被真空机组抽走。在设计过程中可按式（5-17）或式（5-18）计算对应选定泵组通过管道后的有效抽速

$$\frac{1}{S_e} = \frac{1}{U} + \frac{1}{S_p} \qquad (5-17)$$

由式（5-17）等效转换后，有

$$S_e = \frac{S_p \cdot U}{S_p + U} \qquad (5-18)$$

式中　S_e——真空机组对真空容器出口的有效抽速，L/s；

　　　S_p——真空机组名义抽速（真空泵入口抽速），L/s；

　　　U——真空容器和泵组之间的抽气管道流导，L/s。

当 S_p 为定值时，真空容器出口的有效抽速 S_e 随管道流导 U 变化，三者关系如图 5-6 所示。

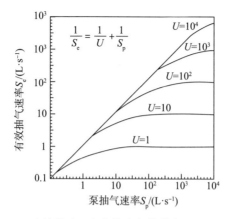

图 5-6　有效抽速、名义抽速与管道流导之间的关系

由式（5-18）可知：

1）$S_e < S_p$，$S_e < U$，即真空泵或机组对真空容器的有效抽速永远小于机组自身的抽速或管道的流导；

2）若 $U \gg S_p$ 时，则 $S_e \approx S_p$，即当管道组件的流导足够大时，真空机组对真空容器的有效抽速只受真空机组本身抽速的限制；

3）若 $S_p \gg U$，则 $S_e \approx U$，此时真空机组对真空容器的有效抽速受到抽气管道流导的限制，为充分发挥真空机组对真空容器的抽气作用，应尽可能将真空管道设计得短而粗，使管道的流导尽可能提高。

5.5.3　抽气时间的计算

5.5.3.1　粗真空抽气时间的计算

在低真空条件下，真空系统容器本身内表面的出气量与系统总的气体负荷相比，可以忽略不计。工程上通常在低真空条件下计算抽气时间时，可以不考虑材料表面出气的影响。

实际工程过程中所涉及系统基本为变抽速抽气系统。泵的抽速 S_p 是其入口压力 P 的函数，$S_p = f(P)$，抽气时间 t 取决于 $S_p = f(P)$ 的性质。

（1）变抽速时抽气时间的分段计算法

如图 5-7 所示，在 $S_p = f(P)$ 曲线图上，将抽气的初始压力 P_1 和终止压力 P_{n+1} 之间分成 n 段。段数分得愈多，计算的抽气时间愈精确。

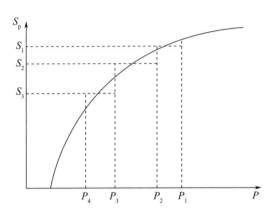

图 5-7　分段法计算抽气时间示意图

设各段相应的抽气时间为 t_1，t_2，$\cdots$，t_n，取其各段抽速的平均值，看作常数，然后根据不同情况用相应的常抽速公式进行各个阶段的抽气时间计算，之后相加就得总的抽气时间。其一般计算式为

$$t = \sum_{i=1}^{n} t_i \qquad\qquad (5-19)$$

式中　n——抽气的初始压力到终止压力之间分成的段数；

$\quad\quad\ t_i$——第 i 段情况下采用相应的抽速计算公式计算出的第 i 段的抽气时间。

（2）经验系数估算法

系统方案设计阶段，泵的大小和抽气管道参数未确定的情况下，可采用式（5-20）进行估算。真空容器用粗抽泵组从大气压下开始抽气时，在不同的压力范围内，泵的抽速随压力降低而下降的程度是不同的。

考虑到真空容器极限压力的影响，真空容器内压力从 P_i 降到 P_{i+1} 所需要的抽气时间 t_i 为

$$t_i = 2.3 K_i \frac{V}{S_p} \lg \left(\frac{P_i - P_0}{P_{i+1} - P_0} \right) \qquad (5-20)$$

若忽略极限压力 P_0 的影响，则有

$$t_i = 2.3 K_i \frac{V}{S_p} \lg \frac{P_i}{P_{i+1}} \qquad (5-21)$$

式中　t_i——第 i 阶段真空范围抽气时间，s；

　　　P_i——t_i 时刻被抽容器的真空度，Pa；

　　　P_0——容器极限压力，Pa；

　　　S_p——粗抽泵的名义抽速，L/s；

　　　V——真空容器的体积，m^3；

　　　K_i——修正系数，与抽气终止时的压力有关，见表 5-4。

表 5-4　修正系数 K_i

终止压力 P/Pa	$10^5 \sim 1.33 \times 10^4$	$1.33 \times 10^4 \sim$ 1.33×10^3	$1.33 \times 10^3 \sim$ 1.33×10^2	$1.33 \times 10^2 \sim$ 13.3	13.3 ~ 1.33
修正系数 K_i	1	1.25	1.5	2	4

式（5-20）和式（5-21）适用于机械式粗抽真空泵抽气，且抽气的终止压力高于 1.33 Pa 时的抽气时间的计算。

（3）粗抽泵稳定压力区间抽气时间校核

详细设计阶段粗抽系统所用泵的大小和抽气管道参数已经基本确定，可采用式（5-22）对粗抽各近似恒定抽速阶段的真空建立时间进行校核

$$t_i = 2.3 \frac{V}{S} \lg \left(\frac{P_i - P_0}{P_{i+1} - P_0} \right) \qquad (5-22)$$

若忽略极限压力 P_0 的影响，则按式（5-23）可得详细设计抽气时间 t_i

$$t_i = 2.3 \frac{V}{S} \lg \frac{P_i}{P_{i+1}} \qquad (5-23)$$

式中　S——粗抽泵对容器的有效抽速，L/s；

　　　其他参数同式（5-9）。

5.5.3.2　高真空抽气时间

实际的高真空抽气阶段容器中的空间气体已经大大减少了，而其他气源逐渐成为主要的气体负荷。从粗抽结束到 10^{-2} Pa 这一阶段，材料表面出气可以忽略，仍然可以采用粗抽时间公式计算，此时真空建立时间很短。而极限真空的建立主要取决于材料出气。

高真空的抽气时间通常采取解析法近似计算，忽略真空容器中空间气体负荷对抽气的影响，则粗抽系统排气量仅与放气和漏气处于动平衡状态。此时高真空抽气时间可通过求解下列方程求得

$$S \cdot P = Q_c + \sum A_i \cdot Q_i \cdot t^{-\beta_i} \qquad (5-24)$$

式中　S——真空机组对真空容器的有效抽速，m^3/s；

　　　P——抽气时某一时刻真空容器中的压力，Pa；

　　　Q_c——系统中微漏、渗透和蒸发的气体流量之和，$Pa \cdot m^3/s$；

　　　A_i——第 i 种材料暴露在真空中的面积，cm^2；

　　　Q_i——第 i 种材料在抽气 1 h 后的放气率，$Pa \cdot m^3/(s \cdot cm^2)$；

　　　β_i——第 i 种材料的放气时间指数，与材料结构、预处理等条件有关；

　　　t——抽气时间，h。

根据系统内各种材料的面积和出气率曲线，画出系统总的出气量随时间变化的曲线，已知系统的有效抽速，从而得出系统压力随抽气时间的变化曲线。

工程设计过程中通常采用反算法，先假定抽气时间 t，再计算该时间内所能达到的压力。高真空抽气不同时间段对应的材料出气率数据可参考查阅相关的资料，这样便于计算出对应时间总的出气率和压力。

5.5.4　真空容器压力计算

真空容器中最终到达的稳定的最低压力，称为真空容器的极限压力。根据系统是否带载以及环境状态差异不同，通常将冷态环境下设

备空载所能达到的真空度称为系统极限真空度，而将最恶劣工况下带载工作状态所能达到的真空度称为带载真空度（即工作真空度）。工程设计计算过程中主要以工作真空度作为计算指标，按式（5-25）计算

$$P_{\mathrm{u}} = P_0 + \frac{Q}{S} \qquad\qquad (5-25)$$

式中　P_{u}——真空容器极限压力，Pa；

　　　P_0——真空机组的极限压力，Pa；

　　　S——真空机组对被抽容器的有效抽速，L/s；

　　　Q——真空容器内总放气量，Pa·L/s。

从式（5-25）可知真空机组的极限压力越低，有效抽速越大，则真空容器的极限压力越低。但是，如果选用单一的主抽泵，因其排气机理不同，存在对被抽气体的选择，使部分类型的气体分压力较高，而不能达到最终所需要的理性带载极限真空。

工程上对于有针对性或选择性气体负载的设备，为让真空容器能达到所要求的极限压力，一般采用不同类型的泵联合抽气，以弥补不同种类泵之间对被抽气体的选择性。通常采用式（5-26）进行计算

$$P = \sum P_{oi} + \sum \frac{Q_i}{S_i} \qquad\qquad (5-26)$$

式中　P——真空容器的平衡工作压力，Pa；

　　　Q_i——工艺过程中第 i 种气体的负荷，Pa·L/s；

　　　S_i——全部抽气手段对第 i 种气体的有效抽速，L/s；

　　　P_{oi}——全部抽气手段综合作用的结构，被第 i 种气体限制的极限压力，Pa。

工程上通常所选择的真空容器工作压力至少要比极限压力高半个到一个数量级，对于已知大放气量的过程试验应用需要更高的工作压力。工作压力选择得愈接近于系统的极限真空，则抽气系统的经济效率愈低。从经济效果方面考虑，最好在主泵最大抽速或最大排气量附近选择工作压力。

5.6　真空获得系统的选择与匹配计算

5.6.1　高真空系统的选择

高真空系统设计的关键问题是根据工程及试验过程需要，设计和选择合适的主抽泵，并对其配置预抽系统。

5.6.1.1　主泵类型的确定

1）根据真空容器所需要建立的极限压力确定主泵的类型。一般主泵极限压力的选取要比真空容器的极限压力低半个到一个数量级。

2）根据真空容器进行工艺生产时所需要的工作压力选主泵。应正确地选择主泵的工作点，在其工作压力范围内，应能排除真空容器内工艺过程中产生的全部气体量。因此，真空容器内的工作压力一定要在主泵的最佳抽速压力范围之内。

3）根据真空容器的容积大小和要求的抽气时间来选主泵。真空容器体积大小对于系统抽到极限真空的时间有影响。当抽气时间要求一定时，若真空容器体积越大，则主泵抽速也越大。

4）若真空系统严格要求无油时，则应该选各种无油泵作主泵。如果要求不严格，则可选择有油泵，然后加上一些防油污染措施，如加冷阱、障板、挡油阱等，也能达到清洁真空要求。

5）选择真空泵时，应该知道被抽气体成分，针对被抽气体成分选择相应的泵。如果气体中含有腐蚀性气体、颗粒灰尘等，则应该考虑选择干式真空泵、耐腐蚀真空泵等。或在泵的进气口管道上安装辅助设备。

5.6.1.2　主泵抽速的计算

主泵的类型选定之后，接下来就是要具体地确定主泵抽速的大小规格。主泵抽速大小的确定主要依据的是被抽容器的工作真空度和其最大排气流量，以及被抽容器的容积和所要求的抽气时间。

（1）真空容器内排气流量的计算

在正常的工艺过程中，真空容器内所产生的气流量应当由主泵及时抽走，以保证真空容器内的压强符合工作真空度的要求。工艺过程中的气流量为

$$Q = Q_g + Q_n + Q_f + Q_l \qquad (5-27)$$

式中　Q——真空容器中产生的总的气流量；

　　　Q_g——工艺过程中被处理的材料放出的气流量，$Pa \cdot m^3/s$；

　　　Q_n——真空容器内所用工装材料放出的气流量，$Pa \cdot m^3/s$；

　　　Q_f——暴露于真空条件下的真空容器内壁和所有构件表面解析出来的气流量，$Pa \cdot m^3/s$；

　　　Q_l——真空容器外大气通过各密封连接处泄漏到真空容器内的气流量，$Pa \cdot m^3/s$。

以上各气流量在不同的空间环境模拟设备中不一定都存在，这要根据实际情况具体考虑。

（2）被抽容器所要求的有效抽速的计算

设被抽容器内的最大排出的气流量为 Q（单位 $Pa \cdot m^3/s$），所要求的工作压力为 P_g（单位 Pa），则根据真空容器所要求的工作压力 P_g 和最大排气流量 Q，可得被抽容器出口处的主泵的有效抽速 S

$$S = \frac{Q}{P_g} \qquad (5-28)$$

如果是低真空系统，则材料表面出气不计，对应泵的有效抽速为

$$S = \frac{Q_l + Q_g + Q_n}{P_g} \qquad (5-29)$$

式中　S——主抽泵对容器的有效抽速，m^3/s；

　　　P_g——容器要求保持的工作压力，Pa。

（3）粗算主泵的抽速 S

由于在选定主泵之前，真空容器出口到主泵入口之间的管路没有确定，因而其流导是未知的，也就无法确切地计算出主泵的有效

抽速 S。可根据下面经验公式粗算出主泵的最小抽速

$$S_p = K_s S \tag{5-30}$$

式中　　S_p——可选主泵最小抽速，m^3/s；

　　　　K_s——在真空容器出口主泵的抽速损失系数，当主泵入口到真空容器出口之间的管路中不采用捕集器时，取 $K_s =$ $1.3 \sim 1.4$；当采用捕集器时，取 $K_s = 2 \sim 2.5$。

（4）主泵抽速的验算和确定

主泵抽速 S_p 粗算求出之后，需对确认的有效抽速 S 值进行验证，确定其是否为满足要求的主泵有效抽速。根据粗选主泵的入口尺寸，选择确定连接管路及其他元件（冷阱、阀门、弯头等），判别是长管道还是短管道，再由流导公式求出管路的流导 U，按式（5-31）精算主泵抽速

$$S_p = \frac{SU}{U - S} \tag{5-31}$$

（5）主泵前级的选择

对于需要配前级泵的抽气机组，主泵选完之后，重要的问题是如何选配合适的前级泵和预抽泵。选配前级泵的原则是：

1）前级泵在主泵出口处造成的压力应低于主泵的最大排气压力；

2）前级泵应保证始终及时排出主泵所排出的气体流量；

3）兼作预抽泵的前级泵要满足预抽时间及预抽真空度的要求。

根据主泵的工作特性不同配前级泵，如低温泵、分子泵、扩散泵，分子泵等需要配预抽真空泵。

5.6.2　过渡系统

1）正确地组合真空泵，由于真空泵有选择性地抽气，因而有时选用一种泵不能满足抽气要求，需要几种泵组合起来，互相补充才能满足抽气要求；

2）为增大对氢气、氦气等难排气体的抽速，通常过渡系统选用

分子泵作主抽泵，主抽泵通常按主泵系统抽速的 5% ～ 10% 量级匹配；

3）过渡系统可以在 100 Pa 以内启动，能够满足将粗抽系统获得的低真空快速提升到 10^{-3} Pa 量级，为主抽泵运行过程提供更高更优质的本底真空；

4）过渡系统可以满足对于大型真空容器检漏过程中对检漏仪工作的配合操作；

5）过渡系统前级泵建议配置干泵，具体配置参数根据选定的真空泵推荐前级泵抽速选择；

6）过渡系统的分子泵＋干泵模式满足独立的模块运行。

5.6.3　粗抽系统设计计算

粗抽泵组用于真空系统的预抽，要求所达到的压力小于主泵的启动压力。粗抽泵组的抽速大小由粗真空建立时间决定，同时需要综合考虑在粗真空阶段大放气量的试验需求。

粗抽阶段粗抽管道是影响总体粗抽阶段真空指标、现场环境噪声污染、设备振动干扰等的重要因素，因此粗抽管道的设计尤为重要。

5.6.3.1　粗抽泵组选择

按照拟选择泵组参数计算，估算粗抽真空建立时间，验证其是否满足要求，按式（5 - 32）计算

$$t = 2.3k \frac{V}{S_e} \lg \frac{P_s}{P_t} \tag{5 - 32}$$

真空容器在 t 实践时间所要求的预真空度所需的泵抽速即为所选泵的抽速。预抽泵对真空容器的有效抽速为

$$S_e = 2.3k \frac{V}{t} \lg \frac{P_s}{P_t} \tag{5 - 33}$$

式中　S_e——预抽泵（机械泵）的有效抽速；

　　　V——真空容器容积；

t——抽到预真空度所需要的时间；

P_s——抽气开始时真空容器内的压力；

P_t——需要达到的预真空度；

k——修正系数。

考虑预抽管道对预抽泵抽速的降低作用，所选的预抽泵抽速为

$$S_p = \frac{S_e \cdot U}{S_e + U} \qquad (5-34)$$

式中　S_p——预抽泵的抽速；

U——预抽管路的流导。

综上，S_p 为粗抽系统所对应选择粗真空系统的最小名义抽速，工程上为提高设备的可靠性、可维护性，在直径超过 2 m 以上的空间环境模拟设备上均配置 2 组以上同型号泵组，组成并联粗抽系统。

5.6.3.2　粗抽管道设计

1）粗真空阶段，管道气体流动状态为粘滞流，作为管路设计输入依据；

2）根据实际实验室布局需求以及对现场综合噪声、振动的影响，确定管道长度 L；

3）根据泵组的抽口确定管道的最小直径 d，如无特殊要求真空系统所采用管道均为圆截面管道，则按式（5-35）计算

$$U_{n.20℃} = 1.34 \times 10^3 \frac{d^4}{L} \bar{P} \qquad (5-35)$$

其中

$$\bar{P} = \frac{P_1 + P_2}{2}$$

式中　$U_{n.20℃}$——长管道对于 20 ℃空气的管道流导，$\mathrm{m^3/s}$；

d——管道直径，m；

L——管道长度，m；

$\bar{P}$——管道中平均压力；

P_1, P_2——管道两端气体压力，Pa。

被抽气体为 20 ℃空气时，根据管道直径和工程实际中管道布局位置及长度，判断是长管道还是短管道，然后进行计算。

5.6.3.3　粗抽泵瞬间大排量设计

对于特定空间环境模拟设备，在工作过程中有大量排放气体且瞬间恢复压力的要求，需要针对出气量计算出压力峰值，然后根据需要恢复的压力值及对应的恢复时间的要求，校核设备的抽气速率，再次确认泵的有效抽速。

5.7　复压系统设计

真空复压系统的功能为对容器进行充气，使容器恢复到预定压力范围。通常是将常温下指定的复压气体或实验室洁净空气接到真空容器上，实现试验结束后对容器的压力恢复。根据需求将多种气源通过管道合起来接到真空容器的公共进口管上。系统应包括控制复压速率的流量控制阀，确保气源洁净的过滤器，在真空抽气期间将复压系统与真空容器隔离的高真空闸板阀，防止真空闸板阀超压的安全阀和防止输送气体时的振动传到真空容器的柔性软管。气源管路需配置有消音器，以减小复压时的噪声和减弱进入的气流，使气流不致于冲击热沉和试件，此外还需配置限流装置。复压过程需要有一安全联动装置，它将不同气源复压值限制在一定范围内，并且达到最后平衡，满足复压需求。

紧急复压系统是大型载人空间环境模拟设备必备的一个独立的综合系统，要能够在紧急情况时按照生命医学要求进行复压，一般要求在规定的时间内将真空室内的压力迅速恢复到 41.3 kPa（7 km 的空间高度），充入气体成分要能够对于生命提供最低保障；然后再恢复到地面压力。容器内部压力恢复的幅度和过程以及内部环境等要能够实现联动控制，例如内置复压装置的开启、热沉排氮、真空获得系统停机、救生舱门开启等。

向真空容器充入大气压的气体时，气源通过充气阀进入真空容器，其流动状态为粘滞流。

系统充气时间按式（5-36）计算

$$t = \frac{V}{A} \sqrt{\frac{2r}{r-1} \frac{M}{RT}} \left[1 - \sqrt{1 - \left(\frac{P_2}{P_1} \right)^{\frac{r-1}{r}}} \right] \quad (5-36)$$

其中

$$r = \frac{c_p}{c_V}$$

式中　t——放气时间，s；

　　　A——放气阀孔的截面积，m^2；

　　　V——真空容器容积，m^3；

　　　R——气体的普适常数，J/（mol·K）；

　　　M——气体的分子量，kg/mol；

　　　T——气体的温度，K；

　　　P_1—大气压力，Pa；

　　　P_2—真空容器内压力，Pa；

　　　r——气体的绝热指数；

　　　c_p——定压比热容；

　　　c_V——定容比热容。

当 $P_2/P_1 < 0.1$ 时，$t \approx 0$，即真空容器内的压力达到规定压力可以在极短的时间内完成。根据真空容积大小及不同气源复压段不同，计算所需气量（Pa·m^3）。

当真空容器内复压到大气压力时，$P_1 = P_2$，根据要求的时间即可从式（5-37）推算出所需有效充气孔径的大小

$$t = \frac{V}{A} \sqrt{\frac{2r}{r-1} \frac{M}{RT}} \quad (5-37)$$

5.8　换气系统

真空容器的换气系统是由风机系统组成的，它抽吸大厅内的空

气，向真空容器补充氧气，为了隔振，风机用带有柔性橡皮管段的管道与真空室相连，在连接处装有高真空阀，以便在真空容器抽真空时，能将风机与之隔离，在真空阀入口处装有过滤器，以确保流入真空容器的空气是清洁的。真空容器还需配有氧气监测系统，它由两台氧气分析仪组成，每台单独对真空室进行采样分析。样品用隔膜泵从真空容器中采集，通过管道分别输给每台分析仪。在真空容器抽真空期间，有一个高真空阀将氧气监测系统与真空容器隔离，每台氧气分析仪的管路上有一个标准漏孔的电磁阀，它是一个三通阀，它或是让大厅的空气进入分析仪，或是让真空容器内的气体进入分析仪，以检查是否确实有气体流入分析仪；在管道上还装有气流控制开关，在两个氧气探测器都指示真空容器内的环境是安全之后，控制器才允许打开真空容器大门。

对于有氢气排放的过程，由于其质量较轻，会积聚在真空容器上部，为防止爆炸发生，需采用惰性气体稀释后从容器中置换排放。

5.9　尾气排放系统

对于容积较大的空间环境模拟设备，在从大气下开始粗抽到 10^4 Pa 阶段中，尾气管道排出的气体是经过泵腔高度压缩的气体，排放过程由于分子和尾气管道发生剧烈的摩擦热运动，导致尾气升温，并伴随有噪声。根据以往经验，尾气经过对泵组配置的消音器时能够达到 $80 \sim 100$ ℃ 的温度，因此通常为尾气配置金属波纹管引出段来满足降温、降噪的作用。对于较长的尾气管道，工程设计时通常要比尾气管道排出口高 $1 \sim 2$ 倍，并在末端设置风机将尾气排放到指定位置。对于有毒或破坏环境的气体，管道需要密闭高压检漏，根据具体尾气处理装置以及试验放出气体不同而选择性设置。

5.10　真空测量

5.10.1　概述

一般意义上的真空测量应属于混合气体的全压力测量，所测值称为真空度，单位 Pa。通常把真空度测量工具称为真空计或真空规，用于测量全压力。真空测量还包含对气体成分分析和分压力测量两方面内容。前者是指定性地判断残余气体中包含有哪些种类气体成分并物理估计各自所占的比例，后者则是指能满足一定精度要求的定量测定各种气体成分的分压力值。所使用的仪器是不同类型的质谱计，分别称为残余气体分析仪和分压力计。

每一种真空计都只能适用于一定的压力范围，有的能测出全压力，有的则只能测出永久性气体的分压力。目前所采用的真空计，一种是从其本身测得的压力物理量中直接算出气体的压力值，这就是绝对真空计；另一种是通过与气体压力有关的物理量以间接的方法反映出所测的气体压力值，这就是相对真空计。

工程中根据被抽气体的类型和特性，按真空计的工作原理和对应类型真空计的测量范围进行选取。由于相对真空计必须通过绝对真空计的校准才能准确地对真空度进行测量，因此在真空测量技术中除了应包括对气体全压力和分压力的测量外，还必须把真空计的校准问题纳入其内。

5.10.2　真空测量的特点及真空计的选用原则

（1）真空测量技术特点

1）测量范围宽。随着真空技术的发展，已可获得 1.1×10^5 Pa直至 10^{-14} Pa，宽达 19 个数量级的压力范围。因此不可能依靠一种测量原理和一种真空计来实现整个范围的真空度测量。不同种类的真空计对应各自不同的压力测量范围，即有不同的量程。

2）多为间接测量。除了压力较高的真空区域（$10^5 \sim 10$ Pa），可采用压力的直接测量。

3）通常采用电测技术。由于间接测量的真空计大都采用非电量电测技术，因此测量反应迅速，灵敏度高，为实现自动化创造条件。

4）测量值与气体种类有关。大部分真空计的读数与被测气体的种类和相关成分有关，因此测量时应注意被测气体的种类和成分，以避免造成误差。

5）测量精度不高。由于在间接测量压力的过程中，往往需要引进外加能量（如热能、电能、机械能、放射能等）。这些外加能量的引用将不可避免产生测量误差，而稀薄气体所能产生的测量信号本身很微弱。这就决定了真空计的测量精度远比其他的物理仪器的测量精度低。因此把真空测量基准仪表和标准仪表的不准确度定为 $(2\sim10)\times10^{-2}$，工作仪表的测量误差控制在 $\pm20\times10^{-2}$ 以内是比较确切的。

（2）选用真空计的一般原则

1）要求测量的压力范围，选用的真空计是否有足够的测量精度及整体性能；

2）被测气体是否会对真空计造成损伤；

3）所选真空计对被测的气态空间能否造成影响；

4）真空计所测的压力值是全压力，还是分压力，是否已校准，仪器的灵敏度是否与被测的气体种类有关；

5）所选真空计能否实现连续测量，是否有电气指示以及反应时间如何；

6）仪器的稳定性、可靠性、使用寿命等。

5.10.3　常用真空测量设备

（1）弹性变形真空计

弹性变形真空计是利用弹性元件在压力差作用下产生弹性变形的原理而制成的一种直接测量真空计，可以在压力为 $10^{5}\sim10$ Pa 的范围内进行低真空测量。这种真空计的特点是规管灵敏度与气体种类无关。而且由于其自身的吸气与放气均较小，因此对被测系统干扰小，并且可对腐蚀性气体和可凝性蒸气进行测量。弹性变形真空计所存在的问题是金属弹性元件的蠕变和弹性系数的温度效应。

根据弹性元件结构的不同，这种真空计分为三种类型，即弹簧管式、膜盒式和膜片式。按照弹性变形量的测量方式划分，有机械传动式和电量测量式。

（2）热传导真空计

热传导真空计是基于气体分子热传导能力在一定压力范围内与气体压力有关的原理而制成的，是测定规管的热丝温度随管内气体压力而变化的一种真空测量仪器。热传导真空计是一种相对真空计，应用于中低真空计测量，在 $10^2 \sim 10^{-1}$ Pa 区域内有较高的测量精度。

热传导真空计的优点是：结构简单，易于制造和使用操作；规管工作温度和工作电压低，因此没有显著的热放气和电清除现象，热丝在突然暴露大气时也不易被烧毁；所测读数为全压力；并且可以实现远距离、连续测量；因此在低真空测量阶段得到了广泛应用。同时其主要缺点是：测量受外界温度影响较大，故规管必须安装于不易受到辐射或对流传热的位置；热丝具有一定的热惯性，压力变化时热丝温度的改变常滞后一些时间，读数亦滞后一些时间。

常用热传导真空计根据热丝温度测量方法的不同，可分为测量热丝电阻随温度变化的电阻真空计和采用热电偶直接测量热丝温度的热电偶真空计两种类型。

（3）电离真空计

普通型电离真空计用于低于 10^{-1} Pa 的高真空测量，在结构上包括作为传感元件的规管和由控制及指示电路所组成的测量仪表两部分。其工作原理是：利用某种手段使进入规管中的部分气体分子发生电离，收集这些离子形成离子流；由于被测气体分子所产生的离子流在一定压力范围内与气体的压力呈现出正比关系，则通过测量离子流的大小就可以反映出被测气体的压力值，电离真空计就是依此得名的。

　　常用的电离真空计有两类：一类是依靠高温阴极热电子发射原理工作的热阴极电离真空计；另一类是没有热阴极而靠冷发射（场致发射）原理工作的冷阴极电离真空计。

　　（4）四极质谱计

　　四极质谱计由三部分组成：离子源、分析器和收集器。离子源由灯丝、反射极和阳极组成。电子由加热的灯丝发出，被阳极加速，有一部分穿过阳极孔而进入离化室；电子在离化室内与气体分子碰撞电离，产生正离子。离化室内的离子被离子入口膜片加速并吸出，进入分析器。在某一特定的电压和频率下，只有一种质量的离子可以通过，其余的离子都通不过，所以称为质量过滤器或简称滤质器。

　　对于空间环境模拟设备这样的综合性试验系统，除要求准确测量气体的全压力外，还必须对真空容器内残余气体的成分进行分析；同时还需对真空中混合气体组分和相应的分压力值进行分析测量。四极质谱计对残气进行分析并给出对应分压力，通常配置有增强的皮拉尼规和一个热阴极真空计，又可完成全压力的测量。较常用的四极质谱计按 100、200、300 质量数进行选型。

　　（5）真空计校准

　　相对真空计不能直接从它测得的物理量中计算出相应的压力值，因此采用绝对真空计、副标准真空计或绝对校准系统进行对比校准是必要的。真空计校准的实质，就是在一定条件下对一定种类的气体进行相对真空计的刻度核准，从而得到校准系数或刻度曲线，借以确定相对真空计的读数及其大致的测量量程及精度。真空计的校准通常包括两个方面的内容，即对相对真空计规管的校准和对其测量电路的校准，校准时即可二者合一地进行，也可分别进行，而后者较为理想。

　　工程过程中经选型确认的真空计、标准漏孔等测量设备均须送专门检测机构进行校准和标定，保证在有效期内应用。

5.10.4　真空测量系统设计

5.10.4.1　真空指标确认

真空度作为空间环境模拟设备的三大重要技术指标之一,其测量的准确度和精度直接影响着设备的总体工作效果。设备的真空指标不是简单地指极限真空指标,对不同真空应用阶段性的指标确认同样非常重要。例如,冷焊试验要求的是优于 10^{-7} Pa 的深冷工作环境,而低压放电试验则需要精确测定 $10^2 \sim 10^3$ Pa 量级的真空度。

5.10.4.2　被测气体分析及规管选择

由于不同的真空计工作原理不同,存在对被抽气体种类的选择,同时也对测量读数存在精度影响。在确定系统各阶段测量要求后,还需对过程中的被抽气体成分进行分析,便于选择可靠工作的真空计。

对于弹性元件真空计和电容薄膜真空计等直接测量真空计,其测量结果为气体和蒸气的全压力,且与气体种类无关。而对于热传导真空计和电离真空计等间接测量真空计,其测量结果与气体种类及组分有关,因此对其读数需要加以修正。

如果被测气体是氮气、惰性气体或较为纯净的空气,那还比较简单,因为普通真空计出厂前都是以此为基准标定的,实际测量的读数值就是其真实压力值。但在许多情况下,被测气体往往是空气、特殊的工艺放气、水蒸气、油蒸气等多种气体和蒸气的不同组合,从而会影响相对真空计的测量结果。

被测气体中的各种蒸气,还会对真空规造成影响,其中尤以氧气、水蒸气、油蒸气等组分对真空计的影响严重。采用电阻真空计测量时,氧气和水蒸气会氧化规管热丝,改变热丝的表面状态;油蒸气附在规管的热丝和管壁上,会改变表面性能,因此都将引起规管零点漂移和灵敏度的改变,导致读数不准。采用高压力热阴极电离真空计测量时,氧气和水蒸气会明显损耗规管的热阴极;油蒸气在高温阴极表面或电子轰击下分解生成的碳氢化合物，会污染电极和规管壁，使规管灵敏度和特性发生明显的变化。因此在粗低真空区，测量氧气、水蒸气或油蒸气的压力，通常采用电容式薄膜真空计。

5.10.4.3　规管布局设计

真空规管需根据不同被测系统的具体运行工艺条件，选择合适的真空规管安装位置及方法进行总体布局，原则如下：

1）能够准确测量对应环境真空指标，规避环境影响，包括线缆长度；

2）便于辅助检漏和故障诊断；

3）便于实现流程控制，自控阀门开启、分子泵及低温泵预抽启动等。

具体要求指尽可能地把真空计规管安装在接近被测量的部位，连接管道应尽量短而粗。这样才能正确地测量出被测部位的实际压力。在导管、冷阱、挡板、过滤器等部件附近安置时，必须进行相应的修正。此外，必须注意不应在真空系统中存在气源的地方安装规管。

对于没有定向气流的静态平衡真空系统，其各处压力相同，所以对规管安装无特殊要求。但是对于存在定向气流的非静态平衡系统，各处压力不相等，所以在安装规管时必须注意"方向效应"。还需注意在存在温差的系统中，温差也可能引发气体的定向流动。规管安装方法如图 5-8 所示，如果要测静压，规管开口应如图中 1、4 所示。如果规管开口如图中 2、3、5 的形式，则测出的是方向性压力。由于气流流速造成的动压力，规管 2、5 测得的压力高于规管 1、4，而规管 3 测得的压力低于规管 1、4，规管 2 和规管 3 的测量结果可相差两倍。

在 $P < 10^{-1}$ Pa 时，由于器壁放气影响，靠近器壁处的压力会高于中心位置的压力，应像图中 1 那样将导管伸入系统内部（一般深入长度 $L = 10$ mm）；在 $P > 10^{-1}$ Pa 时，由于气流速度较大，对规管有抽气现象，因此一般采用图中 4 的安装方法。

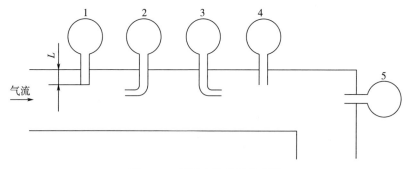

图 5 - 8　规管安装位置示意图

5.10.4.4　真空数据测量影响分析

（1）规管中气体再释放对真空测量的影响

气体的热解吸对真空测量的影响：在热阴极电离真空计规管中，高温热阴极本身就是一种气源。它的高温热量辐射到其他电极和规管壁上时，将引起气体的热解吸。此外，栅极接收电子，收集极收集离子，也会因发热使气体解吸。

为了消除热解吸对真空测量的影响，必须对规管各电极和管壁进行充分的加热去气（可采用烘烤、电子轰击、高频加热或欧姆加热等），尤其是在超高真空测量时必须严格去气，否则将产生很大的测量误差。

（2）电离计规管抽气作用对真空测量的影响

电子碰撞气体分子使其电离并产生离子，具有一定能量（约 100 eV）的离子打到规管壁上或被收集极接收。这些离子或被束缚在其表面上，或被埋入表层内而被清除掉，这称为"电清除"。束缚得最牢的离子，只有在 300 ℃下烘烤才有可能再释放。

（3）管规与裸规的测量差异

用管规和裸规在测量静态平衡系统的气体压力时，裸规的读数比管规更能真实地反映出被测系统的压力；但是在测量非静态平衡系统的气体压力时，即测量有定向气流、不等温等非均匀状态系统的气体压力时，用管规可测出反应方向性的"有效压力"，用裸规则不能，而且裸规读数没有明确含义。

5.11　污染测量和控制

5.11.1　概述

空间模拟设备的污染源一方面主要来自于建造、试验准备阶段由于接触造成的污染物，另一方面是在试验中解析、分解及生成的污染物。污染物带入容器，对光学系统的污染相当严重，包括光反射、透射能力下降，温控涂层变劣，以至于造成电子学系统的失灵与失效。如果不在地面空间试验阶段进行严格测量和有效控制，会对航天器等造成严重性能影响。

5.11.2　污染测量方法

为了对星体在模拟试验中被污染的程度有定性或定量的了解，应有相应的测量方法。主要方法如下。

（1）剩余气体分析法

使用剩余气体分析器，可定性了解有无碳氢化合物污染，并可粗略地估计分子污染程度。最常用的为四极质谱计。为了进一步决定污染物的种类，要借助于试验环境内存在的各种化合物的典型谱图，把已知的许多化合物的典型谱图送入计算机，并与待测谱图加以比较，计算机能够计算出各典型质谱的某个最适合待测的质谱组，从而判定污染物的组成。据此可以进一步推断出污染物的来源。目前，这个方法的使用，受到分析器的灵敏度以及所能得到的数量有限的化合物典型图谱的限制。

（2）红外光谱分析法

试验前在空间环境模拟器内预先放置好标准的污染敏感元件氯化钠盘，试验过程中该盘面上能够凝结环境中几乎全部的可疑污染物元素，待试验完成后取出该样件盘，然后用异丙醇溶剂进行冲洗，将混溶剂混合液送到分析化学实验室。实验室通过相应的蒸发等过程除去溶剂，再对剩余的污染物用红外光谱分析法进行分析。对污染物的红外光谱在 $0.25\sim0.45$ nm 范围内测量，作出典型的红外光谱，这个吸收光谱图像可以代表这些分子的原子间的化学键，因此是这些分子的典型图像。

（3）气体色谱分析法

气体色谱仪是能把混合物分成各个单独的化合物的仪器。把冷板冲洗得来的混合物蒸发掉溶剂后，再经氦气流通过一个吸气材料的塞柱。这个塞柱的填充物对不易挥发的化合物吸收较快，对易挥发物又较难吸收。因此这些化合物随着氦气经塞柱流出，就像一系列有时间间隔的谱峰，每个峰代表一种单一的化合物。这些峰一般用装在塞柱出口上的火焰电离或热导探测器来探测，或者两种都用。

试验结果在纸带记录器上显示出一条按时间排列的略像高斯峰的曲线。数量由峰值与时间的曲线所包围的面积大小决定。虽然这个方法可以给出单一化合物的量，但有时并不能确定单个化合物，且每次都有所变化。因此，如不参考化合物标准色谱来校正，气体色谱仪还不能确定单个化合物，或者用色谱分开化合物以便用红外或质谱作进一步分析。

（4）气体色谱-质谱分析法

在分析实验室中还应把气体色谱与质谱组合起来，分析污染剩余物。这种组合可以克服单独使用气体色谱的困难。可以将混合物首先分离成单一分子的化合物，然后再对每一组分在质量单位 $10\sim1\,000$ 范围内测其质谱图。

用这个方法，由每个冷板收集的样品（其中包含了 30 种化合物）中可获得 30 个或更多的质谱图。要把这么多的质谱分析出来，需要有自动的数据处理装置。

（5）石英晶体微量天平称重法

用这种天平称取凝在晶体表面上污染物的质量。晶体振动频率的变化与凝在晶体表面的质量直接有关。如果准确地事先校准并对温度补偿，可测量小到 10^{-8} g/cm^2 的污染物。

如果把石英振动晶体放在欲测表面的附近（如光学表面或热控涂层的附近），晶体表面的取向与欲测面相同，晶体表面上凝结物的质量就能代表被测表面污染物的质量。

（6）紫外反射法

微量凝结物污染会导致紫外光反射能力的显著下降。因此，预先正确校准某个样品的镜子，可以用来直接测定被测表面的污染水平。同石英晶体一样，镜子要放在被测表面的同样方向，温度也相同。在试验前后，用真空单色仪测定镜子的反射率。大多数有机物都能吸收紫外辐射，但吸收量各不相同，这取决于它们的结构。因此，为精确测定，预先对污染物种类应有所了解。

波长 121.6 nm 处的反射率的改变，是污染的一个指标，但污染物的精确数值不易确定。

5.11.3　降低污染的方法及措施

5.11.3.1　正确地选择材料

正确地选择器件材料，是减少污染最有效的方法。星体本身的材料、模拟室内试验附属物的材料均应进行选择，易挥发的材料应尽量少用。

5.11.3.2　改进试验操作规程

1）试验准备过程尽量在净化间中进行，以减少颗粒污染，在模拟室内的准备时间越短越好，以免将污染物带入试验容器中。

2）试验前对模拟室进行长时间加温烘烤（温度尽可能高），以去除以往试验残留在器壁的污染物和新吸附的污染物。

3）抽气系统的操作要按减少返流污染来进行，绝对防止操作事故的发生（如断水、断电、前级真空破坏、冷阱液氮不足等）。

4）试验结束，热沉升温过程中，应设法使航天器的温度始终高于其他部位的温度，以免热沉释放出的冷凝物在航天器上凝结。若希望快速升温则必须用干燥氮气充入容器到几十帕，使气体分子平均自由程减小到 2.5 mm 以下，使热沉上的解吸气体不易到达飞行器。

5.11.3.3 改善试验条件

1）试验大厅要有净化要求，准备阶段更要在超净化间内进行。

2）在模拟室内设置污染收集板。此板在试验过程和热沉升温过程均处于液氮温度，因而能有效地冷凝热沉或航天器释放出的污染物，以保护航天器。

3）对于有油抽气系统，除了给扩散泵加挡油帽、障板、液氮冷阱外，还应加高真空阀门，以减少扩散泵启动和停机过程（返流最严重阶段）对试件的污染。在粗抽管和容器间要加冷阱，防止粗抽系统的返油。

4）如有条件，最好用无油抽气系统代替有油抽气系统，以比较彻底地去除抽气系统引起的污染。

5）对污染敏感的仪器装置可以加专门的保护冷板，以减少容器内的交叉污染。

5.12 真空检漏

5.12.1 概述

真空检漏的任务是采用恰当的检漏方法，对真空系统或真空容器可能存在的漏气部位进行定位分析，并定量确定漏孔的大小；目的是保证真空设备具有良好的真空性能。

就任何真空系统或真空容器而言，漏孔存在是一个相当普遍的问题，而其大小和位置的不同，给系统试验带来的危害也不一样。最常见的是破坏真空设备工作真空度，不能满足对应试验的工艺要求，导致试验不能进行或失败。

大型复杂真空系统的检漏是一项专业素质要求高、劳动强度大、贯穿设备整个研制周期的一项长期性工作。为保证设备总体集成后有较好的漏率指标，需在设计、制造、设备选型、系统调试以及试验的各个阶段执行不同的漏率控制措施，确保项目顺利进行。

5.12.2　检漏规划与指标设计

根据检漏过程确定的漏孔信息，采取对应堵塞漏孔的措施从而消除漏气现象，是空间模拟设备建设和试验过程中一项重要系统性保障工作。对于空间环境模拟设备这样的大型动态真空系统，随抽气压力的持续下降，漏气和放气现象并发出现，对系统工作影响不断加剧。因此，仅仅在设备安装完毕后去发现和解决漏孔的问题是远远不够的，需要足够重视。

设计阶段对漏率指标、检漏方法以及检漏措施的总体规划是指导项目建设过程真空指标质量控制的重要环节，也是有效地控制漏孔发生的预防性措施。例如，条件允许情况下，所有真空法兰与其接管（包括真空容器体法兰与室体壁）均应采用焊后加工法兰表面的工艺；对于大型法兰更是如此，避免结构应力释放形成漏孔。

5.12.2.1　总体漏率的确定及分配

实际真空系统存在漏气是绝对的，不漏气是相对的。如果漏孔漏率足够小，漏入的气体量不影响真空装置或系统的正常工作，那么这种漏孔的存在是允许的。真空装置或系统在正常工作情况下所允许存在的最大漏气率称为最大允许漏率，它是真空系统设计时必须提出的一个重要指标。

对于空间模拟设备这样大型的动态真空系统，依靠真空泵的持续抽气来保证系统工作真空，在其平衡压力能够达到所要求的指标时，允许存在一定量值的总体漏率。工程上对于动态系统的最大允许漏率 Q_{max} 应该低于系统抽气能力一个数量级，即满足条件

$$Q_{max} \leqslant \frac{1}{10} P_w S \tag{5-38}$$

式中　Q_{max}——最大允许漏率，$Pa \cdot m^3 \cdot s^{-1}$；

　　　P_w——系统工作压力，Pa；

　　　S——系统的有效抽速，m^3/s。

允许总体漏率不应规定得太低，太低对获得规定的极限压力并无好处，相反如果太高则会给加工和检漏提出更高的要求，造成操作性、经济性降低。通常空间模拟设备的允许总体漏率为 10^{-9} $Pa \cdot m^3 \cdot s^{-1}$。

在系统最大允许漏率确定之后，还要逐级向下对各部件、组件分别提出允许漏率的要求。结构复杂、焊缝多的部件允许漏率可适当大些；结构简单、焊缝少的部件可小些，但这些部件允许漏率之和必须小于系统允许总体漏率。特别要注意在低温下工作的部件，如热沉、深冷泵等，由于它们工作在冷热交变的环境下，小的裂纹、漏孔可能扩展成大漏孔，有的焊缝在常温下不漏，而在低温下就可能发生冷漏。为了安全，常将这类部件的允许漏率规定得比分配的漏率再低 2~3 个数量级。

5.12.2.2　选材及结构设计

检漏是总体结构设计中的一部分，应考虑检漏是分阶段进行，还是总装调试时一次进行。结构不复杂的，总装完成后焊缝仍然可以检漏；焊接质量高，检漏人员经验较丰富时，检漏可在总装调试时一次进行。这样工作可以简化，但总检灵敏度必须满足允许漏率的要求。

对大型环境模拟设备，由于结构复杂、真空度要求比较高，总检灵敏度低，只能用分阶段检漏法。在设计图纸中应注明各阶段的检漏程序。阶段的划分必须考虑到检漏灵敏度是否能满足要求，被检焊缝能不能靠近以方便检漏，检出漏孔能否进行修补等。

1）容器主体结构考虑采用加压法检漏时，被检件应具有耐压 0.1 MPa 的内压能力和结构强度。此外耐腐蚀性、无磁、表面放气量以及焊接性能都是设备选材的考虑方面，当前主流中大型设备均采用 0Cr18Ni9 不锈钢材质（304 牌号）。

2）根据设备或部件的最大允许漏率指标，决定设备的密封、连接方式和总体加工精度，如法兰采用金属密封还是橡胶密封，以及何种动密封形式能够满足要求。通常与舱体连接的密封件包括阀门及盲板等，对于阀门一般选用双向密封阀门，选用 O 形氟胶圈或无氧铜圈刀口密封结构。

3）检漏口规划，在容器或真空系统上要留有必要的检漏仪器备用接口，以便在设备组装、调试过程中检漏使用。尤其是大型、复杂的管路系统，通常需要采用分段检漏方法，因此在管路上要设置分段隔离的阀门，并在每一隔离段上预留检漏仪器接口。

4）真空容器内零件结构设计时，尽量避免形成装配死空间。例如在真空容器内螺钉孔不能采用盲孔形式，因为安装螺钉后螺孔内部剩余空间的气体只能通过螺纹间隙逸出，形成虚漏。从而延长系统抽气时间，干扰检漏正常进行。螺钉死空间如图 5 - 9 所示。

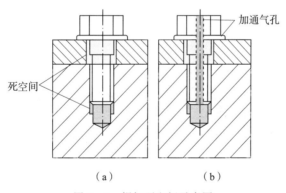

（a）　　　　　　（b）

图 5 - 9　螺钉死空间示意图

5）容器主体成型应避免多段焊接组件对接过程形成"十"字交叉焊点，并尽量减少总装后无法检漏的焊缝。对于真空管道的选择首选工业无缝管。

6）焊接接口及焊缝设计，不允许存在连续双面焊缝和多层密封圈结构，要便于检漏和避免出现死空间形成"虚漏"，图 5 - 10 是常用焊接结构正确和不正确的示意图。主要注意如下几点：

　　a）尽可能用单面焊，双面焊易形成死空间，不便检漏；

　　b）焊缝应尽可能在容器真空一侧；

　　c）为了加强，需双面焊时，内焊缝为气密性焊接，外焊缝为间断焊；

　　d）真空容器内部的结构件焊接，应采用双面交叉间断焊，避免形成死空间。

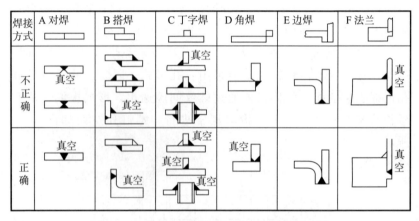

图 5-10　常用焊接结构正确和不正确的示意图

　　7）对特殊部件，在技术条件中应规定在什么条件下进行检漏，例如，热沉要求在冷热冲击后再检漏，摩擦焊接头要求在液氮或液氦浸泡下、低温状态检漏。

　　8）检漏工装设计，针对不同的检漏件和检漏方法需要设计专用的检漏工装，例如，中大型真空容器采用检漏盒法对焊缝进行检漏所用的检漏盒、罩检用的检漏罩等。

5.12.2.3　容器漏率的判定

　　真空检漏涉及面较广，漏率发生源及其表现方式较多，实际应用对于达不到预定的极限真空的设备，首先要定性地进行分析和判断。

通常用静态升压法来初步定性查找漏气存在的原因，该方法把被检测的容器抽到一定的低压后，将阀门关闭，使容器与泵隔离，然后测量容器内的压力变化，作出压力随时间的变化曲线，如图 5 - 11 所示。

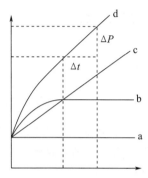

图 5 - 11　静态真空容器中的压力-时间曲线

a—抽速不足；b—虚漏；c—漏气；d—实漏和虚漏并发

根据静态压力图对真空容器漏率发生情况判别如下：

1）抽速不足（真空泵性能）：直线 a 的情况，即压力保持不变，但其压力的恒定值 P_b 高于所要求的极限压力值，那么真空容器中真空度抽不上去的原因就是由于真空泵工作性能不良所造成的。

2）虚漏（材料放气）：曲线 b 的情况，即压力开始时上升较快，然后上升速度渐缓并逐渐趋于水平恒定状态，这说明主要是由于开始抽气后产生的放气而造成的，因为不论是蒸气源的放气或材料的放气，在达到一定的压力后都会呈现出饱和状态的趋势。

3）漏气：斜线 c 情况，即压力是直线上升状态，这就是漏气；其漏气率正比于内外的压力差。

4）实漏和虚漏并发：曲线 d 的情况，即压力开始上升很快，但逐渐变得缓慢，但并不出现饱和状态，其实质就是曲线 b 与斜线 c 的叠加，即设备同时存在着漏气与放气两种现象。

根据上述四种情况判断，对直线 a 与曲线 b 均可以从选泵、设计时选用合适的材料及结构，并注意从真空容器内清洁等有关方面加以解决即可，并不属于真空检漏的技术工作范围。因此，在真空检漏技术中主要是解决斜线 c 与曲线 d 的问题，判断真空系统确实存在漏气现象之后，然后针对问题采取相应的检漏措施，并对漏孔加以解决。

5.12.3　检漏方法的说明与选择

5.12.3.1　检漏方法说明

（1）压力检漏法

压力检漏法是将被检漏的真空容器充入具有一定压力的示漏物质，一旦被检漏容器上有漏洞存在，示漏物质就会从漏孔中漏出。这样就可以通过一定的方法或仪器在被检容器外检测出从漏孔中漏出的示漏物质，从而判断出漏孔位置，并估计漏孔漏率的大小。

（2）真空检漏法

真空检漏法是将被检的真空容器或真空系统与检漏仪器的敏感元件抽成真空状态，然后将示漏物质依次施加在被检容器或系统外面的可疑部位。如果被检的容器或系统存在漏孔，示漏物质（如氦气）不但会通过漏孔进入到容器或系统中去，同时也会进入到检漏仪器的敏感元件所在的空间中去，从而通过敏感元件检测出示漏物质，借以判断出漏孔存在的位置和大小。

5.12.3.2　空间模拟器常用真空检漏方法

（1）静态升压法

静态升压法是最为简单易行的定性检漏方法，无须使用额外的仪器或物质，就可方便地测定出被检容器或系统的总漏率，从而确定能否满足其工作要求。但是这种方法不能确定漏孔所在的具体位置，所以不能独立完成检漏任务。

静态升压法的检漏过程是首先将被检容器抽空至必要的真空度，再关闭阀门使容器与真空泵隔离；然后用真空计测量容器中压力随时间的变化，从而算出总漏率。如果被测容器的容积为 V，在时间

间隔 Δt 内测到的压力上升为 ΔP ，在忽略容器中存在放气的情况下，则容器的总漏率为

$$q_{Lt} = V \cdot \Delta P / \Delta t \tag{5-39}$$

若容器内有放气，有可能淹没漏气。为了减小放气的影响，在开始试验之前应对容器进行清洗和干燥处理，即可在真空下加温烘烤，也可用干燥氮气"冲洗"。在计算漏率时，一般应在压力随时间呈线性上升段读取数据，因为此段放气已很缓慢，可以忽略。

此外还可以在规管和容器之间安装一只冷阱，因为放出的气体绝大部分是可以冷凝的，而漏入的空气却不会被冷凝，所以可以认为在这种条件下所测到的压力上升仅仅是由于漏气的结果。

（2）热传导真空计法

热传导真空计法是利用低压下气体热传导与压力有关的性质来测量真空度的。其读数不仅与压力有关，还与气体的种类有关，而热传导真空计法正是利用后者这一特性来达到检漏的目的。因此在检漏时选择的试验气体的热传导能力要比空气大得多或小得多，即热传导能力要尽量与空气差得多些；另外，所用试验气体应易于通过漏孔，动态系统检漏时还应是真空系统对其抽速低的物质。

检漏时，要在被检系统或容器内的压力处在平衡时（即压力不变）才能进行。用试验气体喷吹（或用某些有机溶剂涂抹）可疑处，当有漏孔时，试验气体就通过漏孔进入被检系统，于是输出仪表就在原指示（真空系统的真空度）的基础上发生变化。真空度的提高或下降，是由于试验气体进入引起热传导性质变化造成的。这样就可以确定漏孔的位置，并从仪表读数的变化估算出漏率的大小。

5.12.3.3　氦质谱检漏概述

氦质谱检漏仪是一种以氦气作为示漏气体专门用于真空检漏的质谱分析仪器，在检漏技术中使用范围最广、性能最好、灵敏度最高。

氦质谱检漏仪是一种磁偏转型质谱分析仪器，其基本工作原理是采集被检件中的气体样品并将其电离，根据不同种类气体离子质荷比

不同的特点，利用磁偏转分离原理将其区分开来。仪器只对其示漏气体氦气有响应信号，而对其他气体没有响应，属于唯一性检漏仪器。一旦出现信号响应，说明有氦气通过漏孔进入被检件中，从而指示漏孔的位置与大小。

对于空间环境模拟设备这样的大型复杂系统，真空器件的检测从元器件、组件到总体检漏，涉及的地域范围较广。从粗真空到高真空范围内定性、定量检漏首选氦质谱检漏仪检漏。

当检漏仪不加辅助真空系统独立完成检漏时，由于被检件除了可能有漏气外，还会有出气，被检件的漏气与出气的总气量全部通过检漏仪系统。

具体对于大容器检漏时，检漏的环境条件、检漏仪配置在辅助真空系统的位置、示漏气体的纯度、检漏时间的控制和操作人员的技术水平，都会影响检漏灵敏度。

因此在使用氦质谱检漏仪进行实际的检漏时，应当根据被检件的特点和现存条件选择合适的检漏方法，配置适当的辅助真空系统，正确地使用仪器，充分发挥仪器的检漏能力，以求达到检漏灵敏度高、时间短、结果可靠、运转费用低等检漏工作的目的。

以下为针对大型容器检漏普遍采用的辅助措施。

（1）标准漏孔

标准漏孔是专门为真空检漏及校准工作而制造、能够在一定条件下向真空系统内部提供已知气体流量的元件。目前所采用的标准漏孔主要有两种类型：一种是实漏型，另一种是虚漏型。标准漏孔组件如图 5 - 12 所示。

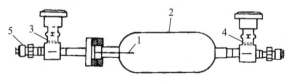

图 5 - 12　标准漏孔组件

1—漏孔元件；2—气室；3—漏孔阀；4—充气阀；5—连接件

为了校准各种检漏仪器的灵敏度和标定检出漏孔的大小，在真空检漏技术中，是通过采用标准漏孔的办法来实现的。此外，还可以采用精密的标准漏孔来完成对真空泵抽速的测量及真空计的校准等方面的工作。

测定可检漏率和漏孔实际漏率，与测定仪器灵敏度所采用的公式完全相同。两者区别是，前者是将标准漏孔接在被检容器上，并尽可能远离检漏仪。而后者是将标准漏孔直接接在节流阀处，且节流阀可全部开启。

通常是在检出漏孔后立即用标准漏孔进行标定。

（2）检漏仪真空系统及辅助系统

当前氦质谱检漏仪内部真空获得系统均以小型涡轮分子泵为主泵，以干式泵（如膜片泵）为前级预抽泵，实现无油系统作业，既能提高有效抽速，又有利于提高检漏灵敏度。对于体积小、出气和漏气都小的被检件，可直接与检漏仪连接进行检漏，利用检漏仪自身的真空系统即可达到检漏真空度，无须设置辅助真空系统。

对于大型容器及出气或漏气较大的被检件，如果不加辅助真空系统，被检件的漏气与出气的总气量全部通过检漏仪系统抽出，检漏操作效率、仪器灵敏度和稳定性将大大降低。为了保证检漏仪的正常工作真空度、缩短反应时间和清除时间、降低对灵敏度的不良影响，必须设置辅助真空系统。

辅助真空系统一般选用无油高真空机组承担，主要由主泵、前级泵、阀门、真空计及标准漏孔等元件组成，主泵根据具体要求而定，如需要最好选用分子泵，前级泵最好采用干式机械泵（如涡旋泵、膜片泵等），如图 5-13 所示。

检漏仪可以直接接在被检件上，也可接在前级干泵入口位置。对清洁且无大漏孔的较大被检件检漏时，检漏仪应接在前级干泵入口位置，此时进入检漏仪的氦分压高、反应时间和清除时间短、被检件对检漏仪污染小，具有检漏灵敏度高和检漏时间短等特点。对有污染和大漏孔的被检件进行检漏时，检漏仪应接在被检件上。但

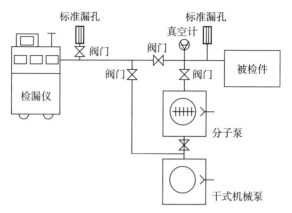

图 5 - 13　辅助真空系统

是无论哪种连接方式，在连接检漏仪的部位，都存在着氦在辅助真空系统中的分流问题。因此，在分流支路上设置阀门，使其流导可调，以便增强检漏仪支路的气流，提高检漏灵敏度，并且使检漏工作灵活方便都是必要的。

（3）反应时间和清除时间

反应时间 τ_r 和清除时间 τ_c 是氦质谱检漏仪在检漏中的两个重要参数，其值主要由检漏仪的反应时间、清除时间及辅助真空系统参数决定。

氦质谱检漏仪本身的反应时间和清除时间可以采用如图 5 - 14 所示的装置对其进行测量。其测定过程，首先将仪器调整到工作状态，由仪器 1 和预抽泵对标准漏孔 2 两端抽气。关阀 5 开阀 4，使来自配气系统的氦气经标准漏孔进入检漏仪，记录最大输出指示值。关阀 4 开阀 5 抽标准漏孔进气端，待仪器指示下降到初始本底值后，重复上面步骤，测出输出指示上升到最大值的 63.2% 所用的时间，该时间就为检漏仪的反应时间。当仪器输出指示为某一数值时，停止施加氦气并同时记录，测出输出指示下降到该数值的 36.8% 所用的时间，即为检漏仪的清除时间。

一般规定氦质谱检漏仪的清除时间和反应时间不得大于 3 s。

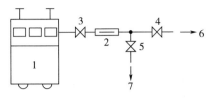

图 5 - 14　反应时间和清除时间测定装置

1—检漏仪；2—标准漏孔；3，4，5—阀门；6—接配气系统；7—接机械泵

（4）示漏气体的选择

氦气作为氦质谱检漏仪的示漏气体，其质量轻，易于穿过漏孔，进入系统后流动和扩散快，因而响应快，检漏灵敏度高；氦在空气中及残余气体中含量最少，因此本底压力小，检漏时本底信号小。同时氦又是惰性气体，性质不活泼，不与真空器件起化学作用。无毒，不会污染环境，使用也十分安全。此外，氦作为示漏气体，在低温泵检漏过程中容易造成二级冷板的活性炭中毒，也是其不足之处。

5.12.3.4　常用氦质谱检漏方法

（1）喷吹法

喷吹法是氦质谱检漏仪最常用、最方便的一种检漏方法。其检漏装置如图 5 - 15 所示。检漏时首先预抽被检件 4，并调整检漏仪，使其处于正常的工作状态；然后开启检漏仪节流阀 2，使被检件与检漏仪连通，调整好检漏仪使其处于待检漏状态；用喷枪 6（或喷嘴）在被检件可能存在漏孔的部位喷吹氦气。喷吹一定时间后，检漏仪即可指示出被检件是否存在漏孔及漏孔的漏率。

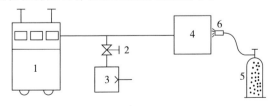

图 5 - 15　喷吹法检漏

1—检漏仪；2—辅助阀；3—辅助泵；4—被检件；5—氦气瓶；6—喷枪

检漏时，喷吹示漏气体时间要适当，太短时检漏灵敏度低，太长时检漏效率低。

喷吹法检漏时应注意的问题是：

1）由于氦气轻，喷吹检漏时，应从被检件上方开始检漏，逐渐向被检件下方移动喷枪；由靠近检漏仪处检漏逐渐移至远处；先用大气流粗检找出漏孔所在区域后，再用小气流精检以找出漏孔的确切位置。

2）当存在两个相距很近的可疑漏孔时，应注意喷枪喷出氦气流方向（或盖住一个漏孔点进行检漏）。

3）检出的漏孔应标记并复查。

4）检漏场地要有良好的通风条件，但不得影响喷枪喷出的氦气的流动方向。

（2）氦罩法

利用检漏罩将被检件的整体或局部罩起来，检漏时先将罩内空气抽除，然后充入示漏气体，以检漏仪输出信号表征漏孔的存在和被罩部位的总漏率，其检漏装置如图 5 - 16 所示。

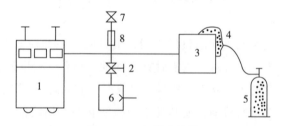

图 5 - 16　氦罩法检漏

1—检漏仪；2—辅助阀；3—被检件；4—氦罩；5—氦气源；
6—辅助泵；7—阀门；8—标准漏孔

检漏罩可用塑料薄膜制成。对于大批量小型被检件，也可制成专用的刚性较好的检漏罩，使充入氦气压力高于大气压力，以便提高检漏灵敏度。

对于空间环境模拟设备，真空容器可作为热沉进行总体漏率检测的检漏罩而直接应用。

氦罩法的检漏结果是被罩部位的总漏率。若确定漏孔的准确位置，可再用喷吹法进一步检漏。

如果检漏罩容积较大，应当回收罩内氦气，否则必须解决好检漏场地的通风问题，以便降低空气中的氦分压。

（3）检漏盒法

检漏盒法大多用于焊接件的焊缝检漏，特别是焊接件还没构成一个整体容器时更为方便。其检漏装置如图 5 - 17 所示。图中检漏盒往往是特制的能与被检件表面很好吻合的刚性盒体。

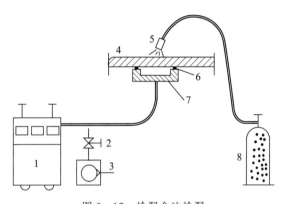

图 5 - 17　检漏盒法检漏

1—检漏仪；2—辅助阀；3—辅助泵；4—被检件；5—喷枪；
6—密封圈；7—检漏盒；8—氦气瓶

检漏时，将检漏盒罩在可疑部位上，用辅助泵抽气并使该盒与被检件表面密合。调整检漏仪，使其处于工作状态。在检漏盒所罩部位背面施加氦气，这样就可以根据检漏仪输出信号判定漏孔位置及漏率，其检漏灵敏度可用标准漏孔比较法求之。

设计检漏盒时应满足的要求是：盒内至少能抽空至几十帕；盒与被检件密封可靠、扣罩方便；盒的形状与尺寸要尽可能适应于多种形式的焊缝。检漏盒的材料可以选用金属、硬塑料或硬橡胶。

（4）吸嘴法

吸嘴法亦称充氦吸嘴法，是将被检件预先抽成真空再对其内部充入氦气，然后用以软管与检漏仪相连的吸嘴（或称吸枪）在被检件外表面可疑处逐点吻吸。若有漏孔，由被检件内流出的氦随周围空气一起被抽入检漏仪，从而产生漏气的输出指示。其检漏装置如图 5 - 18 所示。

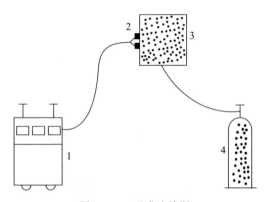

图 5 - 18　吸嘴法检漏

1—检漏仪；2—吸嘴；3—被检件；4—氦气瓶

吸嘴法的检漏灵敏度与检漏仪性能、充气压力、氦分压、吸嘴与被检件的距离及移动速度、连接管的通导、辅助泵的抽速等因素均有关。因此该法多用于定性检漏。

吸嘴法检漏应当注意的问题是：

1）检漏灵敏度与充气的氦分压比成线性关系。在氦分压比不变的条件下，充气压力越高，最小可检漏率越低。但是，初检时被检件内切勿充入过高压力的氦气，应注意防止有大漏孔时浪费氦气及对检漏仪本底的严重干扰。因此，先以低充气压和低氦分压粗检，如有大漏孔时，应立即封闭（修补或临时补漏），然后再以高充气压、高氦分压精检，并且注意复检。

2）在校准检漏灵敏度时，如果大气中氦的检漏仪指示大于氦气通过标准漏孔时检漏仪指示的 30％，应该采取措施减小大气中氦的分压，否则，该灵敏度检测是没有实用价值的。

3）吸嘴与被检件表面距离不大于 1 mm，吸嘴移动速度不大于 2 cm/s。

4）充气压力必须在安全范围，防止被检件损坏和保护工作人员安全。

5）检漏完毕，要回收氦气，并注意检漏场地通风良好。

5.12.3.5　四级质谱检漏

检漏过程是所有真空设备建造和应用过程中的一项重要且必要工作，在针对大型空间环境模拟器设备的应用领域效果也非常出众。通常情况下所选择的氦质谱检漏仪由于受自身前级抽气能力、容器大小的限制，其灵敏度和反应时间会产生较大的差异，所选择的示漏气体为单一气体氦气。四级质谱检漏仪无论从自身装配体积、示漏气体选择、灵敏度、反应时间以及在线残气成分分析等方面均有明显的提高，已成为中大型空间环境模拟设备不可或缺的真空配置仪器。其缺点是需要有基础的本低真空才能进行工作，通常至少需要进入 10^{-3} Pa 以上的本低真空环境。

四级质谱检漏仪通过标准接口和真空容器相连接，启动后可通过残留气体的成分和比例进行定性确认是否存在有超出设备允许漏率范围以外的漏孔存在。例如，残气中存在 N_2、O_2、Ar、H_2O 等残气成分，且主峰为 N_2 峰，N_2：O_2 比例等于或接近 4：1 便可基本判定系统存在漏率，其大小可通过分量气体漏率累加得出，如图 5-19 所示。

采用喷法、罩检法对可疑部位施加示漏气体，可选示漏气体包括 He、N_2、O_2、Ar 等气体，通过对应气体的对应峰值改变进行漏点判定。

运行过程中可在线对拆卸过的接口（法兰、航空插头等）进行复检，避免试验准备过程对原有真空性能的引入性破坏，此外对于热沉等长期运行过程中是否存在冷漏等问题，也可以通过监测热沉通入液氮后 N_2 峰的改变进行判定。

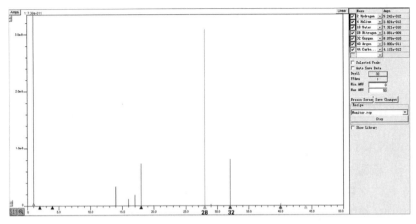

图 5 - 19　　四级质谱在线漏率检测示意图

5.12.4　大型真空系统检漏说明

对于大型真空系统检漏是一个复杂又费时的过程，针对这项既需要高专业素质又需要细心的工作来讲，制造周期内对过程进行严格的检漏控制是非常重要的。

5.12.4.1　检漏人员要求

大型设备的建立周期较长、任务重，而真空检漏工作又是一项确保真空设备质量的重要工作，必须建立长期、专业的检漏队伍。

检漏工作本身是一项非常艰苦细致的工作，要求从事检漏工作的人员必须有高度的责任心，有不怕麻烦、认真工作的态度。

真空检漏涉及的学科较多，跨越设计和生产各环节，牵涉知识面较广，因此要求检漏人员除具备专业检漏知识、掌握各种检漏方法和检漏设备的使用之外，还需针对被检项目本身，了解大型设备的总体机械结构、加工工艺，以及具体的加工制造流程，在确保安全生产的情况下进行工作。要求能够严格按质量管理规定对各阶段的漏率指标进行有效控制，不能因检漏过程控制不利而造成项目总体延期。

检漏人员上岗前必须经过严格的针对具体项目的检漏技术培训，经考试合格后，方可持证上岗。针对项目成立检漏项目组，具体负责设备建设过程中的检漏工作。

5.12.4.2　检漏任务分解

大型真空设备的检漏任务通常根据总体漏率指标要求，对项目任务进行从上而下的纵向漏率分解，并要求实际工作过程中逆向执行总体漏率控制。

通过纵向任务分解，检漏指标分解到真空容器、热沉、真空获得系统以及外购件这四个各具特色且相对独立的功能模块。将功能细化，这样制造过程中对各模块内部进行有效漏率控制就相对容易。对于中、大型空间环境模拟设备，为确保项目研制顺利进行，通常要求对制造过程中的零件、部件、组件进行 100％ 全检。

5.12.4.3　检漏准备工作

（1）检漏过程控制文件的编制

为使检漏过程全程可控，并且对总装调试阶段发生的漏率情况可追溯，客观真实的检漏过程和原始数据保存是最有效的复查及证明资料。因此对待检的被检件正式检漏以前，首先要根据零件的图纸工艺要求进行漏率指标及重点检测部位确认，并做好详细检漏过程的原始记录。

控制文件通常应包括如下内容：

1）检漏设备型号、编号及其检漏前指标参数（最小可检漏率、反应时间、清除时间）；

2）所采用标准漏孔的种类、名称、编号以及其有效使用期；

3）被检件名称、图纸及其工艺漏率指标（需将图纸作为附件保存）；

4）检漏方法选择及检漏工装说明（确定是否有辅抽系统，并需保存检漏工装图纸）；

5）详细检漏过程数据记录（检漏位置、漏点位置、漏率值等）；

6) 持证检漏人员及复核人员姓名、检漏日期。

（2）被检件的清洗与烘干

按超高真空要求对被检器件进行清洗是在执行真空检漏前必须做的预备工作，其目的是清除加工过程中器件表面污染物，疏通工艺过程造成的焊缝堵塞，使器件达到最佳可检状态。同时清洁干燥被检件也有利于保护检漏仪设备不被污染，使其长期处于最佳工作状态。

清洗工作通常按以下步骤进行：

1) 清理加工及焊接过程中被检件表面及焊缝中留存的加工碎屑、焊料堆积物等固体残留物。

2) 根据被检件的表面材料、污染物种类，选择对应溶剂做化学清除，对于矿物油可以用有机溶剂去除，动植物油可以用碱溶液化学除油。机械加工及焊接件，常采用的方法是用汽油、丙酮、四氯化碳等擦洗，再用无水乙醇擦净。

3) 对于体积较小的被检件，采用超声波配置对应的清洗剂进行高温 70～80 ℃的清洗。

4) 经过清洗后的被检件，对其表面用无水乙醇脱水，再放置到烘干箱中根据具体材质选择对应温度烘干。

5) 最后对被检件的密封面、法兰口等容易出现磕碰、划伤地方进行检测，合格后进行干燥封存，待检。

（3）检漏系统准备

对于检漏系统需做如下准备：

1) 检漏系统的正常运行是确保检漏过程顺利进行的基础，因此要保证检漏系统无污染，且运行指标正常；

2) 对所采用的辅助阀门、管路、连接法兰要进行接口方式及尺寸的确认；

3) 对于所采用的真空规计，要完好无损，应有计量部门的鉴定证书，且在有效期内使用；

4) 示漏气体应选用高品质纯氦，并配置所需的喷枪；

5）如需要则需配置标准漏孔组件，该漏孔需要经计量部门标定，且在有效期内；

6）检漏过程中所用的耗材如真空脂、真空泥、酒精、无尘布等均需采购就位；

7）检漏现场需配置满足检漏仪正常工作的电路、水路及场地环境保障。

（4）检漏工装准备

根据检漏件的结构特点和大小等设计检漏工装，例如真空容器制作过程中焊缝的漏率检测，需设计针对具体容器的检漏盒，然后进行分段检漏。

对于非标接口及非标检漏过程中所专用的盲板、法兰接口及转接管道等均属于检漏工装范畴，应结合检漏控制文件进行准备。

5.12.4.4　真空系统检漏控制

（1）加工制造阶段

加工制造阶段对于小型的标准真空元器件、焊接件、直径低于 500 mm 以下的管道通常采用喷氦检漏法，通过检漏仪直接进行操作。对采购的标准件经严格检漏后，合格后才可作为零件应用；对成品焊接件焊缝质量要严格检漏，不合格的及时重焊、补焊，之后要重新检漏，符合要求后才可以进行下一道工序。该类方法较为通用，采用公用的检漏仪器，经严格的控制即可完成。

对于真空容器主体、深冷热沉的检漏主要说明如下。

①真空容器检漏

1）大容器首先要保证材料的材质符合要求；

2）对大门法兰密封面及胶圈槽进行光洁度检查，避免有划痕及胶圈和密封槽形成死角；

3）对焊缝进行探伤检测，找出有缺陷的焊接部位，作为可疑点重点检测；

4）对筒体焊缝及法兰口需在焊接阶段对焊缝的焊接形式进行控制，并对焊缝按一定单位长度制作检漏专用漏盒进行分段罩检；

5）对于真空容器外部需要做保温层等不易拆卸结构的情况，必须首先对室壁做严格检漏，确认不漏后才能包覆外层结构。

②热沉检漏

1）首先要检查所用材料的材质符合要求。

2）对于热沉这种在真空环境下工作的深冷组件，管路中的制冷介质通过最高0.8 MPa压力形成循环，从而实现热沉降温。为防止冷漏的发生，冷热冲击环节是其必须执行的特殊检漏步骤。

3）翅片式结构的热沉，虽然每根管子和焊缝均经过检漏，组装后又对组装焊缝进行了检漏，为了慎重有时还需测定该部件的总漏率，这样可以消除材料或焊缝检漏中留下的隐患，也可发现组装过程中造成的焊缝或材料损伤。其方法是用塑料薄膜和胶带给整个部件做一个氦罩，由于罩子大、形状复杂，不可能做得很严密，罩内不抽真空直接充氦，氦的浓度只能达到10%～50%，借助于标准漏孔，即可算出该部件的总漏率。单用分部位检漏就不能说明其总漏率，因为分部位检漏除了可能有漏检的部位外，若干小漏孔的累积也会成为大漏，其总漏率比分部位检漏灵敏度高1～2个数量级是可能的。

（2）安装调试阶段

安装调试阶段是真空设备检漏工作最复杂的环节，若同时对焊缝和连接部位检漏，则检漏的工作量和难度都加大。在加工制造阶段对容器主体焊缝、零部件的气密性已有效控制保证不漏的前提下，则在设备的集成安装、调试过程中连接部位的密封性，是检漏工作的重点。此时各个管道、部件间的法兰连接和动密封件等是重点可疑部位。

大型复杂真空设备通常采用分段检漏，每装上一个部件，便对其连接部位和焊缝进行一次检漏，达到要求后再装下一个部件。避免将所有部件全装配完后再检漏，因为当出现多个疑点或多个漏孔同时漏气时难以及时查找和排除，给总体检漏带来极大困难。

各系统接口法兰装配阶段，需针对引入单元对接接口进行罩检。

真空设备安装调试过程中的检漏步骤如下：

1）了解待检设备的结构组成和装配过程。掌握设备的要求，查明需要进行检漏的重点可疑部位。

2）根据所规定的最大允许漏率以及是否需要找出漏孔的具体位置等要求，并从经济、快速、可靠等原则出发，正确选择检漏方法或仪器，准备好检漏时所需的辅助设备后，拟定切实可行的检漏程序。

3）应对被检件超高真空要求进行表面清洁处理，并予以烘干。

4）对所选用的检漏方法和检漏设备进行检漏灵敏度的校准，并确定检漏系统的检漏时间。

5）若采用真空检漏法，为了提高仪器的灵敏度，应尽可能将被检件抽到较高真空。

6）在允许的前提下，应尽可能优先应用较为经济和现场具备条件的检漏方法。

7）对已检出的大漏孔及时进行修补堵塞后再进行小漏孔的检漏。对检出并修补的漏孔进行一次复查以确保检漏结果达到要求。

（3）总体集成阶段

设备总体集成后，使用公用的检漏仪器，合理规划和设置检漏口，恰当利用现有真空系统检漏是一项尤为重要的工作，不仅能够有效工作，还能大大提高检漏效率。容器主体的总体漏率控制通常需要在不同压力阶段采取不同的检漏方法。

1）容器组装后，粗抽阶段可采用静态升压法对系统漏率的存在及大小进行初步的判别。

2）高真空阶段对于检漏可采用局部罩检排除法、喷氦法进行，由于容器较大，检漏系统需配置辅抽系统，从而提高检漏效率和性能。

3）高真空阶段的漏率检测通常会采用检漏仪结合四极质谱计共同进行，将质谱探头直接安装在真空环境内，利用其快速的反应时间，对漏率存在进行定性排查。同时根据质谱的谱图分析 N_2，H_2

O，He，O_2 等成分比例，也可以初步对漏气和放气进行划分。

（4）设备使用过程中的注意事项

设备使用阶段出现设备气密性下降，总体漏率上升的情况，是影响真空设备正常工作的主要原因。造成这种现象的原因如下：

1）机械振动造成连接部位松动；

2）经常拆卸部位的密封圈可能损坏或安装不正确；

3）由于冷热冲击而发生变形和疲劳破坏；

4）某些部件或材料因受工作介质的腐蚀而破坏；

5）某些原本被水、油或其他脏物堵塞的漏孔重新释通；

6）应力集中而造成裂纹等。

正确使用真空设备，应该将检漏工作纳入真空设备日常维护、管理规范之中，例如定期做静态升压检测实验。操作人员发现设备气密性下降应及时解决，根据其设备使用情况和故障现象来分析泄漏原因，并采取适当的检漏手段，检出漏孔位置，及时修补。不要等到设备出现多种、多处泄漏，已经无法正常工作时再去检漏维修。另外，平时准备充足的密封备件，定期（而不是出现问题后）更换易损件，也是做好真空检漏工作、保证设备正常运行的主要措施。

5.12.4.5　系统检漏总漏率确定

有的检测方法可以直接对总漏率进行检测，检测完毕再通过相应计算就可以得出总漏率。但有的方法不能直接检测出总漏率，只能一个点一个点地检测出单点漏率，然后再将所有的单点漏率累积起来，算出总漏率。对于大型被检件，一般都是这样做的。比如一个大容器检漏，可以对所有的焊缝、焊点、法兰盘、接口分段检漏，然后再将所有的单点漏率累积起来，算出总漏率。

5.13　大口径低温泵研制

低温泵作为空间环境模拟设备最佳的高真空获得设备，已被成熟利用（例如，KM4、KM6 等大型设备）。由于大口径低温泵成型产品的采购受到限制，因此自行研制大口径外接式低温泵十分必要。研制的主要思想为对关键部件（如冷头）购买标准产品，借鉴对大口径低温泵成功研制的先例，依托国内泵壳主体及一级冷屏加工和配套实现大口径低温泵集成。当前国内研制的大口径低温泵有 DN900、DN1250 和 DN1320 等型号。

5.13.1　研制流程说明

大口径低温泵的研制过程是根据具体的抽速及抽气指标确定的，对于同类产品具有通用性，具体设计流程如图 5-20 所示。

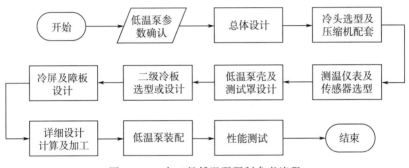

图 5-20　大口径低温泵研制参考流程

（1）低温泵参数确认

根据设计需求，结合国际同类型产品指标提出低温泵技术指标要求，如表 5-5 所示。国内集成允许其指标有 -5% 的浮动量差。

表 5-5　低温泵技术指标要求

序号	项目	指标描述
1	泵抽速	根据系统抽速需求确定泵对 N_2 的抽速，将其作为总体指标进行规定。 对于 $H_2/H_2O/Ar/He$ 有针对性的气体抽速按要求确定
2	泵进口法兰	根据容器允许的开孔尺寸，结合同抽速成型泵的口径大小进行确认
3	泵前级真空法兰	大口径泵通常采用大于或等于 DN63 的口径

续表

序号	项目	指标描述
4	渡越容量	根据被抽系统容量确定
5	冷却到 20 K 的时间	根据冷头参数确定并进行校核
6	泵体真空度	通常不低于 1×10^{-7} Pa
7	泵体总漏率	常规要求不低于 1×10^{-9} Pa·L/s
8	材质	泵壳：不锈钢； 冷屏：不锈钢或紫铜； 障板：不锈钢或紫铜； 支撑及传导材料：四氟、铟片等
9	表面处理工艺	内表面防辐射处理、外表面总体处理要求
10	再生方式	热氮气吹扫置换再生
11	泵的总质量	根据总体要求确认

（2）关键件选择

根据市场调研，满足需求并可直接用来集成的关键部件包括：冷头及配套压缩机和氦气管路、二级冷板、用于低温测试的仪表及配套传感器。配套标准件及对应参数见表 5-6。

表 5-6 配套标准件及参数说明

序号	配件名称	指标及指标说明
1	冷头	二级冷头 20 K 时制冷量指标； 一级冷头 77 K 或 80 K 时制冷量指标
2	二级冷板	与冷头配套采购或自行设计
3	压缩机	与冷头配套
4	氦管	与压缩机配套
5	温控仪表	高精度超低温测量下限可到 4 K
6	测温传感器	Si 二极管、PT100

5.13.2 低温泵总体设计

根据关键件的接口参数，国内研制过程配套部分包括低温泵壳、低温冷屏、障板等，总体集成规划如图 5-21 所示。

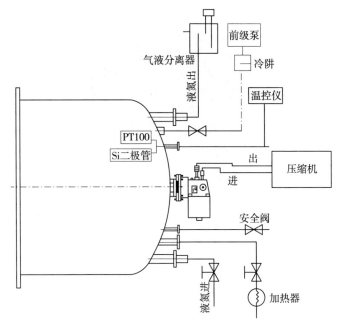

图 5-21　低温泵总体规划图

　　低温泵主体由泵壳和其内部的低温障板、液氮冷屏、二级冷板和冷头等五部分组成，外部对接液氮系统、压缩机以及再生装置。低温泵剖视图如图 5-22 所示。泵口法兰尺寸为 $D1250$，采用胶圈密封结构与阀门对接。由于所设计的低温泵口径较大，预冷 80 K 的冷屏需要的制冷功率较大，因此设计采用液氮来作为一级屏蔽的制冷源。二级冷板安装在二级冷头法兰上，依靠二级制冷功率来完成对二级冷板的制冷，使之达到 20 K 以下，其对大部分气体具有抽气作用，外接制冷机实现对冷头的深度制冷。

5.13.2.1　泵壳设计

　　泵壳是低温泵主体承载结构，为短圆筒形，由接口大法兰、直筒段和蝶形封头焊接而成。为尽量减少泵体容积及泵体内表面积，以减少泵的启动负荷，缩短启动时间，减少表面出气负荷，应尽量缩短泵体总体长度。为便于冷头安装和维护，将安装冷头的封头部

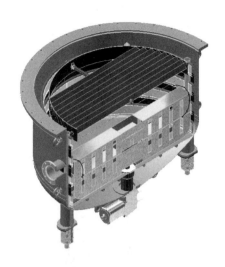

图 5 - 22　低温泵剖视图

分尽可能根据安装位置及布局方式等处理，低温泵壳结构示意图如图 5 - 23 所示。具体泵壳对应冷头的开孔及布局需根据选择的冷头数量一个或多个来确定。

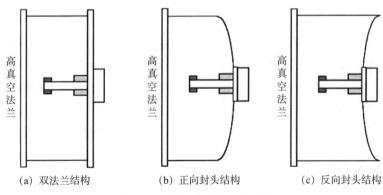

高真空法兰　　　　　　　高真空法兰　　　　　　　高真空法兰

（a）双法兰结构　　　　　（b）正向封头结构　　　　（c）反向封头结构

图 5 - 23　低温泵壳结构示意图

大口径低温泵的高真空法兰通常采用 O 形氟胶圈和双向真空闸板阀对接，结构（a）便于在线拆卸和维护，冷头安装法兰较厚导致泵的总体质量加大；结构（b）是国内常用的结构，便于泵壳内清洗，但是相对容积会增大，强度较好；结构（c）多用于进口整机结构，国内也常用到，便于冷头和障板安装，该机构须对反向封头焊缝做优质清洗。

泵壳选材用 0Cr18Ni9，对应法兰、壁厚等参数依据相关压力容器设计进行确认。

泵壳采用氩弧焊按超高真空设备要求进行焊接，内表面抛光处理，表面粗糙度优于 0.8 μm，容器外表面抛光后进行喷砂或喷漆处理。泵壳焊接后要做超高真空清洗，并做整体氦质谱检漏，漏率要求优于 1.3×10^{-9} Pa·L/s。

5.13.2.2　液氮冷屏和障板设计

液氮冷屏是为减少二级冷板对来自泵壳表面的热辐射而设置的特殊屏蔽装置，泵壳法兰口处的障板是为在保证低温泵抽速的情况下，避免真空容器对二级冷板及冷头造成直接高温辐射的装置。当前采用氦气压缩机对低温泵配套的二级冷头进行制冷，在维持二级冷头处于 20 K 时，可所选的制冷机的制冷功率均非常小，且不超过 20 W，为避免室温环境下容器壁的辐射热负荷直接被二级冷板吸收，设计采用低于 80 K 的冷屏和障板来屏蔽。同时冷头的一级冷头在 80 K 时制冷量也很有限，很难满足屏蔽所需要的冷量，故低温泵研制需采用液氮冷却冷屏与障板，以屏蔽二级冷板。为增强屏蔽效果，将冷屏外表面镀亮镍，使表面发射率小于 0.1，内表面涂黑，使其表面发射率不小于 0.95，以吸收大部分漏入泵内的杂散热载。

冷屏通常为圆柱形结构，设计可采用传统热沉工艺的翅片结构，也可以采用新型胀板式热沉结构，二者各有不同。无论哪种结构，入口直径根据冷头及低温泵壳参数确认，通常要和泵壳单边壁面距离 30～50 mm。考虑到制冷机的装入高度及二级冷板的高度，冷屏直段长度要结合泵的选定结构确定，需给障板预留安装空间。

（1）翅片结构冷屏

翅片结构的冷屏，由屏蔽翅片和液氮管道组成，所采用结构和工艺已经成熟应用于翅片式液氮热沉，质量和可靠性有较好的保证。液氮管道材料采用不锈钢，翅片采用紫铜或无氧铜。由于该种结构采用不锈钢管道作为骨架，低温性能和整体强度较好，不连续的翅片结构可以增加泵的流导，使泵抽速性能提高。屏蔽翅片采用 2 mm 厚的铜板结构。

圆筒与液氮管道使用不锈钢管、上下错位管铜翅片复合结构，其中筒体壁板为紫铜，为管板焊接式的结构，使用氩弧焊技术进行焊接，同时翅片端部圆弧可以防止漏光，不锈钢支管以肋条式平行分布，其组成的管网足以满足冷屏的要求。液氮进口采用主管路分出多个支路来对冷屏和障板提供液氮，液氮在内部汇总后经汇总管流出。

（2）胀板结构冷屏

胀板结构冷屏，其筒体部分采用双层不锈钢夹层结构，由于其制作工艺采用压力充胀方式，耐压超过 0.8 MPa，导致其表面变形鼓起而大大增加了有效的制冷面。该结构内部连通，液氮直接接触到冷却面，具有降温速度快、温度稳定等特点。由于采用不锈钢结构，其外壁面也可以根据需求制作成单面平板结构，减少对泵壳端的辐射面积，此外利用其不锈钢表面的机械特性，也可进行机械高亮度抛光达到减少辐射的目的。

本结构现在已逐步应用于热沉结构中。

（3）防辐射障板

为了允许气体通过并到达二级冷板，而又防止室温辐射到二级冷头上，在泵口设计了光学密闭的障板，让从泵口来的气体不能直接入射到二级冷板上，与冷屏和障板至少进行一次碰撞。但设置障板后对泵的抽速有极大影响，为了使障板的气体流导率尽可能大，又使障板的辐射透过率尽可能小，在不影响达到要求抽速的条件下，采用了 60° 的半人字形百叶窗的结构形式。同时在障板中设有液氮管路，确保其能够快速地冷却至液氮温度。障板中的筋板厚度为 2 mm，百叶窗厚度为 1 mm，均为紫铜板，图 5-24 所示为低温泵障板。

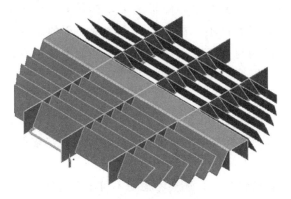

图 5-24　低温泵障板

5.13.2.3　二级冷板设计

二级冷板采用国外同型号的进口组件，其能够满足对试验系统中活性气体的抽气能力要求。冷板形状为一种狭长形状的结构，与活动障板的形状类似，这样，可以将二级冷板隐藏在中心障板之下，有利于将冷板接收到的直接辐射热载减到最小。此外，在冷板上粘贴活性炭吸附剂来提高对不可凝气体的抽速。

该组件如不选用标准件，也可按如下方法进行设计。

温度在 15 K 以下的二级冷板是低温泵的抽气核心。在二级冷板的设计中，首先要考虑它对活性气体的冷凝抽气结构和抽气面积。由于低温抽气速率与低温表面积成正比，所以二级冷板的设计及其尺寸形状应首先考虑满足抽速的要求。但是制冷机的二级制冷功率有限，因此冷板的面积、质量又受到制冷能力的约束，不能太大。其次，冷板的质量越大，虽耐气流冲击的能力增大，但是启动时间又会较长。故设计中应兼顾到这些矛盾的因素，既要有足够大的抽速，又要有一定的质量，使其具有耐一定气流冲击的能力，并将启动时间控制在合理的范围之内。

　　冷板的形状对低温泵的性能有很大的影响。借鉴已有集成经验，采用了一种狭长形状的结构，与活动障板的形状类似。这样，可以将二级冷板隐藏在中心障板之下，有利于二级冷板将接收的直接辐射热载减到最小。在满足最小冷凝面积的条件下，还要考虑到冷板最远端与二级冷头法兰距离尽可能小，使冷板的最大温差尽可能小。根据以往的测试数据，冷头法兰中心与最远端的温差不大于 0.5 K。

　　二级冷板通常选用 0.5 m 厚的紫铜板制作，为保证其有效低温冷板抽气能力，冷板外侧镀亮银处理，起到防高热辐射保持深冷的效果。

　　二级冷板的设计中，还要考虑对不可凝性气体的抽气能力。这一部分结构我们称之为低温吸附板，通常采用粘贴活性炭的结构形式来提高对不可凝性气体的抽速。活性炭的粘贴是低温泵制造中的重要技术之一。为了保障粘贴性能良好，不容易脱落，需选择能够在超低温、高真空状态下保持良好性能的低温胶，最好选用低温泵制造厂家提供的专用胶，粘贴时要考虑活性炭的固定量，对活性炭颗粒均匀粘贴，然后进行固化处理。活性炭颗粒大小对泵的抽速和吸附容量也有影响。通常选用直径为 1～2 mm，长度为 3 mm 左右的活性炭用来作为制冷机低温泵的吸附剂，为弥补低温胶对活性炭微孔的堵塞，在能获取的前提下首选活性炭中空管来提高吸附面积。

5.13.2.4　温度测控

　　(1) 低温泵真空及温度测量

　　低温泵内为实现预抽、制冷、启动工作等，需配置检测真空状态的真空计，检测温度状态的温度传感器。

　　真空计选配复合真空计，满足 10^{-5}～10^{-8} Pa 的测量范围，通过低温泵上的法兰口连接，该规管最好选用刀口金属密封结构。

　　温度传感器包括硅二极管和 Pt100，二者均需标定后使用，容器内接线必须为可满足超高真空深冷环境的线缆。液氮冷屏上分别在筒体上下位置、底部各布置一个 Pt100，用于检测冷屏温度。两个硅二极管分别布置在二级冷头上和一级冷板上。连接好的传感器通过穿舱插头引出到对应仪表上，进行数据测量。

（2）低温泵运行控制

低温泵的预抽、预冷以及主抽阀门开启执行主抽任务，所对应的执行设备包括：压缩机、前级真空阀门、充气阀门、低真空计和充气氮气加热器等。首先根据低温泵壳内的真空指标选择是否打开前级阀门和启动预抽泵；接下来根据布置在液氮冷屏上的温度传感器，确认低温泵预冷的开始时间，启动压缩机；然后根据二级冷头上的硅二极管传感器是否低于 20 K，确认低温泵是否就绪；最后根据真空容器内工作需求及真空状态是否满足低温泵开启的渡越压力，确认主抽阀门是否打开。该部分工作均由集成在高真空系统中的 PLC 控制器通信和连接，并执行。能够实现远程开/关机，可为粗抽阀、再生阀、加热器供电以及提供压缩机的启动/停止控制，低温泵的再生也将通过主控制器完成。

5.13.2.5 气液分离器

为使低温泵液氮冷屏稳定、经济运行，保证低温泵二级冷屏可靠工作，特为低温泵配置专用气液分离器供应工作液氮，同时兼顾系统中的冷阱所需液氮。气液分离器由液氮管路、阀门与气液分离组件组成。

气液分离器安装在液氮出口处，用于液氮与氮气混合物的气液分离。气液分离器主体结构为一个带有真空层的圆筒，通过两路液氮管路与低温泵相连接，外部还有安全阀、压力表及气体排出口等。圆筒内有效体积根据所供给泵组容量确定，材质为 304 不锈钢。气液分离器原理结构图如图 5 - 25 所示。基本原理是利用气液比重不同，在一个突然扩大的容器中，流速降低后，在主流体转向的过程中，气相中细微的液滴下沉而与气体分离。

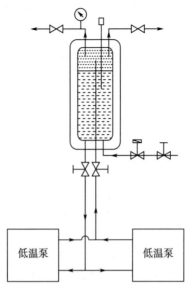

图 5 - 25   气液分离器原理结构图

5.13.3　设计计算

　　本设计计算以 DN1250 低温泵为例，选用 20 K 时 18 W 制冷量的低温冷头，对液氮冷屏、泵壳特征尺寸等进行设计计算。低温泵指标参数具体数据如表 5 - 7 所示。

5.13.4　制造及装配工艺

　　由于进口商目前不能提供进口二级冷屏的确切尺寸，为保证实施的可靠性，本方案根据现实情况受到二级冷屏尺寸影响的泵壳和一级冷屏安排在最后加工。大口径低温泵工艺流程图如图 5 - 26 所示。

表 5 - 7　低温泵设计计算内容

计算内容	计算公式	输入条件	计算结果	实际取值	备注
圆筒厚度	$S_0 = 1.25 D_B \left(\dfrac{p}{E_t} \cdot \dfrac{L}{D_B}\right)^{0.4}$	$D_B = 1\,250$ mm $p = 0.1$ MPa $E_t = 206$ GPa $L = 600$ mm	3.5 mm	6 mm	考虑板材负偏差、腐蚀裕量、加工等减薄量及焊接性能
碟型封头厚度	$S = \dfrac{1.7 p R_B M}{2[\sigma]\gamma} + C$	$p = 0.1$ MPa $R_B = 1\,250$ mm $M = 1.54$(系数) $[\sigma] = 144$ MPa(许用应力) $\gamma = 0.7$(焊缝系数) C 为壁厚附加量	4 mm	6 mm	便于焊接，选取的封头厚度与简体厚度一致
低温泵对氮气抽速	$S_p = S_{th}\omega(1-\beta)A_B$	$S_p = 60\,000$ L/s $S_{th} = 11.91$ L/(s·cm²) $\omega = 0.51$ $\beta = 0.1$	泵口直径最小约为 $\phi1\,182$ mm	$\phi1\,250$ mm	满足抽速需求
二级冷板抽速	$S_c = S_{th}\alpha A_C$	$S_c = 1.1 S_p$ $S_{th} = 16.88$ L/(s·cm²) $\alpha = 0.8$	A_C 值至少约为 11\,400 cm²	15\,000 cm²	满足抽速需求
水蒸气抽速	$S = 3.64\sqrt{\dfrac{T}{M}} \cdot c \cdot A$	$T = 300$ K $M = 18$ $c = 0.92$ $A = 8\,000$ cm²	110\,000 L/s	460\,000 L/s	满足抽速需求

续表

计算内容	计算公式	输入条件	计算结果	实际取值	备注
室温泵壁对冷屏板和障板的辐射热	$Q_1 = 5.67 \dfrac{A_1\left(\frac{T_2}{100}\right)^4 - \left(\frac{T_1}{100}\right)^4}{\dfrac{1}{\epsilon_1} + \dfrac{A_1}{A_2}\left(\dfrac{1}{\epsilon_2}-1\right)}$	A_1—冷屏障板外表面积 A_2—容器内表面积 $\epsilon_1,\epsilon_2=0.2$ $T_1=90$ K, $T_2=305$ K	183 W		液氮的汽化潜热值很大，超出该热负荷较多
二级冷板的热负载	$Q = 5.67 A_{C1}\epsilon_c l\left[\left(\dfrac{T_A}{100}\right)^4 - \left(\dfrac{T_C}{100}\right)^4\right]$	A_{C1}—二级冷板辐射面积 ϵ_c—二级冷板发射率 l—漏热系数 $T_A=300$ K, $T_C=80$ K	3 W		所选配的冷头 20 K 的制冷量完全满足要求
预冷时间估算	$t_i = \dfrac{mc\Delta T}{Q_{eff}}$	m—冷板质量，约 6 kg c—铜比热容分段平均值 ΔT—温度差 Q_{eff}—二级冷头有效制冷量	312 min	<360 min	根据铜比热计算，变化铜比热随温度的变化分段计算，屏液氮冷却 30 min，满足计冷却 30 min，满足技术指标的要求

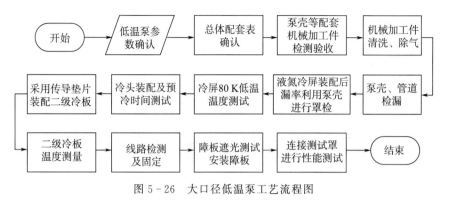

图 5-26　大口径低温泵工艺流程图

5.13.4.1　加工制造工艺

低温泵制造工艺部分包括泵壳、冷屏等配套件加工，总体焊接及清洗要求，对应真空容器及热沉加工工艺，现简述如下，详细部分参见对应部分设计内容。

（1）一级冷屏的加工

翅片结构：一级冷屏采用成熟的不锈钢管骨架焊接无氧铜翅片的结构。先氩弧焊焊接不锈钢骨架，焊接完成进行初步检漏，然后逐片焊接无氧铜翅片。整体焊接完成后做表面处理，内表面涂黑漆，外表面抛光。最后经热处理并再次进行氦质谱检漏。合格后以清洁状态包装入库。

胀板结构：采用双层不锈钢板双层阵列焊接，对边缘进行氩弧焊接，并对内部打压充胀，然后成型检漏。该结构由于焊缝少，而且已经过高压充胀等工艺环节，可靠性和可塑性较好，清理后待用。

（2）二级冷屏的安装

进口的二级冷屏是国外同尺寸低温泵的标准配置部件，本设计采用与国外产品相同的安装结构和尺寸。二级冷屏与冷头的安装结合质量直接影响冷头对二级冷屏的制冷能力。按照低温泵二级冷屏与冷头的安装工艺，采用金属铟片作为冷屏与冷头间的导热垫片。

（3）二级冷屏的固定

采用进口部件自身的固定结构，保证安装的可靠性。

本项目的两台低温泵安装方式为水平式，为了避免冷透膨胀机因二级冷屏的质量产生变形，二级冷屏将从上下左右四个位置采用细金属丝吊挂的方式与一级冷屏相连接固定。金属丝的张紧方式采用微型金属张紧器进行调解。

5.13.4.2　集成工艺

（1）安装集成前的准备工作

1）场地的准备：场地清洁，洁净度至少为 10 万级，并有水源和电源；

2）对进口部件及加工件进行清点核对，做到各种部件齐全，并合格。

（2）安装集成流程

1）首先安装一级冷屏。进出液氮口和泵壳引出法兰装配好，和泵壳的固定通过隔热材料来固定。

2）安装冷头和冷头与一级冷屏。保证冷头与泵壳的密封，冷头与一级冷屏间紧固牢靠，接触良好。

3）把二级冷板和二级冷头装配好。

4）把氦管、安全阀、温控仪、硅二极管和测量线、Pt100 和测量线全部装好。

5）把单人字形、条形挡板装好。

6）把氦管与压缩机接好。

（3）对低温泵进行整体检漏

1）对其整体装配集成进行最后检查，确认无误。

2）接上测试罩进行整体检漏，漏率≤5×10^{-8} Pa・L/s。

5.13.5　低温泵测试

（1）调试测试条件

1）环境温度（23±5）℃；

2）相对湿度 20%～80%。

（2）调试测试方法

1）泵总漏率：根据技术要求中指标进行整体检漏。

2）降温时间：

a）测试装置：在符合测试标准的专用测试系统上进行测试。

b）测试程序：

・用粗抽泵将低温泵及测试罩抽至 5 Pa，关闭真空阀，切断粗抽泵。

・开始供应液氮，对低温泵一级冷屏进行降温。

・启动制冷机，测量冷头温度，计时开始，冷头从常温降温至 20 K 时所用的时间应接近冷头规定降温时间。

（3）测试装置

在低温泵制造组装完毕之后，对其进行性能测试，主要包括降温时间、极限真空度与抽速。

测试装置原理如图 5-27 所示。除被测试泵外，测试装置由测试罩、前级泵、前级管道、真空计、充气阀、质量流量计等组成。测试罩使用不锈钢制成，内表面粗糙度为 $Ra6.3$。该测试系统的制定参考了 SJ/T 1159—2001 制冷机低温泵总规范，并符合美国真空协会标准（American Vacuum Society Standard 4.1）规定的真空泵流量法测试系统设计准则。该套测试装置实物如图 5-28 所示。

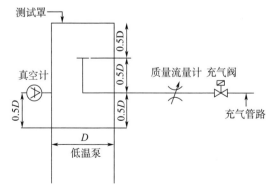

图 5-27　低温泵测试装置原理图

图 5-28 低温泵测试装置

（4）降温时间的测试

用前级泵将低温泵腔体抽真空至 5 Pa 以下，关闭预抽阀，然后通入液氮冷却冷屏与障板，30 分钟后启动低温泵制冷机运行，测得从通入液氮开始到制冷机二级冷头降温至 20 K 的时间即为低温泵的降温时间。

（5）极限真空度的测试

正常启动运行低温泵，经过充分烘烤抽气，并对测试规管进行除气，然后使用该规管对测试罩内的真空度进行测量，该真空度数值即为低温泵的极限真空度。

①测试装置

1）不锈钢标准测试罩；

2）热阴极电离真空计，B-A 规须经国家授权鉴定合格并在有效期内。

②测试程序

1）启动粗抽泵，将测试罩及泵抽至 5 Pa；

2）启动低温泵，使之达到正常工作状态；

3）测试罩的外表面缠绕加热带，对测试罩进行烘烤去气，烘烤温度 150 ℃，连续烘烤应大于 24 小时，B-A 规外壳随测试罩一起烘烤，烘烤温度为 150 ℃。

4）当测试装置 B - A 规烘烤去气达到要求并降至室温后，再进行测量，直到极限压力达到稳定，此时压力认定为极限真空度。

（6）抽速的测试

按照流量法进行测试，即测试过程中充入测试罩内的气体流量为标准值。本测试过程测试低温泵对氮气及对氩气的抽速，即分别使用干燥氮气及干燥氩气作为充入气体。

正常启动低温泵运行，测试罩内达到或接近极限压力时，开始进行抽速测试。当充入的气体流量值小于泵的最大抽气能力时，打开真空阀，罩内真空度从零开始下降，随着气体充分接触泵抽气面，真空度则开始提升，直至重新达到压力平衡。记录测试罩真空度的变化，通过下式即可算得低温泵的抽气速度

$$S = \frac{Q}{P - P_0} \tag{5-40}$$

式中　S——低温泵的抽速，L/s；

　　　　Q——质量流量计设定的充入测试罩内的气体量，Pa·L/s；

　　　　P，P_0——测试罩内的平衡压力及本底压力，Pa。

根据低温泵实际工作状态与极限真空度指标，测试于测试罩内真空度在 $10^{-2} \sim 10^{-6}$ Pa时进行，由质量流量计控制充入气体流量来调整测试罩内真空度的变化，根据真空度的不同及质量流量计的精度，质量流量计满量程分别选取 50 sccm、100 sccm、200 sccm、500 sccm、1 000 sccm组成充气组件模块。

也可以采用定压法测试泵抽速，方法与上述流量法类似，但每次调整一个流量值，等待泵重新到达平衡压力后，逐次记录质量流量计与测试罩平衡压力，采用相同的计算公式绘出泵压力-抽速曲线。某 DN1250 型低温泵抽速测试曲线如图 5-29 和图 5-30 所示。

（7）抽气容量测试

1）测试制冷机低温泵的入口压力为 1×10^{-3} Pa 左右的抽速 S。

2）通过质量流量计继续往测试罩内送气，调整流量计输出，

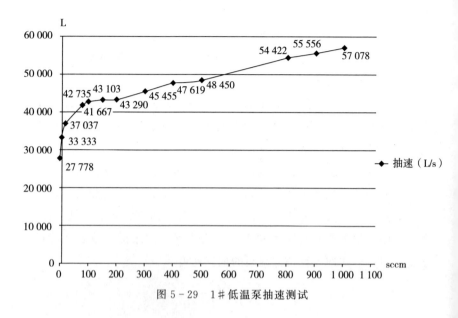

图 5 - 29　1#低温泵抽速测试

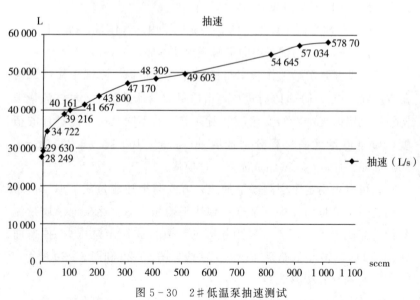

图 5 - 30　2#低温泵抽速测试

使泵压力保持在 1×10^{-3} Pa，记录充入泵内的气体流量，直到低温泵温度上升，其抽速降低到 50% 时停止，记录过程所用时间 t。

3）计算总抽气容量，由下式可计算某种气体在 1×10^{-3} Pa 时的抽气容量

$$Q = Pt \qquad\qquad (5-41)$$

式中 Q——抽气容量，Pa·L；

P—充气质量流量计读数，sccm；

t—测试时间，s。

(8) 渡越容量的测试

1）测试装置包括测试罩、快开阀门以及渡越室，其中渡越室容积为测试罩的 1/4，快开阀门可保证 3 s 内将渡越室内气体的 98% 充入测试罩。

2）将氮气充入充气室到合适的压力（该压力的大小为预估渡越容量与充气室体积之比），等待 5 分钟使充气室氮气的温度与环境温度达到平衡，记录充气室压力和泵二级冷头的温度。

3）打开快开阀门，将气体充入测试罩，监测二级冷头的温度和测试罩内的压力。

4）如果测试期间二级冷头温度不高于 20 K，那么充入的气体量即为渡越容量值。

重复进行测试，取渡越容量平均值进行确认。

第6章 液氮系统设计技术

6.1 概述

液氮系统是空间环境模拟设备中的主要分系统之一，目的是使热沉在真空热试验的全过程中保持温度低于100 K。利用液氮作为热沉制冷的介质是因为液氮流动性好、价格便宜、温度能够满足航天器热真空试验的要求。液氮是无色透明的液体，无毒性，使用安全、可靠，密度为0.808 kg/cm³。另外液氮制取方便，在空气中的含量高达78.03%。

经过多年的发展，用于热沉制冷的液氮系统主要包括：开式沸腾系统、带压节流系统、重力自循环系统、单相密闭循环系统。设计时一般根据模拟室和热负荷的大小，选择采用相应液氮系统。

液氮系统的主要性能参数包括：热负荷的大小、液氮循环流量、液氮泵扬程、液氮的消耗量、过冷度、热沉预冷时间等。设计准则是要保证热沉温度低于100 K，且系统具有冷耗小、运行稳定、安全可靠、启动方便、运转费用低等特点。

6.2 方案设计

液氮系统可以根据设备规模的大小，以及运行管理的综合成本进行总体考虑，通常有如下四种方案可供选择。

（1）开式沸腾系统

开式沸腾系统的工作原理为：液氮贮槽中的液氮依靠贮槽自身压力压入管路，再进入热沉，利用液氮相变即液氮蒸发吸收热量这一制冷方式，来使热沉的温度保持在低于 100 K 的设计温度。开式沸腾系统原理图如图 6-1 所示。系统一般由液氮贮槽以及相应的管路、阀门、传感器构成。

这种系统的优点是：温度低，系统组成简单，无低温下的运动机械设备，造价低，使用安全可靠，维修方便。

这种系统的缺点是：在多路热沉或热沉热负荷较大时，液氮难以合理分配，热沉的温度难以保持均匀。因此开式沸腾系统一般只适用于小型空间环境模拟试验设备。

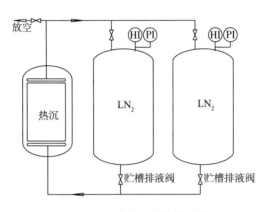

图 6-1　开式沸腾系统原理图

（2）带压节流系统

带压节流系统工作原理为：由液氮贮槽提供的具有一定压力的液氮，经过液氮泵增压后送入热沉，吸收热沉及管路中的热量，再通过节流阀控制压力和流量后返回液氮贮槽。系统中液氮泵的压力既要考虑克服液氮在系统循环中的管道流阻和静压头，还要使液氮处于过冷状态。

带压节流系统原理图如图 6-2 所示。

带压节流系统的优点是：液氮流量可以根据热负荷的大小控制，热沉设计不受重力和位置的限制。带压节流系统的缺点是液氮泵进口易出现气蚀现象，造成系统运行不稳定。

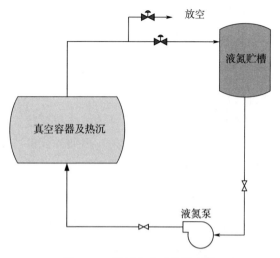

图 6 - 2　带压节流系统原理图

（3）重力自循环系统

重力自循环液氮系统的工作原理是利用在热沉中受热饱和状态的液氮开始沸腾，使管内工质由单相状态变为气液两相状态。由于气液混合物的密度比供液管中饱和液氮的密度小，从而在 U 形结构的两端产生压力差，凭借这个压力差，使液氮进行自循环。

在循环过程中，气液分离器内的饱和状态的液氮经供液管（下降管）进入热沉。在热负荷的作用下变为两相流，然后经回液管（上升管）返回气液分离器，在气液分离器中进行气液分离。分离出的氮气经排气管排出，剩余的饱和状态的液氮则重新进入系统进行循环。

系统原理图如图 6 - 3 所示，一般由液氮供液贮槽、液氮气液分离器以及相应的管道、阀门和传感器组成。

重力自循环系统能够根据系统热负荷的不同，自行调节液氮流量，液氮制冷量利用充分，节约能源，但其对热沉的结构要求及系统管路设计要求较高，管路布局不合理便容易出现气堵，使热沉温度无法满足低于 100 K 的使用要求。

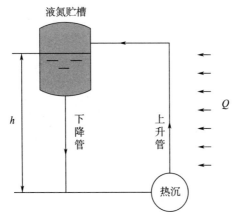

图 6-3 重力自循环系统原理图

系统所能承受的最大热负荷由于受到流量的限制不能过大，同时系统与基建关系密切，受设备安装现场条件制约，从而该系统的适用范围受到了很大的限制。

（4）单相密闭循环系统

液氮单相密闭循环系统的工作原理为：整个系统管路及热沉经过充分的预冷并充满液氮后，启动液氮泵，液氮泵将过冷状态下的液氮以一定的压力和流量输送到模拟室内的热沉，与热沉进行热交换，将热沉吸收的热量带走，使其表面温度保持在低于 100 K，然后返回过冷器，与过冷器内常压下的液氮进行热交换，重新达到过冷状态，系统原理图如图 6-4 所示。

单相密闭循环系统对热沉的结构没有限制，可承受较大的热负荷，热沉的温度均匀性好，系统运行稳定，可靠性高，适用范围广，是目前大型空间环境模拟设备液氮系统首选的循环形式。

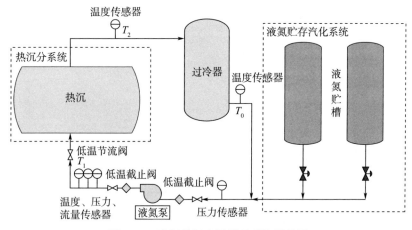

图 6-4　液氮单相密闭循环系统原理图

6.3　系统热负荷的计算

液氮系统方案确定后，根据热沉对液氮系统的要求对液氮系统的各种参数进行设计计算。

（1）开式沸腾系统的设计

开式沸腾系统既可采用一台液氮贮槽单独供液、由热沉排出的液氮-氮气两相流体直接放空的流程方案，也可以采用两台液氮贮槽切换供液，其中一台液氮贮槽恒定压力，将液氮送入热沉，热沉出口排出的气液两相流体回收进入另一台液氮贮槽进行气液分离，残余液氮保存在回收液氮贮槽中，分离出的氮气通过回收液氮贮槽的放空口放空。当供液液氮贮槽内的液氮基本耗尽后，将原供液液氮贮槽压力降低，原回收液氮贮槽压力增高，通过阀门切换，将原供液液氮贮槽转换为回收贮槽，原回收液氮贮槽转换为供液贮槽，从而继续进行系统循环。

开式沸腾系统设计计算的基本计算步骤如下。

第一步：在已知系统设计热负荷的情况下，计算得到系统液氮消耗量

$$m = \frac{Q}{h} \tag{6-1}$$

式中　m——液氮消耗量，kg/s；

　　　Q——系统总热负荷，主要包括热沉的热负荷和保冷漏热部分，kW；

　　　h——液氮汽化潜热，199 kJ/kg。

（2）带压节流系统的设计

带压节流系统设计计算的基本计算步骤如下。

第一步：已知系统设计热负荷，在保证热沉出口液氮以液态形式存在的前提下，按照式（6-2）计算得到系统液氮流量

$$V = \frac{Q}{c_p \rho \Delta T} \tag{6-2}$$

式中　c_p——液氮的定压比热，J/（kg·K）；

　　　ρ——液氮的密度，kg/m³；

　　　V——液氮循环流量，m³/s；

　　　ΔT——液氮计算过冷度，K。

第二步：依据计算得到的液氮流量及计算过冷度，选择液氮泵，根据液氮泵入口最低压力要求，确定液氮贮槽液位高度。

第三步：根据选定的液氮贮槽液位高度，确定液氮泵入口压力及入口饱和液氮温度。

第四步：依据液氮泵在设计流量时对应的扬程数据，确定液氮泵出口压力及出口液氮过冷度。

第五步：判断液氮泵出口过冷度是否满足液氮计算过冷度要求，一般情况下，要求液氮泵出口过冷度大于液氮计算过冷度。

第六步：计算系统压力损失，判断液氮泵扬程是否满足要求。压力损失主要由三部分组成，即沿程阻力损失、局部阻力损失及设备阻力损失。可由式（6-3）、式（6-4）、式（6-5）进行计算

$$\Delta P = \Delta P_1 + \Delta P_2 + \Delta P_3 \tag{6-3}$$

$$\Delta P_1 = \lambda \frac{L}{D} \cdot \frac{\rho u^2}{2} \tag{6-4}$$

$$\Delta P_2 = \sum \xi \frac{\rho u^2}{2} \qquad (6-5)$$

式中　ΔP ——液氮循环压力损失，MPa；

　　　ΔP_1 ——沿程阻力损失，MPa；

　　　ΔP_2 ——局部阻力损失，MPa；

　　　ΔP_3 ——设备阻力损失，MPa；

　　　L ——液氮循环管道总长度，m；

　　　λ ——液氮循环沿程阻力系数；

　　　u ——液氮流速，m/s；

　　　$\sum \xi$ ——局部阻力系数之和。

（3）重力自循环系统的设计

在重力自循环系统中，液氮管路中的流体为气液两相流，根据两相流基本理论，均匀受热垂直上升管内流体的流动状态是依次变化的，即由饱和状态逐步变为泡状流、弹状流、环状流、雾状流。

在环状流范围内，管壁的温度会保持在一个稳定的数值。根据这一理论，设计中我们只要保证热沉管内液氮最后的流动状态不出现雾状流，就可以认为热沉温度保证低于100 K。

在重力自循环系统中，对于一定的热负荷，要保证热沉管内的流体的流动状态为泡状流，就必须保证一定的液氮循环量。

重力自循环系统的基本设计计算步骤如下。

第一步：已知系统所承受的热负荷的大小后，就可根据式（6-6）计算出在总流量中所含气体流量的大小

$$m_G = \frac{Q}{h} \qquad (6-6)$$

式中　m_G ——液氮汽化量，kg/s；

　　　Q ——系统总热负荷，主要包括热沉的热负荷和保冷漏热部分，kW；

　　　h ——液氮汽化潜热，199 kJ/kg。

第二步：选择合适的系统含气量参数，应通过式（6-7）计算，

系统液氮总流量

$$m = \frac{m_G}{x} \tag{6-7}$$

式中　m——系统的总液氮流量，kg/s；

　　　　m_G——系统液氮汽化量，kg/s；

　　　　x——系统含气量。

　　第三步：依据式（6-8）～式（6-16），确定系统所需阻力以及保障重力自循环运行所需液氮贮槽排液口与用液氮设备进液口的高度差。

　　在该系统中，当系统稳定后，流体的流动由下述方程确定

$$h(\rho_L - \rho_{TP}) = \Delta P_1 + \Delta P_2 \tag{6-8}$$

式中　h——液氮高度差，m；

　　　　ρ_L——液氮比重，取 $\rho_L = 799$ kg/m³；

　　　　ρ_{TP}——上升管内液氮两相流比重，kg/m³；

　　　　ΔP_1——下降管压力损失，下降管内液氮可认为是单相流动的液体，其压力损失包括沿程摩擦阻力 ΔP_{mc} 和局部阻力 ΔP_{jb} 两部分组成，kg/m²；

　　　　ΔP_2——上升管压力损失，热沉管内液氮为两相流，其压力损失同样由沿程摩擦阻力 $\Delta P'_{mc}$ 和局部阻力 $\Delta P'_{jb}$ 两部分组成，kg/m²。

　　上升管内液氮两相流的密度 ρ_{TP}、下降管压力损失 ΔP_1、上升管压力损失 ΔP_2、摩擦系数 λ 可分别由以下公式计算

$$\rho_{TP} = \frac{\rho_G \rho_L}{x\rho_L + (1-x)\rho_G} \tag{6-9}$$

$$\Delta P_1 = \Delta P_{mc} + \Delta P_{jb} \tag{6-10}$$

$$\Delta P_{mc} = \lambda \frac{l}{D} \cdot \frac{W^2}{2g} \rho \tag{6-11}$$

$$\Delta P_{jb} = \zeta_{jb} \frac{W^2}{2g} \rho \tag{6-12}$$

$$\lambda = \frac{1}{4\left(\lg 3.7\dfrac{D}{K}\right)^2} \tag{6-13}$$

$$\Delta P_2 = \Delta P'_{mc} + \Delta P'_{jb} \tag{6-14}$$

$$\Delta P'_{mc} = \lambda \frac{l}{D} \cdot \frac{W^2}{2g}\rho_L\left[1 + \bar{x}\psi\left(\frac{\rho_L}{\rho_G} - 1\right)\right] \tag{6-15}$$

$$\Delta P'_{jb} = \zeta'_{jb}\frac{W^2}{2g}\rho_L\left[1 + x\left(\frac{\rho_L}{\rho_G} - 1\right)\right] \tag{6-16}$$

式中　ρ_G——液氮汽化后密度，kg/m^3；

　　　ρ_L——液氮密度，取值 799 kg/m^3；

　　　ΔP_{mc}——下降管沿程摩擦阻力损失；

　　　ΔP_{jb}——下降管局部阻力损失；

　　　l——计算管段的长度，h；

　　　D——管子内径，mm；

　　　W——管内液氮的流速，m/s；

　　　K——管子内壁的绝对粗糙度，mm；

　　　ρ——管内液氮的密度，kg/m^3。

　　　ζ_{jb}——下降局部阻力系数；

　　　$\bar{x}$——平均含气率；

　　　ψ——修正系数；

　　　ζ'_{jb}——上升局部助力系数。

（4）单相密闭循环系统的设计

单相密闭循环系统设计基本步骤如下。

第一步：确定系统热负荷。

系统热负荷分为热沉热负荷及系统热损失，系统热损失根据管道保温方案不同，相应数值也不同

$$Q = Q_1 + Q_2 \tag{6-17}$$

式中　Q——系统热负荷，W；

　　　Q_1——热沉热负荷，W；

　　　Q_2——系统热损失，W。

第二步：液氮循环流量计算。

液氮循环流量可由式（6-18）进行计算

$$V = \frac{Q}{c_p \rho \Delta T} \qquad (6-18)$$

式中　c_p——液氮的定压比热，J/（kg·K）；

　　　ρ——液氮的密度，kg/m³；

　　　V——液氮循环流量，m³/s；

　　　ΔT——液氮过冷度，K。

第三步：管道直径计算。

液氮管道直径可由式（6-19）进行计算

$$D = \sqrt{\frac{4V}{\pi u}} \qquad (6-19)$$

式中　D——液氮循环管道直径，m；

　　　u——液氮的流速，一般取 1~3 m/s。

第四步：管道材料、管道阀门、传感器选择。选择原则如下。

①管道材料选择

液氮管道材料的选用必须依据管道的使用条件（设计压力、设计温度）、经济性、材料的焊接及加工等性能，通常可以选用不锈钢、紫铜、铝等，考虑到实际施工以及管路标准件的选配，一般状态下，选用不锈钢作为液氮管路的材料。

②管道阀门选择

1）用于热沉进出口液氮流量控制的阀门，通常可以选用低温手动节流阀，如有特殊需要可以选配低温气动调节阀实现液氮的自动供应；

2）对于流程中一些用于设备检修、维护或在正常试验状态下处于固定状态（常开或常关状态）的阀门，可以选配低温手动截止阀；

3）其余流程中的控制阀门，可以根据系统自动控制设计需要，选配相应的低温气动调节阀、低温气动开关阀或电磁阀。

③传感器选择

1）一般在液氮泵进出口、系统补液处布置陶瓷电容式压力传感器测量相关测点压力；

2）在液氮泵出口配置低温涡街流量计测量系统液氮流量；

3）在过冷器板翅式换热器出口、液氮泵出口、热沉出口配置温度传感器（一般选用 Pt100），测量相关测点温度；

4）其余位置的传感器配置，根据流程设计需要进行增补。

第五步：液氮循环压力损失计算。

液氮循环压力损失主要由三部分组成，即沿程阻力损失、局部阻力损失及设备阻力损失，可由式（6-20）～式（6-22）进行计算

$$\Delta P = \Delta P_1 + \Delta P_2 + \Delta P_3 \qquad (6-20)$$

$$\Delta P_1 = \lambda \frac{L}{D} \cdot \frac{\rho u^2}{2} \qquad (6-21)$$

$$\Delta P_2 = \sum \xi \frac{\rho u^2}{2} \qquad (6-22)$$

式中　ΔP ——液氮循环压力损失，MPa；

ΔP_1 ——沿程阻力损失，MPa；

ΔP_2 ——局部阻力损失，MPa；

ΔP_3 ——设备阻力损失，MPa；

L ——液氮循环管道总长度，m；

λ ——液氮循环沿程阻力系数；

u ——液氮流速，m/s；

$\sum \xi$ ——局部阻力系数之和。

常用局部阻力系数为 90°弯管、等径三通、截止阀的局部阻力系数。

第六步：管道保冷设计。

液氮管道保冷一般可选用真空绝热管（通常称之为杜瓦管）或硬质聚氨酯现场发泡两种方式。真空绝热管保温性能好，通常直管段漏热可忽略不计。硬质聚氨酯现场发泡保冷层计算方法可参考下列计算步骤。

①环境参数的确定

依据液氮循环管道位置，确定环境参数，包括最高温度和最大湿度。

②导热系数的计算

根据绝热材料保冷导热系数的计算方法

$$\lambda = 0.027\,5 + 0.000\,09\,\frac{t_0 + t_1}{2} \tag{6-23}$$

式中　λ——导热系数，$W/(m \cdot K)$；

　　　t_1——保温层外表面温度，℃；

　　　t_0——保温层内表面温度，℃。

③保冷层厚度的计算

对于圆形管道，保冷层厚度可按式（6-24）和式（6-25）进行计算

$$\frac{D_1}{2}\ln\frac{D_1}{D_0} = \frac{\lambda}{\alpha}\,\frac{t_1 - t_0}{t_a - t_1} \tag{6-24}$$

$$\delta = \frac{D_1 - D_0}{2} \tag{6-25}$$

式中　D_1——保温管外径；

　　　D_0——保温管内径，mm；

　　　t_a——环境温度，℃；

　　　α——表面对流换热系数，$W/(m^2 \cdot K)$；

　　　δ——保温层厚度。

④漏冷量计算

管道保冷后，单位长度管道的最大漏冷量 q 可由式（6-26）进行计算

$$q = \pi D_1 \alpha (t_a - t_1) \tag{6-26}$$

第七步：液氮耗量计算。

液氮运行状态下的消耗量为

$$m = 1\,800\,\frac{Q}{h} \tag{6-27}$$

式中　m——液氮消耗量，kg/h；

　　　h——液氮汽化潜热，199 kJ/kg。

第八步：液氮泵选型。

根据计算得到的液氮流量及压力损失，选取 1.1～1.3 倍安全系数，可以确定所需的液氮泵的额定流量和扬程。

第九步：过冷器的选型。

根据热沉温度要求，一般选取过冷器出口温度不高于 82 K，过冷度为 5～10 K，过冷器内部的换热器选择高效的铝板翅式换热器，绝热采用真空粉末式绝热，过冷器内液氮的液位采用差压式传感器测量，并通过气动调节阀对液位进行自动控制。

第十步：液氮贮槽的选型。

根据计算得到的液氮消耗量，以及当地液氮的供应情况进行确定。在具备较好的液氮供应条件下，一般设计原则是保证贮槽液氮总贮量大于液氮系统连续运行 3 天的消耗量，贮槽配置的数量一般2～4台。

6.4　典型液氮系统举例

以下就国内外中大型空间环境模拟设备液氮系统的选用进行举例说明。

（1）中国 KM4 空间模拟器液氮系统设计

中国 KM4 空间模拟器液氮系统采用了配有带压杜瓦的单相密闭循环系统，由两台液氮泵、一台过冷器、一台带压杜瓦，以及相应的管路、阀门、传感器组成，KM4 空间环境模拟器液氮系统流程简图见图 6-5。

该套系统液氮泵额定流量 32 m³/h，额定扬程 20 m，系统设计热负荷 70 kW。系统配置的带压杜瓦起到了系统压力调节与补液的作用，保证系统内液氮的单相流动状态。

试验结果表明，系统热负荷加大时，系统的压力增加，系统内的液氮流量也增加，具备一定的自调节性能。

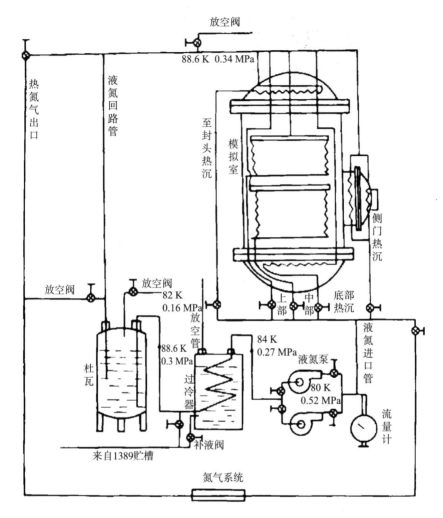

图 6-5　KM4 空间环境模拟器液氮系统流程简图

该套系统还配置了一台有效贮存液氮量为 15 t 的液氮贮槽，用于带压杜瓦补液。

（2）中国 KM6 空间模拟器液氮系统设计

KM6 空间模拟器是为大型应用卫星、飞船等航天器进行热真空、热平衡试验而研制的一台大型空间环境模拟试验设备，选用液氮作为制冷介质，采用了带有文丘里管的单相密闭循环系统的设计方案，通过真空容器内的热沉（表面涂黑漆），形成一个温度低于100 K 的均匀冷黑环境。

KM6 设备的主模拟室为立式，直径 12 m、高 22 m，副模拟室为卧式，直径 7.5 m、长 15 m，主副模拟室总容积 3 200 m³，热沉共分为 22 节，总面积约 1 260 m²，其结构有液氮管为垂直布置的热沉，也有液氮管为水平布置的热沉，设计热负荷为 250 kW。

KM6 液氮系统原理图如图 6-6 所示。

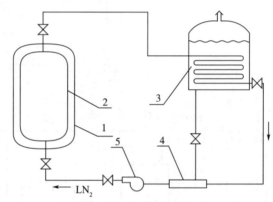

图 6-6　KM6 液氮系统流程原理图

1—模拟室；2—热沉；3—过冷器；4—文丘里管；5—液氮泵

（3）中国 KM7 空间模拟器液氮系统设计

KM7 空间模拟器也是一台为大型应用卫星等航天器进行热真空、热平衡试验而研制的空间环境模拟试验设备，选用液氮作为制冷介质，采用了液氮贮槽稳压的单相密闭循环系统的设计方案，通过真空容器内的热沉（表面涂黑漆），形成一个温度低于 100 K 的均匀冷黑环境。

KM7 设备为卧式空间环境模拟试验设备，有效直径 7.5 m、直筒段长度约 9 m，热沉为肋骨式结构，液氮系统配置三台额定排液量为 60 m³/h 的液氮泵，1 台过冷器，设计热负荷为 150 kW。

系统流程图如图 6-7 所示。

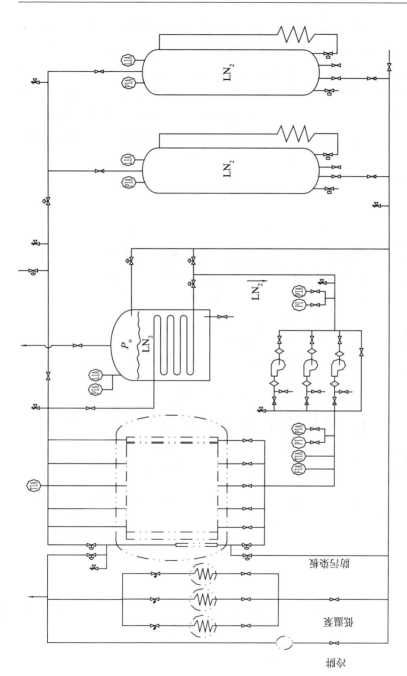

图 6 - 7　KM7 空间环境模拟器液氮系统流程图

（4）日本筑波宇宙中心模拟室直径 8.5 m 空间模拟器液氮系统设计

日本筑波宇宙中心模拟室直径 8.5 m，空间模拟器液氮系统采用带压节流系统，液氮泵出口压力 0.588 MPa，通过液氮泵将液氮贮槽内的液氮送入热沉，并保持热沉出口流体压力 0.49 MPa，出口温度低于 100 K。为了减少液氮的消耗，热沉出口设置了气液分离器，两相流体在其中进行气液分离，氮气经过热交换器排放到室外，液氮贮存于气液分离器中，用于液氮系统补液。本套液氮系统流程简图见图 6-8。

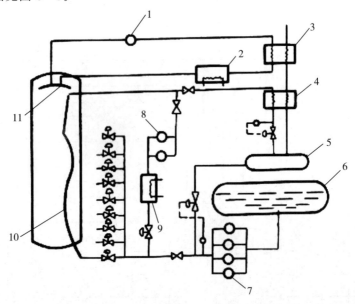

图 6-8　日本筑波宇宙中心模拟室直径 8.5 m 空间模拟器液氮系统流程简图

1—鼓风机；2—加热器；3—热交换器；4—过冷器；5—气液分离器；6—液氮贮槽；

7—液氮泵；8—鼓风机；9—加热器；10—热沉；11—准直镜

（5）美国洛克希德公司模拟室直径 12.2 m 空间模拟器液氮系统设计

美国洛克希德公司模拟室直径 12.2 m 空间模拟器液氮系统，采用了带有文丘里管的单相密闭循环系统的设计方案，系统中装有文丘里管，其稳压稳流作用代替带压液氮杜瓦，保证了液氮泵进口压力稳定，使系统流量不变。系统内的最高温度点是 96.7 K，压力为 755 kPa，过冷度约 3 K，选用三台离心式液氮泵，每台流量 55.7 m³/h，正常运行时，使用两台，备用一台。本套液氮系统流程简图见图 6-9。

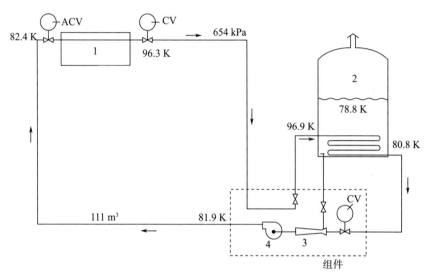

图 6-9 美国洛克希德公司模拟室 12.2m 空间模拟器液氮系统流程简图
1—热沉；2—过冷器；3—文丘里管；4—液氮泵

（6）日本一台模拟室直径 13 m 的空间模拟器液氮系统设计

日本模拟室直径 13 m 的空间模拟器液氮系统配置两台液氮贮槽，温度 83 K，压力 0.7 MPa，每台液氮贮槽有效容积 100 m³，配置四台液氮泵（两用两备），为热沉提供单相过冷液氮。系统设计热负荷 160 kW，其中包括太阳模拟器 60 kW。液氮系统循环量 64 m³/h（单台液氮泵流量约 32 m³/h），保持热沉出口温度 90 K。系统液氮消耗量约 2.5 m³/h（太阳模拟器工作的情况下），配置氮气再液化系统后，液氮消耗量降低至约 0.5 m³/h。本套液氮系统流程简图见图 6-10。

（7）苏联一台模拟室直径 17.5 m 的空间模拟器液氮系统设计

苏联一台模拟室直径 17.5 m 的空间模拟器液氮系统主要靠液氮

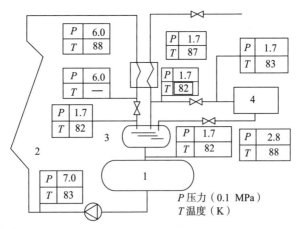

图 6-10　日本一台模拟室直径 13 m 的空间模拟器液氮系统流程简图

1—液氮贮槽；2—热沉；3—气液分离器；4—氮气再液化系统

重力及加热后的对流进行循环，以自然对流的形式进行。当热沉热负荷较小时，由于升力太小，需要液氮泵辅助循环，这种系统安全可靠，而且节约能源，因为吸收热负荷而产生的气氮，通过冷凝装置，再次液化返回贮槽，启动时的液氮有液氮泵供给。本套液氮系统流程简图见图 6-11。

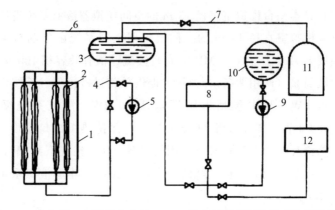

图 6-11　苏联一台模拟室直径 17.5m 的空间模拟器液氮系统流程简图

1—容器；2—热沉；3，10—液氮贮槽；4—供液管；5，9—液氮泵；6—回液管；

7—排气管；8—气氮再液化系统；11—气氮柜；12—压缩机

第7章 气氮系统设计技术

7.1 概述

气氮系统包括气氮回温系统和气氮调温系统两种类型，前者通常仅用于试验结束后快速对热沉加热，使容器内温度迅速恢复到出舱条件；后者不仅可用于热沉的复温，还可用于替代整个试验过程中对高温工况的要求。

7.2 气氮回温系统

气氮回温系统具有热沉加热的功能。主要功能是在试验工况结束后，为热沉提供一定压力和流量的高温氮气，使热沉温度在规定时间内从低温状态恢复至室温状态。常用空间环境模拟器气氮回温系统有闭式循环系统和开式系统两类。

7.2.1 方案设计

气氮系统通常有闭式循环系统和开式系统两种方案可供选择。

（1）闭式循环系统

闭式循环系统原理图见图7-1，系统一般由压缩机、过滤器、水换热器及管道阀门等组成，根据各类热沉、真空泵等用氮气设备对温度控制、氮气流量控制、气体置换以及系统运行时间的不同要求，还可以增加电加热器、储气罐、回热换热器等设备。

（2）开式系统

开式系统原理图见图7-2，系统一般由电加热器、空温式汽化器等设备组成，根据各类热沉、真空泵等用氮气设备对于温度控制、

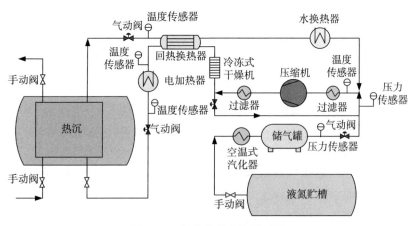

图 7-1　闭式循环系统原理图

氮气流量控制、气体置换以及系统运行时间的不同要求还可增加储气罐等设备。

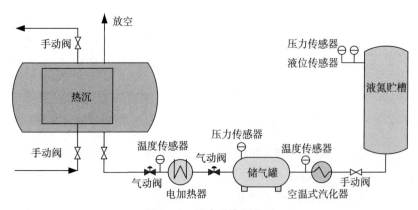

图 7-2　开式系统原理图

系统工作原理图为液氮贮槽中的液氮依靠自身压力压入管路，然后进入汽化器汽化，再通过电加热器进行气氮加热，最后将升温后的热氮气注入热沉，使其回温到设定常温状态。

7.2.2　设计计算

（1）闭式循环系统

闭式循环系统设计计算基本步骤如下。

第一步：确定闭式循环系统加热功率。

加热功率一般包括热沉由低温状态恢复至室温状态所需的加热功率和系统管路由低温状态恢复至室温状态所需的加热功率两部分，可由下式计算

$$P = \sum cm\Delta T \qquad\qquad (7-1)$$

式中　P——加热功率，J；

　　　c——比热，J/（kg·K）；

　　　m——质量，kg；

　　　ΔT——热沉、管道高低温状态温差，K。

第二步：根据计算得到的加热功率，按式（7-2）计算系统氮气系统循环流量

$$V = \frac{P}{\rho c_p \Delta T \tau} \qquad\qquad (7-2)$$

式中　P——加热功率，J；

　　　c_p——定压比热，J/（kg·K）；

　　　ρ——氮气密度，kg/m³；

　　　ΔT——系统循环氮气高低温温差，K；

　　　τ——设计由低温状态转换至室温状态的时间，s。

第三步：依据压缩机/风机等动力设备入口气体温度要求，以及系统循环氮气高低温温差，得到设计热沉入口温度。

第四步：依据计算得到的系统氮气循环流量，选择压缩机/风机等动力设备。

第五步：依据选取的设备参数，进行系统内气体流速校核。

对于管道内流动的气体，当压力在 0.1～0.7 MPa 范围内时，流速一般应控制在 10～20 m/s，根据式（7-3）可计算出系统氮气的

流动速度是否在推荐范围内，若存在较大偏差，则通过调整由低温状态转换至室温状态的设计时间或系统循环氮气高低温温差，进行系统氮气循环流量调整，从而保证系统氮气的流动速度在推荐范围内

$$u = \frac{4V}{\pi D^2} \qquad (7-3)$$

式中　V——在工作温度、工作压力下氮气体积流量，m^3/s；

　　　u——氮气流速，m/s；

　　　D——系统管路直径，一般情况下选择气氮系统管路通径与液氮系统供液主管路通径一致，m。

第五步：电加热器功率计算。

根据系统使用需要配置电加热器。电加热器功率可通过式（7-4）进行计算

$$Q = \rho V c_p \Delta T \qquad (7-4)$$

式中　Q——电加热器功率，kW；

　　　ΔT——电加热器进出口氮气温差，K；

　　　V——空温式汽化器额定汽化量，m^3/h；

　　　ρ——氮气密度，kg/m^3；

　　　c_p——氮气定压比热，$J/(kg \cdot K)$。

第六步：系统压力损失计算。

系统压力损失主要由三部分组成，即沿程阻力损失、局部阻力损失及设备阻力损失。可由式（7-5）、式（7-6）、式（7-7）进行计算

$$\Delta P_G = \Delta P_{1G} + \Delta P_{2G} + \Delta P_{3G} \qquad (7-5)$$

$$\Delta P_{1G} = \lambda \frac{L}{D} \cdot \frac{\rho u^2}{2} \qquad (7-6)$$

$$\Delta P_{2G} = \sum \xi \frac{\rho u^2}{2} \qquad (7-7)$$

式中　ΔP_G——氮气系统压力损失，MPa；

　　　ΔP_{1G}——沿程阻力损失，MPa；

ΔP_{2G}——局部阻力损失，MPa；

ΔP_{3G}——设备阻力损失，MPa；

L——氮气循环管道总长度，m；

λ——氮气循环沿程阻力系数；

u——氮气流速，m/s；

$\sum \xi$——局部阻力系数之和，常用局部阻力系数为 90°弯管、

　　等径三通、截止阀的局部阻力系数。

（2）开式系统

开式系统设计计算基本步骤如下。

第一步：确定开式系统加热功率。

加热功率一般包括热沉由低温状态恢复至室温状态所需的加热功率和系统管路由低温状态恢复至室温状态所需的加热功率两部分。可由式（7-1）计算。

第二步：根据计算得到的加热功率，计算系统所需氮气流量。可由式（7-2）计算。

第三步：依据计算得到的氮气流量，选择系统供氮气设备，包括空温式汽化器、储气罐等。

第四步：依据设备参数，系统循环氮气高低温温差，确定电加热器设计功率。

7.2.3　典型气氮回温系统举例

（1）中国 KM7 空间模拟器气氮回温系统设计

中国 KM7 空间模拟器气氮系统采用闭式循环系统的设计方案，主要由换热器、氮气螺杆压缩机、冷冻式干燥机、过滤器及管道阀门等组成。

其工作原理是从热沉返回的氮气经换热器换热后温度控制在 0～40 ℃，然后经过滤器进入螺杆压缩机，螺杆压缩机将气体增压加热并经过冷冻式干燥机除湿、过滤器过滤后送入热沉，形成密闭循环。冷冻式干燥机的作用是用来干燥循环气体的，过滤器则是保证循环气

体的含油量低于 0.001 ppm。系统中氮气的加热是由螺杆压缩机产生
的压缩热来实现的。压缩机启动阶段由液氮贮存汽化系统为压缩机提
供补气气源。系统原理如图 7 - 3 所示。

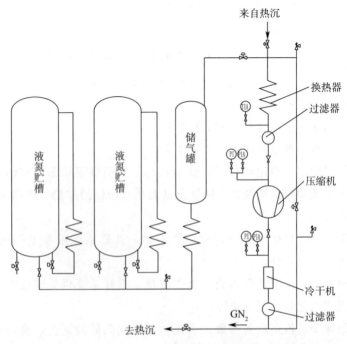

图 7 - 3　中国 KM7 空间模拟器气氮系统原理简图

（2）中国 KM3 级空间模拟器气氮系统设计

目前如无特殊设计要求，中国 KM3 级空间模拟器气氮系统均采
用开式系统的设计方案，配有电加热器、空温式汽化器等设备。系
统原理如图 7 - 4 所示。

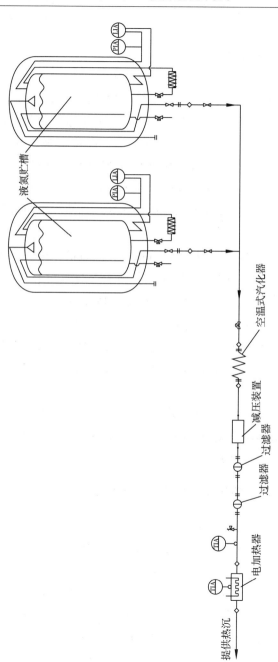

图 7 - 4　中国 KM3 级空间模拟器气氮系统原理简图

7.3　气氮调温系统

气氮调温系统，具有热沉调温与热沉加热的功能。当前气氮调温系统可用于实现将热沉温度从 $-180\sim+150\ ℃$ 连续可调，也可用于热沉的液氮吹除与升至室温。国际上许多国家，如美国、日本、欧盟、法国、印度等国家，新研制的大小型空间环境模拟试验设备均采用热沉温度可调的方案。我国以前进行这种试验是在空间环境模拟室内，在液氮热沉温度的热沉内，加红外加热笼，用以保证热真空试验的温度调节。

采用气氮喷射式系统对热沉进行调温，是目前国际上最先进的方法，可以节约 75% 的能量，欧洲空间研究与技术中心（ESTEC）1984 年改造的直径 10 m 的大型空间环境模拟设备，热沉温度 $-100\sim+100\ ℃$ 连续可调，日本最新研制的大型空间环境模拟室直径 13 m，其热沉温度也在 $-100\sim+100\ ℃$ 连续可调，印度研制的空间环境模拟室直径 9 m、高 13 m，其热沉温度同样要求在 $-100\sim+100\ ℃$ 连续可调。

我国第一次在 KFT 空间环境模拟设备上使用这种气氮调温系统，设计成多用途高性能的空间环境模拟设备。调试结果表明，其总体性能达到了国际同类设备的水平。

7.3.1　气氮调温系统的应用目的与技术指标

（1）气氮调温系统的目的

1）用于热沉在完成热真空试验后，将热沉中液氮吹除并加热到 $+50\ ℃$，以便真空容器充气复压开启模拟室。

2）模拟室真空调试时，为了提高真空度，需要对热沉进行烘烤，加热到 $+150\ ℃$，以便除气，提高真空度，缩短抽气时间。

3）热沉在研制过程中，内表面要喷涂黑漆，根据喷涂工艺要求，对黑漆要进行三次烘烤，最高温度要求 $+100\sim+150\ ℃$。

4）载人航天器热真空试验，为了航天员生命安全，要尽快地复压，需对热沉迅速加热，在短时间内让航天员出舱，要求热沉短时间内升温至＋60 ℃。

5）大型柔性结构的展开试验，要求热沉温度在－60 ℃左右的真空环境下进行试验，对热沉需要定点调温。

6）为了使太阳模拟器准直镜保持清洁，需要对其进行＋150 ℃的烘烤。

7）用于热真空试验，要求热沉温度－180～＋150 ℃可调。

（2）气氮调温系统的技术指标

1）热沉低温可调温度：室温至100±10 K可调，控温精度±2 K。

2）热沉高温可调温度：室温至420±10 K可调，控温精度±1 K。

3）升降温速率为1 K/min，气氮循环压力为0.15～0.2 MPa，热沉真空除气温度可达420 K。

7.3.2　热沉调温方法

（1）用气氮作为调温介质

①液氮贮槽式冷却器调温方法

法国图鲁兹国家研究中心的空间环境模拟器采用了液氮贮槽式冷却器的热沉调温方法，其中容器直径7 m，高10 m，用于卫星试验。副容器直径5.5 m，长9 m，内装太阳模拟器的反射镜，热沉温度可在100～300 K之间连续可调，其原理图见图7-5。

印度对直径2 m、长2.5 m的空间环境模拟设备采用液氮贮槽式冷却方案，对热沉进行173～373 K的调温，采用液氮贮槽式冷却器的热沉调温系统原理图见图7-6。

②液氮注入喷射式冷却器调温方法

液氮注入喷射式冷却器调温方案原理见图7-7，在液氮喷射器2中有金属编织的填料，向其中注入液氮，并根据冷却器出口氮气温度在100～373 K之间的目标温度设定要求，确定注入的液氮量。出口的气氮在经过电加热器准确调温后达到预定温度，送入热沉。

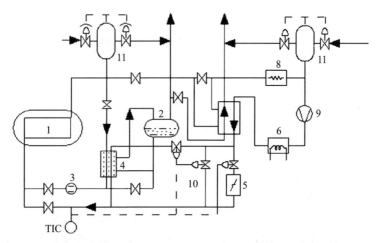

图 7 - 5　法国图鲁兹国家研究中心的空间环境模拟器热沉调温系统原理图

1—热沉壁；2—液氮贮槽；3—液氮循环泵；4—液氮贮槽式冷却器；5—加热器；

6—水冷却器；7—热交换器；8—加热器；9—压缩机；10—旁路；11—蓄压器

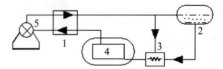

图 7 - 6　印度直径 2 m、长 2.5 m 空间环境模拟设备热沉调温系统

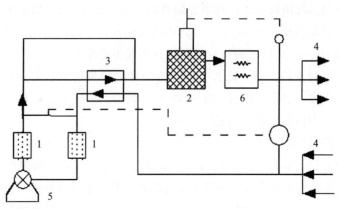

图 7 - 7　液氮注入喷射式冷却器调温方案原理图

1—水冷却器；2—液氮喷射器；3—热交换器；4—热沉；5—压机；6—电加热器

　　液氮贮槽式冷却器调温方法与液氮注入喷射式冷却器调温方法的比较见表 7-1。

表 7-1　液氮贮槽式与液氮注入喷射式冷却器调温方法液氮消耗量比较表

温度/K 项目	175	185	200	215	230	245	260
液氮贮槽式	87.5	78.5	69.0	59.0	49.0	39.4	30.5
液氮注入喷射式	60.0	51.1	42.6	35.0	28.0	21.7	16.2
节约液氮量	31.7	34.9	38	40.7	42.9	44.9	46.9

　　美国 PDM（Piec-Des Moinss Inc）公司，其中一台空间模拟器的模拟室直径12.2 m、长 26.5 m，称德尔它空间模拟器，热沉温度在（103~388）±5.5 K 内连续可调，变温速率 1 K/min，其高温调温系统见图 7-8。

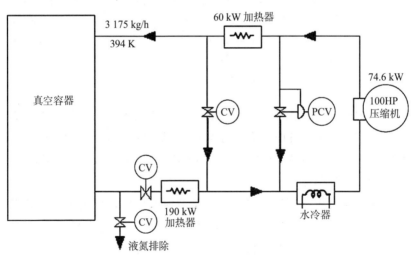

图 7-8　美国德尔它空间模拟器气氮调温系统原理图

　　德国一台模拟室直径 6.8 m 的空间模拟器，热沉材料用不锈钢制造，在 100~400 K 之间温度可调，其系统图见图 7-9。

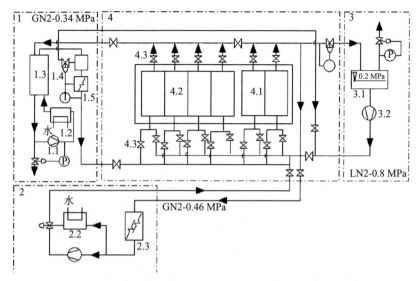

图 7 - 9　德国一台模拟室直径 6.8 m 的空间模拟器调温系统图

①气氮调温系统（100 K＜T＜420 K）：1.1—压缩机，1.2—水冷却器，1.3—热交换器，

1.4—气体喷射器，1.5—电加热器；②气氮调温系统（300 K＜T＜420 K）：2.1—压缩机，

2.2—水冷却器，2.3—水加热器；③液氮供给系统：3.1—储槽，3.2—液氮泵；

④热沉系统：4.1—1～2 路热沉，4.2—2～17 路热沉，4.3—分配阀

国内外一些空间环境模拟设备采用的热沉调温系统的性能见表 7 - 2。综上所述，目前世界上各国都利用气氮在热真空设备中进行 173～373 K 的热沉调温试验，这是当前环境模拟设备发展的新技术。

（2）空气制冷

采用空气作制冷剂，是既经济又简便的方案，可用于降温速率较低、热负荷较小、热沉温度范围为－100～＋100 ℃的设备。国内已建成 50～1 000 m³ 温度低于－80 ℃的低温环境实验室。

（3）蒸发式制冷

蒸发式制冷适用于热沉温度为－60 ℃左右的设备，降温速率为 0.12～0.2 ℃/min，模拟航天器仪器舱内的环境温度，制冷剂采用氟利昂。中国几台环境模拟室直径 0.6 m～1 m 的 BZ2、BZ3、BZ4 热真空环境试验设备采用了氟利昂制冷方案。

表 7-2　国内外热沉调温系统性能比较表

序号	名称	模拟室尺寸	调温范围	其他技术指标
1	ESTEC	$D10\ m \times H15\ m$	$(173 \sim 373) \pm 10\ K$	调温速率：1 K/min 单位时间最大热负荷：10 kW 气氮循环压力：0.15 MPa 液氮消耗量：2 m³/h 喷射式冷却器调温
2	日本	$D13m \times L23\ m$	$(173 \sim 333) \pm 10\ K$	
3	印度	$D9\ m \times H14\ m$	$(173 \sim 373) \pm 10\ K$	局部热通量：1.4 kW/m² 调温速率：1 K/min
4	美国 A 容器	$D19.8\ m \times H36.5\ m$	$100 \sim 400\ K$	
5	比利时	$D5\ m \times L6\ m$	$170 \sim 370\ K$	可进行 10 种不同温度的调节
6	法国	$D7\ m \times H10\ m$	$100 \sim 300\ K$	采用液氮贮槽式冷却器调温
7	德国	$D4\ m \times H7\ m$	$100 \sim 273\ K$	采用液氮注入喷射式冷却器调温
8	印度	$D2\ m \times L2.5\ m$	$(173 \sim 373) \pm 2.5\ K$	采用液氮贮槽式冷却器调温
9	日本	$D8.5\ m \times H25\ m$	$173 \sim 373\ K$	采用液氮注入喷射式冷却器调温
10	美国 PDM 公司	$D12.2\ m \times H26.5\ m$	$(103 \sim 388) \pm 5\ K$	调温速率：1 K/min
11	德国	$D6.8\ m \times L13\ m$	$100 \sim 400\ K$	采用液氮注入喷射式冷却器调温
12	中国	$D1.4\ m \times L3\ m$	$(173 \sim 373) \pm 2\ K$	采用液氮注入喷射式冷却器调温

注：D—直径；L—长度；H—高度。

7.3.3　调温系统的设计

（1）方案设计

以一台模拟室直径 10～12 m 大型空间环境模拟设备调温系统的方案设计为例，采用液氮喷射式冷却器方案，其典型系统原理见图 7-10。

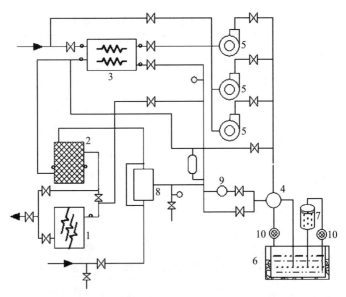

图 7 - 10　　一台模拟室直径 10～12 m 大型空间环境模拟设备调温系统原理图

1—电加热器；2—气体均匀器；3—高效热交换器；4—高压风机；5—水冷却器；

6—水池；7—水冷却塔；8—高压杜瓦；9—干燥器；10—水泵

　　热沉低温调温系统工作流程如下：从高压风机输出 0.2 MPa 的气氮，经油水分离器、干燥器并在热交换器内进行预冷后，进入气体均匀器（液氮喷射器）。在这里有 5 t 带压杜瓦供给压力为 0.3 MPa 的液氮，液氮经金属网填料变为冷氮气，与来自热交换器热通道的气氮进行充分的热交换，所注入液氮量根据热沉温度（－100～＋100 ℃ 之间）选定。气体均匀器出口温度可控制在±1 K。回路气体经热交换器冷通道进入高压鼓风机进行循环。为了使压强大致恒定，注入的气氮在回路最热处经阀 3 放出一定量气体，该系统除了利用液氮的蒸发焓外，还利用了当时的温度与 77 K 之间的气氮焓差，所以从热力学上说比利用蒸发焓的方法（液氮贮槽式冷却器调温方法）要优越得多。

　　热沉进行高温系统调温时，从高压风机输出的 0.2 MPa 的气氮，经电加热器加热后进入热沉，电加热器出口温度可控准确度为±1 K。

（2）大型调温系统主要设备性能

1）气体均匀器：使热氮气与冷氮气能充分进行热交换，以便温度均匀。

2）高效热交换器：铝制板壳式盐溶焊接而成，效率达 90%，在进行低温调温时，可节省液氮耗量，在进行高温调温时，可节省大量的电能和水。

3）高压风机：用于克服管道阻力，使气氮进行循环，流量为 200 m^3/min 左右，压力为 0.05～0.3 MPa。

4）5 t 带压液氮贮槽：贮存液氮，使用压力 0.3 MPa，保证贮槽内液氮压力大于风机管道的气体压力，作为进入气体均匀器的冷源贮槽。

5）气动调节阀：用于调节进入气体均匀器的冷氮气流量，可自动控制。

6）温度测试和控制仪表：用于热沉及系统温度参数的自动采集、存储、打印等。

7）电加热器：用于加热氮气，出口温度自动控制。

8）水冷却器：使热氮气温度从 100 ℃ 降低至 40 ℃ 以下，以保证高压风机进口处气体温度处于风机正常工作范围内。

9）干燥器：用于吸附氮气中的水分。

10）油水分离器：用于去除氮气中的油分和水分。

（3）主要设备的设计与计算

①高效热交换器

一般选双通道、逆流、板翅式换热器。

单位时间内传热量可由式（7-8）计算

$$Q = G c_p \Delta T \tag{7-8}$$

式中　G——流量，kg/s；

　　　c_p——比热容，J/（kg·K）；

　　　ΔT——温差，K。

换热面积可由按式（7-9）计算

$$F = \frac{Q}{k\Delta T} \qquad (7-9)$$

式中　Q——单位时间的传热量，W；

　　　k——传热系数，W/（m² · K）；

　　　ΔT——传热温差，K。

②增压装置

在给定增压比条件下，可选气体压缩机或高压鼓风机作为系统动力源，从冷却水用量、投资额、机房面积等因素综合考虑，大型调温系统的增压装置可选择高压、高速离心式鼓风机。

③冷却器

冷却器是将高压鼓风机出口的高温氮气冷却至常温，在启动初期，利用冷凝的方法去除系统中原有气体的大部分水分。

④干燥器

依据系统额定气体流量、干燥等级选择干燥器形式和处理气量。

⑤气体均匀器

喷射式气体均匀器，可将冷氮气与热氮气进行充分的热交换，达到预定的温度，它有一路出口和三路进口，其中一路是高压风机经热交换器的热氮气进口，另两路是冷氮气进口，一路是常开，另一路是可调的。为了保证热氮气与冷氮气热交换充分，采用雨淋式喷射结构，出口温度可控制在±1 ℃。

（4）热负荷计算

总热负荷包括热沉材料加热所需热负荷、热沉内剩余液氮耗热量、支承传导漏热、管路热损失、阀杆传导漏热损失以及热沉对筒体的热负荷。

热沉材料加热所需热负荷为

$$Q_1 = \frac{M_1 c_p (T_2 - T_1)}{\Delta T} \qquad (7-10)$$

式中　Q_1——热沉加热所需热负荷，W；

　　　ΔT——加热时间，s；

M_1——热沉材料质量，kg；

c_p——比热容，J/（kg·K）；

T_1——热沉初始温度，K；

T_2——热沉目标温度，K。

热沉内剩余液氮耗热量，包括汽化热及升温所需热量为

$$Q_2 = \frac{M_2 G + M_2 c_p (T_2 - T_1)}{\Delta T} \qquad (7-11)$$

式中　Q_2——剩余液氮耗热量，J；

G——液氮汽化热，J/kg；

M_2——剩余液氮质量，kg；

c_p——液氮比热容，J/（kg·K）。

支承传导漏热可由式（7-12）计算

$$Q_3 = \frac{n \lambda A \Delta T}{L} \qquad (7-12)$$

式中　n——支承数量；

λ——支承件的热导率，W/（m·K）；

A——接触面积，m^2；

L——支承热流传导长度，m。

管路一般用紫铜或不锈钢管，管外喷涂聚氨酯泡沫塑料，现场发泡，它的热导率在30 ℃按照 0.047 W/（m·K）进行计算，工作状态下，稳定导热时，双层圆筒壁的热损失按式（7-13）计算

$$Q_4 = \frac{2(T_2 - T_1)\pi}{\dfrac{1}{\lambda_1}\ln\dfrac{d_1}{d_2} + \dfrac{1}{\lambda_2}\ln\dfrac{d_3}{d_2}} \qquad (7-13)$$

式中　d_1——管内径，mm；

d_2——管外径，mm；

d_3——保温层外径，mm；

λ_1——管内壁材料热导率，W/（m·K）；

λ_2——聚氨酯泡沫塑料热导率，W/（m·K）；

T_1——管道内液氮温度，K；

T_2——保温层外表面温度，K；

L——支承热流传导长度，m。

阀门包敷绝热材料后的导热损失，阀杆传导漏热损失为

$$Q_5 = \frac{\lambda A \Delta T}{L} \qquad (7-14)$$

式中　ΔT——温度差，K；

λ——阀杆材料的热导率，W/（m·K）；

A——阀杆截面积，m^2；

L——支承热流传导长度，m。

热沉对筒体的热负荷为

$$Q_6 = \frac{\varepsilon_1 \varepsilon_2}{\varepsilon_1 + \varepsilon_2 - \varepsilon_1 \varepsilon_2} \sigma A (T_2^4 - T_1^4) \qquad (7-15)$$

式中　σ——斯特藩-玻尔兹曼常数，5.67×10^{-8} W/（m^2·K^4）；

ε_1——内管发射率；

ε_2——外管发射率；

T_1——内管温度，K；

T_2——外管温度，K；

A——辐射面积，m^2。

7.3.4　中国 KFT 空间环境模拟设备的调温系统

KFT 设备调温系统可保证热沉温度在$-100 \sim +100$ ℃之间连续可调，调温系统与液氮系统完全独立并分别进行控制。

KFT 设备调温系统原理如图 7-11 所示。

对热沉进行低温调温时，从空压机（10）输出的 0.2 MPa 的氮气，经油水分离器（11）、干燥器（12），在热交换器（7）内进行预冷，进入气体均匀器（6）（或称液氮喷射器），在这里由 200 L 带压杜瓦（13）供给压力为 0.3 MPa 的液氮。电磁阀（21）常开，气动阀（22）可调节喷射的液氮量，液氮经不锈钢金属网填料变为冷氮气并与热交换器来的气氮进行充分的热交换。所注液氮量的多少，

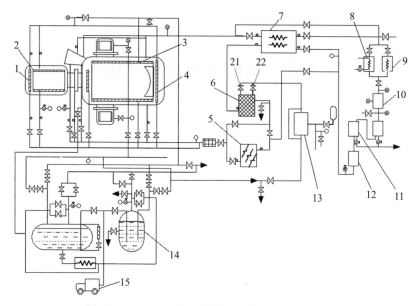

图 7-11　KFT 空间环境模拟设备调温系统原理图

1—小门热沉；2—副筒体热沉；3—筒体热沉；4—大门热沉；5—电加热器；6—气体均匀器；
7—热交换器；8—水冷却器；9—电加热器；10—空压机；11—油水分离器；12—干燥器；
13—容积 200 L 带压液氮储槽；14—液氮储槽；15—液氮槽车；21—电磁阀；22—气动阀

根据热沉温度要求确定。气体均匀器出口温度可控制，准确度达到 ±1 K。调温后气氮经阀门进入各路热沉，回路气体经热交换器换热后，若出口温度依旧低于 0 ℃，则由 2♯ 电加热器加热至室温，经阀门进入空压机。

对热沉进行高温调温时，从空压机（10）输出的 0.2 MPa 的氮气，经电加热器加热后进入热沉，电加热器出口温度可控，准确度达到 ±1 K。

第8章 氦低温系统设计技术

8.1 概述

8.1.1 氦低温系统在空间模拟器中的作用

（1）作为分子沉模拟与低温泵、深冷泵的冷源

太空是无限大的空间，航天器发射出的分子，全部被太空所吸收，无二次反射问题，而空间模拟器只有有限的空间，为了模拟太空的真实环境，减少分子的二次反射，要求模拟器使用大抽速、清洁的抽气系统，低温泵就是这种抽气系统的最佳选择。尤其是内装式低温泵，它可产生大于 1 000 m³/s 的抽速，能真实模拟空间分子沉条件。氦低温系统在空间环境模拟设备的重要作用之一就是作为低温泵的冷源与内装式深冷泵的冷源。

（2）作为航天器红外多光谱遥感器定标等试验用冷背景的冷源

在卫星遥感器定标试验时，要求提供辐射制冷器的冷屏温度为 20～30 K，有效功率为数十瓦。用液氮系统不能满足要求，只能用氦低温系统。为模拟遥感器在空间低温状态下的工作，必须把遥感器敏感面视觉范围内的物体都冷到 20 K 左右。

在辐射制冷器的试验中，80 K 热沉环境是不能满足要求的。同样对于在空间模拟器中飞行器目标识别系统试验，也需要有点源黑体、面源黑体与 20 K 冷背景的氦深冷系统。总之，凡是需要提供 20 K 左右冷背景环境的，就需要氦低温系统。

（3）作为在空间模拟器中姿控发动机试验液氦深冷板的冷源

航天器姿控发动机在空间模拟器中试验，测定热、力、力矩、

污染与可靠性等，喷射的工质含有氢气、二氧化碳等。须有 $4\sim5$ K 的液氦深冷板维持 10^{-3} Pa 的真空度，因此必须配备液氦制冷系统。

8.1.2　空间模拟器中常用的几种氦制冷系统

8.1.2.1　一般介绍

一般空间模拟器的氦制冷系统有以下几种：

1）G - M 循环制冷机：可达到的最低温度 $T_{min}=7$ K，制冷量为 $1\sim20$ W（20 K）。

2）斯特林循环制冷机：$T_{min}=12$ K，制冷量为 $10\sim400$ W（20 K）。

3）逆布雷顿循环制冷机：制冷量为 $0.1\sim10$ kW（20 K）。

4）克劳德循环氦液化器：制冷量为 $0.1\sim10$ kW（4 K）。

在这些制冷系统中，工作介质都是氦气，靠气体膨胀消耗内能对外作功获得冷量。G - M 循环制冷机和斯特林循环制冷机主要用作外接式低温泵的冷源，应用较广的外接低温泵口径为 $\phi150\sim\phi1\,250$ mm，其制冷量在 $4\sim18$ W 范围内。制冷机第一级冷头冷却屏蔽挡板，第二级冷头冷却低温泵的低温抽气面。当然也可以用液氮冷却屏蔽挡板，这样可提高制冷机的有效冷量。

大型内装式低温氦板要求的冷量较大，多采用逆布雷顿循环制冷机，它可使冷氦气流直接流过低温面。氦板一般做成带翼异型管，这样可使氦板更好地冷却。

在需要贮槽式液氦低温泵或蒸发式低温泵的模拟器中，一般用克劳德循环氦液化器，这种泵可更有效地抽除氢。

8.1.2.2　G - M 循环制冷机

吉福德-麦克马洪循环制冷机简称 G - M 循环制冷机，它可获得 77 K、20 K 及 6.5 K 的低温，故在工业和科研上被广泛应用。

G - M 循环制冷机的结构示意图如图 8 - 1 所示。

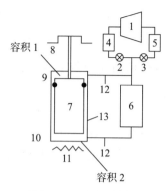

图 8-1　单级 G-M 循环制冷机结构简图

1—压缩机；2，3—进气、排气阀；4，5—高压、低压贮气筒；6—蓄冷器；7—排出器；
8—驱动机构；9—热腔；10—冷腔；11—冷头；12—连接软管；13—气缸

G-M 循环制冷机使用方便，全部阀门和活动部分的密封都处在室温下，因此不容易出故障。制冷机的阀门要求长时间快速打开或关闭，活动部件应得到充分的润滑，但这在低温下是很困难的问题。

G-M 循环制冷机的另一个优点是使用了蓄冷器式热交换器，蓄冷器简单、容易制造，在小尺寸时效率高，且价格便宜。它在工作流体有一定量的凝结或污染时不会严重降低循环效率或堵塞气路。蓄冷器实际上是换向热交换器，换向热交换器由于周期性地改变进排气通道，因此可以起到沟通管路和去除积累凝结物的作用。

G-M 膨胀机推移活塞仅承受蓄冷器产生的压差，而且由于经常换向，如有小的泄漏可以忽略。同时，推移活塞驱动系统不必承受很大的活塞驱动力，这样使结构简单，质量小，振动也较小。G-M 循环制冷机的缺点是每单位制冷量要求有高的功率输入，这主要由于不完全膨胀和压缩气体的一部分消耗在蓄冷器的腔体中，而这部分功耗又不制冷。

8.1.2.3　斯特林循环制冷机

斯特林循环由两个等温过程和两个等容过程组成，如图 8-2 所示，该气缸中有两个相对的活塞，两活塞间有一蓄冷器。蓄冷器用金属丝作填料，交替地释放热量和吸收热量，蓄冷器和活塞间组成两个空间，其中一个称膨胀空间，其温度保持在低温 T_E，另一个空间称压缩空间，其温度保持在环境温度 T_C。（$T_C - T_E$）是蓄冷器上的温度梯度。斯特林循环过程和 P-V 图、T-S 图如图 8-2 所示。

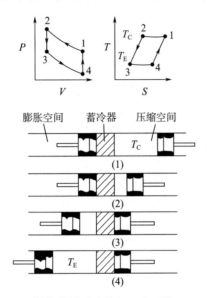

图 8-2　斯特林循环过程和 P-V 图、T-S 图

斯特林循环制冷机的特点是结构紧凑，质量轻，启动时间短，效率高，操作方便，制冷温度范围宽，但仍存在以下几个问题：

1）密封环易损坏，它将引起工质泄漏。

2）为防止润滑油污染蓄冷器，多采用无油润滑压缩机，压缩机运转寿命较短。

3）振动大，分置式斯特林循环制冷机在航天工业中得到广泛的应用，它由压缩机组件和膨胀组件组成，用软管连接，消除了振动大的缺点。

8.1.2.4　逆布雷顿循环制冷机

为了获得低于 20 K 的低温，通常采用外冷源（液氮）预冷级和膨胀机预冷级，即第一级不用液氮冷却，而用膨胀机冷却。当采用两个膨胀机时，制冷机的可靠性相对降低，气体纯化问题相对复杂。由于空间模拟器使用了液氮系统，因此该设备所用的制冷机多采用液氮预冷级。

逆布雷顿循环制冷机多用作内装式低温泵的冷源，制冷机由压缩机、膨胀机、热交换器、纯化器、气柜和阀门等组成。一般采用油润滑压缩机或无油润滑压缩机，热交换器可采用板翅式或管式，纯化器可采用内装式或外装式，膨胀机可采用透平膨胀机或活塞式膨胀机，气柜可采用湿式或干式气柜。

逆布雷顿循环制冷机有以下几种循环组合形式。

1）采用 80 K 液氮预冷的逆布雷顿循环制冷系统。

液氮预冷的逆布雷顿循环制冷系统示意图如图 8-3 所示。

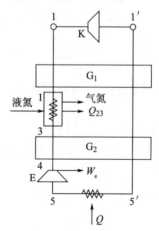

图 8-3　液氮预冷的逆布雷顿循环制冷系统示意图

K—压缩机；E—膨胀机；G_1，G_2—热交换器

由于压缩机后有水冷却器，所以近似等温压缩。系统的能量平衡式为

$$Q = W_e - G(h_1 - h'_1) + Q_{23} \tag{8-1}$$

$$W_e = G(h_4 - h_5)$$

$$Q_{23} = G(h_2 - h_3)$$

$$Q = G(h_4 - h_5) - G(h_1 - h'_1) + G(h_2 - h_3)$$

式中　Q——待冷却物体吸收的热量，W；

$\quad\quad W_e$——膨胀机的制冷量，W；

$\quad\quad G$——质量流量，kg/s；

$\quad\quad h_i$——各点焓值，J/kg（$i = 1,\ 2,\ 3,\ \cdots$）；

$\quad\quad Q_{23}$——预冷级冷量，W。

对于 300 K 的氦气，$G(h_1 - h'_1)$ 为正，若 $\Delta T = T_1 - T'_1$ 的值越大，则 $G(h_1 - h'_1)$ 的数值就越大。如果 $G(h_4 - h_5)$ 项大于 $G(h_1 - h'_1)$ 项，就获得冷量，Q 为正。

从式中可看出：液氮预冷级的冷量 Q_{23} 使 Q 值增加。

2）两台膨胀机并联的逆布雷顿循环制冷系统。

图 8-4 所示为两台并联的逆布雷顿循环制冷系统。

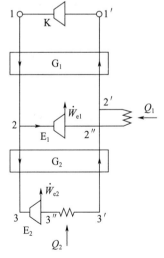

图 8-4　两台并联的逆布雷顿循环制冷系统

K—压缩机；E_1，E_2—膨胀机；G_1，G_2—热交换器

它由两台制冷机在不同的两个温度级获得冷量。利用 Q_1 冷却低温泵的辐射屏，用 Q_2 冷却低温泵的氦板。由于氦气在伸缩软管中流动，因此低温泵的辐射屏和氦板可装在空间模拟器的任何位置。

3）两台膨胀机串联的逆布雷顿循环制冷系统。

图 8-5 所示为两台串联的逆布雷顿循环制冷系统。

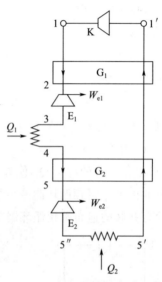

图 8-5　两台串联的逆布雷顿循环制冷系统

K—压缩机；E_1，E_2—膨胀机；G_1，G_2—热交换器

该系统广泛用于 0.1～10 kW 的制冷机，系统的第一级用膨胀机代替液氮。该系统的能量平衡式为

$$Q_1 + Q_2 = W_{e1} + W_{e2} - G(h_1 - h'_1) \qquad (8-2)$$

$$W_{e1} = G(h_2 - h_3)$$

$$W_{e2} = G(h_5 - h''_5)$$

式中　Q_1，Q_2——被待冷却物体吸收的热量，W；

　　　W_{e1}，W_{e2}——两级膨胀机的制冷量，W。

从方程看出：如果没有外加热源 Q_1，就会增加 20 K 以下温度的制冷量。

8.1.2.5　克劳德循环氦液化器

带膨胀机的氦液化循环系统主要有两种循环：即液氮预冷的克劳德氦液化循环和多级膨胀机和节流阀相结合的柯林斯氦液化循环，有的柯林斯循环为了提高液化系数，虽采用两台膨胀机，但仍用液氮预冷。

克劳德循环采用一级膨胀机冷却，外加液氮冷却级和节流冷却级生产液氦，为了提高效率，可用两相膨胀机代替节流阀，亦可用喷射器代替节流阀，这样可降低压缩机的压力比，减少压缩机的能耗。

液氮预冷的克劳德循环制冷系统见图 8-6。

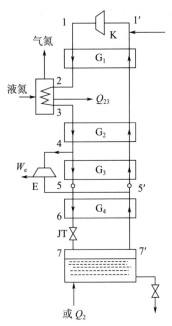

图 8-6　克劳德循环制冷氦液化器示意图

K—压缩机；E—膨胀机；G_1，G_2，G_3，G_4—热交换器；JT—焦耳-汤姆逊阀

由于液氮价格较贵，故在空间环境模拟器中较少用，通常只有

在特殊要求的小型设备上采用液氦，这样可使空间模拟室的环境温度深冷到 4.2 K 或更低的温度。

　　氦液化器同氦制冷机一样，是用热平衡方程式求各点参数的。

8.2　中国几台典型的空间模拟器的氦制冷系统

8.2.1　KM3 空间模拟器的氦制冷系统

8.2.1.1　技术要求与系统形式

　　制冷量 800 W，进口温度 16 K，出口温度 19 K，氦板温度 20 K，连续运行 15 天，绝热效率为 65%，选用无油润滑压缩机，排气量为 8.33 m³/min，压力为 40 kg/cm²。KM3 空间模拟器氦制冷系统图见图 8-7。

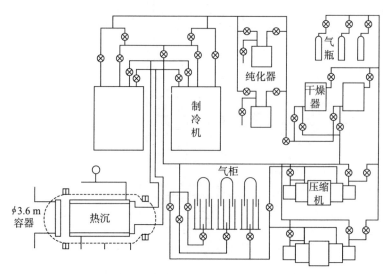

图 8-7　KM3 空间模拟器氦制冷系统图

8.2.1.2　KM3 氦系统调试结果分析

（1）调试实测数据

1）单机制冷速度。制冷机、热交换器加液氮降温需 45 分钟，制冷机开机到获得 20 K 冷氦气平均需 40 分钟。

2）单机制冷量。当进气压力为 20 kg/cm², 进气温度 23 K, 排气温度 10 K, 气量 500 m³, 制冷机达到最大制冷量输出 1 500 W。当进气压力为 12.5 kg/cm², 进气温度 24.2 K, 排气温度 14.8 K, 气量 305 m³ 时，制冷机达到约 700 W 的制冷输出量。热沉对氦板的热负荷，包括辐射热与漏热在内约 80 W, 总调试时制冷机正常提供 800 W 左右制冷量，因此利用系数只为 0.1 左右。

3）氦气管道与氦板温度分布。氦气总管进口温度 14.8 K, 总管出口温度 15.6 K, 氦板共布 10 个测温点，均在 18.5 K 以下。

4）对氦板的制冷速度。从向氦板通入 20 K 氦气开始到氦板温度均低于 20 K 要 1.5～2 小时。

（2）氦系统存在问题分析

1）如何提高制冷机的可靠性是一个重要的问题。由于设计的深冷板就在筒体内部，因此，在制冷机正常工作情况下，氦板冷凝和吸附了大量的气体，一旦制冷机发生故障而停止，另一台又不能及时接替，则在数分钟后，由于氦板的升温而将放出原来冷凝和吸附的大量气体，破坏原有真空度。停止灌冷氦气后，经过 50 分钟，真空度从 8.0×10⁻⁶ Pa 降为 1.5×10⁻³ Pa。

2）制冷机正常工作可提供 800 W 左右的制冷量，而实际有效负荷只为 80 W 左右，所以利用系数太低，绝大部分制冷量都消耗在杜瓦管和制冷机本身上，尤其是杜瓦管性能差，须进一步提高。

3）整个系统的漏气量约为 200 L/h, 即一天消耗 5 m³ 左右氦气，不仅氦气供应难是一客观条件，同时经济上也有较大损失。

KM3 氦制冷系统，在 20 世纪 70 年代设计研制，是我国第一台空间模拟器氦制冷系统，受到技术水平限制，80 年代进行了改造。用透平式制冷机代替活塞式制冷机，制冷量减为每台 250 W。

8.2.2　KM4 空间模拟器的氦制冷系统

8.2.2.1　KM4 氦制冷系统概况

　　KM4 氦制冷系统如图 8-8 所示，制冷机采用逆布雷顿循环。

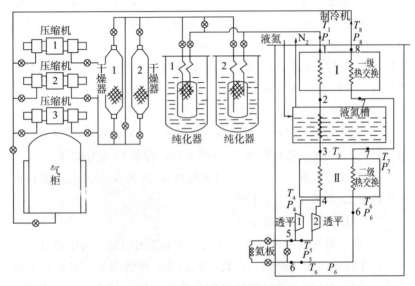

图 8-8　KM4 空间模拟器氦制冷系统图

　　系统采用单级径轴流及反动式透平膨胀机和无油润滑氦压缩机，压缩机为两轴对向平衡活塞式，排气量为 8.33 m^3/min，四级压缩，压缩机的排气压力为 3.92×10^6 Pa，电机功率为 130 kW，三台压缩机的总排气量为 1 500 m^3/h。

　　系统还采用浮动式油封湿式气柜。气柜用来稳压、给系统补气，以及贮存制冷机停车后从氦板、膨胀机、氦压缩机返回的大量气体。气柜与 GZV-5/200 型膜式压缩机相连，此压缩机可将气柜中的氦气经压缩后充入钢瓶。

　　为了除去压缩后氦气中的油、水成分，采用了氧化铝干燥器。为保证氦制冷机长期连续运转，要求氦气中的杂质含量在 20 ppm 以下，用氦气分析仪监视、分析氦气中氧气、氮气等杂质的含量。

氦制冷机有两级热交换器。第一级热交换器后面是液氮槽，第二级热交换器之后为透平膨胀机。第二级热交换器温度范围为 80～22.5 K，气体温度经膨胀机后降到 15.2 K，排气压力为 1.5×10^5 Pa，冷氦气经氦板又返回二级热交换器的低压部分，热交换器采用汉普逊螺纹管型，其肋化系数 $\varphi = 2.19$。

氦制冷机的制冷量为 1 200 W（20 K），膨胀机采用了气体静压轴承，用鼓风机制动。膨胀机中的气体在喷嘴中转为动能，在工作轮中等熵膨胀作功，这些功由鼓风机消耗掉。由于气体在绝热条件下作功，因此温度下降，透平的膨胀比为 5.3，设计焓降 $h_0 = 54$ kJ/kg。

透平制冷机的可靠性主要取决于氦气体静压轴承。

低温泵运转时氦板和氦制冷机应同时冷下来，这样可保证透平膨胀机运转平稳。

8.2.2.2　KM4 氦制冷系统的设计与计算

氦制冷机主要由透平膨胀机和热交换器组成，在进行热交换器设计与计算时，假设透平膨胀机的效率已知，根据当时的工艺条件，选用了螺纹管型热交换器。低压气体在管间流动，其传热采用下式计算

$$Nu = 0.11 Re^{0.67} \qquad (8-3)$$

式中　Nu——努塞尔数；

　　　Re——雷诺数。

高压气体在螺纹管内流动，传热采用下式计算。

$$Nu = 0.24 Re^{0.8} Pr^{0.33}，当 Re > 1\ 000 \qquad (8-4)$$

式中　Pr——普朗特常数。

（1）热交换器传热计算

1）Ⅰ级热交换器由 300 K 冷到 80 K 所需冷量

$$Q_{He}^{P_1} = G_0(h_1 - h_3) = G_0(h_{P_1}^{T_1} - h_{P_3}^{T_3}) \qquad (8-5)$$

根据文献查得压力 P_1、温度 T_1 的焓值 $h_{P_1}^{T_1}$ 及压力 P_3，温度 T_3

时焓值 h_{P3}^{T3} 。

2）Ⅰ级热交换器和液氮交换器低压氦给出的冷量

$$Q_{He}^{P8} = G_0(h_{P8}^{T8} - h_{P7}^{T7}) \tag{8-6}$$

焓值查询同上。

3）液氮应给出的冷量

$$Q_{N2} = Q_{He}^{P1} - Q_{He}^{P8} \tag{8-7}$$

4）液氮消耗量

$$G_{N2} = \frac{Q_{N2}}{r_{N2}} \tag{8-8}$$

式中　　r_{N2}——液氮比内热，kJ/kg。

5）高压氦进液氮槽的温度

$$Q_{N2} = G_0(h_{P2}^{T2} - h_{P3}^{T3}) \tag{8-9}$$

$$h_{P2}^{T2} = \frac{Q_{N2}}{G_0} + h_{P3}^{T3} \tag{8-10}$$

通过 2 点焓值 h_{P2}^{T2}（J/kg）可由文献查得 $T_2 = 90$ K。

（2）热交换器传热面积的计算

已知Ⅰ级和Ⅱ级进出口温度和压力分布，以及每级热交换器的给出冷量，可按式（8-3）求出高压氦气的 Nu，进而求出

$$\alpha_1 = Nu \frac{\lambda_1}{d_1} \tag{8-11}$$

式中　　λ_1——高压氦气热导率；

　　　　d_1——螺纹管内管直径。

同理按式（8-3）求出低压氦气的 Nu，进而求出

$$\alpha_2 = Nu \frac{\lambda_2}{d_2} \tag{8-12}$$

式中　　λ_2——低压氦气热导率；

　　　　d_2——螺纹管外管直径。

$$K = \frac{1}{\dfrac{1}{\alpha_1} + \dfrac{1}{\alpha_2 \varphi} \cdot \dfrac{d_1}{d_2}} \tag{8-13}$$

其中

$$\varphi = \frac{螺纹管外表面积}{以\ d_2\ 为直径的表面积}$$

式中　φ——肋化系数。

最后按式（8-13）求 K，并根据下式求每级热交换器的管长

$$L = \frac{Q}{\pi d_1 (2n) K \Delta t_{1g}} \qquad (8-14)$$

式中　n——盘管上螺纹管的缠绕圈数，因为采用双股同时绕，因此为 $2n$；

　　　Δt_{1g}——对数温差。

KM4 氦制冷机 I 级热交换器管长计算值 $L_I = 27$ m，实际选用 40 m。II 级热交换器的管长计算值 $L_{II} = 35.8$ m，实际选用 45 m。I、II 级热交换器都选用直径 400 mm 中心筒。每层盘管用两根螺纹管并绕在中心筒上，并绕 10 层。

（3）透平膨胀机的热力学计算

透平膨胀机的热力学计算关键是参数的选择，这里只介绍几个关键步骤。

①已知参数

透平进气压力 $P_0 = 810.6$ kPa；进气温度 $T_0 = 22.5$ K，气流量 $G_0 = 0.065$ kg/s；扩压器出口压力 $P_3 = 151.98$ kPa，绝热指数 $K = 1.67$；气体常数 $R = 2.077$ kJ/(kg·K)。

②选取参数

圆周速度系数 0.75，喷咀速度系数 0.85，工作轮速度系数 0.80，工作轮进口绝对速度角 $\alpha_1 = 13°$，倒径比 $\mu = 0.43$，工作轮出口绝对速度角 $\alpha_2 = 90°$，扩压器增压 $\Delta P = 5.066$ kPa。

③透平膨胀机理想焓降

$$h_0 = h_{P0}^{T0} - h_a^{P3} \qquad (8-15)$$

式中　h_{P0}^{T0}——膨胀机进口焓值，J/kg；

　　　h_a^{P3}——膨胀机等熵绝热膨胀后的焓值，J/kg。

④透平膨胀机工作轮出口气体状态

设膨胀机效率 $\eta = 60\%$ 时，透平膨胀机的实际焓降为

$$h'_0 = \eta h_0 \qquad (8-16)$$

透平膨胀机工作轮出口焓值为

$$h_{P_2}^{T_2} = h_{P_0}^{T_0} - h'_0 \qquad (8-17)$$

可查得 $T_2 = 15.65$ K。

⑤喷咀出口气体状态

喷咀的理想焓降为

$$h_{01} = (1-P)h_0 \qquad (8-18)$$

式中　　P——反动度。

在等熵绝热条件喷咀出口温度为 $T_1 = 16.8$ K。

根据一般透平设计程序，可求得 KM4 透平膨胀机喷咀和工作轮的几何尺寸，并可得其功率为

$$P = \frac{427G_0 h_0 \eta}{102} \qquad (8-19)$$

8.2.2.3　KM4 氦制冷系统使用中应注意的几个问题

（1）保证系统内气体的纯度

因为该系统采用非全密封压缩机及湿式气柜，而系统管路又没有严格检漏，因此在系统运转中，尽管输入氦气的纯度为 99.99%，但总会有少量油蒸气、空气和水分渗入氦气中，由于这些杂质的液化和凝固温度比氦高很多，在制冷机低温部位就会凝结成液滴或冻结成固体颗粒，堵塞阀门和管道，有时会破坏膨胀机的工作，特别对于具有气体轴承的透平膨胀机，会直接影响气体轴承的正常运转。

KM4 设备的氦制冷系统采用外纯化系统，有两套可更换的纯化系统，装有油水分离器。在氦制冷系统运转前，先把系统的氦气纯化，经测试氦气纯度合格后，才能启动氦制冷系统。

（2）氦透平膨胀机气体轴承要能正常工作

氦透平膨胀机的气体轴承是膨胀机的核心组件，它的性能决

定了膨胀机的可靠性，这主要取决于对气体轴承的设计和加工水平，但操作运转也很重要。KM4 设备的氦制冷系统采用了静压气体轴承，转速为 8.8×10^4 r/min。操作时必须渐渐地加大进气压力，以避免突然升压。气体轴承所用的气体要进行过滤，防止杂质进入。

（3）严格按操作程序操作

氦制冷系统必须严格按操作程序操作，以避免发生事故。例如，在充氦气前必须先用真空泵抽出系统管道中的空气，再充氦气。在系统管道抽空前，必须先将制冷机杜瓦瓶抽到低真空，以避免制冷机内的液氮槽受外压。氦制冷机与氦板同时冷却的操作方法比较安全，不要采用把制冷机先冷下来再把冷气通入氦板的操作方法。因为当冷氦气通入氦板的瞬间，制冷机温度迅速上升，使气体轴承受到很大的冲击，操作起来容易出问题。

8.2.3　KM6 空间模拟器的氦制冷系统

8.2.3.1　系统技术指标

KM6 空间模拟器容积 3 200 m³，热沉直径 10 m，上部热沉装有深冷氦板。

1）采用 2 台 600 W（20 K）氦制冷机，出口温度低于 16 K。

2）全系统泄漏率小于总流量的（3～6）/100 000，约（30～100）L/h。

3）在稳定状态下，操作自动化，自动测温、测压、测速，自动记录、显示。

4）纯化系统可以自动再生。

5）两套 600 W 制冷系统，可以交替使用，互为代用或共用。

8.2.3.2　氦系统设计简介

（1）采用 80 K 液氮预冷的逆布雷顿循环

工作气体在压缩机及冷却器中，由 P_0 近似等温地压缩至 P_1，

然后高压气体在第一级逆流热交换器中及液氮槽中冷却，待冷至
80 K后，再进入第二级热交换器，然后在透平膨胀机中绝热膨胀
作功，在低温抽气板上吸附热量 Q，最后低压气体在热交换器中等
压加热，完成一个循环。这种循环的优点是系统简单，减少了运
动件，这种循环广泛地应用于氦制冷机和氦液化设备中，但它消
耗部分液氮。

（2）两级膨胀机的逆布雷顿循环

两级膨胀机的逆布雷顿循环，只是用第一级膨胀机代替液氮预
冷。这种循环不用液氮预冷，在缺少液氮供应的地方更适合。但流
程复杂化，使制造、维修较第一种方案更复杂。因为在空间环境模
拟器中，总是需要消耗大量的液氮，即液氮供应方便，因此带液氮
预冷的一级膨胀机的循环用于空间模拟器的气氦制冷系统中比较适
合，同时由于减少了一级膨胀机，可增加运转的可靠性。其系统原
理见图 8-9。

全部 KM6 氦系统的设备，均为自行研究设计，没有引进国外设
备。在设计中，既体现与国外同类设备相比的先进性，又具有自己
设计的独特性。

8.2.3.3　氦系统的主要设备

（1）氦气螺杆压缩机

①系统性能

两台压缩机（每台设计流量为 900 N·m³/h、设计压力为 1.2
MPa）是系统的重要部件之一，是我国专门研制的第一台大型高压
氦气螺杆压缩机，解决了密封、净化、过滤及静止状态抽空问题。

压缩机性能如下：

流量：两台为 2 092 N·m³/h；

进气压力：0.116 MPa；

排气压力：1.05 MPa；

排气温度：<40 ℃（313 K）。

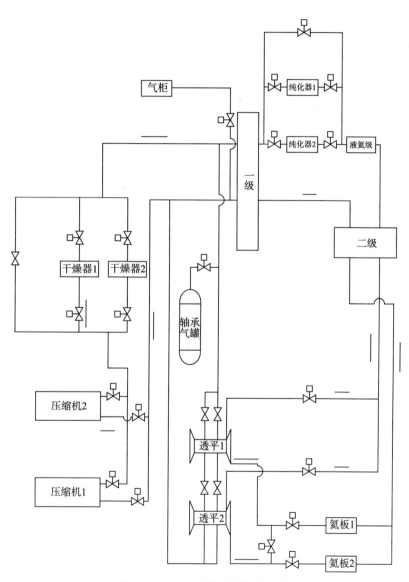

图 8-9　KM6 氦制冷系统原理图

②氦气螺杆压缩机的关键技术

1）密封及静止状态的抽空问题。密封问题是影响总体技术指标能否实现的关键因素之一，包括机壳与外接法兰的静密封、机壳与轴承座结合部分的静密封。关键是运动轴的密封，由于是动密封，设计了特殊的密封结构，用高压压力油封低压氦气，在停机时依赖机械密封动环和静环端面的密封，解决了压缩机泄漏氦气的问题，整机泄漏率小于0.01 cm³/s。

2）净化和过滤系统。对于净化及过滤问题设计了油气分离器、多级油气过滤器及超精级的油吸附器。工作过程为：压缩气体经过油气分离器后，99%以上的油被分离，再经过油气过滤器后，有99.99%以上的油被滤除。经过油气分离器及过滤器后，气体中含油量为10 ppm，为达到0.01 ppm（0.003 mg/m³）含油量要求，设计了两个性能优异的串联过滤器和一个活性炭吸附器。

压缩机用三级过滤器组，过滤效果如表8-1所示。

表8-1　三级过滤器性能表

过滤器级别	滤芯类别	过滤精度	分离效率	残余含油量
第一级	FF	0.01 μm	99.999%	1 mg/m³
第二级	SMF	0.01 μm	99.999 99%	0.01 mg/m³
第三级	AK	0.01 μm	100%	0.003 mg/m³

由于系统设计了先进的滤油装置，第一级为精过滤器，第二级为超精过滤器，这两级均为过滤液态油的过滤器，第三级为吸附器，这是靠活性炭吸附气态油的吸附器，从而满足了氦系统本身的净化要求。

（2）氦气透平膨胀机

①系统性能

两台透平膨胀机（每台制冷量为600 W）是系统的重要部件，它的转速高达 1.2×10^5 r/min。在研制中，解决了气体轴承、转子、导流器的密封问题，经过分析、试验，设计出了多排、切向、小孔供气的气体轴承，即使在超速状态下运行，也从未发生过故障。对于静密封问题（低温下），设计了金属 V 字型复合密封圈，为了保证全系统在正常运转中，透平膨胀机突然出现故障，需要拆开检修，而又要保证系统内部清洁的情况，在下蜗壳内，专门设计了能够在 15～310 K 温区内既灵活又简便的可拆卸自密封装置。

②透平膨胀机的关键技术

1）采用多排切向小孔供气轴承等优化技术。在 KM6 透平膨胀机设计过程中，考虑了透平膨胀机的各种约束条件，对透平膨胀机的整体性能进行了多目标优化设计，进行了方案分析比较，确定了合理的设计参数，保证了透平膨胀机的热力计算、转子-轴承系统设计计算的最佳效果。

2）低温密封。在低温密封件的设计上，采用了金属 V 字型复合密封圈，曾对其进行反复试验，并对氦透平膨胀机总体密封结构做了改进，使原来 5 种共 7 只密封圈改进为 2 种共 3 只密封圈，从而首次在国内透平膨胀机上采用了自行开发、设计的多排切向小孔供气轴承，保证了氦气气体轴承达到了优良的运转稳定性。

3）自密封装置的结构设计。该透平膨胀机结构设计中采用了防止膨胀机维修时系统内氦气泄漏至外界的自密封装置，要求能在 15～310 K 温度范围内灵活应用，经反复分析比较，设计了一种新型自密封装置。通过试验，技术性能达到了设计要求。

4）风机蜗壳。对于制动风机蜗壳，设计制造了有色金属复合制动蜗壳，使其制动性能、密封效果达到了设计要求。

5）程序开发。为使整机具有较高的效率及运转稳定性，利用自行开发的程序，在国内对透平膨胀机的整机进行了多目标的优化设计。

③透平膨胀机设计

1）透平膨胀机的设计参数。

KM6 设备氦制冷系统采用液氮预冷逆布雷顿循环，设置两台透平膨胀机并联使用或相互交替使用（每台 600 W，20 K）。根据系统流程计算，对每台透平膨胀机提出的设计参数为：

膨胀气体量：$q_m = 900$ N·m³/h；

进口压力：$p_0 = 0.8$ MPa；

进口温度：$T_0 = 22.5$ K；

出口压力：$p_2 = 0.15$ MPa；

绝热效率：$\eta_s > 65\%$。

2) 转子-轴承系统机械性能设计。

热力计算后确定的转子结构设计结果为：

工作轮直径：$D_g = 35$ mm；

风机轮直径：$D_f = 60$ mm；

反动度：$\rho = 0.463$；

特性比：$\bar{u} = 0.624$；

工作转速：$n = 11.6 \times 10^4$ r/min；

设计绝热效率：$\eta_s = 68\%$。

轴承轴径 25 mm，转子密封段长度为 24 mm，总长 240 mm。

为保证达到较高的临界转速，对止推盘、密封端等部位进行了大量计算对比，确定了合理尺寸。

为提高运转可靠性，在转子结构设计中尽量采取措施减小轴向力，采用单止推盘结构形式（止推盘位于两轴承中间），有助于不同结构形式的轴承能调换使用。

在氦透平膨胀机上采用了多排切向孔供气的静压径向轴承。

3) 转子-轴承组合部结构设计。

止推盘位于两轴承中间的单止推盘结构形式多排切向孔供气的静压径向轴承上。

多排切向孔供气静压径向轴承结构见图 8-10。

润滑气体沿着与轴承内表面相切的方向进入轴承间隙中，其供气方向与转轴旋转方向相反，从而可在轴承内表面形成附加逆环向流动，抑制轴颈的涡动。

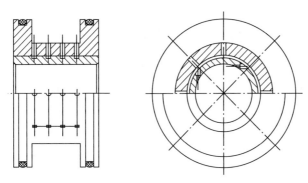

图 8 - 10　多排切向孔供气静压径向轴承结构图

④其他关键技术

1）降低跑冷。

· 采用了 TC4 作主轴材料。

· 轴承与冷端间采用环氧玻璃钢布板隔热。

· 低温壳体与常温壳体用薄壁钢管连接。

· 原设计时低温端用薄壁筒与外界隔绝形成真空腔，后为了减小薄壁筒轴向导热等影响，取消了薄壁筒。

· 内扩压器原采用环氧玻璃钢布棒，考虑可能产生低温变形发生内泄漏，改用了特种不锈钢。

2）改善密封。

· 专门设计并研制了金属 V 字型复合密封圈见图 8 - 11，利用合金钢本身的弹性及喷涂在环外表面上的四氟塑料密封面来保证密封。

· 在结构上经对内扩压器等结构的改进，使原来 5 类共 7 种密封圈改进为 2 类共 3 种密封圈，经常温及低温试验考核，达到了理想密封及良好的热效率。

3）机体。

透平膨胀机的主要零部件转子、轴承、密封套等均在外部装配并调整好，构成机体整体再与膨胀机冷端相连接，一旦停机拆卸时，

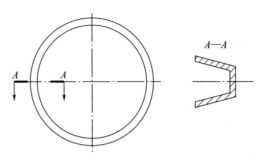

图 8-11　V 字型复合密封圈图

只要拆除风机的进出口法兰和风机蜗壳，即可将机体取下进行检查维修，简便快捷。

4）自密封装置。

综合了机械式以及气动式自密封结构两种形式的优点，构成了便于使用、密封性能可靠的新型自密封装置，见图 8-12。

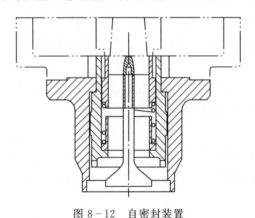

图 8-12　自密封装置

5）水冷却器。

利用水冷却器带走热量以消耗制动功率，两台膨胀机各自冷却器回路中的小板翅式冷却器在机外单独安置，制造简便。

6）风机蜗壳。

设计制造了有色金属复合型制动蜗壳。设计了透平膨胀机转速传感器引线接头，保证了抽真空要求。

7）智能转速表。

INTEL MCS - 51 单片微电脑控制的智能转速表，具有转速显示、限速设定、超速报警等功能，测量精度高，性能稳定。

⑤氦透平膨胀机空气试车

1）空气常温试车：主要是用于检查、考核透平膨胀机的机械性能，考核气体轴承的运转稳定性。

2）液氮温度级的低温试车：进一步对透平膨胀机性能进行了低温考核（包括对自密封装置等零部件的考核）。

3）进行了氦透平膨胀机相似模化试验的研究，开展了氦透平膨胀机性能预测研究。

建立了空气、氦气等物性数据库，编制了透平膨胀机的热力性能预测程序。对 KM6 氦透平膨胀机进行了理论预测。空气试车性能预测图如图 8 - 13 所示，氦气试车性能预测图如图 8 - 14 所示。

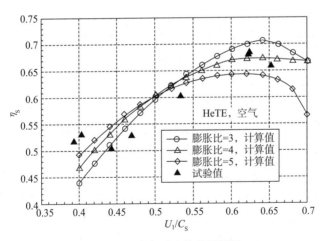

图 8 - 13　空气试车性能预测图

提出了应用人工神经网络解决透平膨胀机使用不同工质时性能转换问题的思想，对以空气为工质的 KM6 氦透平膨胀机进行了性能转换，得出了氦气试验预测曲线。

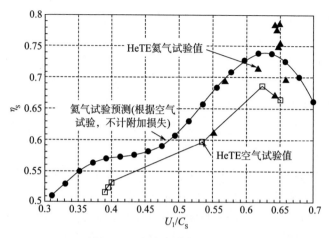

图 8-14　氦气试车性能预测图

（3）冷箱系统

冷箱是系统的重要部件之一，它由主副冷箱组合而成，主副冷箱之间为法兰连接。

主冷箱为立式与卧式相交，立式冷箱上盖可拆，冷箱内装有两台内纯化器，六个液氮温区的低温阀门及一台液氮级热交换器，卧式冷箱前端可拆，由滚轮滚动打开，后端为门，可以打开，内装有一级、二级板翅式热交换器，为了便于维修立式冷箱内的设备，两级热交换器组合为一体，吊装在导轨上，配有滚轮，可以移动，这样既减少了冷损，又便于装配及维修，同时，还解决了冷却时的结构收缩问题。卧式冷箱内还配有两套常温区的法兰及五套低于 15 K 温区的法兰，一旦有问题，拆开法兰，组合在一起的两级热交换器，沿着导轨的方向推出，即可维修立式冷箱内的设备。

副冷箱的下端可拆开，冷箱内装有两台透平膨胀机及一台低于 30 K 温区的低温吸附器，还有六个 15 K 温区的低温阀门。

在冷箱的研制中，不但克服了通常要遇到的泄漏问题及设备与冷箱在 20 K 温度下的应力问题，同时还解决了冷箱的维修问题以及在真空环境下的超低温（15 K 以下）法兰密封问题，使维修方便。

冷箱设计的关键技术如下。

①泄漏

冷箱的泄漏有两个方面，一个是箱体本身的泄漏，另一个是箱体内各设备及管道的泄漏。所有焊缝在焊接过程中随时用氦质谱仪进行检漏，然后，主、副冷箱再分开检漏，最后组合成一体再次进行检漏，这样，漏率达到了原设计的 1×10^{-5} Pa・L/s 的要求。

②消除 20 K 以下的热应力

冷箱内设备间采用金属软管连接，低温阀门及纯化器与冷箱间采用波纹管连接，这样，消除了 20 K 以下的热应力，并且也很好地解决了焊缝热应力的问题。

③低温真空密封接头的试验研究

为保证冷箱内设备的可靠性和可维修性，要求一些部件可拆，为了保证从常温 300 K 到低温 15 K 以下的真空密封，设计了空芯金属密封圈加铟片的形式，通过试验研究，找出了环的壁厚、材料的硬度等参数，解决了包覆层与法兰结构的设计问题。

④可维修性

国内外报导的冷箱均为不可拆的，冷箱内的设备一旦出了问题，就要将冷箱气割开。本冷箱设计为可拆式的，无论冷箱内的哪个设备出现问题，均可打开冷箱进行维修。

（4）内纯化系统

内纯化器是系统的重要部件之一，它关系到全系统的温度能否正常地下降及透平膨胀机能否正常运转。因为在氦制冷机中，由于气体不纯所造成的故障率不小于机械故障率。氦气中杂质的总含量（如氧、氢、氖等）应控制在几个到几十个 ppm 之内。这样才能使系统正常运行。

内纯化器设计的特性为：由于冷箱内的空间有限，把通常液氮浸泡冷却的方式设计为液氮盘管的形式，同时为了加快升降温的速率，设计了 12 块导热板的结构，提高了升降温的速率，设计了多波纹管结构，解决了材料的热胀冷缩问题，采用了高密度的过滤网及风琴结构形式,从而保证了粉尘的过滤及通道畅通。

(5) 密封与检漏

在全系统中,压缩机与膨胀机是动密封,有些阀门、管道及设备,它们的外部处于真空环境,而内部的流动介质又处在 15 K 的低温状态下,同时氦气本身的渗透力很强,由于我们设计了各种不同的密封结构形式及认真地编排了合理的检漏工艺,使全系统的密封性能很高,满足了漏率低于 (3~6) /100 000 设计要求。

(6) 自动控制系统

自动控制系统:包括对高压管路、低压管路的控制,并具有自动调节的功能,可实现对透平膨胀机与压缩机的启动与停止的控制,对透平膨胀机转速的控制与调节,对干燥器与纯化器的切换与再生的控制,对冷箱及系统的抽空控制,对系统的充气控制,对系统的压力、温度、流量及转速的自动测量等。对测试参数具有存储、随时打印及定时打印的功能,对压缩机与透平膨胀机有报警及自动快速停机的功能。自动调节阀的控制精度在 1% 的调节范围内。

系统的自动控制分为三个部分:系统抽空和充气、干燥器和纯化器的切换与再生、系统自动运行。设备和阀门由 PLC 程序自动控制。其中,系统自动运行部分由四部分组成:压缩机启动、透平膨胀机启动、透平膨胀机停止、压缩机停止。由于透平膨胀机是高速旋转的设备,实现对膨胀机的自动启动、自动停机有一定的困难,在本系统的调试中,采用调节旁通阀,控制膨胀机的进气压力,从而保证了转速能够稳定地上升和缓慢地下降,巧妙地实现了透平膨胀机的自动启停。

(7) 干燥系统

氦气干燥器用于干燥氦气中的残存水分,同时还具有过滤及净化气体的作用。干燥的方法为吸附法,吸附法可以使设备减小,选用 5A 分子筛为吸附剂,它具有适应气流流速高、温度低的特性,同时,还具有对温度变化不敏感的优点,采用电加热法,加热器外设有防护罩,使加热方法简便,加热温度均匀。

（8）杜瓦管

①管道组合设计

由于主容器内氦板为两片，所以通往氦板的途径也为两套，进气管两根，排气管两根，而外管为一根，也就是说，在设计本杜瓦管时，没有采用常规的设计方法，而是四根内管均在一根外管之内，这也是独特之处。

②装配和密封

一根外管又分为两段，设计成插接式，既便于装配，又便于内管的检查，对于两根管的密封，采用特殊形式的密封方法，既有轴向密封，又有径向密封，杜瓦管与主模拟室之间的密封采用波纹管。

③组合真空室

它的真空与冷箱为一个真空室，这样，既减少了一套真空机组，又减少了抽气口部分的冷损，同时，也简化了杜瓦管与冷箱密封的结构设计。

④固定与绝热保温

四根内管，一根外管，在杜瓦管内，设计成无支撑的结构，借用冷箱内的管路与容器内的氦板进行固定，并合理地考虑了冷热收缩，四根内管的外壁，均有保温材料，减少了冷损。

（9）板翅式热交换器

热交换器的作用是将常温气体逐渐降温的关键部件，它的性能将直接影响到全系统的制冷能力与效率。

①65 型铝翅片的结构设计

翅片结构设计合理，传热面积大，体积小，主要参数如表 8 - 2 所示。

表 8 - 2　热交换器参数表

参数	65 型
雷诺数	486.6
放热系数	304.3 kcal/（m² · h · K）

续表

参数	65 型
翅片参数	114.9
翅片长度	3.35×10^{-3} m
ML	0.3735
Th（ML）	0.3735
翅片效率	0.956
传热系数	146.6 kcal/（$m^2 \cdot h \cdot K$）
换热面积	104.3 m^2
理论长度	2.233 m

截面设计主要考虑因素为：要便于整体设计，根据热力阻力的计算结果，将一级、液氮级、二级均设计成等截面的，这样，一方面减少了设计工作，同时，又便于组装、支撑及固定。更重要的是减少了小截面积的阻力。

②不同级热交换器管道设计

根据介质的流速、温度不同进行管道设计，一方面有利于阻力的下降，另一方面也会使各处的流速大致相同。

③热交换器的特点

1）传热效率高。即单位体积内的传热面积大，一般比管式换热器的面积大5倍以上。

2）结构轻巧、紧凑。板翅式热交换器结构紧凑，其质量一般仅为管式换热器质量的几分之一。

3）适用范围大。它可在温度为−273～＋120 ℃之间使用，同时，它还适用于气-气、气-液、液-液间各种不同流体的热交换。

（10）低温阀门

气氦制冷系共有低温阀门12个，分两个温区：77 K 液氮温区和低于20 K 的温区。低于20 K 的温区的阀门共有6个，三个调节阀和三个截止阀，均为气动阀。目前国内尚无此种阀门，国外阀门很贵，我们立足国内研制，其研制的技术难点为：保证极低温度下的气密性（内漏和外漏）和工作的可靠性。

　　1）阀门壳体用特种不锈钢，用液氮冷处理后整体加工；

　　2）阀芯镶嵌用专门模具成型加工的聚亚酰胺耐低温软密封，和阀座形成耐低温高性能密封副；

　　3）阀门经常温、液氮反复三次冷热冲击处理。

　　经调试及运行使用表明：阀门的外漏能够满足使用要求。

　　在神舟一号飞船试验中，经过近 7 小时的运转，其调试结果如下：透平进气温度19.5 K，透平排气温度 12.8 K，氦板回气温度 19.1 K，主模拟室真空度为 1.9×10^{-5} Pa。

　　(11) 气氦制冷系统的设计特点

　　① 系统总体设计

　　系统设计合理、运转稳定、可靠，漏气率低，自动控制水平高，总体技术指标达到了国际同类设备的先进水平，两套制冷机可以交替使用，互为代用或共用。

　　② 氦气螺杆压缩机系统

　　设计了我国第一台大型高压氦气螺杆压缩机，结构紧凑，工作可靠，其中主要指标含油率小于 0.01 ppm，整机达到了国际同类设备的先进水平。

　　③ 氦气透平膨胀机系统

　　设计了高可靠性的氦气透平膨胀机，转速为 120 000 r/min，气体轴承的设计技术为国际领先，整机运转高度稳定，冷损小，热效率高，大于 71%，达到了国际同类设备的先进水平。

　　④ 可拆式多功能集成式冷箱系统

　　设计了高真空环境下的超低温法兰，对金属空芯密封圈的材料选择、厚度及硬度的设计，通过实验取得了有益的数据，并设计了可拆式冷箱。

　　⑤ 系统漏气率低

　　在系统设计及部件设计中，采用了各种先进的动、静密封技术，并严格地用氦质谱仪进行检漏，全系统的泄漏率小于 23 L/h，超过了原设计指标，高于国外同类设备 23.8 L/h 的先进水平。

⑥内纯化系统

设计了特殊结构的内纯化系统，液氮冷却方法及升降温方法具有独特性，使用效果好。

⑦系统实现全自动化控制

全系统可以自控及手控。10 个过程控制量及 43 个开关量，均可自控与手控，并实现了无扰动切换，系统从开机到停机的全部过程均可在控制室内完成，自动化程度高。国外同类设备的性能比较见表 8 - 3。

表 8 - 3 国外具有内装式氦深冷泵的空间模拟器性能简表

序号	设备名称	外形尺寸/ (m×m)	氦板面积/ m²	制冷功率/ kW	抽速/ (L/s)	极限真空/ Pa
1	美国 DELTA	$D \times L$ 13.3×26.5	139	1	2.1×10^{6}	
2	美国麦克唐纳 (MAC)	$D \times L$ 9.5×11 5.5×9.1		1.3 0.2		6.5×10^{-7} 2.6×10^{-6}
3	美国戈达德飞行中心	$D \times L$ 10.2×17.7 10.7×18.3		1 1		6.5×10^{-6} 1.3×10^{-7}
4	美国通用电器公司	$D_{球}$ 11.7	99	2×1	2.8×10^{6}	1.0×10^{-7}
5	美国波音公司	$D \times L$ 11×15	200	2	3×10^{6}	
6	美国麦克唐纳-道格拉斯 航天系统中心	$D_{球}$ 13		2.8	3×10^{6}	1.0×10^{-7}
7	日本筑波	$D \times L$ 8.5×25		1.5	3×10^{6}	
8	日本 JAXA/TSUK UBA 空间中心	$D \times L$ 13×16			1.7×10^{6}	
9	美国 AEDC 马克 1 号	$D \times L$ 12.8×25		2×4		

续表

序号	设备名称	外形尺寸/ (m×m)	氦板面积/ m²	制冷功率/ kW	抽速/ (L/s)	极限真空/ Pa
10	美国 NASA/JSC 容器 A	$D \times L$ 19.8×36.6	125			
11	美国洛克希德卫星 (Lockheed) 宇宙公司	$D \times L$ 12.2×24.4			2.1×10^6	
12	美国菲尔科-福特公司	$D_{球}$ 12			4×10^6	

8.2.4　直径 5.2 m 空间模拟器的液氦低温系统

8.2.4.1　概述

液氦低温系统的主要作用是为液氦热沉及羽流吸附泵提供低温液氦。

液氦低温系统分为密闭循环系统和开放式系统两大类。

密闭循环系统的液氦与气氦经过制冷机、过冷器、回收罐、纯化器可循环使用。开放式系统的液氦与气氦经氦板和羽流吸附泵后直接排放到大气或可部分回收到回收罐中。

密闭循环系统价格高昂，但能充分回收利用氦气，一次性投资大，运行费用低。开放式系统设备简单，一次性投资小，但不能充分回收利用氦气，造成资源浪费。

真空羽流效应实验系统因经费有限，先采用开放式系统，但预留相应的接口以便将来能升级到密闭循环系统。

8.2.4.2　液氦外循环系统的主要技术指标

1）系统设计热负荷 6 kW；

2）系统采用开式气液两相沸腾方式；

3）系统可为舱体圆筒段氦板、封头氦板、大门氦板及羽流吸附泵提供液氦制冷；

4）液氦贮槽的液氦贮量大于 3 m³；

5）液氮杜瓦管的冷损小于 0.5 W/m；

6）设计中应充分考虑运行成本；

7）试验过程中应方便补充液氮或切换液氮罐而不影响试验进行；

8）液氮系统长时间正常工作时，除补充液氮或切换液氮罐外，应可自动运行，无须人工调节；

9）测量、控制部分的设计、安装应符合有关规范，操作方便，并至少可以显示以下参数：液氮热沉入口温度、液氮热沉出口温度、液氮热沉特征点温度、液氮管道压力及各液氮容器液面高度，参数显示应便于观察，以上数据应有标准电信号（4～20 mA，线性）输出，并可引入控制台；

10）测控系统应具有在液氮容器液面高度、液氮管道压力等参数超过允许值时声光报警功能；

11）液氮系统在舱外应设有安全阀，供压力过高时放气用；

12）设备、管道的布局要考虑现场条件和可维修性；

13）方便接插液氮系统与液氮热沉的进出口设计及可移动门的进出口设计。

8.2.4.3　方案设计

液氮外循环系统由液氮杜瓦（或槽车）、真空绝热液氮输送管路、液氮阀门以及测控设备组成。液氮外循环系统按照功能的不同可分为液氮供应系统、液氮测控系统、液氮安全保护系统三大部分。系统流程如图 8-15 所示。

图 8-15 所示的液氮外循环系统工作原理如下：

1）首先预冷氮板，向氮板及羽流吸附泵通入液氮，经过较长时间将氮板充分预冷至 80 K 左右；

2）在预冷氮板的同时将液氮输液管道抽真空至 10^{-2} Pa 以下；

3）氮板温度达到 80 K 后，先通入冷气氮充分吹除液氮；

4）然后通入气氮充分吹除氮板管道内的气氮，否则容易造成气氮液化进而结冰堵塞输送管道；

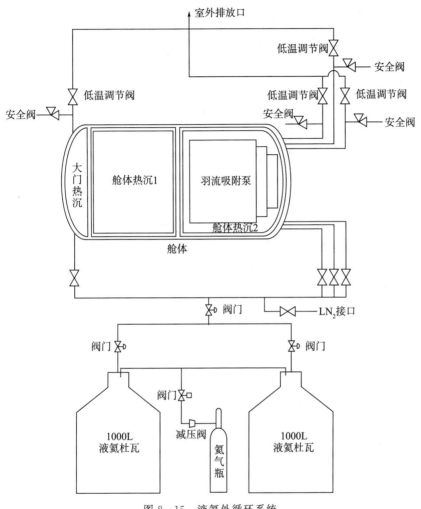

图 8 - 15　液氦外循环系统

5）气氮被吹除干净后，打开舱外输液管道上的针型阀门，使液氦慢慢预冷输液管道和氦板，在此阶段，由于氦板处于 77 K 以上温度，当液氦刚输入到管道时，只能起到预冷氦板的作用，输入的液氦在管道内迅速蒸发，控制蒸气压力不超过管道允许压力，此时应该充分利用气氦的显热来冷却氦板，以减少液氦的消耗；

6）当氦板得到充分预冷达到 4.2 K 左右时，可全开阀门在适当的压力下往管道内输入液氦。从氦板管道出来的氦可以回收或者直接放空。放空省事省钱，但造成资源浪费。回收代价高，但可回收部分资源。

8.2.4.4 用于预冷的液氦消耗量计算

预冷时低温液化气体进入系统吸收热量而汽化。汽化后的低温气体会进一步吸收系统中结构、部件的热量而升温，系统（结构）则被进一步预冷而降温。若预冷过程是缓慢的，遇冷时低温蒸气与结构之间热交换充分，则离开系统时介质（通常为气体）的温度等于系统出口处的温度。在此过程中，预冷时充分利用了预冷介质的汽化热和汽化后低温蒸气的冷量（显热），因而其预冷消耗液量最小。按此原则确定的预冷耗液量定义为最小耗液量。如果预冷时仅利用预冷液体的汽化热，而其冷蒸气的显热完全未被利用，此时的预冷耗液量定义为最大预冷耗液量。

（1）氦板质量计算

紫铜 1 937.7 kg，不锈钢 1 053.1 kg。

（2）预冷氦板所需冷量计算

预冷氦板所需冷量计算公式为

$$Q = Q_{Cu} + Q_{Fe} = m_{Cu} C_{Cu} \Delta T + m_{Fe} C_{Fe} \Delta T \tag{8-20}$$

式中 Q ——预冷氦板所需冷量，kJ，下角标 Cu 代表铜，Fe 代表不锈钢；

m ——氦板质量（包括羽流吸附泵），kg，$m_{Cu} = 1\ 937.7$ kg，$m_{Fe} = 1\ 053.1$ kg；

ΔT ——氦板冷却前后的温差，氦板从 80 K 冷却到 4 K，前后温差 $\Delta T = 76$ K；

C ——氦板材料比热容，$C_{Cu} = 0.394$ kJ/（K·kg），$C_{Fe} = 0.5$ kJ/（K·kg）。

于是

$Q = 1\ 937.7 \times 0.394 \times 76 + 1\ 053.1 \times 0.5 \times 76 = 98\ 041$ kJ

注：如将氦板从 80 K 冷却到 10 K，则所需要的冷量为 90 300 kJ，计算时取 98 041 kJ。

（3）氦板预冷过程分析

低温推进剂的预冷过程是十分复杂和不稳定的，在该过程中，低温液体剧烈汽化引起较大的压力波动，随后是气液两相流状态，在系统冷透后才进入到单相流状态。在预冷过程中，系统管路和设备要承受一定的冷冲击应力，为此，应对预冷过程加以控制，使预冷时的压力波动和冷冲击应力不会太大。

预冷方案：先往氦热沉中充入液氮，使氦热沉充分预冷到 100 K 左右，停止供液氮，然后利用常温氦气充分吹除氦热沉管路中的氮气，最后打开液氦阀门，缓慢放入液氦，利用其蒸发吸热产生的气体继续预冷氦板。

（4）预冷氦板所消耗的液氦量计算

需要将氦板从 100 K 预冷至 4.2 K，用于预冷氦板所消耗的液氦量计算公式如下

$$m_{He} = \frac{Q}{h_2 - h_1} \qquad (8-21)$$

$$V_{He} = \frac{m_{He}}{\rho_{He}} \qquad (8-22)$$

式中　m_{He}——需消耗的液氦质量，kg；

　　　h_1——氦板入口处液氦对应的焓，kJ/kg；

　　　h_2——氦板出口处气氦对应的焓，kJ/kg；

　　　V_{He}——需消耗的液氦体积，m³；

　　　ρ_{He}——液氦密度，124.9 kg/m³。

表 8-4 给出了各种条件下对应的液氦消耗量。

表 8-4　用于预冷的液氦消耗量

入口处液氦		出口处气氦		耗液量/m³
温度/K	焓/（kJ/kg）	温度/K	焓/（kJ/kg）	
4.2	9.7631	4.2	30.592	37.7（最大）

续表

入口处液氮		出口处气氮		耗液量/m³
温度/K	焓/（kJ/kg）	温度/K	焓/（kJ/kg）	
4.2	9.7631	20	118.37	7.2
4.2	9.7631	40	222.79	3.7
4.2	9.7631	60	326.81	2.5
4.2	9.7631	80	430.74	1.9
4.2	9.7631	100	534.64	1.5（最小）

　　从表 8-4 可以看出：整个预冷过程中，液氮的最大消耗量为 37.7 m³（该过程只利用了液氮的汽化潜热），最小消耗量为 1.5 m³（该过程充分地利用了液氮的汽化潜热和显热），实际消耗量介于二者之间。如果试验时液氮流速控制合适的话，可以保证液氮在热沉出口处的温度接近或达到 100 K，这样就充分地利用了气氮的显热，使消耗的液氮量达到最小。

　　为安全起见，可在原有计算基础上再加上 20% 的计算余量，综合以上考虑，用于预冷的液氮量为 3 m³ 左右。

　　（5）预冷氮板所需时间计算

　　预冷氮板所需时间计算为

$$t = \frac{V}{Au} \tag{8-23}$$

$$A = \frac{1}{4}\pi d^2$$

式中　t ——预冷时间，s；

　　　V ——预冷氮板所需液氮量，m³；

　　　A ——液氮总管截面面积，m²；

　　　d ——液氮总管内直径，m；

　　　u ——液氮在管径中的流速，取 0.05～0.5 m/s，计算时取 0.05 m/s。

　　在耗液量和流速相同的情况下，预冷时间随液氮总管直径的增大而减少，当液氮总管内径取 60 mm 时，整个预冷时间要持续 3～

5 h。

（6）氦板管路中充满液氦所需液氦量计算

只要算出氦板支管的总体积，就可以大致确定氦板中充满液氦所需要的液氦量。

表 8 - 5 中给出了各种条件下对应的计算结果。

表 8 - 5　氦热沉中充满液氦时需要的液氦量

氦板支管内径/mm	氦板支管总长/m	氦板支管总体积（充满时的液氦量）/m³
10	1 000	0.078 5
12	1 000	0.113
14	1 000	0.154
16	1 000	0.2
18	1 000	0.254
20	1 000	0.314
30	1 000	0.706 5

从表 8 - 5 可以看出：在氦板支管内径取 18 mm 的情况下，当整个热沉充满液氦时，最多需要 0.3 m³ 的液氦。

8.2.4.5　液氦正常消耗量计算

当系统充满液氦并投入正常使用时，液氦消耗量为正常消耗量。

（1）氦板的热负荷计算

氦板的热负荷主要包括：氦板对氦板的热辐射，防辐射屏透过氦板对氦板的热辐射，试验件对氦板的热辐射。

最后得出氦板的总热负荷为 4 000 W。

（2）液氦消耗量计算公式

$$V_{He} = \frac{Q \times 3\ 600}{\rho_{4.2}(\gamma_{4.2} + \Delta H)} = \frac{4\ 000 \times 3\ 600}{124.9 \times (20.9 + 87.8)} = 1\ 060$$

$$(8 - 24)$$

式中　V_{He}——液氦消耗量，L/h；

　　　Q——氦板的总热负荷，4 000 W；

$\rho_{4.2}$ ——4.2 K 时液氦对应的密度，124.9 kg/m³；

$\gamma_{4.2}$ ——4.2 K 时液氦对应的汽化热，20.9 kJ/kg；

ΔH ——4.2～20 K 之间氦气焓差，87.8 kJ/kg。

取安全系数为 1.5，则液氦消耗量为 1 600 L/h，符合指标要求。

（3）液氦总管流速计算

$$u = \frac{4V_{He}}{\pi D_{He}^2} \qquad (8-25)$$

式中 u ——液氦总管流速，m/s；

V_{He} ——液氦消耗量，m³/s；

D_{He} ——液氦总管直径，m。

表 8-6 中给出了各种条件下对应的计算结果。

表 8-6 液氦总管中液氦流速

液氦总管内径/mm	液氦体积流量/（m³/h）	液氦总管中液氦流速/（m/s）
20	1.6	1.42
30	1.6	0.63
40	1.6	0.35
50	1.6	0.23
60	1.6	0.16

从表 8-6 可以看出：当氦热沉总管内径取 60 mm 时，所得到的液体流速为 0.16 m/s，这样的流速对于开式沸腾系统来说，可以充分地利用液氦的显热，换热充分，是可取的。

（4）液氦支管流速计算

表 8-7 中给出了各种条件下对应的计算结果。

表 8-7 液氦支管中液氦流速

液氦支管内径/mm	支管数量/根	液氦体积流量/（m³/h）	液氦支管中液氦流速/（m/s）
10	70	1.6	0.081
12	70	1.6	0.056
14	70	1.6	0.041

续表

液氦支管内径/mm	支管数量/根	液氦体积流量/（m³/h）	液氦支管中液氦流速/（m/s）
16	70	1.6	0.032
18	70	1.6	0.025
20	70	1.6	0.020
30	70	1.6	0.009

从表 8 - 7 可以看出：当氦热沉支管内径取 18 mm 时，所得到的液体流速为0.025 m/s，这样的流速对于开式沸腾系统来说，可以充分地利用液氦的显热，换热充分，是可行的。

（5）液氦系统管路压力损失计算

所选杜瓦的最大工作压力为 8 标准大气压，而系统所需的压力主要用以克服液氦杜瓦与试验舱之间的高度差和氦管道的流动阻力，按照 10 m 高差和 50 m 传输管线管阻计算，系统需要克服的阻力总共为 0.15 标准大气压。因此完全能满足使用要求。

8.2.4.6　试验时间估算

整个系统用于预冷的液氦量至少需要 2 m³，预冷后液氦的消耗流量为 1.6 m³/h，这样可大概估算出各种液氦量下对应的试验时间，如表 8 - 8 所示。

表 8 - 8　羽流试验时间估算

购买的液氦量/m³	预冷所需液氦量/m³	可用于试验的液氦量/m³	液氦的消耗流量/（m³/h）	试验时间/min
2.5	＞2	＜0.5	1.6	＜18.75
3.0	＞2	＜1.0	1.6	＜37.50
3.5	＞2	＜1.5	1.6	＜56.25
4.0	＞2	＜2.0	1.6	＜75.00

从表 8 - 8 可以看出：试验时间完全取决于所购买的液氦量，羽流试验时准备 4 m³ 的液氦是合理的，在这种情况下，是完全可以完

成羽流试验的，试验时间小于 30 min。

8.2.4.7　液氮系统主要设备的设计

（1）液氮贮槽

选用 1 000 L 液氮杜瓦作为该系统的液氮贮槽。该公司的产品具有结构紧凑、蒸发率低、使用方便等优点。

所选杜瓦的最大工作压力为 0.7×10^5 Pa，而系统所需的压力主要用以克服液氮杜瓦与试验舱之间的高差和氮管道的流动阻力，按照 10 m 高差和 50 m 传输管线管阻计算，系统需要克服的阻力总共为 1.8×10^4 Pa。因此完全能满足使用要求。

从系统消耗的液氮量来看，整个系统至少应该配备 3 个 1 000 L 的液氮杜瓦，或买或租用液氮槽车。

（2）液氮真空绝热传输管道

由于液氮这种低温流体的特殊性，决定了它的传输必须采用高真空绝热管道，拟采用真空多层绝热的形式，即传输管线由内管和外管组成，两管之间抽真空，并在内管外壁上缠绕多层喷铝薄膜和绝热纤维绵纸，以将环境对液氮流体的传热减小到最低水平，如图 8 - 16 所示。

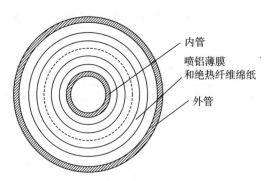

图 8 - 16　液氮真空多层绝热传输管的示意图

传输管线采用薄壁不锈钢管制作，从液氮杜瓦到试验舱的液氮传输管由刚性段和挠性段组成。传输管线与试验舱为固定连接，与液氦杜瓦为插拔式对接结构,在每个液氦杜瓦上将配置对接接口组件,采用这种对接方式切换液氦杜瓦时具有操作简单的优点。

(3) 液氦系统与液氦热沉接口方案设计

液氦系统与液氦热沉接口方案设计见热沉方案设计。

(4) 测控系统

测控系统可进行压力、温度、液位的测量以及流量的控制。

在氦板上设置液氦热沉入口压力、液氦热沉出口压力传感器,以监测液氦入口与出口压力。

在氦热沉上设置液氦热沉入口温度、液氦热沉出口温度、氦热沉特征点温度等温度监测点,以及时了解氦热沉温度分布。

液位测量采用 Ni-Ti 超导式液位计,可实现液位的准确测量。在控制系统中设置液位报警点,利用声光报警以提示运行人员及时更换液氦杜瓦。

以液氦板出口温度作为液氦流量调节的反馈参数,液氦传输的控制阀门将集成在真空绝热传输管道上,是专用于液氦传输的截止调节控制阀,具有调节性能好、漏热低、操作方便等特点。

通过调节设置于气氦贮气瓶到液氦杜瓦的连接管路上的阀门的开度,可实现液氦板入口压力调节,配合液氦输液管上的流量调节阀,起到对液氦流量进行辅助调节的目的。

(5) 安全保护系统

在氦板的氦流出口设置有安全阀,起跳压力 2×10^5 Pa,起跳后,管道里的氦气将通过管道连接到系统的氦气排放管并排放到室外。当氦板管道压力恢复到正常值之后,安全阀自动复位。

系统具备声光报警功能,当液氦杜瓦液面高度偏低时(小于10%)或液氦管道压力等参数超过允许值时,将及时报警。

从舱体出来的氦气由于温度较低,为了避免结霜和凝水给其他设备带来损失,氦排气管在室内的部分将采用真空多层绝热的方式进行保温处理。

8.2.4.8　液氦闭式循环系统

为了减少液氦的消耗量，羽流试验时的液氦外流程未来的目标一定是建成一个闭式循环系统，也就是液氦→气氦→液氦循环利用。根据目前的市场调研，循环系统分为两种，一是实时闭式循环系统，二是非实时（事后）闭式循环系统。

（1）实时闭式循环系统

通过液化机将试验过程中产生的气氦全部同步液化，满足试验循环使用的要求，主要应用于长时间连续工作的液氦外循环系统。

（2）非实时闭式循环系统

所谓非实时闭式循环系统就是先回收气氦，再利用液化系统将其液化，将液氦储存于杜瓦中，以备下一次试验使用。也即建设一个小型液化系统，使其在两次试验的间隙，将上次试验储存的气氦逐渐液化。

①液化系统

液化系统基本工作原理如图 8-17 所示。压缩机出来的气体经过纯化过滤后进入液化机，经过一级液氮预冷、两级冷氦气预冷、两次膨胀后，输出气液两相氦同时进入杜瓦，液氦留存于杜瓦中，其冷氦气返回液化机，经过热交换器后以常温常压的形式进入压缩机再次压缩循环。补气系统是液化机继续工作的源泉，来源于氦气回收系统。

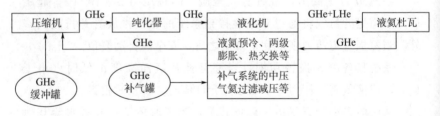

图 8-17　液氦制冷系统基本原理

②回收系统

回收系统基本原理如图 8-18 所示。热沉预冷后放出的氦气先进入回收气囊中，再经过高压压缩机压缩进钢瓶中储存，根据需要择机液化。

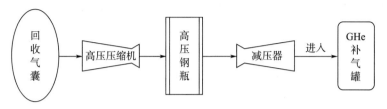

图 8-18 氦气回收系统基本原理

回收系统是羽流实验室液氦重复利用的关键，预冷时间的长短决定了回收系统的规模。

8.3 国际上空间模拟器中应用的氦低温系统

8.3.1 热真空试验用的空间模拟器中的氦低温系统

美国、欧洲、苏联和日本的一些大型空间模拟器都使用了内装式低温泵，采用了氦低温系统作冷源。无论是第一代、第二代甚至第三代真空系统中，大型空间模拟器都装有氦板及氦低温系统。

1）世界上最大的空间模拟器是在美国国家航空航天局（NASA）载人空间飞行中心（MSFC）的休斯敦容器 A。试验容器是直径 19.8 m、高 36 m 的不锈钢结构。阿波罗计划中的登月装置及登月期间航天员所用设备在此容器内进行了广泛的试验。

容器中装有 180 m^2 的 20 K 氦板，由 7 kW 氦制冷机冷却，抽速为 10^7 L/s。

容器 B 只有液氮热沉，没有氦低温系统。

容器 D 工作于 10^{-10} Pa，直径 3 m，高 4.5 m。试验有效容积 1.8 m×1.8 m，有钛升华泵、液氮热沉、氦低温泵及氦低温系统，其抽速为：

H_2O：$2×10^6$ L/s；N_2：$5×10^5$ L/s；H_2：$18×10^3$ L/s。

2）美国阿诺德工程发展中心（AEDC）的马克 1 号容器，直径 12.6 m、高 24.6 m。装有扩散泵抽气系统，容器内装有 20 K 氦板，氦制冷机的容量为 2×3.5 kW。该模拟器可进行航天器及火箭发动机试验。其氦板抽速可达 3×10^4 m³/s（N₂）。

3）美国波音公司的椭球形容器 A，高 15 m，直径 12 m，有 200 m² 低温氦板。用一台 2 kW（20 K）的氦制冷机，抽速为 3×10^3 m³/s（N₂）。容器 C 为超高真空容器，其直径为 3 m，高 3 m。抽速为 5×10^2 m³/s（N₂），氦板工作在 15 K。

4）戈达德空间飞行中心建造了全深冷系统。容器由三个真空室组成。外容器高 1.5 m，中间容器壁用液氮冷却，内容器壁用 20 K 气氦冷却。内容器装两块用 20 K 屏蔽板屏蔽的吸附板，吸附板 6 mm 厚，上面有 1.5 mm 深的沟槽，槽内有 5A 分子筛，反面焊有冷却管，管内通 10 K 气氦，用 CTI 公司制造的氦制冷机冷却，制冷量 200 W。该系统如图 8-19 所示。

5）美国洛克希德导弹和空间公司（LMSC）建造的 DELTA 容器直径 12.1 m、长 24.4 m。真空系统包括机械泵、罗茨泵、4 台分子泵、5 台 1.3 m 低温泵及内装式深冷泵，其抽速为 2.1×10^6 L/s。

6）日本宇宙航空研究开发机构（JAXA）从 1972 年 3 月至 1975 年 6 月在筑波中心建了一台大型空间模拟器，该设备采用无油抽气系统。容器直径 8.5 m，直筒高 21.6 m，加上下盖共 25 m，容器容积 1 350 m³。

真空系统有副深冷泵和主深冷泵。粗抽后用副深冷泵将容器抽至 10^{-3} Pa 左右，它是作为低真空与高真空过渡用的泵。在小气体负荷时，可不用主深冷泵，副深冷泵的抽速为 2.0×10^5 L/s。采用外接式低温泵，氦板直径 2 m，容器与泵间有阀门。采用 55 W（20 K）制冷量的 PG105 型深冷制冷器，制冷机为二级膨胀式斯特林循环。

主深冷泵是真空系统的主泵，其抽速为 300×10^4 L/s，氦板是用 73 块长 9 m 的挤压成型的翼管排列在容器内径 7.85 m 的圆筒上。

主深冷泵主氦制冷系统情况介绍如下。

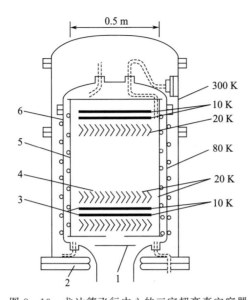

图 8 - 19　戈达德飞行中心的三室超高真空容器

1—平板阀；2—底板；3—低温吸附板（10 K）；4—人字形屏蔽板（20 K）；

5—用气氦冷却的内容器；6—用液氮冷却的中间容器

a）基本系统及组成。主氦制冷机是主深冷泵的冷源，在氦板冷到 20 K 以下，其抽速在 10^{-6} Pa 时为 300×10^4 L/s。系统组成见图 8 - 20。它是由聚四氟乙烯环式无油润滑压缩机、带静压气体轴承的透平膨胀机和铝板式换热器组成的，采用逆布雷顿循环。制冷机与氦板间约有 30 m 输气管，又考虑氦板与管道内压力损失，氦板冷负荷加在透平的高压侧。

压缩机为四气缸三级，出口压力为 0.9 MPa，额定流量为 1 500 m^3/h，用于气体轴承气量小于 30 m^3/h。

由于制冷机为封闭式，停机时在系统中保持有气体，因此低压侧也需要压力。要求氦板在 3.5 h 可达到要求的温度，其换热器也采用两级，并有液氮预冷级。

采用径轴流反动式透平，其膨胀比为 4.6，采用静压气体轴承及风扇制动。透平进气温度 18.3 K，进口压力 0.52 MPa，转速

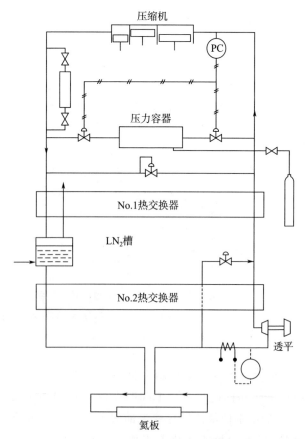

图 8 - 20　日本一台模拟室直径 8.5 m 的空间摸拟器氦制冷系统简图

109 500 r/min，流量 1 420 m³/h，等熵效率 77%。

　　b）调节机构。由于制冷机在低压侧没有气罐等容积可变的缓冲装置，因此系统压力调节可用以下两种方法进行。

　　一种是在制冷机入口将高压气体分流到低压系统对高压管道进行控制。与此同时，在压缩机入口的调压箱中将系统多余或不足的气体输出至与压缩机并联的中压贮槽或由它补给，这样就可以对低压管道进行控制。

　　另外，冷负荷变动会引起透平入口状态的大幅度变化及制冷机温度分布变化和系统内停留气体的变化，为防止这一点，在透平入口侧安装加热器以控制入口温度。由于采用静压气体轴承，不希望轴承排气侧压力有较大变动，因此用上述方法可抑制外部干扰引起的压力变化。

c) 制冷性能及运行。在透平入口温度为 18.3 K 时，其制冷量为 1 480 W。透平入口温度如低于该温度，入口压力便不能保持在设计压力；而入口温度高于该温度时，压缩机流量便不能为透平全部处理，而需要在制冷机入口分流，因此透平就离开了最佳 u/c_0 值而在低效率下工作，制冷机的品质因数也就降低。

按容器试验要求，制冷机需要两个月以上连续运行。为防止出故障并行安装了两台制冷机。该制冷机除了初期由于气体更换不充分使纯化系统堵塞外，未产生其他故障。

7）日本一台模拟室直径 14 m 的空间模拟器氦制冷系统。

该氦制冷系统原理图见图 8 - 21，密闭循环制冷系统提供主深冷泵 20 K 的冷源。该制冷系统由螺杆式压缩机（1 350 m³/h）、透平式膨胀制冷机［制冷量为 660 W（20 K）］、纯化器、热交换器等组成。

8.3.2　红外与多光谱定标试验用的空间模拟器中的氦低温系统

1）美国于 1978 年前建造了三个用于空间红外遥感器定标和试验的设备。即麦克唐纳-道格拉斯先进的遥感器鉴定和试验设备（ASET）、空军的 7V 模拟器、陆军的光学遥感器试验设备（POST）。这些设备都需要低温冷背景，因此需要氦低温系统作冷源。理想情况是遥感器要在仿效全部工作特性的条件下进行模拟试验。低辐射背景是重要环境，所以在模拟设备中必须有低温冷却壁。

麦克唐纳-道格拉斯宇航公司建造了先进的遥感器鉴定和试验设备（ASET）。容器直径 2.44 m，长 4.27 m，为圆柱形容器，压力为 10^{-6} Pa，圆柱形热沉为直径 2.13 m 和长 3 m，热沉和全部室内仪器及机构用气氦冷却到 25～30 K。采用封闭循环制冷机制冷。

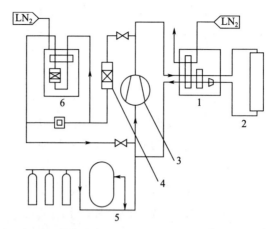

图 8 - 21　日本一台模拟室直径 14 m 的空间模拟器氦制冷系统简图

1—制冷机；2—深冷板；3—氦压缩机；4—干燥器；5—干式气柜；6—纯化器

2）美陆军的光学遥感器试验设备（POST）是圆柱形容器，直径 1.2 m 和长 3.1 m，压力小于 10^{-5} Pa，温度小于 25 K。用于鉴定空间红外遥感器的性能。

阿诺德工程发展中心（AEDC）的试验设备包括三个试验红外遥感器的试验设备；模拟器直径 2.13 m、长 3.65 m，是水平放置的不锈钢容器，用于红外遥感器的定标；有液氮和 20 K 氦低温系统提供红外遥感器试验环境。遥感器固定在 0.9 m 直径和 1.98 m 长的前室；遥感器与模拟室间有活动的 20 K 冷屏蔽板和迷宫型屏蔽板，这使遥感器和模拟设备间低温冷背景相连接。

7V 红外定标设备的红外辐射源也要用 20 K 热沉包围。

3）美国洛克希德导弹和空间公司于 1980 年建造了长波红外（LWIR）遥感器试验设备（STF）。容器直径 2.44 m，长 4.27 m。有两个可打开的门，压力为 10^{-6} Pa。此设备有低温泵，制冷功率为 70 W。同时有两个低温系统，液氮系统冷却的屏蔽板和氦制冷机冷却的 20 K 热沉，热沉直径 1.98 m，长 3.96 m。氦制冷机制冷量 1 750 W。此制冷系统既冷却热沉，又冷却全部光学准直镜系统到 20 K。

8.3.3　姿控发动机羽流试验用的空间模拟器中的氦低温系统

位于德国哥廷根 DLR 研究中心的 STG 空间模拟器，它的主要组成是长 5.25 m、直径 1.6 m 的圆筒形的液氦热沉，深冷泵安装在羽流扩散的空间中。当推进器点火真空压力小于 10^{-3} Pa 时，可以使羽流燃气膨胀变得稀薄并形成回流，获得完全膨胀羽流的模拟，并对模型进行确认。

为了模拟太空的真空环境并保证推进器的持续点火工作，低温泵是一种合适的方式。抽氢（H_2）的问题在单组元和双组元的燃料废气中都会存在。浓缩的氢在温度为 4.67 K 时在低温泵表面的蒸气压为 10^{-3} Pa，唯一的冷却方式就是采用温度为 4.22 K 的液氦（LHe）。

用于氢燃料推进器试验的高真空设备采用了两级低温泵：燃烧废气首先在液氦热沉表面冷却，然后在液氦低温泵处浓缩。要使羽流（质量流量 $m = 4.54 \times 10^{-5}$ kg/s）完全膨胀达到 10^{-3} Pa，所需低温泵的面积至少要有 57 m² 深冷面积。

小推力器（=1 N）总热载荷为 500 W，同时系统要能够模拟各种类型推进器的羽流效应。

结构上的一个基本要求是当每平方米的热流量增加 100 W 时，平板上的温度升高不能超过 0.2 K。要实现这种假设必须保证氦在管道里不发生汽蚀，为了加快其传输速率，泵被安装在闭式循环系统内。

低温泵上安装一个辐射挡板，由 80 K 的液氮（LN_2）冷却挡板来抑制其辐射换热，见图 8-22。低温泵的热损失由于热传导（沿着钢架）和热辐射的原因不会超过 35 W。冷板被安装在 7.6 m 长、直径 3.3 m 的不锈钢真空环境中。

沿着圆柱形冷板的底部和顶部开两个槽孔，以便于在构架设备上安装探针和推进器。加热设备安置在不锈钢真空室上以维持它们保持室温。这样由热胀冷缩引起的失败就能够避免。

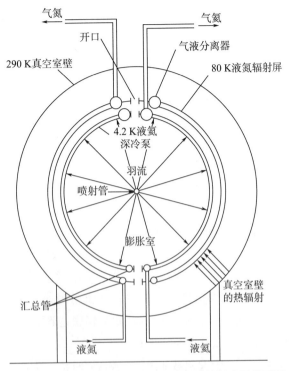

图 8-22　STG 羽流试验用空间模拟器的深冷泵截面图

真空室内装有两台涡轮分子泵（泵抽速 3 000 L/s）用于抽空可能从低温泵系统泄漏的氦，低温泵不能抽氦。真空室中气氦的分压力能保持在 10^{-5} Pa，不会影响羽流气体分子的膨胀。

氦低温系统见图 8-23。为了使防辐射板和低温泵的温度冷却达到 80 K，大约需要液氮贮箱的容积达到 3 000 L。低温泵的更进一步冷却由液氦完成，需要液氦贮箱的容积为 3 500 L。蒸发氦气需要经过一个加热器、一个容积 100 m^3 的缓冲容腔和一个功率 175 m^3/h 的压缩机之后转移到一个更高的压力室中，然后气氦再以 20 L/h 的速度液化。要冷却 2 000 kg 的低温泵并填满它（约 450 L）需要约 1 000 L（LHe），一次试验需要 2 000 L 液氦，此外还取决于推进器的能量和点火的方式（持续/脉冲）。

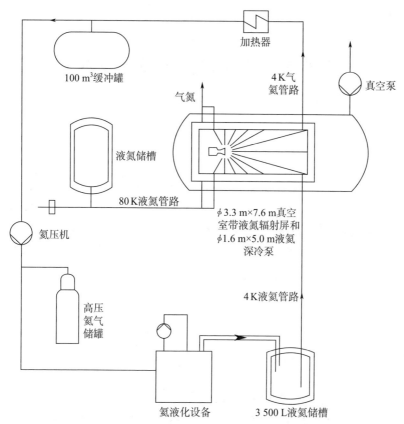

图 8-23　STG 羽流试验用空间模拟器的氦低温系统图

第9章　太阳模拟器设计技术

9.1　概述

太阳是个巨大的辐射源，太阳是银河系中 1 000 多颗恒星之一，表面温度高达 5 000～6 000 K，能量以 3.84×10^{26} W 的功率辐射出去。太阳是太阳系中最大的天体，从地球上看视直径约为 0.50°，半径约为 6.96×10^{8} m。太阳的质量组成中，氢约占 74%，氦约占 24%，其他元素约占 2%，它们都存在某种程度的电离。

太阳发射的电磁波波长包含从 10^{-14} m 的 γ 射线到 10^{2} m 无线电波等各种波长。这些不同波长的辐射能量的大小是不同的，可见光部分辐射能量最大。可见光和红外部分的通量占总通量的 90% 以上。太阳的可见光和红外辐射，地球反射太阳的辐射以及地球大气系统自动的热辐射均影响卫星表面的温度。各种波长的辐射是太阳由不同高度和不同温度的大气层发射出来的，不能用单一温度的黑体或灰体辐射来代表。它的可见光和红外辐射主要来自于太阳光球，0.3～2.5 μm 的辐射相当于 6 000 K 的黑体辐射。0.15～0.3 μm 的辐射相当于 4 500 K 的黑体辐射。0.15 μm 以下的短波辐射主要来自色球和日冕的高温辐射。无线电厘米波是由太阳色球发射的，米波则是由日冕发射的。

太阳紫外辐射按波长分为三个区域：近紫外（0.38～0.3 μm）、中紫外（0.31～0.17 μm）和远紫外（0.17 μm 以下）。

9.2　太阳辐射能量与太阳常数

为定量描述太阳辐射能量，定义在地球大气外，太阳在单位时间内投射到距太阳平均日地距离处、垂直于光线方向的单位面积上的全部辐射能为一个太阳常数，等于(1 353±21) W/m²。这一数值是最近十几年内，不同研究者用不同方法测得太阳常数值的综合分析结果，测量误差为±1.5%。

地球的平均太阳常数是指距离太阳 1.00 AU（AU 是天文单位，等于日地平均距离，1 AU 约等于 1.496×10^8 km）处的能量密度，地球的轨道半径长轴为 1.00 AU。

太阳总辐射功率可根据 $4\pi S_e a^2$ 求得，其值为 3.84×10^{26} W。太阳任意距离处的太阳常数根据式（9-1）计算

$$S(r) = S_e(a/r)^2 \tag{9-1}$$

式中　a——一个天文单位；

　　　r——与太阳的距离，m；

　　　S——距离太阳 r 处的太阳常数，$W \cdot m^{-2}$。

不同天体所对应的太阳常数，如表 9-1 所示。

表 9-1　不同天体对应的太阳常数

天体	太阳辐照度/（$W \cdot m^{-2}$）		
	平均值	近日点	远日点
水星	9 116.7	14 446.4	6 272.4
金星	2 610.9	2 646.6	2 576.0
地球	1 366.1	1 412.9	1 321.6
火星	588.4	716.1	492.1
木星	50.5	55.8	45.9
土星	14.88	16.71	13.33
天王星	3.71	4.07	3.39
海王星	1.545	1.545	1.478
冥王星	0.876	1.535	0.566

图 9-1 所示为太阳辐射能量分布曲线图。

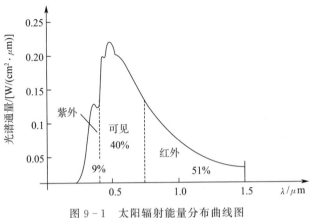

图 9 - 1　太阳辐射能量分布曲线图

地球大气外的太阳光谱分布，即某一波长处单位波长间隔内的太阳辐射能量的分布曲线由表 9 - 2 列出。表 9 - 2 给出了波长从 0.18～40 μm 谱域内的光谱分布。从数据中可以看出短于 0.3 μm 的紫外辐射能量只占辐射能的 1.2%。在太阳辐射谱线中，还存在 X 光辐射，它介于 γ 射线和远紫外辐射之间，总能量不到万分之一，它能引起物质分子和原子的光电离、产生康普顿散射等。这部分效应的模拟不划入通常的太阳辐照模拟，列入专用环境模拟。

表 9 - 2　距太阳日地平均距离处地球大气外太阳光谱辐射通量[①]

（总辐射为 1 353 W/m²）

$\lambda/$ μm	$Q_\lambda/$ [W/（cm²· μm）]	$D_\lambda/$ （%）	$\lambda/$ μm	$Q_\lambda/$ [W/（cm²· μm）]	$D_\lambda/$ （%）	$\lambda/$ μm	$Q_\lambda/$ [W/（cm²· μm）]	$D_\lambda/$ （%）
0.18	0.000 13	0.002	0.2	0.013	0.27	0.32	0.083	2.22
0.19	0.000 27	0.003	0.265	0.018 5	0.33	0.325	0.097 5	2.55
0.200	0.001 07	0.008	0.27	0.023 2	0.41	0.33	0.105 9	2.93
0.210	0.002 29	0.021	0.275	0.020 4	0.49	0.335	0.108 1	3.32
0.22	0.005 75	0.050	0.28	0.022 2	0.56	0.34	0.107 4	3.72
0.225	0.006 49	0.073	0.285	0.021 5	0.66	0.345	0.106 9	4.12

续表

$\lambda/$ μm	$Q_\lambda/$ $[\mathrm{W}/(\mathrm{cm}^2 \cdot \mu\mathrm{m})]$	$D_\lambda/$ (%)	$\lambda/$ μm	$Q_\lambda/$ $[\mathrm{W}/(\mathrm{cm}^2 \cdot \mu\mathrm{m})]$	$D_\lambda/$ (%)	$\lambda/$ μm	$Q_\lambda/$ $[\mathrm{W}/(\mathrm{cm}^2 \cdot \mu\mathrm{m})]$	$D_\lambda/$ (%)
0.38	0.112	7	0.555	0.172	30	1.5	0.028 7	86.65
0.385	0.109 8	7.41	0.56	0.169 5	30.65	1.6	0.024 4	88.61
0.39	0.109 8	7.82	0.565	0.170 5	31.28	1.7	0.020 2	90.26
0.395	0.118 9	8.24	0.57	0.171 2	31.91	1.8	0.015 9	91.59
0.4	0.142 9	8.73	0.575	0.171 9	32.54	1.9	0.012 6	92.64
0.405	0.164 4	9.29	0.58	0.171 5	33.18	2	0.010 3	93.49
0.410	0.175 1	9.92	0.585	0.171 2	33.81	2.1	0.009	94.2
0.415	0.177 4	10.57	0.59	0.17	34.44	2.2	0.007 9	94.83
0.42	0.174 7	11.22	0.595	0.168 2	35.06	2.3	0.006 8	95.37
0.425	0.169 3	11.86	0.6	0.166 6	35.68	2.4	0.006 4	95.86
0.43	0.163 9	12.47	0.605	0.164 7	36.8	2.5	0.005 4	96.29
0.435	0.166 3	13.08	0.61	0.163 5	36.9	2.6	0.004 8	96.67
0.44	0.181	13.73	0.62	0.160 2	38.1	2.7	0.004 3	97.01
0.445	0.192 2	14.42	0.63	0.157	39.27	2.8	0.003 9	97.31
0.45	0.2	15.14	0.64	0.154 4	40.42	2.9	0.003 5	97.58
0.455	0.205 7	15.89	0.65	0.151 1	41.55	3	0.003 1	97.83
0.46	0.206 6	16.65	0.66	0.148 6	42.66	3.1	0.002 6	98.04
0.465	0.204 8	17.41	0.67	0.145 6	43.74	3.2	0.002 3	98.22
0.47	0.203 3	18.17	0.68	0.142 7	44.81	3.3	0.001 9	98.37
0.475	0.204 4	18.92	0.69	0.140 2	45.86	5.4	0.001 66	98.505
0.48	0.207 4	19.68	0.7	0.136 9	46.88	3.5	0.001 46	98.62
0.485	0.197 6	20.43	0.71	0.134 4	47.88	3.6	0.001 35	98.724
0.49	0.195	21.16	0.72	0.131 4	48.86	3.7	0.001 23	98.819
0.495	0.196	21.88	0.73	0.129	49.83	3.8	0.001 11	98.906
0.5	0.194 2	22.6	0.74	0.126	50.77	3.9	0.001 03	98.985
0.505	0.192	23.31	0.75	0.123 5	51.69	4	0.000 95	99.058

续表

$\lambda /$ μm	$Q_\lambda /$ $[\mathrm{W/（cm^2 \cdot} $ $\mu m）]$	$D_\lambda /$ （%）	$\lambda /$ μm	$Q_\lambda /$ $[\mathrm{W/（cm^2 \cdot} $ $\mu m）]$	$D_\lambda /$ （%）	$\lambda /$ μm	$Q_\lambda /$ $[\mathrm{W/（cm^2 \cdot} $ $\mu m）]$	$D_\lambda /$ （%）
0.51	0.188 2	24.02	0.8	0.110 7	56.02	4.5	0.000 59	99.337
0.515	0.183 3	24.7	0.85	0.098 8	59.89	5	0.000 383	99.512
0.52	0.183 3	25.38	0.9	0.088 9	63.36	6	0.000 175	99.718
0.525	0.185 2	26.06	0.95	0.083 5	66.54	7	0.000 099	99.819
0.53	0.184 2	26.74	1	0.074 6	69.46	8	0.000 06	99.878
0.535	0.181 8	27.42	1.1	0.059 2	74.41	9	0.000 038	99.914
0.54	0.178 3	28.08	1.2	0.048 4	78.39	10	0.000 025	99.937
0.545	0.175 4	28.74	1.3	0.039 6	81.64	20	0.000 001 6	99.991
0.55	0.172 5	29.38	1.4	0.033 6	84.34	40	0.000 000 1	99.998

①辐射通量有时称为能流、辐照、能量照度、强度等，此名词国内外皆未统一。

9.3　太阳辐照的环境特征

9.3.1　空间外热流模拟

太阳电磁辐射中的可见光辐射、近红外辐射和远红外辐射构成了卫星在空间飞行时所受到的加热源，也叫作空间外热流。对于近地航天器，外热流还包括地球反射太阳辐射的能量和地球自身的红外辐射部分。航天器所吸收的热流 Q 可写成

$$Q = \alpha Q_f \tag{9-2}$$

式中　α——航天器表面材料的吸收率；

　　　Q_f——空间外热流。

从式（9-2）中可以知道卫星热设计时选择的 Q 值取决于 α 和 Q_f，Q_f 值的选定是国内外火箭、卫星测量数据的统计值，而 α 值取决于航天器温控涂层材料或航天器表面材料的物质特性及在太阳辐照环境下的稳定性。现在卫星热设计已采用了大容量的电子计算机，

提高了热分析精度，但许多因素使得热分析存在误差。为了验证热设计，鉴定卫星热设计的可靠性，主要手段就是在地面试验设备中，再现太阳辐照环境，模拟外层空间的外热流 Q_f，即进行卫星的热平衡试验。

9.3.2　太阳辐照的主要环境特征

外层空间的太阳辐照环境特征如下：

1）距太阳 1.496×10^8 km 处（即地球轨道）的太阳辐射（能）流密度是 1 353 W/m²，并定义为一个太阳常数，表示为 S_0。这个值随太阳活动的强弱变化 $\pm 2\%$，随四季变化 $\pm 3.5\%$。

2）地球到太阳的平均距离上，太阳的日轮视角为 32′（分）。

3）太阳辐射的光谱成分，在 0.3～3.0 μm 谱域内的能量为太阳辐照总能量的 96.6%，在 0.2～0.3 μm 谱域内的能量为太阳辐照总能量的 1.2%。太阳辐射的光谱分布曲线通常引用约翰逊曲线或引用 NASA 曲线。

4）太阳辐射流密度的空间分布按距太阳距离的平方成反比定律计算。在地球轨道附近有限空间内可以认为是均匀的。

在地面实验室里难以逼真地模拟上述的太阳辐照环境。综合有关文献的报道，目前先进的太阳模拟技术指标是：

1）太阳辐照度 $0.5 S_0$～$1.3 S_0$ 可调；

2）试验体积内辐照不均匀度不大于 $\pm 5\%$；

3）光谱分布对 NASA 曲线（或约翰逊曲线）的偏差控制在允许值内；

4）辐照不稳定度为 $\pm 1\%$～$\pm 2\%$；

5）准直角不大于 $\pm 2°$；

6）能消除二次和多次反射的影响。

9.4　太阳辐照环境效应

（1）热辐照的影响

太阳辐照的不同谱段，对航天器有不同的影响。航天器主要吸收红外与可见光谱段，这部分能量将影响航天器的温度。吸收热量的多少取决于结构外形、涂层材料和飞行高度。这部分能量也是航天器热量的主要来源。若航天器的热设计处理不当，会造成航天器温度过高或过低，影响航天器的正常运行。航天史上，日本、法国的第 1 颗卫星都因热设计原因而失效，中国的卫星也有因热设计的原因而使局部温度过高。

因此，为了验证热设计，鉴定航天器的可靠性，必须在地面试验设备中再现太阳辐照环境，模拟空间的外热流进行航天器的热平衡试验。

（2）机械应力的影响

太阳辐照压力所产生的机械力，能严重地影响航天器的姿态和自旋速率，尤其受热不均匀引起的热弯曲效应最大。所以在设计航天器的姿态控制系统时，特别在设计高轨道航天器与重力梯度稳定的航天器时，必须要考虑太阳辐照压力的机械应力影响。

对于完全吸收表面太阳辐照作用于物体单位面积上的力为

$$F_r = \frac{L}{4\pi R_s^2 c} A \cos\alpha \qquad (9-3)$$

式中　L——来自太阳的总辐照能量，为 3.86×10^{30} J·m^{-2}·s^{-1}；

R_s——离太阳的距离，m；

c——光速，为 3.0×10^8 m·s^{-1}；

α——面积 A 的法向与太阳-航天器连线的夹角，rad；

A——被照面积，m^2。

设在地球附近 $R_s = 1$ AU（1.496×10^{11} m），其辐照压力（单位为 N/m^2）由式（9-4）给出，即

$$P_{cr} = 4.5 \times 10^{-2} \cos\alpha \tag{9-4}$$

决定辐照机械应力的主要因素有：

1）入射或发射的辐照强度、频谱与方向；

2）太阳辐照压力中心相对于航天器质量中心的位置和航天器表面的形状；

3）航天器结构表面的光学特性，作用于航天器表面的辐照是入射还是发射。

上述 3 个因素都对航天器的工作寿命有影响，因为要克服这些应力肯定要消耗一些推进剂。例如，1982 年 4 月 10 日美国发射的"印度—号甲"卫星就因推进剂耗尽而在当年的 9 月 6 日彻底停止工作。为什么足够卫星 7 年用的推进剂会那么快就耗尽了？其原因是多方面的，但最重要的是，星上用来抵消太阳辐照压力的伞状太阳电池阵没有展开，因此为了克服太阳辐照给航天器带来的致命的机械应力，航天器不得不大量消耗推进剂，从而使航天器提前失效。对于机械应力问题，必须引起足够的重视。

太阳辐照，还对航天器的外露组件产生热应力与热变形。在地面，对抛物面天线、太阳电池阵等组件，应在太阳辐照与冷黑环境下检验热应力与热变形的问题。

（3）紫外辐照的影响

波长短于 300 nm 的所有紫外辐照，虽然只占太阳总辐照的 1% 左右，但所起作用很大。紫外线照射到航天器的金属表面，由于光电效应而产生许多自由电子，使金属表面带电，航天器表面电位升高，将干扰航天器的电磁系统。

紫外线会使光学玻璃、太阳能电池盖板和甲基异丙烯窗口等改变颜色，影响光谱的透过率。紫外线会改变瓷质绝缘的介电性质。紫外线的光量子能破坏分子聚合物的化学键，引起光化学反应，造成分子量降低、材料分解、裂析、变色、弹力和抗张力降低等。受紫外线影响最大的是聚乙烯、涤纶等高聚物薄膜。紫外线和臭氧会影响橡胶、环氧树脂粘合剂和甲基丙烯气动密封剂性能的稳定性。

紫外线会改变热控涂层的光学性质，使表面逐渐变暗，对太阳辐照的吸收率显著提高，影响航天器的温度控制。长寿命航天器的热控设计必须考虑紫外线对热控涂层的影响。

9.5　太阳辐照环境模拟技术

太阳辐照环境模拟即太阳模拟器要尽可能地直接再现外层空间太阳辐照环境及其效应。利用它进行环境模拟试验具有直观的特点。现将真实的太阳模拟技术的特点归为如下两点：

1）具有逼真地模拟外层空间的太阳光谱分布功能；

2）具有尽可能小的准直角，即输出的光束是平行光束。

早期的太阳模拟器选用碳弧灯为光源，碳弧灯的光谱分布与太阳光谱分布的偏差小。但由于碳弧运行时的溅射污染和操作系统复杂等不足，现代太阳模拟器都采用大功率短弧氙灯、汞氙灯为光源。这种光源色温高、弧亮度高，与相适应的滤光片相配合，可以获得理想的光谱分布。为了模拟太阳光是平行光束的特点，太阳模拟器都采用适当的光学系统，使输出光束准直角尽可能小。早期的发散型太阳模拟器已不多用，或已应用数学方法进行修正。近代多采用先进的离轴准直系统。下面将分别介绍太阳模拟器光学系统、光源特点、太阳模拟器参数、光源参数测量技术和太阳辐照模拟标准。

国内外研制了各种类型的太阳模拟器，其类型可以按辐照面积的尺寸分为大型、中型和小型三种（辐照面积直径大于 4 m，称大型太阳模拟器；辐照面积直径在 1～3 m，称中型太阳模拟器；辐照面积直径小于 1 m，称小型太阳模拟器），也可以按照用途划分为通用型和专用型，还可以根据光学系统的特点分为同轴系统和离轴系统两大类。

9.5.1　太阳模拟器的分类

太阳模拟器按照光学系统的特点进行分类，如图 9-2 所示。各种类型太阳模拟器光学系统原理图见图 9-3 和图 9-4。

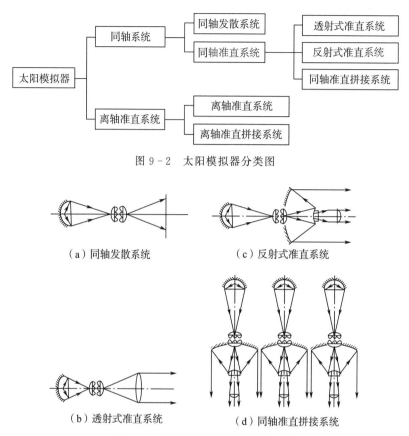

图 9-2　太阳模拟器分类图

（a）同轴发散系统　　　　　　（c）反射式准直系统

（b）透射式准直系统　　　　　（d）同轴准直拼接系统

图 9-3　太阳模拟器同轴系统原理图

　　根据对出射光的要求，需要改变光的方向，在光学系统中需增加平面反射镜。典型的离轴反射式太阳模拟器光学系统如图 9-5 所示，它是由聚光镜、氙灯、光学均匀器（也称光学积分器）、光谱滤光片和准直系统五部分组成，光学系统是按照复杂的照明系统设计的。设计时不是把消除系统像差、提高成像质量作为主要目的，而是重点考虑如下两方面：一是根据使用要求选择合理的光学系统，优选光学参数，提高试验空间的辐照均匀性；二是提高太阳模拟器能量的利用率。

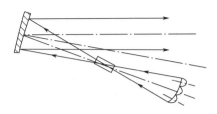

（a）离轴准直系统

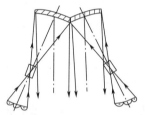

（b）离轴准直拼接系统

图 9-4　太阳模拟器离轴准直系统原理图

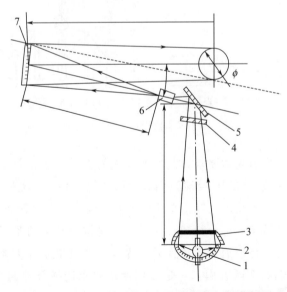

图 9-5　典型离轴反射式太阳模拟器光学系统图

1—氙灯；2—聚光镜；3—球面镜；4—光谱滤光片；5—反射镜；6—光学均匀器；7—准直镜

9.5.2 光学系统设计

9.5.2.1 聚光系统的设计

由于太阳模拟器一般选用不同功率的短弧氙灯作为光源，这种光源具有轴对称性，采用椭球聚光镜可以获得高利用率的聚光效果。聚光镜外形尺寸（如图 9 - 6 所示）由下列公式计算

$$y^2 = 2R_0 x - (1-e^2) x^2 \qquad (9-5)$$

其中

$$y = f_2 \tan u - x \tan u$$

$$R_0 = \frac{2f_1 f_2}{f_1 + f_2}$$

$$e = \frac{f_2 - f_1}{f_2 + f_1}$$

$$f_2 = M_0 f_1$$

式中　f_1——椭球镜第一焦距；

　　　f_2——第二焦距；

　　　e——离心率；

　　　R_0——顶点曲率半径；

　　　M_0——椭球聚光镜近轴成像倍率；

　　　u——孔径角。

当选定 f_1，M_0 和 u 值时，据上述公式可以求出椭球聚光镜方程。聚光镜利用率 k_e 为

$$k_e = \frac{\displaystyle\int_{\varphi_0}^{\varphi_m} I(u)\sin u \, \mathrm{d}u}{\displaystyle\int_0^{180} I(u)\sin u \, \mathrm{d}u} \qquad (9-6)$$

$\Delta\varphi = \varphi_m - \varphi_0$ 是聚光镜会聚角；$I(u)$ 是氙灯在 u 角度方向上的发光强度。

聚光镜第二焦面处的孔径利用率 k_k 求解，可以利用逆光路辐照度分布计算方法计算出第二焦面处的辐照度分布（或利用测量方法

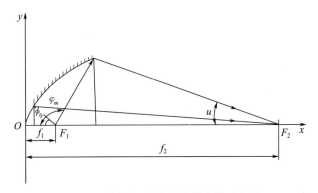

图 9 - 6　椭球面聚光镜光学参数示意图

求出，如图 9 - 7 所示），然后据第二焦面处辐照度分布曲线，求出 $k_k = S_k / S_0$。

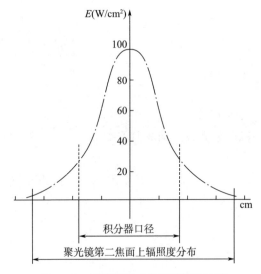

图 9 - 7　椭球镜第二焦面辐照度分布

为了提高聚光镜的聚光效率和改善第二焦面处辐照度分布，在选定的椭球方程 $y^2 = ax + bx^2$ 中加入高幂次项，使之成为高次方程

$$y^2 = ax + bx^{3/2} + cx^{4/2} + dx^{5/2} + \cdots$$

可在聚光镜远轴范围内达到修正椭球镜面形的作用。除上述介绍的聚光系统外，在小型太阳模拟器中也采用如图 9-8 所示的聚光系统。设计反射镜 1 的球心刚好与氙弧亮度值分布最亮点重合，透镜 3 将氙弧 2 成像在积分器场镜上。反射镜 1 起到增加对光辐射的聚光能力。当将聚光透镜 3 改为离轴非球面反射镜时，可以简化结构，消除色差，如图 9-9 所示。

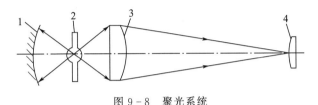

图 9-8　聚光系统

1—同心球镜；2—氙灯；3—非球面透镜；4—场镜

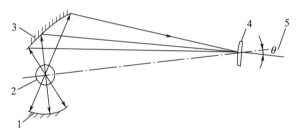

图 9-9　离轴非球面反射式聚光系统

1—同心球镜；2—氙灯；3—离轴非球面透镜；4—场镜；5—离轴角

国外太阳模拟器也有采用灯具单元式聚光系统，如图 9-10 所示。这种灯具单元由氙灯和多个反射、折射聚光通道组成，以获得足够多的辐射能量输出。图 9-10 所示系统的灯具单元具有 8 个聚光通道，最近设计的灯具单元其通道数可增至 14 个。

9.5.2.2　光学积分器的设计

太阳模拟器光学系统不同于一般的照明系统，无法采用被照面和聚光系统出瞳相重合或共轭的照明方法，需要应用光学积合器获

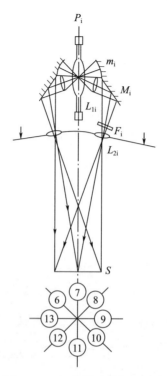

图 9 - 10　灯具单元式聚光系统

得均匀的照明。光学积分器放置于聚光镜第二焦面处，称为日光源像面光学积分器。按其结构特点可以分为如下两种类型。

（1）对称式光学积分器

对称式光学积分器如图 9 - 11 所示，由场镜组和投影镜组构成。场镜组和投影镜组由许多小透镜组成。聚光镜的出瞳位于场镜准直镜 I 的焦面上，而每个场镜元素透镜的焦平面又都在出瞳像面的位置上。投影镜组相应光学通道的透镜和准直镜 II 将场镜元素透镜的像重叠在准直镜 II 的焦面上，实现了光瞳重合。被分割的像补偿叠加，改善了辐照的均匀性，在同轴发散系统和同轴准直系统中通常采用这种结构的光学积分器。计算公式如下

$$\phi_1 = \phi_2 \qquad\qquad (9-7)$$

$$Y_C = \frac{1}{2}\phi \qquad (9-8)$$

$$F_2 - X_C = \phi/2\tan u \qquad (9-9)$$

式中　ϕ_1——场镜元素透镜直径；

　　　ϕ_2——投影镜元素透镜直径；

　　　ϕ——聚光镜出瞳直径；

　　　f——元素透镜焦距；

　　　X_C，Y_C——聚光镜光瞳坐标；

　　　F_1——聚光镜第一焦距；

　　　F_2——聚光镜第二焦距。

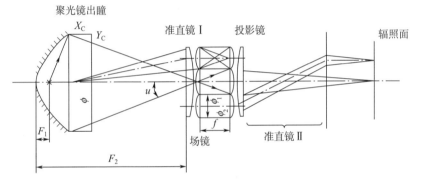

图 9-11　对称式光学积分器光路示意图

（2）虚像式光学积分器

这种类型的光学积分器，由场镜组和投影镜组构成。场镜组和投影镜组相应的元素透镜构成一个光学通道。每个光学通道的光轴都汇聚于组合光源的中心处，组合光源所在的位置是光学系统的出射光瞳，记作 pp'，场镜组各元素透镜将 pp' 成像在投影镜组相应的元素透镜上。而场镜组各元素透镜被投影镜组相应的元素透镜成一虚像，重叠于光源组的光瞳处。这一重叠虚像经准直系统成像到试验空间辐照面上。光学积分器分割了椭球镜第二焦面上的辐照度分布且补偿叠加，起到了均匀器的作用，如图 9-11 所示。这种虚像式光学积分器节约了场镜组中的准直透镜，使光学系统简单且减少了光能损失，元素透镜又便于冷却和安装，所以在中型、大型太阳模拟器中多采用这种结构的光学积分器。

虚像式光学积分器元素透镜的形状、尺寸和相对位置可按下列公式组求出。如图9-12所示，其中 ϕ_1 表示场镜组元素透镜直径，由投影镜组元素透镜成像关系求出

$$\phi = \phi' \qquad (9-10)$$

$$d = c \cdot \frac{1}{\beta_2 - 1} \qquad (9-11)$$

$$f_2 = \frac{-d\beta_2}{1 - \beta_2} \qquad (9-12)$$

由场镜组元素透镜成像关系求出

$$\beta_1 = \frac{-d}{c} \qquad (9-13)$$

$$f_1 = -\frac{c\beta_1}{1 - \beta_1} \qquad (9-14)$$

$$\phi_2 = -\phi\beta_1 \qquad (9-15)$$

式中　ϕ_2——投影镜组元素透镜直径；

ϕ　——组合光源出瞳直径；

ϕ'　——重叠虚像直径；

c——出瞳到场镜的距离；

d——场镜组和投影镜组之间的距离；

β_1，β_2——场镜元素透镜和投影镜元素透镜成像的倍率。

9.5.2.3　准直镜的设计

太阳模拟器准直镜只在准直型太阳模拟器光学系统中应用。其主要作用是产生平行光束，并保证沿准直镜光轴方向在一定深度内的辐照均匀性。准直镜焦点处的投影镜可以看作是"表观太阳"。

在太阳模拟器中应用的准直镜，对像差不需要严格校正，只需通过选择合理的相对孔径值 (D/f)，把像差控制在适当的范围内。

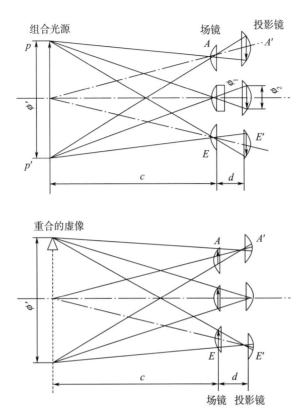

图 9-12　虚像式光学积分器成像光路原理图

在满足辐照度的前提下，相对孔径应尽量小，这样有利于辐照体均匀性的提高。为降低加工成本和减小加工难度，准直镜多采用球面反射镜。而口径大的准直镜也可以采用小口径球面反射镜拼接而成。

（1）准直镜口径的确定

当太阳模拟器准直角 θ 值给定时，按下列公式确定准直镜口径 D_0。

$$D_0 \geqslant D + 2L\tan\theta \tag{9-16}$$

式中　L——准直镜到均匀辐照面的距离；

　　　　θ——准直角；

　　　　D——均匀辐照面直径。

（2）准直镜面方程的求解

准直镜面形的选择通常根据均匀辐照面直径的大小来确定。当准直镜的直径小于250 mm时，一般选择石英材料的透镜式准直镜。当准直镜直径大于 250 mm 时，多选择金属球面反射镜为准直镜，或多个金属球面反射镜拼接成大口径的准直镜。同轴准直拼接系统多采用由抛物面反射镜和双曲面反射镜组成的卡塞格林系统，为消除中心遮拦效应，采用透射式或反射式填充系统。

透射式准直系统，一般采用两面曲率半径相同的准直透镜，$R_1 = R_2 = 2f(n-1)$。其中 R_1，R_2 表示球面半径，n 是石英折射率，f 是准直透镜的焦距。球面反射准直镜的球面半径 $R = 2f$，f 是准直镜焦距。如有特殊需要，采用抛物面反射镜作为准直镜时，抛物面反射准直镜的镜面方程是 $y^2 = 4fx$，其中 f 是准直镜的焦距。为消除中心遮拦，需采用离轴抛物面，离轴量由离轴角的大小决定。

（3）消除二次反射区域的确定

在采用离轴反射式准直系统时，应将试验体积设计在消除二次反射区域内，如图 9-13 所示。通过准直反射镜边缘点 M 和球面反射镜的球心 O，做一条直线 MO，交准直光束下边缘于 M'，MM' 线外的辐照空间能够消除试验卫星表面二次反射的影响。光学设计时，将像的重叠位置选在这个区域内。

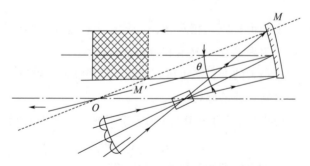

图 9-13　消除二次反射区域的光路示意图

9.5.2.4　光学系统拉氏不变量的确定和辐照度的计算

（1）光学系统拉氏不变量的确定

当辐照面直径、准直角和准直系统焦距 F' 确定后，太阳模拟器的聚光系统、光学积分器和准直镜的光学参数由光学系统的拉氏不变量约束，光学系统的参数由下列公式组给出

$$J = D_0 \tan\theta_0 \tag{9-17}$$

$$\tan u = \frac{1}{2}(D_0/F') \tag{9-18}$$

$$2R = J/\tan u \tag{9-19}$$

式中　D_0——准直镜直径；

　　　θ_0——准直半角；

　　　F'——准直系统焦距；

　　　D_0/F'——准直系统的相对孔径；

　　　$2R$——光学积分器最大通光口径；

　　　$2u$——积分器场镜中心和投影镜的光束张角；

　　　J——光学系统拉格朗日不变量。

（2）辐照度的计算

当光学系统参数确定后，对于给定的光源功率，辐照面内的辐照度 E 由下式给出

$$E = \frac{4PNk_e k_c k_a k_r^{n_1} k_t^{n_2} k_L}{\pi D^2} \tag{9-20}$$

式中　E——辐照度，W/m^2；

　　　P——氙灯功率，W；

　　　N——灯的数量；

　　　k_e——氙灯光电转换效率；

　　　k_c——椭球聚光镜的聚光效率；

　　　k_a——积分器孔径利用率；

　　　k_r——反射镜面一次反射率；

　　　n_1——镜面反射次数；

　　　　k_t——光学镜面一次透过率；

　　　　n_2——透过的次数；

　　　　k_L——滤光片的透过率。

　　（3）光学系统能量利用效率 η 的计算

　　光学系统的能量利用效率是表征太阳模拟器经济效益的指标，数值上等于太阳模拟器单位时间输出的光能和供给氙灯的电能的比值。即

$$\eta = E\pi D^2 / 4NP \qquad\qquad (9-21)$$

式中　E ——辐照度；

　　　D ——辐照面直径；

　　　P ——单支氙灯的功率；

　　　N——氙灯的数量。

9.5.2.5　光学系统设计评价

　　光学系统设计后，需应用光学系统辐照度分布计算程序，计算太阳模拟器辐照空间辐照度分布，并算出辐照不均匀性数值。如果计算结果满足设计指标，表明光学系统设计合理；如果达不到设计指标，变化相关光学参数，重新设计计算，直至满足设计指标要求。

9.5.3　光学系统装校与测量

　　太阳模拟器装校系统由氙灯单元组件装校装置（见图 9-14）和太阳模拟器准直系统装校装置两部分组成。氙灯单元组件装校装置用来检测氙灯单元组件装校是否满足设计要求，再利用氙灯单元组件安装机构将检测合格的氙灯单元组件安装到灯室球面封头上。太阳模拟器准直系统装校装置是依据激光球面自校准原理设计的，用来装校太阳模拟器大口径拼接准直镜，使之满足设计要求。

　　为了测量太阳模拟器辐照面和空间的辐照均匀性，研制了辐照均匀性测试仪。可在 $x-y$ 平面内连续扫描，测量相应平面范围内的辐照度并计算出面辐照均匀性。测试仪可沿 z 向移动相应距离，

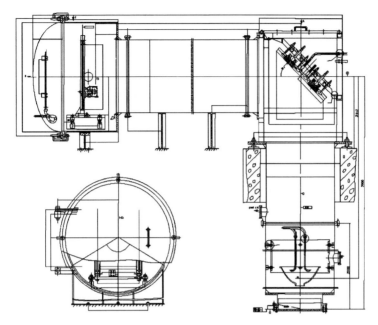

图 9-14　氙灯单元组件装校装置

测量出体辐照均匀性。该测试仪采用温控硅光电池为探测器，计算机控制扫描、数采和处理，具有绘制、打印辐照均匀性分布图的功能。

9.5.4　测控系统设计

太阳模拟器控制系统由以下 3 个子系统组成：冷却和氙灯触发控制子系统，电源管理和辐照度控制子系统，准直镜和辐照传感器温度控制子系统。

系统分为 3 个层次：第 1 层为传感器和执行元件层；第 2 层为控制仪器仪表层，主要设备有 PLC、电源、数采仪表、温度控制器等；第 3 层为图形界面人机接口层，由冷却控制计算机、电源管理和辐照度控制计算机、准直镜和辐照传感器控温计算机等组成。

控制系统的通信采用工业以太网方式，部分采用 IEEE 488、RS-485 接口的仪器仪表，通过转换网关联到工业以太网。

（1）冷却和氙灯触发控制子系统

该系统由控制计算机、PLC、控制台、氙灯触发器、各流程的测量传感器及其控制执行元件组成，系统框图见图9-15。控制计算机运行状态软件对PLC进行控制参数设置、运行状态监视和数据记录，发现异常立即报警。

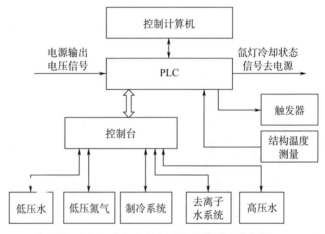

图 9-15　冷却和氙灯触发控制子系统框图

控制台安装显示仪表和手动/自动操作器，实现对高压水系统、低压水系统、低压氮气系统、制冷系统和去离子水系统的控制。

（2）电源管理和辐照度控制子系统

该系统由控制计算机、电源、配线系统、氙灯、辐照测量传感器、数据采集仪表组成，系统框图见图9-16。

控制计算机运行控制程序负责电源的管理，并记录氙灯点燃时间、电源输出数据、对电源状态进行监视、发现异常进行报警，同时对辐照度进行测量，根据光强信号，调整电源的输出，来实现光强的自动控制。

如果氙灯电源采用大功率程控开关电源，单台大功率程控电源具有恒流工作模式，可以根据控制计算机的命令，自动控制输出电流的强度和稳定性。

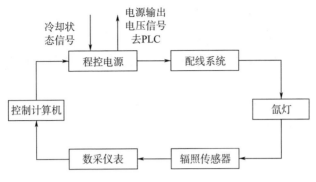

图 9-16　电源管理和辐照度控制子系统框图

9.5.5　冷却系统设计

太阳模拟器的冷却分为高压水冷却系统、低压水冷却系统和低压氮气冷却系统 3 个分系统。

高压水冷却系统用于冷却大功率氙灯阴阳极、聚光镜以及高频变压器，要求设置氙灯流量、进口温度、进口压力、电导率、水过滤粒径等。高压水冷却系统采用密闭循环系统，由高压主泵、备份泵、换热器、过滤器、分水器、集水器、离子交换器和水箱等组成。系统压力和流量由水泵提供；氙灯阴阳极通过换热器的冷量实现冷却；过滤器保证了冷却水质量；离子交换器用于保证冷却水电导率；水箱用于系统稳压和水泵启动时的供水。

低压水冷却系统采用去离子水冷却光筒、水冷挡板、平面反射镜和积分器等光学组件，要求满足总水流量，光筒、水冷挡板、平面反射镜、积分器等的冷却，进口温度一般为 22 ℃，进口压力一般为 $4×10^5$ Pa。低压水冷却系统采用密闭循环系统，由低压主泵、备份泵、换热器、过滤器、分水器、集水器和水箱等组成。系统压力和流量由水泵提供；灯室和积分器通过换热器的冷量实现冷却；过滤器保证冷却水过滤粒径 <10 μm；水箱用于系统稳压和水泵启动时的供水。

低压氮气冷却系统采用氮气冷却氙灯泡壳、积分器场镜和投影镜。要求设计氮气流量、进口温度、灯室压力（表压），氮气过滤达到 EU7 标准，前具开机点灯前有氮气对灯室进行冲洗的功能。系统采用密闭循环系统，由氮气源系统提供气源，经调节阀减压后进入流程，进气管路上配有调节阀，以调节进入系统的氮气流量。氮气经风机加压后通过热交换器与冷却水进行热量交换，使其温度降低到设计要求值，然后经过氮气过滤器过滤后通入光学设备。积分器与灯室的氮气冷却回路串联，经过过滤器过滤后满足等级要求的氮气首先进入积分器，积分器氮气出口与灯室氮气入口以管路串联，由积分器流出的氮气经过灯室，再返回系统主管路。

9.6　太阳模拟器的光源

太阳模拟器光源可采用碳弧灯、汞氙灯和短弧氙灯等，20 世纪 60 年代以后都采用短弧氙灯。短弧氙灯的主要优点是：清洁、高亮度、容易启动和熄灭、光谱分布接近太阳光谱，是太阳模拟器较理想的光源。我国已定型生产的大功率短弧氙灯功率为 25 kW、小功率的有 5 kW、3 kW、2 kW、1 kW、500 W、200 W、150 W、75 W 等。

9.6.1　对光源的要求

光源被称为太阳模拟器的心脏，它应具备发光效率高、功率可调、亮度高、光谱与太阳光谱尽可能接近、发光稳定和寿命长等特性。下面以氙灯光源为例进行说明。

（1）发光效率高

因为太阳模拟器的辐照度与氙灯的输入功率和光电转换效率成正比

$$E = \frac{W k_1 k_2 \eta r_1 r_2 \tau_1 \tau_2}{\pi R^2} \tag{9-22}$$

式中　W ——氙灯输入功率；

　　　R ——均匀辐照圆的半径；

r_1——聚光镜反射率；

r_2——准直镜反射率；

k_1——聚光镜的聚光效率；

k_2——积分器的口径利用率；

τ_1——积分器透过率；

τ_2——滤光片的透过率；

η——氙灯光电转换效率。

　　为获得高的辐照度值，要求氙灯的光电转换效率高。光电转换效率高的氙灯，它的发光效率值也高。氙灯的发光效率值可达到 50 lm/W，在此数值下氙灯的光电转换效率对于 25 kW 大功率氙灯测量值为 50%。在光学设计时，一般选取 $\eta = 0.5$。

　　（2）氙灯极间距小、亮度高

　　氙灯氙弧的极间距愈小、亮度愈高，对于同一口径积分器而言，它的口径利用率 k_2 值就愈大，就能获得较高的辐照度。

　　（3）强而集中的亮度分布

　　氙灯具有强而集中的亮度分布，能满足太阳模拟器准直角的设计要求。太阳模拟器准直角和光源亮度间的关系由下式给定

$$E/\tan^2\delta = A\pi B' \cos^2 u' \qquad (9-23)$$

$$\tan^2\delta = \frac{E}{A\pi B' \cos^2 u'} \qquad (9-24)$$

式中　A——准直镜的反射率；

　　　　B'——模拟太阳光源的平均亮度；

　　　　u'——发射半角；

　　　　E——辐照度；

　　　　δ——准直半角。

　　当太阳模拟器的光束准直角选定后，光源的平均亮度愈高，太阳模拟器的辐照度愈大。

　　（4）具有与太阳光谱相接近的光谱

　　氙灯光谱仅在近红外 $0.8\sim1.1\mu m$ 处，具有占总能量为 18% 的

谱峰，与太阳光谱不匹配，可采用滤光片滤掉。由于氙灯光谱分布与氙灯充的氙气压力和所充氙气纯度有关，所以要求氙灯具有严格的制造工艺，保证氙灯具有良好的光谱特性，降低对滤光片的要求。现有光源中，碳弧灯具有最接近于太阳的光谱。氙灯光谱分布曲线与外层空间太阳辐射光谱分布曲线比较见图 9 - 17。

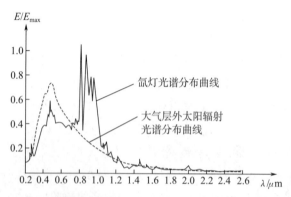

图 9 - 17　氙灯光谱分布曲线与外层空间太阳辐射光谱分布曲线比较图

（5）要求光源稳定

光源如果出现弧飘将直接影响太阳模拟器辐照度的稳定性。为实现辐照不稳定度不大于±0.5％的技术指标，当氙灯倾斜使用时，氙灯光源须设有稳弧装置。通常在椭球镜外壳上绕两卷绝缘导线，通直流电实现稳弧，还可以采取磁铁稳弧。灯弧的稳定与氙灯电源的稳定性也有很大关系。氙灯稳弧装置如图 9 - 18 所示。

另外，为了防止弧飘，氙灯制造过程中，需严格保证阳极、阴极同心共轴，阳阴极不同心度不大于±0.5 mm 或更小。

（6）寿命长

随着氙灯使用时间的增长，其发光效率将逐渐降低，致使满足不了试验要求。由于卫星连续试验的要求，同时也为了克服换灯带来的试验误差，尤其需防止因光源引起需重新装校带来的试验周期拖长、人力物力的浪费，对于大功率氙灯提出了大于 360 h 的点燃寿命要求。

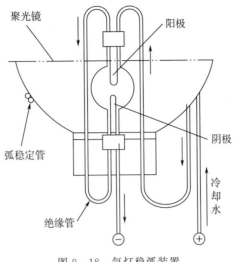

图 9 - 18　氙灯稳弧装置

（7）要求光源防爆

对于大功率氙灯在制造过程中必须充分消除应力，防止在存放期间或运行期间爆炸。在运行期间爆炸会损坏椭球聚光镜、滤光片等光学器件，造成试验中断；冷爆会带来人身伤害，必须杜绝。

此外，氙灯还需操作简单、方便、容易启动和熄灭、点燃清洁等。

9.6.2　短弧氙灯

我国已定型生产的短弧氙灯有 25 kW 大功率短弧氙灯，以及 5 kW、3 kW、1 kW、500 W、250 W 等不同功率的小功率短弧氙灯。美国、日本、德国均生产大功率短弧氙灯。10～25 kW 大功率短弧氙灯在太阳模拟器中得到广泛应用，其技术性能和制作工艺介绍如下。

（1）中国研制的 25 kW 水冷短弧氙灯技术指标

25 kW 水冷短弧氙灯的研制工作是从 1969 年开始的，于 1976 年定型生产。国产25 kW水冷短弧氙灯外形见图 9 - 19，其机械尺寸见表 9 - 3、电学参数见表 9 - 4 和光学参数见表 9 - 5。

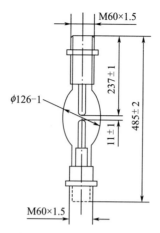

图 9 - 19　25 kW 氙灯外形

表 9 - 3　25 kW 氙灯机械尺寸

总长	(485±2) mm
阳极长	(237±1) mm
极间距	(11±1) mm
石英泡壳外径	$\phi126$（−1）mm
不同心度	±0.5 mm
阴阳极螺纹	M60×1.5

表 9 - 4　25 kW 氙灯电学参数

功　率	25 kW
启动电压	≤150 V
工作电压	(44±2) V
工作电流	(560±20) A
允许触发次数	≥100 次

表 9 - 5　25 kW 氙灯光学参数

发光效率	≥45 lm/W
利用率（阳极为 0°）45°~120°	≥78%

续表

寿命衰减至初始发光效率的80％	360 h
光谱	氙灯光谱、光谱一致性好

在 20 kW 功率下试验寿命，点燃 360 h 后，发光效率衰减 4％。日本曾报导，30 kW 短弧氙灯寿命为 400 h，其发光效率为 50 lm/W。

（2）美国制造的水冷短弧氙灯

美国氙灯的外形尺寸见图 9－20～图 9－22。

图 9－20　美国氙灯外形图

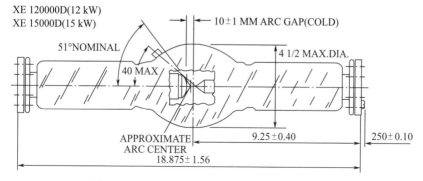

图 9－21　美国 12 kW、15 kW 氙灯外形尺寸图

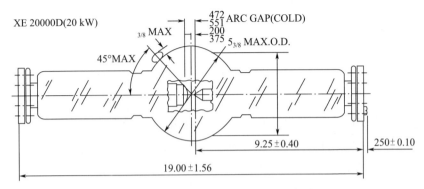

图 9-22　美国 20 kW 氙灯外形尺寸图

美国氙灯的性能参数见表 9-6。

表 9-6　美国氙灯的性能参数

灯的型号	功率/kW	电压/V（DC）	电流/A（DC）	寿命/h	质量/kg
XE12000D	12	32 $+3.5$ -0.5	375	700	4.54
XE-15000D	15	37.5±2.5	400	500	5.54
XE-20000D	10	36±1.3	278	500（18～20 kW）	
XE-20000H	15	41±1.5	366	400（20～22 kW）	4.54 (2000D)
	20	44±2.0	455	350（22～23 kW）	
	25	47±2.5	532	300（23～24 kW）	5.67 (2000H)
				250（24～25 kW）	
XE-20000C	10	348±1.5	288		5.17 (2000C)
	15	393±1.7	382		
	20	430±1.8	465		
XE-32000D	21.5	43.0±3.0	500		4.54
	24.75	45.0±2.8	550	0-67（600 A）	
	28.1	46.8±2.5	600	68-135（650 A）	
	31.2	48.0±2.5	650	136-200（700 A）	
	34.3	49.0±2.5	700		

（3）德国制造的 OSRAM 风冷 10～12 kW 短弧氙灯

OSRAM 风冷短弧氙灯外形尺寸如图 9-23 所示，技术指标参数如表 9-7 所示，运行参数如表 9-8 所示。

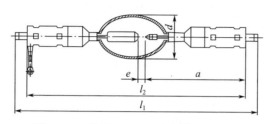

图 9-23 德国 OSRAM 氙灯外形尺寸图

表 9-7 德国氙灯技术指标参数

技术参数	型号	
	XOB 10 000 W/HS OFR	XOB 12 000 W/HS OFR
额定功率/W	9 800	11 500
额定电压/V	50	56±3.0
额定电流/A	195	205
光通量/lm	500 000	550 000
发光强度/cd	47 500	50 000
平均亮度/（cd/cm^2）	90 000	90 000
极间距 e/mm	13.5	15
安装长度 l_1/mm	433max	483max
长度 l_2/mm	393max	434max
阴极到底部的长 a/mm	170.5	200
泡壳直径 d/mm	90	90
平均寿命/h	500	300

表 9 - 8　德国 OSRAM 氙灯运行参数

技术参数	型号	
	XOB 10 000 W/HS OFR	XOB 12 000 W/HS OFR
允许的最高基础温度	230 ℃	230 ℃
冷却方式	强制风冷	强制风冷
最小风速	10 m/s	12 m/s
磁稳弧	水平点燃运行时需要	水平点燃运行时需要
灯的工作位置要求	垂直点燃运行时：垂直方向±15°范围内，阳极在上方 水平点燃运行时：水平方向±15°范围内	

9.7　国内太阳模拟器

9.7.1　KM4 太阳模拟器

（1）主要技术指标

1）有效辐照面积 1.94 m×3.5 m；

2）辐照度（0.5～1.3）S_0；

3）辐照不均匀度≤12%；

4）辐照不稳定度≤±2%；

5）光束准直角±2°。

（2）太阳模拟器设计

KM4 太阳模拟器是由 19 套同轴卡塞格林准直系统拼接而成。每套系统称作单元系统，由光源、光学系统、机械结构、电控和冷却系统组成。光学装校在常温常压下进行，卡塞格林准直系统的主准直镜是正六方镜，需经光学装校并拼接，在有效辐照面积上获得均匀辐照。单元系统原理图见图 9 - 24，准直系统外形照片见图 9 - 25。

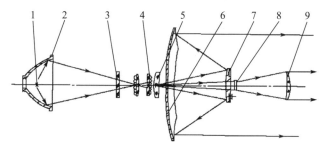

图 9 - 24　单元系统原理图

1—光源（25 kW 氙灯）；2—椭球聚光镜；3—光谱滤光片；4—光学积分器；

5—真空密封窗口镜；6—抛物面反射镜（主镜）；7—双曲面镜；

8—填充负透镜；9—填充正透镜

图 9 - 25　KM4 太阳模拟器准直系统照片

①光源

光源采用我国制造的 25 kW 短弧水冷氙灯，外形尺寸与光电参数见表 9 - 4～表 9 - 6。

太阳模拟器的性能，不仅受到光学系统形式、光学元件的质量及机械调节机构限制，而且与光源的性能密切相关。在同轴对称式准直系统中，辐照度 E 与辐射光源平均亮度 B、准直角 θ 和光学系统综合效率 k_0 有如下关系

$$E = \pi k_0 B \sin^2(\theta/2) \tag{9-25}$$

由此可见光源的选择不仅要考虑其功率、外形尺寸，而且选择的光学参数必须满足设计要求。

②聚光镜

为了充分利用氙灯发射的辐射通量、在光学积分器的入射端形成一个理想的辐照分布，采用了椭球聚光镜。它的反射面是偏离椭球面的，可以增加聚集光的能力，其子午截面方程为

$$y^2 = 306.518x - 0.20x^2 + 0.000\,005x^2 \tag{9-26}$$

聚光效率为 85%，聚光镜是采用压铸铝合金成形，背面铸有冷却水管，其口径为 $\phi535$ mm，聚光反射面是经过机械加工、抛光、化学镀镍、光学抛光、真空镀铝和镀一氧化硅保护膜等工序完成。

③光学积分器

光学积分器由 19 个元素透镜的场镜组、投影镜组及会聚透镜（同时作为真空密封窗口镜）组成。光学积分器的作用是场镜元素透镜将来自聚光镜开口的辐射，投射到与之相对应的投影镜组元素透镜上，被分割的辐照分布通过会聚透镜互补叠加，实现了光学积分器对椭球聚光镜第二焦面辐照分布的分割、互补叠加，从而获得均匀的辐照分布。光学设计结果给出，距会聚透镜 955 mm 处，得到边到边长 312 mm，角到角长 359 mm 的正六边形的均匀辐照面。

④光学准直系统

同轴反射式准直系统或称卡塞格林系统，如图 9-26 所示。它是由稍加偏离的抛物面主镜、双曲面次镜和透射填充系统构成的，其焦距为 2 992.4 mm。主镜和次镜的子午面方程是

$$y^2（主）= 3\,669.866x + 0.077\,62x^2 \tag{9-27}$$

$$y^2（次）= 1\,323.139x + 3.488\,48x^2 \tag{9-28}$$

其中，x 为主轴，两镜面顶点距离为 688.1 mm，主镜为边到边长 950 mm，角到角长 1 097 mm 的正六边形。

　　由于次镜对光束中心有遮拦，在光学系统中心部分设计了透射式填充准直系统，见图 9-26。它由正透镜和负透镜构成，与卡塞格林系统焦距相同，焦平面严格重合。主镜用防锈铝冲压成形，次镜氩弧焊成形。主镜背面焊有加强筋，次镜设计成空心结构，以便通水冷却。镜面加工、镀镍工艺与聚光镜相同。

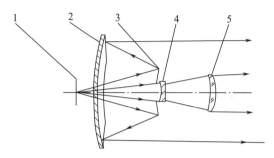

图 9-26　同轴反射式准直光学系统

1—聚光镜第二焦面；2—主反射镜；3—次反射镜；4—填充负透镜；5—填充正透镜

9.7.2　KFT 太阳模拟器

（1）主要技术指标

有效辐照面直径 360 mm；面均匀性优于 ±4%，体均匀性（在 ϕ360 mm×200 mm 辐照空间内）优于 ±4.8%；辐照度 1.5 S_0；准直角 ±1.5°；稳定性优于 ±2.5%；离轴角 10°30′±30′；电控系统最高触发电压为 34.5 kV，采用电压反馈和光反馈控制。

（2）太阳模拟器设计

本系统采用先进的离轴准直光学系统，没有中心遮拦，消除了二次反射杂散光，体均匀性好。全系统由八个主要部分组成，原理图如图 9-27 所示。

1）光源：采用 25 kW 短弧水冷氙灯。

2）聚光镜系统：由 25 倍椭球聚光镜和球环境组成。单独使用椭球聚光镜时，辐照度为 1.5 S_0，同时使用球环境时辐照度可达到 3.2 S_0。

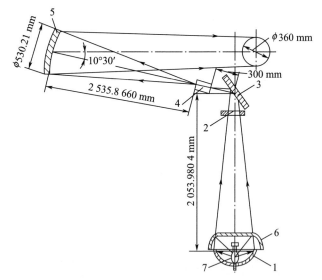

图 9-27　KFT 太阳模拟器光学系统原理图

1—椭球聚光镜；2—红外滤光片；3—平面反射镜；4—光学积分器；

5—准直镜；6—球环境；7—氙灯

3）滤光片：采用反射式红外干涉滤光片，滤掉氙灯光谱中 0.8～1.1 μm 谱域内偏差太阳光谱的峰值。

4）光学积分器：由 19 个光学通道组成，分割并补偿式叠加椭球聚光镜第二焦面处不均匀的辐照分布，获得均匀的辐照空间。制造时应用了光胶工艺。

5）准直镜：采用了口径为 ϕ530 mm，相对孔径为 1/4 的球面反射镜，获得了 ±1.5° 准直角的平行光束。

6）平面反射镜：镜子将垂直方向光束转换成水平方向光束。

7）氙灯电源和控制系统：采用 25 kW 全波半可控硅直流电源，光反馈系统使辐照稳定度优于 ±2.5%。

8）除臭氧系统：由风机、恒温湿机、臭氧吸附或催化装置、空气过滤器组成闭式循环系统。系统中采用活性炭吸附或催化剂复原办法消除臭氧。

9.7.3　TM-3000 系列太阳模拟器

它是以一个 3 000 W 短弧氙灯为光源的准直式太阳模拟器，光学系统原理图如图 9-28 所示。

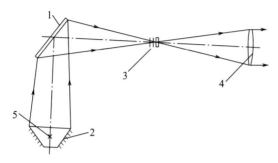

图 9-28　TM-3000 系列太阳模拟器光学系统图

1—45°平面反射镜；2—椭球面聚光镜；3—积分器组；4—准直透镜；5—氙灯

该设备的主要技术指标：

1) 有效辐照面积 150～250 m^2 的正六边形；

2) 辐照度 (0.5～1.5) S_0；

3) 辐照不均匀度优于 ±3%；

4) 辐照不稳定度 ±1%/h；

5) 光束准直度 ± (1°～2°)；

6) 氙灯电源为三相可控硅电源。

9.7.4　KM2 太阳模拟器

KM2 太阳模拟器采用透镜式发散系统，其原理图如图 9-29 所示。

光源用一支 25 kW 短弧水冷氙灯，辐照度 (0.5～1.3) S_0，可调；辐照面直径为 1 m；发散角 8°；面均匀性在直径 1 m 光照面积上为 ±15%，在直径 0.9 m 光照面积上为 ±5%，稳定性为 ±3%。

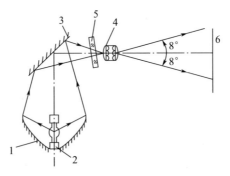

图 9 - 29　KM2 太阳模拟器系统原理图

1—椭球聚光镜；2—25 kW 氙灯；3—平面反射镜；4—积分器；5—滤光片；6—被照面

9.7.5　KFTA 太阳模拟器

KFTA 太阳模拟器原理图如图 9 - 30 所示。KFTA 太阳模拟器光机系统图如图 9 - 31 所示。

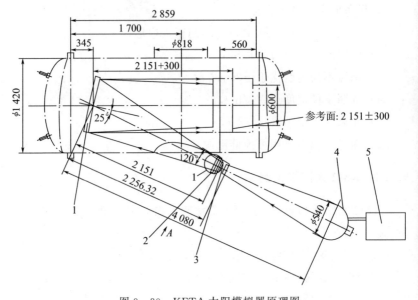

图 9 - 30　KFTA 太阳模拟器原理图

1—准直镜组件；2—窗口镜组件；3—光学积分器；4—灯室组件；5—电源

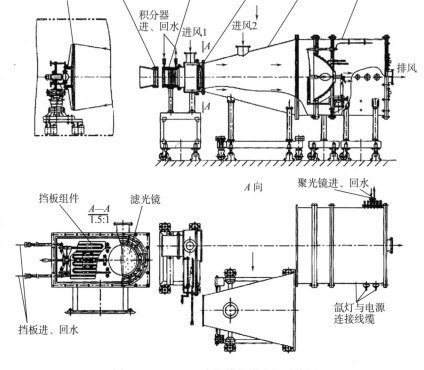

图 9-31　KFTA 太阳模拟器光机系统图

KFTA 太阳模拟器采用离轴式光学系统,辐照面直径600 mm,试验体积深为±300 mm,氙灯为水平点燃,辐照度为 650～2 176 W/m²,辐照面不均匀性不大于±3%,体不均匀性不大于±4.1%,辐照不稳定性每小时不大于±0.36%,准直角±1.8°,光谱为氙灯光谱,采用计算机测控管理,实时显示太阳模拟器不稳定度和氙灯电性能参数。

9.7.6　KM6 太阳模拟器

（1）主要技术指标

1）辐照试验体积：ϕ5 m×4 m;

2）光线入射方向：水平方向;

3）辐照度：$500\sim1\,760$ W/m^2；

4）辐照不均匀度：辐照试验面内$\leqslant\pm5\%$；

辐照试验体积内$\leqslant\pm6\%$；

5）辐照不稳定度：$\leqslant\pm1\%$/h；

6）离轴角：$29°$；

7）采用计算机数据采集、管理，实时显示太阳模拟器不稳定度和氙灯电性能参数。

（2）光学系统设计

KM6 太阳模拟器光学系统采用离轴准直光学系统，由 19 支氙灯、19 个椭球聚光镜、平面反射镜、光学积分器、光学窗口镜和准直镜组成。光学系统原理图及结构简图如图 9-32 所示。各部件的外形尺寸计算如下。

①聚光镜布放位置和聚光镜计算

KM6 太阳模拟器选择 19 支 25 kW 水冷短弧氙灯为光源，每支氙灯配备一个椭球面聚光镜构成一个氙灯单元，共 19 个单元。这些氙灯单元安装在一个球面封头上，球面封头的开口直径为 3 138.30 mm。

椭球面聚光镜参数：$f_1=78.9$ mm；$m_0=85$；$f_2=6\,706.5$ mm。

椭球面聚光镜子午面内截线方程式

$$y_2=2R_0x-(1-e^2)x^2 \qquad (9-29)$$

其中

$$R_0=2\times f_1\times f_2/(f_1+f_2)$$
$$e=\quad(f_2-f_1)/(f_2+f_1)$$
$$y^2=311.930\,2x-0.045\,971x^2$$

聚光镜出射端口径：$\phi_{om}=540.0$ mm。

聚光镜有效包容角：$U_m-U_o=121°-42°=79°$。

②光学积分器

选择对称式光学积分器镜组，由口径相等的场镜阵列和投影镜阵列组成，每个阵列由 55 个圆口径的平凸透镜组成，并按蜂窝状结构排列。

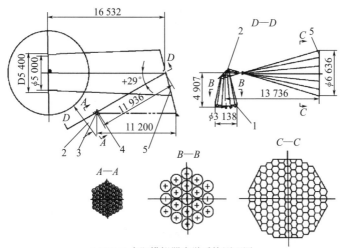

(a) KM6 太阳模拟器光学系统原理图

1—聚光镜；2—平面反射镜；3—光学积分器；4—光学窗口镜；5—准直镜

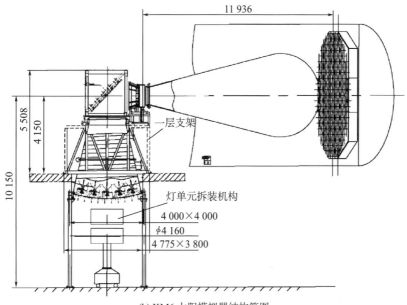

(b) KM6 太阳模拟器结构简图

图 9-32　KM6 太阳模拟器光学系统原理图及结构简图

光学积分器通光口径：$\phi_\circ = 694$ mm。

元素透镜口径：$\phi_n = 80.510\ 5$ mm。

光学积分器阵列的有效通光比：$\alpha = 0.725$。

投影镜元素透镜相对孔径：$\phi_n / f = 1/2$。

投影镜焦距：$f = 2\phi_n = 161.021\ 1$ mm。

投影镜凸面半径：$r_投 = 73.844\ 3$ mm。

场镜透镜凸面半径：$r_场 = 71.997\ 3$ mm。

③平面反射镜

平面反射镜到光学积分器场镜阵列的距离为 1 800 mm，到灯阵中心聚光镜出瞳的轴向距离为 4 645 mm。平面反射镜有效通光口径为 1 647 mm×2 422 mm，光轴与镜面交点相对于镜面中心向上偏离 215 mm。该平面反射镜由 15 块平面反射镜单元拼接而成，每块平面反射镜单元尺寸为 482 mm×547 mm，为防止镜面受热变形，用水冷却。平面反射镜表面的反射率≥86%，光圈 $N = 5$，局部光圈 $\Delta N = 1$。

④准直镜

准直镜由 121 个正六边球面反射镜拼接而成，拼接镜最大口径 $D_m = 6\ 636$ mm、通光口径 $D_0 = 5\ 200$ mm；准直镜顶点曲率半径 $R = 24\ 800$ mm、近轴焦距 $F = 11\ 200$ mm。

每个正六边形球面镜的内切圆直径和外接圆直径分别为：$2r_内 = 600.661\ 2$mm；$2r_外 = 693.583\ 9$ mm。

正六边形球面镜边缘之间隙尺寸选为 5 mm。正六边形球面镜表面的反射率≥86%，光圈 $N \leqslant 5$、局部光圈 $\Delta N \leqslant 1$。

⑤窗口镜

由于准直镜放置在 KM6 辅助容器内，灯室组件和光学积分器放置在辅助容器外，为了将光引入真空的辅助容器，设计了窗口镜，可起到通光和真空密封作用。其外形尺寸如下：

窗口镜口径：$D = 942$ mm；有效通光口径：$D_0 = 850$ mm；厚度：$h = 90$ mm。

（3）机械结构设计

KM6 太阳模拟器机械结构由灯室组件、平面反射镜组件、光学积分器机械结构、真空密封窗口机械结构和准直镜结构组成，设计要点如下。

①灯室组件

灯室组件由灯室支柱、聚光系统、平面反射镜、水冷挡板组成，如图 9 - 33 所示。

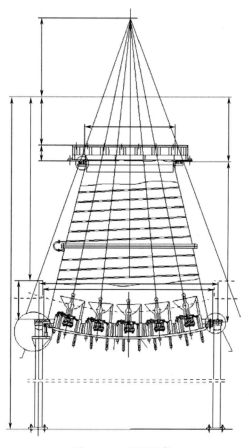

图 9 - 33　灯室组件

灯室支柱由 6 个分立的钢支柱组成，其一端固定在地脚螺钉上，另一端支撑灯室的法兰，使灯室距地面 6 m。

聚光系统由 19 个氙灯单元、球面封头和圆锥形遮光筒组成。每个氙灯单元由 1 支 25 kW 氙灯、聚光镜、调整机构、水冷机构和风冷机构组成。调整机构具有 X、Y、Z 三维调节功能，可调节 25 kW 氙灯阴极位于椭球面聚光镜第一焦点处。球面封头由内径为 ϕ3 664 mm 法兰和球面封头焊接而成，封头壁厚为 30 mm，采用 0Cr18Ni9Ti 板材冲压成形后拼焊的工艺制成。球面封头上开 19 个通光孔，每个通光孔上垂直固定一个氙灯单元。球面封头与水冷却锥形遮光筒相接，锥形遮光筒入光孔为 ϕ3 664 mm，出光孔为 ϕ2 000 mm。氙灯的冷却采用循环高压冷却水，阳极入口最大压力为 1.7 MPa，额定工作压力为 0.952 MPa，采用阳极与阴极串联冷却方式，最大流量为 22.7 L/min，最小流量为 18.925 L/min。氙灯冷却水的热负荷为 261 kW。聚光镜和遮光筒的冷却采用循环低压冷却水，其热负荷为 24 kW。

水冷挡板放在锥形遮光筒的上面，被灯室支架支撑水平放置。水冷挡板分成两片，可在水平面上左右移动。由于水冷挡板关闭时，需承受热负荷，因此采用水冷却。

②平面反射镜组件（见图 9-34）

为保证 25 kW 氙灯在近似于垂直方向上点燃，需要设计一个平面反射镜组件来改变光线的方向。该组件由反射镜座和 15 块 547 mm×482 mm 反射镜单元组成，平面反射镜单元之间要保持一定间隙。用这 15 块反射镜单元拼接成 1 647 mm×2 422 mm 的平面反射镜。反射镜单元采用 LF5 型铝制造，镜面采用金刚石车削达到所要求光洁度后真空镀铝、镀 SiO_2 保护膜，平面反射镜表面反射率$\geqslant$86%，光圈 $N\leqslant5$，局部光圈 $\Delta N\leqslant1$。

每块平面反射镜单元需有调节机构，并采用水冷却，共带走 16.471 kW 的热负荷。平面反射镜法线与聚光镜主光轴夹角为 45°±0.5′，放置在一个方箱中。方箱的体积为 2 320 mm×2 290 mm×

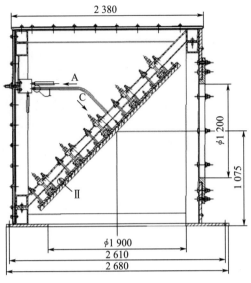

图 9-34　平面反射镜组件

2 390 mm，方箱垂直聚光镜主光轴面有 ϕ1 900 mm 的进光孔，方箱垂直光学积分器光轴面有 ϕ1 100 mm 的出光孔。

③光学积分器组件（见图 9-35）

根据光学系统计算要求，光学积分器位于真空密封窗口镜和转向平面反射镜之间。光学积分器投影镜距窗口镜距离为 150 mm，光学积分器有效通光口径为 ϕ694 mm，光学积分器有 55 个光学通道，每个光学通道由 1 对投影元素透镜和场镜元素透镜组成，投影元素透镜焦距为 161.02 mm，55 个投影元素透镜和场镜元素透镜按蜂巢状排列。光学积分器机械结构最大外圆尺寸为 ϕ0.822 9 m。

光学积分器机械结构由场镜框架和投影镜框架组成。场镜框架用无氧铜制造，框架面上镗出 55 个 ϕ82.29 mm 的通光孔，每个通光孔内镶嵌一个场镜元素透镜。投影镜框架用不锈钢制造，框架面上同样也镗出 55 个 ϕ82.29 mm 的通光孔，每个通光孔内镶嵌一个投影镜元素透镜。元素透镜之间有水冷却管道。场镜框架和投影镜

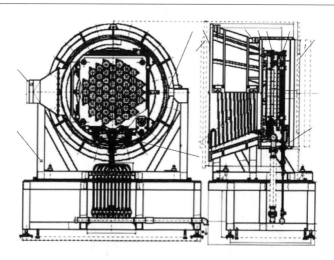

图 9 - 35　光学积分器组件

框架用 4 个导向杆平行同心连接，场镜框架和投影镜框架通光孔的不平行度和不同心度均小于 0.1 mm。场镜框架和投影镜框架之间的距离可以调节。

光学积分器的热负荷由四部分组成，共计热负荷为 41.83 kW，其中镜框负荷6.056 kW、场镜热负荷 1.83 kW、投影镜热负荷 1.72 kW 和光筒表面热负荷 32.22 kW。为此设计了水冷却系统和气氮冷却系统。水冷却系统有两个独立的水流通道：一个冷却通道冷却场镜框架，分 8 条细冷却通道通过场镜元素透镜间隙，再汇合成一个冷却通道流出；另一个冷却通道冷却投影镜框架，也分 8 条细冷却通道通过投影镜元素透镜间隙，再汇合成一个冷却通道流出。气氮冷却系统进气口和出气口设计在光学积分器支架筒体上，气氮冷却进气口分成 3 个小的进气口，分别冷却场镜元素透镜表面、投影镜元素透镜表面和场镜、投影镜框架，达到强制对流换热的目的。气氮冷却出气口直径为 $\phi250$ mm，3 个小的进气口的面积之和与 $\phi250$ mm 直径的出气口的面积相当。为减少热负荷，面向灯室方向的场镜框架表面镀黄金反射膜。

④光学窗口镜组件（见图 9 - 36）

KM6 太阳模拟器采用离轴准直光学系统，$\phi 6\,800$ mm 大口径准直镜放在副筒体中，光源、灯室及光学积分器位于真空容器外部。所设计的光学窗口镜位于副筒体锥形筒的端部，担负将光辐射引进真空室和真空密封的双重作用。光学设计要求该光学窗口镜的有效通光口径不小于 $\phi 850$ mm，最大热负荷为 4.56 kW、工作寿命 5 000 h。窗口透镜外形尺寸为：外径 $D = 932$ mm，有效通光口径 $D_0 = 850$ mm，厚度 $h = 90$ mm，窗口镜安装采用吊带结构，吊带起定位作用。当容器抽真空时，靠大气压力，将窗口固定在锥形筒端部法兰密封圈上起到密封窗口的作用。吊带材料应具有良好的强度和刚度，能够满足弹性装夹机构的要求，为此选择了宽 90 mm、厚 1 mm 的 1Cr 18Ni9Ti 不锈钢带。

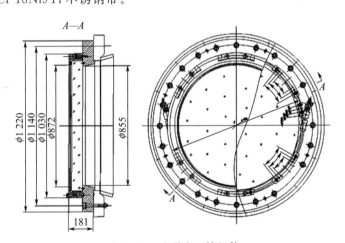

图 9 - 36　光学窗口镜组件

⑤准直镜组件（见图 9 - 37）

准直系统由 121 个镜片及调节机构、整镜框架与支承机构组成。为研制有效口径为 $\phi 6\,800$ mm 的反射镜，选用整镜结构是难以实现的，吸取了国际上研制大口径准直镜的经验，选择了拼接式准直镜方案，将准直镜设计成由 109 片整个正六边形和 12 片半个正六边形元素镜片组合而成。这样将研制大口径准直镜问题演变成研制多块小口径准直镜问题，使准直镜成形、车削和镀膜等工艺都变得容易实现，既缩短了研制周期，也能节约经费。设计的准直镜单元由正六边形球面反射镜、多维调节机构组成。调节机构包含轴向调节、万向摆动和旋转调节机构。最终，由 121 个单元拼成大准直镜。

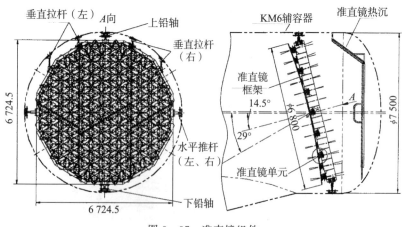

图 9 - 37　准直镜组件

准直镜架是用防锈铝 LF6 焊成 12 边形框架，并采用同样材料焊成 12 个格栅，又将这些格栅与边框焊成一个整体。每个格栅上有 3 个固定准直单元镜用的支撑块。整个准直镜框架用支承机构将其固定在副筒体内。支承机构由上下垂轴、水平支杆和斜吊钢丝绳组成。上下垂轴可以用来调节准直镜离轴角。斜吊钢丝绳除实现吊挂准直镜的作用外，还可以消除温度变形产生的应力。水平支杆除起支撑作用外，还可以完成准直镜的调节和定位锁定。准直反射镜的热负荷为 8.5 kW，设计时采用液氮冷屏辐射制冷方法带走热量。为防止开罐时镜面结露，准直镜有加热升温装置。KM6 太阳模拟器在研制过程中，因故停止加工制造，3 年后启动改造工程，对原设计进行了改进，为 KM6A 太阳模拟器。

9.7.7 KM6A 太阳模拟器

KM6A 太阳模拟器是 KM6 太阳模拟器的改进设计。主要进步点如下：

1）用 37 支 10 kW 短弧氙灯代替了 KM6 太阳模拟器中的 19 支 25 kW 短弧氙灯作光源，提高了使用寿命与可靠性。

2）光源的冷却系统用风冷系统代替高压水冷系统，提高了安全性与可靠性。

3）10 kW 短弧氙灯可以水平点燃，简化了平面反射镜组件，提高了光源的效率。

4）聚光镜、准直镜、积分器等光学镜组件进行了改进设计，采用了先进的制造工艺。

5）KM6 太阳模拟器与 KM6A 太阳模拟器技术指标基本相同。

正在研制中的 KM6A 太阳模拟器见图 9 - 38 和图 9 - 39。

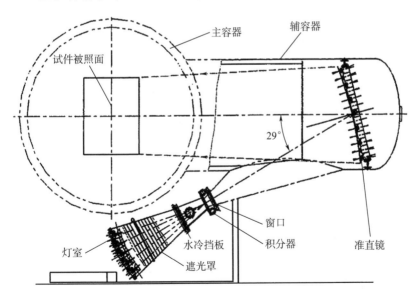

图 9 - 38　KM6A 太阳模拟器方案图

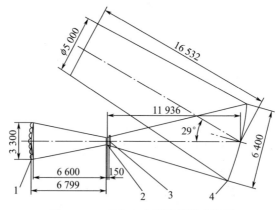

图 9 - 39　KM6A 太阳模拟器光路图

1—灯室；2—积分器；3—光学窗口；4—准直镜

9.7.8　辐照面积直径 5 m 发散式太阳模拟器方案设计

辐照面积直径 5 m 发散式太阳模拟器方案设计见图 9 - 40。

主要技术指标：

1）有效辐照面积直径：$D_3 = 5\ 000$ mm；

2）辐照度：$\geqslant 1.3\ S_0$，在（$0.3 \sim 1.3$）S_0 范围内连续可调；

3）光谱辐照不均匀度：$\leqslant \pm 10\%$；

4）光谱辐照不稳定度：$\leqslant \pm 2\%/\text{h}$；

5）光束最大发散角：系统 $\pm 28.75°$；

6）光源采用 19 支 10 kW 氙灯；

7）连续工作时间：48 小时。

9.7.9　KM3E 设备辐照面积直径 2 m 离轴式太阳模拟器

（1）太阳模拟器主要技术指标

1）辐照面：直径 2 000 mm；

2）光线入射方向：水平方向；

3）辐照度：（$0.3 \sim 1.3$）S_0；

4）辐照不均匀度：面不大于 $\pm 5\%$，体不大于 $\pm 6\%$；

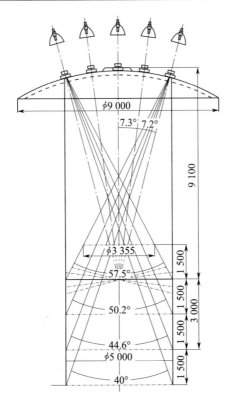

图 9 - 40　辐照面积直径 5 m 发散式太阳模拟器光学系统简图

5）辐照不稳定度：不大于±1％/h；

7）准直角：±5°；

8）光谱分布：氙灯光谱。

（2）运动模拟器主要技术指标

1）旋转轴速度：快速为 1～12 r/min，慢速为 1/24～1 r/h，连续可调，旋转角度0°～360°，定位精度±0.5°；

2）姿态轴摆角±30°，定位精度±0.5°，摆角速度 3～5（°）/min；

3）最大承载质量：1 000 kg。

（3）KM3E 太阳模拟器方案设计

太阳模拟器光源采用 10 kW 风冷氙灯，研制辐照面积直径 2 m 的太阳模拟器，与容器直径 4.2 m 的 KM3E 环境模拟设备配套使用。

太阳模拟器由光机系统、电控系统、冷却系统、光学测量、光学装校组成。太阳模拟器方案设计见图 9-41，太阳模拟器使用 7 支 10 kW 氙灯作为光源。通过计算分析，直筒段需要加长到 13 m。

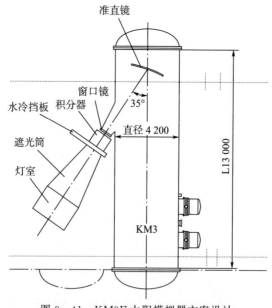

图 9-41　KM3E 太阳模拟器方案设计

9.8　国外太阳模拟器

国外大型太阳模拟器研制工作是从美国开始的，20 世纪 60 年代初研制了 2 台同轴系统，60 年代末研制了 3 台离轴系统，70 年代末日本、法国研制了离轴系统，80 年代日本、欧洲空间局、印度相继研制成先进的离轴系统太阳模拟器。

9.8.1　美国典型太阳模拟器

（1）美国 JPL 太阳模拟器

JPL 空间模拟器的主模拟室直径 7.6 m，高 15.8 m，是 60 年代初建成的第一台太阳模拟器，如图 9 - 42 所示。光源采用 131 支 2.5 kW 的汞-氙灯作为光源，其中上抛物镜由 19 块不锈钢平面镜组成，每块直径 81.3 cm，接收来自 7 支灯的光，石英窗口直径 91.2 cm，主抛物镜直径 7.6 m，由 324 块铝镜组成，背面气氮冷却。外光学罩用通过水冷换热器的气氮冷却，为消除臭氧，采用高效过滤器，保持镜面不受污染。

太阳模拟器性能：辐照面积直径 6.1 m，辐照度 0～2 152.8 W/m²，准直性最大偏差 5.3°，面均匀性为±10%，体均匀性为±15%。

随着技术的进步，1967 年对 JPL 大型太阳模拟做了第一次改造，改造成离轴系统，光源采用 37 支 20 kW 氙灯；窗口用石英透镜，准直镜用铝材制造，直径 7 m，曲率半径 30.4 m，用闭环气氮系统冷却，工作温度在−105.6～134.4 ℃ 范围，系统原理图如图 9 - 42 所示。

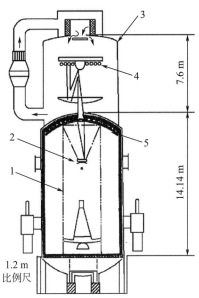

图 9 - 42　美国 JPL 大型空间模拟器上第一台太阳模拟器系统

1—光束；2—反射镜；3—外光学罩；4—光源；5—抛物镜

美国 JPL 第二台大型太阳模拟器系统中太阳模拟器的主要性能：试验体积直径4.6 m，高 7.6 m，辐照度 538～1 453 W/m²，均匀性 ±4%，准直角±1°。

（2）美国通用电器公司离轴准直拼接太阳模拟器

其主要技术指标为：

1）电源：148 支 5 kW 氙灯；

2）准直角：±3.5°；

3）最大辐照度：1 507 W/m²；

4）光学系统类型：离轴准直四单元拼接系统。

9.8.2　欧洲空间局 ESTEC 大型太阳模拟器

ESTEC 太阳模拟器被称为 20 世纪 80 年代最佳的太阳模拟器，采用离轴系统，其系统图如图 9-43 和图 9-44 所示。

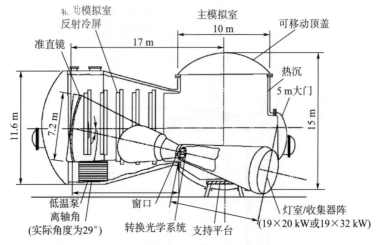

图 9-43　欧洲空间局 ESTEC 太阳模拟器总体示意图

主要技术指标为：

1）光源：19 支 25 kW 短弧氙灯；

2）准直角：±1.9°；

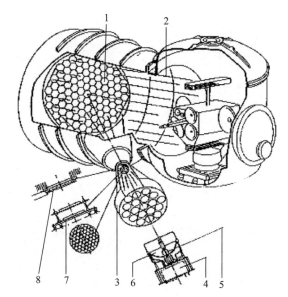

图 9-44　欧洲空间局 ESTEC 太阳模拟器系统图

1—准直镜；2—光线；3—灯室；4—灯具；5—氙灯；6—聚光镜；7—积分器；8—容器窗口镜

3）辐照体积：$\phi 6$ m×5 m；

4）面辐照不均匀度：±4°；

5）体辐照不均匀度：±6°；

6）光学系统类型：离轴准直系统，主镜为拼接镜。

光学准直镜悬装于辅助模拟室后盖上的刚性环架上，直径 7.2 m，由 121 块六角形小镜拼装而成，如图 9-45 所示。光学积分器如图 9-46 所示。光学石英玻璃窗口直径 1 m、厚 8 cm，光源采用 19 支高压短弧氙灯。每支灯功率为 25 kW 或 32 kW。用 12 支灯，灯功率为 20 kW时，相当 1 个太阳常数，整个灯室用氮气循环冷却。

太阳模拟器性能：辐照面积直径 6 m、试验体积直径 6 m、长 5 m，准直角 1.9°，面均匀性为±4%，体均匀性为±5%，辐照度的稳定性在整个试验期间优于±0.5%，如遇偶然发生灯泡失效的事故，辐照度恢复正常的时间小于200 ms，该系统具有由于操作者误动作或控制线路失效而引起辐照度突然发生变化的保护功能。

图 9-45   光学准直镜照片

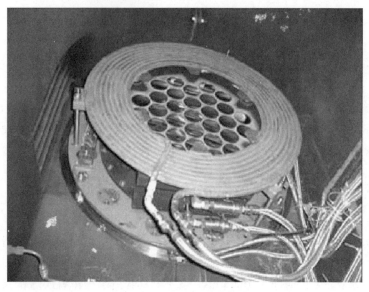

图 9-46   光学积分器照片

9.8.3　俄罗斯大型太阳模拟器

（1）直径 17.5 m 空间模拟器大型太阳模拟器

俄罗斯大型太阳模拟器采用离轴式系统，系统原理图见图 9 - 47。

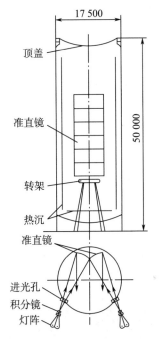

图 9 - 47　直径 17.5 m 空间模拟器大型太阳模拟器

该系统由灯室、积分镜、滤光片、窗口、准直镜等组成，灯阵采用卧式，产生水平光束，进光孔在容器侧面，共 12 个，按横向分成两排，12 块准直镜分六层布置，准直镜每块面积为 4 m×4 m，而每块又由 7×7 块小镜组成，如果光束由侧面水平进光，可照试件高度为 22 m，上面两层的光束又可通过平面反射镜变成垂直光束，可做垂直、水平两光束同时照射试验，水平光束照射的高度为 16 m，准直镜用液氮冷却。

太阳模拟器的主要技术性能：光束由上向下照射时，在直径为

6 m 的面积上，辐照度 0～1.85 kW/m² 可调，从侧面进光时，在 6 m×22 m 的面积上，辐照度 0～2.0 kW/m² 可调，辐照稳定度为 ±1%，均匀性为 ±15%。

（2）直径 8.5 m 空间模拟器大型太阳模拟器

直径 8.5 m 空间模拟器大型太阳模拟器采用同轴准直系统。

主要技术指标为：

1）光源：204 支 550 W 氙灯；

2）辐照体积：ϕ3m×8m；

3）辐照度：0.45～3 kW/m²；

4）辐照不稳定度：±1%；

5）辐照不均匀度：±15°。

9.8.4　德国大型太阳模拟器

德国工业设备管理公司（IABG）空间模拟器大型太阳模拟器，辐照面积直径 3.6 m，辐照强度 1.4S₀，辐照均匀性为 ±4%，在辐照面前后 ±1.5 m 的试验体积内均匀性为 ±5%，准直角为 ±2°，稳定性为 ±1%，如图 9-48～图 9-50 所示。

图 9-48　德国 IABG 公司空间模拟器的太阳模拟器准直镜

图 9-49　德国 IABG 公司空间模拟器的太阳模拟器灯室

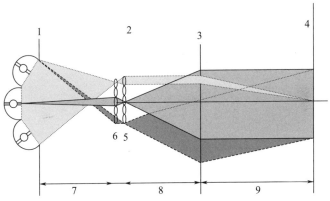

图 9-50　德国 IABG 公司空间模拟器的太阳模拟器光路图

1—灯阵；2—积分器；3—准直镜；4—试验板；5—投影镜；6—场镜；

7—灯室距离；8—投影镜距离；9—试验板距离

9.8.5 日本宇宙航空研究开发机构（JAXA）筑波中心两台大型太阳模拟器

（1）辐照面积直径 6 m 大型太阳模拟器

主要技术指标为：

1）辐照面积直径为 6 m、长 6 m；

2）离轴角为 27.3°；

3）光源为 19 支 25 kW 短弧氙灯；

4）准直镜直径 8.5 m，用 163 块小镜片拼接而成，每块小镜片为对角长 0.7 m、曲率 45 m 的球面镜；

5）准直镜镜片基底材料为碳纤维基增强塑料，使准直镜的质量轻、热变形小、温控简单；

6）窗口直径 1 088 mm，石英玻璃厚 81 mm。

（2）辐照面积直径 4.2 m 大型太阳模拟器

主要技术指标为：

1）辐照面积直径为 4.2 m；

2）光源为 19 支 30 kW 短弧水冷氙灯；

3）面均匀性为 ±4%，体均匀性为 ±5%；

4）辐照强度为 3.64 kW/m²；

5）准直角为 2°3′。

9.8.6 印度空间研究院（ISRO）的大型太阳模拟器

主要技术指标为：

1）辐照面积直径为 4 m；

2）光源为 11 支 20 kW 短弧水冷氙灯；

3）面均匀性为 ±4%，体均匀性为 ±5%；

4）辐照强度为 0.65～1.7 kW/m² 可调；

5）准直镜用 55 块六角形镜片拼装而成。

9.9　光源性能和太阳模拟器性能测量

9.9.1　光源性能测量

应用于太阳模拟器上的氙灯在使用前必须经过严格的检查和性能测量，以保证机械尺寸和电学参数的一致性。对光学性能的测量主要是对发光效率、法向亮度和光谱分布三项技术指标的检测。氙灯灯具装置见图 9 - 51。

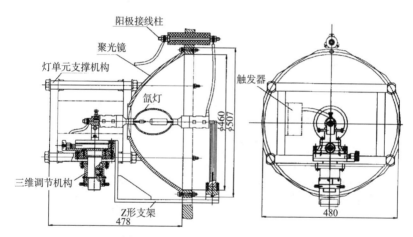

图 9 - 51　25 kW 氙灯灯具装置图

（1）发光效率的测量

发光效率简称光效，指氙灯消耗每瓦电功率所能辐射出的光通量，单位 lm/W。计算公式如下

$$\eta = \phi / P \qquad\qquad (9 - 30)$$

式中　ϕ——氙灯辐射出的光通量（lm）；

P——供给氙灯的电功率（W）。

通常用分布光度计测量光通量，如图 9 - 52 所示。当探测器绕 MM' 轴旋转一周时，等角度间隔地测量每个带宽上的照度值，按球

带系数方法计算出氙灯的光通量值，其公式如下

$$\Phi = 2\pi r^2 \sum_{i=1}^{n} E_i (\cos\theta_{i-1} - \cos\theta_{i+1})/2 \qquad (9-31)$$

式中　　Φ——光通量；

　　　　r——转臂等效半径；

　　　　$\theta_{i-1}, \theta_{i+1}$——$\theta$ 的下一个带和上一个带的角度值；

　　　　E_i——θ 角度时的照度值。

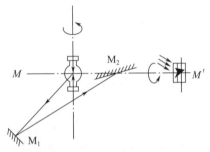

图 9-52　分布光度计

M₁，M₂—平面反射镜

氙灯功率的测量，应选取开始测量和结束测量时两次测量氙灯功率的平均值。

（2）法向亮度的测量

应用测量氙弧正投影像面上的照度值，按式（9-32）计算出氙弧法向亮度。如图9-53所示，按一定间隔逐点测量出像面 A_2 上的照度值 E_i，计算出亮度值 L_i，并画出亮度分布（图9-54）和氙灯配光分布（图9-55）。

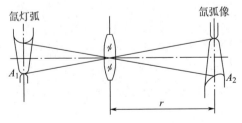

图 9-53　法向亮度成像图

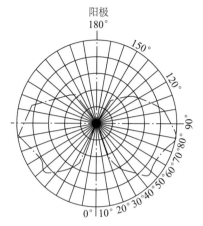

图 9 - 54　25 kW 氙灯亮度分布图

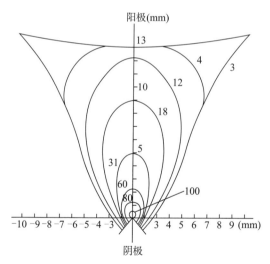

图 9 - 55　25 kW 氙灯配光分布

$$L_i = \frac{1}{\tau} \frac{E_i r^2}{s} \qquad (9-32)$$

式中　τ——透镜的透过率；

　　　E_i——像面第 i 点照明；

s——透镜面积；

r——透镜到氙弧像的距离。

（3）氙灯光谱分布测量

可采用光电测量氙灯光谱分布，其测量装置如图 9 - 56 所示，它是由光谱辐射亮度标准灯、前光学系统、分光系统和记录系统组成的。

图 9 - 56　光谱测量原理图

在同样条件下，通过反射镜 M 的旋转，分别记录出探测器对标准灯和待测氙灯的波长响应曲线。对给定的波长 λ，可以写成如下公式

$$i_s(\lambda) = L_s(\lambda)\tau(\lambda)s(\lambda)\mathrm{d}\lambda \qquad (9 - 33)$$
$$i_z(\lambda) = L_z(\lambda)\tau(\lambda)s(\lambda)\mathrm{d}\lambda$$

从而有

$$L_z(\lambda) = \frac{L_s(\lambda)}{i_s(\lambda)}i_z(\lambda)$$

式中　$i_s(\lambda)$，$i_z(\lambda)$——标准灯和氙灯在同一波长 λ 时引起的光电探测器输出的光电流值；

　　　　$L_s(\lambda)$，$L_z(\lambda)$——标准灯和氙灯的光谱辐射亮度；

　　　　$\tau(\lambda)$，$s(\lambda)$——系统光谱透过率和探测器的光谱响应度。

当 $L_s(\lambda)$ 值已知时，可计算出 $L_z(\lambda)$ 值。

9.9.2　太阳模拟器性能的测量

（1）辐照度的测量

通常应用三种类型的绝对辐射计测量辐照度值，即有吉尔哈姆（Gilham）型、补偿型和肯德尔（Kendell）型。吉尔哈姆型绝对辐射计时间常数较大，通常在实验室内使用，其结构如图 9 - 57 所示。

图 9 - 57　吉尔哈姆辐射计

补偿型绝对辐射计如图 9 - 58 所示。这种绝对辐射计能有效地克服环境温度变化引起的零点漂移。

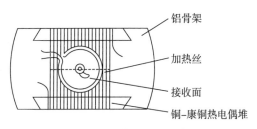

图 9 - 58　补偿型绝对辐射计

肯德尔（Kendell）绝对辐射计如图 9 - 59 所示。可以在真空、低温环境下工作，时间常数为 6 s，辐照度测量范围为 $0.04 \sim 4.2$ W/cm^2。

为了提高测量的准确度，可以按式（9 - 34）计算辐照面上的平均辐照度 $\bar{E}$

$$\bar{E} = \frac{\sum\limits_{i=1}^{n} E_i \mathrm{d}s_i}{\sum\limits_{i=1}^{n} \mathrm{d}s_i} \tag{9 - 34}$$

式中　E_i——面积元 $\mathrm{d}s_i$ 内的辐照度。

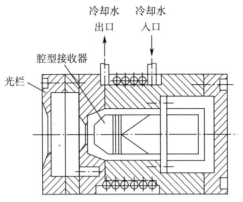

冷却水　　冷却水
出口　　　入口

腔型接收器

光栏

图 9 - 59　肯德尔（Kendell）辐射计

（2）辐照不均匀性测量

辐照不均匀性是太阳模拟器最重要的技术指标。通常分为面辐照不均匀性和空间辐照不均匀性，可按下式计算

$$\Delta E / \bar{E} = \pm \frac{E_{\max} - E_{\min}}{E_{\max} + E_{\min}} \times 100\% \qquad (9 - 35)$$

式中　　$\Delta E / \bar{E}$——辐照不均匀度；

　　　　$E_{\max}$——辐照面上（或体积内）的辐照度最大值；

　　　　$E_{\min}$——辐照面上（或体积内）的辐照度最小值；

　　　　$\bar{E}$——平均辐照度。

（3）光谱不匹配的测量

光谱不匹配的测量可以采用两种方法即分光测量法和带边测量法。按分光测量法测量时可按如下顺序进行：第一步测量出太阳模拟器的相对光谱分布曲线；第二步计算并画出太阳模拟器的光谱带宽积分辐照度分布；第三步按 NASA 曲线或约翰逊曲线，画出太阳的光谱带宽积分辐照度分布；第二步和第三步选择的带宽是一致的。求出第二步和第三步两条带宽辐照度分布曲线的偏差，即求出了太阳模拟器光谱分布不匹配值。

（4）准直角的测量

应用小孔成像法或航海六分仪测量太阳模拟器准直角。小孔成像法可按下式计算出准直角 θ

$$\theta = \pm \tan \frac{D}{2H} \tag{9-36}$$

式中　D——像的直径；

　　　H——小孔到所成像面的距离。

（5）辐照不稳定性的测量

辐照不稳定性表征辐照度随时间的变化。通常应用恒温硅光电池为探测元件，测量在给定 T 时间内辐照度变化的相对值。辐照不稳定性可由下式求出

$$\Delta E/\overline{E}\,\bigg|_{T} = \frac{E_{\max} - E_{\min}}{E_{\max} + E_{\min}} 100\% \,\bigg|_{T} \tag{9-37}$$

式中　$E_{\max}$，$E_{\min}$——在测量时间 T 内辐照度的最大值和最小值；

　　　$\Delta E/\overline{E}\,|_{T}$——$T$ 时间内的辐照不稳定性。

9.9.3　模拟太阳辐照标准

1972 年国际照明委员会（CIE）的 TC - 2.2，根据近年来空间技术发展的需要，经大多数会员国同意，推荐了地球外和地球上的太阳辐射积分辐照度和光谱分布数据，作为统一计算物体辐射载荷和模拟效果的基准。地球外太阳辐照标准推荐值是：

1）地球外太阳辐射的积分辐照度值 $E_0 = 1\ 353\ (1\pm5\%)\ \text{W/m}^2$。

2）推荐 Thekackara 光谱分布值为模拟地球外太阳辐射的光谱分布标准，见表 9 - 9，这里只列出了太阳辐射光谱带辐照度以及波段辐照度和占一个太阳常数辐照度的百分比。CIE 的 TC - 2.2 只推荐了模拟标准值，对模拟误差没有提出规定。

表 9 - 9　太阳光谱带辐照度以及波段辐照度和占一个太阳常数辐照度的百分比

波段	波长	谱带辐照度/（W/m²）	波段辐照度/（W/m²）	占一个太阳常数辐照度的百分数/（%）	
				谱带	波段
0	＜0.28	8	8	0.6	0.6
1	0.28～0.32	22	110	1.6	
	0.32～0.36	42		3.1	
	0.36～0.40	46		3.4	
2	0.40～0.44	67	638	5	47.4
	0.44～0.48	80		6	
	0.48～0.52	77		5.7	
	0.52～0.56	71		5.3	
	0.56～0.60	68		5	
	0.60～0.64	64		4.7	
	0.64～0.68	59		4.4	
	0.68～0.72	55		4.1	
	0.72～0.76	50		3.7	
	0.76～0.80	47		3.5	
3	0.80～1.0	182	382	13.4	28.3
	1.6～1.8	120		8.9	
	1.2～1.4	80		6	
4	1.4～1.6	58	183	4.3	13.5
	1.6～1.8	40		3	
	1.8～2.0	26		1.9	
	2.0～2.5	38		2.8	
	2.5～3.0	21		1.5	
5	＞3.0	29	29	2.1	2.1
0～5	$\sum$	1 350	1 350	100	100

1973 年美国机械工程师协会（ASTM），在"用于宇宙飞船热平衡试验的太阳模拟"论文中，对模拟太阳辐照的误差提出了明确要求。将太阳模拟器性能划分成 A、B、C 三种等级，见表 9-10，其中 A 级按准直角和深度均匀性又分为 5 级。

表 9-10 太阳模拟器性能划分等级

	A 级	B 级	C 级	5A 级	4A 级	3A 级	2A 级
辐照不均匀性/（%）	3	5	＞5	0.3	0.5	1	2
辐照稳定性/（%）	1	3	＞3				
准直角	＜2°	＜4°	＞4°	0.125°	0.25°	0.5°	1°
二次反射率/（%）	＜2	＜5	＞5				
辐射环境温度/K	＜80	≤100	＞100				
真空度/Pa	10^{-4}	10^{-4}	＜10^{-4}				

9.10 太阳紫外辐照模拟技术

9.10.1 太阳紫外光谱分类

太阳紫外线的波长从 $0.004\sim0.400\ \mu m$，它的辐射能量只占太阳总辐射能量的 8.73%，而短于 $0.240\ \mu m$ 的真空紫外辐射只占 0.14%。根据紫外线对材料的作用效果，紫外光谱一般分为近紫外线、远紫外线（真空紫外线）和极紫外线。远紫外线之所以又称为真空紫外线，是因它不会穿透地球大气层。按照紫外线对机体组织的影响，紫外光谱又可分为长波紫外线（UVA）、中波紫外线（UVB）和短波紫外线（UVC）三类。只有波长大于 290 nm 的紫外线辐射才能到达地球表面。未穿透的紫外线被大气层吸收，从而在 $10\sim50$ km 高度产生了一个臭氧层。紫外线把氧分子 O_2 分解成两个 O 原子，之后氧原子与氧分子结合产生 O_3。大约 2% 的太阳常数是由于紫外光谱造成的。太阳紫外光谱波长分类，见表 9-11。

表 9-11　太阳紫外光谱波长分类表

名称	缩写	波长/nm	能量/eV
近紫外线	NUV	400～300	3.10～4.13
中紫外线	MUV	300～200	4.13～6.20
远紫外线（复合紫外线）	FUV（VUV）	200～100	6.20～12.4
极紫外线	EUV	100～10	12.4～124
长波紫外线	UVA	400～320	3.10～3.07
中波紫外线	UVB	320～290	3.07～4.28
短波紫外线	UVC	290～100	4.28～12.40

9.10.2　紫外辐照效应

太阳紫外光谱虽然其能量占的比例不大，但却产生明显的紫外辐照效应。根据紫外线对材料和元件作用的不同机理，可以分为两种效应：光化学效应和光量子作用。

1）光化学效应。效应的大小取决于紫外线的积分能量，而与波长关系不大。在近紫外谱域，许多有机材料的衰变试验证明了这一效应的规律。紫外光的光化学作用，取决于照射剂量，它等于紫外辐照度与辐照时间的乘积。

2）光量子作用。金属材料、合金和半导体材料受紫外辐照后引起性能的改变与所照射的紫外光线的波长有关，并引起金属表面静力学带电。在远紫外和极端紫外谱域，光量子作用十分明显。

在太阳紫外辐照模拟技术中，主要模拟的是紫外光的光化学效应。紫外线与原子氧的协合效应加速了对材料的剥蚀。

3）紫外辐照的恢复效应。当某些高分子聚合物的分子受到紫外照射剂量不足时，分子的化学键没有被完全破坏，停止紫外照射后化学键会重新加强并放出能量，材料又恢复到原来的性能，这就是恢复效应。在材料的紫外辐照破坏性试验中，要重视这种恢复效应的研究。

由于材料恢复效应的存在，紫外辐照试验时，材料特性的测量必须在原位下进行。只有在紫外辐照和真空、冷黑环境不变条件下，完成试件物理参数的测量才是真实的。例如，ZnO 温控涂层在真空中受到紫外辐照会变黑，而取出后在空气环境下又重新发亮，这叫作"漂白效应"。涂层吸收率在真空中和空气中测量偏差可以超过 50%。

第10章 吸收热流模拟方法及设计技术

10.1 概述

在太阳系内的航天器，其飞行过程中接收到的空间外热流主要是太阳辐射、行星对太阳辐射的反射辐射（又称行星反照）、行星自身的热辐射以及空间背景辐射。以环绕地球的航天器为例，空间外热流即太阳辐射、地球反照和地球红外辐射。

航天器在轨工作期间热环境复杂，除了接受太阳辐射、行星红外辐射、行星反照外，还包括航天器内部各种设备的热源，对于返回式航天器，再入过程中的气动加热过程亦应当考虑。航天器热控制的任务是通过航天器本身及周围环境的热源、冷源的利用，合理组织热量的分配传递，采用一系列技术手段及方法来保证航天器在预定的温度条件下工作。为了在接近轨道环境的条件下对航天器热控系统的性能进行考核并验证热分析模型的正确性，需要在环境模拟设备中进行系统级热平衡试验；同时，为了暴露航天器材料、工艺、制造质量方面的潜在缺陷，验证航天器在极限温度下的工作能力，也需要进行热真空试验。

空间外热流模拟方法按照模拟热流的特点可以分为两类：一类是模拟空间外热流的辐射照度、方向及其光谱特性，称为入射热流模拟法；另一类是使用某种加热装置，例如红外笼、红外灯阵、辐射加热板、接触式电加热器等，对航天器加热，使航天器表面吸收的热量等于该表面吸收的空间外热流，以获得相同的热效应，而不考虑实际的空间外热流特性，称为吸收热流模拟法。

从空间外热流模拟装置自身特点来分，外热流模拟装置可分为辐射型和传导型两类。属于辐射型的有太阳模拟器、红外灯阵、红外笼、红外加热棒、辐射加热板，属于传导型的有接触式电加热器。

在真空热试验中，通常使用吸收热流模拟设备模拟太阳辐射、地球反照、地球红外辐射所带来的热流。在空间环境模拟器中，用吸收热流模拟设备可代替太阳模拟器做热平衡试验、热真空试验，以检验航天器热控系统的设计正确性与工艺性能。在热平衡试验中，吸收热流模拟法只能模拟太阳辐照在可见光和红外波段的热效应，光谱、准直性与真实情况存在区别，试验结果不如太阳模拟器真实、直观、可靠、准确。一般只限用于外形较简单、表面光学性质变化不大的航天器，这种方法简便、价廉，自 1958 年以来，就得到实际应用，目前仍被国内外普遍采用。

航天器对热控系统的质量、能源消耗、体积大小都有严格的限制，对系统的可靠性及寿命有很高的要求。因此，吸收热流模拟技术的研究、设计是真空热环境模拟技术中一项很重要的工作。由于太阳模拟器制造成本高、试验费用昂贵，因而绝大部分航天器都优先选择吸收热流模拟设备进行热平衡试验，对复杂形状航天器则需用太阳模拟器做最后的验证试验。或者，先用太阳模拟器做一两个工况取得航天器表面性能参数、边界条件等，修改热试验模型，再用吸收热流模拟设备做真空热试验。

我国卫星的热平衡试验，除第二颗卫星曾用发散型的太阳模拟器做过热平衡试验外，其余所有型号的卫星，都用吸收热流模拟设备做热平衡试验。国外大部分航天器也用吸收热流模拟设备做真空热试验。但外形复杂、首发航天器也有先用太阳模拟器做一次标准试验，再用吸收热流模拟设备做真空热试验的例子。

吸收热流模拟设备一般由加热器及相应的热流计、直流电源和控制测量系统组成。吸收热流模拟装置常用的类型有：红外加热笼、红外加热棒、红外加热板、红外灯阵、电阻加热器等。在同一次真空热试验中针对卫星的不同表面特性、不同形状、不同环境要求、不同试验要求，可选用不同类型的吸收热流模拟装置或综合利用多种外热流模拟装置。

10.2　航天器热控制系统的需求和吸收热流模拟设备的作用

10.2.1　航天器热控制系统对温度的需求分析

根据航天器的各种不同任务、不同有效载荷对环境温度的不同要求，航天器热控制系统有不同的需求。

（1）常温（室温）要求

一般仪器设备应按常温要求考虑，美国国家航空航天局（NASA）认为一般的电子设备保持在 $-15 \sim +50$ ℃的范围就可以，而对于可充电电池为 $0 \sim +20$ ℃，Ni-Cd 电池温度范围为 $-5 \sim +10$ ℃，陀螺等设备内部有精密的恒温控制，属于设备内部的温度控制，由设备研制方自己设计和实施，只为其提供合适的环境温度。

一般的仪器设备，从可靠性角度考虑，要求仪器设备能在 $-15 \sim +50$ ℃的范围内正常工作，而验收温度范围要将高低温两端扩大到 $-24 \sim +61$ ℃，这是总体对设备的要求。

（2）低温要求

对于一些探测器，如红外探测器、天文望远镜等为了减小背景热噪声，要求背景温度很低。如美国的红外天文卫星（IRAS），焦平面温度 2.2 K，仪器热负荷 12.2 mW，采用储存制冷剂液氦的系统（154 磅、1.85 K）制冷，工作了 10 个月。美国的 SESP72-1 上的 γ 射线探测器探头温度 125 K、311 mW，用储存的固体制冷剂 CO_2 制冷，工作 8 个月。随着航天技术的发展，有些探测仪器对深低温的要求愈来愈高，如欧洲的 Plank 天体物理卫星上探测宇宙大爆炸的测量辐射仪，为标定亚毫米波（$90 \sim 1\,000$ GHz），要求列阵的焦平面温度为 0.1 K，在几个小时内的温度稳定度为 2×10^{-8}。

（3）恒温要求

有些仪器设备要求一个恒温的温度环境，如某卫星 CCD 相机要求的工作温度为（18 ± 3）℃，某光学相机要求其周围的空气温度为

(15±2)℃等。而有些设备内部有更高的恒温要求，如陀螺内部油温的恒温精度为±0.1 ℃，铷钟的晶体温度要求恒温精度达到±0.01 ℃的量级，这种内部的恒温，一般在仪器设备的设计中专门解决，另一种为温度稳定性要求，如铷钟的环境温度范围较宽，为−5～10 ℃，但要求温度稳定在±1 ℃/24 h。

（4）温度均匀性要求

这是指对一些结构件的温度分布均匀性的要求。特别是有些有效载荷要求极高的结构稳定性，必须严格控制其热变形，这就要求结构具有极高的温度均匀性，保证航天器任务的圆满完成。例如，空间望远镜的尺寸一般有好几米，通常要求其温度均匀性为零点几摄氏度。在我国研制的航天器中已开始认识到温度均匀性的重要性，并开展了相应的研究，如 CCD 相机，其轴向的温差要求在 3 ℃ 以内，径向温差在 2 ℃ 以内，而光学相机的轴向温差要求在 1 ℃ 以内，在直径 0.5 m 的主镜上的温差要求在 0.1 ℃ 以内。

美国哈勃望远镜主镜（近 3 m）恒温 21.1 ℃，温差 0.1 ℃，用 36 路精密加热器控温。

我国太阳望远镜主机主镜 1 m，热态下，抛物面的偏离小于 λ/40（λ=663 nm），拟合抛物面的焦距差小于 0.15 mm，沿轴位移小于 0.05 mm 等。这最终归结为温度均匀性要求。这些是对热控技术的挑战，也是对总体设计的挑战。

10.2.2　吸收热流模拟设备在航天器热控制系统任务中的作用

航天器热控制系统任务是控制航天器设备和结构的温度在要求的范围内。应考虑从地面到天上再回到地面（包括：地面段、上升段、轨道段、返回段、着落段）均能保证航天器的温度要求。航天器热控制系统设计师的任务，主要包括三个部分。

（1）热分析

热分析是预示在任务的各种状态下设备和结构的温度，是对航天器得到的热量和排散热量的分析。要根据航天器的热控制状态建立热数学模型（TMM），利用带有吸收热流模拟设备或太阳模拟器的热平衡试验结果对热分析数学模型进行修正。

（2）热设计

首先计算到达航天器各表面的空间热流，分析和设计散热面，然后根据经验对各个部件和航天器结构采用各种热控措施，按照轨道及星内的工作状态判定可能的最热和最冷的极端工况。在确定边界条件和输入条件后，进行热分析计算，看各部分的温度是否在允许的范围内，如有不合适的部分，则要调整该部分的热控措施，如修改传热路径、调整加热器或辐射器等，再进行分析计算，直到所有温度都在合适的范围内。

（3）热试验

热试验主要是带有吸收热流模拟设备或太阳模拟器的整星热平衡试验，是航天器研制过程中重要的大型试验之一，目的主要有三个：一是验证分析计算的正确性，修正热分析模型，分析计算可预示任务期间的温度；二是验证热设计各极限工况下的温度是否满足要求；三是验证各有关热控硬件的功能。

吸收热流模拟设备或太阳模拟器是上述三个部分的主要热源。

10.3　吸收热流模拟设备与真空热试验技术

10.3.1　一般概念

（1）真空热试验

真空热试验是热平衡试验与热真空试验的总称。热平衡试验是在模拟真空、冷黑和航天器空间外热流条件下进行的试验，主要目的是：验证航天器热设计正确性，考核热控分系统能力，获取整星温度数据，修正热分析数学模型。

热真空试验是在规定的真空和热循环条件下，验证航天器性能和功能满足规定要求的能力或暴露航天器在设计、材料和制造工艺上潜在缺陷所进行的试验，排除早期失效，评定整星的工作性能。

（2）空间外热流

航天器在轨运行时，到达航天器外表面的各种空间辐射热流（太阳辐射、地球/行星/月球反照、地球/行星/月球辐射），简称外热流。

（3）内热源（或热功耗）

航天器内部仪器设备工作和生物（含人）产生的热量。

（4）温度场

温度场是指某一瞬间，空间（或物体内）所有各点温度分布的总称。

10.3.2　用吸收热流模拟设备做航天器真空热试验的重要性

由真空、冷黑和空间外热流组成的空间热环境可能导致航天器上的仪器设备不能正常工作，为了保证航天器可靠地工作，航天器要进行真空热试验，航天器真空热试验的重要性有：

1）验证航天器热设计和热控措施、制造工艺的正确性，确保航天器有满足仪器设备工作要求的温度范围；

2）检验航天器的性能与功能是否满足规定要求；

3）暴露航天器在材料、设计和制造工艺方面潜在的质量缺陷，排除早期失效。

10.3.3　航天器真空热试验类别

航天器真空热试验类别如下。

（1）研制试验

在方案阶段和初样阶段用工程试验模型完成的试验，目的是在研制阶段初期验证产品的设计方案是否满足设计要求，以便在鉴定试验前进行必要的修改措施，不断提高产品的固有可靠性。可在组件、分系统和航天器上进行，如舱（段）热平衡试验，初样热平衡试验。

（2）鉴定试验

证明正样产品的性能满足设计要求并有规定设计余量的试验。鉴定试验应该用能代表正样产品状态的鉴定试验产品进行，如果在初样研制阶段完成鉴定试验，则应保证鉴定试验产品的技术状态和试验文件符合正样产品的鉴定要求。可在组件、分系统和航天器上进行，如正样（鉴定）热平衡试验，鉴定热真空试验。

（3）验收试验

检验交付的正样产品满足飞行要求，并通过环境应力筛选手段检测出产品质量缺陷的试验。验收试验要求对所有交付的飞行产品在飞行器、分系统和组件级进行。

（4）准鉴定试验

在正样研制阶段对飞行产品按照鉴定与验收的组合条件进行的试验，这种组合条件应符合替代鉴定试验的策略。可在组件、分系统和航天器上进行。

10.3.4　航天器真空热试验工况的确定

根据仪器设备工作模式（连续工作恒定发热、连续工作非恒定发热、间断工作）和外热流模拟状态（恒定、变化或周期变化），一般可组合成以下四种试验工况：

1）稳态工况：仪器设备长期连续工作、发热量恒定、外热流值恒定（一般取轨道周期外热流积分平均值）；

2）准稳态工况：仪器设备按设定的工作模式工作，外热流值恒定；

3）周期性瞬态工况：仪器设备按设定的工作模式工作，外热流按轨道周期性瞬变；

4）瞬态工况：仪器设备按设定的工作模式工作，外热流为非周期性变化。如某些特定航天器的飞行任务或工作寿命期内特定的飞行轨道。这种工况亦称非周期性瞬态工况。

10.4 空间外热流及其模拟试验

10.4.1 空间外热流

（1）太阳辐射

太阳直径约为 1.939×10^6 km，在波长 $0.3 \sim 2.5$ μm 范围内的热辐射相当于 6 000 K 黑体辐射。这是航天器在轨飞行遇到的最大外热流，它不仅直接对航天器辐射加热，还通过月球及行星间接给航天器加热（反照）。

距离太阳一个天文单位（在地球大气层外，由太阳至地球的平均距离为一个天文单位）处，垂直于太阳光的单位面积上、单位时间内接收到来自太阳的总电磁辐射能，称为太阳常数。通常取太阳常数值为 1 353 W/m²，实际上它随季节变化：

春秋分：1 367 W/m²；

夏至日（远日点）：1 322 W/m²；

冬至日（近日点）：1 414 W/m²。

不同距离处的太阳强度可按下式计算

$$S = Q/4\pi d^2 \qquad\qquad (10-1)$$

式中　S——太阳辐射强度，W/m²；

　　　Q——太阳总辐射能量，3.826×10^{26} W；

　　　d——距离太阳表面距离，m。

太阳辐射光谱在 $0.3 \sim 3$ μm 内的辐射能占总辐射能的 92%，在 $0.18 \sim 40$ μm 内的辐射能占总辐射能的 99.99%，$0.2 \sim 0.38$ μm 为紫外辐射，小于 0.3 μm 的紫外辐射仅占总辐射能的 1%。

（2）地球、月球及行星反照

反照是指地球、月球及行星对太阳辐射能的反射。

地球反照，就是地球表面和大气层所反射的太阳辐射能。太阳辐射进入地球-大气系统后，部分被吸收，部分被反射，其中被反射部分的能量百分比称为地球反照。反射辐射的光谱很复杂，这是因为地球-大气对不同波段的吸收性质不一样，镜漫反射的成分也不同，在航天器热计算中一般仍采用太阳光谱分布，并假定为漫反射，遵从兰贝特定律（Lambert）。

地球反射率是航天器热平衡计算中的一个重要参数，对于在轨运行的航天器来说，其运行速度较快且覆盖地球较大的范围，一般航天器的热平衡状态变化缓慢，时间常数大，就整个航天器而言，取全球平均反射率计算认为是合理的，目前一般取 $\alpha = 0.30 \sim 0.35$。

月球及几颗行星的辐照度及半球反射率见表 10-1。

表 10-1 月球及几颗行星的辐照度及半球反射率参考值

星球名称	辐照度/（W/m²）	太阳常数/个	半球反射率
地球	1 353	1.0	0.35
火星	587	0.435 (1/2.3)	0.15
水星	9 080	6.7	0.07
金星	2 580	1.9	0.59
木星	50.1	0.037 (1/27)	0.44
土星	15	0.011 (1/91)	0.42
天王星	3.72	0.003 (1/368)	0.45
海王星	1.46	1/904	0.52
冥王星	0.858	1/1 570	0.14
月球	约 1353	约 1.0	0.073

（3）地球、月球及行星红外辐射

地球、月球及行星表面吸收太阳能后转化成热能，又以长波的方式辐射到空间，称这部分辐射能为地球、月球及行星红外辐射。

由于地球本身的热惯性（白天-黑夜，季节）和航天器在轨周期的热惯性，这种热能变化的影响是很小的。假设地球能量守恒，即吸收的太阳辐照等于地球本身辐射出去的能量，则地球红外辐射可按下式计算

$$E_i \cdot 4\pi r^2 = (1-\alpha)S \cdot \pi r^2 \qquad (10-2)$$

式中　E_i——地球红外辐射强度，W/m^2；

$\quad\quad$ S——太阳到达地球辐照强度，W/m^2；

$\quad\quad$ α——地球平均反照值；

$\quad\quad$ r——地球半径，6 378 km。

一般在热设计中采用地球反照平均值 $\alpha=0.35$。因此，上式可以简化为

$$E_i = (1-\alpha)S/4 = 220 \ W/m^2 \qquad (10-3)$$

对地球：相当于 250 K 左右绝对黑体辐射；

对月球：白天最高约 390 K，黑夜最低约 105 K；

对火星：白天最高约 253 K（$-20 \ ℃$），黑夜南极冠状中心区约 115 K（$-158 \ ℃$）；

对金星：表面温度高达 480 ℃。

10.4.2　空间外热流模拟试验

（1）一般概述

①瞬态外热流

在轨道上任一时刻的外热流（外热流随时间而变化），分为周期性瞬态外热流和非周期性瞬态外热流。

②平均外热流

平均外热流为在轨道上瞬态外热流的轨道周期积分平均值。

（2）外热流模拟误差引起的航天器表面试验温度误差

根据凸形航天器在空间飞行时的稳态热平衡方程

$$Q_p + Q_e = A_1 \varepsilon_1 \sigma T_0^4 \qquad (10-4)$$

式中　T_0——航天器表面的稳定温度（假设航天器外表面温度均

$\quad\quad\quad$ 匀），K；

$\quad\quad$ Q_p——航天器内仪器的热功耗，W；

$\quad\quad$ Q_e——航天器吸收的空间外热流，W。

进行多元函数微分后得到

$$\frac{\mathrm{d}T_0}{T_0} = \frac{1}{4}\left\{\left[\frac{Q_p}{Q_p+Q_e}\right]\frac{\mathrm{d}Q_p}{Q_p} + \left[\frac{Q_e}{Q_p+Q_e}\right]\frac{\mathrm{d}Q_e}{Q_e}\right\} \qquad (10-5)$$

由于仅考虑外热流模拟误差给试验温度带来的影响，所以不考虑航天器内热源的影响，则有

$$\frac{\mathrm{d}T_0}{T_0} = \frac{1}{4}\left(\frac{Q_e}{Q_p + Q_e}\right)\frac{\mathrm{d}Q_e}{Q_e} \qquad (10-6)$$

不同的外热流模拟方法，式（10 - 6）的 $Q_e/(Q_p + Q_e)$ 及 $\mathrm{d}Q_e/Q_e$ 值不相同，因此影响航天器温度的程度也不同。若取 $Q_p = Q_e$，$\mathrm{d}Q_e/Q_e = 0.1$，$T_0 = 300$ K，则有 $\mathrm{d}T_0/T_0 = 1.25\%$，其绝对误差 $\Delta T_0 = 3.75$ K。

由此看出应尽量减小外热流模拟误差，这是热平衡试验中一个关键参数，也是模拟比较困难的参数。

10.4.3　吸收热流模拟装置的要求

吸收热流模拟装置包括红外加热器和接触式电加热器等。

（1）红外加热器的主要技术要求

红外加热器包括红外灯、红外加热笼、加热棒、加热板等。

红外加热器的技术要求如下：

1）根据外热流模拟要求（如外形、散热面分布及涂层种类、外热流大小等）来确定红外加热器的回路数、形状、尺寸及安装方式等；

2）满足航天器相应部位吸收的最大和最小热流密度值；

3）各加热区之间相互干扰要小，必要时加挡板；

4）各区热流可独立调节，必要时还应满足热流瞬时变化要求；

5）用远红外加热器（红外笼等），当热流密度大于 80 $\mathrm{W/m^2}$ 时要求各加热区的热流平均值与设计值的偏差不超过 $\pm 5\%$；用红外灯阵，当热流密度大于 80 $\mathrm{W/m^2}$ 时要求各加热区的热流平均值与设计值的偏差不超过 $\pm 5\%$，热流不均匀度不超过 $\pm 10\%$；

6）回路电流一般不大于 5A。

（2）接触式电加热器

接触式电加热器应满足如下要求：

1）加热功率的变化范围应满足相应温度控制区的最高温度和最低温度的控制要求；

2）一般情况下，每个加热区的加热器所覆盖的面积不小于被加热区面积的 90%；

3）各加热区的功率可以独立调节；

4）各加热区的实际加热功率与设计值的偏差不超过±2%；

5）各加热回路的直流电压一般不高于 150 V，电流不大于 5 A；

6）对直流电源要求：

a）输出电压在 0～150 V 内连续可调；

b）可编程最小电压（电压分层值）一般不大于 50 mV，可编程最小电流（电流分层值）一般不大于 10 mA；

c）纹波电压小于 10 mV（有效值）；

d）有过流、过压、短路和断路保护及报警功能。

表 10 - 2 为外热流模拟装置优缺点的比较。

表 10 - 2　外热流模拟装置优缺点的比较

模拟装置类型		优点	缺点
辐射型	太阳模拟器	• 最接近太阳辐射光谱，能考验航天器表面涂层的热光学性质； • 能较好地验证航天器表面间相互遮挡的影响（平行光，发散角）； • 对航天器和热沉之间的辐射换热不产生遮挡； • 热流均匀性好； • 对复杂外形的航天器适应性好	• 设备庞大，技术复杂，运行维护费用高； • 无法模拟地球的红外辐射加热； • 需要运动模拟器，才能较好地模拟航天器在轨姿态变化所带来的热流变化； • 难于适应越来越大的大型航天器的热试验要求
	红外笼	• 可以按照航天器表面情况设置加热装置，有一定灵活性； • 控制操作容易，设备制造、运行费用低； • 可使用黑片热流计，简单、可靠	• 对航天器表面遮挡较大，低热流模拟受限制； • 各加热区相互干扰； • 非平行光辐射，无法验证卫星表面外凸组件之间的相互影响； • 热流均匀性较差； • 对复杂外形航天器适应性差； • 难于实现瞬态热流模拟

续表

模拟装置 类型		优点	缺点
辐射型	红外灯	· 可分区设置灯阵； · 对卫星表面遮挡率较小（相对红外笼、加热板）； · 热惯性较小，配合独立的冷却装置，可实现低热流模拟	· 各加热区相互有干扰； · 非平行光辐射，无法验证卫星表面外凸组件之间的相互影响； · 热流均匀性较差； · 需要专门的热流计； · 对复杂外形航天器适应性差
	辐射板	· 通过计算得到准确的热流值； · 热流均匀性较好； · 不用热流计	· 完全遮挡卫星表面，低热流模拟很困难（除非加冷却回路）； · 需要较多的辅助支撑，实现困难； · 对复杂外形航天器适应性差； · 仅用于小型部件试验
传导型	加热片	· 热流均匀性好，能准确模拟航天器表面吸收热流值； · 通过程控电源，可以方便实现瞬态热流模拟； · 各加热区相互无干扰； · 对航天器表面与热沉的辐射换热无遮挡； · 对复杂外形航天器适应性较好； · 不用热流计	· 破坏表面物理特性，不适用于发射星热试验； · 需要试验替代涂层，模拟卫星表面热性能； · 加热片成本较高，一次性使用

10.5　吸收热流模拟装置的类型与性能要求

10.5.1　吸收热流模拟装置的类型

（1）辐射加热板

辐射加热板是有温度控制板组成的红外模拟器，是在紧靠航天器表面位置，用粘贴有电加热片和布置有流体回路的板来代替红外笼、红外灯阵，通过控制加热板的温度实现预定热流模拟。由于紧靠航天器表面，加热板与航天器表面之间的净换热，可由包壳换热公式来确定，省去了热流的测量。

　　为了改善辐射加热的低热流特性，可以在加热板上设置低温流体回路，低温工况时，向回路内通以低温介质，如液氮，降低辐射加热板的自身温度，满足低热流模拟要求，其结构见图 10 - 1。

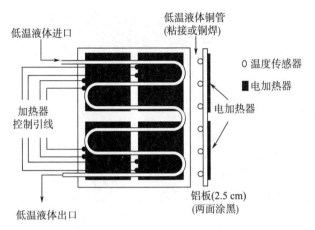

图 10 - 1　辐射加热板结构示意图

　　辐射加热板温度均匀，可以做成各种形状。美国的马丁-马丽埃塔（Martin - Marietta）公司研制过一台相对距离为 4.9 m、高为 11 m 的八角柱形，由 56 块加热板组成的百叶窗笼，其辐射热流的控制通过调整加热板的功率和百叶窗的开启角度来实现。

　　（2）红外加热笼

　　这是一种以电阻片作辐射源的红外模拟器，电阻片一般选用镍铬钢或不锈钢带制成，带宽 6～10 mm，带的内表面，即朝向星体的一面涂以黑漆，背面即背向星体的一面，抛光为光亮表面以减少热辐射损失。设计时，对红外加热笼划分成若干同航天器相对应的分区，近似地认为每个区上热流分布均匀相等，通过所加电流的不同改变电阻片的温度，进而改变航天器所吸收的热流。对有凸形表面的航天器，虽然自身各区的辐射相互间没有影响，但航天器上的一个区吸收的热流要受到加热笼上几个区的叠加影响，必须仔细调整有关设计参数。这种方法的优点是结构简单、加工容易、造价低，加热时是离开卫星表面的，可用于正样星的真空热试验；缺点是对于复杂外形、凹表面和多种涂层航天器不能满足要求。神舟飞船真空热试验采用了红外笼作为外热流模拟装置，见图 10 - 2。

图 10 - 2　神舟飞船红外加热笼照片

（3）红外灯阵

①红外灯阵的辐射源

通常采用石英碘钨灯，也有用低压氙灯组成灯阵的。根据计算的航天器外热流分布，把航天器分成若干等热流区，对应地使用红外灯阵，调整所加电压，得到所要求的热流。这种方法的优点是安装灵活，对复杂外形适应性好，响应速度快，能适应卫星瞬变热流的模拟，对卫星的阻挡系数小，采取适当的消除余热措施，可以适应航天器进入地球阴影区的热流模拟，通用性好，红外灯可以重复使用。加热时是离开卫星表面的，可用于正样星的真空热试验。

②红外灯阵的构成

红外灯阵由红外灯及其支架组成。试验时，在星体四周组成灯阵，实现对卫星表面的辐射加热。为了提高加热效率和改善热流分布，通常在红外灯的背面装有高反射率板（如镀金反射板）；在灯阵的边缘装有挡板，以降低各加热区的相互影响，同时改善热流均匀性。

图 10 - 3 为用于中国静止通信卫星通信舱南板热试验的红外灯阵。该灯阵有 24 支 500 W 功率的石英灯组成。分别装在 6 根竖杆上，每个灯装有背面涂黑的镀金反射板，灯阵四周由薄铝板围城挡板。

图 10 - 3　东方红三号南板灯阵实物照片

③红外灯阵与其他外热流模拟装置的比较

红外灯阵具有两个显著特点。第一，红外灯的辐射强度和光谱分布与所加电压有关。图 10 - 4 给出了典型的红外灯在不同的电压下的光谱辐照度分布，图中横坐标为波长，纵坐标是以各条光谱曲线的峰值 100 来确定其他波长处的相对强度。图中还给出了太阳在空间和地面的光谱辐照度分布曲线以作比较。第二，灯的辐照强度具有显著的方向性。图 10 - 5 给出了一只灯在三种高度下在 x 和 y 方向上的相对辐射强度分布。

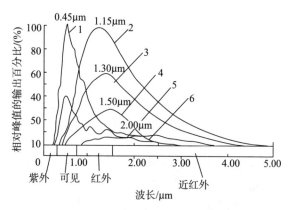

图 10-4　红外灯光谱辐照度分布

1—太阳光谱约翰逊曲线（≈6 000 K）；2—额定电压（2 500 K）；3—3/4 额定电压（2 230 K）；

4—1/2 额定电压（900 K）；5—地球表面太阳光谱；6—1/4 额定电压（450 K）

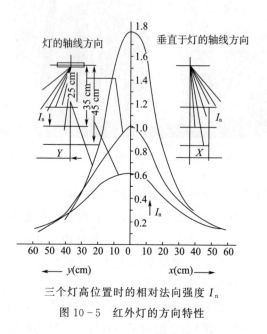

三个灯高位置时的相对法向强度 I_n

图 10-5　红外灯的方向特性

　　基于上述特点，在设计红外灯的加热装置时，有两个问题必须考虑：一是如何做到尽可能均匀，满足设计要求的热流分布；二是如何确定卫星表面实际吸收的热流。

一般来说，一个加热区有若干支灯组成，受照表面任何的热流强度都由数支灯共同提供。

（4）接触式电加热器

接触式电加热器又称贴片式电阻加热器。这种加热方法是在航天器外表面粘贴一层薄膜电阻加热片，通电后使其产生的焦耳热等于表面吸收的空间外热流。

试验前，根据热分析结果将航天器表面分成若干个等热流区或近似等热流区，按各区面积大小和吸收热流的多少设计相应的加热片。加热片一般由康铜箔和聚酰亚胺膜复合而成。加热片粘贴在卫星外表面，其上喷涂与航天表面涂层发射率相同的涂层。由于空间模拟器尺寸的有限性和热沉的温度及非黑体性能的影响，以及模拟器内存在电缆、支架、导轨、开孔等，在确定加热功率时必须考虑上述因素的影响。

表面粘贴加热片模拟技术，不需要在航天器周围设置支架和表面安装热流计，因而对航天器表面不产生任何遮挡，适用于低热流模拟试验，尤其是星蚀期（阴影期）的热流模拟；同时，电功率的测量精度高，大大提高了热流测量准确度；而且，配合程控电源能很好地实现瞬态热流模拟。这些都是这种热流模拟方法的突出优点。但这种模拟方法的应用有一定的局限性，在航天器外表面粘贴加热片后，改变了航天器表面的实际状态，因而在发射星的热试验中很少采用。

10.5.2　吸收热流模拟装置的性能要求

吸收热流模拟装置的性能要求有：

1）在环境模拟室内必须长期、稳定和可靠地运行；

2）在运行中，不应对航天器产生有害的污染；

3）吸收热流模拟装置的热流密度应满足航天器相应部位吸收的最大和最小热流值；使用红外加热笼时，热流不均匀度一般不超过

±5％；使用石英灯时，热流不均匀度不超过±10％；

4）对于分成若干区，各区发出的热流，应可独立调节，各区之间相互干扰要小；

5）吸收热流模拟装置可进行手控或计算机编程控制，热流的变化应能断续或连续控制；

6）吸收热流模拟装置对热沉表面的遮挡和停止工作后的背景热流不应大于试验所需的最小热流值。

10.6　红外加热器的设计

红外加热笼是目前国内进行航天器热平衡试验、热真空试验中使用最多的外热流模拟装置，在技术上也是相对成熟的热流模拟方法。

（1）红外加热笼的模拟原理

红外加热笼模拟的是航天器表面吸收的外热流总值，而不考虑外热流的光谱匹配问题，因此利用红外加热笼作为外热流模拟器是一种等效吸收热流模拟方法。假设真空室内有红外模拟热源，若研究的航天器某个表面的到达热流为 q_i，该表面对热流 q_i 的吸收率为 α_i，要使该表面的平衡温度与真实条件相同，根据能量方程，应满足下面的关系

$$\alpha_i q_i = \alpha_s (S\phi_1 + E_{r0}\phi_2) + \varepsilon E_{i0}\phi_3 \qquad (10-7)$$

式中　　α_s——航天器表面对太阳光的吸收比；

ε ——航天器表面的红外发射率；

S ——太阳常数；

E_{r0}——地球表面对太阳光的反射热流密度；

E_{i0}——地球表面的辐射热流密度；

ϕ_1, ϕ_2, ϕ_3——分别为太阳辐射对航天器表面的角系数、地球反照对航天器表面的角系数及地球辐射对航天器表面的角系数。

式（10 - 7）的右边为航天器表面吸收的太阳辐射、地球反照和地球辐射。

由于利用红外加热笼作为外热流模拟手段时，加热带温度一般不高于 500 K，因此红外加热笼辐射出的电磁波的大部分能量主要集中在远红外谱段。

红外加热笼技术经过几十年的发展，技术逐渐走向成熟，已经在多个航天器型号的热平衡试验、热真空试验中得到了广泛的应用。可以说，到目前为止，我国研制的航天器进行热平衡、热真空试验，绝大多数的外热流模拟手段都是选用红外加热笼，并且大部分取得了比较圆满的试验结果。

随着航天器研制水平的不断进步，对外热流模拟的精度提出了越来越高的要求，对红外加热笼技术的认识也在不断提高，但同时也暴露出一些存在的问题。

（2）红外加热笼的热流均匀性

如果红外加热笼施加的热流不够均匀，不能准确地知道航天器表面到达热流的分布，施加的热流与要求的热流不相同，会造成过试验或欠试验的现象。

红外加热笼辐射热流密度不均匀度定义为

$$E_u = \pm \frac{E_{\max} - E_{\min}}{E_{\max} + E_{\min}} \times 100\% \qquad (10 - 8)$$

式中　　$E_{\max}$——辐照面内的辐照度最大值，W/m^2；

　　　　$E_{\min}$——辐照面内的辐照度最小值，W/m^2。

热流均匀性数据的获得主要靠分析计算或进行均匀性测试。

目前对加热笼均匀性的计算，由于受到各种客观条件的限制，计算的结果还只能定性地说明星体到达热流密度的分布情况，还不能够准确地给出星体表面各个位置的到达热流。

而对于均匀性测试，由于不可能将热流计布满被加热表面的每一个位置，因此只能利用实际布置的热流计来代表整个被加热表面的到达热流情况，要求在确定均匀性测试的热流计位置时，首先对热流均匀性和热流的分布作初步的分析，选择适当的位置布置，一方面验证分析的正确性，另一方面可以将这些热流计测量值作为该表面到达热流的典型值。

通过加热笼的设计来提高加热笼的热流均匀性，需要考虑以下几方面内容：

1）均匀性的提高主要是通过设计过程实现的，而不是通过计算和测试过程实现的，而影响加热笼均匀性的因素，必须经过认真的分析，才能有针对性地根据实际情况，避免和减小一些因素的影响；

2）加热笼距离星体的距离对加热笼的均匀性具有一定的影响，加热笼的边缘效应对热流的均匀性的影响更大，都需要进一步做更加细致的工作；

3）目前国军标要求的红外加热笼热流均匀性优于 $\pm 5\%$，在实际试验时，受到多方面条件的限制，一般很难达到，除非加热笼比被加热表面大得多；

4）为了减小热流模拟的误差，在尽量减小热流的均匀性误差的同时，一般希望能够给出加热区的到达热流分布，对整个加热区域进行面积积分平均，找到积分平均热流所在的位置，作为热流计的安装位置，这样，即使热流均匀性不是特别好，也可以使外热流模拟的总能量与要求的工况的总能量接近，减小误差。

积分平均热流密度按照下式进行计算

$$q_{\text{ave}} = \frac{\int q \, \mathrm{d}A}{A} \qquad (10-9)$$

式中　q_{ave}——积分平均热流密度，W/m^2；

　　　$\mathrm{d}A$——被加热区域微元面积，m^2；

　　　A——被加热区域面积，m^2。

（3）加热笼的热流模拟与控制方法

①控温电源的程控化

随着试验技术的发展，控温电源的使用，利用吸收热流模拟法的试验逐渐变得更加简单可操作，热流的模拟与控制更加程序化，使红外加热笼的设计更加通用化、标准化。

②进行热设计、热分析、热计算

由于目前进行红外加热笼设计时，通常的作法是根据热流的要求计算出需要的加热功率，根据试验的具体情况，取出一定数值的保险系数，就确定了红外加热笼的基本设计参数。只给出加上一定保险系数之后的最大和最小设计电流，而没有从热辐射的角度进行精确的计算，因而往往存在着因保险系数过大造成的实际电流误差过大的情况。造成的结果，往往是外热流模拟的保险系数过大，高温设计电流和实际电流误差很大，虽然有利于高温工况要求的顺利满足，但容易造成在低温工况降温速度过慢或低温工况无法实现的情况，因此在进行加热笼设计时，必须进行认真的热计算、热分析，才能使设计更加精确。

③详细考虑内热源与散热面的影响

利用红外加热笼作为外热流模拟装置进行热平衡、热真空试验时，尤其是对于热平衡试验，在根据要求的空间外热流数据进行红外加热笼设计时，一般只考虑红外加热笼通电之后的加热功率，而将星体本身的内热源忽略。

这样带来两个方面的问题：一是加热笼即使不通电，由于加热带不可能降到绝对零度，因此其也一定会辐射出热量，但在设计时被忽略了；二是对于散热面这样的位置，由于其星体内热源较大，其散热对加热带的平衡温度影响很大，而对于散热面来说，关键的热流要求就是低热流的实现问题，在散热面上经常出现低热流过大，目标温度不能满足试验要求的问题。如果散热面设计在卫星与支架对接的表面，由于支架部分相对遮挡较多，实际热流就会增加更多，目前看，已经有多个卫星型号存在着散热面热流过大的问题。

随着热控技术的发展和热控设计水平的不断提高，在星体表面利用散热面进行温度控制会得到更加广泛的应用，根据目前加热笼设计时对散热面的考虑，散热面的外热流模拟是一个需要进一步探索的问题。

10.7　红外加热笼与试件的辐射换热计算

（1）红外加热笼换热数学模型

星表、加热笼、热沉的辐射换热关系如图 10 - 6 所示。

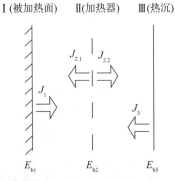

图 10 - 6　加热笼进行外热流模拟的换热过程示意图

作如下假设及参数设置：

1）星表、加热笼内外表面均为有限漫灰表面，表面发射率分别为 ε_1，ε_{21}（带条内表面，朝向被加热面），ε_{22}（带条外表面，朝向热沉）；热沉表面为大空间漫灰内表面，发射率为 0.9，在进行真空热试验时，平均温度为 90 K，其实际效果等效于 90 K 的黑体。

2）定义单位时间内离开表面单位面积的总辐射能为该表面的有效辐射，记为 J，相应的下标 1，2.1，2.2，3 分别表示被加热面、加热笼内表面、加热笼外表面和热沉。

星表、加热笼、热沉表面三者形成的辐射等效网络图见图 10 - 7。

其中，Q_2 为加热笼内热源，即电流产生的功率，一般而言

$$Q_2 = I^2 R - mc \frac{\mathrm{d}T_2}{\mathrm{d}t} \tag{10 - 10}$$

在对红外加热笼进行理论分析时均假设系统已经进入稳态，此

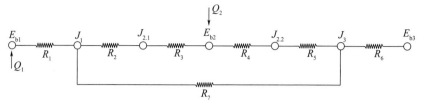

图 10-7　加热笼进行外热流模拟辐射换热等效网络图

时 $Q_2 = I^2 R$ 。

E_{b1}，E_{b2}，E_{b3} 分别代表星表面、红外加热笼、热沉表面的黑体辐射力；假设星表内侧为第二类边界条件，Q_1 为星表内热源；$R_1 \sim R_7$ 代表各换热环节的空间辐射热阻，其表达式为

$$\begin{bmatrix} R_1 \\ R_2 \\ R_3 \\ R_4 \\ R_5 \\ R_6 \\ R_7 \end{bmatrix} = \begin{bmatrix} \dfrac{1 - \varepsilon_{12}}{A_1 \varepsilon_{12}} \\ \dfrac{1}{\eta A_2 X_{21}} \\ \dfrac{1 - \varepsilon_{21}}{\eta A_2 \varepsilon_{21}} \\ \dfrac{1 - \varepsilon_{22}}{\eta A_2 \varepsilon_{22}} \\ \dfrac{1}{\eta A_2 X_{23}} \\ \dfrac{1 - \varepsilon_3}{A_3 \varepsilon_3} \\ \dfrac{1}{A_1 X_{13}} \end{bmatrix} \qquad (10-11)$$

式中　ε_{12}——星表外侧发射率；

　　　A_1——星表面积，m^2；

　　　η——红外笼覆盖系数，即加热带总面积与加热区总面积之比；

　　　A_2——红外笼加热区总面积，m^2；

X_{21}——红外加热笼对被加热面的角系数；

ε_{21}——红外笼带条内侧发射率；

ε_{22}——红外笼带条外侧发射率；

X_{23}——红外加热笼对热沉的角系数；

ε_3——热沉发射率；

A_3——热沉面积，m^2；

X_{13}——被加热面对热沉的角系数。

其中，由于热沉表面具有较高的发射率（一般大于 0.9），而且面积 A_3 远大于星表面积 A_1 和红外笼面积 A_2，因此可以认为 $R_6 \approx 0$，那么 $J_3 = E_{b3}$。

根据辐射换热的热网络法，列出如下节点电流方程组

$$\begin{cases} \dfrac{E_{b1} - J_1}{R_1} = Q_1 \\[2mm] \dfrac{E_{b1} - J_1}{R_1} + \dfrac{J_3 - J_1}{R_7} + \dfrac{J_{2.1} - J_1}{R_2} = 0 \\[2mm] \dfrac{J_1 - J_{2.1}}{R_2} + \dfrac{E_{b2} - J_{2.1}}{R_3} = 0 \\[2mm] \dfrac{J_{21} - E_{b2}}{R_3} + \dfrac{J_{2.2} - E_{b2}}{R_4} + Q_2 = 0 \\[2mm] \dfrac{E_{b2} - J_{2.2}}{R_4} + \dfrac{J_3 - J_{2.2}}{R_5} = 0 \\[2mm] \dfrac{J_{2.2} - J_3}{R_5} + \dfrac{E_{b3} - J_3}{R_6} + \dfrac{J_1 - J_3}{R_7} = 0 \end{cases} \qquad (10-12)$$

进行合并同类项整理，得到方程组

$$\begin{cases} \dfrac{1}{R_1}E_{b1} + \left(-\dfrac{1}{R_1}\right)J_1 = Q_1 \\[2mm] \left(-\dfrac{1}{R_7} - \dfrac{1}{R_2}\right)J_1 + \dfrac{1}{R_2}J_{2.1} + \dfrac{1}{R_7}J_3 = -Q_1 \\[2mm] \dfrac{1}{R_2}J_1 + \left(-\dfrac{1}{R_2} - \dfrac{1}{R_3}\right)J_{2.1} + \dfrac{1}{R_3}E_{b2} = 0 \\[2mm] \dfrac{1}{R_3}J_{2.1} + \dfrac{1}{R_4}J_{2.2} + \left(-\dfrac{1}{R_3} - \dfrac{1}{R_4}\right)E_{b2} = -Q_2 \\[2mm] \dfrac{1}{R_4}E_{b2} + \left(-\dfrac{1}{R_4} - \dfrac{1}{R_5}\right)J_{2.2} + \dfrac{1}{R_5}J_3 = 0 \\[2mm] \dfrac{1}{R_7}J_1 + \dfrac{1}{R_5}J_{2.2} + \left(-\dfrac{1}{R_5} - \dfrac{1}{R_6} - \dfrac{1}{R_7}\right)J_3 = -\dfrac{1}{R_6}E_{b3} \end{cases}$$

$$(10-13)$$

根据角系数的相对性和完整性，可得

$$A_1 X_{12} = \eta A_2 X_{21} \tag{10-14}$$

$$X_{12} = \eta \frac{A_2}{A_1} X_{21} \tag{10-15}$$

$$X_{13} = 1 - X_{12} = 1 - \eta \frac{A_2}{A_1} X_{21} \tag{10-16}$$

利用向量方程的相关知识可以求解，得到 J_1，G_1 的表达式

$$J_1 = J_3 + \frac{(R_2 + R_3 + R_4 + R_5)R_7 Q_1}{R_2 + R_3 + R_4 + R_5 + R_7} + \frac{(R_4 + R_5)R_7 Q_2}{R_2 + R_3 + R_4 + R_5 + R_7}$$

$$(10-17)$$

$$G_1 = E_{b3} + \frac{(R_2 + R_3 + R_4 + R_5)R_7 Q_1}{R_2 + R_3 + R_4 + R_5 + R_7} +$$

$$\frac{(R_4 + R_5)R_7 Q_2}{R_2 + R_3 + R_4 + R_5 + R_7} - \frac{Q_1}{A_1} \tag{10-18}$$

对 G_1 产生影响的变量有两个：星表内热源 Q_1 及红外加热笼加热量 Q_2（带条电流 I）。此即热平衡试验用红外加热笼设计通用方程，式中到达热流 G_1 为热平衡试验时红外加热笼的控制目标热流，可采用测量到达热流的绝热型热流计进行测量。

在 Q_1，Q_2 保持不变的情况下，通过调整红外加热笼的特性参数，包括覆盖系数 η、红外加热笼内表面发射率 ε_{21}、红外加热笼外表面发射率 ε_{22}、红外加热笼与被加热面间距等，来改变系统的能量传输特性，从而获得需要的外热流。

假设在平衡工况下，到达试件的总热流 G_1 和试件的有效辐射 J_1 应该相等，即

$$J_1 = G_1 \qquad (10-19)$$

由于试件的有效辐射等于试件自身辐射和反射辐射之和，则有下面的公式成立

$$J_1 = \varepsilon_{12} E_{b1} + (1 - \alpha_{12}) G_1 \qquad (10-20)$$

考虑到 $\varepsilon_{12} = \alpha_{12}$，利用式（10-19）和式（10-20）可得

$$J_1 = E_{b1} = \sigma T_1^4 \qquad (10-21)$$

通过式（10-21）可知，当 $\varepsilon_{12} = \alpha_{12}$ 时，试件的有效辐射等于试件的黑体辐射热流。

（2）加热笼与试件之间的辐射换热计算

从热辐射换热网络图中，可以得出红外笼朝向星体表面的净辐射换热量为

$$Q_{21} = \frac{E_{b2} - J_1}{R_1 + R_2} = \frac{E_{b2} - J_1}{\dfrac{1}{A_1 X_{12}} + \dfrac{1 - \varepsilon_{21}}{\eta A_2 \varepsilon_{21}}} \qquad (10-22)$$

（3）加热笼与热沉之间的辐射换热计算

加热笼与热沉之间的净辐射换热量为

$$Q_{23} = \frac{E_{b2} - J_3}{R_4 + R_5} = \frac{E_{b2} - J_3}{\dfrac{1 - \varepsilon_{22}}{\eta A_2 \varepsilon_{22}} + \dfrac{1}{\eta A_2 X_{23}}} \qquad (10-23)$$

（4）试件与热沉之间的辐射换热计算

试件与热沉之间的净辐射换热量为

$$Q_{13} = \frac{J_1 - J_3}{R_7} = \frac{J_1 - J_3}{\dfrac{1}{A_1 X_{13}}} \qquad (10-24)$$

经过计算，最后确定了红外加热笼的辐射功率和电阻，进而可以确定红外加热笼的覆盖系数。由于计算过程中将加热带的遮挡因素都考虑在内，因此计算的结果更加接近真实情况，通过一些大型部组件试验中红外加热笼设计过程的验证，依据该方法计算确定的覆盖系数是优化的结果，在高温时，电流达到了 3.4 A 以上，对减少降温时间和低温工况的实现起到了重要作用。

10.8 红外加热笼设计中的关键技术

（1）提高红外加热笼均匀性的方法

1）通过试验与计算证明，合理选择加热笼距离星体表面的距离大小，对加热笼红外热流辐射的均匀性具有很大的影响。红外加热笼与星体表面的距离通常在 50～300 mm 之间选择，一般最佳距离应选 100～120 mm。

2）考虑加热笼的边缘效应对热流均匀性的影响，利用热流密度场分布仿真，加热区之间的热流要求差别很大时，采取措施消除耦合影响，在试验中可采用不同加热区之间安装挡板的方式进行处理，对挡板提出长度和表面特性的要求等。

3）合理选择热流计的安装位置，在尽量减小热流均匀性误差的同时，希望给出加热区到达的热流分布，对整个加热区域进行面积积分平均，找到平均热流所在的位置，作为热流计的安装位置。这样，即使热流均匀性不是特别好，也可以使外热流模拟的总能量的误差减小。

4）用蒙特卡洛法进行红外加热笼热流密度均匀性的计算，一个加热区往往只安装一个黑片热流计（用来测量热流密度的传感器，其吸收率和发射率已知，根据其温度可以换算得到到达热流密度），以该热流计的测试热流作为该加热区的平均热流，如果在某个加热区表面的到达热流密度不均匀，用该热流计表征的热流就不能真实地反映加热区表面的实际到达热流，造成过试验或欠试验现象。因此在进行红外加热笼设计时，要进行红外加热笼热流密度均匀性计算。红外加热笼热流密度均匀性计算通常采用蒙特卡洛法进行，此方法把辐射能考虑为由能量束或能量粒子所组成，并应用几率概念来描述波长和方向以及这些粒子中每个粒子的吸收、反射或散射。实际上可以认为光子就是这样的粒子。但是，光子的数目通常太大，并且其能量值取决于波长，而蒙特卡洛法的优点是认为每个粒子有相等的能量。

利用蒙特卡洛方法进行热流密度仿真的理论核心是兰贝特定律（Lambert），兰贝特定律指出：黑体的定向辐射强度与方向无关，也就是说，黑体在半球空间的各个方向上的定向辐射强度相等。

如图 10-8 所示，建立一个半径为 1 的立体球，其球心就是辐射源，其球面就是接受辐射的区域。ϕ 为出射光线与 Z 轴的夹角；θ 为出射光线 OD 在 XOY 平面上投影与 X 轴的夹角；ω 为立体角，其表达式为 $\omega = \dfrac{f}{r^2}$（球面度），其中 f 为立体角对应的球面面积。定向辐射强度为

$$I_P = \frac{\mathrm{d}Q_P}{\mathrm{d}F \cos\phi \, \mathrm{d}\omega} \qquad (10-25)$$

式中　$\mathrm{d}F$——位于半球底面上的球心微元辐射面；

　　　$\mathrm{d}Q_P$——单位辐射角在空间半球面上对应的辐射能量。

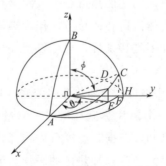

图 10-8　辐射源空间示意图

在半球空间的各个方向上的定向辐射强度相等：$I_P = I$，即定向辐射强度与方向无关，可以得到

$$Q_P(\phi) = I_P \, dF \int_0^{2\pi} d\theta \int_0^\phi \cos\phi \sin\phi \, d\phi = \pi I_P \, dF \sin^2\phi \quad (10-26)$$

当 $\phi = \dfrac{\pi}{2}$ 时，得

$$Q_P\left(\frac{\pi}{2}\right) = \pi I_P \, dF \quad (10-27)$$

定义构造函数

$$\beta(\phi) = \frac{Q_P(\phi)}{Q_P\left(\dfrac{\pi}{2}\right)} = \frac{Q_P(\phi)}{\pi I_P \, dF} \quad (10-28)$$

由式（10-28）得：$\sin^2\phi = \beta(\phi)$，$\beta(\phi)$ 取值范围为 $[0，1]$，所以 $\phi = \arcsin\sqrt{\beta}$，$\beta$ 为 0～1 之间的一个随机数。对于 θ 角的分布规律，由球体的对称性已知 $\theta = 2\pi\alpha$，其中 α 为 0～1 之间的一个随机数。

如图 10-9 所示，以卫星表面的左下角为原点建立直角坐标系。假设在红外加热笼的第 n 条加热带上发出一个粒子，粒子发射的路径与红外加热笼法线方向所成的角为 ϕ，发射路径在红外加热笼平面上的投影与 X 方向的夹角为 θ，卫星与红外加热笼之间的距离为 h。

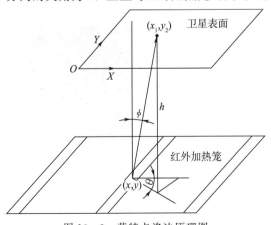

图 10-9　蒙特卡洛法原理图

通过几何关系的计算，可以得到粒子束与卫星平面的交点坐标(x_1, y_1)，根据这个交点坐标可以判断该粒子是否落在卫星表面上，当发射的粒子足够多时，就可以用落在卫星表面上各区粒子数的多少形象地表示卫星表面的热流密度均匀性，这就是蒙特卡洛法的基本思想在计算热流均匀性时的应用。

根据加热笼的设计电流计算卫星表面加热区的热流密度分布情况。

5）进行红外加热笼热流密度均匀性的计算结果分析。在热平衡试验中，上面的加热笼设计过程还只是设计的初步，还有很多问题要在热设计计算之后进行考虑，热流密度均匀性问题就是其中的一个重要问题。

根据加热笼的设计电流计算了卫星表面加热区的热流密度分布情况。以下介绍了典型的卫星表面计算结果。

卫星的某表面分为四个加热区，如图 10 - 10（a）所示，与卫星 $+X$ 面相对应，$+X$ 加热笼分为 4 个加热区，加热死区为横向，从图 10 - 10（b）中可以明显地看出卫星表面的 4 个加热区的热流密度分布情况。

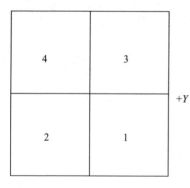

（a）卫星某表面分区

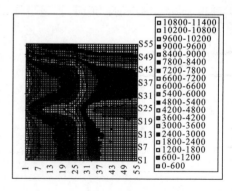

（b）卫星某表面热流密度分

图 10 - 10　卫星某表面分区及热流密度分布情况

为了便于使用计算结果，还计算了相对的热流密度分布，通过相对热流密度分布，可以很清楚地得到偏离该区热流密度平均值最小的区域所在，试验过程中，将热流计布置在这些区域，有利于更好地进行热流控制，顺利完成试验。

通过红外加热笼的热流均匀性计算，可以直观地看到卫星表面热流密度的分布情况。由于卫星表面往往分成若干个加热区，各个加热区的到达热流各不相同，相应地在进行真空热试验时，加热笼的各个对应区域所加的电流也各不相同，同时还由于加热笼存在加热盲区，卫星表面的分区之间和死区对应区域必然存在一个过渡区域，如图 10-11 所示，该图为卫星 +Y 面热流密度分布的立体图。从该图可以看出，两个分区之间存在一个热流密度介于两者之间的过渡区域；而加热盲区对应的区域则向下凹陷，热流密度相对较低。此计算结果的其中一个意义就在于直观地指出了由于卫星的分区不同、盲区的存在以及边缘效应，卫星表面热流密度分布不均匀性是客观存在的，所以要想得到较好的均匀性就必须采取一些特殊结构，比如增加补强条等。

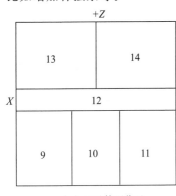

（a）卫星某面分区

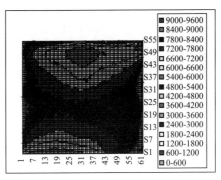

（b）卫星某面热流密度分布

图 10-11　卫星某面分区及热流密度分布情况

（2）红外加热笼热负荷的估算

在空间模拟器设计中，红外加热笼的热负荷按照如下步骤估算。

设太阳辐照度为 $W = 1.3S_0 = 1.3 \times 1\,353 = 1\,759\ \text{W/m}^2$，式中 S_0 为太阳常数。一般航天器对太阳辐照的吸收系数为 0.19，则其吸收太阳辐照热流密度为 $W_1 = 0.19 \times 1\,759 = 334.2\ \text{W/m}^2$。考虑地球的红外辐照，取航天器吸收系数 $\alpha = 0.66$，则吸收地球红外辐射热流密度为 $0.66 \times 220 = 145.2\ \text{W/m}^2$，设航天器总面积为 $A = 1\ \text{m}^2$，则航天器吸收的总热流为 $Q_A = (334.2 + 145.2) \times 1 = 479.4\ \text{W}$。

对于不锈钢带制成的加热笼，对着航天器的一面涂黑漆，$\varepsilon = 0.87$，另一面抛光，$\varepsilon = 0.11$，加热笼的电功率 $W_T = 479.4 \times (0.87 + 0.11)\ /0.87 = 540\ \text{W}$。

由于红外笼的布置，红外光源不是直射，即有散射，应考虑角系数的影响，假设角系数为 0.74，则 $W_T = 540/0.74 = 729.7\ \text{W}$，对航天器单位面积上红外笼应加的热功率 $q = 729.7\ \text{W/m}^2$。

（3）红外加热笼热设计中的主要参数计算

红外加热笼的相关参数主要包括：带条宽度、带条厚度、带条双面发射率、带条材料物性参数、带条温度、加电电流、覆盖系数等。

常规带条一般是宽度 $6\ \text{mm}$、厚度 $0.1\ \text{mm}$ 的不锈钢带条，朝星侧一般刷黑漆，发射率为 0.87，朝热沉侧为光亮侧，发射率为 0.11。

加热带温度按照斯特藩-玻尔兹曼定律计算

$$E_{b2} = \sigma T_2^4 \qquad (10-29)$$

加热带温度一般不超过 $250\ ℃$，选用 $150\ \text{V}$、$5\ \text{A}$ 直流电源供电，电流不超过 $3.8\ \text{A}$，最大不超过 $4\ \text{A}$，因为一般选用聚四氟乙烯线，温度过高会烧毁电线造成短路或断路。

加热笼的发热功率按照焦耳定律计算

$$W = I^2 R \qquad (10-30)$$

式中　I——带条电流，A；

　　　R——带条阻值，Ω。

某面加热笼的总阻值按照下式计算

$$R = \frac{\rho \cdot \dfrac{A_2 \eta}{b}}{b\delta} = \frac{\rho A_2 \eta}{b^2 \delta} \tag{10-31}$$

式中　ρ ——加热带电阻率，$\Omega \cdot m$；

　　　A_2 ——加热笼面积，m^2；

　　　η ——加热笼覆盖系数；

　　　b ——加热笼带条宽度，m；

　　　δ ——加热笼带条厚度，m。

　　一般高温工况下加热笼的加热效率控制在 $50\% \sim 70\%$，热试验一般需要兼顾高温和低温工况，因此在满足高温工况的情况下覆盖系数要尽量小，但一般不低于 0.2。

　　红外笼辐射出去的总热量按照下式计算

$$Q = A_2 \eta (\varepsilon_{21} + \varepsilon_{22}) E_{b2} \tag{10-32}$$

根据 $W = Q$ 可以计算出设计电流。

10.9　红外灯模拟器的设计

　　在航天器的四周设置专用支架组成加热灯阵进行辐射加热。为了提高加热效率和改善热流分布，在灯的背面装有高反射率的镀金反射器，在各热区的边缘装有挡板。

　　(1) 红外灯阵设计的原则

　　1) 灯阵辐射到规定区域的热流值应满足最大吸收热流值的需要；

　　2) 每个区域的热流分布不均匀度一般应限制在 $\pm 10\%$ 以内；

　　3) 灯阵对卫星的遮挡应尽量小；

　　4) 各个区域之间的热流相互影响应尽量小；

　　5) 灯阵支架的热容应尽量小；

　　6) 灯的安装位置要便于调整。

　　(2) 红外灯阵的设计计算简介

　　灯阵设计一般分两步进行：

第一步：根据所需最大热流和热流分布不均匀度的要求以及单灯的性能，从理论上进行分析计算（按照二维搜索法求出平面形灯阵中，灯与灯之间的垂直方向和水平方向距离）。为了改善每个区边缘部分热流值偏低和防止热流溢出，一般要在灯阵周围加挡板；确定灯的数量和排列方式，保证灯阵到达规定表面上的热流值及热流分布均匀度能满足试验要求。

第二步：根据计算结果设计灯阵，加工安装后，在大气条件下进行热流和热流分布均匀度的测量及计算。如果测量结果不能满足试验需要，应适当调整灯的排列位置和挡板尺寸，直至热流及其分布满足试验要求为止。

一般来说，一个加热区域都由若干支灯组成，因而受照表面上任何一点的热流强度都是若干支灯共同作用的综合结果。

对单支灯的热流分布从理论上作了分析，如图 10-12 所示，在 xyz 坐标系中，z 轴穿过灯的中心，灯的长度 L 垂直于 zy 平面并与 x 轴同向，D 为元面积 dA 到灯的微元 dA_L 处的距离，H 为灯到 xy 平面的距离。

则 dA 处的辐照度 E 为

$$E = K(v) F(\phi) \frac{H}{r} \left[\frac{x_1}{x_1^2 + r^2} - \frac{x_2}{x_2^2 + r^2} + \frac{1}{r} \left(\arctan \frac{x_1}{r} - \arctan \frac{x_2}{r} \right) \right]$$

$$(10-33)$$

其中　　　　　　　$K(v) = PW/2\pi, \ r = y^2 + H^2$

$$x_1 = L/2 - x, \ x_2 = -L/2 - x$$

式中　P——灯的辐射功率；

　　　W——灯的宽度。

在式（10-33）中，有三个经验参数 $K(v)$，$F(\phi)$，L 需要确定。灯的长度 L 应根据 x 方向强度变化来确定，反射器函数 $F(\phi)$ 由 y 方向强度变化来确定，$K(v)$ 函数由在不同电压下灯的校准试验结果得到。

图 10-13 给出了在真空低温条件下 500 W 灯，距离 400 mm 平面上，从灯在该平面上投影的几何中心出发沿灯的轴线方向和垂直

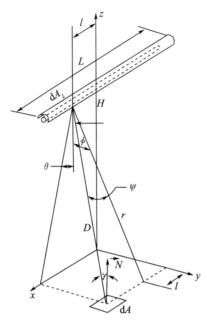

图 10-12　灯的方向特性分析

于灯的轴线方向，测得的相对热流分布曲线。根据这个曲线以及从灯投影的几何中心出发沿几个方向测得的热流分布曲线，可以得出如下的近似拟合公式。

沿灯轴方向（即 x 方向）的热流为

$$q = \mathrm{e}^{-3.899\,55}\,x^{1.3} \tag{10-34}$$

垂直于灯轴方向（即 y 方向）的热流为

$$q = \mathrm{e}^{-3.150\,81}\,x^{1.3} \tag{10-35}$$

沿任意方向（即平面上坐标为 x，y 的任意点）的热流为

$$q = \mathrm{e}^{-3.849\,55}(x^2 + 0.734\,8\,y^2)^{0.65} \tag{10-36}$$

以上三式中的 x，y 值以 m 为单位代入，这种拟合公式对于初步设计灯阵是有用的。

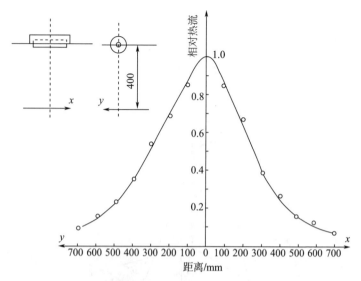

图 10 - 13　在真空低温环境中 500 W 灯，距离 400 mm 平面上的热流分布

（3）红外灯的特性设计

①钨丝石英灯的设计

红外灯是由钨丝石英灯、反射器和灯头等组成的。中国目前使用的石英灯有 500 W 和 1 000 W 钨丝石英灯，石英灯管的有效长度分别为 125 mm 和 160 mm，灯管外径为10 mm，钨丝绕制成单螺旋式样，在石英管内充一定压力溴气。这两种灯的额定工作电压都为 120 V。在额定功率下，钨丝的温度分别约为 2 300 K 和 2 600 K，这种灯已在 85 K 低温和 1×10^{-4} Pa 压力的环境中进行过长期使用。

②金属反射器的设计

一般用合金铝或不锈钢为底材，内表面镀金，因为金膜在大于 0.7 μm 的波段中反射率接近于 1，而且有稳定不变的反射率。因铝膜在 0.4～0.5 μm 波长范围内，反射率有一个明显下降、然后再上升的区域。银膜在可见光和红外波段中有很高的反射率，但它与基片的粘附性很差。

10.10　红外加热器与太阳模拟器的比较

下面对太阳模拟器和红外加热器进行比较。

（1）原理不同

①太阳模拟器

太阳模拟器是模拟太阳辐射在航天器上产生的光谱能量效应和热效应，没有进行近似的假设，模拟结果精度高、直观、可靠，可用于外形复杂和表面光学性质变化大的航天器的真空热试验。

②红外加热器

在有某些近似与假设条件下，仅考虑热效应，红外加热器模拟外热流只用于外形简单、表面光学性质变化不大的航天器的真空热试验。模拟复杂外形航天器的阴影效应、辐射换热中几何因子变化效应和表面间相互作用效应时，外热流计算复杂，有时还要用太阳模拟器试验得出某些热边界条件。

（2）研制工作的复杂性与造价的比较

①太阳模拟器

设计与制造技术复杂，成本高，装调难度大，操作与维护难度大，能耗高，光源用氙灯，寿命短，一般只有 500 h。

②红外加热器

设计与制造技术简单，成本低，装调简单，操作与维护方便，安全，运行费用低，能耗低（辐射功率与输入功率之比一般为 0.7），光源用石英灯，寿命长，一般长达 3 000～5 000 h。

（3）操作、使用、维护的比较

①太阳模拟器

真空热试验时，必须有运动模拟器配合使用，模拟不同角度的光照与不同的转速；要求有更大的模拟室，提供足够大的试验空间；运动模拟器工作时影响热管正常工作。

②红外加热器

不能模拟航天器上各点接收到的外热流；受控制精度和反应时间的限制，难以模拟航天器某些组件的热冲击和脉动效应；遮挡大，关闭后有余热效应；可在大范围内调节热流；基本不影响热管工作。

10.11　外热流模拟装置的选用原则

根据航天器的大小、形状、散热面部位及涂层性能等选用一种或几种外热流模拟装置的组合来实现外热流模拟。

10.11.1　选用外热流模拟装置的主要原则

1）与试验设备的能力相适应，对一个首发高轨道航天器的平台，应尽量选用太阳模拟器做一次热平衡试验，以取得边界条件与表面光学参数；

2）具有满足试验要求的外热流模拟精度；

3）适应航天器外形及表面涂层；

4）兼顾初样与正样两个阶段的热平衡试验；

5）易于实现。

10.11.2　使用红外热流模拟器对空间模拟器的技术要求

1）模拟室尺寸。模拟室与航天器的特征尺寸（如长度、直径等）之比为：采用太阳模拟器一般不小于3；采用红外加热器和接触式电加热器一般不小于2。

2）压力。对无充气密封舱的航天器或舱段，压力不高于1.3×10^{-3} Pa；对充气密封舱的航天器或舱段，压力不高于6.0×10^{-3} Pa。

3）热沉表面温度不高于100 K。

4）热沉内表面半球向发射率$\varepsilon_h \geqslant 0.90$，对太阳吸收率$\alpha_s \geqslant 0.95$。

5）模拟室内背景热流不大于10 W/m²（对太阳模拟器和接触式

电加热器，附加热流会引起航天器表面温度偏高）。

6）尽量减小通过支架的漏热。

7）支架水平度不大于 2 mm/m，有的要求不大于 1 mm/m，试验过程中需监测，超差时还需自动调整。

8）连续空载运行 24 h 后，有机物污染量不超过 1×10^{-7} g/cm^2（取样点温度为 -50 ℃，压力不高于 1.3×10^{-3} Pa）。

9）有满足试验要求的测量通道及供电和信号（低频、高频）传输通道，应尽量减小通过电缆的漏热。

10）模拟室内有接地电阻不大于 1 Ω 的接地桩。

10.12　外热流测量与误差要求

（1）太阳模拟器试验外热流测量与误差要求

1）试验前对试验空间内的光谱辐照度、辐照不稳定度、不均匀度及光束准直角进行测量。试验过程中进行辐照度及其不稳定度监测。

2）辐照度用绝对辐射计测量。在 $0.25 \sim 2.5$ μm 光谱范围内，具有均匀的光谱响应；测量范围为 $500 \sim 1\,700$ W/m^2，测量误差不超过 $\pm 5\%$。

（2）吸收热流模拟装置真空热试验外热流测量与误差要求

选用红外加热器（除辐射加热板）作为吸收热流模拟装置时，需要在等热流区内布置一个或多个热流计，其位置上的测量值应能代表该区的平均热流密度值。

1）远红外加热器（红外笼）外热流测量：一般使用敏感片表面涂有与被测航天器表面相同的热控涂层或高发射率（ε_h 不小于 0.9）黑漆且背面有良好隔热措施的绝热型热流计，当热流敏感面与热流计所在航天器表面温差绝对值不大于 35 ℃ 且热流密度不小于 50 W/m^2 时，稳态热流密度测量误差优于 $\pm 5\%$。

2）红外灯阵外热流测量：一般使用敏感片表面与被测航天器表面

相同热控涂层的热屏等温型热流计，当被测热流密度不小于 100 W/m² 时，稳态热流密度的测量误差优于 ±5%。

3）接触式电加热器：不使用热流计测量吸收热流密度。

回路电阻测量误差不超过 0.01Ω，回路电流或端电压测量误差不超过 ±1%。

当回路电流大于等于 1.1 A 时，功率测量误差不超过 ±2%；当回路电流大于 0.5 A，小于 1.1 A 时，功率测量误差不超过 ±3.5%；当回路电流大于 0.3 A，小于等于 0.5 A 时，功率测量误差不超过 ±5%。

接触式电加热器具有精度高、能模拟瞬态热流的优点，但不能用于正样航天器的散热面，只能用于多层隔热组件外表面或内表面，还要考虑背景热流的附加影响。

（3）外热流测量

在航天器热平衡试验中，除了表面接触式电加热器和辐射加热板模拟试验外，其他外热流模拟方法都需要测量到达受试航天器表面的热流。在航天器红外热流模拟试验中，使用最多的是辐射式热流计，辐射式热流计原理结构如图 10-14 所示，吸收热流的敏感片一般为涂有高吸收比涂层的圆形金属薄片，片中心装有热电偶，敏感片通过多层隔热材料与底板相连组成热流计。使用时，用胶粘剂或压敏胶将热流计粘贴或者使用线绳固定到试验航天器表面预定位置。辐射热流计敏感片涂层性质、辐射热流的光谱分布特性对热流测量的准确性至关重要。

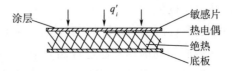

图 10-14　辐射式热流计原理结构示意图

上面分析是在假定忽略热流计漏热的情况下进行的，实际上漏热与多种因素有关，特别是敏感片温度与热流计所在航天器表面温度差，以及热流计四周其他物体的温度，为此对图 10 - 14 的热流计结构进行了改造，如图 10 - 15 所示，为双层黑片热流计（又称绝热型热流计）。在敏感片和底片之间增加了补偿片，减小了航天器表面温度和周围环境对敏感片的影响，提高了热流计的测量精度。

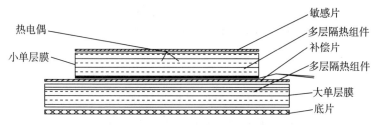

图 10 - 15　双层黑片热流计示意图

选用红外灯阵作为外热流模拟装置时，一般使用热屏等温型热流计测量星表吸收的热流密度。热屏等温型热流计结构如图 10 - 16 所示。

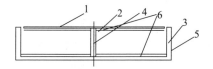

图 10 - 16　热屏等温型热流计结构示意图

1—敏感片；2—金属薄膜电阻加热器；3—杯状热屏；4—支撑杆；5—聚酰亚胺胶带；6—热电偶

当热流计在真空低温下使用时，假设敏感片温度场均匀一致，敏感片有如下的热平衡方程

$$q_a = F_1 \frac{\mathrm{d}T}{\mathrm{d}\tau} + F_2(T - T_\mathrm{h}) + F_3\sigma(T^4 - T_\mathrm{h}^4) + \varepsilon_u\sigma T^4$$

$$(10 - 37)$$

式中　T，T_h——敏感片与热屏的温度，K；

　　　F_1，F_2，F_3——通过标定数据确定的系数；

　　　τ——时间，s；

　　　ε_u——敏感片表面的发射率；

q_a ——敏感片表面的吸收热流密度，W/m^2。

敏感片的稳态热平衡方程为

$$q_a = F_2(T - T_h) + F_3\sigma(T^4 - T_h^4) + \varepsilon_s\sigma T^4 \qquad (10-38)$$

如果热屏为恒温，上式可以简化为

$$q_a = AT^4 + BT + C \qquad (10-39)$$

有时为了方便，将标定数据用二阶多项式拟合关系来表示

$$q_a = DT^2 + ET + F \qquad (10-40)$$

式（10-39）是根据模型的传热方式建立的敏感片吸收热流与温度之间的关系，式（10-40）是根据标定结果建立的敏感片吸收热流与温度之间的关系，两者相比，前者更为合适。

（4）热流计的设计

用于真空下辐射热流测定的热流计分为两类：一类是热型的，响应速度较慢；另一类是光电型的。光电型热流计具有响应快、输出信号大的特点，但它具有窄的光谱响应。而热型热流计输出信号较小，但它在较宽的波长范围内具有较均匀的光谱响应。

热流计有多种形式，其中最好的热流计之一是薄片式热型热流计，其原理结构如图10-15所示。由敏感片吸收辐射热流，敏感片的形状可以是圆形或方形，一般由铜或铝制成，厚度小于1 mm，敏感片的表面涂有高吸收率涂层，用来吸收模拟热流，敏感片的背面中心布有测量敏感片温度的热电偶，整个敏感片通过隔热后与底板相连，使敏感片近似处于绝热状态，使用时，将每个热流计用胶粘贴或者用线绳固定到预定位置。

热流计的工作原理如下：设到达热流计敏感片的热流密度为q_i，敏感片表面涂层对q_i的吸收比为α_b，当试验工况达到稳定时，热流计敏感片的热平衡方程式为

$$A\alpha_b q_i = A\varepsilon_b\sigma T^4 + Q_e \qquad (10-41)$$

式中　A ——敏感片接收辐射热流的面积；

　　　T ——敏感片的温度；

　　　ε_b ——敏感片的发射率；

Q_e——敏感片通过背面多层、测温热电偶引线等途径的漏热。

为分析方便起见，忽略 Q_e，则式（10-41）可以变为

$$\alpha_b q_i = \varepsilon_b \sigma T^4 \tag{10-42}$$

则

$$T = \left(\frac{\alpha_b}{\varepsilon_b} \frac{q_i}{\sigma}\right)^{\frac{1}{4}} \tag{10-43}$$

为了达到相同的热效应，航天器表面吸收的热流应等于敏感片表面吸收的空间外热流，即

$$\alpha_i q_i = q_e \tag{10-44}$$

式中　α_i——航天器表面涂层对模拟试验热流的吸收比（注意不是太阳吸收比）；

q_e——航天器表面吸收热流，由分析计算得到。

结合式（10-43）和式（10-44）可得

$$T = \left(\frac{\alpha_b}{\varepsilon_b} \frac{q_e}{\alpha_i \sigma}\right)^{\frac{1}{4}} \tag{10-45}$$

如果热流计的敏感片表面涂以高吸收率的黑漆，则可以认为 $\alpha_b = \varepsilon_b$，那么

$$T = \left(\frac{q_e}{\alpha_i \sigma}\right)^{\frac{1}{4}} \tag{10-46}$$

用红外灯作加热元件时，如果卫星表面的涂层的吸收率具有选择性，当灯的功率变化，从而灯的辐射光谱也随之变化时，涂层对灯的辐射的吸收率 α_i 也将变化，这时 T 难以确定，直接影响到热流的测量与调节，解决这一问题的办法是在热流计敏感表面涂以和航天器表面相同的涂层，这样在式（10-45）中就有 $\alpha_b = \alpha_i$，因此得方程

$$T = \left(\frac{q_e}{\varepsilon_b \sigma}\right)^{\frac{1}{4}} \tag{10-47}$$

从而消除了灯的光谱变化给确定试验热流带来的影响，简化了热流测量的分析工作。

10.13　中国航天器真空热试验红外模拟器的设计和应用

10.13.1　中国返回式卫星热平衡试验红外加热笼的设计

　　红外加热笼设计的好坏，决定了整个热真空试验的准确度。根据使用要求，红外笼应能同时模拟低温（$\tau_s/\tau_o = 0.59$，τ_o为阴影时间，τ_s为日照时间）和高温（$\tau_s/\tau_o = 0.75$）工况下达到星体表面的热流分布，而且必须有足够的余量。整个红外笼共分 11 段 65 个加热区（加热回路），同时要考虑星上仪器设备的布置要求，留有开孔的位置。

　　在一个小车上同时支撑星体与红外笼。红外笼与星体形状相似，距星体表面为120 mm，加热带在高温区的覆盖面为 45%，在低温区为 28%，一般在 35%～45%之间。红外笼的安装如图 10-17 所示。

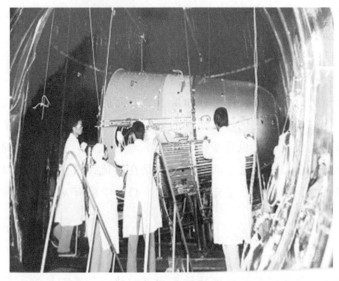

图 10-17　中国返回式卫星真空热试验用的红外加热笼在安装中的照片

为保证热流的均匀性，在前端锥面处的加热区采用了倒梯形的不等宽加热带，如图10 - 18 所示。由于加热带宽度与单位长度的电阻成反比，对于恒流加热方式，加热带越宽，单位长度发出的能量越小。因此为了满足均匀性要求，随着半径的减小，加热带宽度要增加，形成"倒梯形"分布，使半径较小处的覆盖系数更大。

对于锥角较大的被加热面，上下底面半径差别较大，为满足热流要求，往往在半径较小处，加热带已经重叠，这在试验中是不可行的。另外，梯形加热带的生产难度很大，废品率极高，并且要随着锥度的不同制作不同宽度的加热带，生产效率很低，最近几年的红外加热笼设计中已经不再采用梯形加热带。

图 10 - 18 所示为沿母线方向安装梯形加热带的圆台形加热笼示意图。

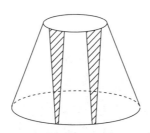

图 10 - 18　沿母线方向安装梯形加热带的圆台形加热笼示意图

为解决圆台形被加热面的热流密度均匀性问题，最近几年开始采用沿着周向布置矩形加热带的加热笼设计方法，这种设计方法在各型号中得到了广泛应用。

为了增加骨架的刚度，保证安装过程中多次吊装的需要，将骨架置于外层，加热带布置在内层，用聚四氟乙烯板作绝缘。为了防止冷热交变时蠕动，不用螺钉连接，加热片之间的连接用点焊机焊接。为了有充分的加热余量，实际加热功率在设计值的基础上增加了 50％。

对加工变截面的不锈钢加热带，几何尺寸要求很严。由于材料很薄，用手工或机械裁剪报废率很高，而且达不到要求，因此将不锈钢带先焊在较厚的钢板上，然后一起用剪床裁剪，提高了加工精度，满足了设计要求。

红外加热笼的内表面均喷涂红外发射率 $\varepsilon_h > 0.9$ 的黑漆，所有电绝缘均达到 500 MΩ 以上。为了保证安装方便，红外加热笼分为四个可以拆装与调节的部件。

10. 13. 2　中国东方红三号通信卫星通信舱南板红外灯阵的设计

如图 10 - 19 所示，该设计为由 36 支带有镀金反射器的 500 W 钨丝石英灯组成的灯阵，灯阵四周加有 350 mm 高的铝挡板，并配有灯阵移动机构，灯按三排六列进行配置，水平方向两支灯之间的距离为 400 mm，第一列和第六列灯分别距左、右挡板 100 mm，垂直方向两支灯之间的距离为 475.5 mm，第一行和第三行的灯分别距上、下挡板 160 mm。

图 10 - 19　中国通信卫星通信舱南板试验用红外灯阵安装照片

中国发射的 100 多颗卫星均采用红外笼、贴片等红外模拟器作真空热试验，组件用石英灯模拟器作试验取得了良好的效果。

10.13.3　中国神舟号飞船真空热试验

神舟号飞船是由中国自行研制的载人航天器，迄今为止已成功地发射了 10 多艘飞船，并将返回舱——顺利回收。其中神舟 1～4 号为无人试验飞船，神舟 5 号为载一名航天员、在轨飞行一天后成功返回的载人飞船。以神舟 5 号首次载人飞船为代表的 10 艘飞船之所以如此成功，地面上的真空热试验起了非常重要的保证作用。

飞船选择了红外加热笼作为外热流模拟装置。太阳电池板，选用了粘贴在太阳电池板表面的薄膜加热器。

（1）真空热试验概述

神舟号飞船真空热试验都在 KM6 主模拟室中完成，它包括热平衡试验与热真空试验。图 10 - 20 为神舟飞船真空热试验前将飞船吊入主模拟室的情况。每次试验中，真空度优于 1.3×10^{-3} Pa，热沉温度低于 100 K。

图 10 - 20　神舟飞船吊入主模拟室

（2）热平衡试验

已经发射的神舟号 10 艘飞船，系统级热平衡试验做了 12 次，如果再加上留轨舱段热平衡试验，一共做了 13 次热平衡试验。其中前 3 次为单独进行的留轨舱段和热控船热平衡试验，后 10 次为与热真空试验一起完成的正样船热平衡试验。

①留轨舱段热平衡试验

飞船在完成规定的自主飞行任务后，留轨舱段（包括轨道舱和附加段）将与返回舱分离，单独留在轨道上完成预定的飞行任务。舱内压力从近一个大气压变成真空状态，此时的轨道舱已没有空气受迫对流换热的功能。因此，这次热平衡试验的目的就是通过低温和高温两个工况的热平衡试验来检验留轨舱段在轨工作期间热控方案的正确性，确定不同工况下舱壁、仪器设备和部件的温度数据，测定太阳电池板（轨道舱两侧各安装一块，处于伸展状态）温度的瞬时变化数据。这些试验结果将作为热设计和热数学模型修改的依据。通过这次试验，还确定了各控温仪回路的加热功率。神舟 1 号飞船留轨舱段热平衡试验红外加热笼安装照片见图 10 - 21。

图 10 - 21　神舟 1 号飞船留轨舱段热平衡试验红外加热笼安装照片

②热控船热平衡试验

为了保证在轨自主飞行时能有一个适合航天员生活和工作的良好环境，同时在完成规定的飞行任务后，能保证航天员顺利安全地返回地面，飞船须具有复杂的主动与被动热控系统，其中舱内受迫对流换热的主动热控系统是首次在航天器热控系统上使用，所以必须经过热控船热平衡试验这个阶段，热控船共进行了 2 次热平衡试验。

1）初样热控船热平衡试验。根据飞船在轨道上自主飞行时，密封舱内空气基本接近 1 个大气压且为受迫对流换热系统、不载航天员和载几名航天员以及自主飞行结束后轨道舱和附加段还要继续留轨工作等方面的考虑，在按照飞船在轨飞行过程中受晒因子的不同选择低温试验工况和高温试验工况的同时，考虑了无航天员、有几名航天员（最多 3 名）、密封舱内为全真空和低真空 [为了减小地面试验时自然对流换热的影响，密封舱内压力控制在 $(0.53 \sim 0.279) \times 10^5$ Pa]、热控系统局部故障等情况下的试验工况，此外，还考虑了密封舱内为 1 个大气压时在低温工况下的漏率检测和加湿后通过摄像系统观察玻璃窗口有无结霜等试验工况。

通过热控船热平衡试验获得了有效的温度数据，证明了热控设计基本上满足了总体任务的要求。

2）正样热控船热平衡试验。初样热控船热平衡试验的结果证明了热控设计基本正确，为初样船转正样船提供了热设计的依据，但在飞船自主飞行状态的热平衡试验中发现了密封舱内的空气温度偏低、内回路故障工况下陀螺和应答机的温度偏高和没有进行密封舱内空气湿度控制试验等问题。

虽然正样船热控设计时采取了相关措施，如：为了提高返回舱内的空气温度而增大了返回舱涂层的吸收-发射比；为了防止在内回路故障工况下陀螺和应答机温度高，在返回舱大底上安装了两台小风机，用来散热；为了解决飞船自主飞行时轨道舱内空气温度偏低、而在留轨飞行时舱内部分仪器设备温度又偏高的问题，在轨道舱外部加大散热面并在散热面上安装了电动百叶窗，在自主飞行期间，当无航天员时，百叶窗全关，当有1~3名航天员时，视轨道舱内实际的空气温度来调整百叶窗的开度，当做留轨热平衡试验时，百叶窗全开。为了验证修改热设计后的效果，又进行了一次正样热控船热平衡试验。

在首先完成了返回舱和轨道舱内流场分布测量和轨道舱空气辅助加热器参数确定的基本试验后进行了正样热控船的热平衡试验，完成了返回舱热控风机对仪器设备降温效果的验证、轨道舱电动百叶窗性能和效果验证、轨道舱与返回舱空气温度控制能力验证等工况的试验。

3) 正样船热平衡试验。已发射的10艘飞船，每一艘正样船都做了热平衡试验，而且都是与热真空试验一起完成的。通过正样船热平衡试验，分别在高温和低温工况下考核了飞船自主飞行和留轨舱段留轨飞行的功能和各分系统的性能，以及热控分系统维持仪器设备在规定工作温度范围内的能力，验证了根据前一艘飞船飞行过程中遥测温度所作的热设计修改的正确性，由热平衡试验得到的各组件的最高温度和最低温度确定了热真空试验的最高热浸温度和最低热浸温度。正样船热平衡试验红外加热笼安装照片见图10-22。

(3) 外热流模拟

① 两种外热流模拟装置

为模拟船体外热流，若选用红外灯，由于船体尺寸太大，目前还有一定困难；若选用薄膜加热器，正样船不允许粘贴，故选择了红外加热笼。

为模拟太阳电池板吸收的瞬态外热流，考虑到参加试验的一直是热控船太阳电池板，所以选用了粘贴在太阳电池板表面的薄膜加热器。

② 外热流控制

薄膜加热器的功率很容易控制，只要按照给定电流曲线用开环输出不同的电流值即可。用红外加热笼模拟船体外热流采用闭环控

图 10 - 22　正样船热平衡试验红外加热笼安装照片

制方式，其控制算法采用比较成熟的 PID 算法。从总体上讲，使用红外加热笼模拟船体外热流的效果是比较好的，以神舟 4 号正样船热平衡试验为例，在 245 个外热流模拟回路中，当飞船运行在一个工况的日照区时，有 80％ 以上回路热流计的温度误差都控制在 ±0.5 ℃ 范围内。但也有部分回路热流计的温度比目标温度偏高，还有少数回路热流计的温度偏低于目标温度。对于这些回路，通过适当调整周围区域热流计的目标温度使模拟的总功率与要求值接近。

地面模拟的真空热试验数据,能真实代表在轨飞行数据,对每一艘飞船的成功飞行起了重要质量保证作用。神舟号飞行数据表明,在轨飞行期间,返回舱内空气温度控制在20 ℃左右,保证了航天员舒适的热环境,充分说明以地面热平衡试验数据为基础确定的热控技术状态是完全正确的。

KM6 具有 300 台直流程控电源,可以恒流或恒压输出,通过闭环或开环控制方法对红外加热笼和接触式电加热器的功率进行控制,使航天器表面的吸收热流密度为设计值。采用接触式电加热器对太阳电池板交替进行日照区和阴影区的空间外热流模拟,其他部分都采用红外加热笼进行轨道周期平均空间外热流模拟。需要时,对推进舱辐射器交替进行日照区和阴影区的空间外热流模拟或使其温度保持在某个范围,并用绝热型热流计测量到达表面的热流密度,红外加热笼分成 243 个加热区。为了拆卸方便,红外加热笼分成推进舱、返回舱、轨道舱和附加段 4 部分,每部分有的分成两半,有的分成几片,最后组装成完整的红外加热笼加热装置。

红外热流模拟控制系统由计算机和程控电源组成。三台计算机共同完成程控电源的控制任务,其中一台运行外热流闭环或开环控制算法程序,计算出每台电源的输出电流值,另外两台计算机负责驱动程控电源,控制每台电源输出它应输出的电流值。三台计算机和数据采集系统联网运行。程控电源是 HP 公司生产的 HP6655 型,输出规格为 120 V,4 A,数量为 243 台,分装在 20 个立式机柜中。所有电源通过 HP - IB 接口与计算机相连。

在试验中采用 PID 控制算法,由于控制回路多达 243 路,各相邻回路又存在强度不同的耦合现象,如果 P,I,D 参数选取不当,会造成一些回路控制过程发散,形成强烈的振荡。

为了找到合适的 P,I,D 参数,对系统采用不同的阶跃信号激励,通过分析阶跃信号激励下的温度响应曲线,得出系统的稳态增益、时间常数等反映系统控制特性的重要参数,根据这些参数重新计算了系统的 P,I,D 参数,针对红外笼控制滞后时间长的特点,在控制算法中还采用了温度增量识别和温度增量控制技术。为了快速实现日照区和阴影区的热流转换，在控制算法中还加入了背景热流自适应功能。用该算法控制红外笼热流，得到了满意的效果，实现了对用户给定的热流空间分布和时间历程的控制。控制温度与目标温差小于 1 K，热流密度模拟精度误差优于±2%。控制算法用 VEE 编程实现。

红外热流模拟系统可以精确地模拟航天器在轨所接受的内、外热流。不仅能模拟稳态热流，还能模拟瞬态热流。

10.13.4　中国探月卫星真空热试验

（1）嫦娥二号卫星真空热试验

嫦娥二号卫星综合使用了红外灯阵、红外笼和接触式电加热器作为外热流模拟装置。试验状态如图 10-23 所示。

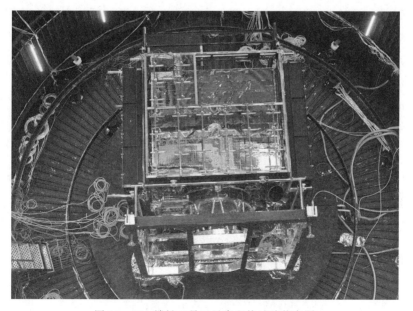

图 10-23　嫦娥二号卫星真空热试验状态图

①3 种外热流模拟装置

卫星 $\pm Z$ 面、$\pm Y$ 面、$+X$ 面采用红外灯阵模拟，$-X$ 面采用红外加热笼模拟，其中 $\pm Z$ 面、$\pm Y$ 面红外灯阵可以覆盖整个星体表面，$+X$ 面红外灯阵仅覆盖 OSR 散热面，$+Z$ 面的红外灯阵应分区设计；各表面的最大吸收热流分别不小于 1 000 W/m² 和 500 W/m²，红外灯阵四周及上下舱之间为刚性反射屏，红外灯阵四周的反射屏内表面抛光，外表面喷黑漆，以降低其温度及增大区域内热流均匀性，其余反射屏表面抛光；热真空试验热流可拉偏 130%。热流均匀性优于 ±10%，为了保证试验中使用的灯阵的均匀性，在单灯的选择上进行了冷态阻值筛选和热态阻值筛选，最大限度地保证灯管的一致性。在灯阵的均匀性测试中，使用专用移动机构测试设备，定位精度优于 1 mm，有效地保证了测试的准确性，对均匀性测试用的传感器的测量电路进行了误差分析计算，同时对传感器进行有效的温度控制，降低了测量误差。经过反复测试及对单灯位置的调整，使灯阵的均匀性满足了试验的要求。

$-X$ 面散热面上的外热流采用红外加热笼模拟。$-X$ 面红外加热笼的加热能力设计以 OSR 散热面处的加热热流为基准。$-X$ 面上的散热面的最大吸收热流为 500 W/m²，最小理论热流为 0 W/m²。红外热流阵的加热能力是热平衡试验时加热能力的 130%；红外热流的不均匀度优于 ±10%。

共使用了 83 路接触式电加热器，分别布置在各面的多层外表面上。

②外热流模拟控制

试验热流控制程序具有单一电流控制、周期电流控制、单一温度控制、阶梯温度控制、开关控制、温度跟踪控制、乒乓阈值控制等多种控制模式，以适应对卫星热流准确、安全控制的需要，确保了各回路控制功率和精度满足环月轨道对热流模拟的要求。

（2）嫦娥三号卫星正样真空热试验

嫦娥三号卫星正样真空热试验选用红外笼和接触式电加热器作

为外热流模拟装置。试验状态如图 10 - 24 所示。

· 图 10 - 24　嫦娥三号卫星着陆器正样真空热试验状态图

①外热流模拟装置

着陆器共使用了 3 片红外笼和 154 路接触式电加热回路作为外热流模拟装置。

由于着陆器外表非常不规则，因此多层外表面的外热流模拟手段是接触式电加热器，为了减少接触式电加热器对着陆器正样的污染，在正样试验之前进行了电加热器的除污试验。

为了满足月夜月昼转换和降低月夜时的背景热流，3 片红外笼具备真空低温环境下的可移动功能，有效满足了瞬态工况转换和低背景热流的要求。

②外热流模拟控制

嫦娥三号的显著特点是瞬态工况多、外热流控制模式多，尤其是动力下降段、月夜月昼转换段等复杂工况，为了实现瞬态工况的真实外热流模拟，编制了特殊的有针对性的控制程序。

　　瞬态热流模拟功能主要由瞬态热流模拟软件实现，瞬态热流模拟软件提供瞬态热流模拟参数预设置功能，包括瞬态热流模拟起始时刻设置、功率阶梯数及功率值设置、程控电源组 IP 地址、驱动时间步长等，完成软件参数设置后，热流模拟软件将在定义的起始时刻开始驱动程控电源组，输出第 1 阶梯的功率值并采集程控电源的输出状态；当下一阶梯的时刻到来时，自动驱动程控电源组输出相应的功率值。

　　瞬态热流模拟软件采用多线程并行方式驱动程控电源组，对 100 台程控电源的执行输出的驱动时间小于 100 ms；控制计算机之间采用 NTP 协议进行时间同步，时间同步精度小于 50 ms，采用多控制计算机协同工作的方式进行瞬态外热流模拟，系统的瞬态模拟时间精度小于 150 ms，满足瞬态热流模拟的要求。

第 11 章　运动模拟器与试验平台设计技术

11.1　概述

运动模拟器又称姿态模拟器，通过综合应用机械、电气、控制、热控等技术模拟航天器在空间轨道运行时的各种姿态，实现航天器在真空热试验时以不同姿态和角度接受太阳模拟器光束辐照的一种专用设备，具有模拟航天器姿态角和自转的功能。

航天器安装在空间环境模拟器内的运动模拟器上，在不同工况下，一次试验连续完成，不重复拆装，可以减少液氮的消耗，缩短试验周期、减少试验误差，因此用太阳模拟器做热真空试验的设备，一般都配有运动模拟器。通过运动模拟器调节航天器在空间环境模拟器内的姿态，使航天器以不同的姿态接收太阳模拟器光束的辐照，保证航天器与阳光间的角度关系与在轨飞行条件相同或相近，或者与总体设计时的外热流环境相同。

由于航天器尺寸大、载荷重，考虑到强度与刚度，运动模拟器结构都很庞大，此外，还要考虑真空、低温下的转动性能、红外辐射背景的消除，以及如何实现航天器上的测控信号传输，因此构型复杂。运动模拟器的设计是空间环境模拟技术中一门很重要的技术。

11.2　国内外运动模拟器结构形式

根据空间环境设备大小、试件质量、尺寸、试验规范要求，运动模拟器设计成不同结构形式，通常有下列几种。

11.2.1　常平架式结构

中国 KM2 空间环境模拟设备上采用常平架式运动模拟器，KM2 容器为卧式，运动模拟器为单轴式，轴下端悬吊被试验卫星，可以实现一维的正反方向转动。转轴固定在 KM2 容器的中间顶部，最大吊载能力为 100 kg。模拟太阳辐照的部件从后端封头中心进入容器，辐照面积直径 1 m。单轴的转动是通过电机、减速箱传动来实现的。转动真空密封采用威尔逊密封形式。该结构曾供我国早期卫星使用。

美国早期卫星"电星"的热真空试验采用三根单轴插入卧式容器的后封头，彼此互不联系，分别同轴线成 30°、60°、90° 进行旋转。这样，每变换一个角度均需将真空容器复压，将卫星重新装夹，变换在另一根单轴上。这样既费时间，又损耗液氮，带来很大的经济损失，后来都不采用了。

欧洲空间研究与技术中心（ESTEC）于 1986 年建成了直径 10 m 的大型空间环境模拟器 LSS（Large Space Simulator），并于 1987 年在该容器内建成了常平架式（Gimbal Stand）运动模拟器，如图 11-1 所示。这种结构的优点是简单、遮挡小；缺点是姿态角转动范围有限。

该运动模拟器可实现试件的二维运动，最大负载为 5 000 kg（1987 年建造时为 2 400 kg，后在 1993 年升级改造为 5 000 kg）。自转运动：0～360° 连续，快速 1～6 r/min，慢速 1～24 r/d，可调，准确度 ±3%，最大加速度 1 rad/s²，位置准确度 ±0.4°，分辨率 ±0.1°。姿态倾斜运动：倾斜角度 −29°～+30°（1987 年建造时为 −1°～+30°，后在 1993 年升级改造为 −29°～+30°），速度 3～5 (°)/min，速度稳定性 ±0.2 (°)/min，停车定位精度 ±0.1°，最大角加速度 ±1.0 rad/s²。

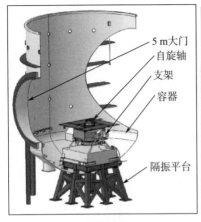

5 m大门

自旋轴

支架

容器

隔振平台

(a) 示意图

(b) 实物图

图 11-1　ESTEC 常平架式运动模拟器

11.2.2　弓形结构

此种结构的优点是受力好，强度、刚度好；缺点是 L 支架遮挡阴影面较大，必须用液氮热沉屏蔽，消除红外辐射的误差。这种结构方案是目前国际上选用最多的方案，但是各国都有自己的结构设计特点。主要有以下几种形式。

（1）上、下固定的弓形结构

中国 KM3 空间环境模拟设备中的运动模拟器曾采用这种形式，如图 11-2 所示，弓架固定在容器的上、下两端壁上，自转是通过电机、减速箱，带动八字轮，通过万向联轴节，带动另一对八字轮，再带动主旋转轴转动试验件。转速分别是 2 r/min、4 r/min、6 r/min、8 r/min，可调，设计的最大载重能力 150 kg，公转通过手柄经万向联轴节，转动蜗轮、蜗杆带动主轴，使全弓架转动，这样可转动航天器以使不同侧面均能接受太阳辐照。航天器的 100 对测试引线，通过滑环，引出真空密封转轴。引线轴也是用电机，通过减速箱，带动两对八字轮转动。环境模拟室内的传动机构均采用无油润滑。

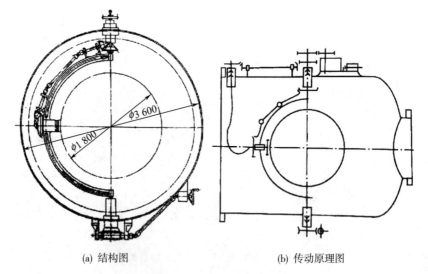

(a) 结构图　　　　　　　　　　(b) 传动原理图

图11-2　KM3运动模拟器

（2）左、右固定的吊栏式弓形结构

中国 KM4 空间环境模拟设备的整星运动模拟器采用这种形式，传动原理图如图11-3所示。航天器安装在可转动的转台上，转台固定在弓形吊栏上，通过可调直流电机、减速箱、万向联轴节、蜗轮、蜗杆，带动转台自转。转速 0.25～8 r/min 可调，可以根据试验件的试验规范要求，改变直流电机的转速，实现模拟航天器公转的弓形吊栏的转动。通过电机，带动卷扬机、滑轮，起吊弓形吊栏。弓形吊栏两端固定在容器左右两端壁上，可做 90°翻转，转速 4 (°)/min，转台最大载荷 2 t，运动模拟器重 1 t。

（3）左、右固定的弓形结构

欧洲空间研究与技术中心（ESTEC）的 HBF-3 空间环境模拟设备，早期采用的是左、右固定的弓形运动模拟器，如图 11-4 所示。

航天器的不同部分可以面向太阳辐照，在不同姿态下，一次完成试验。运动模拟机构做姿态运动时最大载荷可达 500 kg，可试验直

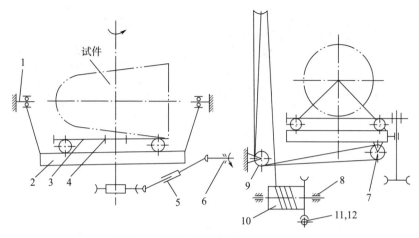

图 11-3　KM4 运动模拟器传动原理图

1—支柱；2—托架；3—转台；4—齿轮轴；5—方向轴；6—密封轴；7—动滑轮；

8—支架；9—定滑轮；10—卷筒；11—蜗杆；12—传动轴

径 2 m 的航天器。静止时最大载荷 1 000 kg，惯性矩在旋转轴上最大值为 200 kg·m²，最小值为 4 kg·m²；在姿态轴上最大值为 200 kg·m²，最小值为 4 kg·m²。

试件最大转动速度为 6 r/min，最小速度为 2 r/min，速度准确度为所选速度的 ±15%，加速度被限制到 30 (°)/s²。试件的位置控制，可运转 360° 自动控制，位置变化率为 15 (°)/s，准确度为 ±0.3°。试件姿态运动的旋转角度 0°～360°，位置准确度 ±0.3°，位置变化速度 2～50 (°)/min，可调，最大加速度 6 (°)/s²。在运动模拟器转轴上通过滑环，输出电参数和各种信号共 172 个通道，滑环镀银，电刷用铜合金制造，可运转 50 万转，可以测定噪声大小。转轴的传动形式如图 11-4（b）所示。采用专门设计的完全真空密封电机进行转动。

该运动模拟器曾进行欧洲 GEOS-1 卫星的热平衡试验，进行了 9 个状态的试验。太阳模拟器分为 3 个方位辐照，57°、110°、90°，其准确度为 ±30°。卫星转速为 5 r/min，允许误差为 ±5%。

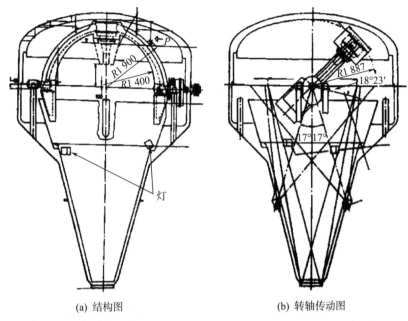

(a) 结构图　　　　　　　　　　　(b) 转轴传动图

图 11 - 4　HBF - 3 运动模拟器

　　欧洲空间研究与技术中心（ESTEC）的 HBS - 2 空间环境模拟设备也采用了同样结构的运动模拟器，可提供直径 1 m、重 1 000 kg 的航天器进行试验。

　　德国工业设备企业公司（IABG），直径 3 m 的空间环境模拟设备也采用这种结构，试件转动速度 2~10 r/min，可调；姿态运动旋转角度±180°，试件质量 1 000 kg，可安装 2 m×2.2 m 的航天器。

　　（4）左、右固定的小车式弓形结构

　　日本宇宙航空研究开发机构（JAXA）筑波宇宙中心，直径 8.5 m 的空间环境模拟设备，其运动模拟器是安装在小车上，如图 11 - 5 所示。航天器在模拟室外小车上先完成安装接线工作，然后随小车推进模拟室。运动模拟器上航天器自转速度 0~90 r/min，可无级调速。姿态转动范围是 0°~120°，可调，采用真空电机带动。为了减小弓形架红外辐射的影响，用液氮板进行屏蔽。这种结构的优点是航天器安装方便，操作简单可靠；缺点是结构庞大，遮挡的阴影大，热容量大。

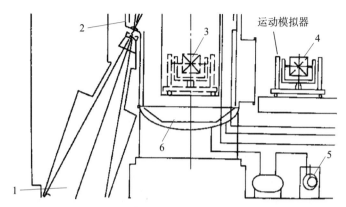

图 11 - 5　日本直径 8.5 m 的空间环境模拟设备中的运动模拟器

1—太阳模拟器；2—进光窗口；3—模拟室内运动模拟器；4—模拟室外运动模拟器；

5—真空抽气系统；6—模拟室真空容器

（5）前、后固定的小车式弓形结构

前、后固定的小车式弓形结构，一般用于侧面进光的卧式空间环境模拟设备。日本直径 13 m 的空间环境模拟设备采用此种结构，如图 11 - 6 所示。弓形架的两个支点支承在小车上，承载能力 5 000 kg，自转速度 0～10 r/min，可调，姿态旋转角度 ±90°。

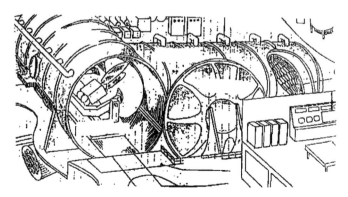

图 11 - 6　日本直径 13 m 的空间环境模拟设备中的运动模拟器

（6）以大门为支承点，悬臂弓形结构

早期美国与法国的空间环境模拟设备曾采用这种结构，如图 11-7 所示。美国的田纳西州工程（Tenny Engineering）公司于 1961 年设计并建造了一套空间环境模拟器，其真空室为卧式，直径 3 m，长度约 4m。该设备配置有两轴运动模拟器，如图 11-7 所示。运动模拟器直接安装在容器大门上，试件最大质量为 454 kg（1 000 磅），最大封闭空间是一个直径 2 m 的圆球。滑环安装于常平架上，用于电力传输和数据输出。

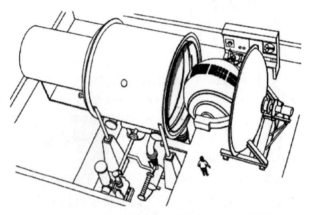

图 11-7　美国田纳西州工程公司的运动模拟器

11.2.3　半弓形式结构

欧洲空间研究与技术中心（ESTEC）直径 10 m 的大型空间环境模拟器 LSS 中除建设有常平架式运动模拟器外，还建造了另一台半弓形式（Yoke）运动模拟器，如图 11-8 所示。这种结构遮挡阴影小，得到了广泛的应用。运动模拟器在 LSS 容器内的安装布局如图 11-9 所示。

该运动模拟器可实现试件的二维运动，最大负载为 5 000 kg。自转运动：快速 1～6 r/min，慢速 1～24 r/d，可调，准确度 ±3%，最大加速度 1 rad/s²，位置准确度 ±0.4°，分辨率 ±0.1°。姿态旋转

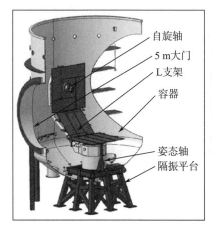

(a) 示意图   (b) 实物图

图 11-8 ESTEC 半弓形式运动模拟器

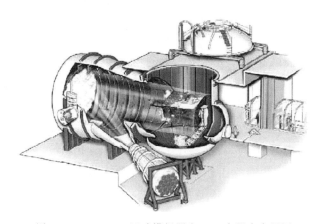

图 11-9 ESTEC 运动模拟器在 LSS 容器内布局图

运动：旋转角±180°（1987 年建造时为±90°，后在 1993 年升级改造为±180°），位置速度 60（°）/min，最大角加速度 0.1 rad/s²，位置准确度±0.4°，分辨率±0.1°，可以随时记录处理两轴的相对角度位置与角速度。

为配合常平架式和半弓形式运动模拟器使用，欧洲空间研究与技术中心研制了一套水平调节机构，如图 11-10 所示，兼容两种构型的运动模拟器，安装在试件和自旋轴部件之间。角度调节范围 ±5°，调节精度 0.01°，分辨率 0.005°；该机构自重 2 t，高 0.92 m，可承受的安全工作负载是 3 000 kg。

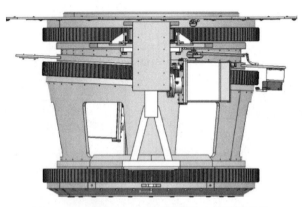

图 11-10　ESTEC 运动模拟器的水平调节机构

为了增强试件相对于太阳光束的运动范围，欧洲空间研究与技术中心决定研制一台新型的三维运动模拟器。2009 年 ESTEC 开始了运动模拟器方案征集，并于 2011 年由瑞士的 APCO Technologies 开始了运动模拟器的详细设计工作。新型三维运动模拟器结构如图 11-11所示，运动模拟器安装在 LSS 容器底座上，最大测试质量为 5 000 kg；三维运动范围分别是偏航范围 ±135°，俯仰范围 -90°～ +180°，自旋范围 0°～360°连续。

德国工业设备企业公司（IABG）直径 6.8 m 的空间环境模拟设备，采用了同样结构的半弓形式运动模拟器，如图 11-12 所示。自转速度 0.25（°）/min～10r/min 可调，准确度 ±3%，稳定度 ±1%；姿态旋转角度 ±200°转动，准确度 ±0.5°；运转速度从 0.25（°）/min～ 1（°）/s可调，准确度 ±3%，稳定度 ±1%，最大可承载试件质量 1 000 kg，可安装 2 m×2.2 m 的航天器。

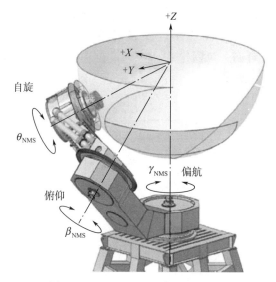

图 11 - 11　ESTEC 三维运动模拟器

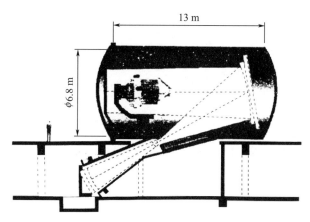

图 11 - 12　德国 IABG 直径 6.8 m 设备中的运动模拟器

11.2.4　两端支承的双十字形结构

为某型号卫星天线做太阳辐照热真空试验，中国曾在 KM4 容器内建造了两端支承的双十字形结构运动模拟器，其双支点固定在容器壁上，如图 11 - 13 所示。姿态旋转角度为 ± 30°，速度 5 ～ 25（°）/min，可调，可固定在任一角度位置，误差小于 0.5°。自转范围 0°～360°，速度 0.25～30（°）/min，可调，最大载荷为 100 kg。

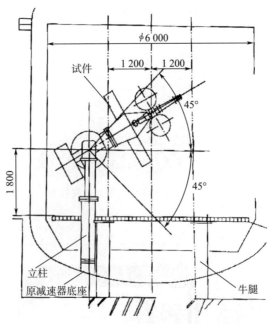

图 11 - 13　KM4 空间环境模拟设备中做气象卫星天线试验用运动模拟器

　　根据以上分析，目前运动模拟器以弓形与半弓形结构设计为最佳。根据不同的太阳辐照方向和环境模拟设备的不同结构形式，设计成不同支承、固定的结构形式，进一步提高传动机构的可靠性和合理性，改进数据和信号传输的方法。研制大功率直流可调速电机、真空低温下无油润滑传动机构、水平调节机构、大直径旋转动密封技术和源讯传输技术等，是运动模拟器研制的关键技术。

11.3　KM6 运动模拟器的设计

11.3.1　方案选择

通过对典型的运动模拟器方案及我国型号需求的分析，常平架式（Gimbal）方案与半弓形（Yoke）方案各有所长，理论上均需要。对地球同步轨道卫星来说，常平架式方案可满足要求。

从实现上看，常平架式方案相对更容易，对动密封等的要求较低，因此决定采用常平架式方案。

KM6 运动模拟器如图 11-14 所示，由机械结构系统、测控系统、冷却系统和源讯传输系统等组成。

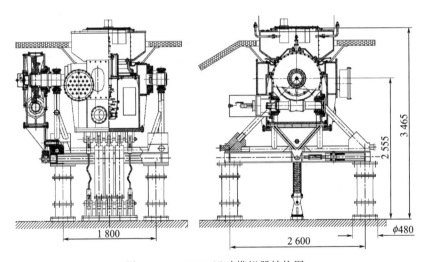

图 11-14　KM6 运动模拟器结构图

11.3.2　技术指标

11.3.2.1　机械结构系统

（1）自旋轴部件

1）旋转范围：0～360°，连续；

2）转速：快旋 1～12 r/min 可调；慢旋 1/24～1 r/h 可调；

3）旋转稳定度：±1%；

4）旋转准确度：快旋时为额定速度±3%；

5）停车定位精度：±0.5°。

（2）姿态轴部件

1）摆角：±30°；

2）定位精度：摆角 0°（即旋转轴垂直地面）时 ±0.06°，其余 ±0.5°；

3）摆角速度：3～5（°）/min。

（3）支架

1）支架的支撑质量不小于 14 000 kg；

2）抗颠覆力矩能力大于 30 kN·m。

（4）力矩平衡器

1）在系统最大负荷情况下，姿态轴由 0°到±30°调整的过程中，经补偿器补偿后，系统的颠覆力矩应小于 20 kN·m；

2）补偿力矩应能够根据实际载荷情况进行分级调整；

3）当姿态调整到±30°位置后，应设置必要的机械限位措施，防止系统颠覆，确保试件安全。

11.3.2.2　温度测量系统

设备为温度测量系统配置 1 000 路热电偶，30 路热电阻。

11.3.2.3　源讯传输系统

源讯传输系统包括：低频通道 729 条（含 300 条屏蔽线，104 条非屏蔽线，310 条供电通道，13 条视频通道，2 条接地通道）、微波通道 6 条、水铰链通道 2 条。

（1）滑环

滑环技术指标见表 11-1。

表 11-1　滑环技术指标

类别	滑环通道数	技术要求
低电平信号 ($V \leqslant 50$ V, $I \leqslant 0.5$ A)	300 条屏蔽线； 104 条非屏蔽线	插入电阻：$\leqslant 0.8$ Ω，滑环间绝缘电阻： $\geqslant 100$ MΩ，屏蔽线间窜扰：$\leqslant -40$ dB（1 MHz 信号）
供电通道 （120 V/5 A）	310 条	插入电阻：0.25 Ω，滑环间绝缘电阻： $\geqslant 100$ MΩ，滑环接触电阻变化：$\leqslant 0.1$ Ω
视频通道 （0~5 MHz）	13 条	插入损耗：$\leqslant 1$ dB，滑环间绝缘电阻： $\geqslant 100$ MΩ，屏蔽线间窜扰：$\leqslant -30$ dB
航天器接地	2 条	插入电阻：$\leqslant 0.25$ Ω
总计	729 条	

注：①插入电阻指运动模拟器与试件接口插座至罐外接口插座间的电阻；
　　②维护间隔：1 000 工作小时（预留维护吸尘孔）；
　　③使用寿命：100 000 小时。

（2）微波旋转关节

微波旋转关节技术指标见表 11-2。

表 11-2　微波旋转关节技术指标

工作频率/GHz	0.2~ 18	3.4~ 4.2	5.85~ 6.65	11.7~ 12.2	13~ 14.5	17.3~ 1.2	28~ 30
通道数/个	1	1	1	2	2	2	2
电压驻波比	<1.8	<1.6	<1.5	<1.8	<1.8	<1.8	<1.8
固定位置驻波比	<1.8	<1.5	<1.5	<1.5	<1.5	<1.8	<1.8
固定位置驻波比变化	±0.05	±0.05	±0.05	±0.05	±0.05	±0.05	±0.05
插入损耗/dB	<6.8	<3.6	<4.6	<6.2	<6.2	<7.9	<7.9
插入损耗旋转变化/dB	±0.2	±0.2	±0.2	±0.3	±0.3	±0.3	±0.3
固定位置插入损耗旋转变化/dB	±0.1	±0.1	±0.1	±0.1	±0.1	±0.1	±0.1
插入相移旋转变化/(°)	±8	±5	±5				
固定位置插入相移变化/(°)	±2	±1	±1	±1.5	±1.5	±2	±2
固定位置群时延变化/ns	$\leqslant 0.5$	$\leqslant 0.5$	$\leqslant 0.5$	$\leqslant 2.5$	$\leqslant 2.5$	$\leqslant 3$	$\leqslant 3$

续表

工作频率/GHz	0.2～18	3.4～4.2	5.85～6.65	11.7～12.2	13～14.5	17.3～1.2	28～30
固定位置带内幅频特性偏差/dB	±0.3	±0.2	±0.3	±0.45	±0.45	±0.5	±0.5
固定位置带内相频特性偏差/(°)	±8	±4	±5	±7	±7	±8	±8
功率容量	0 dB·m	均值 2 W 峰值 300 W	0 dB·m	均值 2 W 峰值 300 W	均值 2 W 峰值 300 W	0 dB·m	0 dB·m
通道间隔离度/dB	≥70	≥70	≥70	≥70	≥70	≥70	≥70

注：①表内指标均指旋转关节与其自身所带的一段射频电缆（长约 2.1 m 左右）组合后的指标；
　　②所有旋转关节的驻波比最好位置重合定位作为基准点；
　　③在装运动模拟器时，基准点能按指定角度安装；
　　④倾斜±30°时不要因变形影响表中的数据；
　　⑤插入相移旋转变化指标对群时延的影响待测定；
　　⑥同一指标的测试环境条件相同，旋转关节的实际工作环境为室内大气环境；
　　⑦功率容量的测试在委托方进行，由委托方提供功率源；
　　⑧固定位置指标变化系带宽内任选频率下的指标；
　　⑨旋转关节应做成模块化，以便根据不同的工作频率要求进行更换。

（3）水铰链

水铰链技术指标见表 11-3。

表 11-3　水铰链技术指标

通道数	流量	压力	压降	真空环境下冷却热负荷	维护间隔	使用寿命
2	2.5 m³/h	1 MPa	0.1 MPa	5 000 W（DFH-4E）	2 年	100 000 h

11.3.2.4　最大承载质量

自旋轴垂直状态 5 000 kg，自旋轴偏转状态 2 500 kg。

11.3.2.5　连续运行时间

慢旋最长 15 天，快旋最长 3 天。

11.4　运动模拟器设计的具体要求

运动模拟器的设计过程除需满足试验过程功能需求外，同时还要综合考虑对试验过程及试验数据的影响，通常有以下具体设计要求：

　　1）对试验件应有最小的遮挡，以便减小阴影引起的试验误差；

　　2）运动模拟器支架，应用液氮热沉屏蔽，以减少红外辐射热对试件产生的影响；

　　3）试验件的装夹装置，必须对准太阳模拟器辐照面的中心；

　　4）航天器的转动速度，根据航天器不同运行轨道要求及试验规范要求，应在 0～10 r/min 内可调；

　　5）试验的姿态控制，至少可摆动 ±30°，在不同位置上可自动控制定位；

　　6）运动模拟器的转轴上，通过滑环输出各种电参数和各种信号，应有最小的噪声；对小型航天器应有多于 200 个通道的引线，大型航天器应有多于 400 个通道的引线，其动密封与引线法兰的泄漏量不应影响模拟室的真空度；

　　7）传动机构应具有较高的分辨率、稳定性与定位精度，有精度高的测控技术，在真空、低温下可靠运行；

　　8）运动模拟器的设计必须满足各种工艺情况可能产生的姿态的要求。

11.5　试验平台设计

11.5.1　KM6 防振平台设计

　　KM6 防振平台支撑的隔振结构设计见图 11 - 15。通过波纹管结构隔离容器之间的振动传递。防振平台支撑的地基与真空容器支撑的地基，是两个互相隔离的地基，真空泵与系统的各种压缩机运行时的振动不会通过容器传递给防振平台。防振平台的防振加速度值约为 10^{-3} g 。

　　支承试件平台：台面直径 5.6 m，可支承试件重 60 t。平台具有隔振功能。防振平台热沉板上表面加工成 2 mm×90° 的凹槽，涂黑，以增加吸收率。

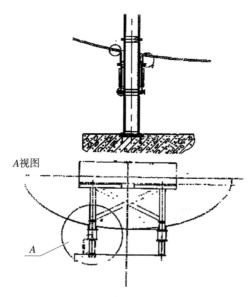

图 11-15　KM6 防振平台支撑的隔振结构设计

　　图 11-16 所示为 KM6 防振平台支撑的 4 根隔振立柱与容器支撑的 12 根立柱。

图 11-16　KM6 防振平台支撑的 4 根隔振立柱与容器支撑的 12 根立柱

11.5.2 具有自动水平调节机构的试验平台

具有特殊要求的航天器，在空间环境试验时，要求平台在试验期间进行动态水平监测，并根据监测结果进行实时水平调节。

11.5.2.1 总体要求

1）由于航天器所使用的热管较长（达 2 m 多），在进行空间环境试验时，为了确保热管的效率，必须保证航天器处于水平状态。在试验期间，温度等因素的变化，将使航天器及支架变形，导致航天器水平状态发生变化，引起热管效率下降或失效。为此，所研制的水平调节装置必须能在空间环境条件下对航天器水平状态进行动态监测，并且根据监测结果对航天器水平状态进行调整。

2）水平动态监测传感器直接放置于航天器的水平（或垂直）基准面上，在 X 方向和 Y 方向各放置一个水平动态监测传感器，同时在装置本身的基准面上放置一个水平动态监测传感器。水平动态传感器精度要求 $\alpha \leqslant 0.010$。

3）水平度调节能力：根据以前航天器的试验要求，在试验前及试验期间水平度不能超过 $\pm 0.04°$，因此所研制的装置，应能保证航天器水平度不超过精度指标，即调节精度优于 2.5 mm/1 000 mm。

将调节装置的基准面设计成一个正方形，四个调节支撑点分别位于正方形的四个角上。该基准面上方有与"L"支架固定的连接装置，将来装有航天器的"L"支架可直接安放在该基准面上。通过调节机构丝杆上、下运动，来改变框架的水平状态，以达到对航天器水平状态调节的目的。

4）调节机构由步进电机、蜗轮、蜗杆、丝杆、轴承等部件组成。步进电机控制器放置于真空容器外，根据控制计算机指令给步进电机提供动力电源使其旋转并带动蜗轮、蜗杆及丝杆螺母旋转，使丝杆上下移动达到调节的目的。

5）控制系统由信号前置放大器、控制计算机及一套专用软件等组成。由水平动态传感器感应出的信号经计算机分析处理和比较后，如发现航天器的水平度超过允许范围，则对步进电机发出调节指令和调节参数，步进电机动作，对航天器水平进行调节。

6）一般航天器质量为 3 000 kg 左右，支撑航天器的"L"支架包括灯阵，重约 2 000 kg，平台本身重约 2 000 kg，考虑一定余量，因此平台调节承载能力为 10 000 kg。

11.5.2.2　方案设计

根据我国 KM6 设备、KM4 真空容器的具体情况提出方案设计。

第一方案是利用能用于空间环境条件下的水平传感器对航天器的水平状态进行监测，支撑平台有伸出到真空容器外的四条牛腿，通过一套动态密封装置，一旦水平传感器测出航天器水平状态超出允许范围，则可以直接从外面对航天器支架进行水平调节。该方案优点是可以避免研制在空间环境条件下的精密传动装置。

第二方案是利用能用于空间环境条件下的运动装置，并且在具体的型号试验中也得到成功应用。研制的主要技术难度是步进电机在真空、低温条件下的温度控制，精密传动机构在真空状态下无油化处理及防冷焊处理和较大的工作温度范围（100～373 K），传动机构配合间隙的选用及处理等。提出以下技术方案：

1）整套调节装置整体布局为正方形方框。在四个角，各有一套调节机构，可以单独对方框进行水平调节。四套调节机构，分别固定在 KM6（或 KM4）容器内的四个支撑牛腿上。调节机构的固联结构按 KM6（或 KM4）容器牛腿结构进行设计，正方形框架直接固联在四套调节机构的上连接件上。正方形框架设计有与航天器"L"支架固定的连接接口，装有航天器及加热灯阵等的"L"支架可以直接安放在正方形框架上。采用这种结构主要优点是可以不需要对 KM6（KM4）真空容器做大的改动，并且支架不仅能满足航天器的空间环境试验的需要，也可以在将来不做大的改动，满足其他型号航天器的空间环境试验需要。

2）调节机构主要由步进电机、蜗轮、蜗杆、丝杆及轴承等部件组成。步进电机电源控制器放置在真空容器外侧，根据控制计算机发出的控制信号给电机提供动力。步进电机转动带动蜗杆及蜗轮回转，蜗轮带动螺母旋转，而使丝杆上、下移动以达到调节目的。由于蜗轮、蜗杆及丝杆等都有自锁作用，因此可以达到调节目的。为了防止对航天器产生污染，所有传动部件，包括步进电机、蜗轮、蜗杆、丝杆及轴承等都必须进行去油处理，在高真空环境条件下，运动部件的接触面容易产生冷焊，因此需要合理地选用材料，采用其他的润滑手段。

3）水平动态监测传感器分别置于航天器的两个不同基准面上和正方形框架上。水平传感器选用时应考虑其真空环境下工作的可靠性。

4）测控系统由计算机及相应的处理软件等组成。传感器感应出航天器水平度的信号，经放大后通过信号电缆传输到监控室中的计算机，计算机对信号进行分析处理后，如果发现航天器水平度超过允许范围，对水平调节装置发出调节指令和调节参数（需调节的量及方向）。

5）设计计算。

a）丝杆设计。

丝杆所需的直径按式（11-1）计算

$$d \geqslant \sqrt{\frac{1.66Q}{[\sigma]}} \qquad (11-1)$$

式中　Q——丝杆承受的压力，N。

由于调节机构总承载能力为 10 000 kg，该载荷由四套调节机构来承担，考虑偏载及四点支撑的不确定，单套载荷按 5 000 kg 计算

$$Q = 5\ 000 \times 9.8 = 49\ 000\ \text{N}$$

$$[\sigma] = \frac{\sigma_s}{n} \qquad (11-2)$$

式中　σ_s——材料的屈服极限，丝杆采用 1Cr18Ni9Ti 材料制造，则
　　　　取 $\sigma_s = 210$ MPa；

　　　n——安全系数，取 $n = 3$。

代入得

$$d \geqslant 34.1 \text{ mm}$$

考虑结构安排需要，以及国内丝杆标准，丝杆螺纹参数选用 M56×3。

b) 蜗轮、蜗杆设计。

根据结构布局以及蜗轮、蜗杆自锁等要求，以及蜗轮、蜗杆设计所推荐的有关参数，在经过反复强度计算与结构分析后，得出蜗轮、蜗杆的主要技术参数为

$Z_2/Z_1 = 82/1$, $m = 2$, $d_1 = 35.5 \text{ mm}$, $X_2 = +0.125$, $\alpha_n = 20°$

计算得主要参数为：中心距 $a = 100 \text{ mm}$，蜗杆齿宽 $b_1 = 40 \text{ mm}$，蜗轮齿宽 $b_2 = 28 \text{ mm}$。

c) 步进电机选型。

根据初步计算，步进电机采用 110BF3－1.5/0.75，其输出力矩为

$$N_{输出} = 9.8 \text{ N·m}$$

d) 整体框架结构。

框架主梁，采用由不锈钢钢板拼焊而成的"工"字型，板厚为 10 mm，梁截面高和宽分别为 200 mm。该种结构的梁在以前的试验中已采用过，力学分析和实际使用都证明该结构完全满足使用要求，在此不作详细计算。

e) 水平传感器。

直接从美国或德国欧洲电器公司引进 ADHM 型水平传感器。该传感器已在欧洲空间局的 ESTEC 得到广泛应用，其性能和精度完全满足本设计所提出的技术要求。

第 12 章　载人试验空间模拟器设计技术

12.1　航天员舱外活动与舱外航天服试验舱设计

12.1.1　概述

航天员舱外活动是载人航天技术发展到一定阶段必须突破的技术。舱外航天服装备（包括舱外航天服主体、环境控制和生命保障系统以及测量通信装置等）是航天员进行舱外活动时防护宇宙空间恶劣环境、维持生存条件和执行舱外活动任务操作的保障手段。环境控制和生命保障系统在服装内为航天员提供一个适于生存的人工微小大气环境。航天员进行舱外作业时，所穿着的舱外航天服直接暴露在宇宙空间环境之中，经受真空、冷黑和太阳辐照等空间环境因素的考验。

舱外航天服装备构成复杂，研制技术难度大，其功能、性能以及安全性和可靠性直接关系到航天员的生命安全和舱外活动任务的成败。因此，在其研制过程中必须通过充分的地面模拟试验，暴露设计和工艺等方面的缺陷，以期尽早发现并消除潜在隐患，保证舱外航天服装备的高安全性、高可靠性和良好的宇宙空间环境适应性。同时，需要对航天员进行充分的训练，使他们能够熟练使用操作舱外航天服装备，掌握排除故障的技能技巧，亲身体验穿着舱外航天服置身真空环境的感觉并提高心理的适应能力。

12.1.1.1　国外概况

从 20 世纪 60 年代开始，美国和苏联/俄罗斯两个航天大国陆续建造了相当规模的载人空间环境模拟设备，如表 12-1 所示。

表 12-1　美国和苏联/俄罗斯试验用空间环境模拟设备

序号	设备名称	主容器外形尺寸/m	真空度/Pa	调温范围/K	太阳模拟器	气闸舱	使用情况	所属国家
1	容器 A	$\phi19.8\times36.0H$	1.33×10^{-4}	$100\sim400$	有	并联舱	登月舱、Apollo 整体、航天飞机部段	美国
2	容器 B	$\phi10.7\times13.0H$	1.33×10^{-4}	$80\sim400$	有	并联舱	登月舱、双子星座、航天员舱外活动	美国
3	载人空间环境模拟器	$\phi12.2\times15.0H$	8.0×10^{-3}		有	三舱串/并联	航天员训练、Apollo 舱段试验	美国
4	载人空间环境模拟器	球形 $\phi11.9$	1.33×10^{-3}		有	两个串联舱	天空实验室试验	美国
5	载人空间环境模拟器	$\phi9.1\times10.8L$	1.33×10^{-7}	$98\sim368$	有	两个串联舱	双子星座舱、飞船试验	美国
6	载人空间环境模拟器	$\phi4.0\times6.0L$	2.7×10^{-6}	$144\sim366$	有	两个并联舱	舱外航天服试验、航天员训练、空间焊接试验	美国
7	载人空间环境模拟器	$\phi5.5\times5.2L$	1.33×10^{-2}				载人环控系统试验	美国
8	载人空间环境模拟器	$\phi4.0\times9.1L$	1.0×10^{-5}				Apollo 航天服试验	美国
9	载人空间环境模拟器	$\phi4.0\times5.0L$	1.0×10^{-4}			无	航天服研制、航天员训练试验	俄罗斯

12.1.1.2　国内概况

中国载人试验用空间模拟器主要有两台。

(1) KM6 载人试验空间模拟器 (KM6 水平舱)

用于航天服、出舱活动试验以及航天器 (子系统级、分系统级) 热真空、热平衡试验。舱体直径 5 m，总长 15 m。舱的中间用隔板隔成 3 个舱，即 A 舱 (30 m³)、B 舱 (45 m³)、C 舱。C 舱直径 5 m、长 10 m，舱内设有热沉，有效空间直径为 4.2 m、长 9.5 m，极限真空度为 6.4×10^{-4} Pa。在舱体上共有 10 个舱门，供航天员和试验人员进出，每个舱门高 1.85 m，宽 0.9 m。

(2) KM3B 专用载人试验空间模拟器

①技术性能

主模拟室直径 4.2 m、长 6.5 m，卧式，材料为 0Cr18Ni9；有效空间直径 3.6 m、长 4.7 m；空载真空度 1.3×10^{-4} Pa。热沉采用不锈钢管焊铜翅片材料，温度 <100 K。采用红外灯或红外笼作为外热流红外模拟器。

②设备组成

高真空抽气系统，采用 4 台低温泵系统，每台抽速为 36 000 L/s；粗抽系统采用干式机械泵系统。热沉制冷采用液氮单相密闭循环系统，加热采用气氮开式加热系统，大门采用单轨悬吊横向开启。

③使用情况

该设备于 2006 年设计，2010 年研制完成。主要用于航天服与航天员及其辅助设备进行空间环境试验。多年来为我国载人航天的空间环境试验作出了重大贡献。

12.1.2　舱外航天服试验舱用途

舱外航天服试验舱主要用于以下试验：

(1) 舱外航天服装备研制过程中的工程性能试验

1) 压力防护性能试验；

2）热防护性能（主动方式和被动方式）试验；

3）服装内环境控制性能试验；

4）故障冗余功能试验；

5）舱外航天服与气闸舱支持设备的匹配试验；

6）综合性能试验。

（2）舱外航天服研制过程中的医学和工效学评价试验

1）压力防护性能的医学评价试验；

2）热防护的医学评价试验；

3）预呼吸性能的医学评价试验；

4）服装内环境性能的医学评价试验；

5）应急工况安全性设计的医学评价试验。

（3）低压环境下航天员穿着舱外航天服的训练试验

1）服装和控制台操作程序训练；

2）故障模拟训练；

3）低压环境体验性训练；

4）航天员出舱前和返回舱后气闸过程（真实压力状态）训练。

12.1.3　舱外航天服试验舱系统组成及性能

12.1.3.1　系统组成

舱外航天服试验舱基本系统组成如图 12-1 所示。

12.1.3.2　舱外航天服试验舱总体技术性能

舱外航天服试验舱的总体技术性能是由其试验对象即舱外航天服试验要求和航天员训练需求所决定的。

下面以某舱外航天服试验舱为例，介绍舱外航天服试验舱总体技术性能。

（1）主模拟室（太空舱）

主模拟室模拟真空、冷黑和太阳辐照等空间环境条件，主要技术指标如下：

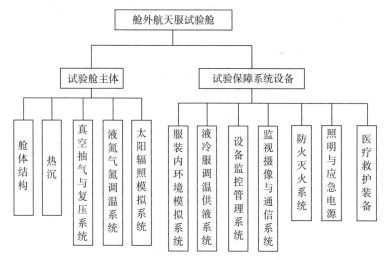

图 12-1　舱外航天服试验舱基本系统组成图

1) 试验空间尺寸要求能够容纳 2 名穿着舱外航天服的受试者同时进行试验，受试者在舱内有不少于 3.5 m² 的活动面积。

2) 舱内压力要求能够提供无油清洁真空环境，舱内空载极限压力（绝对压力）不高于 1.3×10^{-4} Pa。在舱外航天服向舱内漏放气体为一定量的条件下，舱内压力不高于 1.3×10^{-2} Pa。在 2 套舱外航天服的水升华器工作的条件下，可维持舱内压力不高于 10 Pa。

在低压试验中，当发生紧急情况时能够按照医学要求实施紧急复压：在 30 s 内使主模拟室从所处低压环境恢复到 7 km 高度气压（41.3 kPa），在最快 60 s 内由 7 km 高度气压恢复至地面常压。

3) 能够模拟宇宙空间的冷黑环境，热沉半球发射率大于 0.9；承受最大热负荷时，热沉表面温度低于 100 K，局部小范围允许不超过 110 K。

4) 能够模拟太阳辐照的红外热流，最大辐照强度达到 1.2 个太阳常数，在最大辐照强度的 5%~100% 范围之间可以调节。

（2）舱外航天服气源系统

舱外航天服气源系统能够提供舱外航天服内大气环境要求的压

力、温度、湿度和气体成分，在航天员训练时，作为便携式环境控制和生命保障系统的备份和辅助设备。

（3）液冷服冷却水系统

液冷服冷却水系统能够为舱外航天服液冷服提供所需的冷却水。

（4）辅助系统

实验舱内包括如下辅助系统：

1）主模拟室内配置照明、摄像监视和通信联络等设施。

2）主模拟室内设置 2 条滑轨，用于吊挂舱外航天服，以减轻试验中着舱外航天服受试者的负重。

3）主模拟室配有观察窗和生理信号接线板以及必要的气（液）管接口。

4）配置减压病救护设施。

5）配置应急电源，用于意外供电中断时关键部位的应急供电。

6）配置人体生理参数实时监测设备。

12.1.4　载人航天空间环境模拟试验技术

12.1.4.1　载人航天空间环境模拟试验的危险因素分析

载人航天空间环境模拟试验中由于有人的参与，模拟室内又为真空环境，因此试验中人的安全保障成为需要高度关注的问题。

载人航天空间环境模拟试验中需要防范的危险因素主要有：

1）设备故障导致模拟室增压速率和减压速率超限，造成受试者身体损伤或生命安全受到威胁（耳膜受损、减压病和快速减压机械损伤等）；

2）各种原因造成的航天服失压使受试者暴露在真空环境下，如果不能及时处置，可能导致减压病和缺氧症的发生，严重时威胁受试者生命安全；

3）试验中受试者出现异常生理反应时不能得到及时救治。

12.1.4.2　载人航天空间环境模拟试验安全措施

（1）控制增压速率和减压速率

从能够尽快达到所要求的真空度、缩短试验时间的角度考虑，即在模拟器减压阶段，一般希望低压试验舱真空系统的抽气速率越大越好；在增压阶段，也希望尽快将舱压恢复至地面大气压。但是，如果低压试验舱用于载人试验，则对其增压速率和减压速率有严格的要求。由于试验中受试者位于试验舱中，试验舱的增压速率和减压速率必须控制在医学要求的范围内，操作人员必须严格按照医学主试人员的要求准确控制试验舱的增压速率和减压速率，以避免对舱内受试者造成损伤。

外环境压力的变化会引起人体中耳内压力的变化。人体保持中耳内压力与外环境压力（特别在增压时）平衡的能力，称为耳气压功能。耳气压功能因人而异，存在着很大的个体差异。

耳气压功能的存在与人体中耳及耳咽管（也称咽鼓管）的解剖结构有关。中耳是一个不完全密闭的空腔，通过一个细长的耳咽管与外界相通，耳咽管平时为闭合状态，仅在吞咽和咀嚼时张开。

当外环境压力降低时，人体中耳腔内压力高于外环境压力，处于正压状态，耳腔内的气体可以冲开耳咽管狭部由中耳腔向外排出，使中耳腔内外压力平衡，不会使人产生耳部不适感觉。虽然较大的减压速率不会引起耳鼓膜损伤，但对中耳是一种刺激，使听力受到一定的影响，甚至会使少数人产生短暂的眩晕，因此试验舱的减压速率不应过大，通常不高于 30 m/s。

当外环境压力增加时，人体中耳腔内压力低于外环境压力，处于负压状态。耳气压功能良好者在这种情况下仍然能够容易地打开耳咽管，使中耳腔内外压力平衡。而耳气压功能不良者（如耳咽管先天狭窄，或因感冒等外因造成耳咽管肿胀闭塞），则耳咽管的狭部被压紧，内外不通，致使耳鼓膜凹陷，产生耳胀或耳痛感。这时需要依靠某些动作（如吞咽、咀嚼或捏鼻鼓气）才能使耳咽管狭部开放，平衡中耳腔的内外压力，消除不适感觉。如果外环境增压速率过快，耳咽管不能及时打开，使中耳腔内外压差超过一定限度，则可能造成耳膜充血，产生耳痛感，严重时甚至造成耳膜穿孔、头痛和恶心呕吐。

因此，对于载人低压试验舱，其减压速率和增压速率必须予以严格控制，除非有特殊要求（如需要紧急复压至地面压力对受试者实施救治），一般应当控制在安全的增压速率和减压速率范围内，确保不对受试者的耳器官造成损伤。

根据国内外资料，对增压速率和减压速率的生理限值通常规定如下。

①增压速率生理限值

1）最佳值为小于 0.024 kPa/s；

2）高限值为 0.13 kPa/s（需要较大幅度调压时）；

3）应急限值为 3.33 kPa/s（美国航天飞机规定为 6.89 kPa/s）。

②减压速率生理限值

1）最佳值为小于 0.033 kPa/s；

2）高限值为 1.33 kPa/s；

3）应急限值为 6.66 kPa/s。

通常医学人员习惯使用航空升降速度表测量载人低压试验舱的增压速率和减压速率（测量单位为模拟高度的升降速率，m/s）。试验中操作人员根据医学主试人所要求的升降速率，以航空升降速度表的测量示值为依据，控制试验舱模拟高度的上升或下降速率。需要注意的是，由于大气压力与模拟高度并不成线性比例关系，因此当要求试验舱的模拟高度以恒定速率上升（或下降）时，对试验舱的抽气量（或试验舱的放气量）并不恒定，而是随试验舱所处的模拟高度不同而变化，因此必须在抽气（或复压）管路上设置适当的功能部件（如电动调节阀）调节管路的流导。

（2）紧急复压功能

如果试验过程中突发意外事件，例如舱外航天服内快速升压，需要对试验舱实施紧急复压，使试验舱从低压状态迅速恢复至人体安全高度 7 km 即压力为 41.3 kPa，以保证受试者的安全。紧急复压是低压试验舱最重要的安全保障功能。

对紧急复压功能的一般要求：

1）能够按照医学要求在规定的时间内使试验舱由所处的低压状态快速增压至 41.3 kPa（7 km 模拟高度），同时舱内的氧分压应当不低于 12.9 kPa（工效允许值）；能够按照医学要求在规定的时间内使模拟室内由 41.3 kPa 恢复至地面压力。

2）应当将复压噪声控制在医学允许的范围内。

3）应当选用干燥清洁的复压气体，防止紧急复压过程中试验舱内起雾影响对受试者的营救。

4）应当采取措施防止高速气流对人体造成损伤和对设备造成机械性破坏。

（3）高氧兼容性及防火措施

舱外航天服的内环境通常有 41.3 kPa 和 27 kPa 两种压力模式（不同的服装所采用的压力模式可能不同）。当处于前一种压力模式时，服装内氧浓度达到 50% 以上；当处于后一种压力模式时，服装内氧浓度至少达到 80% 以上。另外，当受试者在进行 7 km 模拟高度 41.3 kPa 以上的低压试验前，为了避免减压病的发生，需要在试验舱内先进行吸氧排氮。在此过程中，不可避免会有部分纯氧泄漏到舱内，使舱内的氧浓度增高。在气源系统向舱外航天服内供应纯氧的过程中，也有可能使舱内的氧浓度增高。以上情况表明空间环境模拟试验舱有可能处于高氧浓度环境。

为了防止因高浓度氧引发火灾，需要从试验舱的设计和使用两个方面采取相应的安全措施。试验舱设计时在选材和系统配置等方面必须考虑与高浓度氧的兼容性。严格控制舱体、热沉以及其他可能与高浓度氧接触的部位及管路和部件的选材，禁止使用非金属材料和黑色金属材料，消除可燃物。舱体内表面、热沉以及其他可能与氧气接触的部位以及管路和部件在安装中进行脱脂和清洁处理，采用无油真空系统（或采取措施防止返油）。在试验过程中，必要时，采取向舱内充注氮气的方法使舱内氧浓度保持在 30% 以下。

（4）舱门快速开启功能

舱门是试验人员进出试验舱的重要通道。在载人低压试验舱的安全保障措施中，舱门的快速开启功能居于重要地位。在载人低压试验过程中，一旦出现意外情况，试验舱紧急复压到地面压力后需要尽快将舱门打开，对受试者进行及时营救，因此舱门的快速开启功能关系到受试者的安全，必须对其设计和制造予以特殊的重视。

在试验舱减压前，需要使用人工预紧力（或气动力）压紧密封舱门。在低压试验过程中，试验舱内处于低压状态，舱门受到大气环境的外压作用会自动压紧。舱门在外压作用下不发生大的扭曲变形，是保证舱门快速开启功能的首要条件；其次，舱门转轴机构应当转动灵活，舱门的手轮操作应当轻便灵活。

（5）摄像监视与通话系统配置

载人低压试验舱除了需要在舱体上适当位置设置观察窗外，还需要设置摄像监视和舱内外双向通话系统，使舱外的医学主试人员和医监医保人员在试验过程中能够实时观察舱内受试者的状态，并随时通过与受试者通话，了解其身体反应和主观感受，再综合考虑生理参数监测系统给出的生理参数，对受试者的生理状态作出评价，必要时采取相应措施，确保受试者的安全。

（6）生理参数检测与医学救护

载人空间环境模拟设备必须设置生理参数监测系统，在试验过程中实时采集受试者的生理信号（心电、脉搏、血压、血氧饱和度和呼吸频率等，根据需要确定）并传至舱外主试台，作为医学主试人和医监医保人员评价受试者生理状况的主要依据。为了能够对试验中出现意外紧急情况的受试者实施及时的医学救护，试验室必须设有医疗救护区，并配置必要的医疗救护设备和器材，其中高压氧舱是必备的减压病救治设备。

12.1.4.3　载人空间环境模拟试验气闸舱

在美国的空间环境模拟设备中，气闸舱是区别载人空间环境模拟设备和非载人空间环境模拟设备的基本特征之一。气闸舱是载人低压试验时受试者和医监救护人员进出主模拟室的过渡通道，是载人低压试验中医监救护人员停留的工作场所，是根据试验操作程序的需要而设置的。美国大多数载人空间环境模拟设备都配置两个气闸舱，分别称为主气闸舱和副气闸舱。试验过程中，一个气闸舱维持在 7 km（41.3 kPa）高度，医监人员和救护人员在该舱内对主模拟室内的受试者进行医学监督并处于救援准备状态；另一个气闸舱维持地面常压，辅助救护人员在舱内待命。

下面从试验使用功能的角度，分为试验正常状态操作程序和试验应急状态操作程序两种情况，介绍美国载人空间环境模拟设备气闸舱的功能。

（1）正常状态操作程序中气闸舱的功能

1）吸氧排氮。受试者完成体检、安装好生理信号传感器并穿好舱外航天服后，由医监人员护送进入主气闸舱吸氧排氮。

2）两个气闸舱同时减压至 7 km 高度，对受试者及仪器设备作最终检查。

3）体检的医监人员停留场所。医监人员进入副气闸舱，关好连通两气闸舱的门。

4）进入主模拟室的过渡舱。受试者所在的主气闸舱减压至 1 kPa 以下并与主模拟室内压力达到基本平衡，受试者打开主气闸舱通往主模拟室的门，进入主模拟室并关好主模拟室的门后开始试验。

5）医监人员救援准备场所。试验中医监人员和救护人员位于处在 5 km 高度的气闸舱内，对受试者进行实时医学监督并处于救援准备状态。

6）从主模拟室外出通道。主模拟室试验结束后，主气闸舱减压至 1 kPa 以下并与主模拟室内压力达到基本平衡，受试者由主模拟室返回主气闸舱，关闭通往主模拟室的门，主气闸舱复压至与副气闸舱平衡后，两气闸舱同时复压到地面压力。

（2）试验应急状态操作程序中气闸舱的功能

1）一般应急状态工作程序。一般应急状态是指舱内设备仪器发生一般性故障，可以在短期内排除。这种故障的发生不会造成对受试者生命安全和身体健康的威胁，但会影响试验的完整性。处理这种情况的操作程序一般为：

a）气闸舱内试验人员着高空救生服；

b）气闸舱减压至 1 kPa 以下并与主模拟室内压力达到基本平衡，气闸舱内试验人员打开通往主模拟室的大门并进入主模拟室排除故障；

c）故障排除后试验人员返回气闸舱，关闭通往主模拟室的门，气闸舱复压至 5 km 模拟高度，试验人员在气闸舱内处于待命状态。

2）紧急应急状态工作程序。紧急应急状态是指主模拟室内发生威胁受试者生命安全的紧急情况（如受试者突然意识丧失或舱外航天服快速失压等），需要立即使主模拟室快速返回安全高度并对受试者进行紧急营救。当处于该种状态时，工作程序为：

a）启动紧急复压系统，使主模拟室快速复压至 7 km 的安全高度，在主模拟室复压的同时也使气闸舱快速达到 7 km 高度；

b）气闸舱与主模拟室压力达到平衡后（7 km 模拟高度），气闸舱内的救援人员快速进入主模拟室营救受试者；同时，另一气闸舱由地面压力快速减压至 7 km 模拟高度，辅助营救人员快速进入主模拟室，帮助营救人员将受试者移至气闸舱；

c）紧急复压系统将两气闸舱同时快速复压到地面压力，打开气闸舱门，将受试者移至应急医护治疗区进行救治。

3）气闸舱配置模式。美国的载人空间环境模拟试验舱一般为主模拟室配置两个气闸舱，气闸舱的布局有串联和并联两种方式。并联气闸舱和串联气闸舱在使用中的区别在于：

a）串联气闸舱中只有主气闸舱和主模拟室相连接，是进入主模拟室的唯一通道，而并联气闸舱中两个气闸舱都能直接进入主模拟室，安全性更好，使用也更加灵活方便。

b）串联气闸舱中仅有一个气闸舱能够观察主模拟室，而并联气闸舱中两个气闸舱能够同时观察主模拟室。

使用经验表明，并联气闸舱的安全性在一定程度上优于串联气闸舱，但两者都能满足载人试验的安全保障需要。

和美国同类设备不同的是，俄罗斯用于舱外航天服的空间环境模拟试验舱并未设置气闸舱。试验中出现紧急情况时紧急复压系统在 5～15 s 内将试验舱自其所处的低压状态直接增压到地面常压。

12.2 人舱联合试验实验舱设计技术

中国人舱联合试验的实验舱目前只有 KM6 水平舱（KM6 载人试验舱），该实验舱已用于神舟七号飞船的人舱服联合试验。这里介绍 KM6 水平舱设计技术。

12.2.1 KM6 水平舱舱门及舱体阀门设计技术

12.2.1.1 概述

KM6 水平舱舱体结构为：舱体长 15 m，有效直径 5 m，用隔板把舱体分成 3 个舱，即 A 舱、B 舱、C 舱，其中 A、B 舱为气闸舱。A 舱体积为 30 m³，B 舱体积为 45 m³，C 舱为主试验舱，长 9.9 m，直径 5 m，体积 200 m³。试验舱舱体采用卧式结构，底部由两个鞍座支撑。舱体一端为直径 5 m 大门，另一端与直径 12 m 的主容器骑焊。在舱体上共装有 10 个高 1.85 m、宽 0.9 m、可以快速开启和关闭的方舱门，航天员或救生员可以快速方便地从一个舱进出另一个舱。

KM6 水平舱舱门系统和舱体阀门是 KM6 载人试验系统的关键分系统之一。KM6 水平舱舱门系统是为航天员出舱活动试验的任务要求而制定的。舱门系统是气闸舱、试验舱和飞船轨道舱内人员互动的关键通道，舱体阀门作为水平舱舱体之间、舱体和舱外大气环境之间的气压平衡装置，是人-舱-服地面联合试验的重要阀门。

KM6 水平舱舱门系统需要在真空条件下运行，因此 KM6 水平舱舱门系统的设计不仅要满足常规门机构的开关和锁紧功能要求，还必须考虑真空试验环境的特殊性，实现舱门法兰结构的密封可靠和开启轻便；并在舱体上安装气压平衡装置，以满足舱门系统开启前各舱门两侧压力平衡的前提条件，同时为 KM6 水平舱其他分系统提供支持。

12.2.1.2　舱门设计布局

试验舱一端与 KM6 主容器焊接，另一端为直径 5 m 的大门，舱体内部由一块圆隔板和一块方隔板分割成主试验舱 C 舱、气闸舱 A 舱和气闸舱 B 舱；整个舱体共有 10 扇方舱门，其在水平舱内所处位置如图 12-2 所示，其中 2（2′）号方舱门为平动推拉门（简称平动门），其余方舱门均为转动推拉门（简称转动门）。

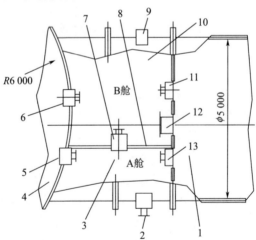

图 12-2　KM6 水平舱方舱门的位置图

1—主试验舱 C 舱（200 m³）；2—1′号方舱门；3—A 气闸舱（30 m³）；4—主容器；
5—5（5′）号方舱门；6—6（6′）号方舱门；7—2（2′）号方舱门；8—中间方隔板；
9—1 号方舱门；10—B 气闸舱（45 m³）；11—3 号方舱门；12—直径 800 mm 通道；
13—4 号方舱门

12.2.1.3　舱体阀门与舱门之间的逻辑关系

A、B、C 舱体，舱门系统与舱体阀门（即平衡阀和释放阀）之间的逻辑功能关系如图 12 - 3 所示。

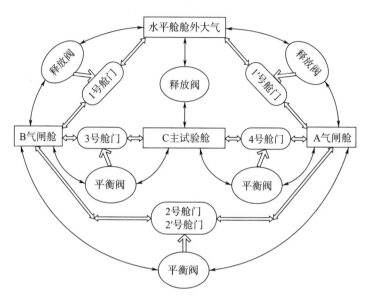

图 12 - 3　舱门与舱体阀门之间的逻辑关系图

12.2.1.4　舱门设计技术指标

（1）强度和刚度指标

舱门结构的强度和刚度可靠，舱门均能承受 0.1MPa 的正反压力，不得产生破坏和较大的变形。

（2）漏率指标

舱门法兰密封结构可靠，舱门法兰泄漏率 $\leqslant 1.33 \times 10^{-6}$ Pa·L/s。

（3）开启方式

舱门两侧均用手动开启，开门轻便，单人能够完成开关门动作；要求气闸舱 A 和主试验舱 C、气闸舱 B 和主试验舱 C 之间的转动舱门，即 3（4）号转动方舱门开启 90°的时间不超过 5 s。

（4）其他要求

舱门设置直径 200 mm 观察窗。

12.2.1.5　舱门总体设计

舱门分为转动舱门和平动舱门；转动舱门采用绕门轴旋转式开启方式，平动舱门采用沿导轨平移式开启方式。

1）转动舱门的系统架构。转动舱门系统主要由门框组件、门扇组件和门轴组件构成，其系统架构如图 12-4 所示。

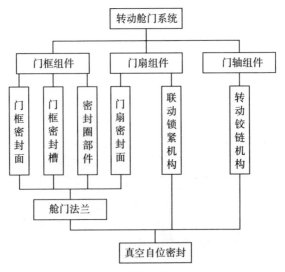

图 12-4　转动舱门的系统架构图

从图 12-4 可知，门框密封面、门框密封槽和密封圈部件构成门框组件，门扇组件包括门扇密封面和联动锁紧机构，门轴组件实际上是一个转动铰链机构。

其中构成门框组件的门框密封面、门框密封槽和密封圈部件与构成门扇组件的门扇密封面组合成为舱门法兰；在舱门法兰密封面的平面度和粗糙度满足真空密封要求的前提下，舱门法兰与联动锁紧机构、转动铰链机构相配合，形成有效的真空自位密封结构。

2) 门轴组件的设计。对转动舱门系统而言,该门轴组件实际上是双支点双轴转动铰链机构,其机械原理如图 12 - 5 所示。

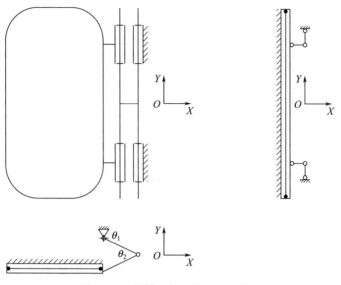

图 12 - 5　门轴组件机械原理示意图

该门轴的转动铰链组件为开式链平面连杆机构,是将两个刚性构件用转动低副连接所构成的机构。

显然,该门轴组件在 XOZ 平面具有 θ_1 和 θ_2 两个自由度,使得门扇密封面和门框密封面能够在 X 向和 Z 向实现自位密封。

此外,由于门轴组件在 YOZ 平面内为双支点支撑,通过机械工艺调整,可以实现门扇和门框的 Y 向自位密封。

经估算,舱门系统设计的机械结构强度和刚度其安全系数远超过技术指标,故舱门系统的结构强度和刚度满足要求;此外,由于转动舱门的转速及机构运行速度很低,故不需进行动力学分析计算。

3) 转动舱门开关推拉力的计算。转动舱门的开关需要克服双轴转动铰链机构内轴向轴承和径向轴承处的摩擦力矩,其简化受力分析如图 12 - 6 所示。

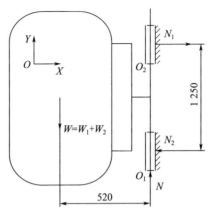

图 12-6　转动舱门推拉力计算简图

其中，门重 $W_1 \approx 320$ kg，附件重 $W_2 \approx 68$ kg；

故门总重 $W = W_1 + W_2 \approx 400$ kg；

门铰链径向轴承支反力（此部分力按质量计算，下同）$N_1 = N_2 = W \times 520/1\ 250 = 166.4$ kg；

假设径向轴承摩擦系数 $\mu_1 = 0.002$；

则径向轴承摩擦力 $F_1 = \mu_1 \cdot N_1 = 0.002 \times 166.4 \approx 0.4$ kg；

门铰链轴向轴承支反力 $N = W = 400$ kg；

假设轴向轴承摩擦系数 $\mu_2 = 0.005$；

则轴向轴承摩擦力 $F_2 = \mu_2 \cdot N = 0.002 \times 400 \approx 0.8$ kg；

故转动铰链处总摩擦力 $F = 2F_1 + 2F_2 = 2 \times 0.4 + 2 \times 0.8 \approx 3$ kg。

考虑到摩擦力的力臂远小于推拉力的力臂，故转动舱门开关推拉力远小于转动铰链处的总摩擦力 F，故单个人能够很轻便地推开该舱门。

4）联动锁紧机构的设计。联动锁紧机构是门扇组件的重要组成部分，它一方面实现门扇和门框的锁定，另一方面使得舱门法兰结构夹紧，同时对密封圈进行预紧。

联动锁紧机构是机械传动机构与斜楔机构组合而成的合成机构，其机械原理如图 12-7 所示，机械传动流程如图 12-8 所示。

　　其中，机械传动机构是由手轮转动副、齿轮传动副、钢丝绳和转动滑轮构成的复杂组合机械传动机构，使得联动锁紧机构传动轻便、灵活。

　　从图 12 - 7 中可知，联动锁紧机构包含 10 个斜楔机构，即插销机构，插销机构沿着门扇周边对称分布，有利于舱门法兰预紧夹紧力的均匀分布。

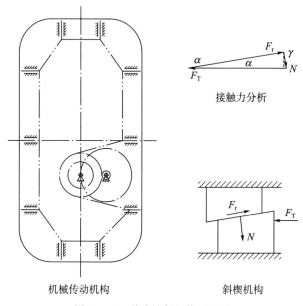

接触力分析

机械传动机构　　　　　　　斜楔机构

图 12 - 7　联动锁紧机构原理图

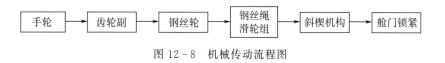

图 12 - 8　机械传动流程图

　　5）插销组受力设计计算。方舱门共设计有 10 个插销，插销自锁时的斜度为 1：10。

　　舱门门扇有效承压面积为 $A = 1.78 \ m^2$，所受压强 $p = 0.1 \times 10^6 \ Pa$；

当水平舱舱体抽成真空后，舱门门扇所受压力（此部分力按质量计算，下同）$F = \dfrac{p \cdot A}{g} = \dfrac{0.1 \times 10^6 \times 1.78}{g} = \dfrac{1.78 \times 10^5}{g} \approx 17.8$ t；

假设舱门法兰预紧压力 F_p 取为舱门压力 F 的 25%，即 $F_p = 0.25F = 0.25 \times 17.8 \approx 4.5$ t；

则平均每一插销受力 $N = 450$ kg，取斜楔机构的工作效率为 $\eta = 0.5$；

故销子的插入力 $F_T = N/(10 \cdot \eta) = 450/(10 \times 0.5) = 90$ kg；

忽略轴承摩擦力，则钢丝绳通过第 1 滑轮组传动后的拉力 T_{x1} 计算如下

$$T_{x1} = 90/2 = 45 \text{ kg}$$

考虑每一滑轮组内轴承的滚动摩擦，取滑轮滚珠轴承的摩擦系数 $\mu = 0.002$，则第 2 滑轮组的钢丝绳受力 T_{x2} 的计算公式如下

$$T_{x2} = T_{x1} - \mu \cdot (T_{x1}/\cos 45° + 2 \cdot T_{x1} + T_{x1}/\cos 45°)$$

即

$$T_{x2} = 45 - 0.002 \times 218 = 44.56 \text{ kg}$$

由此递推，第 10 滑轮组的钢丝绳受力 $T_{x10} \approx 40.6$ kg；

因此，取钢丝绳所受最大拉力为 $T_{max} = 50$ kg；

故插销自锁时最大压力为 $N_{max} = 500$ kg，最小压力为 $N_{min} = 410$ kg；

取钢丝绳标准直径 $d = 4.7$ mm，其许用强度 $[\sigma] = 155$ kg/mm^2；

而钢丝绳所受最大拉应力 $\sigma_{max} = N_{max}/(\dfrac{\pi}{4} \cdot d^2) \approx 29$ kg/mm$^2 \ll [\sigma]$；

则钢丝绳安全系数 $\eta \approx 28$；

故钢丝绳的强度符合要求。

6）舱门密封泄漏率的分配。按照 KM6 水平舱试验系统的真空度要求，舱门系统的总泄漏率为 1.33×10^{-4} Pa·L/s，其中：

焊缝泄漏率为 10%，即 1.33×10^{-5} Pa·L/s；

O 形密封圈静密封泄漏率为 30%，即 4×10^{-5} Pa·L/s；

动密封泄漏率为 60%，即 8×10^{-5} Pa·L/s。

12.2.1.6　舱门的机械加工工艺

为保证 KM6 水平舱进行地面试验的真空度，舱门在总体设计时不仅要考虑其真空密封性能，在机械加工工艺的设计中也应当保证舱门真空密封性。舱门的机械加工工艺方案的重点是关键零部件的加工、检测及装配，其机械加工工艺方案如图 12-9 所示。

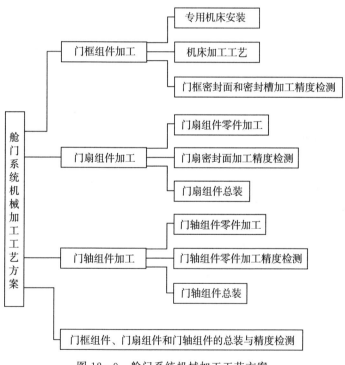

图 12-9　舱门系统机械加工工艺方案

12.2.2　舱体阀门的设计

12.2.2.1　舱体阀门的选型

考虑到试验舱用于载人试验，对可靠性要求较高，另外阀门对真空漏率指标要求严格，舱体平衡阀和释放阀均选用高品质的气动真空角阀，共 6 套，通径为 DN160。该阀门的主要技术指标和特点列举如下：

1）阀门漏率 $\leqslant 1.0 \times 10^{-7}$ Pa·L/s；

2）阀体材料：G-AlSi，脱脂处理；

3）工作压力范围：$1.0 \times 10^{-6} \sim 0.5 \times 10^{6}$ Pa；

4）阀门启动为气动式，双向开闭，气缸式单作用，断电时能自动关闭；

5）开启/关闭向阀板压差：$\leqslant 0.10 \times 10^{6}$ Pa/0.4×10^{6} Pa；

6）阀门开启压差：$\leqslant 0.1 \times 10^{6}$ Pa，双向；

7）阀门气源压力：$(0.4 \sim 0.8) \times 10^{6}$ Pa；

8）阀门分子流导：1 000 L/s；

9）阀门工作温度范围：$\leqslant 150$ ℃；

10）阀门使用寿命：100 万次（$T_{max} = 80$ ℃）；

11）阀门法兰：ISO-K，卡爪式螺栓连接，方便阀门维护，密封材料为 VITON 密封件，法兰密封面满足真空密封要求；

12）阀门安装方位：任意；

13）电磁阀：24 V DC，9.0 W；

14）阀门质量：15 kg/台。

12.2.2.2　舱体阀门的管道连接设计

鉴于 KM6 水平舱复杂的现场条件，为避免舱体阀门与已有管道相干涉，各舱平衡阀和释放阀的管道连接设计分别如图 12-10～图 12-12 所示。

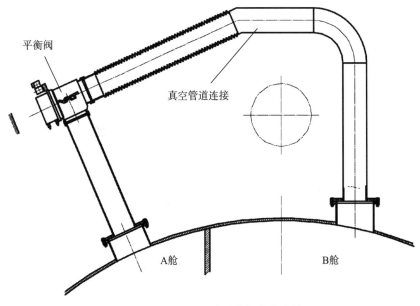

图 12 - 10　A、B 舱平衡阀管道连接

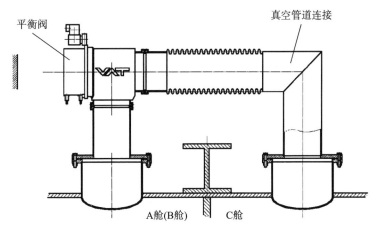

图 12 - 11　A、C 和 B、C 舱平衡阀管道连接

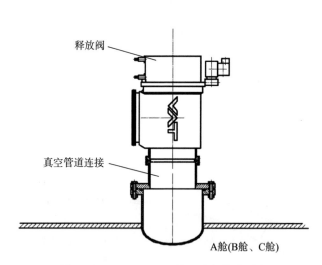

图 12 - 12　A、B 和 C 舱释放阀管道连接

12.2.3　舱门系统和舱体阀门的研制结论

12.2.3.1　舱门系统的漏率测试

经检测，舱门系统的漏率合格。

12.2.3.2　A、B 舱与 C 舱之间的舱门开启 90°时间的测试

对三名不同的试验人员分别对 A、B 舱与 C 舱之间的舱门进行开启 90°时间测试，测试结果如表 12 - 2 所示。

表 12 - 2　舱门开启时间表

项目＼人员	1	2	3
A - C 舱门	4 s	4 s	4 s
B - C 舱门	3 s	3.5 s	3.5 s

统计测试结果表明，A - C 舱门 90°开启平均时间为 4 s，B - C 舱门 90°开启平均时间为 3.33 s。测试时间满足设计要求。

12.2.3.3　舱体阀门的功能测试

经调试，平衡阀和释放阀功能正常，并且可控。

12.2.4　环境控制系统设计

12.2.4.1　概述

环境控制系统主要用于舱服联合试验时实现试验舱内关键环境参数支持与保证及控制、载人试验所必须的生存环境条件。KM6 水平舱环境控制系统则是地面载人模拟试验设备的重要组成部分之一。环境控制系统应具备以下功能：

1）为飞船轨道舱内的航天服系统提供气源；

2）为飞船轨道舱内的环境控制系统提供氮、氧气源；在故障状态下接管轨道舱环境控制系统部分工作；

3）在航天员出舱热真空试验中为航天员提供应急生保气源；

4）为观察救护人员提供应急生保气源；

5）为 A、B 气闸舱提供空气调节系统；

6）准确监控循环气流参数，从而可为航天服的研制、鉴定、验收提供部分重要的定量依据。

12.2.4.2　系统设计主要技术指标

1）航天服系统正常供氧指标：压力 0.3～0.7 MPa 可调，温度 10～30 ℃可调，最大供气流量 300 L/min；

2）航天服应急气源（在 A、B、C 三舱内共预留六根航天服脐带，A、B 舱三根，C 舱三根，为出舱试验航天员提供应急生保气源）供氧指标：压力 0.3～0.70 MPa 可调，温度 10～30 ℃可调，每根脐带最大供气流量 100 L/min，总气量 300 L/min；

3）飞船轨道舱环境控制系统供氮、氧气源指标：压力 0.3～0.7 MPa可调，温度 10～30 ℃ 可调，最大供氧量 200 L/min，最大供氮量 400 L/min；

4）为飞船轨道舱提供环境控制，指标为：气体为氮氧混合气，供气温度 15～30 ℃可调，供气氧浓度 50%～20%，通过调整通风流量使舱内 CO_2 分压＜1.0 kPa，最大通风流量 450 L/min；

5) 为 A、B 气闸舱提供环境压力、CO_2 浓度、温度控制，控制指标：气体为氮氧混合气，供气温度 15～30 ℃，供气氧浓度 50%～20%，通过调整通风流量使舱内 CO_2 分压＜1.0 kPa，最大通风流量 450 L/min；

6) 在 A、B 舱内，为观察救护人员提供 3 条生保气源，供氧参数：压力 0.2～0.3 MPa可调，温度 10～30 ℃可调，每条气源最大供气流量 50 L/min。

12.2.5　综合复压系统设计

12.2.5.1　概述

综合复压系统是人-舱-服联合试验的救生系统之一。在试验中航天员无论发生任何重大事故，只要让载人航天器迅速着陆，让航天员回到大气压力下的环境中，就不会产生生命危险，为后续的急救和处理赢得时间。综合复压系统主要用于让试验舱在紧急状态下快速复压和在试验正常完成后按照复压流程使舱体从试验状态恢复到正常大气压状态。

12.2.5.2　系统技术指标及要求

1) 气体温度：复压气体进试验舱的气体温度为（300±5）K；

2) 气体成分：复压气体氧氮比为 1∶3；

3) 紧急复压时间：C 舱从 10^{-3} Pa 复压至 41.3 kPa，20～30 s；C 舱、A 舱、B 舱同时或分别从 41.3 kPa 复压至 101.3 kPa，50～60 s；

4) 正常复压时间：C 舱从 10^{-3} Pa 复压至 41.3 kPa，30 min；C 舱、A 舱、B 舱同时或分别从 41.3 kPa 复压至 101.3 kPa，60 min；

5) 轨道舱紧急复压时间：对轨道舱进行紧急复压，当舱门闭合、舱压低于 40 kPa 时，紧急复压至 40 kPa 时，复压时间不大于

10 s；舱压大于 40 kPa 时，紧急复压的复压速率不大于 133 Pa/s，复压过程保持轨道舱正压；

6）复压时的噪声：复压时 A、C 舱的噪声≤100 dB；

7）复压气体用氧要求：复压气体满足航空呼吸用氧 GB8988 — 88 要求。

12.2.5.3　系统设计

（1）工艺流程设计

复压系统工艺流程简图见图 12 – 13，其工作原理为液氧和液氮经汽化器汽化、加热器加热后，由氧、氮自动混合仪混合成合适比例的氧、氮混合气体存入混合气罐备用。复压时复压阀开启，缓冲罐内混合气体迅速进入试验舱，同时混合气罐内混合气体经调压阀、缓冲罐、气动复压阀组进入试验舱，当试验舱压力达到设定值时，压力传感器给出信号关闭复压阀，切断进气，停止复压，开展后续救援工作。

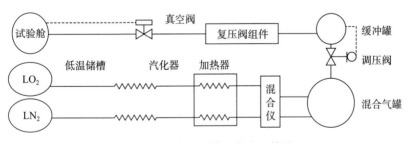

图 12 – 13　复压系统工艺流程简图

（2）综合复压系统技术指标的实现

①紧急复压程序

1）管道吹除。根据国外经验，当复压气体所含水蒸气含量≥10 ppm 时，紧急复压起始阶段试验舱内将产生大量的"雾"，严重阻碍后续的救援工作。在载人试验开始前，将复压主管道通入高纯氮气，将管道内残余空气吹净，达到除湿目的。复压气体由液氧、液氮汽化、混合而成；直至通过分析、检测达到标准。

2）备气。液氮、液氧通过汽化、加热后，进入自动混合仪混合。混合后的复压气体的含氧量、压力（25％O_2、1.0 MPa）可通过计算机或在自动混合仪进行设置，混合后的气体进入 1307、1308 混合气罐备用。

3）气动真空复压阀试验可靠性。气动真空复压阀组的试验可在备气完成后分组进行，若真空能抽到 $10^{-2} \sim 10^{-3}$ Pa，则证实试验舱复压阀密封性能已达到要求。若真空度达不到要求，应检查泄漏处。

4）紧急复压。紧急复压时，值班主任、航天员可直接揿动按钮，值班主任还可通过计算机给出信号，接到信号的气动复压阀组迅速开启，气体进入试验舱。当试验舱内压力达到设定值（可预先在仪表和计算机上设定）时，气动复压阀自动关闭（也可揿动按钮或通过计算机操作关闭）。根据计算，每个试验舱用一个气动复压阀门时通过的流量已足够，流程中用两个气动复压阀并联是为了提高系统的可靠性。

②正常复压程序

1）正常复压管道吹除、备气、气动真空复压阀组试验与紧急复压相同。

2）正常复压时，值班主任可直接揿动按钮，值班主任还可通过计算机给出信号，接到信号的电磁阀迅速开启，气体进入试验舱。当试验舱内压力达到设定值时，进入慢复压程序。当试验舱的压力达到大气压时电磁阀自动关闭（也可揿动按钮或通过计算机操作关闭）。

③消噪设计

综合复压系统可简单地用图 12-14 来表示，Y 代表气源，C 代表试验舱，L 代表连接管，气源通过连接管向试验舱复压时，会产生很强的噪声，瞬时可达 160 dB 上下，必须加以控制。

复压指标要求噪声小于 100 dB，利用中科院声学所开发设计的小孔消噪技术（其消噪装置已经安装在 KM6 水平舱法兰上），可以达到技术要求。

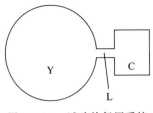

图 12 - 14　试验舱复压系统

12.2.5.4　复压系统对测控系统的要求

（1）正常复压测控要求

正常复压是在航天员每次出舱活动结束后，完成舱体的复压过程，控制流程是：

1）航天员出舱活动结束，轨道舱复压结束，复压系统接到指挥系统复压命令；

2）切断环控系统排气子系统阀，关闭真空抽气系统；

3）开电磁阀，调节阀门，控制复压速率在 23 Pa/s 左右，大约在 30 min 内，C 舱复压到 41.3 kPa；

4）打开阀门，对 A、B、C 舱同时复压，调节阀门，控制复压速率在 16.7 Pa/s，用大约 60 min 完成 A、B、C 舱复压到 101.3 kPa；

5）关闭阀门，正常复压结束。

（2）紧急复压测控要求

在试验过程中，如果试验出现意外故障，复压系统接到指挥系统紧急复压命令后，紧急复压控制流程是：

1）切断环控系统排气子系统阀，关闭真空抽气系统；

2）自动开启紧急复压阀门，C 舱 20～30 s 等速率复压至 A、B 舱内压力 41.3 kPa；

3）自动开启 A、B 舱与 C 舱之间的平衡阀，同时发出开舱信号，救生员打开舱门进行救护工作；

4）自动开启紧急复压阀，60 s 内 A、B、C 舱同时等速率复压至 100 kPa；

　　5）关闭紧急复压阀，紧急复压结束。

　　（3）说明

　　复压信号可以由复压测控系统和本地控制发出，复压过程的控制由本地控制完成，在本地以及集散控制计算机上均能显示压力数据以及具有复压过程的紧急停止功能，紧急停止功能可以在集散控制计算机上和本地控制完成。在本地控制端，设定两个按钮，为防止误动作，在把两个按钮均按下时，确认复压开始。

　　复压到 41.3 kPa 时发生的开 A、B 舱信号有三种：计算机系统 CRT 显示、声音提示、指示灯指示，另外在 A、B 舱内设有灯光指示。

　　复压曲线的控制可通过调节复压阀门来完成。

12.2.5.5　综合复压系统控制回路互锁

　　为确保复压系统的安全，防止低水平的误操作，对一些重要参数设计有互锁功能。

　　（1）关键设备、阀门选择

　　复压系统复压使用的气体直接为试验人员使用，氧气含量的控制应该符合国家医用氧标准，在备气过程中使用德国进口的自动混合仪。气体为可压缩性的流体，在不同压力条件下，等温的同种等量气体，可以表现出不同的体积大小。换句话说，气体温度、压力跟体积的关系是环环相扣的。自动混合仪将单元气体经由精密机械方式进行等压混合，调整单元气体至等压，再调配单元气体的流量比作为混合气体的比例，自动混合仪一般采用两种混气方式：以质量比作为混合气体比例的质量法；调整单元气体至等压，再调配单元气体的流量比作为混合气体比例的流量法。系统设计采用的德国进口自动混合仪采用流量法作为设计的基础，为确保单元气体处于等压状态，设计出双流量控制器及零缺点的一套比例混合阀。

　　根据技术资料上的指示，循序渐进地设定入口压力、导引气的压力，按下电源开关，即可经适当时间的排放达到所需的混合比。

复压系统所用阀门需要严格选择，尤其是气动真空复压阀、气动调节阀，它们的响应时间关系到复压救生时间，关系到复压救生的成败，气动复压阀连通试验舱一端试验时压力低于一个大气压，两端压差近似为 0.2 MPa，它的漏率指标关系到整个试验过程中的试验舱内的真空度指标，所以性能指标要严格控制。此外，12 个手动真空阀是试验准备时检验复压阀组工作指标的关键。

（2）气动真空复压阀

根据工艺参数、真空度和使用要求，首先确定为软密封、全通径高真空球阀，如 8″ 9150VC 36HBMT。最大压差为 0.4 MPa，首先我们选用气缸式气动执行机构，该执行机构具有动作快、可靠性高的特点，平均寿命达 60 万次。由于该真空阀开启时间要达到 0.8 s，因此使用双作用气动执行机构，而不用单作用执行机构，由于弹簧的存在，相同扭矩的单作用执行机构动作时间要比双作用执行机构长。若最大压差为 0.4 MPa，则执行机构可确定为 B1CU20。B1CU20 的气源管标准接口为 1/2″，为了保证开启时间不超过 0.8 s，整个气路管道的大小应不小于 3/4″。

（3）气动调节阀

为保证减压阀后压力恒定 0.2 MPa，选用三个气动压力调节阀并联。选用的气动调节阀具有调节精度高、可调比大、性能稳定可靠的特点。由于阀座是金属的，即便阀门长时间不用，它也能保持在良好的工作状态，随时可以快速响应。阀芯结构简单、可靠、响应快、所需扭矩小。

12.2.5.6　系统设计仿真验证

综合复压系统方案设计经工艺流程计算选定了所需的管径、阀门、配套设备，经热力计算和强度计算确定了主要设备的尺寸和结构。为了确保综合复压系统方案设计的安全性、可靠性。对综合复压系统设计方案进行了系统仿真验证。

从仿真结果可以看出紧急复压起始阶段进入试验舱气体的流速最大，随着缓冲罐内压力降低，气体流速降低，试验舱内气体温度由于气体体积膨胀有降低趋势，但是到复压结束，气体温度高于 0 ℃，而试验舱内压力在约 14 s 左右达到 41.3 kPa，轨道舱在 7 s 左右达到 41.3 kPa（舱门关闭），满足紧急复压要求。

12.2.6　KM6 水平舱真空系统设计技术

12.2.6.1　真空系统技术指标

1）C 舱真空度空载优于 1×10^{-4} Pa，有载优于 6.5×10^{-2} Pa；

2）A、B 舱真空度空载优于 10 Pa；

3）A、B 舱从一个大气压到 41.3 kPa 连续可调，控制精度为 ± 0.5 kPa；

4）可以在 30 min 以内将 A、B 舱与 C 舱的真空度分别抽至 10 Pa；

5）在泄压过程中，当轨道舱最大泄压速率 $\leqslant 1.33$ kPa/s 且泄压至 100 Pa 关闭泄压阀门时，要求 C 舱真空度优于 100 Pa；

6）具有抽纯氧以及少量水蒸气的能力。

12.2.6.2　真空系统的组成及研制情况

KM6 水平舱真空系统由 A、B 舱真空系统，C 舱真空系统，真空测量系统以及抽氧和水蒸气能力的测试系统组成。下面分别加以阐述。

（1）A、B 舱真空系统

简单地讲，A、B 舱真空系统的主要功能是完成抽气、稳压和调压的需要。对 A、B 舱内真空度的要求，属于低真空范围，采用低真空泵或泵组就可以满足真空度的要求。

下面进行的抽速计算，采用了机械泵的粗抽时间的计算公式。

1）泵的抽速及选型的确定。A、B 舱容积约为 75 m³，其中 A 舱约 30 m³，B 舱约 45 m³。这里将以 B 舱容积来计算需要的抽速，A 舱的配置与 B 舱相同。

按 KM6 水平舱试验要求，当 A、B 舱参与人舱服联合试验时，有参试人员在舱内。以允许的最大降压速率 133 Pa/s 来计算，在达到 41.3 kPa 时，抽气时间应该不小于 7.4 min。按容积 45 m³、最短抽气时间计算得到的抽速不大于 90 L/s。

2）A、B 舱调压系统。根据对真空系统的要求，A、B 舱的真空度应能稳定在（41.3±0.5）kPa。要想有效抽速 S 能够进行调节，在设计时有两种思路：一是对泵的名义抽速进行调节，二是对抽气管道的流导进行调节。根据实际情况，我们准备采用后一种设计思路。在管道、法兰的公称直径和长度已经确定的情况下，对管道总流导的调节，可以说就是对阀门流导的调节。

我们采用的调压系统主要由真空抽气系统、可以连续调节流导的阀门、真空度测量系统和充气系统组成。该系统原理图见图 12-15。

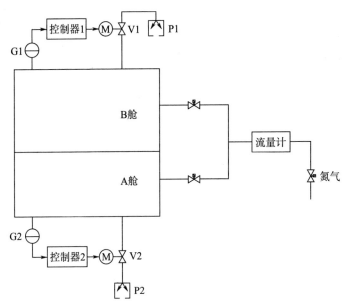

图 12-15　A、B 舱调压系统原理图

该系统调压的原理如下：首先将真空室要达到的真空度数值在

真空计上进行设定，由真空计 G1（G2）输出的信号通过阀门的控制器 1（控制器 2），来控制阀门 V1（V2）开度的大小。在抽气过程中，真空泵 P1（P2）泵口的抽速基本维持不变，同时在真空室内给一定流量的气流（单位时间内的进气量要不大于泵实际的抽气量，否则容器内压力会越来越高）。随着真空室内真空度数值越来越接近设定值，阀门的控制系统将调整阀门的开度到合适的位置。这时，真空室单位时间内的气体负荷总量与真空系统对容器的抽气量将达到动态平衡。

在系统空载调试时，充气系统可以由复压系统储气罐提供最大流量为 600 L/min 的氮气或者空气，来进行稳压和调压的调试。在实际试验时，由于 A、B 舱中有救援人员，环控系统会向 A、B 舱补充 450 L/min（最大为 600 L/min）的氧气，此时，充气系统由环控系统来承担。

经过调研，通过比较分析，ϕ40 mm 的可控蝶阀能够满足我们调压的要求。图 12-16 是 A、B 舱新增真空系统原理图。

（2）C 舱真空系统

C 舱体积约为 200 m³，对真空系统的要求如下：

1）根据技术指标的要求，真空系统需要在 30 min 内将 C 舱从 101.3 kPa 抽到 1 Pa；

2）在泄压试验中，要求真空系统能够尽快将泄漏进 C 舱的气体抽走；

3）能够抽除纯氧和少量水蒸气。

第一项要求决定了粗抽机组主泵必须具备的抽速以及机组的大致配置情况；第二项要求希望机组的抽速尽可能大些；第三项要求对机组的选型、材质以及加工工艺过程等具有一定的约束。

从水平舱综合试验方案中，了解到泄压的主要目的是为了获得泄压的时间曲线。因此，本文将根据 C 舱原有的真空系统，在不影响泄压特性的情况下，对真空系统进行设计配置。

根据上述要求，针对载人试验，对粗抽系统给出两种方案。两

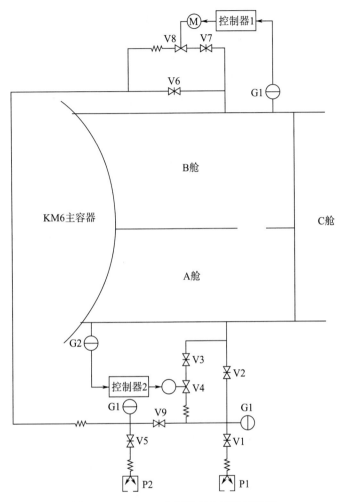

图 12 - 16　A、B 舱新增真空系统原理图

V1，V2，V5，V6，V9—真空密封蝶阀；V3，V7—真空密封蝶阀或直通挡板阀；

V4，V8—可调节开度的蝶阀

种方案的高真空系统都用原有的低温泵系统。

考虑了试验工况中，对两套航天服 5 min 纯氧的冲洗和泄压到 40 kPa 后两套航天服中纯氧的泄漏量，没有考虑其他的氧来源。但是尽管这样，泄压到约 6 kPa 时，C 舱中的氧浓度将上升到 25%，在开舱门时，氧浓度将达到 52% 左右，随着抽气的继续，氧浓度将越来越高。图 12 - 17 所示为轨道舱氧浓度变化曲线，图 12 - 18 所示为水平舱 C 舱氧浓度变化曲线，图 12 - 19 所示为轨道舱内压力变化曲线，图 12 - 20 所示为 C 舱内压力变化曲线。

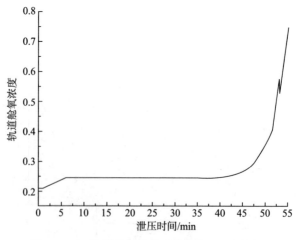

图 12 - 17　轨道舱氧浓度变化曲线（两套机组）

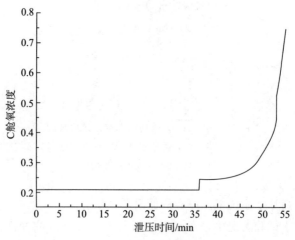

图 12 - 18　水平舱 C 舱氧浓度变化曲线（两套机组）

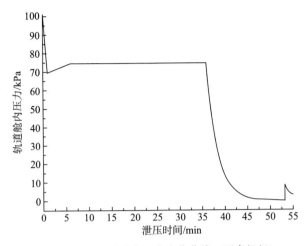

图 12-19　轨道舱内压力变化曲线（两套机组）

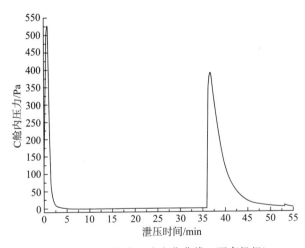

图 12-20　C 舱内压力变化曲线（两套机组）

　　C 舱高真空系统设计：有载时，根据飞船在 KM6 多次试验的数据以及查阅有关资料，轨道舱的漏放量估计不大于 150 Pa·L/s。当有氢、氦等气体的累积，导致高真空不能维持优于 10^{-2} Pa 时，启动分子泵系统进行抽气。

因此，C 舱的高真空系统仍然采用原有三台低温泵为主泵的高真空系统，在热平衡试验和泄复压试验时，可以采用三套分子泵系统，来辅助抽除分子量较轻的气体。在人舱服联合试验时，禁止使用分子泵抽气系统。

（3）真空测量系统

在真空测量中，如果被测气体是氮气或惰性气体，就比较简单。但是多数情况下，系统中的气体是氮、氧、氢、二氧化碳、水蒸气和油蒸气等多种气体的不同组合，其中尤其以氧、水蒸气、油蒸气等组分会给真空规带来坏的影响。而在水平舱的载人试验中，氧浓度会高达 50% 左右，因此，在我们目前的真空测量系统中，要充分考虑到氧的影响。

氧气是一种强氧化剂，它会使热传导规的热丝氧化，改变热丝表面的状态，引起规管零点漂移和灵敏度的改变。电离规的热阴极在氧气中会有明显的损耗。如果在高于 10^{-2} Pa 的氧压下工作，钨阴极很快就会被烧毁；而且热阴极电离规对氧气有较大的抽速，冷阴极电离规对氧气的抽速更大。

为了在高浓度氧的环境中，真空规能够正常工作，而且保证测量总压数值的准确，故决定采用薄膜规和压阻规来进行真空度的测量。压阻规的测量范围为一个大气压到 10 Pa，满量程的精度为 0.5%，且线性测量精度高，与被测气体种类无关。薄膜规的测量范围可以从一个大气压到 10^{-3} Pa。为了测量的可靠性，我们决定采用这两种不同种类的规组合来对真空度进行测量。

（4）抽氧和水蒸气能力的测试

向 A、B 舱通入了氧浓度为 50% 的气体，A、B 舱真空系统持续抽气将近 50 min，经分析容器内氧浓度达到了 32.5%。A、B 舱真空系统安全地将这部分气体抽除了。

测试结果进一步证实了 A、B 舱真空系统具有抽除高氧浓度气体的能力。

在泄复压模拟调试过程试验结束后，对冷干组件的吸水锥体的质量进行称重，质量为 6.17 kg，即本次调试中，共有 0.32 kg 水升华以后被机组抽走，从此数据可以看出机组抽除水蒸气的能力。

12.2.7　KM6 水平舱消防系统设计

火灾危害是载人航天试验的主要安全隐患之一，国外在这方面曾有过惨痛的教训。目前，随着 921 工程的进展，特别是二期工程的启动，航天员地面试验的频率和内容会日趋增加，火灾隐患的威胁将变得突出。因此，在 KM6 水平舱试验系统中考虑消防灭火问题是非常必要的。

12.2.7.1　概述

消防保护区分为两块独立的区域，分别是 A 气闸舱和 B 气闸舱，对轨道舱需要配置救援灭火手段，当其发生较严重火灾时，救援人员可以通过 C 舱对轨道舱内进行灭火救援。A、B 舱为低压富氧状态（含氧量为 20%～50%；压力为 40～100 kPa），A、B 舱结构形式为：中间为人员训练活动空间，上下为夹层。这些舱的结构尺寸如表 12-3 所示。

表 12-3　KM6 载人试验舱消防区域结构尺寸

区域	容积/m³	水平最大截面积/m²	高度/m
水平舱 C	216.00	55.00（5.00×11.00）	5.00
气闸舱 B	43.00	15.00（3.00×5.00）	5.00
气闸舱 A	25.70	7.00（2.00×3.50）	5.00
飞船轨道舱	11.13	6.30（2.25×2.80）	2.25

主要火灾危险源为舱内的工艺设备、电线电缆、仪器仪表及训练人员衣服和所带可燃物。

气闸舱因其独特的结构形式，独立密封，火灾发生时，人员无法逃生，要求消防系统必须以人为本，灭火介质的选择必须考虑最大限度地降低对人体、生命的危害，降低对精密设备的损害。舱体形成后设备布置不易更换，因此，报警系统的设置与主舱体结构要一次形成，避免更换。产品运行要安全可靠。

12.2.7.2 要求达到的性能

系统按严重危险级设计，具体要求：

1）可靠性。系统设计采用冗余设计，火灾探测准确。

2）快速、灵敏。一旦火灾发生，能够快速报警。

3）安全、无毒或低毒、无损或低损。采用的灭火剂对人体和设备安全。

4）智能化、集中监控。系统自动化程度高，操作简便。

12.2.7.3 系统设计

（1）消防系统的关键问题

1）富氧条件下的灭火问题。KM6 地面试验系统 A、B 舱为低压富氧状态，采用哪一种灭火系统才能有效扑灭火灾是研究的关键。火灾燃烧的三要素是燃烧物、温度和氧，而扑灭和控制火灾的主要机理在于冷却作用、窒息作用和打破燃烧链。而对于富氧条件，主要基于窒息作用和打破燃烧链作用原理的灭火系统缺乏可靠灭火的技术参数和依据，而只有主要基于冷却作用的灭火系统才能保证可靠灭火。因此富氧条件下如何灭火的问题是应当解决的首要问题。

2）灭火系统的安全问题。鉴于试验舱为封闭舱体，内部设置有仪器设备，并且其中有人员活动，因此对灭火系统的安全环保特性有较高的要求。目前的各类灭火系统中，卤代烷系统对人员有伤害，有的卤代烷系统（如 FM200）还存在酸类热解产物，对仪器设备有较大损害；二氧化碳灭火系统对人员有致命伤害；惰性气体灭火系统对人体和设备损害均较小，但窒息作用原理完全不适宜于本项目的富氧舱内；Novec1230 灭火系统对人体和设备无损害；细水雾灭火系统对人体无害，环保性最好。灭火系统的安全性问题也是应当充分考虑的问题。

3）快速可靠的火灾探测与识别问题。由于 KM6 试验系统的重要性，一方面要充分保护航天员，另一方面试验舱造价不菲，需要充分考虑消防的快速可靠性，从而避免灾害扩大。因此要求实现快速可靠的探测，这是消防系统的关键问题。

（2）关键性问题的解决方案

1）方案选择。针对目前常用的几类灭火系统，从灭火机理、安全环保特性、灭火有效性等方面进行比较，根据消防系统的关键问题论述不难看出，只有具有强冷却效能和安全环保功效的灭火系统才能适用于 KM6 试验舱。

综合富氧条件下的灭火效能要求，Novec1230 和细水雾灭火系统是本设计的首选。对人体和环境危害最小的是细水雾、惰性气体和 Novec1230 灭火系统，对设备影响最小的是 Novec1230 灭火系统、惰性气体和其他气体灭火系统。

2）多探测器互备和关联算法。根据 KM6 试验系统对探测系统可靠性的要求，第一，探测器应在不更换情况下保证可靠良好工作；第二，快速可靠探测火灾，避免误报。本设计采用如下措施：

a）采用多探测器关联算法，可以有效避免误报警。具体特点为：在火灾判断过程中，增加了距离因素，避免了像吸烟这样的假火源造成的误报；对于真火源造成的均衡扩散烟雾反应快；使用先进的复合探测技术，而系统造价并不提高。

b）每个舱体内设置三个感烟探测器，两主一备。即当一只探测器损坏时，无须更换即可隔离故障探测器，而采用备用探测器进入主机系统计算报警。

3）图像监视系统。图像监视系统是安全技术防范体系中的一个重要组成部分，同时它也是消防报警系统的一种更加人性化的监测系统。通过图像监控系统，在控制室内的工作人员可以随时观察舱体内人员活动情况及有可能引起火灾的行为，早期提醒、规范现场操作人员的动作、行为，以达到杜绝火灾发生的目的。

4）吸气式烟雾探测器。采取主动探测技术，实时检测环境参数。

5）舱体夹层及重点电气设备的监控探测。舱体夹层是不便于采用普通感烟和图像探测器进行探测的，另外电气设备在产生烟雾前，会有一个热量积聚、异常升温的过程。因此，为了可靠探测和监控电气设备以及夹层内设备的异常温升和火灾，本设计采用类似民用、军用飞机中选用的模拟量缆式线型差定温探测器。该探测器可以敷设于夹层和贴临重要电气设备敷设，对异常温升速率和温度进行探测和报警，响应速度快，系统可靠。

（3）总体构成及工艺流程

防火报警系统由以下子系统构成：火灾自动探测报警子系统、蓝宝石Novec1230灭火子系统、细水雾灭火子系统、通信和广播子系统以及移动式灭火器。系统工艺流程如图12-21所示。

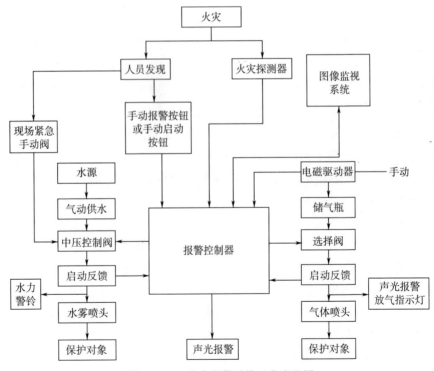

图12-21 防火报警系统工艺流程图

防火报警系统具有自动、手动、机械手动三种运行方式。

1）自动方式。系统置于自动状态。当保护空间火灾参数达到探测器探测标准时，探测器动作，向报警控制器发出火灾信号。或训练人员现场发现火灾按下手动报警按钮，向报警控制器发出火灾信号，系统联动关闭相关阀门（如氧气输送管道，空调防火阀等），自动启动灭火系统。

2）手动、机械手动方式。系统置于手动状态。训练舱内设置紧急启停按钮，训练人员现场发现火灾按下启动按钮，或通过对讲、图像监视系统通知相关舱外人员按下控制器上的手动启动按钮，或机械手动（现场打开瓶组）启动灭火系统。

12.3　载人航天热试验技术

12.3.1　中国载人航天器热平衡与热真空试验技术

12.3.1.1　载人航天器热平衡试验技术

热平衡试验是在模拟空间真空、冷黑、太阳辐照（或红外热辐射）环境条件下，检验载人航天器轨道飞行中温度分布、验证热设计并考验热控系统功能的试验，是载人航天器不可缺少的大型试验。

国际上，已先后发射了数千颗不同用途的航天器，积累了大量的热设计与热平衡试验的工作经验，但是在载人航天器的研制中，由于它具有新的特点，所以必须进行热平衡试验，理由如下。

1）由于一般航天器在轨道、姿态、结构外形与总体布局、内部功耗、质量、仪器设备和部件温度要求范围等方面与载人航天器的要求有所不同，因此，过去的热平衡试验与飞行的试验数据，不能直接应用于载人航天器。

2）国际尤其是国内现有的技术水平，还不能精确地得到航天器换热计算中所需要的大量热参数，如舱内仪器设备与结构部件安装面接触热阻、热辐射交换系数、材料的导热系数、辐射特性、热容等热设计参数。这些参数有计算数据，有试验数据，有查手册得到的数据，有经验数据，但其数值与真值间存在一定的误差。由这些参数得出的热设计计算结果与实际情况存在一定的误差。

3）建立数学模型的误差。由于不同类型航天器本身温度、压力等参数不同，以及热数学模型简化产生误差。

4）热计算方法的误差。传热方程组的求解采用近似的计算方法，计算结果与真值存在一定误差。

5）航天器舱内由于采用通风设施和液体冷却回路控热装置，与一般航天器有一定差别，热平衡试验更加必要。

6）根据以上的分析，国内外在载人航天器研制过程中，必须通过航天器热平衡试验来验证热设计，并以实验结果为准来修改热设计，才能保证载人航天器在轨道上的温度要求。

12.3.1.2　载人航天器热真空试验技术

（1）载人航天器热真空试验的特点

1）载人航天器保证航天员在轨道运行的热真空环境条件下安全地生活与工作，并能顺利地返回地面，其可靠性要求高于一般航天器，因此提出了新的热真空试验技术要求。

2）载人航天器，除了一般航天器上有的各种通用系统外，还有支持航天员生活与工作的专用系统，环境条件要求更高、更复杂，在尺寸上比卫星要大得多，必须提出新的热真空试验技术与试验方法。

3）航天员的舱外活动，直接暴露于热真空环境中，对热真空试验提出更高的技术要求和更严格的试验顺序。

（2）热真空试验项目

1）航天员及其装备的热真空试验；

a）航天服的热真空试验；

b）着装航天员工作能力的热真空试验；

c）航天员舱内生命保障系统的热真空试验；

d）航天员舱内环境控制系统的热真空试验。

2）载人航天器的热真空试验

a）大型组件的热真空试验；

b）分系统的热真空试验；

c）舱段的热真空试验；

d）整体的热真空试验。

3）航天员与载人航天器组合体的热真空试验

a）航天员舱内操作的热真空试验；

b）航天员紧急救生的热真空试验；

c）舱外用航天服的热真空试验；

d）出入座舱的热真空试验；

e）航天员出舱适应性的热真空试验；

f）航天员使用舱外活动装置的热真空试验；

g）航天员舱外生命保障系统的热真空试验。

将来随着载人航天技术的发展，航天员在空间站系统、空间基地等长期活动，也需要做相应的热真空试验项目。

（3）**热真空试验目的**

a）验证载人航天器的安全性及适飞性；

b）研究验证在非正常情况下及紧急状态下的工作性能；

c）检验在安装状态下各分系统的互相协调及互相影响；

d）验证及修正热设计的数学模型，评价设计方案的正确性；

e）验证航天员操作程序及检查程序，验证航天员在座舱内外执行任务的能力；

f）评价航天员空间活动支持设备的性能；

g）暴露材料与制造工艺中的缺陷。

热真空试验可以重复进行，可以发现与弥补原先漏掉的试验工况与试验项目。在试验中发现了异常现象可以进行验证，提出改进措施。地面上的热真空试验比飞行试验验证费用低且安全，易于对试验结果进行研究分析。

12.3.2　美国载人航天器的热真空试验技术

12.3.2.1　载人航天器热平衡试验技术

NASA 下属的约翰逊空间中心是主要负责 NASA 载人航天任务的中心。为了载人航天器热真空试验的需要，建造了 2 个大型空间环境试验设备，即设备 A 和设备 B。设备 A 是为了进行大型载人航天器和航天器舱段组合［如阿波罗飞船的指令舱、服务舱（CSM）和登月舱（LM）的组合］试验，该设备的主模拟室直径为 19.8 m、高为 35.6 m，立式，有效空间直径为 7.5 m，高为 22.5 m，真空度为 1×10^{-3} Pa。设备 B 用于较小的载人航天器（如阿波罗飞船的指令舱）、航天服及其他舱外活动（EU）设备的试验。主模拟室直径为 10.5 m、高为 12.9 m，有效空间直径为 3.9 m、高为 8.1 m，真空度为 1×10^{-2} Pa。

12.3.2.2　美国阿波罗飞船的热真空试验技术

1）阿波罗 008 飞船的热真空试验。曾先后进行了 3 次指令舱和服务舱的组合热真空试验，1 次登月舱的热真空试验。

3 次指令舱和服务舱的组合热真空试验中，第 1 次是无人试验，1966 年 7 月进行了 94 h；第 2 次 1966 年 8 月是载人试验，共进行了 183 h，因为试验中出现了问题，同年又进行了载人试验，进行了 173 h。

（2）阿波罗 2TV - 1 飞船的热真空试验。第 1 次是无人试验，进行了 29 h，第 2 次在 1968 年 6 月进行了 170 h 的载人试验，同年 8 月、9 月又分别做了 61 h 的无人试验与 120 h 的载人试验。

主要试验目的：

a）验证座舱及航天服回路的性能；

b）验证氧气系统与航天器有源系统的兼容性；

c）验证飞船上低温氧气紧急放空系统的性能。

3）登月舱 LTA - 8 试验。1968 年进行了 5 次热真空试验，验证登月舱在地球轨道和月球轨道飞行中对热真空环境的承受能力并发现存在的问题。

在 5 次试验中，共发现了 63 个问题，其中 27 个是设计问题，后进行了改进，25 个是操作程序问题，11 个是制造工艺的问题，试验是有效的。

通过试验，在安全、防火、复压、污染控制、失效模式和效应分析等方面也都取得了大量的数据和实际操作经验。飞船经改进后，可用于登月飞行。这些试验都是在 NASA 约翰逊空间中心的设备 A 和设备 B 中完成的。

12.3.3　载人航天活动热真空试验的特殊要求

随着航天飞机等载人航天技术的发展，航天员的舱外活动不断增加，载人热真空试验对确保载人航天的任务完成与航天员的安全显得尤为重要。因为仍然有很多未知因素用热分析与工程设计无法解决和预测。从 20 世纪 60 年代至今，美国一直利用约翰逊空间中心的设备 A 与设备 B 做大量的、经常性的、有航天员参加的载人航天热真空试验，使美国载人航天活动计划顺利完成。例如，舱外活动飞行的热真空试验、回收的热真空试验、舱外活动装配空间站的热真空试验、舱外活动装置的热真空评估试验、修复哈勃太空望远镜的热真空试验等，这些试验都必须有航天员参加，以验证在热真空环境下，航天员舱外活动的功能及对各种硬件操作的能力。试验设备应考虑航天员在热真空环境下的安全，并应考虑设计有关的辅助装置，克服航天员在重力加速度 1g 与热真空环境下身穿航天服在操作飞行硬件上所遇到的活动困难。

（1）试验设备的要求

1）灭火系统。自从 1967 年发生阿波罗指令舱着火事件后，所有载人试验容器内都备了喷水灭火系统，其流量是以扑灭无氧条件下的爆燃来制定标准及要求，对有人试验，含氧丰富（O_2 分压高于 2.35×10^4 Pa），其每平方米的喷水流量要求为 306 L/min，将水喷洒到所有壁面、设备。要求安装固定的灭火系统，在敏感到火势扩展时，0.5 s 内自动喷水并能手动操作。在约翰逊空间中心的设备 B 中，气闸舱和主舱内分别配置了喷水流量为 189.5～1 706 L/min 的多喷头灭火系统。在气闸舱内还配有营救人员用的 9.18 m 长的水管。

2）紧急复压系统。复压过程分为 2 个阶段：第 1 阶段可在 30 s 内由真空上升到41.3 kPa；第 2 阶段为 60 s 内由 41.3 kPa 上升到 1×10^5 Pa。它是用存储于气罐内的20 670 kPa的干燥空气来实现的。空气中的水分含量要求在紧急复压时起雾，影响救援工作。主舱压力恢复到 41.3 kPa 后，开始救援工作。

3）应急电源。应急电源用于关键保障系统，以便安全撤离被测试航天员和中断试验。用 2 个发动机：1 个 124 kW，480 V，用于支持不同的系统；另一个作为不间断备用电源，在紧急情况下用气轮机驱动，提供 20 kW，120 V 的电源给试验指挥控制台、计算机数据系统、复压系统等。为防止 2 个发动机都出故障，还备有 2 个蓄电池组。

4）防止电晕放电。为了防止电晕放电引起设备的损坏，要求检查电缆、连接件材料的除气、插座的绝缘、电缆在真空下的发热等。在压力为 6.67×10^3～6.67×10^{-1} Pa 过程中，电位高于 80 V 的设备都要停止工作。

5）氧气供应系统。在气闸舱内设有多路氧气供应系统，供给救援人员穿戴的便携式氧气装置及被试航天员的需要，同时提供为舱外活动装置的氧气槽充压到 5 860～6 205 kPa。

6）生物监测系统。用于对航天服环境状态和航天员生理条件进行监测，如压力、CO_2 分压、O_2 分压及航天服的有关参数，航天员的心电图，身体温度等，通过计算机采集、传输到试验指挥系统，并通过计算机显示与记录。

7）通信和测试系统。声频通信用于试验指挥人员与航天员的通信联络，如果在试验时，通信中断 10 min 左右不能恢复，按试验规程中断试验。电视图像通信，试验舱内还装有多个电视摄像机，用于对被测试航天员进行观察。数据记录显示系统，记录并显示各个关键参数，如航天器的状态、航天服的性能、环境条件、模拟室的条件等。依据准确的数据来做出判断，以便采取措施，保证航天员的安全。

8）舱外活动装置的保障设备。如电源、氧气、冷却水等保障支持，以保持正常的功能。

（2）载人试验前的准备

1）试验程序。制定详细的试验程序和紧急程序及航天员、航天服和硬件发生意外时应采取的措施等，并制定安全、质量、实施装配、医疗等相关技术文件。

2）预演和培训。进行紧急状态下的救援演练，救援人员对在紧急状态下所采取的行动应十分熟悉，对试验人员要进行操作培训，对舱外活动装置的操作和心理学知识方面进行培训和考核。对试验指挥人员的培训要更加严格。

3）制定试验规定。整个试验顺序只能按试验主管的指挥进行；试验人员在接到命令后要确认，完成后要报告；岗位间的私人通话要经试验主管批准；试验人员离开或返回岗位时要向试验主管报告；关键人员由规定的替换人员替换，替换要在试验主管认为合适的时候进行。严格执行试验程序、试验管理指令、操作规程等。

4）进行失效模式和效应分析。对可能引起人员伤害和设备、试验物损坏失效进行分析，按损坏的程度进行分类，并说明产生的原因和控制方法，进行预示，要给出设计备份和安全系数，以增加载人试验的安全性。

5）试验准备的评审。对每次试验开始前的准备工作要进行评审。评审内容包括试验目的、试件、设施的准备，试验矩阵、试验约束条件和危害的分析与预示等。评审组由试验部门、医学部门、质量保证部门和安全部门等人员组成。

（3）航天员身着航天服时，在重力加速度 $1g$ 环境下操作的辅助设备设计

由于在热真空室内无法模拟微重力环境，而舱外活动装置和其他硬件又不全是为在重力加速度 $1g$ 环境下使用设计的，因此在做热真空试验时要设计专门的辅助设备与操作程序。

由于在做载人热真空试验时，舱外活动装置重力达 1.112 kN，航天员在重力加速度 $1g$ 环境下很难活动。为了抵消重力，将舱外活动装置装在可承重力 4.45 kN 的小车上，小车在工字梁单轨上滚动，航天员可以在模拟室内自由地操作小车，也可对单轨系统做遥控操作，可在 2 个轴向方向行动，协助航天员进出模拟室。

航天员在舱外活动时间可达 6 h，对所有重力超过 66.7 kN 的硬件机构，都要用配重平衡。如在试验中将某个机构在模拟室内操作到某个位置，需要用钢缆、滑轮、绞盘来传送。

在模拟室内应注意布局设计，有关机构要放在最佳位置，便于航天员操作，要预先试排和演练，航天员要熟悉所有的操作程序及各种硬件接口关系。

第13章　管理与测控系统设计技术

13.1　概述

随着控制及网络技术的发展和广泛应用，空间模拟器对自动化测量、控制及设备运行管理的智能化也提出了更高的要求。当前空间模拟器控制系统已经发展到以控制软件为核心、测控硬件为支撑的多级分布式网络控制应用模式。

控制系统是中大型空间模拟器设备正常工作的核心，从设备自检开始到试验结束，贯穿整个试验周期。控制系统的工作内容除满足控制与管理设备硬件正常运行外，还需考虑实际试验过程中对操作人员、试验任务及试验数据等方面的综合管理。当前对控制系统的要求需包含试验管理和设备测控两方面内容，详细要求如下。

（1）功能要求

空间模拟器的管理与测控系统的主要任务是用来统筹管理试验任务，针对具体试验任务协调调度实验室人力资源，规划并执行各分系统之间的工作调度，完成对应分系统内部测控设备的自动控制，满足试验任务对应的空间试验环境需求。

（2）性能要求

由于空间模拟器的大型化和综合型发展需求，测控系统的集成化程度和功能要求日益复杂，同时对设备的性能要求也就更高，通常测控系统需满足以下三方面的性能要求。

1）安全性：首先不能因为操作失误或设备失灵，造成对现场工作人员的人身致死或伤害；其次不能因为设备故障或运行过程中过载等问题出现，造成对设备自身的严重损坏和损毁；最后要保证系统所选用的软件或硬件不造成信息泄露，杜绝由于应用国外软件造成网络数据遭受攻击，或所选用的配套设备有自动定位或数据外泄发送等间谍硬件模块的出现。

2）稳定性：从软件上要保证正确的逻辑流程，防止垃圾数据堆积造成系统运行不稳或陈旧参数造成的无效数据出现等；同时从硬件及仪表信号采集方面避免由于线路干扰等问题造成的数据失真或控制失效。

3）可靠性：测控系统的硬件选配首先要经过筛选满足其自身品质的可靠性，此外对设备的故障诊断及维修、维护也应做到满足设备正常的可靠运行要求。

13.2　总体设计及任务分解

管理与测控系统的总体设计需根据空间模拟器的具体应用范围来进行，其中主要包括分析并挖掘系统的功能需求，确定系统的总体结构，规划分系统及其任务范围等内容。

（1）系统需求分析

空间模拟器主要是用来模拟空间真空、冷黑及外热流等三大自然环境的大型综合型基础设备，包括真空容器系统、真空获得系统、控制系统、液氮与气氮流程控制、外热流模拟及测控等多方面内容。根据设备特点对系统需求分析如下。

1）操作人员的管理：空间模拟器对操作人员的要求是具备专业素质，且劳动强度耐受力大。为降低人力成本，避免人为错误或人为干预试验结果，系统需要对专业的实验室设备操作人员进行有效管理。

2）试验任务管理：空间模拟器作为综合型试验设备具有共享性，但往往对于具体试验任务又是独占设备，且试验运行成本昂贵。为提高设备利用率，需对试验任务进行有效管理，合理安排对应试验任务并提供试验配套资源保障。

3）设备自动控制：对于空间模拟器这类综合型科学试验设备，控制系统多样，被控制对象复杂且分布较广，所涉及仪器仪表精密，因此需采用现代网络技术和计算机技术实现对设备的自动化测量及控制。

4）设备管理与维护：空间模拟器作为非标集成设备，为保证设备处于最佳工作状态，需对设备所采用的元器件、仪器仪表、配套件等进行对应型号管理和运行状态跟踪，并对采用件的更换、维护等信息进行提醒并处理。同时设备出现故障时需要做到快速定位并进行排除。

5）试验数据管理：客观有效的试验数据是对应试验任务的重要成果，通常涉密，对于大量且复杂的数据信息，有效的应用和必要的信息挖掘是对前期成果的总结，也是后续试验进行的有效依据，因此需加强对试验数据的管理和应用。

（2）系统总体结构设计

控制系统的结构设计要求能够便于实现对不同应用模式下的功能控制，对控制信息的有效传输，对试验数据的准确采集、存储和处理。根据大型空间模拟器设备在实验室空间内各系统分布较广的特点，结合其控制需求，通常将系统总体结构设计成以数据库为中心的多层分布式网络结构。管理与测控系统由集中控制层（包括总控系统和各分系统）、现场控制层和设备层三部分组成，总体结构如图 13-1 所示。

1）集中控制层（也称为远程控制层）由总控中心客户端计算机、总控大屏幕和网络打印机等组成。集中控制层客户端计算机上的应用软件要基于通用开放的软件平台开发。试验管理分控计算机通过网络共享中心数据库数据，管理系统对应人力资源及试验任务所需资源。各分系统客户端计算机通过网络从中心数据服务器读取和接收数据，以图形或报表的形式在组态软件画面中显示出来，用户通过组态软件发出控制命令，数据服务器接受命令，转发给现场控制层 PLC 实现对设备的远程控制。

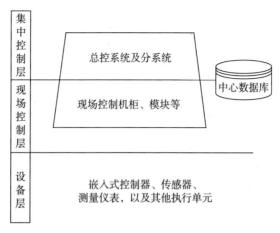

图 13 - 1　管理与测控系统总体结构图

2）现场控制层包括对应分系统设备运行的 PLC 控制柜及通用控制模块。控制柜或控制模块要能满足在本地和远程两种模式下运行。本地模式主要用于设备的安装调试以及运行过程中独立维护，也可用于设备的现场控制。分系统在本地运行模式下对应集中控制层的上位机只能监视现场状态而无法进行控制，只能由现场控制柜进行控制；在远程模式下，上位机可以控制现场设备，本地控制柜只能监视而无法改变现场状态。

3）设备层由嵌入式控制器、传感器以及测量仪表（包括数据采集设备、程控电源机柜以及测控电缆网等）等组成。设备层的被控对象通过接收控制层 PLC 设备或计算机的指令，执行数据信息采集和实现逻辑控制功能。

（3）系统模块规划

根据大型空间模拟器设备的需求及应用特点，通常规划为以应用软件开发的试验管理子系统和以工控软件开发的设备运行子系统两大部分，控制模块规划如图 13 - 2 所示。针对具体系统的控制模块可根据空间模拟器规模和应用需求适当增减。

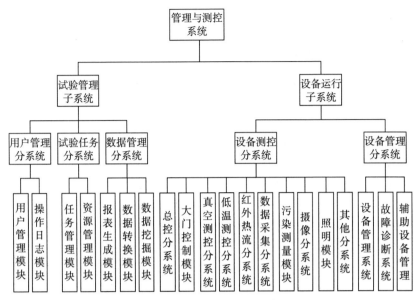

图 13 - 2　大型空间模拟器管理与测控系统模块分解图

（4）设计平台规划及部署

空间模拟器这类大型非标设备具有控制对象分散、仪器仪表多样、控制和试验需求不同等特点；在建设和应用过程中常会出现软件版本多样、硬件驱动对平台有选择性等现象，造成集成和总体调试阶段不能顺利进行，或运行过程中出现控制异常。为解决这一问题，需要在设计之初提出对操作系统、开发模式、体系结构（C/S、B/S 体系结构）、中心存储数据库、网络协议（TCP/IP，IIOP）、开发语言以及接口模式等方面的要求，并提出对应设计规范。

此外，从硬件应用效率、便于应用软件维护和升级、提高数据安全及可靠性等方面从总体出发详细进行软件的设计部署。

13.3　试验管理子系统设计

试验管理子系统主要是负责对设备整体资源、试验任务进行综合管理，目的是提高设备使用效率和安全性、降低人工成本。试验管理子系统由公共软件开发，通过对中心数据库对应内容的管理，完成对设备总体的协调和应用。

13.3.1 用户管理分系统

（1）用户管理模块

该模块是通用模块，完成操作人员权限设置，上级操作人员负责对下级操作人员授权，系统中所有操作用户均必须通过该模块进行管理。

该模块设置有系统管理员，主要负责维护软件系统正常运行、配置软件系统参数等工作。系统管理员负责建立用户管理员，并对用户管理员密码初始化，修改后的密码具有保密性，在前台与后台数据库要求均不可见。同时系统管理员还负责对用户管理员操作权限进行分配。

用户管理员，主要负责添加及修改合格操作用户信息，查看操作用户信息列表，对新增操作用户进行密码初始化，并给对应操作用户分配具体的操作分系统及对应权限。

操作用户根据用户名和密码登录后可完成对应的集中控制层分系统软件操作控制或在现场控制层进行现场操作。

用户管理模块的数据操作均在保存后直接更新数据库信息，并对原有用户信息进行原始存档。

（2）操作日志模块

操作日志模块是一个通用模块，其功能要求嵌入到各分系统或模块中，系统所有用户登录后的任何操作，包括用户名、操作时间、操作内容等都必须保存到数据库中，做到具体执行操作信息可追溯。

13.3.2 试验任务分系统

空间模拟器是为服务对应的空间试验任务而建设的，作为特种资源，高效、合理地利用是非常必要的。

（1）任务管理模块

面对不同类型和不同规模的试验任务，需要对试验任务和对应的试验周期进行详细的总体规划，保证试验任务有序进行。试验任务管理要完成对试验任务的信息登记，对试验任务的重要性及紧急程度进行排序。

（2）资源管理模块

经确定的试验任务，根据其试验类型不同需要安排对应的操作人员配置、所需试验硬件资源的分配等。资源管理模块负责分配和规划试验任务对具体可用试验资源的占用情况。

13.3.3　数据管理分系统

数据管理分系统，是以数据库为核心的试验数据集中管理系统。总控系统作为整个试验测控系统的数据服务平台，整合各试验分系统所产生的数据信息，并通过数据管理软件实现数据的存储、归档、显示等功能，同时通过网络发布的形式供用户浏览、查询。数据管理软件包括实时数据库软件和网络发布软件。实时数据库软件主要负责从各试验分系统中采集关键数据，进行存储、归档、压缩等操作；而网络发布软件的主要功能是读取数据库模块中的关键数据，经处理后进行发布，使试验数据具备可视化处理的功能。

实时数据库软件采用实时数据库系统。数据库软件主要包含数据库服务器模块和数据采集器两个模块。要求数据库软件提供多种模式的数据采集器以及灵活的 SDK 编程工具包对数据源进行分类，针对不同的数据源采用相应的采集器进行合理采集，保证数据能及时、准确地进入实时数据库服务器。针对试验测控系统的数据特点，试验测控系统采用文件采集器的方式，将文件采集器分别安装在数采系统和外热流模拟系统的测控计算机上，实时采集数据，并通过网络发送给数据库服务器模块。数据库服务器模块安装在服务器上，通过网络接收数据，并在服务器端存储、归档、压缩试验数据。

网络发布软件采用开放的网络发布软件。该软件主要包含网络发布服务器模块和客户端模块。网络发布服务器模块安装在服务器上，它读取数据库软件中的数据，并将其转化为网页形式的图形、表格等可视化数据。客户端计算机不需要安装任何软件，只需要通过 IE 浏览器即可登录网络发布模块浏览、查询数据。

数据管理是指对试验数据的管理及操作功能，根据需求可规划为如下三个模块。

（1）报表生成模块

报表生成是指对试验数据的查询、分类和打印功能，系统要能够满足对已规划数据表格信息的自动生成功能，包括真空、温度、操作日志等内容。数据报表的生成应包括表格形式和图像形式两类。

（2）数据转换模块

对于综合型试验设备，系统数据需求包括数据输入和数据输出等功能，这就需要系统能够完成对不同格式数据信息的转换功能。

（3）数据挖掘模块

在不同试验环境、不同型号试验任务情况下，试验数据除反映设备本身性能参数外，对试验件的试验数据及性能参数也有可总结和挖掘的数据。经过大数据的对比和分析，通常可以得出对等试验的一般性和可预见性试验结果，该类数据挖掘的是针对不同任务进行计算机仿真模拟技术的重要参数库和边界依据，如运行过程中真空、温度及污染数据等所反映出的试验状态节点或拐点联动参数值。

空间计算机模拟技术是空间等效试验的有效补充，其关键支撑点在于客观翔实的数据支撑，当前国际上已有广泛应用，因此我国对该类数据信息的挖掘应用也应该加速发展。

13.4　设备运行子系统设计

设备运行子系统的设计需结合空间模拟器总体技术指标要求，从系统全局总控的层面合理规划控制流程，保证设备长期稳定、可靠运行。

13.4.1　设备运行子系统设计要求

根据空间模拟器设备运行子系统特点，对其各分系统的主要设计要求如下：

1）各分系统的设计，相同或相近功能应采用模块化和标准化设计，以便提高系统的经济性和可靠性，同时其设计标准必须满足对应的国、军标和项目标准要求。

2）系统电器控制设计、线路布局以及传感器的选型及部件的选用和评价要有相应的参数匹配，必须保证相应单元和组件电子产品的可靠性。

3）各分系统控制程序的设计应分别满足现场独立控制与远程集中控制的基本要求。

4）各系统的设计过程要有较安全的互锁功能，如真空系统的开启需有大门关闭信号作输入，液氮的引入需有真空环境，热流系统的应用需规避电离区等。

5）电气部分应具有较好的电磁兼容性，既不受其他系统的干扰，也不能干扰其他单元组件和模块的正常运行。可能干扰或有干扰件时要进行有效隔离或屏蔽，以提高信息稳定性。控制柜或控制箱等均需配置独立的地线系统引出装置。

6）对于分系统要求具有快速恢复能力，避免由于系统意外停机或启动时间长等原因，影响试验任务。

7）硬件系统及线路的布置需充分考虑与相邻系统的位置干涉，避开光学、机电、水气路等通道。

8）各分系统的设计需充分考虑与计算机集中控制系统的"接口"关系，控制系统的配置管理和升级文件要有确定的版本号。

13.4.2　设备测控分系统

（1）设备测控分系统总体方案

空间模拟器设备测控分系统由总控分系统、大门控制模块、真空测控分系统、低温测控分系统、红外热流分系统、数据采集分系统、污染测量模块、摄像分系统、照明模块以及其他专用分系统组成。其中总控分系统通过网络接收或读取其他分系统的关键运行状态和参数，并可通过程序调用和监察其他分系统用户操作界面。其他分系统或控制模块通过实验室现场的本地控制柜和测控中心的远程计算机进行数据交互，实现对空间环境模拟器各分系统运行状态的监视、控制以及试验数据的采集、控制。设备测控分系统组成如图13-2所示。

（2）总控分系统

总控分系统的主要任务是负责监控空间模拟器运行过程中的关键流程和关键状态，如果需要可投射到大屏幕上进行显示。对于试验设备，总控分系统通常不具备直接操作分系统或设备的功能，具体执行由分系统完成。

总控分系统通常设置的状态包括：真空室大门开启/关闭状态信息，真空容器真空状态走势图像信息、热沉温度走势图像信息、试验件状态关键温度走势图像参数、试验件运动情况视频信息等内容。具体情况需根据需求进行确认。

（3）大门控制模块

大门控制模块负责完成试验准备就绪后的大门就位、预紧和锁紧等工作控制。无论是立式机构还是卧式结构的真空容器，大门的开启操作通常是通过安置在实验室净化间的大门附近的操作控制箱由人工现场执行就位和锁紧工作。大门开启和关闭过程通过对应的限位传感器和信息指示灯配合完成。大门开启也可由另外配置的无线手操器完成，无论哪种方法都需设置有急停按钮，当有紧急情况出现时，可以按下急停按钮切断电源。

大门开启/关闭的就位信息通过安装在大门上的就位传感器反馈到真空测控分系统作为就绪信号，同时也反馈给总控分系统作为启动下步系统操作流程的依据，控制中心可通过摄像系统监视大门的开关过程及开关状态。

（4）真空测控分系统

真空测控分系统的主要工作是负责建立试验所需的高品质真空环境，在空间环境模拟器的控制过程中实现粗真空、高真空以及过渡真空的建立，并配合完成残余气分析和系统在线漏率检测工作。

PLC 控制柜有高真空系统 PLC 控制柜（含低温泵和分子泵控制）、粗抽系统 PLC 控制柜，控制柜设定两种控制模式：本地和远程模式。在本地模式下，上位机只能监视现场状态而无法进行控制，只能由现场控制柜进行控制。在远程模式下，上位机可以控制现场设备，本地控制柜只能监视而无法改变现场状态。

本地控制层中各系统 PLC 控制柜采用独立的 PLC 系统，高真空系统 PLC 控制柜主要功能包括：低温泵、分子泵、干泵的启/停控制；气动插板阀门/气动挡板阀门的开启/关闭；模拟室、真空管道和低温泵的真空度测量；低温泵的温度测量等。粗抽系统 PLC 控制柜主要功能包括：粗抽机组的启/停控制；气动阀门的开启/关闭；粗抽管道的真空度测量等。控制柜上设置平板触摸屏或控制显示器，作为各系统现场集中管理和显示的人机接口，触摸屏与 PLC 通过 RS485 接口连接。

（5）低温测控分系统

低温测控分系统由液氮制冷、液氦制冷两部分组成，用于控制热沉或低温冷板实现深度冷却，或用于复温和控温热沉表面。

低温测控分系统设置有氮系统 PLC 控制柜和氦系统 PLC 控制柜，主要功能包括：液氮或液氦泵启/停控制；气动调节阀门调节控制；气动开关阀门和电磁阀的开/关控制；液氮/液氦系统温度、压力、液位、流量等参数测量；热沉温度测量等。

①液氮制冷控制

应能控制液氮泵的启动与停止；控制液氮流量与多路液氮的分配；在液氮系统预冷温度达到要求后，自动开、关阀门，自动启动，并根据各支路的热沉温度用现场控制计算机控制阀门的开启大小。

②气氮调温控制

应能控制空压机的启动和停止；调节电加热器的功率；控制气体均匀器中液氮的喷注流量；根据测温数据自动反馈调节流量及加热功率，以达到调节温度的目的。

③液氮制冷控制

液氮的制冷应用主要为获取较大的抽气能力或极高真空，其控制方式和液氮制冷控制类似。

④气氦调温控制

应能控制压机的启动与停止、氦膨胀机（透平式或活塞式）的运行；根据氦板温度调节制冷机的进气量大小与压力，调节制冷量；根据透平制冷机的转速数值，自动反馈控制阀门开启的大小，达到预定转速值；远距离控制氦压机的气量与压力、远距离监测氦储气柜中的气量与压力；当氦气柜中的氦气发生不正常泄漏时能发出报警。

（6）红外热流分系统

红外热流控制主要是根据不同试验任务而进行有针对性的加热控制方式，通常以程控直流电源作为功率输入源，按要求控制对应的热流模拟组件，通常有红外加热笼、红外灯阵、薄膜电阻加热片等。

①热流控制分系统软件

空间模拟器中对热流控制分系统的应用主要用于热真空试验，红外热流模拟系统的数据为航天器、试验件等外热流分析模型提供计算修正依据。

热流控制分系统软件部署在测控中心的独立计算机上，安装有红外热流模拟控制软件、实时数据库的文件采集器和对应的电源驱动软件。软件通过 LAN 接口与程控电源进行通信，软件启动后首先要进入设备状态自检流程，对电源的状态及可用性进行检测确认。

控制软件要能根据试验任务需求配置文件要求，选择对应的功率电源，负责独立完成电源的驱动、监视和管理任务。对热流组件要求达到的热流值或温度参数，通过测量传感器的采集数据做出对应的修正计算，调整电源控制方式和对应功率输出。运行过程要对工作状态进行实时监测，发现电源不受控，输出超差等异常情况时，程序界面给出报警信息。

红外热流分系统电源控制数据以表格的方式显示在软件界面上，并保存在本地计算机和服务器中。在保存数据的同时，按文件采集器的格式要求生成数据文件，数据文件类型可以为 .CSV 电子表格或 .XML 类型的脚本文件，并将数据文件输出至文件采集器的指定文件夹中，文件采集器自动采集数据信息。

②程控电源阵列设计

程控电源机柜内安装程控电源和交换机，是红外热流模拟系统的重要组成部分。空间模拟器程控电源作为通用试验资源，电源要成组安置在配置有交换机的标准机柜内，然后将机柜接入到总控间的总控交换机上，组成网络化并联电源矩阵。

热流模拟组件需根据试验需求非标定制，通常按照单一控制回路考虑，选定对应输出功率的程控电源，根据现有电源使用情况，要求程控电源输出功率稳定、通信接口齐备，可采用 LAN 接口与计算机通信，易于控制，便于安装固定。

③功率线缆设计

红外热流分系统中的加热电缆分为真空容器内电缆、真空容器外电缆和穿舱插头三部分。真空容器内采用聚四氟乙烯绝缘电缆，通过电缆连接穿舱插头和热流模拟组件，真空室内电缆要做好固定和防辐射屏蔽处理。真空容器外采用优质工业电缆，一端连接穿舱插头，另一端可直接或通过转接电缆与电源机柜对接。

（7）数据采集分系统

数据采集分系统由集中控制层的分系统控制软件，安装在数据采集机柜内的数据采集设备，以及和测试设备连接的设备层传感器等三部分组成。

①数据采集分系统软件

部署在集中控制层的分系统计算机上，通过网络直接读取数据采集设备的数据信息，将其存储在中心数据库对应工作表，并同时进行图形化和表格化处理，清晰直观地将数据信息及走向趋势显示在分控屏幕上。

②数据采集机柜

数据采集机柜由高精度数据测量仪器、分线箱、交换机等工作单元组成。在热真空试验中，相关工作单元负责完成对环境真空参数、环境温度参数以及对应环境下的航天器表面温度、热流密度的数据进行直接测量，测量信号一般有直流电压、电流、热敏电阻阻值等。测量仪器根据产品市场占有率和应用成熟度，选择性能高、质量可靠、服务维修周期短的产品。

③传感器

根据需求数据采集分系统中传感器通常选用热电偶、铂电阻等。无论选择哪种传感器都会客观上受到如连接线缆电阻、转接焊点、真空及温度环境的影响，从而造成测量数据和真实数据之间存在偏差，有的还会很大。为使测量数据接近真实数据，需要针对不同的传感器采用对应的安装方法和调整相应的计算参数进行补偿修正。如选用铜-康铜热电偶，冷端处理和补偿选择计算修正法，可以将参考端放置在真空容器内，还需要做好参考端绝热保温和线路的保温处理；如选用铂电阻，可通过三线或四线制引出，补偿导线电阻带来的测量误差。

④测量电缆组件

数据采集分系统中的测量电缆由真空容器内电缆、真空容器外电缆和穿舱法兰三部分组成。真空容器内采用耐高温特制四氟线缆线芯镀银处理、带芳纶护套，电缆一端连接插头与传感器对接，另一端通过插头与法兰对接。罐外采用优质工业电缆，一端通过插头与法兰对接，另一端与分线箱对接或直接引入测量仪表。

（8）污染测量模块

空间环境模拟器中常见的污染来自于油蒸气污染、某些材料放气及环境尘埃的污染。因此，在空间环境模拟试验中，对污染量的监测是不可缺少的一项工作。通常可以用以下两种方法进行在线测试。

①石英晶体微量天平测试

常用污染监测手段是采用石英晶体微量天平测试污染量的方法和进行表面取样分析。根据技术指标的要求，在容器内部不同的位置，分布对应需求的石英晶体微量天平，以监测容器内不同位置的污染水平。石英晶体微量天平传感器测得的信号通过串行接口将数据远程传到测控间，测量计算机对测量数据进行处理，并进行显示、存储、打印等。

由于石英晶体微量天平的测量精度和准确性受温度影响比较大，如果准确地事先校准并对温度补偿，可测量小到 $1 \times 10^{-7} \ \text{g/cm}^2$ 的污染物。

②四极质谱测试

通常使用四极质谱计在线监测剩余气体，并对其进行质量数 100、200 或 300 以内的气体成分定性分析，了解有无碳氢化合物污染，并由此可粗略地估算分子污染程度。为了进一步决定污染物的种类，要借助于试验环境内存在的各种化合物的典型谱图，把已知的许多化合物的典型谱图送入计算机，并与待测谱图进行对比，由污染测量模块计算出各典型质谱的某个最适合待测的质谱组，从而判定污染物的组成。依此作为进一步推断污染物来源的判定依据。

（9）摄像分系统

摄像分系统采用以视频服务器为核心的数字监控录像系统，通过专用硬盘录像机可实现基于网络化的远程监控，并实现视频数字化应用和智能化管理。标准的摄像系统由摄像机、辅助光源、视频录像机和摄像机温控系统等组成，其特点是结构简单，便于扩充。摄像分系统前端由多路摄像机组成，摄像机可根据需求布置在真空室内或真空室外。

由于真空室内和大气环境差异较大，下面分别对其摄像机进行说明如下。

1) 真空室内摄像机：真空室内摄像机主要用来监视真空容器内的受试航天器，实时记录和监视被控部位，完成试验全过程的状态监视，提供直观、快速的图像信息，对热试验的顺利进行起辅助作用。根据真空室应用环境的特点，需从以下几方面进行控制处理。

a) 在清洁无油的真空环境内，为避免摄像机内的油润滑污染镜头本身，需对摄像机进行去油并进行干式润滑处理。

b) 由于真空室内摄像机要经历从大气环境到超高真空环境多个真空量级，并且穿越真空电离区，为避免摄像机电路电离放电毁坏，通常真空室内摄像机要在 10^{-3} Pa 以上的真空环境下打开应用。

c) 在热沉冷黑及外热流环境下温度变化范围较广，需对摄像机进行温控及防辐射隔热处理。

d) 由于受热沉漆黑内表面影响，真空室内摄像机的固定位置及光学补偿需经专业摄像补光设计进行确认。

e) 真空室内外视频信号引出及控制信号输入需采用专用真空插头。

2) 真空室外摄像机：真空室外摄像机要有足够路数对真空容器大门、实验室关键操作位置以及液氮供液环境等进行实时监控，具体设置位置根据实验室需求确定。

摄像系统结构如图 13 - 3 所示。

(10) 照明模块

真空容器内工作照明系统是为满足试验人员在试验前准备和试验后撤离期间进入罐内操作提供工作照明功能。电源可使用 220 V 交流电供电，也可通过变压器控制机柜转换为 DC 24 V LED 灯供电。照明控制由照明开关控制盒、变压器控制机柜及罐内照明灯具组成。试验准备完毕或现场撤离完毕，该照明灯具要从真空室内取出另存。照明光源为 LED 灯，采用专用的恒流模块供电。

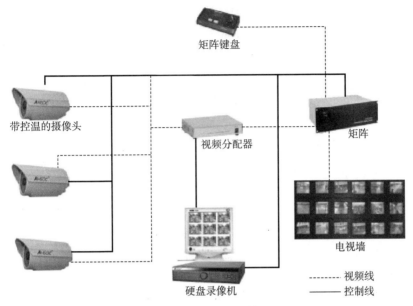

图 13 - 3　摄像系统结构图

（11）其他分系统

①太阳模拟器系统

太阳模拟器的电源及控制系统是太阳模拟器的主要分系统之一。专用电源用来点亮氙灯，并在所要求的低纹波标准范围内供给氙灯，特殊定制的大功率开关电源，配备氙灯触发器，可分别以恒流模式和恒功率模式为氙灯供电。它决定了太阳模拟器的稳定性指标。

专用的计算机控制软件要能够实时控制各输入功率的一致性，对于大型太阳模拟器的光源一般由多盏灯组成阵列，要求在运行期间自动稳定在试验所设定的辐照强度范围内。当阵列中有灯发生故障时，能在最快的时间内通过计算机调整修正后的输出参数，让关联位置的受控灯来补偿不受控灯的各种变化或补偿故障灯而无明显的过调现象。

②载人航天系统

载人航天系统的控制是航天医学领域的极限挑战，综合难度最大。最基本的控制需做到有通信联络系统、专用摄像监控系统、辅助医疗系统、航天员生命保障系统等。

通讯联络系统在总控制室内设置有通信联络控制设备，应能完成对各分系统的通信联络。各分系统通过总控制室与其他分系统联络，航天员也通过总控制台与医务监督员联系等。

专用摄像监控系统在试验大厅、模拟室及航天员座舱等重要部位设置彩色摄像机。在模拟室内能监视太阳帆板的展开过程、天线的伸展过程、气球的膨胀过程、污染情况、转动机构的运动及航天员的活动情况。航天员的活动等均需要用摄像机系统监视与摄像，以便试验后处理与分析。通常为了监视与摄取不同角度、不同部位的情况，要求具有多个彩色摄像头并做对应灯光补偿。

辅助医疗系统，需要医务监督人员和总控制人员及时交流情况，并能监测和获取航天员的关键生理参数等信息，监督航天员的动态，对危急情况及时实施紧急处理。

生保系统为航天员提供基本的常压常温适于呼吸的气体成分和灾难情况下的紧急复压系统。

③压力控制系统

压力控制系统是为满足特殊压力试验需求，通过调压仓和精密压力测控仪器配合完成的对真空容器内压力定点或过程调节控制的分系统。测控系统通过对真空容器容积及压力、调压仓容积及压力和对应的气体分压进行实时监控，根据定点参数值计算得出所需气体成分的质量流量，通过指令驱动质量流量计的输入参数，达到压力控制的目的。

④环境监测系统

作为大型独立设备，通常需对现场环境进行监测，包括净化间洁净度、温度、湿度、氧气成分等。特别是在试验准备和撤离期间，需对真空容器配置换气控制模块以满足在真空容器内操作人员所需的正常供氧量。

13.4.3　设备管理分系统

（1）设备管理系统

该模块主要建立设备档案，并对设备的有效期、保养期以及维修维护状态的历史记录进行管理。动态提出设备需要更换、维护和保养信息，做到对配套执行单元运行信息的全程跟踪。对于涉及仪器仪表等执行单元需要在标定有效期内工作的设备，系统配置管理模块需在有效期到期前，能够完成检测的时间段以前的日期提出鉴定提示，避免由于延迟标定或检测造成试验数据失效或设备停止工作的情况出现。

（2）故障诊断系统

现代化设备的运行对故障恢复周期及可靠性提出了更高的要求。对于空间模拟器这类综合集成大型非标设备，有效的故障诊断系统对设备的运行保障更为重要。故障诊断系统既是设备运行各子系统的通用要求，也是设备总控所必须的。

相对设备管理系统，故障诊断系统的数据库资源是一个随设备应用过程逐步完善的过程。系统建设初期的故障诊断信息需依据系统结构特点，综合对应专业知识确定设备运行故障分析点，根据故障发生的情况予以报警提示，并给出故障判别类型和故障定位信息。已有同类设备和同类型模块的故障分析数据库，也是故障信息的重要来源。当发生故障后要有故障模拟和在线追溯功能，确定故障位置的可信性，并给出故障处理指导。

设备在排除故障的过程中需进行现场分析和现场确认，最后根据处理故障的方法，进一步完善和更新自诊断信息库，使故障诊断系统成为支撑设备有效管理的重要工具。

（3）辅助设备管理模块

作为非标试验设备，针对不同的试验任务需要配置不同的固定工装、非标加热器（加热笼、加热灯阵、加热片等）、低温冷板、独立仪表（质谱仪、检漏仪等）或测控线缆等辅助设备。为缩短试验准备周期、保证试验顺利进行，需对系统所配套的可用辅助设备进行分类保存管理。

13.5　测控系统接口需求

　　整个系统的用电需求包括设备间和测控间用电。测控间主要是程控电源（空调机组）、摄像系统、计算机、UPS、交换机等。现场主要是控制柜、设备、仪表等用电。设备测控系统中粗抽机组、电加热器、大门运行机构、照明系统的供电分别由配电柜单独提供，其他的设备（如低温泵、分子泵、液氮泵等）供电均由现场控制柜提供。试验测控系统中程控电源由配电柜供电，数采仪器由 UPS 供电。

　　根据每个系统的用电设备列出各系统的用电容量，如表 13 - 1 所示。

表 13 - 1　系统用电设备说明表

序号	系统名称	用电设备
1	粗抽系统	粗抽机组
2	高真空系统	低温泵
		分子泵
		干泵
		检漏仪
		控制柜内电气元件（含触摸屏、阀门、仪表、PLC、显示屏、开关、指示灯等供电）
3	氮系统	液氮泵
		电加热器
		氮气压缩机
		控制柜内电气元件（含触摸屏、阀门、仪表、PLC、显示屏、开关、指示灯等供电）

续表

序号	系统名称	用电设备
4	大门运行机构	控制箱
5	照明系统	控制箱、变压器
6	数采系统	测量仪器（含机柜）
7	热流模拟分系统	程控电源
8	摄像模块	温控、摄像机及云台供电
9	总控系统	计算机、交换机、UPS 等

　　为防止动力供电故障时给测控系统运行带来隐患，系统配置了 UPS 电源，主要为计算机、服务器、PLC、数采仪器和交换机供电，保证在动力供电出现断电或雷击等异常突发情况下，试验数据的检测不受影响。

第 14 章　太阳系环境空间模拟器探讨

14.1　概述

太阳系由太阳、8 颗行星（冥王星现已划为矮行星）、130 多颗行星的卫星及大量的小行星、彗星和流星组成。太阳系位于银河漩涡星系，而太阳位于整个太阳系的中心，银河系包括 2 000 多亿颗恒星，其质量大约为太阳质量的 10 亿倍，直径大约 10 万光年。太阳系位于银河系的外层区域，距离银河系赤道对称面大约 20 光年，距离银河系中心大约2.8 万光年。太阳以大约 250 km・s^{-1} 的速度绕银河系中心旋转，旋转一周大约需要2.2 亿年。

太阳系由距离太阳约为 2.7 个天文单位（AU）（1 AU≈1.496×10^8 km）的小行星带划分为内太阳系和外太阳系两个区域。内太阳系包括水星、金星、地球和火星，外太阳系包括木星、土星、天王星、海王星和冥王星。内行星相对较小，主要由岩石构成，没有或只有很少几颗卫星。外行星则较大，密度小，有环带，一般有多颗卫星。

太阳系空间是当前航天活动的主要场所，也是空间探测的主要对象。对太阳系除地球及其卫星月球以外的行星和行星际空间的探测活动，统称为"深空探测"。

14.2　行星际环境

14.2.1　热环境

热环境因探测任务不同而有很大差别。水星和金星探测任务中探测器距离太阳近，太阳电磁辐射很强，热流密度大，导致探测器温度升高。在水星轨道上可达到 300 ℃，金星轨道比水星离太阳远一些，但金星表面有 90 个大气压的大气，厚厚的二氧化碳层造成了温室效应，使金星表面的温度达到 470 ℃。对于外行星、小行星和一些彗星探测任务，因太阳辐射减弱，外热很小，探测器将工作于低温环境。土星轨道附近温度可低到 −250 ℃，到海王星及更远的星际空间，温度将更低，需有加温和保存热量措施，使探测器可以工作在极低温的环境下。

对于一个无内热源的物体运行在星际轨道上，在不计行星对阳光的反照和红外辐射，只考虑其接收太阳光照射及自身向外辐射热的情况下，根据斯特藩-玻尔兹曼定律可得到其平衡温度 T 为

$$T = \left[\left(\frac{A_s}{A_e} \right) \left(\frac{I}{\sigma} \right) \left(\frac{\alpha}{\varepsilon} \right) \right]^{1/4} \qquad (14-1)$$

式中　T——探测器绝对温度，K；

　　　A_s——探测器等效日照面积；

　　　A_e——探测器等效对外热辐射面积；

　　　I——太阳热流密度，W/m^2；

　　　σ——斯特藩-玻尔兹曼常数，5.67×10^{-8} W/（$m^2 \cdot K^4$）；

　　　α——表面对太阳的吸收率；

　　　ε——表面发射率。

参考球体是一个等温球体，表面发射率和吸收率等于 1。对于参考球体，平衡温度与到太阳距离的关系为如图 14-1 所示。

图 14-1 表示对于行星际空间，参考球体的平衡温度与到太阳距离的等温曲线。在距离太阳为地球距离（1 AU）处，参考球体平衡温度为 6 ℃。在距离太阳为水星距离处平衡温度达到 174 ℃，到土星为 −183 ℃，而到海王星则平衡温度降低到 −220 ℃。

在行星际空间，探测器在环绕行星运行时，除了太阳的热辐射环境外，探测器还将受到行星的反照和热辐射的影响，使热环境更为复杂。水星附近太阳辐射最强，水星表面温度高，向外的红外辐射也最高。当水星接近近日点时，运行在太阳与水星之间低轨道的探测器，将处于极为严酷的热环境，面向太阳的一面受到 10 倍于地

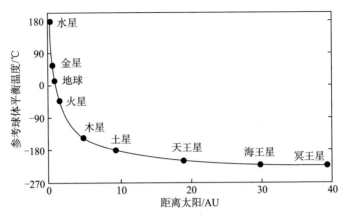

图 14-1　参考球体平衡温度与到太阳距离的关系

球空间的太阳辐射，太阳辐射热流密度达 14 460 W/m^2，而朝向水星的一面要受到水星 1 700 W/m^2 的反照和 12 700 W/m^2 的红外辐射。这个红外辐射的强度与太阳辐射相当，而探测器向太空的散热是靠红外辐射，因此给热设计带来很大的困难。幸好可以通过轨道设计，使探测器避免长时间处于此种极端环境下，否则参考球体的平衡温度将超过 330 ℃。

　　表 14-1 列出了在太阳辐射下几颗行星的近空间热环境，水星离太阳最近；外行星情况相反，探测器处于低温热环境，需要采取的措施是加温和保温。研制低温下工作的电子元器件将十分有益于外行星探测活动，倘若电子部件能在低温下工作，将能大幅度地降低热控的需求，减小探测器的质量。

表 14-1　行星空间热环境

行星	直射太阳近日点/（W/m^2）	直射太阳远日点/（W/m^2）	反照率直照时峰值/（W/m^2）	近日点行星的红外辐射日下点/（W/m^2）	红外辐射日下点平均/（W/m^2）
水星	14 462	6 278	0.12	12 700	8 000
金星	2 759	2 650	0.8	153	153
地球	1 414	1 322	0.3～0.35	237	237
火星	717	493	0.29	470	390

14.2.2　大气环境

行星际大气的特点主要为：

气体压力：10^{-9} Pa；

主要成分：氢、氦、质子、α 粒子、少量重离子等。

14.2.3　银河宇宙射线

成分：质子（H^+）85％；

α 粒子（H^{++}）13％；

Li - Fe 核 2％。

太阳黑子数最多时的通量密度：约 4 个/（$cm^2 \cdot s$）；

年积分通量：1.3×10^8 个/cm^2；

太阳黑子数最少时的通量密度：约 2 个/（$cm^2 \cdot s$）；

年积分通量：7×10^7 个/cm^2；

能量范围：$40 \sim 10^{13}$ MeV；

无屏蔽年累积剂量：$4 \sim 10$ rad；

银河宇宙射线通量很低，地球空间附近的通量：约 4 个/（$cm^2 \cdot s$）。

14.2.4　太阳宇宙射线

太阳宇宙射线能量在 10 MeV～10 GeV，通量随太阳活动而变化，太阳质子事件期间，到达地球附近大于 10 MeV 质子的最大瞬时通量可达 10^4 个/（$cm^2 \cdot s$）。银河宇宙射线的能量比太阳宇宙射线的能量更高，其能量范围为 40 MeV～10^{10} GeV，甚至更高。不过银河宇宙射线通量很低，地球空间附近的通量约 4 个/（$cm^2 \cdot s$）。

太阳宇宙射线的主要成分为质子（H^+）及 α 粒子（H^{++}），1 AU 处累积通量为：

1) 能量小于 30 MeV：8×10^9 个/cm^2，太阳活动最大时期；

　　　　　　　　　　5×10^5 个/cm^2，太阳活动最小时期。

2) 能量小于 100 MeV：6×10^8 个/cm^2，太阳活动最大时期；

　　　　　　　　　　5×10^4 个/cm^2，太阳活动最小时期。

距离不是 1 AU 处的粒子通量，大致与太阳距离的平方成反比。AU 是天文单位，以地球到太阳的平均距离为一个天文单位。一个天文单位约等于 1.496×10^8 km。

太阳宇宙射线通量密度的积分能谱为

$$J\ (>R) = N_0 \exp\ (-R/R_0) \qquad (14-2)$$

式中　$J\ (>R)$——太阳宇宙射线积分通量密度；

　　　N_0——由 $J\ (>R)$ 及 R_0 确定的常数；

　　　R——磁刚度；

　　　R_0——特征刚度。

磁刚度是表征带电粒子穿入地磁场能力的物理量，表达式为

$$R = APc/Z_e \qquad (14-3)$$

式中　R——磁刚度，GV；

　　　A——带电粒子原子量；

　　　c——光速；

　　　P——每个核子的动量，GeV/C；

　　　Z_e——带电粒子电荷。

14.2.5　太阳电磁辐照

太阳的能量主要以电磁辐射的方式传播到整个太阳系空间，辐射的电磁波范围从波长小于 10^{-14} m 的 γ 射线起，中间有 X 射线、紫外线、可见光、红外线、微波，直到波长大于 1 km 的无线电波，太阳总辐射功率约 3.845×10^{26} W。

1 AU 的太阳常数为（1 353 ±13.5） W/m^2，相当于 1.94 cal/（$cm^2 \cdot min$）。距离不是1 AU处的辐照度与太阳距离的平方成反比。水星附近的空间太阳辐射强度为地球附近的 6.7 倍，到土星附近的空间只有地球附近辐射强度的 1%，到海王星轨道只有日地距离处的 1‰ 。

14.2.6　太阳风

太阳风等离子体是来源于高温日冕的带电粒子风。当高温日冕

的温度超过太阳引力对它的控制时，太阳风将从各个方向发射出去。太阳风的主要成分是电子和质子，占 95% 以上；重离子成分主要是氦核，约占 4.8%；其他成分如氧离子、铁离子等含量甚少。太阳风离开太阳的典型速度是 $400 \sim 800$ km/s。在太阳耀斑期间，带电粒子被加速到至少 100 倍的太阳风速度。耀斑质子和电子的能量可分别达到 1 GeV 和 100 MeV。在太阳能量粒子事件中，太阳发出的质子通量比正常情况高几个数量级。

在距离 1 AU 处，太阳风的主要物理特性如下：

1) 能量：平均 1 keV；

2) 粒子密度：$1 \sim 20$ 个/cm^3；

3) 电子密度：7.1 个/cm^3；

4) 质子密度：6.6 个/cm^3；

5) 平均流速：450 km/s；

6) 电子温度：1.4×10^5 K；

7) 质子温度：1.2×10^5 K；

8) 质子的一般流量：$(1 \sim 8) \times 10^8$ 个/（cm^2·s）；

9) 磁场：7 nT 。

太阳风的流速是不均匀的，既有空间分布的不均匀，也有速度的高低之分，高达 900 km/s，低至 200 km/s。太阳风的粒子密度波动大，粒子平均密度高达 10^6 个/m^3。太阳风的磁场测量表明，平均值大约为 7 nT。距离不是 1 AU 处的粒子通量，大致与太阳距离的平方成反比。

14.2.7　微流星体

太阳系的小天体中除了慧星和小行星外，还有大量自然形成的流星体围绕太阳运行，它们平均速度约 20 km/s，最高达 70 km/s。流星体的体积与质量差异非常大，一般将质量在 100 t 以下的小天体归类为流星体，质量在 1 g 以下的为微流星体。在太空中流星体的通量随其质量减小而增加，质量大的流星体通量非常小，质量越小的微流星体通量越大，绝大多数微流星体直径在 1 mm 以下，质量在 1 mg 以下，长期运行的航天器总会与微流星体发生碰撞。

$10^{-6} \mathrm{g} \leqslant m \leqslant 10^{2} \mathrm{g}$ 的微流星体，体密度为

$$\lg S = -18.173 - 1.213 \lg m - 1.5 \lg R - 0.869 |\sin\beta|$$

$$(14-4)$$

$10^{-12} \mathrm{g} \leqslant m \leqslant 10^{-6} \mathrm{g}$ 的微流星体，体密度为

$$\lg S = -18.142 - 1.584 \lg m - 0.063 (\lg m)^{2} - 1.5 \lg R - 0.869 |\sin\beta|$$

通量密度为

$$F = (1/4) S \cdot v \qquad (14-5)$$

式中　S——微流星体体密度，$1/\mathrm{m}^{3}$；

　　　m——微流星体质量，g；

　　　F——微流星体通量密度，$1/(\mathrm{m}^{2} \cdot \mathrm{s})$；

　　　R——与太阳距离，AU；

　　　v——微流星体速度，m/s；

　　　β——日心纬度。

14.2.8　行星际磁场

行星际磁场来自太阳。它是太阳磁场随太阳风向行星际空间延伸而形成的磁场。与地球的偶极磁场不同，太阳磁场十分复杂，它不像地球的偶极磁场那样只有一个南极和一个北极，在太阳表面分布着多个南北极，有的磁力线不闭合，伸向行星际空间。黑子区域的磁场强度可达几千高斯（$1 \mathrm{Gs} = 10^{-4} \mathrm{T}$），而太阳表面大尺度磁场强度只有几个高斯。可能是由于太阳的差动自转，不同纬度的自转角速度不同，造成磁场扭曲而集中了磁场能量，当能量释放时产生各种剧烈的太阳活动。

行星际磁场伴随着太阳风等离子体流从太阳日冕层伸展到行星际空间，在距离太阳1 AU 行星际磁场的强度约为 5 nT，大约为地球表面磁场的万分之一，在 1 AU 以内的磁场以径向分量为主，它也与太阳距离的平方成反比。

14.3　月球环境

人类进行深空探测，要首先探测月球。因为探测月球可作为探测其他星球的中转基地，可进行航天器发射、检修和燃料补充；可作为人类研究宇宙和地球起源与演变的平台；可作为空间实验基地进行深空探测和特殊环境下的一些实验研究。

（1）月球表面大气环境

月球是一颗固体表面的星球，没有大气，也没有全球性的磁场。由于没有大气层的保护，月面长期受到太阳的强烈照射和微流星的直接袭击，加上月面高低温的交变使岩石表面风化，在月面上覆盖了一层月壤。没有全球性的磁场，因此也没有辐射带，太阳风和来自太阳的高能粒子直接轰击月球表面，改变月壤原有化学成分，同时也将氢、氦等太阳风粒子各种元素成分注入月壤，使得月壤中储存有氦-3，这种地球上稀缺的氦同位素是清洁的核聚变燃料，是月球上的一种重要资源。

（2）月球温度

月面不是良好的反射体，各地的反射率不同。月海的反照率很低，最低处只有 0.06；月陆反照率稍高，月面平均反照率只有0.073，绝大部分太阳辐射都被月面吸收，使得太阳照射下月面温度很高，阳光直射地区的温度可高达 127 ℃。月面没有大气，昼夜温差很大，月昼表面平均温度 107 ℃，月夜平均−153 ℃。极区高地有阳光，表面温度−30～−50 ℃，极区山谷或低洼地区长期见不到太阳，温度低至−230 ℃。

（3）月壤

人类通过地基天文望远镜、太空望远镜和环月卫星的遥感探测，以及无人驾驶月球车和阿波罗（Apollo）航天员的月表巡视勘查的结果显示，几乎整个月球表面都覆盖着一层细粉状的风化物质——月壤（Lunar Regolith）。基岩仅露出于陡峭的山脉、撞击坑和火山通道的峭壁等处。

月壤的物理力学性质主要包括颗粒组成，密度、相对密度、孔隙度，电磁性质，压缩性和抗剪性等。

①月壤的颗粒组成

决定月壤的物理力学性质的主要参数是月壤的颗粒组成，包括粒度参数和粒形参数。月壤粒度分布很广，颗粒直径以小于 1 mm 为主，绝大部分颗粒直径在 30 μm～1 mm 之间。月壤的颗粒形态从球形到极端棱角状都有。长条状、次棱角状和棱角状的颗粒形态相对更为常见。

②月壤的容重、比重、孔隙比和孔隙率

容重（又称堆积密度）是指土壤的自然结构没有遭到破坏的前提下，单位体积内的土壤质量，以 g/cm^3 表示。

颗粒比重是指颗粒质量与同体积的 4 ℃时纯水的质量之比，一般用 G 表示。月壤颗粒的平均比重与其中不同颗粒类型（如玄武岩、矿物碎片、角砾岩、粘合集块岩、玻璃等）的相对含量有关。大部分月壤颗粒的比重从 2.3 到 3.2 不等，绝大部分在 2.9 以上，明显高于地球土壤的颗粒比重。

月壤的孔隙比 e 是指月壤中孔隙体积与颗粒体积之比，用小数表示。天然状态下月壤的孔隙比是一个重要的物理性指标，可以用来评价月壤的密实程度。一般 e<0.6 的月壤是密实的低压缩性月壤，e>1.0 的月壤是疏松的高压缩性月壤。

孔隙率 n 是指月壤中孔隙所占体积与总体积之比，用百分数表示。

（4）月尘

月壤中 95％的颗粒尺度小于 1 mm，大约 50％小于 60 μm（其中 10％～20％小于 20 μm），被称为月尘。

月面覆盖了一层月壤，厚度不等，有的可达几十米厚。暴露的月壤遭受空间风化，主要是陨石和微陨石撞击、太阳风和高能宇宙射线轰击等，风化程度和成熟度也不同。在空间风化的作用下，岩石逐渐被粉化，使得月尘成精细的粉尘状，成熟度越好，平均粒度越细，从月尘形貌可以看出月面覆盖着一层月尘，而不是局限在月表的局部。

阿波罗（Apollo）项目以及其他月球探测的数据证明：月球上有静电充电和放电现象发生。勘察者（Surveyor）5、6、7 以及克莱门汀（Clementine）飞行器探测到了月球表面上大约 1 m 处的月平线辉光（horizon glow）现象。Apollo 17 探测到了月平线尘埃在月球表面输运的证据。尘埃运动被认为是尘埃与月面上的光电子层相互作用所产生的静电充电的结果。晨昏交界处月表的尘埃颗粒被太阳紫外流光致电离，能够产生足够的静电场，驱动带电尘埃悬浮。

微流星体撞击在月面上，冲击力会使得月尘向四周飞溅。人员在月面行走，足部与月面尘埃的作用会带起月尘，并向后运动。机器设备的移动，尤其是巡视车轮的转动，会造成尘埃羽流。除此之外，发动机羽流的冲击也是重要的原因，发动机羽流会携带大量月尘，这种冲击会造成大面积的扬尘，对于登陆和返回造成相当大的困扰，使登陆地点目视不清。

地球上的扬尘由于重力作用会很快沉降在地面上。但是月球表面的重力加速度只有地球的约 1/6，这会使得月尘的滞空时间增加。同时，静电场不但能够使月尘受力向上提升，同时也会使得月尘的滞空时间增加。滞空时间的增加，无疑会使得登月设备和人员暴露于飞扬的尘埃里的时间延长，加重月尘对于登月设备和人员的影响。

（5）月球地貌及月壳

月壳的平均厚度约为 60 km。月球表面高低起伏不平，有高原和平原，有山峦和沟谷。月面遍布大大小小的环形山，直径在 1 km 以上的环形山有 3 万多个，它们是由小天体撞击或火山活动形成的。月球正面南极附近的贝利环形山直径约 295 km，是月面上最大的环形山，有的环形山周围有长长的月面辐射皱纹，向外延伸。

月球地貌是指月球表面高低起伏的状态。月球表面实际上并不像我们用肉眼所见的那样洁白光莹，而是山峦起伏，地貌类型多样。月球地貌按自然形态可分为月海、类月海、撞击坑、山脉、峭壁、月谷、月溪、月湖、月湾、月沼和月面辐射纹等主要地貌类型，分布于月海和高地内部或横跨月海和高地两大地理单元。

①月海

月海，在地球上观测月球，可看到月面上有明亮的和较暗的区域，明亮的区域是高地，称为月陆，它是由颜色较浅的岩石构成的，反射率相对较高。较暗区域称为月海，是月面上的平原，地势比月陆低很多，最低处深达数千米，主要构成是玄武岩，反射率很低。全月球分布有 22 个月海，其中 19 个都在月球正面，占月球正面面积的一半。月球正面最大的月海名为风暴洋，面积约 5×10^6 km^2。阿波罗 11 号飞船航天员阿姆斯特朗登月的地点在静海，静海位于月球正面中部，面积约 0.26×10^6 km^2。背面的下部直径达 2 500 km 的南极-艾特肯盆地（Aitken basin）最深处达 12 km。

月球质量分布不均匀，正面向上凸起，有多处重力异常区，称为重力瘤，非球形引力场对月球卫星轨道造成摄动。月球正面总朝向地球是因月球在地球有引力场中重力梯度作用的结果。

多次探测未发现有水，但近来对克莱门汀和月球勘探者（Lunar Prospector）探测器探测结果的分析，认为可能在极区坑穴处存在有水冰，在月球上找水仍然是月球探测的重点任务。

月海实际上是宽广的平原，一滴水也没有。

②月湾、月沼与月湖

月海延伸进高地的部分称为月湾和月沼，有一些小的月海则称为月湖。

③撞击坑

撞击坑是指布满月球表面的大大小小、密密麻麻的圆形凹坑构造，包括撞击坑环形山、辐射线以及与撞击坑有关的隆起构造。据统计，月球表面的撞击坑总数在 33 000 个以上，尤以月球高地更为密集。

撞击坑的直径分布范围很宽，小的只有几十厘米或更小。直径

大于 1 千米的撞击坑的总面积约占整个月球表面积的 $7\%\sim10\%$。阿
波罗 11 号着陆区，月表每 100 m² 面积范围内撞击坑的个数如下：

直径 $D>1$ m 的撞击坑：100 个；

$D>3$ m 的撞击坑：0.4 个；

$D>50$ m 的撞击坑：0.1 个。

④高地、山脉和峭壁

月球表面高出月海的地区均称为高地。在月球正面，高地的总
面积与月海的总面积大体相等；而在月球背面，则高地面积要大
得多。

月球表面上分布有连续的、险峻的山峰带，称之为山脉。它们
的数目不多，其高度可达 $7\sim8$ km。

除山脉外，月表还有 4 座长达数百千米的峭壁，除最长的阿尔
泰峭壁组成酒海的外层环壁外，其他 3 座峭壁均突出在月海水准面
之上，它们是静海中的科希峭壁、云海中的直壁和湿海西部边缘的
利比克峭壁。

⑤月谷和月溪

月表上较宽的峡谷称之为"月谷"（Valleys），较细长的小谷称
之为"月溪"（Rilles）。月谷多出现在高地的较平坦区域，月溪在高
地和月海均有发现。

⑥平均坡度

月海平原相对平坦，最大坡度约为 17°，大部分坡度在 $0°\sim10°$
之间，标准方差为 3.7°。高地地形起伏较月海地区更大，最大坡度
约为 34°，大部分坡度在 $0°\sim23°$ 之间，标准方差为 $4.5°\sim6.0°$，甚至
更高。撞击坑内侧坡度很陡，在 $25°\sim50°$ 之间，平均为 35° 左右；外
侧坡度则很缓，仅为 $3°\sim8°$，平均为 5° 左右，再向外则和平原相连。

⑦月表粗糙度

据统计，在勘察者 3 着陆区，月表每 100 m² 面积范围内的石块
数分布如下：

高度 $h>6$ cm 的石块数：100 个；

$h>25$ cm 的石块数：3～4 个；

$h>50$ cm 的石块数：0.6 个。

14.4　内行星环境

太阳系行星按照其轨道位置分成内外两组，有以地球为界和以小行星带为界两种分组方法，这里采用按小行星带分组，小行星带以内的行星称为内行星，小行星带以外的行星称为外行星。内行星包括水星、金星、地球和火星，它们有许多共同特点，都像地球那样有固体的表面，因此也称类地行星。对它们的探测方式有：从近旁掠过，进行短期探测；进入围绕行星运行的轨道，成为其卫星，进行长期的在轨探测；行星着陆，包括硬着陆和软着陆，前者沿着降落的轨道对行星的不同高度进行纵向的探测，而软着陆还可以在行星表面进行现场探测，甚至利用巡视车扩大在行星表面的横向探测范围；更有挑战性的探测方式是在行星表面着陆后，采样行星的物质样品返回地球。表 14 - 2 列出了内行星的主要物理参数。

表 14 - 2　内行星主要物理参数

行星	赤道半径/km	质量/kg	密度/(g/cm³)	表面重力加速度/(m/s²)	逃逸速度/(km/s)	已知天然卫星数	表面平均温度/K	光环	视星等
水星	2 440	3.30×10^{23}	5.43	3.70	4.25	0	440	无	-1.9
金星	6 052	4.87×10^{24}	5.24	8.87	10.36	0	735	无	-4.4
地球	6 378	5.97×10^{24}	5.52	9.81	11.19	1	288～293	无	
火星	3 397	6.42×10^{23}	3.94	3.71	5.02	2	186～268	无	-2.0

14.4.1　金星环境

（1）重力加速度及密度

金星是距太阳排序第二的行星，距离太阳约 0.72 AU，赤道半径为 6 052 km，质量为 4.87×10^{24} kg，轨道恒星周期近 224.7 天，赤道面与轨道面夹角 177°，逆向自转，自转恒星周期 243 天，表面重力加速度达 8.87 m/s²，逃逸速度 10.36 km/s，密度约为 5.24 g/cm³，视星等为 −4.4，是天空中最亮的行星。

（2）大气成分及气体温度

虽然金星在质量和体积上与地球很接近，运行轨道与地球轨道距离最近，但金星却具有很不同于地球的特征。金星没有海洋，但有十分浓厚的大气层，大气的主要成分是二氧化碳，约占 97%，氮气约 3%，还有少量的水汽。在 50~70 km 高度有以硫酸雾滴形成的浓厚云层，云层的上下两侧还有厚厚的由气溶胶形成的雾霾。浓厚的大气层使得金星表面气压达 92 bar，约为地球表面的 90 倍。浓密的二氧化碳形成强烈的温室效应，使得金星表面温度达 735 K，比距离太阳更近的水星表面温度还要高。大气的温度与气压随高度增高而下降，到 60 km 高度下降到 260 K 和 0.2 bar。金星大气有剧烈的运动，有上下的对流运动和很强的风，风速随高度而增大，织女星号探测器测量到 54 km 高度的风速为 70 m/s，在金星 9 号着陆点测到表面的风速为 1 m/s，而在 70 km 高度的风速则达 130 m/s。根据测量到大气放电的低频电磁波，得知金星大气中也频繁地发生闪电与雷暴。

（3）电离层

金星也有电离层，而且有强烈的日夜变化，白天电子浓度峰值达 4×10⁵/cm³，峰值约在 150 km 的高度，电离层向上延伸到 300~800 km 的高度，而夜间电离层退缩到 170~200 km，峰值高度也降低到 130 km。虽然金星具有类似地球的铁质内核，但是，或许由于金星自转速度过慢，它没有全球性的磁场。

（4）表面环境

金星表面有多样的地形地貌，大部分为玄武岩熔岩平原，表面各处分布着大大小小的火山，直径大于 100 km 的火山有 30 多座。由于大气层的防护作用，金星表面不像月球那样遍布环形山，不过也还是有一些较大的撞击坑，最大的直径达 280 km，此外也有丘陵、峡谷、尘土、石漠和高山，最高的麦克斯韦尔山峰高达 12 km，比地球上珠穆朗玛峰还要高。

14.4.2　水星环境

（1）水星的重力加速度及密度

水星是太阳系中离太阳最近的行星，平均距离不到 0.39 AU，赤道半径为 2 440 km，质量 3.3×10^{23} kg，轨道恒星周期近 88 天，赤道面与轨道面夹角为 0°，自转恒星周期 58.6 天，表面重力加速度 3.7 m/s^2，逃逸速度 4.25 km/s，密度约为 5.43 g/cm^3，视星等为 −1.9。

（2）水星大气成分与温度环境

水手 10 号探测器的探测结果揭示了水星的面貌，水星表面只有极为稀薄的大气，成分包括氦、氢和氧，大气压力只有 2×10^{-12} 个大气压。由于大气分子的热运动速度已经超过了水星 4.25 km/s 的逃逸速度，因此保留下来的大气密度极低，分子碰撞的概率也很小，它们的运动状态类似于地球 500 km 高空逃逸层的大气。水星自转速度很慢，自转和公转运动的结果，使得一个水星日（太阳从天顶到天顶）长达 176 天，需要水星自转 3 圈才是一个水星日，88 天的长昼使得水星向阳面的最高温度达 427 ℃，而长夜的最低温度达 −173 ℃。

（3）水星的磁场环境

水星具有与地球相似的全球性的偶极磁场，磁轴与自转轴成 7° 夹角，偶极磁矩约为 4×10^{12} T·m^3，磁场强度只有地球的 1%，在太阳风作用下也形成了弓形激波和包围着水星的磁层。当水星运行在远日点附近时，其磁场强度可以阻止太阳抵达水星的表面。

（4）表面环境

水星的密度为 5.43 g/cm^3，接近地球的密度，水星表面像月球那样遍布着大大小小的环形山，最大的环形山是在北半球的卡路里盆地，直径达 1 300 km。此外，还有高 3 km、长达数百千米的悬崖。

14.4.3　火星环境

（1）重力加速度及密度

火星也是地球的近邻，它的运行轨道在地球轨道的外侧，是距离太阳排序第四的行星。以接近圆轨道绕太阳运行，轨道速度 24.13 km/s，偏心率 0.093 4，轨道平均半径 $2.279\ 5\times10^{2}$ km，约为 1.52 AU，轨道恒星周期为 687 天（地球日），与地球的会合周期为 780 天，自转恒星周期比地球略长，为 24 小时 37 分 22 秒，赤道面与轨道面有约 25.19° 的交角，因此火星表面也有明显的四季变化。

火星比地球小，半径为 3 397 km，是地球的 53.3%，质量为地球的 10.75%，平均密度 3.94 g/cm³，赤道表面重力加速度 3.71 m/s²，逃逸速度约 5.02 km/s。

（2）反照率与生命

火星是一颗十分明亮、略呈红色的行星，表面反照率约 0.15，火星冲日的视星等为 −2.0，是天空中亮度排序第三的行星，自古以来就深受人们的关注。

由于火星在许多方面与地球相似，长期以来人们对它有着各种各样的遐想，甚至在某种程度上存在着对火星上有人类伙伴的期盼，1877 年从地球上用望远镜观测到火星表面上的一些条纹状地貌，被认为是火星上高级动物用于灌溉的运河，此后火星更被认为是地外生命的最佳栖息地。直到 1965 年水手 4 号探测器（Mariner - 4）飞临火星，拍摄到的照片显示出火星表面既没有人工运河也没有流水，只见众多的陨石坑和自然形成的沟槽。其后 1976 年海盗号（viking）登陆器降落到火星表面，在降落点也未能找到存在微生物的明显证据。

（3）表面温度及大气层

火星表面平均温度 −63 ℃，最高 20 ℃，最低 −140 ℃，昼夜温差 100 K。火星上空具有十分稀薄的大气层，表面的大气压力约 7 mbar，不到地球海平面大气压的 1%，大气中 95% 以上是二氧化碳，只有少量的氮气和氩气以及微量的氧气和水汽。水汽含量不到地球大气中水汽的千分之一，不过仍然能形成云和雾霾。大气活动有时很剧烈，风速可达 180 m/s，疾风将表面沙尘吹到大气中而形成区域性甚至全球性的沙尘暴，持续时间数周甚至数月之久。

（4）表面环境

火星具有显著的地质特征，表面遍布沙尘和岩石块，沙尘多由铁的氧化物组成，呈现出橙红的颜色表面有一些平原，也有许多陨星撞击坑或由于地面局部增热不均匀而形成的一种特殊的旋转对流运动从而形成的环形山，其中奥林匹斯火山（Olympus Mons）高 27 km，基座 600 km，是太阳系中最大的火山。位于南半球由撞击形成的海拉斯盆地（hellas basin），深达 6 km，直径 2 000 km。在中低纬度地区分布着河床状的脉络体系的地形。在靠近赤道处有称为"水手峡谷"（Valles Marineris）的巨大峡谷体系，绵延 4 000 km，宽 20 km，深 2～7 km。南北两极被大面积的冰覆盖，形成极冠，成分主要是二氧化碳，冠中可能含有水冰。极冠的大小随南北半球的季节而变化，北半球在夏季时，北部地区温度升高，北极冠的干冰升华为二氧化碳气体，北极冠面积显著缩小，而此时南极温度降低，大气中的二氧化碳冷凝成干冰，南极冠面积显著增大。

火星大气过于稀薄，水难以在表面长期存在。近年来根据火星奥德赛（Mars Odyssey）探测器探测结果认为，在火星南极附近的地表面 1 m 以下存在有大量与土壤混合在一起的水冰。

（5）磁场及空间辐射

火星有很弱的磁场，赤道表面的磁场强度只有 40 nT，不足以阻止太阳风的影响，太阳风直接作用到火星大气和表面。没有磁场的保护，火星直接受到空间辐射的作用，来自太阳和银河的高能带电粒子直接轰击火星表面，对火星探测器会造成辐射损伤和单粒子事件，登陆到火星的航天员必须配备有效的辐射防护设备。

14.5　外行星环境

外行星包括木星、土星、天王星和海王星（原冥王星已经归类于矮行星），这几颗是类木行星，都没有固体的表面，对它们的探测方式有：从近掠过，进行短期探测；进入围绕行星运行的轨道，成为其卫星，进行长期的在轨探测；由于没有固态表面，无法着陆行星表面，只能投放大气探测器进入其大气层，在其降落过程进行探测。外行星都有较多的天然卫星，有固态表面，甚至有的卫星还有大气层，采用软着陆方式可以在卫星表面进行现场探测。至于采样返回地球，因需要很大的速度增量，当前还有较大的困难。表 14 - 3列出了外行星的主要物理参数。

表 14 - 3　外行星主要物理参数

行星	赤道半径/km	质量/kg	密度/(g/cm³)	表面重力加速度/(m/s²)	逃逸速度/(km/s)	已知天然卫星数	表面平均温度/K	光环	视星等
木星	71 393	$1.90×10^{27}$	1.33	23.12	59.55	39＋24	152	有	−2.7
土星	60 267	$5.68×10^{26}$	0.70	8.96	35.49	30		有	0.7
天王星	25 557	$8.68×10^{25}$	1.3	8.69	21.29	27		有	5.5
海王星	24 766	$1.02×10^{26}$	1.64	11.0	23.71	13		有	7.8

14.5.1　木星环境

（1）重力加速度及密度

木星是太阳系中最大的行星，质量 $1.90×10^{27}$ kg，大于太阳系其他行星质量的总和，体积巨大，是地球的 1 300 多倍，赤道半径为 71 393 km，轨道平均半径 5.2 AU，是距太阳排序第五的行星，轨道恒星周期 11.86 年。木星自转很快，自转恒星周期 9.94 小时，赤道面与轨道面夹角约 3.1°。由于质量大，其表面重力加速度达 23.12 m/s²。但木星的密度却较低，约为 1.33 g/cm³。视星等为

—2.7，是天空中第二亮的行星。

（2）大气成分及风暴

木星没有固体表面，是个流体的星球，外部有极深的大气，大气成分中氢约占90%，氦约占10%，还有极少量的甲烷、氨和水汽。大气中的氢气是气态分子氢，底部的巨大压力使得氢成为液态的分子氢，再距云层顶10 000 km以下，压力更增大到百万大气压，氢则成为液态金属氢。大气运动十分剧烈，云层不断地变化，形成与赤道面平行的一些云带。存在狂烈的风暴，有强度比地球上大千倍的闪电雷暴。已经存在了300多年的大红斑，长达20 000 km，宽达10 000 km，是一个逆时针旋转的巨大风暴体系。

（3）磁场与辐射

木星具有巨大的磁场，比地球磁场强万倍，是太阳系中磁场最强的行星。太阳风与磁场作用形成磁层，磁层范围十分宽广，迎太阳方向上伸展出数百万千米，磁尾延伸得更远，达 6.5×10^{8} km以外，超出了土星的轨道。高能带电粒子被磁场捕获形成强辐射带。

（4）极光

木星的两极也有极光。在距离木星中心 $1 \times 10^{5} \sim 2 \times 10^{5}$ km区域，有暗淡的光环系统围绕着木星，光环系统包括4组由尘粒围绕木星运行形成的环，但它们远不及土星光环那样复杂和明亮。

（5）卫星

木星有很多颗天然卫星，接近400年前伽利略发现了木星的4颗最明亮的卫星，木卫一至木卫四，统称为伽利略卫星。其后不断有新的卫星被发现，已被正式命名的有39颗，如果将近年来发现但尚待正式命名的统计在内，卫星总数已超过60颗。这些卫星中除了伽利略卫星和木卫五以外，体积都很小，直径只有几十千米或几千米，而且形状不规则。

14.5.2　土星环境

（1）质量与密度

土星是距离太阳排序第六的行星，离太阳的平均距离约为 9.5 AU，云顶赤道半径为 60 267 km，体积为地球的 760 倍，是太阳系中仅次于木星的第二大行星。质量 $5.68×10^{26}$ kg，约为地球质量的 95 倍，密度很低，只有 0.7 g/cm^3，它是太阳系中唯一密度低于水的行星。轨道恒星周期约为 29.5 年，轨道面与黄道面交角约 2.5°。土星自转也很快，自转恒星周期约 10 小时 40 分，高速自转使得赤道半径比极半径大将近 6 000 km，赤道面与轨道面夹角约 26.7°。视星等为 0.7，是一颗较亮的星。

（2）大气与风力

与地球不同，土星没有明确的陆地、海洋和大气的界面，土星深层是在大气巨大的超临界压力下而形成的液态氢，向上逐渐转换为大气中的气态氢。大气主要成分是氢，约占 94%，其余是氦，还有少量的甲烷等。大气运动剧烈，风力强大，近赤道区域风速达 500 m/s。云层顶的温度为 −139 ℃，低层大气比高层大气的温度高。

（3）磁场

土星有强磁场，磁轴大致与自转轴重合，在太阳风作用下形成巨大的磁层，一些卫星和光环都在磁层中运行。

（4）土星光环

土星以其亮丽的光环而备受关注，光环系统像一个环状大盘围绕在土星赤道上方，光环外沿伸展到 $3.2×10^5$ km 的空间，而厚度一般很薄，只有 200～3 000 m。

14.5.3　天王星环境

（1）质量与密度

天王星是距离太阳排序第七的行星，离太阳的平均距离为 19.2

AU，赤道半径为 25 557 km，是太阳系中第三大行星，视星等为 5.5，质量 $8.68×10^{25}$ kg，约为地球质量的 14.5 倍，密度 1.30 g/cm^3。轨道恒星周期约 84 年，轨道面倾角不到 1°，自转恒星周期大约在 17～18 h，赤道面与轨道面夹角接近 98°，因此它是斜躺在轨道面上逆向自转，在 84 年轨道周期中，一个极有 42 年时间能照到太阳，另一个极则处于黑暗中。

（2）大气及成分

与其他外行星类似，大气主要成分是氢和氦，氢约占 83%，氦约 15%，甲烷约 2%，还有少量氮、氧和其他碳氢化合物。高层大气中的甲烷吸收红色光线，使得天王星看起来是个蓝绿色的星球。

（3）风速

风力强大，风速达 100 m/s。

（4）温度

云顶的温度为 −193 ℃。

（5）磁场

天王星有磁场，磁轴偏离自转轴 60°，形成麻花状的磁尾。近年来发现天王星也有光环，但比土星环暗淡，旅行者号探测器拍摄到 9 条光环，从距离天王星中心 38 000 km 延伸到 51 200 km。

（6）卫星

天王星有 27 颗，其中天卫一至天卫五是规则卫星，它们半径在 200～700 km，其余都较小，只有几十千米，属不规则卫星。

14.5.4　海王星环境

（1）密度

海王星是距离太阳最远的行星，离太阳的平均距离约为 30 AU，赤道半径为 24 766 km，比天王星略小。密度 1.64 g/cm^3，质量 $1.02×10^{26}$ kg，约为地球质量的 17 倍。轨道行星周期约 165 年，轨道面倾角 1.77°。自转恒星周期约 16.1 h，赤道面与轨道面夹角接近 29.6°，视星等为 7.8。

（2）大气及内部成分

星球外部三分之一是大气，主要成分也是氢和氦，氢约占 85%，氦约 13%，甲烷约 2%，与天王星一样，海王星也是个蓝绿色的星球。据推测，内部组成有熔岩、水、液态氨和甲烷。

（3）风速

大气活动剧烈，巨大的风暴体系形成了大黑斑，最大的有数千千米大小，附近的风速达 500 m/s。

（4）温度

大气上层有云，云顶的温度为 $-193 \sim -153$ ℃。

（5）磁场

海王星有 4 条很暗的窄光环，有磁场，磁轴也与自转轴偏离，约偏离 47°。

（6）卫星

海王星有 8 颗卫星，其中六颗是由旅行者二号探测器于 1989 年发现的。海卫一最大，半径有 1 350 km，距离海王星中心约 3.5×10^5 km，沿着圆轨道与海王星自转相反的方向运行，自转周期与轨道运行周期相同，约 5.9 天，在太阳系中是一颗独特的逆行卫星。海卫一密度 2.07 g/cm³，固体表面上分布着巨大的撞击坑。

14.6　太阳系环境空间模拟器的设计探讨

14.6.1　目标与任务

（1）太阳系空间环境模拟器的建设目标

为空间材料学、空间微电子学、空间光学、空间摩擦学、空间运动学、空间微重力学、空间通信与控制学、空间生物学、空间医学提供空间环境科学研究试验平台。

（2）太阳系空间环境模拟器的任务

覆盖太阳系的各种环境与效应模拟；解决航天器与空间环境相互作用产生的各种故障；验证与建立相关的空间环境模型。

试验对象:

1) 研究着陆器与行星车的空间环境效应与故障分析,如太阳系的各类行星及其卫星的着路器与行星车。

2) 研究各类行星探测器的航天器空间环境效应与故障分析。

3) 研究深空探测器的特殊组件的空间环境效应与故障分析,如姿控发动机、各类空间推力器、太阳电池阵、航天服等。

14.6.2　总体技术指标与试验项目

(1) 总体技术指标

1) 建立环形直径 300 m,总长约 1 000 m 的大型空间环境模拟器;

2) 空间环境模拟舱内直径 4 m,热沉内直径 3.5 m,容积约 12 000 m^3;

3) 内设 100 K 液氮热沉,局部带有 4 K 液氦热沉,或 300 摄氏度的加热板,温度可调;

4) 空载真空度为 5×10^{-4} Pa,局部真空度为 1×10^{-7} Pa。

(2) 试验项目

1) 月球车、行星车。在空间环境下跑道模拟试验,跑道长度分别为 10 m,100 m,300 m,1 km,10 km 等。在 30 m 之内局部真空度可达 1×10^{-7} Pa。

2) 中型航天器的热真空试验。包括月球车、行星车及其卫星的着陆器与卫星车;月球及各类行星探测器等中型航天器;航天器特殊组件、航天服等的热真空试验。

3) 深空探测器的姿控发动机羽流试验;5 N、10 N 姿控发动机羽流效应试验,高度达 120 km。

4) 深空探测活动组件。如太阳电池阵、天线展开试验,展开长度可达 10~100 m。

5) 航天员着航天服空间出舱行走试验。行走 10 m、20 m、30 m 的试验。

6）深空探测载人飞船与空间站对接机构的科学试验研究。

7）深空探测器的空间机器人，空间大型机械臂，空间大型机构，长 10 m、30 m、100 m 的空间环境试验。

8）深空探测器的运动机构，空间环境下的运动学与摩擦学的科学研究试验，真空度可达 $1×10^{-7}$ Pa。

9）微流星体，表面充放电，等离子体，电子，质子，紫外空间模型的验证试验与科学研究试验。

10）深空探测器，行星表面大气环境与地表环境试验。

11）深空探测器的电子器件的空间特殊环境试验。

12）航天器特殊部件的空间微重力试验。

14.6.3　技术方案设想

1）建立环形直径 300 m，总长约 1 000 m 的大型空间环境模拟器；

2）空间环境模拟舱内直径 4 m，热沉内直径 3.5 m，容积约 12 000 m³；

3）内设 100 K 液氮热沉，局部带有 4 K 液氦热沉，或 300 摄氏度的加热板，温度可调；

4）空载真空度 $5×10^{-4}$ Pa，局部真空度为 $1×10^{-7}$ Pa；

5）配有无油真空抽气系统，真空检漏系统，污染测量系统，残余气体分析系统；

6）各种不同环境获得系统的控制与测试系统；

7）不同舱段分别模拟单因素或多因素的空间 24 个环境参数（包括真空环境，分别为 $5.0×10^{-4}$ Pa 与 $1×10^{-7}$ Pa；冷黑环境，热沉温度分别为 4 K 与 100 K；地球及其他行星的反照与辐照环境；空间各种条件下的热环境；太阳辐照环境；航天器相对太阳的姿态环境；航天员出舱的安全与救生环境；月球与行星的地貌环境；月球与行星的地表土壤环境；太阳系各种星球的热真空环境；深空探测器姿控发动机羽流试验环境；深空探测器空间太阳电池阵、天线、机械臂等的展开空间环境；空间磁亚暴环境；空间等离子体环境；空间质子，电子，紫外辐照环境；高能质子单粒子效应辐照环境；空间微流星环境）；

8）建立各种空间环境参数的模型软件与试验软件。

太阳系空间环境模拟器方案设想图见图 14-2。

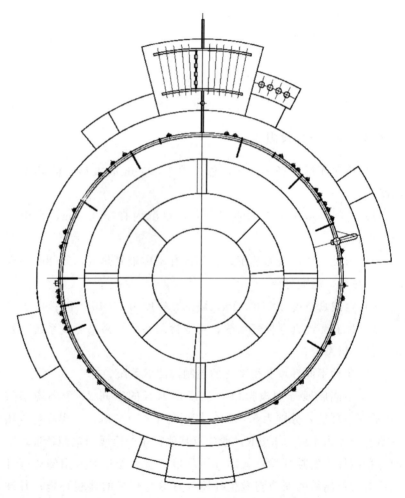

图 14-2　太阳系空间环境模拟器方案设想图

14.6.4　建立环形太阳系空间模拟器的必要性

1）在一个环形空间模拟器内可以完成多项试验，获得原位的测试结果，没有漂白效应。如行星车在完成行星表面地貌环境试验后，直接进入真空、温度、太阳辐照模拟环境，进行热真空、热平衡试验；然后可直接进入超高真空环境做摩擦、冷焊试验，进行运动学、摩擦学的科学研究；再进入微流星环境做撞击试验，也可进入太阳风、等离子体环境试验，在一个设备内可以完成各种环境的连续试验。

2）航天器在太空发现故障后，通过在一个大屋顶下的近 30 项的环境因素试验，可以及时发现故障产生的原因，得到及时处理；先从仿真中心研究，通过模型分析有可能产生的原因，再从试验中得到证实，能及时解决在太空运行的故障。

3）比较完整地模拟太空各种环境参数，可避免试验方法上的误差及测量的误差。

4）100 多台设备集成在一个平台上运行，设备资源可以共享，达到一机多用功能；如液氦低温泵，有 1.5×10^7 L/s 的抽速，可以为发动机羽流效应试验服务，也可以为获得超高真空的摩擦学、冷焊试验服务等；环形空间模拟器上只需配备一套预抽真空系统（否则要 20 个粗抽系统）；可节省四极质谱分析系统、真空测量系统的数量，达到资源共享的目的。

5）节省液氮系统、液氮储槽、氮气系统的数量，可共用一个系统或者两个系统。

6）利用相关环境试验的资源，可以共同验证空间各种环境的模型，也可分析航天器各种故障的原因。

7）通过相关试验，建立试验仿真软件，减少试验时间与次数，节省试验经费。

8）集成系统可节省操作人员与管理人员。

9）建立一个国际先进的最高级别的环境试验设施，供全国与国际上的研究人员进行科学试验研究工作,可大大提高研究水平与技术水平,提高航天器的可靠性。

14.6.5　设计原则

空间模拟器具有以下的性能:

1) 可维修性;

2) 可互换性;

3) 可操作性;

4) 可兼容性;

5) 可扩展性;

6) 可实施性;

7) 使用方便;

8) 自动化程度高;

9) 具有国际先进水平;

10) 具有国内同类试验的最高水平;

11) 是国内同类试验的验证标准;

12) 具有统一的测试标准、统一的规范。

14.7　空间模拟器的分系统组成与技术指标

空间模拟器总体由 30 多个分系统组成,介绍如下。

14.7.1　真空容器

(1) 技术指标

1) 环形直径 300 m,总长约 1 000 m;

2) 容器内直径 4 m;

3) 容积约 12 000 m³;

4) 分 16 个舱段,每个舱段有试件进出口;

5) 容器的总漏率小于 1×10^{-3} Pa・L/s;

6）内表面抛光；

7）真空容器材料用304不锈钢，加强筋及鞍座为碳钢。

（2）方案设计

结构方案：卧式环形真空容器，直径300 m，展开长940 m，加上辅容器与进出口大门，总共约1 000 m。

详细设计及实现参考真空容器设计技术部分内容。

14.7.2　模拟空间冷黑环境100 K的热沉

（1）技术指标

1）热沉有效空间直径3.5 m，长约600 m，无热沉面积小于热沉总面积的3%；

2）内设100 K液氮热沉；

3）热沉内表面涂黑漆，对太阳光的吸收率 $\alpha_s \geqslant 0.95$，半球向发射率 $\varepsilon_h \geqslant 0.90$；

4）热沉的总漏率小于 1×10^{-4} Pa·L/s；

5）热沉表面采用板式复合结构，材料用不锈钢。

（2）方案设计

1）采用卧式、板式结构，材料采用304L不锈钢；

2）热沉分节，长4～6 m为宜，采用下进、上出的液氮走向；

3）最大热流密度取400 W/m²，温度低于100 K；

4）热沉管架用不锈钢材料；

5）热沉的所有气密性焊缝用氦质谱仪检漏；

6）测温：热沉温度测量用Pt100热电阻；

7）热沉内表面涂黑漆，对太阳光的吸收率 $\alpha_s \geqslant 0.95$，半球向发射率 $\varepsilon_h \geqslant 0.90$；

8）测控：实现热沉温度的显示、存储、打印、超限报警等功能。

14.7.3　真空系统

（1）真空系统总体设计

采用以外接式制冷机低温泵为主抽泵（约 16 台），以分子泵为辅助泵（约 12 台），以滑阀泵、罗茨泵加液氮冷阱来作预抽系统（约 12 套机组）的真空抽气系统，该系统的最大优点是清洁，而且系统简单、操作方便、运行费用低。

（2）总体规划

1）无油高真空抽气系统；

2）分子泵系统；

3）检漏系统；

4）真空测量；

5）残余气体分析系统；

6）污染监测系统；

7）复压系统；

8）真空系统的测控系统等。

14.7.4　液氮系统设计

（1）技术指标

1）单相密闭循环系统同时兼顾开式沸腾方案。

2）系统最高工作压力小于 0.8 MPa。

3）在给定的热负荷 60～250 kW 及时间 4 小时之内使热沉温度从常温降至 100 K 以下。

4）为液氮热沉和液氮热沉提供液氮。

5）为真空系统的低温泵及冷阱提供液氮，压力为 0.2～0.4 MPa。

6）配有液氮控制柜，能够实现液氮储罐各种参数的显示、控制，液氮管路上流量、压力以及热沉进出口温度的显示等功能，并能和上位机通信，将液氮系统的主要参数传输到测控间，实现计算机远程管理。

　　7）系统连续运行时间大于 30 d。

　　8）数量 2 套。

　　（2）液氮系统的设计

　　参考液氮系统设计技术部分内容。

14.7.5　热沉复温系统设计

　　（1）技术指标

　　1）系统设计为：开式复温系统与闭式循环复温系统。

　　2）开式复温系统，液氮热沉温度从 100 K 复温至 320 K，时间控制在 12 小时之内。

　　3）闭式循环复温系统，液氮热沉温度从 100 K 复温至 320 K，时间在 8 小时之内；液氮热沉温度从 10 K 复温至 320 K，时间在 8 小时之内。

　　4）配有和液氮系统合一的控制柜，用于系统设备（液氮储罐、汽化器、加热器等）状态参数的显示和控制，热沉进出口温度、特征点温度的显示。

　　（2）方案设计

　　1）气氮系统用于热沉加热，将热沉温度加热到 60 ℃。热沉从 100 K 加热到 60 ℃，需 10 小时，升温速率约 0.4 K/min。快速升温需 8 小时，升温速率约 0.5 K/min。

　　2）气氮系统组成：有 2 台氮气压缩机，流量为 44 m³/min，出口压力为 0.35 MPa。

14.7.6　人机环境科学研究试验系统设计

　　（1）技术指标

　　1）空载真空度 $5×10^{-4}$ Pa；

　　2）内设 100 K 液氮热沉；

　　3）舱体长 30 m；

4）设有并联气闸舱，分别为直径 3 m，长 4 m；

5）设有 5 个供航天员进出的舱门，每个门宽 1.5 m，高 2 m；

6）设有紧急复压系统，30 s 内复压到 40 kPa，60 s 内复压到 0.1 MPa；

7）设有便于航天员在太空行走的航天服吊挂系统；

8）航天员生命保障系统；

9）带有发散型太阳模拟器，辐照面积直径 2.5 m；

10）内设照明系统、通信系统、灭火系统；

11）带有抽富氧的无油真空系统。

（2）方案设计

1）载人试验舱分成 3 个舱：C 舱直径 4 m，长 30 m；气闸舱 A 舱和 B 舱体积分别为 30 m³ 和 45 m³。C 舱装有热沉，热沉直径 3.5 m，长 30 m。真空度达到 5×10^{-4} Pa，热沉温度低于 100 K。

2）综合复压系统、环境控制系统、红外灯阵的研制与安装调试；灭火系统、备用电源等的研制。

3）配套的装置有导轨、小车、通信设备、气闸舱内的装饰等。

4）飞船正常情况下载人热真空试验。检验飞船在正常状态下，人-船是否协调；对人、机、环境的协调性提出改进方案；航天员对飞船各分系统性能进行评估；检验航天员的技能和素质等。

5）飞船在应急状态下载人热真空试验。检验在热真空条件下飞船内的生保系统、环境控制系统发生异常时航天员的生活与工作适应性。检验在飞船失压或温控产生故障时，舱内航天服的应急能力和航天员的心理、生理素质和操作能力，以及航天员对舱内各分系统故障的判断能力和处理能力；对航天员的上述能力进行培训与提高等。

6）航天员出舱活动模拟试验。在热真空环境条件下，按航天员出舱活动程序，考核和评价飞船舱段的减压和复压、舱门开关和密闭、出舱活动前后的舱温变化及舱外航天服与飞船的配套性能等。

7）"零"重力环境条件下人-船联合试验。考核在"零"重力环境条件下，人与船的协调性；训练与提高航天员在"零"重力环境条件下的心理与生理素质和对飞船的操作能力等。

8）人-船联合热真空试验。美国的载人飞船，有水星号飞船系列、双子星座飞船系列和阿波罗飞船系列，在其所有的飞行活动中，都进行过大量的地面人-船联合热真空试验和出舱活动试验。以阿波罗飞船为例，整船、舱段热真空试验达 21 次，其中载人试验 14 次，为载人准备试验 7 次。在这些试验中，解决设计问题 27 处，航天员操作程序问题 25 处，调整工艺过程 11 处，为顺利飞行做出了重要贡献。即使如此，在美国的载人飞行活动中，仍出现过不少问题。

9）空气锁的方案设计。

空气锁具有如下功能：

a）在漏率为 660 Pa·L/s 时，极限真空度为 0.67 Pa；

b）在 101～2 kPa 间，任一真空度可控，实现可控高度模拟；

c）气压下降率限制在 13.3 kPa/min 之内；

d）空气锁可单独完成减压试验并具备迅速增压救生功能。锁体上、门上均有观察窗，内设网格地板、座椅、增压放气管，安装在地板下面。配有电视摄像机、人体功能传感器引线法兰、生保系统测试引线法兰等，还设有照明系统、灭火系统等。

10）复压系统方案设计。

模拟室复压分为紧急复压和正常复压。紧急复压由主复压系统和辅助复压系统完成；正常复压由正常复压系统和备用复压系统完成。

a）主复压系统。

将氮气、氧气贮存于 23.2 MPa 的高压气瓶里，在管道中注入 10.34 kPa 的氮气，防止空气和水汽渗漏入系统之中。

复压开始，爆破阀打开，通过调节阀调节流量、流速和压力，在 30 s 内使容器压力从 1.3×10^{-3} Pa 达到 41 kPa。

b）辅助复压系统。

当模拟室达到 41 kPa 后，打开阀门，将空气通过过滤器，60 s

内可使容器增压至 101 kPa，总管管径为 ϕ1 268 mm。

c）正常复压系统。

空气经过除湿过滤后，由鼓风机给气流以增压，经过加热器加热升温流入总管，经过阀门，从四个方位进入容器复压，在 3 h 内使模拟室压力从 41 kPa 升到 101 kPa。

d）备用复压系统。

要求在 30 s 内使容器压力从 666 Pa 升到 41 kPa，90 s 内升到 101 kPa。

空气经过过滤器、节流板、阀门、真空阀门流入进气管，为减少噪声和冲击力，总管安装于空气锁地板之下，气流沿筒体壁散射入空气锁中。

14.7.7　发散式太阳模拟器

（1）技术指标

1）辐照试验面积：直径 2.5 m；

2）光线入射方向：水平或垂直方向；

3）辐照度：300～1 760 W/m²；

4）光束准直角：±13°；

5）辐照不均匀度：≤±8%；

6）辐照不稳定度：±2%/h；

7）连续工作时间不小于 48 h；

8）光谱匹配：氙灯光谱；

9）采用计算机数采、管理、实时显示太阳模拟器辐照不稳定度和氙灯电性能参数。

（2）方案设计

发散式太阳模拟器就是从模拟器出射的光束以一定的光束孔径角投影到辐照面上。发散式与准直式太阳模拟器的区别是发散式不具备辐照体均匀度技术指标。也就是说，设计的总辐照度（例如 1.5 个太阳常数）只能在设计基准辐照面上实现。离开基准辐照面（例

如±1 m）的辐照面上的辐照度和辐照面积是不一样的，离光源近
（－1 m）时，辐照度高辐照面积小，反之（＋1 m）辐照度低辐照面
积加大。因此对发散式太阳模拟器而言，没有辐照体均匀度要求，
只有面均匀度要求。但这样的系统容易实现，研制经费也比离轴准
直式便宜。

14.7.8　姿控发动机羽流效应试验单元

（1）技术指标

1）液氦热沉面积 300 m²；

2）空载真空度 $1×10^{-7}$ Pa；

3）舱体长 30 m；

4）模拟 120 km 高度的 5～10 N 姿控发动机羽流效应试验；

5）测试力、力矩、热、污染的羽流效应试验。

（2）方案设计

根据德国 DLR 研究中心的介绍，为了维持模拟太空的真空环境
并保证推进器的持续点火工作，低温泵被认为是一种合适的方式。
抽氢（H_2）问题作为一个特殊的问题在单组元和双组元的燃料废气
中都会存在。浓缩的氢在温度为 4.67 K 时在低温泵表面的蒸气压为
10^{-3} Pa，所以唯一的冷却方式就是采用温度为 4.22 K 的液氦
（LHe）。

氢燃料推进器试验的高真空设备采用了两级低温泵：燃烧废气
首先在液氮热沉表面冷却，然后在液氦低温泵处浓缩。要使羽流
（质量流量 $m = 4.54×10^{-5}$ kg/s）完全膨胀达到 10^{-3} Pa，所需低温
泵的面积至少是 57 m²。

基于以上考虑选择了一个直径 1.6 m、长度 5.25 m 的圆柱形低
温泵。结构上的一个基本要求是：当每平方米的热流量增加 100 W
时平板上的温度升高不能超过 0.2 K。要实现这种假设必须保证氦在
管道里不发生气蚀（除了选择高热传导率的铜材料之外），所以，为
了加快其传输速率，泵被安装在闭式循环系统内。

　　低温泵上安装一个辐射屏，由 80 K 的液氮冷却挡板来减少其辐射换热。低温泵的热损失包括热传导（沿着钢架）和热辐射，不会超过 35 W。冷板被安装在长 7.6 m、直径 3.3 m 的不锈钢真空环境中。

　　真空室内装有两台涡轮分子泵（泵抽速 3 000 L/s），用于抽空可能从低温泵系统泄漏的氦，在连接处极小的漏孔也可能发生泄漏（低温泵不能抽氦）。所以真空室中气氦的分压力能保持在小于 10^{-5} Pa，并且不会妨碍自由羽流气体的膨胀。

　　本设计比 STG 设备氦板面积大 5 倍，可满足 5～10 N 的发动机试验要求。

14.7.9　模拟空间 4.2 K 热沉设计

　　（1）技术指标

　　1）热沉为卧式结构，安装在内径 $\phi 4$ m，直筒段长度 30 m 的卧式舱体内；

　　2）液氦热沉安装在液氮热沉内部，其直筒段有效空间不小于 $\phi 3 \times 30$ m，材料为316 L，工作时管内工作压力为 0.1 MPa，两个热沉无热沉面积均小于 3%；

　　3）热沉总漏率不大于 1.3×10^{-8} Pa • m³/s；

　　4）发动机羽流试验时，液氮热沉管内通液氮，温度低于 100 K，液氦热沉管内通液氦，温度低于 4.5 K；

　　5）做热真空试验时，液氦热沉作为防辐射屏不工作，液氮热沉管内通液氮，当热负荷为 400 W/m² 时，液氮系统在保持单相流动的条件下，表面温度低于 100 K；

　　6）液氮外流程、液氦外流程均可能为开式沸腾系统或单相密闭循环系统；

　　7）液氮热沉内表面涂黑漆，对太阳光的吸收率大于 0.95，半球向发射率大于 0.90；抽气 4 小时后，出气率不大于 5×10^{-8} Pa • m³/（s • cm²）；

8）液氮热沉与液氦热沉加热温度 373 K。

（2）方案设计

1）液氮热沉和液氦热沉设计成为一个整体，液氦热沉外部为液氮热沉，液氮热沉既是液氦热沉的防辐射屏，又是液氦热沉的支承。

2）底部热沉翅片应具有相当的刚度，能够承受一定的质量。

3）尽量减少热沉预冷时的液氮消耗量。

4）舱体内液氮热沉和液氦热沉的进出口分别独立设计，进口设在舱体封头下端，出口设在舱体封头上端。

5）大门热沉独立于舱体热沉，进出口设在大门铰链处，用波纹管与外循环系统连接，下进上出。

6）液氦热沉系统不仅要满足一般热沉的要求，而且液氦热沉还要满足用液氦制冷的低温泵的要求，尽量减少热沉预冷时的液氦消耗量。

7）液氦热沉内表面涂有特制黑漆，对太阳光的吸收率大于 0.95；半球向发射率大于 0.90；抽气 4 小时后，出气率不大于 5×10^{-8} Pa・m^3/（s・cm^2）。

14.7.10　模拟空间 4.2 K 热沉的液氦系统设计

（1）技术指标

1）为液氦热沉提供需要的液氦冷却介质。

2）系统工作分为两个阶段。预冷：氦板的温度从 100 K 冷却至 4.5 K，预冷时间约 6 小时。维持壁板的工作温度在 5 K 以内，工作时间约 4 小时。

3）系统为开式沸腾方案。

4）配有氦气再液化系统，产量为每小时 100 L 液氦，配有液氦储罐。

5）配有氦气回收系统与氦气储罐。

6）配有液氦监控系统，能实现以下参数的控制。液氦储罐各种参数的显示和控制；液氦管路上流量、压力的显示；热沉进出口温度、特征点温度显示；具有上述相关参数如储罐液位高低位、压力等声光报警功能；能和上位机通信，将液氮系统的主要参数传输到测控间，实现计算机远程管理。

（2）方案设计

液氦热沉的液氦需要量为：预冷需 6 m³ 液氦，试验期间每小时耗量 1 m³，预冷加2小时试验共需 8 m³。液氦的来源：采用回收再液化的方法，不足液氦采用市场购买。采用 100 L/h 再液化方案；用 2 级，4.5 K，1 000 W 的涡轮（透平）式氦膨胀机，转速分别为 0.8×10^4 r/min 和 0.5×10^4 r/min，出口温度 4.5 K；2 台螺杆式氦压机在 0.1 MPa 下的流量为 2×900 m³/h；此外，还有 2 台干燥器、纯化器、热交换器、冷箱、4 台气罐（每台 130 m³）、自动控制系统、2 台液氦杜瓦（每台 4 m³）等。

14.7.11　月球环境科学研究试验单元

（1）技术指标

1）模拟月球环境温度 −180～−160℃，高温达 130～150℃；

2）模拟重力加速度，仅有地球表面重力加速度的 1/6 左右；

3）月壤模拟，月壤中 95% 的颗粒尺度小于 1 mm，大约 50% 小于 60 μm，10%～20% 小于 20 μm，月壤颗粒度分布非常宽，月壤中大约 50% 左右是月尘；

4）月球地貌模拟，按自然形态可分为月海、类月海、撞击坑、山脉、峭壁、月谷、月溪、月湾、月沼和月面辐射纹等主要地貌类型；

5）进行月球车的远程操纵，带有仿真系统和自主巡航试验台；

6）跑道长度分别为 10 m，100 m，300 m，1 km，10 km 等；

7）真空度为 10^{-4} Pa，在 30 m 之内真空度可达 1×10^{-7} Pa。

（2）月球环境试验的必要性与试验方案

①月球辐射环境特点

月球轨道及月面只有太阳宇宙射线及银河宇宙射线，与地球轨道辐射环境相比，月球辐射环境存在太阳风。

太阳风主要由电子、质子组成，平均速度 450 km/s，粒子体密度 $1 \sim 20$ 个/cm³。从太阳平静到太阳活跃期，质子能量会从 0.5 keV 变化到 3.2 keV，平均能量为 1 keV。电子能量大约是 $20 \sim 40$ eV，平均能量大概是 25 eV。太阳风粒子密度及能量比较低。太阳风模拟试验设备由质子源、电子源、测量装置和真空系统等组成。质子源必须能够产生具有要求能量、强度的质子束，并且能在预期的寿命中保持稳定。能够在要求的范围内调节束流强度。束流能量范围还必须覆盖整个太阳风质子的能量范围。

②真空热试验

月球没有大气层来保温及传导温度，存在 14 天月夜及 14 天月昼，温度变化范围大，温度变化率高。月球表面外热流由太阳辐照、月球反照和月球红外辐照组成。月球车受这些辐照作用，最高温度可达 150 ℃。阳光阴影处温度则下降到 $-130 \sim -160$ ℃，月夜最低温度可达 -180 ℃。所以，月球探测器真空热试验对空间模拟器冷黑背景及外热流模拟技术有特殊要求，极端低温环境需要采用复杂的氦制冷技术。

③微流星体超高速撞击试验

与地球轨道空间碎片与微流星体环境研究方法相同，其环境参数由月球微流星体环境模型决定。

④着陆冲击试验

通常采用落塔进行着陆冲击试验。月球重力加速度只有地球的 1/6，通过降低降落高度，使月球着陆器落地时的加速度与在月面着陆的加速度一样，就可以达到模拟试验的效果；也可采用悬吊系统平衡配重的方法模拟 1/6 重力。

⑤月尘模拟试验效应

月尘具有颗粒小、带电、容易悬浮等特点，使登月设备或者航天员遇到很多问题。月尘造成的环境效应包括污染、磨损、阻塞、静电等。

1) 沉积效应：月面超高真空环境下，月尘的沉积变得十分致密，静电也会加重月尘沉积影响。

月尘颗粒极具吸附性，在短时间内，登月设备的一切暴露表面都会覆盖一层月尘，包括鞋子、手套、航天服、手持工具等。沉积效应会降低材料表面的性能。月尘会污染温控表面，造成太阳吸收率和热发射率变化，导致温控系统故障。月尘会污染光学表面，降低透射率等光学参数，使光学仪器性能下降。太阳电池阵是最容易受到月尘影响的部件之一。月尘污染会造成电池片光电转换效率下降，使太阳电池阵输出功率降低。

2) 磨损效应：月尘的粒度小、干燥、颗粒形状尖锐、硬度高，因此月尘可以被看作是一种特殊的"研磨剂"。月尘的这种特性使得与其做任何相对运动的接触面产生划痕。尤其是往复运动或旋转运动的表面会被磨损，甚至表面材料或者涂层被剥落。航天员进行 8 小时月面活动后，航天服就变得陈旧。在地面活动训练服变得陈旧则需要 100 小时。航天服头盔视窗玻璃由于划痕，看到的东西变得模糊。地面试验也证实了细小尘埃颗粒对月球车轮具有明显的磨损。

3) 阻塞效应：月尘附着在活动机构的表面会增加活动机构的阻力，有些甚至发生卡死现象，变得不能使用，几乎所有的阿波罗探月工程技术报告都提到了这一问题，问题发生在锁扣、搬运设备、相机设备等，甚至真空吸尘器也会发生问题。报告指出尼龙绳的锁扣由于月尘的原因变得不能使用，拉链也发生同样的问题。

4) 渗入效应：细小粉尘极具渗入性。月尘的这种特性不仅危及活动的机械部件，也会对航天员的生命支持系统产生危害。阿波罗 14 曾经发生过试验仪器开关失灵的情况，原因就是粉尘进入了开关，并在阿波罗 16 中作了修改，成功地改善了开关的防尘效果。

5) 静电效应：月尘带电会使得登月设备发生充放电现象，对设备的电子元器件产生影响。带电月尘的电荷累积可能引起太阳电池阵漏电及局部放电，造成太阳电池阵工作异常甚至损伤。同时月尘带电会增强月尘的吸附特性，加重污染程度。

6) 生物效应：月尘对生物也会造成有害影响。月球探测中，月尘会随着航天员带回登月舱内，由于极细粉尘颇具渗透性，也有可能进入航天服内。在阿波罗计划中，曾发生过航天员吸入了月尘的情况。月尘有失效的黑火药的味道，短期会引起鼻音加重。美国探月航天员的胸透照片清晰显示这些粉尘会对人体的肺部或者心血管造成不同程度的影响，其中对肺部的影响尤其严重。

7) 视觉遮蔽效应：扬起的月尘使登陆地点目视不清，对登陆和返回带来困难。阿波罗 11 登月舱着陆时，航天员报告"吹起的 100 英尺高度的月尘使月面视觉十分模糊，随着高度的降低变得更加严重"。阿波罗 12 遇到的问题更加严重，视线几乎完全被遮蔽。遮蔽不仅影响裸眼的视场，同时也会影响摄影机等光学设备。

月尘环境效应研究的主要内容包括月尘环境模型、月尘环境模拟方法、月尘对月面探测活动影响评价、月尘效应防护等。研究月尘效应对月球探测活动的影响，首先依据月尘模型计算出不同起尘情况下的月尘沉降率，作为试验输入条件，研究热控表面、光学表面、太阳电池阵等敏感表面在模拟月尘扬尘环境下其性能随时间的演化规律。测量太阳电池阵表面漏电及放电参数，评估损伤程度。

⑥月尘环境模拟试验方案

1) 月尘环境模拟设备通常包括试验容器、真空获得系统、月尘扬尘装置、测量系统等。根据研究内容不同，配置太阳模拟器、紫外光源、太阳电池片参数测量装置、温控涂层太阳吸收率及热发射率测量装置、光学表面性能演化测量装置、机械摩擦磨损试验装置等。

2) 真空度达到 10^{-6} torr 后，将月尘加温到 200 ℃，保持温度直至残余气体分析器测量数据不再变化。然后将月尘冷却到 -150 ℃，保持一定时间。通过三次以上温度循环处理，直到残余气体分析器测量数据不再改变为止。

3) 模拟月尘表现出与月球表面类似的粘接性。尽管容器压力越低，月尘与敏感表面的粘接力越大，研究表明 10^{-5} Pa 真空度已能够满足月尘粘接性试验需要。

4）这台试验设备采用带液氮冷阱的油扩散泵作为主真空泵，这种泵没有易磨损的活动部件，在月尘模拟设备中具有独特的优势。冷阱可以有效防止扩散泵返油进入试验设备容器。为了减少进入扩散泵的月尘数量，设计上采取了一定防尘措施。扩散泵抽气口设计在设备容器的顶端，抽气管道安装了 5 个挡板，以顶-底-顶-底-顶交替方式安装，形成曲折的抽气通道。

⑦月球车环境模拟试验方案

试验内容主要包括评估月球车在类似月面形貌的地形条件下其功能、性能是否满足设计要求。验证月球车在模拟月面地形下的行走、越障、爬坡能力。

人工建造的月面形貌模拟试验环境，其优点是能够根据试验目的模拟月面的各种形貌，试验效果更加真实。同时，对经常性的研制试验比较方便。缺点是试验场地小，造价高。

月球车可以沿模拟月面地形上行走，跨越正弦波形和阶梯形等剖面障碍，再现行走部分附加载荷的统计特性，悬挂装置弹簧元件弯曲的周期性和量值，动力传动机构载荷的量级，控制所必需的指令数量等。通过试验对其底盘弹簧缓冲系统的运动动力学和工作效率进行评估。

在行走试验过程中，月球车轮通过各种地形环境时的速度、行程、不同地形数量和特性都能被测定及记录下来。

14.7.12　模拟外星球（水星，金星）高温的红外板式模拟器

（1）技术指标

1）根据不同星球外热流模拟要求（如外形、散热面分布及涂层种类、外热流大小等）来确定红外加热器的回路数、形状、尺寸及安装方式；

2）满足航天器相应部位吸收的最大和最小热流密度值；

3）各加热区之间相互干扰要小，必要时加挡板；

4）各区热流可独立调节，必要时还应满足热流瞬时变化要求；

5）当热流密度大于 80 W/m² 时，要求各加热区的热流平均值与设计值的偏差不超过 ±5％；热流不均匀度不超过 ±10％；

6）回路电流一般不大于 5 A；加热器所占面积不小于该区面积的 95％；各加热区的实际加热功率与设计值的偏差不超过 ±2％。

（2）方案设计

1）几个星球的辐照度及半球反射率见表 14 - 4 。

表 14 - 4　几个星球的辐照度及半球反射率参考值

星球名称	辐照度/（W/m²）	太阳常数/个	半球反射率
地球	1 353	1.0	0.35
火星	587	0.435 (1/2.3)	0.15
水星	9 080	6.7	0.07
金星	2 580	1.9	0.59
木星	50.1	0.037 (1/27)	0.44
土星	15	0.011 (1/91)	0.42
天王星	3.72	0.003 (1/368)	0.45
海王星	1.46	1/904	0.52
冥王星	0.858	1/1 570	0.14
月球	约 1 353	约 1.0	0.073

2）温度控制板组成的红外模拟器。

a）一种是在管内流动着流体（气体或液体）的夹层板。在金属板上贴上电阻片，根据试验要求调整流体温度，给出所需的红外辐射热流。这种温度控制板温度均匀，可以做成各种形状的板。美国的马丁-马丽埃塔（Martin—Marietta）公司研制过一台相对距离为 4.9 m、高为 11 m 的八角柱形的由 56 块加热板组成的百叶窗笼，通过调整加热板的功率和百叶窗的开启角度来控制辐射热流。

b）另一种是贴片式电阻加热器。这种方法是在航天器内表面或外表面粘贴一层薄膜电加热器，使其在这一区内产生的热量正好等于该表面所吸收的热流，或者使表面达到预定的温度。这种方法的主要缺点是表面贴片会破坏航天器表面的原来状态；优点是对热沉的辐射没有阻挡，可以模拟低热流。

14.7.13　太阳电池阵、天线展开微重力试验单元

（1）技术指标

1）展开长度可达 10～50 m；

2）真空度为 $5×10^{-4}$ Pa；

3）带有红外辐照模拟器；

4）红外模拟器可进行手控或计算机编程控制；

5）设有模拟微重力的斜导轨吊挂系统，可测摩擦力、力与力矩；

6）设有 +100 ℃ 与 -100 ℃ 的温度背景。

（2）试验方法

①气浮式展开试验技术

它是在平台上形成气垫将太阳电池阵托起，在地面的大气环境中，造成无重力影响。试验时每个太阳电池板下对称配置 2 个气垫元件，使其收拢状态的板面中心平面与地面垂直。要对气垫元件进行特殊设计与制造，气源使用干燥、净化的压缩空气，工作压力一般为 300～700 kPa。用这种方法展开太阳电池板需要考虑如下几个问题。

1）气垫升力的稳定。不同质量的太阳电池阵展开试验时，需要控制空气压力与气膜刚度。

2）附加质量的作用。太阳电池阵携带的承托支架、气垫组件及气路构件组成太阳电池阵的附加质量，带附加质量的太阳电池阵的展开时间，需通过理论推算的方法校正无附加质量时展开的时间得到。

3）大气阻力。由于太阳电池阵的面积大、质量小，大气阻力对太阳电池阵的展开运动有很大影响，使展开时间增加，需用理论推算方法修正。

气浮式展开试验装置适用于刚性太阳电池阵，不适用于半刚性或柔性太阳电池阵。

②吊挂式展开试验技术

将试件在导轨上吊挂起来，吊挂点处的摩擦力，用略为倾斜的导轨斜面方向的重力分量来抵消。吊挂点通过电池板的质心，沿导轨横向展开。

导轨斜角 α 的大小根据导轨和滑轮系统的摩擦系数等于 $\tan\alpha$ 计算得到，要准确测量展开装置滑轮系统的摩擦系数，然后根据系数的大小，设置斜角的大小。

展开试验时，导轨与水平面需调节成某个角度，而太阳电池阵展开后保持水平状态，各吊挂点的伸长量不一样，需要用弹簧补偿，在滑轮组和太阳电池阵之间加 1 个弹簧。在展开过程中，太阳电池阵是个整体，一端固定在模拟墙上呈铰支连接，弹簧靠近支点的力大，伸长量大，远离支点的力小，伸长量也小，按照力矩相等原理，根据导轨斜角和受力大小，选定弹簧最长伸长量和最小伸长量。

参数测量如下：

1）测量转角。根据两翼板之间用 1 个共同转轴的转角数据，可判断各板展开时间的同步情况，可将其转换成速度、加速度。

2）测量冲击力。测量翼板展开并最后锁定时的冲击力，检查试件是否能够经受。

3）图像测量。摄像记录整个展开过程。

14.7.14　模拟地球反照与辐照的红外灯阵模拟器

（1）技术指标

1）辐射源采用石英钨带灯，组成灯阵；

2）根据计算的航天器外热流分布，把航天器分成若干等热流区，对应地使用红外灯阵，调整所加电压，得到所要求的热流；

3）要求安装灵活，对复杂外形适应性好，响应速度快，能适应卫星瞬变热流和瞬变温度的模拟；

　　4）要求对卫星的阻挡系数小；

　　5）热流不均匀度不超过±10％；

　　6）采取适当的消除余热措施，可以适应航天器进入地球阴影区的热流模拟。

　　（2）方案设计

　　1）在航天器的四周设置专用支架组成加热灯阵进行辐射加热。

　　2）为了提高加热效率和改善热流分布，在灯的背面装有高反射率的镀金反射器，在各热区的边缘装有挡板。

　　3）为了模拟低热流工况和航天器进入阴影区的热流要求，在灯的反射器背面和支架上装有液氮冷却管路，以降低试验背景热流，适应瞬态热试验。

　　4）红外灯阵设计的原则：

　　a）灯阵辐射到规定区域的热流值应满足最大吸收热流值的需要；

　　b）每个区域的热流分布不均匀度一般应限制在±10％以内；

　　c）灯阵对卫星的遮挡应尽量小；

　　d）各个区域之间的热流相互影响应尽量小；

　　e）灯阵支架的热容应尽量小；

　　f）灯的安装位置要便于调整。

　　9）灯阵设计一般分两步进行。

　　第一步：根据所需最大热流和热流分布不均匀度的要求以及单灯的性能，从理论上进行分析计算（按照二维搜索法求出平面形灯阵中，灯与灯之间的垂直方向和水平方向距离）。为了改善每个区边缘部分热流值偏低和防止热流溢出，一般要在灯阵周围加挡板，确定灯的数量和排列方式，保证灯阵到达规定表面上的热流值及热流分布均匀度能满足试验要求。

　　第二步：根据计算结果设计灯阵，加工安装后，在大气条件下进行热流和热流分布均匀度的测量及计算。如果测量结果不能满足试验需要，应适当调整灯的排列位置和挡板尺寸，直至热流及其分布满足试验要求为止。

14.7.15　真空及温度环境效应真空热试验

（1）技术指标

1）真空容器尺寸：直径 6 m，高 9 m；

2）热沉温度 100 K；

3）真空度 5×10^{-4} Pa；

4）配有离轴式太阳模拟器，辐照面积直径 3.5 m，均匀性 $\pm 6\%$；

5）配有运动模拟器，自旋轴速度：$1 \sim 10$ r/min 可调；慢速旋转速度：$1 \sim 24$ r/d（即每天一转）可调；姿态轴转角：$\pm 90°$ 转动；转速：$10 \sim 60$（°）/min。

（2）方案设计

1）真空容器。直径为 6 m，高 9 m，容积 330 m^3，结构材料选用 1Cr18Ni9Ti 不锈钢板，极限真空度为 5×10^{-4} Pa。

2）热沉。形式为立式，由上部、中部、底部、大门、侧门、颈部与活动热沉 7 个部分组成。温度低于 100 K，可在 $-100 \sim (80 \pm 10)$℃可调，内表面涂黑漆，半球向发射率 $\varepsilon_h \geqslant 0.91$，太阳吸收率 $\alpha_s \geqslant 0.95$，材料采用不锈钢异型板。

3）真空系统。粗抽系统用两台干泵，每台抽速为 100 L/s。低真空抽气系统用 3 台 H-150 型滑阀泵，每台抽速为 150 L/s。3 台 ZJ-1200 型罗茨泵，每台抽速为 1 200 L/s，也可作为低温泵前级。高真空抽气系统用 3 台直径 1 250 mm 低温泵，每台抽速为 6×10^4 L/s。

4）液氮系统。采用单相密闭循环系统，流量为 32 m^3/h，制冷量为 70 kW，由液氮泵、过冷器、控制系统等组成。

5）气氮系统。由电炉、压机、油水分离器、干燥器和水冷却器组成，流量为 600 m^3/h，加热功率为 50 kW，提供热沉加温到 80 ℃的热源。

6）太阳模拟器。采用离轴准直系统，由聚光镜、积分镜、窗口镜、准直镜等组成，光源采用 20 kW 水冷短弧氙灯或 10 kW 风冷短弧氙灯，辐照度为 1.3 S_0，辐照面积为直径 3.5 m。

7）计算机数据采集、处理系统与试验管理系统。可测试温度、应变、压力、电阻、电压等，能适应多种温度传感器，测量通道为1 000 路，能进行多路电源控制，具有大屏幕显示及各分系统与试验现场的通信联络等。

14.7.16 离轴式太阳模拟器

（1）技术指标

1）辐照试验体积：直径 2.6 m，深 2.6 m；

2）光线入射方向：水平方向；

3）辐照度：300～1 760 W/m²；

4）辐照不均匀度：辐照试验面积内不大于±5%；辐照试验体积内不大于±6%；

5）辐照不稳定度：不大于±1%；

6）准直角：±2°；

7）离轴角：29°；

8）光谱匹配：氙灯光谱；

9）采用计算机数采、管理、实时显示太阳模拟器辐照不稳定度和氙灯电性能参数。

（2）方案设计

离轴准直型太阳模拟器模型图见图 14-3。

14.7.17 模拟航天器相对太阳运动的姿态模拟器

（1）技术指标

1）自旋轴速度：1～10 r/min 可调，准确度为额定速度的±3%；慢速旋转速度：1～24 r/d（即每天一转）可调。

2）姿态轴转角：±90°转动；位置准确度：±0.4°；转速：10～60（°）/min。

3）常平架摆角：±30°；定位精度：±0.5°；转速：10～60（°）/min。

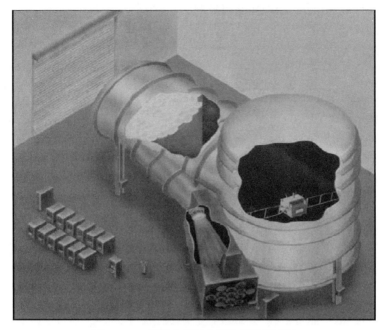

图 14 - 3　离轴准直型太阳模拟器模型图

4）试件最大质量：2 000 kg；试件尺寸：ϕ3 m，球；不平衡力矩：150 N·m。

5）运动模拟器轴的准确位置及运行速度，通过数据采集与处理系统打印记录。

6）运动模拟器上覆盖有 100 K 热沉。

7）连续运行时间：15 天。

（2）方案设计

运动模拟器设计应满足以下条件：

1）对试验件应有最小的遮挡，以便减少阴影引起的试验误差。

2）运动模拟器支架，应用液氮热沉屏蔽，以减少红外辐射热对试件产生的影响。

3）试验件的装夹位置，必须对准太阳模拟器辐照面的中心。

4）航天器的转动速度，根据航天器不同运行轨道要求及试验规范要求，应在 0～10 r/min 内可调。

5）试验的姿态控制，至少可摆动±90°，在不同位置上可自动控制定位。

6）运动模拟器的转轴上，通过滑环输出各种电参数和各种信号，应有最小的噪声。对小型航天器应有多于 200 根通道的引线，大型航天器应有多于 400 个通道的引线，其转动密封与引线法兰的泄漏量不应影响模拟室的真空度。

7）传动机构应具有较高的分辨度、稳定性与定位精度，有精度高的测控手段，在真空、低温下可靠运行。

8）运动模拟器的设计必须满足各种工艺情况可能产生的姿态的要求。

14.7.18　空间地磁亚暴环境效应试验单元

（1）技术指标

1）电子能量：5～30 keV；

2）电子束流密度：0.5～100 nA/cm^2；

3）辐照面积：3 m×3 m；

4）电子辐照总不均匀性不大于 30%；

5）具有测量电子束流的法拉第筒、测量放电电流的电流传感器、测量放电辐射场的天线以及测量样品泄漏电流的微电流计等；

6）用四台电子枪，四台电子枪各对着样品的一角，距试验样品 2 m；

7）配有紫外辐照源。

（2）国外概况

美国宇航公司空间科学应用实验室 J · F · 芬内尔（J. F. Fennell）等人的航天器在轨 298 起故障原因统计给出了更加严峻的带电效应的事实，带电引起的航天器在轨故障超过总故障数的 50%。具体统计见表 14 - 5。

表 14 - 5　航天器在轨异常原因分布统计

故障原因	故障数	占总事件百分比
内带电	74	24.8%
表面带电	59	19.8%
无法分类的带电	28	9.4%
单粒子效应	85	28.5%
总剂量损伤	16	5.4%
空间碎片/微流星体	10	3.4%
其他	26	8.7%

表面带电对航天器的影响问题发现于 20 世纪 70 年代。美国发现在地球同步轨道上的 50 多颗卫星发生了许多不正常现象，严重影响了卫星的正常工作，引起了设计部门的重视。分析研究发现这些现象都发生在地磁扰动时，由于地磁亚暴，从磁尾注入一团高温等离子体，能量大约 20 keV，造成航天器表面带电所致。

国外对航天器表面充放电试验非常重视，美、法、德、英、加拿大、日本等国总共建立了数十台航天器表面带电地面模拟试验设备。

（3）建设方案

1）用四台电子枪产生电子辐照，四台电子枪各对着样品的一角，距试验样品 2 m；

2）电子能量 5～30 keV；

3）电子束流密度 0.5～100 nA/cm²；

4）辐照面积 3 m×3 m；

5）电子辐照总不均匀性不大于 30%。

14.7.19　电离层等离子体环境效应试验单元

（1）技术指标

等离子体源的等离子体参数如下：

1）电子能量：1～10 eV；

2) 离子能量：$1 \sim 10$ eV；

3) 等离子体密度：$10^3 \sim 10^6 / cm^3$；

4) 离子种类：Ar^+；

5) 真空容器长 10 m；

6) 无油真空获得系统，真空度 5×10^{-4} Pa；

7) 等离子体参数诊断装置。

（2）方案设计

随着太阳阵电压的提高，电离层等离子体环境与高压太阳阵的相互作用造成的表面放电、电流泄漏、离子溅射、污染等效应将变得突出。而且，太阳阵电压越高，电离层等离子体效应对其影响越严重。因此，电离层等离子体环境与高压太阳阵的相互作用制约了航天器设计师对高压太阳阵的使用。研究电离层等离子体环境与高压太阳阵的相互作用，并采取相应的防护措施，被认为是低地球轨道大型空间活动必须解决的关键技术之一。

一个等离子体环境模拟设备主要由真空容器、真空获得系统、等离子体源、等离子体参数诊断装置组成。为了研究地磁场环境下等离子体的效应，有些设备还安装了模拟地磁场的电磁线圈系统。

人工地面模拟等离子体的方法主要是气体放电，气体放电产生等离子体的方法有：热阴极直流放电，即热阴极发射的电子撞击气体分子，使其电离产生等离子体；考夫曼等离子源就是典型的例子。还有冷阴极放电、电弧放电、高频放电、微波放电等可产生等离子体。通常，测量等离子体环境主要有密度、温度两个参数。

太阳电池阵等离子体效应试验：在等离子体环境试验容器中安装太阳模拟光源，太阳电池阵电压由太阳电池阵自己提供。对其在等离子体环境中的泄漏电流、放电电压阈值、放电次数、放电频谱、放电强度与等离子体密度、偏压大小、太阳电池阵结构的关系进行试验。

14.7.20　空间综合辐照环境效应试验单元

（1）技术指标

1）真空度：5×10^{-4} Pa；

2）电子辐照：50 keV～200 keV～2.5 MeV；

3）质子辐照：50 keV～350 keV（2.2 MeV 选用）；

4）辐照面积：12 cm×12 cm；

5）紫外辐照：（0.5～5）个太阳常数；

6）温度环境：−50～+80 ℃；

7）总束流从 0.001～100 μA 可调。

（2）方案设计

1）所有的电子束都可作为电离源，但只有高能粒子（能量大于 0.1 MeV 的粒子）能在半导体中产生位移损伤。因此，最常用的源之一是 Van De Graff 加速器，因为这种加速器能够产生 0.1～5 MeV 之间任意能量的粒子。

通常情况下，在 20 cm 直径内束流 10 nA～10 μA，相当于粒子通量 2×10^{10}～2×10^{13} cm^{-2} · s^{-1}。这些通量相当于剂量率约 600～600 000 rad/s。

2）质子：如果主要考虑质子在封装的硅器件中产生的位移损伤，则需要能量大于 15 MeV 的质子。对表面涂层，能量低至 1 keV 的质子也是极其重要的，在 ESTEC 有专用的设备来进行。最近对 CCD 的工作证明：它们对低能质子的位移损伤很敏感，辐照设备能量在 0.5～200 MeV 之间。

3）辐射效应对航天器的影响：

辐射效应主要对航天器材料及器件产生损伤，从而对航天器的寿命及可靠性产生影响。对金属氧化物半导体（MOS）器件的影响：MOS 器件是航天器常用的器件，但是，MOS 器件对辐射总剂量效应非常敏感，在任何超过 1 000 rad 的辐射环境中，都必须考虑氧化层电荷俘获的影响。

辐射效应会造成双极晶体管器件增益下降，漏电流增加，电离导致的瞬态光电流效应可能引起 pn 结的烧毁。

对聚合物材料的影响：聚合物材料暴露于辐射环境时，其共价键（C—C 键和 C—H 健）被激发或被电离，产生不可逆的化学反应。化学键被打断后，反应物又形成新的化合物，这个过程被称为辐射降解。

4）对航天员的危害：辐射会造成人体细胞分子电离，毁坏细胞正常功能。对细胞最严重的危害是 DNA 损伤，DNA 是细胞的心脏，包含所有产生新细胞的结构。

当人体受到一定剂量辐射后，会患辐射病。主要症状包括：严重灼伤、不能生育、肿瘤和其他组织损伤。严重损伤可导致快速死亡。DNA 的变异会遗传给后代。

NASA GSFC 的 Van de Graff 加速器辐照设备可提供质子或者电子辐照，真空环境中能量从 100 keV～1.7 MeV 可调，总束流从 0.001～100 μA 可调。

5）太阳紫外辐照模拟技术：

a）太阳紫外线的波长从 0.004～0.400 μm，它的辐射能量只占太阳总辐射能量的 8.73%，而短于 0.240 μm 的真空紫外辐射只占 0.14%。虽然其能量所占的比例不大，但却产生明显的紫外辐照效应。根据紫外线对材料和元件作用的不同机理，可以分为两种效应。一是光化学效应，效应的大小取决于紫外线的积分能量，而与波长关系不大。在近紫外谱域，许多有机材料的衰变试验证明了这一效应的规律。紫外光的光化学作用，取决于照射剂量，它等于紫外辐照度与辐照时间的乘积。二是光量子作用，金属材料、合金和半导体材料受紫外辐照后引起性能的改变与所照射的紫外光线的波长有关，并引起金属表面静力学带电。在远紫外和极端紫外谱域，光量子作用十分明显。在太阳紫外辐照模拟技术中，主要模拟的是紫外光的光化学作用。

b）紫外辐照模拟设备：太阳紫外辐照模拟设备由紫外光源、光学系统、真空室、热沉和样品台组成。

•紫外光源。应用于紫外辐照模拟设备的紫外光源有石英泡壳高压汞灯、氢灯、氙灯和高压汞氙灯等。在真空紫外谱域内，采用氢弧灯作光源。氢弧灯能产生从 165.0 nm 开始的紫外连续谱和 0.165 μm～0.090 nm 的线谱。

•光学系统。太阳紫外辐照模拟设备的光学系统，都是采用较简单的光学系统，尽量减少紫外光线的反射和透射次数，减少紫外辐射能量的损耗。光学系统有准直型、发散型和聚光型三种。准直型和发散型光学系统与太阳模拟器光学系统大体相同。聚光型光学系统，可以获得很高的紫外辐照度，适合进行材料的加速老化试验。紫外辐照度以紫外太阳常数为单位。一个紫外太阳常数的数值等于 11.805 4 mW/cm^2。

•真空室、热沉和紫外光窗口。紫外辐照模拟试验都在真空环境下进行，非真空环境材料表面将吸附一层空气膜，阻碍紫外光线通过，带来模拟误差。太阳紫外辐照模拟设备配置无油系统真空容器，真空度应达到 10^{-4} Pa，热沉内壁涂黑，吸收率大于 0.93，温度为 100 K。

如果紫外辐照需从真空密封窗口引入真空室时，密封窗口材料应选择紫外石英材料，透过波长范围 0.180～0.300 μm。模拟远紫外辐射的光源和光学系统需放在真空容器中。

•样品台。样品台需要设计成能实现快速的温度调节和控制。当试件进入阴影区时，样品台温度应该接近热沉温度，以消除样品台辐射带来的测量误差。样品台不应产生杂散光，同时要考虑进行原位测量时操作方便。

c）紫外辐照模拟试验技术。

•紫外辐照的恢复效应。当某些高分子聚合物的分子所受到的紫外照射剂量不足时，分子的化学键没有被完全破坏，停止紫外照射后化学键会重新加强并放出能量，材料又恢复到原来的性能，这就是恢复效应。在材料的紫外辐照破坏性试验中，要重视这种恢复效应的研究。

　　· 原位测试技术。由于材料的恢复效应的存在，紫外辐照试验时，材料特性的测量必须在"原位"下进行。只有在紫外辐照和真空、冷黑环境不变条件下，完成试件物理参数的测量才是真实的。例如，ZnO 温控涂层在真空中受到紫外辐照会变黑，而取出后在空气环境下又重新发亮，这叫作"漂白效应"。涂层吸收率在真空中和空气中测量偏差可超过 50%。

14.7.21　高能质子单粒子效应辐照环境试验单元

　　（1）技术指标

　　1）由一台主环回旋加速器和一台质子注入器组成；

　　2）质子能量范围：30～500 MeV；

　　3）流强范围：10^2～10^{11} pA/（cm^2 · s）。

　　（2）方案设计

　　国外进行质子单粒子效应试验的设备有：加洲大学 UCD 的质子辐照设备、Indiana 大学的 IUCF 质子辐照设备、瑞士 PSI - PIF 质子辐照设备等。

　　Indiana 大学的回旋加速器设备（IUCF, Indiana University Cyclontron Facility）由一台主环回旋加速器和一台质子注入器组成。提供质子能量范围 30～200 MeV，流强范围 10^2～10^{11} pA/（cm^2 · s）。

　　质子是氢原子的原子核，带有 1 个单位正电荷。质子质量是电子的 1 800 倍，穿透能力弱，不容易被偏转。

14.7.22　微流星体与空间碎片超高速撞击试验单元

　　（1）技术指标

　　1）弹丸直径：0.02 μm～6 μm；0.1 mm～1 mm～10 mm；

　　2）弹丸速度：3 km/s～7 km/s ～15 km/s。

　　（2）方案设计

　　不同尺寸的碎片采用不同的驱动方法，主要采用下列几种方法。

①静电加速器

使粉尘带上电荷，并将带电微粒发射到静电加速区，通过静电加速器达到超高速。一台 2 MV 的静电加速器，配备一种新型的粉尘粒子源，可以发射直径 $0.02\sim6~\mu m$ 的微粒，微粒直径 $2~\mu m$ 时速度达到 18 km/s，微粒直径 $0.02~\mu m$ 时速度达到 100 km/s。

②脉冲激光驱动发射器

采用激光驱动；将金属膜与透明玻璃片粘接在一起制成飞片靶，大功率脉冲激光器聚焦后从玻璃基片一侧入射到金属膜表面，使金属膜表面蒸发，产生高温、高压离子体，将与入射激光束大小相似的金属膜从飞片靶上剪切下来，高速驱动出去，能使 $0.1\sim2~mm$ 的碎片速度达到每秒数千米到数十千米。

③轻气炮

分为一级轻气炮、二级轻气炮和三级轻气炮。对直径 $2\sim10~mm$ 的一级轻气炮能够达到的最高速度为 1.5 km/s，二级轻气炮能以 $6\sim8~km/s$ 的速度发射所需大小和形状的碎片，三级轻气炮可将碎片发射的速度提高到 12 km/s 以上。

14.7.23　低地球轨道原子氧、紫外环境协合效应试验单元

（1）技术指标

1）束流通量密度：$10^{15}\sim10^{17}\,AO/$（$cm^2 \cdot s$）；

2）束流能量：5 eV；

3）备有原子氧束流的诊断分析系统，可进行束流通量密度的测量、束流能量的测量、原子氧纯度的测量；

4）原子氧、紫外综合环境协合效应，配有 $3\sim5$ 个紫外太阳常数、$115\sim200~nm$ 波长的真空紫外；

5）真空度 5×10^{-4} Pa。

（2）方案设计

在低地球轨道环境中，原子氧对飞行器产生的剥蚀效应是最严重的。大量空间飞行实验及地面模拟试验的结果表明，原子氧对航天器

表面的高温氧化、高速撞击会使大部分有机材料产生严重剥蚀，产生质量损失、厚度损失，使光学、热学、电学及机械参数退化，造成结构性材料强度下降、功能性材料性能变坏。原子氧氧化剥蚀过程还会造成航天器敏感表面的污染。这些会导致航天器性能下降、寿命缩短、系统设计目标失败，对航天器长寿命、高可靠带来严重威胁。

采用氧气激光电离气动力加速。高密度激光束使 O_2 高温电离为等离子体，通过超音速喷管等熵膨胀加速，喷管加速过程中使 e、O^+ 复合为 O。设备的优点是原子氧纯度高，通量密度大，暴露面积大。缺点是加速到 8 km/s 的轨道速度难度比较大，解决加速喷管是关键技术。

氧气激光电离气动力加速的技术途径见图 14 - 4。

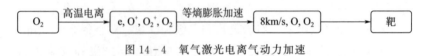

图 14 - 4　氧气激光电离气动力加速

14.7.24　红外多光谱遥感器定标试验单元

（1）技术指标

1）4 个谱段定标，即：

6 谱段：0.50～0.90 μm；

7 谱段：1.55～1.75 μm；

8 谱段：2.08～2.35 μm；

9 谱段：10.4～12.5 μm。

6 谱段为可见光、近红外；7 谱段、8 谱段为近红外；9 谱段为热红外。

2）点源黑体进行辐射定标，发射率 0.999 7 以上。

3）设有 1 套准直光学系统，黑体温度可在 80 K 和 240～360 K 范围内任意点进行控制。

4）可对太阳定标器进行定标，进光孔直径为 70 mm。

5）$1 \times 10^{-6} g$ 的防振平台。

（2）方案设计

①方法

采用点源黑体进行辐射定标，是用 1 套准直光学系统，黑体温度可在 80 K 和 240～360 K 范围内任意点进行控制。主要介绍 6 谱段、7 谱段、8 谱段的辐射定标以及对太阳定标器的定标方法，太阳定标器和标准灯用于飞行中的内定标。其中标准灯用于像元之间的均匀性定标，每扫描 1 次进行 1 次定标，这是相对定标。太阳定标器用于飞行中的绝对定标，以太阳光作为光源，进光孔直径为 70 mm，每隔 14 天定标 1 次。

②定标原理

在模拟空间环境条件下进行可见光、近红外谱段定标中，可将人工光源通过朗伯漫反射板，或经过乳色玻璃透射，或通过积分球等方法转换而获得均匀的面光源，并使其充满多光谱扫描仪的视场。当扫描仪对准已知亮度或反射率的光源时，由多光谱扫描仪的线性响应关系得到亮度或反射率与多光谱扫描仪输出信号之间的关系曲线。定标时改变标准光源的亮度或更换不同反射率的反射板就得到了不同的输出信号，通过数据处理就可求得较为准确的定标曲线。

③方案

红外多光谱扫描仪定标，利用太阳模拟器照射置于准直光学系统焦面上的朗伯漫反射板，经准直光学系统产生平行光照射到扫描仪上，改变太阳模拟器输出的辐射亮度，并测量扫描仪输出的数字量，便可完成对扫描仪的辐射定标。

14.7.25　空间等离子体"黑障"效应试验单元

（1）技术指标

1）等离子体密度：$10^{20}/m^3$；

2）等离子体温度：4 000～6 000 K。

（2）方案设计

返回式航天器再入大气层时，其高速运动与周围大气层相互摩擦、压缩，气动升温使飞行体周围形成了高温、高速的电离气体鞘套。理论计算与试验测量表明，气体温度达到 2 500 K 以上时即可形成等离子体鞘套。随着温度继续增加，电离度会迅速增加。通常，再入等离子体鞘套的电子密度为 $10^{19}/m^3 \sim 10^{20}/m^3$，厚度约 0.25 m。再入形成的等离子体鞘套会反射和吸收电磁波，使再入航天器天线阻抗失配，严重干扰无线电信号的传送，甚至完全造成通信中断，这种人工引导的环境效应叫"黑障"。

据报道，美国阿波罗 11 号再入时信号曾中断 100 s 以上，我国神舟号载人飞船再入时，也曾出现了"黑障"现象。为了解决再入飞行体等离子体鞘套对通信系统的影响，美国、俄罗斯及欧洲国家已投入大量的人力、财力进行研究。采取诸如提供工作频率，改善气动条件、降低气流的热冲刷，在天线窗口上增加强磁场等，寻求解决再入时通信中断的技术措施。

14.7.26　测控中心

（1）技术指标

1）采用二级分布式控制系统，现场操作控制系统采用 PLC 系统，完成系统的运行控制、联锁及保护以及现场操作等功能。PLC 系统通过数据接口与远程控制计算机相连接，远程控制计算机实现系统操作、数据管理等功能。

2）本系统由总控台、网络服务设备、数据采集子系统组成，设备运行状态以数据和图像两种形式发送到本分系统。

3）数据通过计算机网络传输，图像借助于图像监视设备获得。试件温度数据由试件温度采集系统发送到本分系统。本系统同各分系统及客户之间的双向通信以调度电话为主实现。试件数据采集子系统，采集试件给定点温度数据等参数，并向总控台发送，通道有 4 000 条。

4）设有摄像监视系统，容器外 20 个点，容器内部热真空环境下 20 个点。设有大屏幕显示系统，显示 30 个分系统的运行情况。设有大型模拟屏，直观显示 30 个分系统的运行情况。

5）测控系统是重要的分系统之一，测控系统负责对整个系统中的设备和参数进行测量与控制，提供试验所需的环境和条件，包括真空容器大门开关控制、热沉测温系统、真空系统、液氮系统、气氮系统、氦系统、太阳模拟器系统、地球外热流模拟与控制系统、摄像系统等共 30 个分系统和总测控系统。

6）测控系统把这 30 个自成体系的分系统以分区的方式进行集中管理，实现控制层、信息层的集成，使得用户可以在测控中心就可以集中完成 30 个分系统的测（监）控任务，大大简化了测（监）控任务的操作复杂性，提高了系统整体的可靠性和安全性，并为管理层提供统一的数据支撑平台。

（2）总体结构

1）测控系统利用实时数据库系统建立统一的控制系统集成平台。通过实时数据库系统把真空容器大门开关控制、热沉测温系统、真空系统、液氮系统、气氮系统、氦系统、太阳模拟器系统、地球外热流模拟与控制系统、摄像系统等 30 个分系统连接起来。

2）使用 PLC 回路控制系统完成现场的设备运行和设备操作的控制。

3）视频监控使用视频服务器结构形式，并实现视频数字化、系统网络化，通过数据接口向信息层传递数据。

4）测控室内部采用监控计算机监视控制整个试验过程的相关参数，完成整个试验的流程控制，同时通过测控局域网，利用试验数据管理服务器、数据发布服务器将试验数据进行采集并发布以供管理层客户端访问。

5）总体结构说明。总体结构分为三层：自下而上依次为现场控制层、信息层和管理层（摄像系统除外）。

a）现场控制层包括真空容器大门开关控制、热沉测温系统、真空系统、液氮系统、气氮系统、氦系统、太阳模拟器系统、地球外热流模拟与控制系统、摄像系统。

b）信息层包括了总控制室里的数据服务器、发布服务器、中心交换机及若干客户端。在信息层中，使用 Proficy Historian 作为数据服务器的核心。通过网络发布向管理层直接提供便捷的图形化网页浏览服务。

c）管理层可登录发布的网页获取所需要的测控信息，或在远程终端上安装 IE 插件实现远程监视。

14.7.27　仿真中心

（1）数值仿真技术的作用

主要有以下方面：

1）优化设计及设计评估验证。

2）性能演化长期预示与评估。

3）节省经费。

4）方便地调整试验参数，在较短时间内系统地研究参数对全过程的影响，缩短试验周期。

5）避免试验风险。

6）完成目前物理试验能力尚达不到的试验内容。

7）对操作人员进行培训。

8）为管理决策与技术决策提供依据。

9）具有能提前预示设计及试验结果、缩短试验周期、减少试验费用、降低试验风险等作用。

（2）数值模型的含义

数值模型包括原始系统数值模型和仿真系统数值模型。

1）原始系统数值模型包括概念模型和正规模型。概念模型是指用说明文字、框图、流程和资料等形式对原始系统进行描述；正规模型是用符号和数值公式来表示仿真对象的模型，其属性用变量表示，仿真对象的变化规律则用相关变量之间的数值函数来表示。原始系统数值建模过程被称作一次建模。

2）仿真系统数值模型是利用计算机进行运算和试验的模型。主要根据计算机运算特点、仿真方式、计算方法、精度要求，将原始系统数值模型转换为计算机运行程序。仿真试验是对模型的计算机程序进行运转，并根据试验结果，不断修正完善模型。仿真系统数值建模过程被称为二次建模。

为了表述方便，我们将原始系统数值模型简称为数值模型，仿真系统数值模型称作仿真模型。

（3）数值仿真技术的重要性

1）空间粒子辐射、电磁辐射、原子氧、污染等环境效应会对航天器热控表面、光学表面、导电表面等功能材料的性能造成损伤退化，导致航天器性能下降，甚至提前结束飞行任务。我国目前已研制设计寿命 15 年的卫星，将来还要发展永久性空间站技术，空间环境效应造成表面敏感材料退化对航天器寿命的影响将变得突出。完全采用地面模拟试验评估空间环境对长寿命航天器性能退化的影响，试验经费及试验周期带来的困难非常大。如果采用数值仿真技术，建立不同材料在空间环境影响下的损伤退化模型，就可以在短时间内预示几年甚至十几年设计寿命航天器的性能退化情况。不仅可以对航天器环境适应性设计提供指导，还可以对航天器在轨寿命预示及故障分析提供依据。

2）空间环境十分复杂严酷，涉及真空、高温、低温、粒子辐射、电磁辐射、等离子体、原子氧、微流星体与空间碎片、空间磁场、微重力等。这些环境因素受太阳活动的影响在不断变化，特别在太阳活动剧烈时期，将会对在轨道上运行的航天器产生灾难性的空间天气，例如磁暴、磁层亚暴、突发电离层扰动、电离层暴。另外，这些空间环境因素对航天器产生的影响不是独立存在的，也不是单独效应的简单叠加，而是综合环境的协合效应。空间环境具有复杂多变、极端严酷的特点。空间环境飞行实验及地面模拟试验受技术水平、试验经费及试验周期的限制，很难获得非常理想的实验结果。数值仿真与虚拟试验从一定程度上可以弥补飞行实验及地面模拟试验的不足。

第15章 国内外空间模拟器

15.1 国内外空间模拟器概述

空间模拟器又称热真空环境模拟设备,是模拟太阳辐射、高真空、低温与全吸收的冷黑背景等基本空间环境参数,用于航天器整体、各舱段及大型分系统的真空热试验设备。模拟的环境参数有:由油扩散泵或深冷泵产生的高真空($10^{-4} \sim 10^{-6}$ Pa);由液氮冷却的热沉背景;由太阳模拟器或红外模拟装置提供的太阳热环境。这种设备分大型与中小型两类,分别用于整星、分系统及组件的试验。直径大于 2 m 的热真空环境试验设备,又称空间环境模拟设备或空间模拟器,是航天器研制中的基础通用设备。

我国从 1961 年开始进行热真空环境模拟设备的设计与研制工作。第一批热真空环境模拟设备的建成,即 KM1(主模拟室直径 2 m)、KM2(主模拟室直径 2 m)、BZ1、BZ2 等 4 台设备,被视为我国航天事业的重要成果之一,是我国空间环境模拟技术的开创性工作。因这些设备比我国第一颗卫星上天提前 5 年建成,故有充分的时间供卫星及零部件做大量的真空热试验研究工作,为我国第一颗卫星一次发射成功提供了可靠保证。

我国早期热真空环境模拟设备研制比日本、印度早,而且设备先进、规模较大,与欧洲空间局同期水平相当。

20 世纪 70 年代相继研制 KM3(主模拟室直径 3.6 m)、KM4(主模拟室直径 7 m)空间模拟器,80 年代为我国 100 多颗卫星完成真空热试验作出贡献;90 年代为我国载人航天研制完成 KM6(主模拟室直径 12 m)空间模拟器,相继完成神舟系列飞船、天宫一号空间实验室、月球探测器卫星的真空热试验。21 世纪研制 KM7（主模拟室直径 9 m）、KM8（主模拟室直径 17.0 m）空间模拟器，将为未来的空间站做真空热试验服务。这一时期还研制完成近 10 台直径为 4～10 m 的专用空间模拟器；并为俄罗斯设计、研制一台直径 8.5 m 的空间模拟器。

国外空间模拟器 1958 年开始建造，苏联与美国首先开始研制，以美国最多，美国大型空间模拟器大多数属于美国国家航空航天局，另外美国的 40 多家公司与大学也建造了一定数量的设备。美国最大的空间模拟器主模拟室直径 19.8 m，低真空专用空间模拟器直径 30 m；俄罗斯最大的空间模拟器主模拟室直径 17.5 m。

80 年代以后，世界上从事航天事业的国家通过实践经验、教训，更重视空间环境工程的发展。美国、俄罗斯、欧洲空间局、法国、德国、日本、印度、巴西等国都投巨资发展空间环境模拟技术，建立新的大型空间模拟器与大型空间环境实验室。

空间模拟器的设计要求主要有以下几个方面：

1）真空容器形式根据使用要求应设计成立式、卧式和球型。容器壳体用不锈钢制造。容器内设有活动地板、安装平台。卧式容器应设有试件出入用的导轨，立式容器在不同高度上应有悬挂航天器的吊点。

2）热沉用铝、铜或不锈钢制造，并要求有良好的真空、低温性能。大型热沉用不锈钢制造为佳，内表面喷涂黑漆，吸收系数要求大于 0.90，温度低于 100 K，并在 -100～$+100$ ℃可调，无热沉面积不大于 3%～5%。

3）真空系统一般采用无油系统，有载真空度优于 1×10^{-3} Pa，并配有真空测量、检漏、残余气体分析和污染监测分析系统等。

4）液氮系统采用开式沸腾与闭式循环系统，要求有足够的热负荷。

5）调温系统要求在 -100～$+100$ ℃可调，升降温速率应大于 0.5 ℃/s。

6) 氦系统要有足够的制冷量。作为大型内装式真空深冷泵冷源，其出口温度应低于 16 K。

7) 太阳模拟器采用离轴准直系统，辐照强度应大于 $1.3 S_0$。（S_0 为太阳常数，1 353 W/m²）。不均匀性不大于 $\pm 6\%$，准直角不大于 $\pm 2°$。

8) 航天器运行姿态模拟器：航天器自转轴转速为 $1 \sim 12$ r/min，准确度为 3%，姿态轴可 $\pm 90°$ 转动，位置速度为 60（°）/min，姿态运动准确度为 $\pm 0.4°$。

9) 试验管理系统应配有通信联络设施、电视摄像系统、电源系统、计算机实时数据采集与处理系统等。

10) 气闸舱（过渡舱）与生保系统一般采用二舱并联式或串联式。紧急复压系统必须保证 30 s 内压力从 1×10^{-3} Pa 恢复到 4×10^4 Pa，在 90 s 内恢复到大气压。

11) 对于专用空间模拟器需要增加特殊、专用的试验系统要求。

15.2　中国的空间模拟器

15.2.1　KM1 空间模拟器

（1）技术性能

图 15-1 为 KM1 空间模拟器主模拟室照片。

主模拟室直径 2 m、长 3.2 m、卧式；有效空间直径 1.7 m、长 2.5 m；空载真空度 6.7×10^{-4} Pa。热沉先用铝材制造，后改为采用紫铜材料，温度 100 K。采用红外灯作为外热流红外模拟器。

（2）设备组成

高真空系统，采用两台油扩散泵系统，每台抽速为 5 000 L/s；前级用两台机械泵系统。加热采用烘箱式真空容器外加热系统，大门开启采用吊轨悬吊。真空容器用碳钢，内表面电镀镍。

（3）使用情况

该设备于 1961 年设计，1964 年研制完成，是我国第一台空间模

图 15 - 1　KM1 空间模拟器主模拟室照片

拟器。1965 年开始使用，为东方红一号，我国第一颗卫星做模型星热平衡试验及卫星组件试验。1980 年从北京卫星环境工程研究所调入北京控制工程研究所，做卫星姿控发动机羽流效应试验，为航天服务 50 年，至今仍在使用。

15. 2. 2　KM2 空间模拟器

（1）技术性能

图 15 - 2 所示为 KM2 空间模拟器主模拟室照片。

图 15 - 2　KM2 空间模拟器主模拟室照片

主模拟室直径 2 m、长 3.2 m、卧式；有效空间直径 1.7 m、长 2.5 m；空载真空度 6.7×10^{-4} Pa。热沉采用紫铜材料，温度100 K。采用短弧氙灯作光源的发散式太阳模拟器。

（2）设备组成

高真空系统，采用两台油扩散泵系统，每台抽速为 8 000 L/s；前级用两台机械泵系统。热沉加热采用外加热带式电加热系统，大门开启采用单轨悬吊。真空容器用碳钢，内表面电镀镍。

（3）使用情况

该设备于 1961 年设计，1964 年研制完成，是我国第一批空间模拟器之一。1965 年开始使用，早期为东方红一号，我国第一颗卫星做热平衡试验与热真空试验及卫星组件试验。先后为我国实践一号卫星、巴基斯坦第一颗卫星完成真空热试验。50 年来完成了大量的部、组件试验，为我国航天事业做出了重大贡献，曾获全国科学大会奖。

15. 2. 3　KM2A 空间模拟器

（1）技术性能

KM2A 空间模拟器主模拟室直径 2.6 m、长 4 m，大门直径 2.6 m，材料为 0Cr18Ni9；有效空间直径 2 m、长 3 m；空载真空度 6.5×10^{-4} Pa；热沉采用紫铜材料，温度<100 K。采用红外灯或红外笼作为外热流红外模拟器。

（2）设备组成

高真空系统，采用两台低温泵系统，每台抽速为 20 000 L/s；前级用干泵系统。热沉制冷采用液氮单相密闭循环系统，加热采用气氮密闭循环系统，大门采用单轨悬吊横向开启。

（3）使用情况

该设备于 2010 年设计，2012 年开始使用，用于航天器部、组件试验。

15. 2. 4　KM3 空间模拟器

（1）技术性能

图 15 - 3 所示为 KM3 空间模拟器主模拟室照片。

图 15 - 3　KM3 空间模拟器主模拟室照片

主模拟室直径 3.6 m、长 7.3 m、卧式；有效空间直径 2.9 m、长 5.2 m；空载真空度 9.3×10^{-7} Pa。热沉采用紫铜材料，温度 <100 K。采用红外灯或红外笼作为外热流红外模拟器。设有 20 K 内装式氦深冷泵。

（2）设备组成

高真空系统，采用两台油扩散泵系统，后改为低温泵系统，每台抽速为 20 000 L/s；前级用机械泵系统。热沉制冷采用液氮单相密闭循环系统，加热采用气氮密闭循环系统，大门采用单轨悬吊横向开启。

（3）使用情况

该设备于 1965 年设计，1969 年研制完成。1970 年开始使用，早期为我国第一颗返回式卫星做热平衡试验与热真空试验及卫星组件试验。先后为我国实践二号卫星、天文卫星完成真空热试验。40多年来完成了多颗小型卫星与部、组件试验，为我国航天事业做出了重大贡献，曾获全国科学大会奖。

15.2.5　KM3A 空间模拟器

（1）技术性能

KM3A 空间模拟器主模拟室直径 4.5 m、长 7 m，卧式，材料为 0Cr18Ni9；有效空间直径 3.7 m、长 4.8 m；空载真空度 6.5×10^{-5} Pa。热沉采用不锈钢管焊铜翅片材料，温度＜100 K。采用红外灯或红外笼作为外热流红外模拟器。

（2）设备组成

高真空系统，采用两台低温泵系统，每台抽速为 45 000 L/s；前级用机械泵系统。热沉制冷采用液氮单相密闭循环系统，加热采用气氮密闭循环系统，大门采用单轨悬吊横向开启。

（3）使用情况

该设备于 2002 年设计，2005 年研制完成。10 多年来完成了多颗小型卫星与部、组件试验。

15.2.6　舱外航天服试验舱专用空间模拟器

（1）技术性能

图 15-4 所示为舱外航天服试验舱空间模拟器主模拟室照片。

主模拟室直径 4.2 m、长 6.5 m，卧式，材料为 0Cr18Ni9；有效空间直径 3.6 m、长 4.7 m；空载真空度 1.3×10^{-4} Pa。热沉采用不锈钢管焊铜翅片材料，温度＜100 K。采用红外灯或红外笼作为外热流红外模拟器。

（2）设备组成

高真空系统，采用 4 台低温泵系统，每台抽速为 36 000 L/s；前级用干式机械泵系统。热沉制冷采用液氮单相密闭循环系统，加

图 15-4 舱外航天服试验舱空间模拟器主模拟室照片

热采用气氮开式加热系统，大门采用单轨悬吊横向开启。

（3）使用情况

该设备于 2006 年设计，2010 年研制完成。主要用于航天服与航天员及其辅助设备进行空间环境试验。多年来为我国载人航天的空间环境试验做出了重大贡献。

15.2.7 PES 专用空间模拟器

（1）技术性能

图 15-5 为 PES 空间模拟器的低温泵系统与主模拟室照片。主模拟室直径 5.2 m、长 12.6 m，卧式，容积 250 m^3，材料为 0Cr18Ni9；内装液氦热沉与内装式深冷泵，温度 5 K，有效空间直径 4.2 m、长 8.5 m，抽速大于 $1×10^7$ L/s；空载真空度 $1.3×10^{-7}$ Pa。热沉采用不锈钢管焊铜翅片材料。液氦热沉外用液氮热沉包裹，温度 <100 K。可进行流量为 2 g/s（推力为 5 N），动态真空度（$2.5×10^{-3}$ Pa）120 km 以上的羽流效应试验。可采用红外灯或红外笼作为外热流红外模拟器。

图 15-5　PES 空间模拟器的低温泵系统与主模拟室照片

（2）设备组成

高真空系统，采用两台低温泵系统，每台抽速为 50 000 L/s；前级用干式机械泵与罗茨泵系统。液氮热沉制冷采用液氮单相密闭循环系统，加热采用气氮开式加热系统，大门采用铰链式横向开启。

（3）使用情况

该设备于 2008 年开始设计，2012 年研制完成投入使用。已完成了多颗卫星型号姿控发动机羽流效应试验与航天器部、组件试验，为我国航天事业做出了重大贡献。

15.2.8　KM4 空间模拟器

KM4 空间模拟器是我国 20 世纪 80 年代最大的空间环境模拟设备，用于大型卫星整星热真空与热平衡试验，曾完成通信卫星、气象卫星和返回式卫星等的热平衡与热真空试验。KM4 空间模拟器主模拟室照片见图 15-6。

图 15 - 6　KM4 空间模拟器主模拟室照片

（1）KM4 空间模拟器的分系统组成与技术指标

1）真空容器。直径 7 m，高 12 m，结构材料选用 1Cr18Ni9Ti 不锈钢板，极限真空度为 5.1×10^{-6} Pa。

2）热沉。形式为立式，由上部、中部、底部、大门、侧门、颈部与活动热沉 7 个部分组成。温度为（90±5）K，加热温度为（80±10）℃。材料采用 T - 2 紫铜制造，内表面涂黑，吸收系数为 0.92。有效试验空间为直径 6 m、高 8.5 m。

3）真空系统。粗抽系统用两台 V - 6 型活塞泵，每台抽速为

100 L/s。低真空抽气系统用 4 台 H-150 型滑阀泵，每台抽速为 150 L/s，4 台 ZJ-1200 型罗茨泵，每台抽速为 1 200 L/s，也可作为扩散泵前级。高真空抽气系统用 4 台 K-1200 油扩散泵，每台抽速为 $5×10^4$ L/s。20 K 内装式大型深冷泵入口面积为 62.8 m^2，在 $10^{-3}～10^{-4}$ Pa 时，对 O_2、N_2 抽速为 $2×10^6$ L/s。80 年代用 3 台低温泵代替 K-1200 油扩散泵系统，每台低温泵抽速为 $5×10^4$ L/s。

4）氦系统。提供 20 K 深冷泵冷源，制冷量为 1 200 W，出口温度为 12 K，制冷机采用透平式膨胀机。

5）液氮系统。采用单相密闭循环系统，流量为 32 m^3/h，制冷量为 70 kW，由液氮泵、过冷器、带压杜瓦和仪表板等组成。备有两台贮量各 15 t 的液氮贮槽，保证热沉温度低于 100 K。

6）气氮系统。由电炉、压机、油水分离器、干燥器和水冷却器组成，流量为 600 m^3/h，加热功率为 50 kW，提供热沉加温到 80 ℃的热源。

7）太阳模拟器。采用 19 个单元的同轴卡塞格林准直系统组合，由聚光镜、积分镜、滤光片、窗口镜、准直镜、双曲镜和填充镜等组成，光源采用 25 kW 水冷短弧氙灯，辐照强度为 1.3 S_0，辐照面积为 12 m^2。

8）计算机数据采集、处理系统与试验管理系统。可测试温度、应变、压力、电阻、电压等，能适应多种温度传感器，测量通道为 1024 路，能进行多路电源控制，具有大屏幕显示及各分系统与试验现场的通信联络等。

（2）使用情况

1967 年开始设计，1978 年研制完成，1979 年投入使用。30 多年来，为我国各种系列的 80 多颗大中型卫星完成真空热试验，80 年代国内外很多代表团来实验室参观，包括美国国家航空航天局 NASA 代表团、欧洲空间局 ESA 代表团、日本 JAXA 代表团来参观，给予很高评价。1985 年获国家科技进步一等奖。

15.2.9　KM5 空间模拟器

（1）技术性能

主模拟室直径 5 m、高 10.6 m，立式，材料为 1Cr18Ni9Ti；有效空间直径 4.2 m、高 6.5 m；空载真空度 1.87×10^{-5} Pa。热沉采用紫铜材料，温度＜100 K。采用红外灯或红外笼作为外热流红外模拟器（原设计有同轴准直太阳模拟器系统，没有安装完成）。

（2）设备组成

高真空系统，采用 2 台油扩散泵系统，每台抽速为 50 000 L/s；前级用罗茨泵与机械泵系统。热沉制冷采用液氮单相密闭循环系统，加热采用气氮密闭循环加热系统，大门采用桥式吊车开启，提放到试验大厅地面。

（3）使用情况

该设备于 1967 年设计，1971 年研制完成。40 多年来完成了多颗卫星与部、组件真空热试验。

15.2.10　KM5A 空间模拟器

（1）技术性能

图 15-7 所示为 KM5A 空间模拟器主模拟室照片。

主模拟室直径 7.6 m、高 12.2 m，立式，材料为 0Cr18Ni9；有效空间直径 6.8 m、高 8.8 m；空载真空度优于 2×10^{-4} Pa。热沉采用不锈钢管焊铜翅片材料，温度＜100 K。采用红外灯或红外笼作为外热流红外模拟器。

（2）设备组成

高真空系统，采用 3 台低温泵系统，每台抽速为 50 000L/s；前级用干式机械泵系统。热沉制冷采用液氮单相密闭循环系统，加热采用气氮开式加热系统，大门采用桥式吊车开启。

（3）使用情况

该设备于 2003 年设计，2005 年研制完成。10 多年来完成了多

图 15-7　KM5A 空间模拟器主模拟室照片

颗大型卫星与部、组件试验，为我国航天事业做出了重大贡献。

15.2.11　KM6 空间模拟器

（1）技术性能

KM6 空间模拟器是中国最大的载人空间环境试验设备（见图 15-8），其试验空间大、热载荷大、抽气速率大、试验自动化程度高，可以做航天器载人试验，具有多功能、多用途的特点。KM6 设备主要用于：载人航天器热平衡试验、热真空试验；航天员出舱操作训练试验与评价试验；航天员生保系统与环境控制系统试验；太阳电池阵、天线可展机构的展开试验。

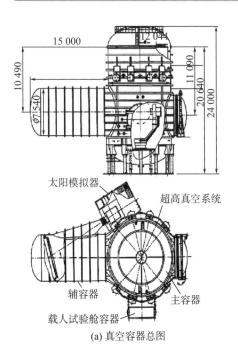

太阳模拟器

超高真空系统

辅容器

主容器

载人试验舱容器

(a) 真空容器总图

(b) 主容器照片

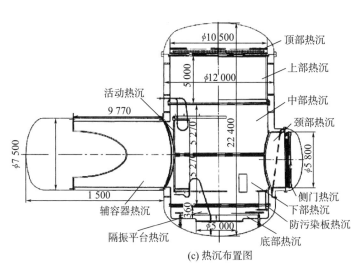

φ10 500　顶部热沉

上部热沉

φ12 000　中部热沉

颈部热沉

活动热沉

9 770

φ7 500

1 500

辅容器热沉

隔振平台热沉

侧门热沉

下部热沉

防污染板热沉

底部热沉

φ5 800

φ5 000

22 400

5 000

5 270

360

(c) 热沉布置图

图 15-8　KM6 空间模拟器

KM6 设备由下列几个分系统组成，其原理图见图 15 - 9。

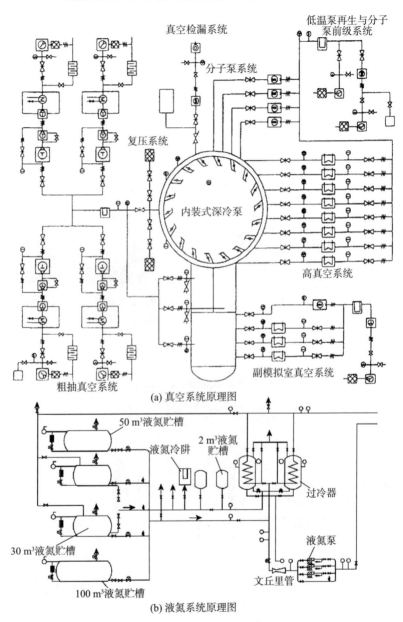

(a) 真空系统原理图

(b) 液氮系统原理图

图 15 - 9　KM6 设备原理图

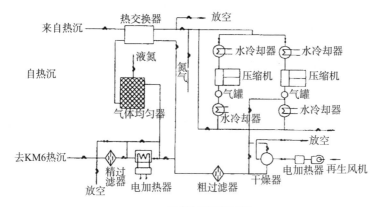

(c) 气氮系统原理图

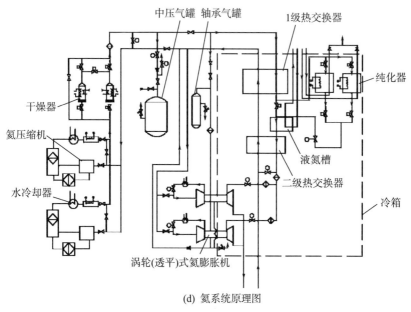

(d) 氦系统原理图

图 15-9　KM6 设备原理图（续）

（2）设备组成

①真空容器

真空容器如图 15 - 8（a）所示。主容器见图 15 - 8（b）。

真空容器由 3 个容器组成：

主容器（立式）直径 12 m、高 22.4 m；

辅容器（又称辅助容器）（卧式）直径 7.5 m、长 15 m；

载人试验舱容器（又称副容器）直径 5 m、长 15 m。

主、辅容器总容积 3 200 m³。容器壳壁由 0Cr18Ni9 不锈钢材料制造，加强筋由碳钢材料制造。容器壁上开有各种测量孔、液氮/气氮进出口孔、分系统接口孔 115 个。为了吊装试件，主容器上端开有直径为 12 m 大门，大门重 65 t。底部安装有支承试件的平台，直径 5.6 m，支承质量 60 t，并具有隔振功能。主容器壁上 14 m 高处，设有 6 个吊挂试件用的吊点，承载能力 6 t。真空容器总质量 420 t，使用 304t 不锈钢材料。真空容器的圆度为 25 mm，局部最大点为 61.37 mm；辅容器圆度为 16 mm，局部最大点为 33.11 mm；载人舱容器圆度为 15 mm。

法兰平面度：直径 12 m 法兰为 1.57 mm；直径 5m 法兰为 0.975 mm；直径 6.5 m 法兰为 2.0 mm。

容器总漏率小于 1×10^{-7} Pa·m³/s。

辅容器上光学锥形孔夹角为 $28°59'19''$。

②热沉

热沉布置图如图 15 - 8（c）所示。

主容器热沉有效空间直径 10.5 m，高 16.9 m；

辅容器热沉有效空间直径 6.8 m，长 9.0 m；

载人试验舱热沉有效直径 4.2 m，长 9.5 m。

热沉内表面涂特制黑漆，半球向发射率 $\varepsilon_h \geqslant 0.91$，太阳吸收率 $\alpha_s \geqslant 0.96$。通入液氮后热沉温度低于 100 K。

主、辅容器热沉材料为 L2 - 1 纯铝，有 2 000 多根异型管焊接而成，总漏率小于 1×10^{-9} Pa·m³/s。载人试验舱热沉用不锈钢管与铜翅片焊接而成，总漏率小于 1×10^{-10} Pa·m³/s。

③真空系统

真空系统由粗抽真空系统和超高真空系统组成，真空系统见图 15 - 9 (a)。

1) 粗抽真空系统。由 4 套机组组成。每套机组由 3 台串联的罗茨泵和 1 台 H150 机械泵组成。罗茨泵的抽速分别为 600 L/s（直排大气罗茨泵）、12 00 L/s、5 000 L/s。对 3 200 m³ 真空容器从常压抽气 3.5 h，真空度可达到 0.7 Pa。

2) 超高真空系统。主、辅容器共使用了 8 台制冷机低温泵，3 台分子泵和 2 台内装式深冷泵。每台低温泵抽速为 5×10^4 L/s。每台分子泵抽速为 2 200 L/s，每台内装式深冷泵抽速为 2×10^6 L/s。

对主、辅容器抽气，极限真空度为 4.5×10^{-6} Pa。神舟号试验飞船做真空试验时极限真空度可达 2×10^{-5} Pa。载人试验舱用 3 个制冷机低温泵抽气，每台抽速为 5×10^4 L/s 即可满足试验要求。真空抽气系统还配有真空度测量系统、污染监测系统、残余气体分析系统等。

④液氮系统

液氮系统见图 15 - 9 (b)。它为热沉提供冷源，保证热沉温度达到 100 K 以下。采用单相密闭循环系统，可吸收热负荷 400 kW，由 2 个过冷器、3 个液氮泵、4 个冷箱、1 个文丘里管、4 个液氮贮槽等组成。每个泵的额定流量为 40 m³/h，3 个泵为 110 m³/h，进口压力为 0.25 MPa，出口压力为 0.52 MPa。共有 154 个阀门、213 m 杜瓦管道、372 m 聚氨脂泡沫塑料保温管道。对热沉的预冷时间为 5 h，每天液氮耗量约为 60 t。

⑤气氮系统

气氮系统如图 15 - 9 (c) 所示。用于对热沉加热到 60 ℃，加热时间为 10 h。系统由 2 个氮气压缩机（流量为 90 N·m³/min，排气压力为 0.3 MPa）、气体均匀器、电加热器（400 kW）、热交换器、水冷却器、气罐、再生系统等组成。并能使热沉温度在 -100 ℃ ~ +100 ℃ 之间连续可调。

⑥氦系统

氦系统如图 15 - 9（d）所示。为了提供内装式深冷泵冷源，采用 2 个 20 K、600 W 的涡轮（透平）式氦膨胀机，转速为 1.2×10^5 r/min，出口温度 13 K，氦板出口温度 19 K。内装式深冷泵抽速为 2×10^6 L/s。2 个螺杆式氦压机在 0.1 MPa 下的流量为 2×900 m³/h。还有 2 个干燥器、纯化器、热交换器、冷箱、气罐、自动控制系统等。

⑦载人试验系统

用于航天服、出舱活动试验以及热真空、热平衡试验。载人试验舱直径 5 m，总长 15 m。舱的中间用隔板隔成 3 个舱，即 A 舱（30 m³）、B 舱（45 m³）、C 舱。C 舱直径 5 m、长 11 m，舱内设有热沉，有效空间直径为 4.2 m、长 9.5 m，极限真空度为 6.4×10^{-4} Pa。

载人试验舱共有 10 个舱门，供航天员进出，每个舱门高 1.85 m、宽 0.9 m。

⑧红外热流模拟系统

该系统用于模拟太阳热流，由红外模拟器、控制计算机、程控电源、红外热流计等组成，实施闭环自动控制。计算机通过程控电源对红外模拟器进行控制。控制温度与目标温度差为 1 K，热流模拟误差低于 ±2%，有 400 个加热通道，程控电源 243 台。

⑨总控制系统

该系统用于全面掌握设备运行状态、试件温度数据，并向各个分系统发出控制指令。设备运行状态以数据和图像 2 种形式发送到分系统。数据通过网络传输，实现共享。温度测量通道 2 000 条。系统由总控台、网络服务设备、数据采集子系统等组成。

⑩KM6 设备实验室

KM6 设备实验大厅面积 8 000 m²，辅助实验室 5 000 m²，实验大厅能通风、换气、空调、局部净化。大厅内设有 75 t 桥式吊车，3 个吊钩的起吊质量分别为 75 t、25 t、10 t，用于 KM6 设备大门的吊装及航天器的吊装与翻转。主吊钩距直径 12 m 法兰平面的最大距离为 15.6 m，吊车运行速度为 20 m/min 与 5 m/min，主吊钩起吊速度为 0.25～5.0 m/min，中吊钩与小吊钩起吊速度为 1.0～10 m/min。

试验平台坐落在隔振平台地基上，利用隔振平台防止压缩机、真空泵等运行时产生的振动。

神舟一号飞船和天宫一号空间实验室在 KM6 设备中的照片如图 15-10 所示。

(a) 神舟一号飞船吊入 KM6 主模拟室时的照片

(b) 天宫一号空间实验室在 KM6 中试验时照片

图 15-10　神舟一号飞船和天宫一号空间实验室在 KM6 设备中的照片

图 15 - 11 所示为 KM6 辅助模拟室的照片。

图 15 - 11　KM6 辅助模拟室的照片

（3）使用情况

1993 年设计，1997 年研制完成。

KM6 空间模拟器曾为神舟一号至神舟十号飞船及天宫一号完成热平衡与热真空试验，以及为多颗大型应用卫星提供环境模拟试验。最长的某次试验，设备连续运行达 33 天。KM6 空间模拟器获国家科技进步奖二等奖。

15. 2. 12　KM6B 空间模拟器

图 15 - 12 所示为 KM6B 空间模拟器主模拟室简图。

（1）技术性能

1）真空容器：主容器球式，内径 18 m；副容器直径 5 m，长 12 m。

2）热沉：主容器热沉内径 16 m，副容器内径 4.2 m，长 9 m；温度低于 100 K，可在温度 $-100 \sim +100$ ℃内可调。热沉内表面半球向发射率 $\varepsilon_h \geqslant 0.90$，无热沉面积为总面积的 3%。

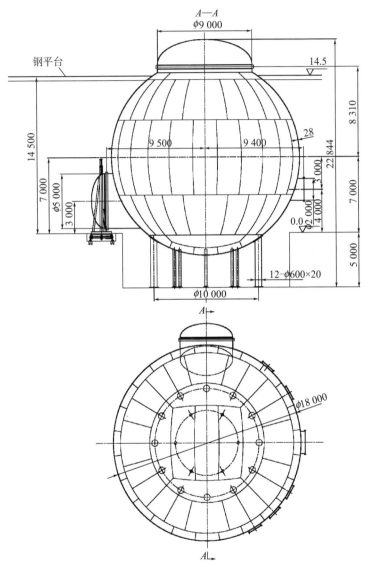

图 15 - 12　KM6B 空间模拟器主模拟室简图

3）真空度：空载极限真空度 $5×10^{-5}$ Pa，在载荷为 1 000 Pa·L/s 时极限真空度优于 $5×10^{-3}$ Pa。

4）主、副模拟室可提供 TD 识别电测试验；主、副模拟室可分别独立提供航天器真空热试验。

5）太阳模拟器：辐照面积直径 5 m，发散式系统；光线入射为垂直方向；辐照度 600～1 800 W/m² 可调；辐照不均匀度在辐照试验面内不大于±6%；辐照不稳定度不大于±1%/h；发散角±10°；氙灯光谱；采用计算机数采、管理、实时显示太阳模拟器辐照不稳定度和氙灯电性能参数；连续无故障运行时间 7 天。

6）带有运动模拟器，带有面积 2 m×2 m 的冷屏，温度为 12～16 K。有连接平行光管的直径 2 m 的入口。

7）主容器上有直径 5 m 的出入试验件的侧大门；顶部有直径 9 m 的吊装试验件用的大门。

8）试件支承平台最大载荷 50 t。

（2）设备组成

高真空系统，主模拟室采用 6 台低温泵系统，每台抽速为 50 000 L/s；副模拟室采用 2 台低温泵系统；前级用干式机械泵与罗茨泵系统。热沉材料用不锈钢管与铜翅片，热沉制冷采用液氮单相密闭循环系统，加热采用气氮闭式加热系统，带有直径 5 m 同轴发散式太阳模拟器，大门采用桥式吊车开启。

（3）使用情况

该设备于 2010 年设计，2017 年研制完成。

15.2.13　KM7 空间模拟器

KM7 空间模拟器如图 15-13 所示。

（1）技术性能与设备组成

KM7 空间模拟器主模拟室直径 9 m、长 12 m、卧式，有效空间直径 8.5 m、长 9 m。热沉温度低于 100 K，热沉材料用不锈钢管与铜翅片，热沉制冷采用液氮单相密闭循环系统，加热采用气氮闭式加热系统。主模拟室采用 3 台低温泵系统，每台抽速为 50 000 L/s；空载真空度低于 6.5×10^{-5} Pa；外热流用红外笼式电加热带红外模拟器。

（2）使用情况

2006 年设计，2009 年研制完成投入使用，先后为我国导航卫星等多颗卫星型号完成真空热试验。

图 15 - 13　KM7 空间模拟器

15.2.14　KM7A 空间模拟器

KM7A 空间模拟器（如图 15 - 14 所示）是在航天城建设的大型航天器热真空试验设备，由如下分系统组成：真空容器、真空系统、热沉、氮系统、操作平台、测控系统。通过这六个分系统即可实现对空间真空、冷黑环境的模拟及对星体试验红外热流的控制等功能。试验时，试验件通过工装设备安装到真空容器内部试验工装系统上，通过真空系统维持试验容器内部达到试验所需真空度，氮系统维持容器热沉表面处于试验所需的背景温度，测控系统负责对试验件温度或投向试验件的外热流进行控制，在真空度、热沉温度、试验件温度均满足试验要求的情况下完成对试验件的各项测试。总体技术指标如下：

图 15 - 14 KM7A 空间模拟器

1）真空容器设计为卧式结构，尺寸为：ϕ10 000 mm（内径）× 12 000 mm（直筒段），材料为 0Cr18Ni9，一端封头为大门；

2）配备水平调节系统（正方形，对角线长 4 000 mm），承重 10 t，具备水平度动态调节功能，调平范围为正交两方向±0.5°，调节精度优于 1 mm/m；

3）使用无油真空系统，粗抽机组可在 3 h 内将容器从常压抽至 5 Pa 以内，热沉通液氮时真空系统空载极限压力达到低于 6.5×10^{-5} Pa（24 h 内）；

4）检漏系统对氦气的有效抽速不小于 1 000 L/s；

5）热沉尺寸为 ϕ9 500 mm×12 000 mm（直筒段），内表面涂黑漆，半球向发射率 $\varepsilon_h \geqslant 0.90\pm0.02$，对太阳光吸收率 $\alpha_s \geqslant 0.95$；

6）液氮系统能为热沉提供单相过冷液氮，进入热沉的液氮在热沉的设计热负荷内（220 W/m²）温度不高于 84 K，热沉内表面的平均温度不高于 100 K，温度均匀性优于±5 K；

7）气氮系统能为热沉提供热氮气，可在试验工况结束后 12 h 内将热沉的温度加热到室温以上，并可在 10 h 内将热沉温度从室温烘烤至 80 ℃；

8）流程测控系统可对 KM7A 各分系统设备进行本地控制与远程控制，具有对整套设备运行参数的测量、自动控制、显示、存储、打印及超限报警等功能，并可通过内部局域网实现设备运行状态参数的传递；

9）数采仪器总测试通道不少于 2 000 路，其中单线制热电偶测量不少于 1 920 路，四线制铂电阻测量不少于 40 路；温度测量范围为 $-200 \sim +200$ ℃，测量不确定度为 ± 0.5 ℃，分辨率为 0.1 ℃；程控电源不少于 300 路，电源输出最大电压 $120 \sim 150$ V，输出最大电流 $4 \sim 5$ A；

10）空载 24 h 污染量不高于 1.0×10^{-7} g/cm^2，污染监控系统通道数不少于 8 个，灵敏度优于 1.1×10^{-9} g/（cm$^2 \cdot$ Hz）；

11）真空摄像系统通道数 6 路，其中 3 路为固定式摄像，3 路可根据需要进行移动；

12）容器照明系统能使罐内中心线照度达到 100 lx 以上（大门关闭情况下）；

13）系统连续可靠运行时间大于 30 d。

15. 2. 15　KM8 空间模拟器

（1）KM8 概述

KM8 是亚洲最大、世界第三的一台试验空间大、全自动化、高性能的新型空间模拟器，如图 15 - 15 所示，该容器首次研制出直径 17 m 空心结构、高刚度超大法兰，热沉采用新型不锈钢板式结构，并实现顶部热沉降半运行技术，实现双星并行试验模式。真空系统能够实现在 6 000 m^3 超大容积内，空载极限真空达到 10^{-5} Pa 超高真空。水平调节机构基于真空低温环境下的四杆联动机构，实现航天器水平度实时调节，承载力 20 t、调节精度 1 mm/m，承载力、调节精度处于国际先进水平。试验测控系统采用并行、通用、模块化技术，实现 3 500 通道的超大量数据采集和 1 600 通道的独立控温。配套研制有新型热试验管理软件，提高了系统可靠性和试验效率，实现试验过程全自动化、流程化、信息化。

图 15-15　KM8 空间模拟器

（2）技术性能与设备组成

KM8 空间模拟器主模拟室直径 17 m、高 32 m、立式，有效空间直径 15 m、高 22 m。热沉温度低于 100 K，热沉采用不锈钢板式结构，激光焊接。热沉制冷采用液氮单相密闭循环系统，加热采用气氮闭式加热系统。主模拟室采用 10 台低温泵系统，每台抽速为 50 000 L/s；空载真空度优于 6.5×10^{-5} Pa；外热流用红外笼式电加热带红外模拟器。

（3）使用情况

2012 年设计，2016 年研制完成投入使用，将为我国空间站等大型航天器完成真空热试验。

表 15 - 1 所示为中国典型空间模拟器。

表 15 - 1　中国典型空间模拟器

序号	名称	主要性能	其他技术要求	使用情况
1	KM1 空间模拟器	真空容器，卧式，直径 2 m、长 3.2 m，侧大门直径 2 m，空载真空度 6.7×10⁻⁴ Pa，材料 3# 碳钢，内表面镀镍	热沉温度≤100 K，吸收系数≥0.90	建于 1964 年，用于卫星部、组件真空热试验，现用于姿控发动机羽流效应试验
2	KM2 空间模拟器	真空容器，卧式，直径 2 m、长 3.2 m，空载极限真空度为 6.7×10⁻⁵ Pa，高真空系统采用 2 台 KY-15 油扩散泵	热沉温度 100～373 K，吸收系数为 0.93，液氮系统为开式沸腾结构	建于 1964 年，供我国第一颗卫星热真空试验与卫星部、组件试验
3	KM2A 空间模拟器	真空容器，卧式，直径 2.6 m、长 4 m，侧大门直径 2.6 m，材料 0Cr18Ni9，真空度 6.5×10⁻⁴ Pa	热沉温度≤100 K，吸收系数≥0.90	建于 2012 年，用于航天器组件真空热试验
4	KM3 空间模拟器	真空容器，卧式，直径 3.6 m、长 7.3 m，空载真空度为 9.3×10⁻⁷ Pa，用 2 台 K-800 油扩散泵系统与 20 K 内装式深冷泵，抽速为 1×10⁶ L/s（对 O₂、N₂）。现改用 2 台 φ800 mm 的低温泵代替原配套扩散泵	热沉温度 100 K，吸收系数为 0.93，液氮系统采用单相密闭循环结构，制冷量为 32 kW，氦系统制冷量为 400 W	曾提供回收型卫星、天文卫星试验，太阳帆板展开试验，红外遥感器定标试验等，建于 1970 年
5	KM3A 空间模拟器	主模拟室，卧式，直径 4.5 m、长 7 m，材料为 0Cr18Ni9，空载真空度 6.5×10⁻⁵ Pa	热沉温度＜100 K，液氮系统采用单相密闭循环结构，加热采用闭式气氮加热系统	2005 年研制完成，完成了多颗小型卫星与部、组件试验

续表

序号	名称	主要性能	其他技术要求	使用情况
6	KM3B 空间模拟器	主模拟室，卧式，直径 4.2 m、长 6.5 m，材料为 0Cr18Ni9；空载真空度 1.3×10^{-4} Pa。高真空系统，采用 4 台低温泵系统	热沉采用不锈钢管焊铜翅片材料，温度＜100 K；液氮系统采用单相密闭循环，闭式气氮加热系统	2010 年研制完成
	KM3C 空间模拟器	主模拟室直径 4.2 m、长 5.5 m，卧式，材料为 0Cr18Ni9；有效试验空间直径 3.6 m，长 5.5 m；空载真空度 5.0×10^{-5} Pa	热沉热负荷 50 kW，热沉温度 ＜100 K；采用红外加热笼作为外热流红外模拟器	
	KM3D 空间模拟器	主模拟室，卧式，直径 4.2 m、长 5.5 m，材料为 0Cr18Ni9；有效试验空间直径 3.6 m，长 5.5 m；空载真空度 5.0×10^{-5} Pa	不锈钢板式热沉，热沉热负荷 50 kW，热沉温度＜100 K。采用红外加热笼作为外热流红外模拟器	
	KM3E 空间模拟器	主模拟室，卧式，直径 4.2 m、长 10.4 m，材料为 0Cr18Ni9；有效试验空间直径 3.6 m，长 10.4 m；空载真空度 5.0×10^{-5} Pa	热沉热负荷 100 kW，热沉温度 ＜100 K；配有太阳模拟器，辐照面积直径 2 000 mm，长 1 500 mm，辐照度 $0.3S_0$～$1.3S_0$	
	KM3F 空间模拟器	主模拟室，卧式，直径 4.2 m、长 6 m，材料为 0Cr18Ni9；有效试验空间直径 3.6 m，长 6 m；气氮制冷热沉尺寸长 2 800 mm，宽 1 800 mm，高 1 500 mm；空载真空度 5.0×10^{-5} Pa	液氮热沉热负荷 50 kW；气氮热沉负荷 30 kW，热沉温度＜100 K	
7	PES 专用空间模拟器	主模拟室，卧式，直径 5.2 m、长 12.6 m，内装液氦热沉，温度 5 K，抽速大于 1×10^7 L/s；空载真空度 1.3×10^{-7} Pa	可进行流量为 2 g/s，动态真空 2×10^{-3} Pa 的羽流效应试验	2012 年研制完成，投入使用

续表

序号	名称	主要性能	其他技术要求	使用情况
8	KM4 空间模拟器	主模拟室，立式，直径为 7 m，高 12 m，极限真空度为 5.1×10^{-6} Pa。有效试验空间为直径 6 m，高 8.5 m；外接 3 台低温泵每台抽速为 5×10^4 L/s；内装 20 K 深冷泵制冷量为 1 200 W	热沉温度为（90±5）K，加热温度为（80±10）℃；液氮系统为单相密闭循环；太阳模拟器用 19 个单元的同轴准直系统，用 25 kW 氙灯，辐照强度为 $1.3\ S_0$，面积 12 m^2	1978 年研制完成，1979 年投入使用，曾提供通信卫星、气象卫星、回收型卫星等 80 多颗卫星真空热试验
9	KM5	主模拟室，立式，直径 5 m，高 10.6 m，空载真空度为 1.8×10^{-5} Pa，采用 2 台 K - 1200 油扩散泵	热沉温度 100 K，吸收系数为 0.93	1971 年研制完成，曾提供我国气象卫星等真空热试验
10	KM5A 空间模拟器	主模拟室，立式，直径 7.6 m，高 12.2 m 有效空间直径 6.8 m，高 8.8 m；真空度 2.0×10^{-4} Pa	热沉温度<100 K，吸收系数≥0.90，采用红外灯或加热笼作为外热流模拟器	2005 年研制完成，用于多颗卫星作真空热试验
11	KM6 空间模拟器	主容器：立式 直径 12 m、高 2.4 m，顶部大门直径 12 m，侧大门直径 6.5 m。辅容器：卧式，直径 7.5 m、长 15 m；副容器：卧式，直径 5 m、长 15 m；内装 20 K 深冷泵	真空度 6.5×10^{-6} Pa，热沉温度<100 K；可采用红外灯阵、红外笼、太阳模拟器等作为红外加热器	1997 年研制完成，用于飞船空间站、大型卫星真空热试验
12	KM6B 空间模拟器	主模拟室，球式，内径 18 m；副容器直径 5 m、长 12 m。真空度 5×10^{-5} Pa；主容器热沉内径 16 m，副容器热沉内径 4.2 m、长 9 m	热沉温度<100 K；太阳模拟器辐照面积直径 5 m，发散式	2017 年研制完成
13	KM7 空间模拟器	主模拟室，卧式，直径 9 m、长 12 m，有效空间直径 8.5 m、长 9 m，空载真空度低于 6.5×10^{-5} Pa	热沉温度<100 K，外热流用红外笼为外热流模拟器	2009 年研制完成投入使用
14	KM7A 空间模拟器	主模拟室，卧式，直径 10 m、长 15.6 m，有效空间直径 9.5 m、长 12 m，极限真空度 6.5×10^{-5} Pa	热沉温度<100 K，外热流用红外笼作为外热流模拟器	2015 年研制完成投入使用

续表

序号	名称	主要性能	其他技术要求	使用情况
15	KM8 空间模拟器	主模拟室，立式，直径 17 m、高 32 m；有效空间直径 15 m、高 22 m，空载真空度优于 6.5×10^{-5} Pa	热沉温度<100 K，液氮单相密闭循环系统，外热流用红外笼作为红外模拟器	2016 年研制完成投入使用，将为我国空间站等大型航天器完成真空热试验

15.3　国外空间模拟器

20 世纪 60 年代开始，美国先后研制了 17 台大型热真空环境模拟设备。欧洲空间局和日本在 70 年代初通信卫星借用美国的空间环境模拟设备进行整星热真空试验，此后不久就自行研制环境模拟设备，美国 RCA1984 年又建成了直径为 16.7 m 的球形空间模拟器，以试验航天器飞机轨道器货舱。欧洲空间局 1977 年经专门调研后的结论是 1990 年前不再建大型太阳模拟器，可 5 年后就决定建一台世界上最大的光束直径 6 m 的太阳模拟器，为此改建了原有的直径 10 m、高 15 m 的动力学设备，于 1986 年投入使用。日本研制的直径为 14 m 的大型空间环境模拟设备，印度研制的直径 10 m、高 13 m 的大型空间环境模拟设备均于 1989 年投入使用。

载人航天器空间环境模拟设备除了应具备基本座舱内的正常生活、工作及紧急救生试验环境外，还必须在模拟的空间环境下进行如下试验：航天服、轻便生命支持系统等的评价试验；身着航天服的航天员舱外活动试验；载人操纵站（MMU）的性能与功能评价试验等。为完成上述试验，这类设备要求增加复压救生系统和供航天员进出的气闸舱。其工作空间要足够大，既可水平放置一个或两个对接的座舱，又可在试验中允许航天员出舱活动。美国在阿波罗登月试验时还提供了月球表面环境的模型装置。美国在双子星与阿波罗登月计划中建立了 5 台这类设备。

15.3.1　美国空间模拟器

（1）美国 NASA 休斯顿空间中心空间模拟器

美国国家航空航天局为了完成载人飞船试验和航天员人体试验，建造了两个大型载人飞行试验用空间模拟器，简称 A 容器与 B 容器。

①A 容器

A 容器是美国最大的做热真空试验的空间模拟器，直径19.8 m、高 36 m，侧门直径 12.2 m。空载极限真空度 1.3×10^{-3} Pa、热沉温度 $100 \sim 400$ K 可调，转动平台直径13.7 m。主模拟室的结构简图见图 15-16，主模拟室的照片见图 15-17，在地平面上设有并锁，在 9.45 m 标高处有一单锁。

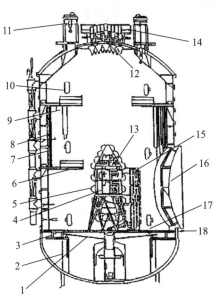

图 15-16　A 容器主模拟室结构简图

1—月球平台；2—增压风口；3—复压扩散器；4—服务舱；5—准直镜；6—9.45 m 标高平台；

7—液氮热沉；8—氦深冷抽气板；9—电视摄像机；10—观察孔；11—25 t 吊钩（4 个）；

12—太阳模拟器；13——公共舱；14——检修平台（24.8 m 标高）；15—飞船实用电极；

16—12 m 直径大门；17—底平台；18—零标高

图 15 - 17　A 容器主模拟室照片

图 15 - 18 所示为 A 容器主模拟室侧门直径 12 m 打开时的照片；图 15 - 19 所示为 A 容器主模拟室阿波罗登月舱试验。

热沉温度为 100 K、热负荷为 280 kW，其中氦深冷泵的冷源用 2 套 3.5 kW 的气氦制冷设备。真空抽气系统采用机械泵、扩散泵、深冷泵。总漏、放气率为 3.68 kPa·L/s。

太阳模拟器安装在容器的顶部与侧面，顶部辐照面积为直径 4 m，侧面辐照面积为 4 m×10 m。辐照强度 645～1 510 W/m² 可调。

大厅内配有 50 t 桥式吊车，可吊运高 23 m、直径 8 m、重 18 t 的飞船，真空容器顶部配有 4 个 25 t 的吊钩，供吊运试件用。

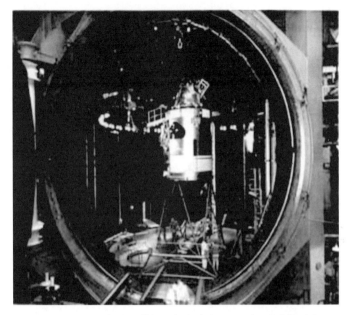

图 15-18　A 容器主模拟室侧门直径 12 m 打开时的照片

②B 容器

B 容器用于载人及有关运动机构试验，容器直径 10.6 m、高 13.1 m，有效空间直径 7.6 m、高 9.1 m，空载极限真空度 1.3×10^{-2} Pa，热沉温度 80~400 K 可调，转动平台直径 6.1 m。

容器结构外形图如图 15-20 所示。

B 容器设有并锁，可容纳 3 名航天员，每锁占地面积 2.7 m × 3.1 m。并锁由两个平行单锁构成，由内联门沟通组成并锁结构，并锁有 5 个通道 6 扇门。

外门：2 通道 2 扇门，从现场进入锁内，门向外开启承受外压，采用单面铰链机构。

内联门：2 扇门 1 通道，从一锁进入另一锁的通道，承受外压或等压，用铰链机构。

主门：2 通道 2 扇门，从空气锁进入模拟室的通道，承受内、外压两面开启，使用快速门闩。

(a)

(b)

图 15-19　A 容器主模拟室阿波罗登月舱试验

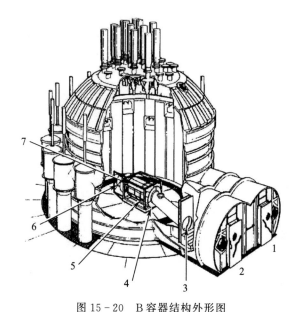

图 15 - 20　B 容器结构外形图

1—人锁 B_2；2—人锁 B_1；3—通道；4—公共舱热模拟器；5—石英灯固定支架；

6—联盟号热模拟器；7—对接舱

外门、内联门、主门尺寸均为 1.1 m×2.1 m。

各门均用铰链机构，并带有快速卡子，为大门密封提供初始压力，一旦大门为大气压，密封便自动脱开，主动使用快速门闩，两边均可快速打开。

（2）空军阿诺德工程发展中心的马克 1 号空间模拟器

模拟室外形尺寸：直径 12.8 m、高 24.6 m。有效空间直径 10.5 m。高 19.5 m，其结构简图及卫星试验见图 15 - 21，容器用不锈钢制造。极限真空度为 1×10^{-6} Pa。热沉温度 100 K，用 00Cr19Ni10 不锈钢制造，液氮板面积为 1 204 m^2，氦深冷板面积为 734 m^2。真空系统由机械泵、风机、48 台直径 800 mm 的油扩散泵与内装式 20 K 氦深冷泵组成。

（3）洛克希德公司德尔它空间模拟器

主模拟室直径 12.2 m、长 24.4 m，结构外形见图 15 - 22，主模拟室内部结构见图15 - 23，真空容器用 1Cr18Ni9Ti 不锈钢制造。

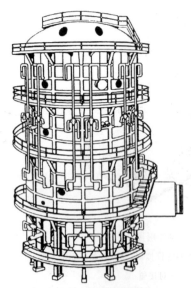

（a）马克1号空间模拟器简图　　　　　　（b）马克1号卫星试验

图 15 - 21　空军阿诺德工程发展中心的马克 1 号空间模拟器

空载极限真空度 1.3×10^{-6} Pa、工作真空度 5×10^{-2} Pa，热沉温度为 90～110 K（在 725 W 热负荷下）。

容器两端开门。光学隔振工作平台，宽 5 m、长 20 m。模拟室外有延伸单轨，试件可从两端门出入。

真空抽气系统：粗抽系统分两组，同时工作时抽速为 2.27×10^4 m³/h，无载荷时，从大气压至 0.7 Pa，抽气时间 4 h，粗抽管道上装有液氮冷阱。

热沉内装有氦深冷泵；液氮热沉材料用 1100F 铝制造，总热负荷为 725 kW。

红外模拟器用红外灯，分为 100 个区，既可自动控制，又可手动控制。

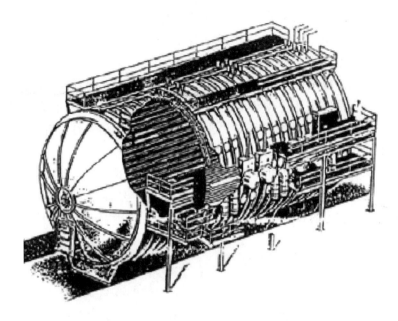

图 15-22 主模拟室结构外形图

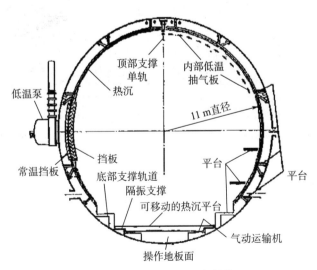

图 15-23 主模拟室内部结构图

气氮加热系统 8 h 可将热沉从液氮温度加热到室温。

复压系统用干燥氮气，后用干燥空气。

模拟室内装有两台电视摄像机。

控制系统用程序控制，数据采集使用数据采集系统。中心控制台对整个系统进行手动远距离控制。控制台上有两个警报信号灯："人在容器中"警报信号灯与"进入容器不安全"信号灯。有两台应急电源，由 500 kW 柴油发电机提供。

（4）通用电气公司直径 11.7 m 球形空间模拟器

通用电气公司拥有三台空间模拟器，称 1 号容器、2 号容器、3 号容器。真空容器直径 11.7 m，见图 15-24 和图 15-25 所示。

图 15-24　通用电气公司直径 11.7 m 的三台球形空间模拟器照片

极限真空度 $7×10^{-7}$ Pa。热沉温度 90 K。

真空容器用不锈钢制造，顶部为直径 10 m 的可打开顶盖，法兰面密封用双层 O 形圈。

真空抽气系统：1 号、2 号、3 号容器均用 4 台扩散泵，每台抽速为 50 000 L/s，前级用 4 台罗茨泵。热沉内设有内装式低温泵，20 K 氦板面积为 99 m^2。

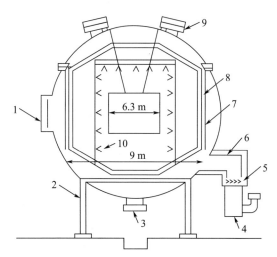

图 15 - 25 通用电气公司直径 11.7 m 的球形空间模拟器结构简图

1—侧门；2—支座；3—振动口；4—扩散泵；5—水汽障板；6—液氮壁板；

7—气氮低温板；8—液氮低温板；9—仪器孔；10—红外热模拟器

红外热模拟器辐照强度 54～4 200 W/m² 可调，均匀性±5%，光源用 500 W、120 V 的石英灯。

热沉为直径 10 m 的球，材料用 1100 铝材制造。

液氮系统采用单相密闭循环。

(5) 兰利公司直径 18 m 空间模拟器

兰利公司直径 18 m 的空间模拟器主要用于航天器及其姿态控制系统试验，结构简图见图 15 - 26。

容器上开有直径 7.6 m 的门，侧面开有直径 4 m 的门，顶部开有直径 1.3 m 的小门。也可用于微重力试验，可得到 3 s 的微重力时间，可做航天器展开机构的展开试验。设备的空载极限真空度为 2×10^{-2} Pa，带有闭路电视与高速摄影系统。

(6) 通用电气公司直径 9.6 m 空间模拟器

主模拟室直径 9.6 m，高 16.2 m，两端为球形封头，整体形状为椭球形，见图 15 - 27。热沉温度为 100 K，吸收系数 0.95，热沉材料

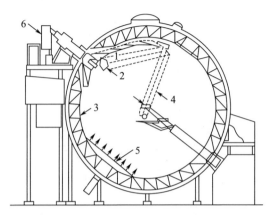

图 15-26　兰利公司直径 18 m 空间模拟器结构简图

1—光学准直镜；2—空气轴承；3—转动支持机构；4—76 cm 太阳光束；

5—行星辐射模拟器；6—灯室

用铝材制造，有效空间为直径 6 m 的球。极限真空度为 10^{-7} Pa。

　　太阳模拟器采用离轴准直系统，是由 4 个单元组合的离轴光学准直系统。辐照面积直径 6 m，面均匀性±10%。模拟室内安装有三台摄像机。

　　(7) 麦克唐纳-道格拉斯公司的直径 11.7 m 球形空间模拟器

　　该设备模拟室为直径 11.7 m 的球，结构见图 15-28。

　　该设备用于载人与不载人航天器试验，小型火箭发动机试验等。带有二个串联气闸舱，气闸舱直径为 3.05 m。

　　热沉温度为 100 K。真空抽气采用扩散泵系统，前级用 4 台罗茨泵与 4 台机械泵，有效抽速为 $5.3×10^5$ L/s，真空度优于 10^{-3} Pa。

　　深冷抽气系统采用 20 K 氦板和液氮热沉，对水蒸气的抽速为 $5×10^7$ L/s。采用 20 K 内装式低温泵，对氩气抽速为 $3×10^6$ L/s。

　　(8) JPL 大型空间模拟器

　　JPL（喷气动力实验室）大型空间模拟器是美国早期的一台典型设备，主模拟室直径 8.1 m、高 25.5 m，见图 15-29。有效空间直径 7.5 m、高 7.5 m，空载极限真空度 $1×10^{-4}$ Pa。

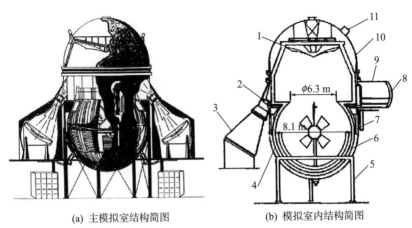

(a) 主模拟室结构简图   (b) 模拟室内结构简图

图 15-27 通用电气公司直径 9.6 m 空间模拟器

1—准直镜；2—进光孔；3—四个太阳光学组件之一；4—蜂窝状低温球；5—环形支座；

6—液氮板；7—气氦板；8—侧门；9—空气锁直径 2.7 m，长 4 m；

10—可移动球形封头；11—三个电视摄像机之一

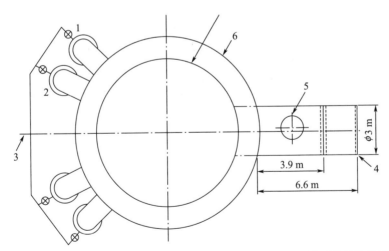

图 15-28 麦克唐纳-道格拉斯公司的直径 11.7 m 球形空间模拟器结构简图

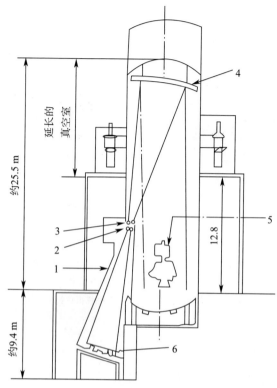

图 15 - 29　JPL 大型空间模拟器

1—镜筒；2—积分器；3—石英窗口；4—直径 7.01 m 离轴准直镜；5—航天器；6—灯室

热沉温度 100 K。太阳模拟器辐照度 538～1 453 W/m² 可调。

（9）美国 PPPL 实验室专用空间模拟器

美国 PPPL（Princeton Plasma Physics Lab.）实验室的等离子设备主要用于模拟测试离子推进器的功能。其长 99 m、高 27 m，为不锈钢真空容器，如图 15 - 30 所示。

（10）美国 PEPL 实验室专用空间模拟器

美国 PEPL 实验室属于密西根大学，该实验室的等离子体环境模拟设备长 9 m、直径 6 m，不锈钢真空罐，真空度可达 10^{-7} torr，见图 15 - 31。

图 15 - 30　美国 PPPL 实验室专用空间模拟器照片

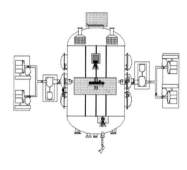

图 15 - 31　美国 PEPL 实验室专用空间模拟器

（11）美国国家航空航天局（NASA）格伦研究中心 SPF 空间模拟器

主要技术性能：用于星球表面探测器软着陆模拟试验；主模拟室直径 30.4 m、高 37 m，真空容器由两层构成，外侧为混凝土结构（厚度 1.8～2.4 m），内侧为金属铝材，前后两个大门；真空度为 10^{-4} Pa，内设 4 MW 的石英灯为光源的红外模拟器和 400 kW 的氙灯为光源的太阳模拟器；内部设有热沉，用液氮制冷；工作台承重 300 t，侧面开有 15.2 m×15.2 m 的方形门，用双层密封，见图 15 - 32 与图 15 - 33。

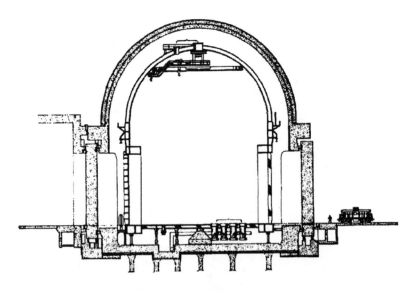

图 15-32　格伦研究中心 SPF 空间模拟器主模拟室简图

图 15-33　格伦研究中心 SPF 空间模拟器主模拟室照片

15.3.2　欧洲空间局欧洲空间研究与技术中心空间模拟器

　　1964 年以来西欧各国在空间技术方面进行了合作，为了充分利用欧洲空间局和其他国家已有的试验设备，避免重复建设，欧洲空间局决定对欧洲各国的主要环境试验设备进行统一协调，统一规划，拥有大型空间模拟器的主要单位有：荷兰的欧洲空间研究与技术中心（ESA/ESTEC），德国的工业设备管理公司（IABG），法国的宇航环境工程试验中心（Intespace）和比利时的列日宇宙物理研究所（IALSPACE）。

　　欧洲空间局欧洲空间研究与技术中心空间模拟器：这台设备是欧洲最大的空间模拟器，真空容器直径 10 m、高 15 m，热沉直径 9.5 m、高 10 m。副容器小头直径 8 m，大头直径 11.5 m，长 14.5 m。主模拟室外形图见图 15 - 34。

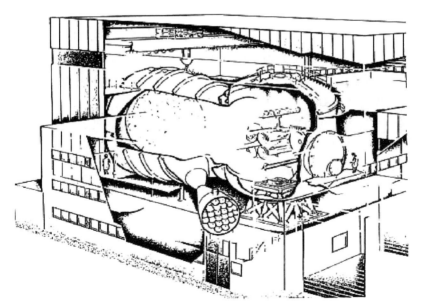

图 15 - 34　欧洲空间局最大的空间模拟器主模拟室外形图

真空容器上直径 10 m 的顶盖可移开，侧门直径 5 m，在上开有直径 1.8 m 供人进出的门，容器上开有 25 个直径 250 mm 的测量引线孔。容器内有一支承试验平台，它通过一连接结构坐落在容器下面的 90 t 混凝土块上，从而使该支承平台不受外来振动的影响，平台经受的振级小于 10^{-3} g，支承试验件的最大载荷为 60 t。

真空系统采用 2 台机械泵，每台抽速 2 500 m^3/h；3 台罗茨泵，每台抽速 3 000 m^3/h；2 台低温泵；4 台涡轮分子泵，每台抽速 2 000 L/s；1 台液氦低温泵（4 K），抽速约 4.5×10^5 L/s。空载极限压力 3×10^{-5} Pa。

热沉用不锈钢制造，表面积为 615 m^2，内喷涂黑漆（Cheinglaze Z306），发射率＞0.90，吸收率＞0.95。外表面抛光发射率为＜0.2。

热沉温度（100±5）K，最大热载荷 170 kW，热沉内液氮循环压力 0.8～1.2 MPa。利用气氮系统的热沉温度可在（173～373）±5 K 可调，最大热载荷 10 kW，热沉内气氮循环压力 0.15 MPa。

太阳模拟器采用离轴系统，辐照面积直径 6 m，试验容积直径 6 m×长 5 m，准直角 2°，辐照强度 1.83 kW/m^2，光源用 19 支 20～30 kW 短弧氙灯。

主模拟室结构简图如图 15-35 所示。

太阳模拟器的面均匀性±4%，体均匀性±6%，稳定性 0.5%，准直镜用 121 块六角形镜子拼凑，直径 7.2 m。用气氮冷却，工作温度 20～60 ℃，为了防止污染，最高温度可达 120℃，质量 12.7 t。用 12 支灯，灯的功率为 2 kW 时相当 1 个太阳常数，离轴角 29°。

积分器由 55 个场镜和投影镜组成，模拟室光学窗口石英玻璃直径 1 088 mm、厚 80 mm。

运动模拟器：模拟航天器在轨道上的运行条件，模拟旋转速度和姿态位置。最大试验容积直径 7 000 mm，最大试件质量 5 000 kg，最大不平衡力矩 2 kN·m。航天器正常旋转速度 1～6 r/min；不确定度 3%；最大的加速度与减速度 0.1 r/s^2；姿态位置速度

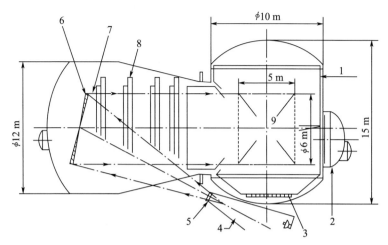

图 15-35　欧洲空间局最大的空间模拟器主模拟室结构简图

1—热沉；2—侧门；3—试验平台；4—灯室；5—积分器；6—准直镜；

7—太阳平行光束；8—热沉；9—试验容积

60（°）/min±0.4（°）/min；慢速旋转速度 1～24 r/d，位置不确定度±0.4°，姿态运动的转角±90°。

运动模拟器两根轴的准确位置及运行速度可以通过数据采集与处理中心打印记录。

运动模拟器输出的测温通道有 800 点、1 600 条引线；电源导线，1 A/100 V 直流 150 对、300 条引线，5 A/100 V 直流 52 对、104 条引线，0.2 A/100 V 直流 100 对、200 条引线；屏蔽电缆，0.2 A/10 V 交流 100 对、200 条引线。

试验大厅有 2 台起重吊车，大吊车起重载荷 15 t，起吊速度 5.5 m/min 或 0.275 m/min，吊车速度 20 m/min 或 5 m/min。小吊车起重载荷 2 t，起吊速度 10 m/min 或 1 m/min，吊车速度 10 m/min。试验地板载荷 1 000 kg/m²，顶盖地板载荷 500 kg/m²。

15.3.3　法国空间模拟器

法国宇航环境工程试验中心的大型空间模拟器设计方案：该设

备主模拟室内径 6 m、高 7 m。副容器直径 5 m、长 9 m。用不锈钢制造，主容器立式，上下盖皆可移开。结构简图见图 15-36。

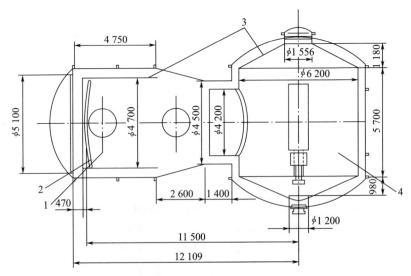

图 15-36 法国大型空间模拟器模拟室结构简图
1—副容器；2—准直镜；3—热沉；4—主容器

热沉温度 100~400 K 可调。热沉均匀度在 100 K 时为 ±10 K，调温变化速度为 80 K/h。

高真空系统用 2 台低温泵，每台对 N_2 的抽速为 65 000 L/s。一台涡轮分子泵，对 N_2 抽速为 6 500 L/s，6 h 可抽到 10^{-3} Pa。

太阳模拟器，辐照面积直径 3.8 m，准直角小于 4°，辐照强度 400~1 500 W/m² 之间可调，辐照均匀性在 85% 的试验面积上为 ±4%，光源用 36 支 6.5 kW 氙灯。

运动模拟器，有姿态轴、自转轴，承载质量 2 500 kg，自转轴速度 1 r/24 h 到 10 r/min 可调，姿态轴倾斜运动 ±90°，倾斜速度 7.5 (°)/min。

测温通道 500 路。供电系 20 路 10 A、70 路 5 A。

15.3.4　德国空间模拟器

（1）德国工业设备管理公司（IABG）大型空间模拟器设计方案

该设备主模拟室直径 6.8 m、长 13 m、卧式。真空容器用不锈钢制造，容器的一端装有太阳模拟器准直镜，另一端可以打开以进出试件，见图 15-37 和图 15-38。

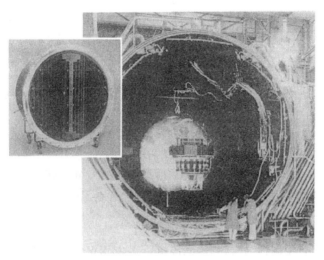

图 15-37　德国大型空间模拟器模拟室外形图

热沉内径为 6.3 m，用不锈钢制造，温度可在 100～400 K 之间可调，热沉分为 19 个回路分别进行控制。

真空系统由三台粗抽机组、4 台低温泵（每台直径 1.25 m）、1 台涡轮分子泵组成。机械泵抽速为 720 L/s，罗茨泵抽速为 3 700 L/s，每台低温泵对 N_2 抽速为 50 000 L/s（10～10^{-1} Pa），压力在 10^{-1} Pa以下。低温泵及涡轮分子泵的额定抽速：对 N_2 为 2.7×10^5 L/s，对 H_2 为 2.3×10^5 L/s，对 He 为 5×10^4 L/s，对水汽为 7.5×10^5 L/s。极限真空度 3×10^{-5} Pa。

太阳模拟器见图 15-39，辐照面积直径 3.6 m，辐照强度 1.4 S_0，辐照均匀性为 ±4%，在 ±1.5 m 的试验体积内均匀性为 ±5%，准直

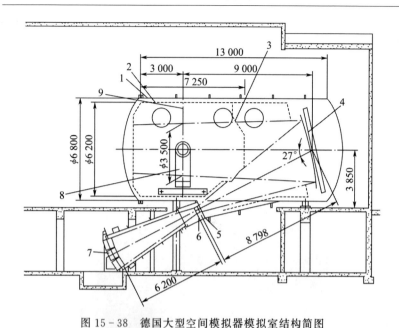

图 15 - 38　德国大型空间模拟器模拟室结构简图

1—真空容器；2—热沉；3—活动热沉；4—准直镜；5—窗口；6—积分器；7—灯室；
8—试件支架；9—太阳模拟器参考平面

角为±2°，稳定性为±1%。光源由 7 支 25 kW 短弧氙灯组成。准直镜由 61 块六角形铝镜组成，离轴角 27°。

运动模拟器与试件支承机构：容器内有三对导轨，试件及运动模拟器可以固定在容器内三个不同位置上（底部、侧面和顶部）。运动模拟器支承重 2 000 kg 试件，自转速度为 0.25 （°）/min 到 10 r/min 可调，姿态转角为±200°，转速为 0~25 （°）/min 到 1 （°）/s。

测温系统有 500 路。

（2）德国哥廷根 DLR 研究中心空间模拟器

德国针对行星大气及真空环境建立了大型空间模拟器，即 Deutsches Zentrum für Luft-und-Raumfahrht（DLR），见图 15 - 40。具体性能及参数为：可用于模拟月球、彗星及火星等行星的真空及大气条件下的环境；直径 2 m，高 3.3 m，有效试验空间直径 1.4 m。

图 15 - 39　大型太阳模拟器

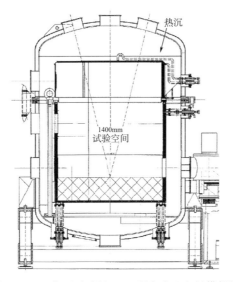

图 15 - 40　德国哥廷根 DLR 研究中心空间模拟器

15.3.5　英国卢瑟福-阿普尔顿实验室的空间模拟器

英国卢瑟福-阿普尔顿实验室的 STC 空间模拟器，用于猎犬 2 号火星着陆器的热平衡试验。真空容器直径 3 m×长 5.5 m，有效空间直径 2.7 m×长 5 m；热沉温度，利用气氮调温系统达到 −190～+150 ℃可调，实际模拟氮气入口温度 −110 ℃，热沉温度达到 −100 ℃，因为 −120℃ 容器中 $7×10^{-2}$ Pa 的 CO_2 将会变成固体。热沉温度均匀性 ±3.5℃。

太阳模拟器为发散型，灯室由 6 支 1 kW 短弧氙灯组成，窗口镜为直径 400 mm 的石英玻璃，辐照面积直径 800 mm，辐照度 0～600 W/m²、均匀性 ±5％。

内设冷板，冷板表面铺设一层深 200 mm 的模拟火星表面的沙石，冷板中通入导热液，使表面在 −50～20 ℃之间可调。

用 CO_2 气流模拟火星风，风速为 0～10 m/s。模拟室的动态真空度为 700 Pa。

15.3.6　比利时列日大学宇宙物理研究所（IAL）空间模拟器

模拟室直径 5 m、长 6 m，模拟室内装有 1.8 m×6 m 的光学平台。该平台与容器隔振而坐落在一块单独的质量 350 t 的水泥块上，该平台受外界振动干扰极小，仅在 $2×10^{-6}$ g～$4×10^{-6}$ g 之间，适用于对高精度的有效载荷进行干涉测量。350 t 质量块为十字形，十字形臂上可以安装光学测量所需的光学仪器。

真空系统由机械泵、涡轮分子泵、低温泵组成，在 3 h 内可将容器抽到 10^{-4} Pa 真空度。

模拟室内的热沉是活动的，分 10 个独立的温度控制回路，热沉温度从 −190～+60 ℃ 之间可调。为了适应不同试验件的需要备有一些专用的热沉套，用小车或顶部悬吊进入模拟室。为了特殊试验的需要，模拟室内装有 3 条氦制冷回路，通入液氦或气氦，可将试验装置冷却到 5 K 以下。

15.3.7　苏联/俄罗斯大型空间模拟器

苏联大型空间模拟器基本上归俄罗斯所有。

（1）化工机械研究所模拟室直径 17.5 m 的大型空间模拟器

该设备模拟室直径 17.5 m、高 40 m，壁厚 50 mm，用软法兰结构，总容积 8 300 m³，顶盖大门直径 14.8 m，呈蝶形，封头凸面朝向容器内部，结构材料用 1Cr18Ni9Ti 不锈钢制造。

有效试验空间直径 6 m、高 24 m，容积 3 000 m³，内设工作转台，承重 100 t，旋转速度为 300 (°)/min，最小速度为 0.5 (°)/min。转角大小：有引线时为 ±174.5°，无引线时为 0°～360°。试验大厅内配有桥式吊车，起吊高度为 50 m，见图 15-41。

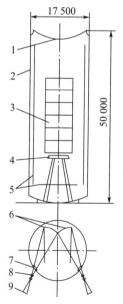

图 15-41　模拟室直径 17.5 m 的大型空间模拟器简图

1—真空容器顶盖；2—真空容器；3—准直镜；4—转台；5—热沉；6—准直镜；

7—进光孔；8—积分镜；9—灯阵

真空抽气系统配有 22 台油扩散泵与低温泵，容器内装有内装式低温氦板。真空度 $1.3×10^{-4}$ Pa。

热沉温度 100 K，热沉材料用铝材制造，内表面涂黑漆，对太阳的吸收系数 $α_s$= $0.95±0.02$，发射率 $ε_h$=$0.9±0.03$。

液氮系统采用开式沸腾，靠液氮重力及其加热后的升力，以自然对流的形式进行。冷氮气可以通过冷凝装置，再液化返回贮罐。

太阳模拟器采用离轴式系统，光源用氙灯，辐照面积 6 m×24 m，从侧面进光，辐照强度 0～1.85 kW/m^2 可调（带滤光片时最大为 1.4 kW/m^2），均匀性为 ±10%，准直角 ±7°。

（2）化工机械研究所模拟室直径 8 m 的空间模拟器

该设备模拟室直径 8 m、高 15 m，容积 600 m^3，有效空间直径 6 m、高 10 m，内设有工作转台，最大承重 16 t，转速 0.1 r/min～1 r/d，无引线时可转 360°，有引线时转动 ±180°。真空容器顶盖是全开的大门，侧门设计成长方形，原考虑连接气闸舱，见图15-42。

热沉温度（-190±3）℃，用铝材制成，表面涂黑漆，吸收系数 0.90。液氮系统用开式沸腾，配有 65 t 的液氮贮罐，每小时液氮消耗量为 1.5 t。

真空系统由油扩散泵与机械泵组成。

太阳模拟器是由 204 个单元组合的同轴卡塞格林系统，水平放置，可形成水平光束，或通过平面反射镜形成垂直光束。准直角 1.5°～2.5°。

光源用 204 支 550 W 水冷氙灯。进光孔用直径 650 mm 的石英玻璃透镜，镜边缘用水冷却，镜中心用冷氮气冷却。准直镜用不锈钢制成，表面镀铝。辐照面积 3 m×8 m，辐照强度 0.45～3 kW/m^2，稳定性 ±1%，均匀性 ±15%。

测量系统有 1 200 个通道；控制系统有 200 个通道。

（3）GVU-600 空间模拟器简介

GVU-600 空间模拟器是俄罗斯卫星信息股份公司（ISS）委托中国空间技术研究院（CAST）北京卫星环境工程研究所（BISEE）研

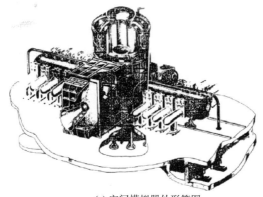

(a) 空间模拟器外形简图

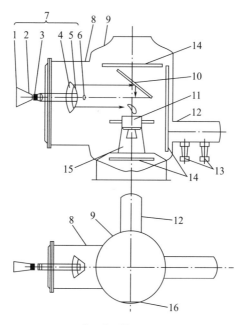

(b)真空容器简图

图 15-42　苏联主模拟室直径为 8 m 的空间模拟器简图

1—灯阵；2—滤光片；3—积分镜；4—抛物镜；5—双曲镜；6—填光镜；7—太阳模拟器系统；

8—副容器；9—主容器；10—平面反射镜；11—航天器；12—抽气用的副容器；13—扩散泵；

14—热沉；15—旋转平台；16—侧门

制的一台大型卧式空间环境模拟器，该设备的功能是模拟空间的真空、冷黑环境，用于对卫星进行热真空、热平衡试验。该设备外形尺寸为 $\phi 8\,000\ \mathrm{mm} \times 13\,500\ \mathrm{mm}$，主要由如下几部分组成：容器、真空系统、低温系统、测控系统、密封检漏系统、复压系统、大门运行机构、罐内设备共 8 个分系统。其模拟室空载极限压力低于 $5 \times 10^{-5}\ \mathrm{Pa}$；热沉的有效直径为 $7\,500\ \mathrm{mm}$，有效长度为 $10\,000\ \mathrm{mm}$，热沉表面平均温度为 $(-190 \pm 5)\ ℃$，空载污染量 7 天不高于 $0.5 \times 10^{-7}\ \mathrm{g/cm^2}$。

15.3.8　日本宇宙航空研究开发机构（JAXA）空间模拟器

（1）日本 JAXA 主模拟室直径 13 m 的空间模拟器

该设备模拟室直径 13 m、长 23 m，卧式，真空容器用不锈钢制造。副容器直径 10 m，内装太阳模拟器准直镜。总体积约 $5\,000\ \mathrm{m^3}$。有效容积直径 12 m、长 16 m，容器一端可以完全打开以进出安装试件用，直径 13 m。容器开有大约 150 个孔，用于测量引线、氮/氦的进出口和观察孔等。真空容器曾做 1/10 的缩比试验。在容器底装有支承试件用平台，最大承载能力 45 t，空间模拟器结构简图见图 15-43。

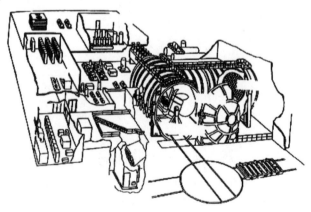

图 15-43　日本 JAXA 直径 13 m 的空间模拟器结构简图

模拟室内真空系统放气量的估算如下：

N_2，O_2，CO_2：67 Pa·L/s（0.5 torr·L/s）；

H_2O：670 Pa·L/s（20 torr·L/s）；

H_2，He，N_2：0.13Pa·L/s（1×10^{-3} torr·L/s）。

粗抽系统有4台机械泵（每台抽速为1 800 m^3/h）、2台一级机械增压泵（每台抽速为12 000 m^3/h）、2台二级机械增压泵（每台抽速6 000 m^3/h），前级管道上装有液氮冷阱。

高真空系统有3台分子泵（每台对氮抽速为4 900 L/s）、4台低温泵（每台对氮抽速为28 000 L/s）、2台主低温泵（每台对氮抽速为8.5×10^5 L/s）。该设备的系统简图见图15-44。

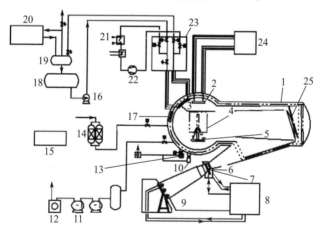

图15-44 日本JAXA直径13 m的空间模拟器系统简图

1—真容器；2—深冷板；3—热沉；4—航天器；5—试验支架；6—窗口；7—积分器；

8—制冷系统；9—灯室；10—低温泵；11—罗茨泵；12—机械泵；13—分子泵；

14—空气过滤器；15—控制系统；16—液氮泵；17—防污染板；18—液氮储槽；

19—气液分离器；20—氮气再液化系统；21—加热器；22—气氮鼓动风机；

23—阀箱；24—氦系统；25—准直镜

氦系统采用透平式制冷机，2台制冷量660 W、20 K，氦气压缩机气量1 350 m^3/h，压力8.5×10^5 Pa，氦深冷板布置在热沉内，用蒙特卡洛法计算最佳尺寸。

热沉结构用铝材（A6063S‐T5）制造，热沉温度低于 100 K，并在－100～＋60 ℃可调。热沉内表面涂黑漆（Z306Chemglaze），吸收系数 0.9。

液氮系统用 2 台液氮储槽（每台 100 m³），采用 4 台液氮泵，其中 2 台用于供给热沉液氮，热负荷 160 kW，其中太阳模拟器热负荷 60 kW，液氮循环量 64 000 L/h，每台泵的流量是 32 000 L/h，压力 0.6 MPa。为了减少液氮的消耗，采取了以下措施：

1）在热沉与真空容器之间用不锈钢薄板进行热隔离，可减少液氮消耗量 30％。

2）液氮输送管道采用真空绝热的方法，可减少 50％的液氮消耗量。

3）用氮气再液化系统，设计的氮气再液化最大能力是 4 000 L/h。

在有太阳模拟器试验的情况下，液氮消耗量为 2 500 L/h，利用再液化系统，液氮消耗量减少为 500 L/h。

太阳模拟器采用离轴系统，辐照面积直径 6 m、长 6 m，离轴角为 27.3°，光源用 19 支短弧氙灯，每支 25 kW，准直镜直径 8.5 m，用 163 块小镜片及其支承结构组成，六角形小镜片是对角长 0.7 m、曲率半径为 45 m 的球面镜，镜片基底材料为碳纤维增强塑料，使准直镜的质量小、热变形小、温控简单。窗口直径 1 088 mm，石英玻璃厚 81 mm。

控制系统全套设备高度自动化，操作者用显示器及键盘与计算机通信，一些标准的操作模式可以预排程序，操作者只须选择所要的模式并检查其工作步骤即可。

（2）日本 JAXA 主模拟室直径 8.5 m 的空间模拟器

该设备真空容器直径 8.5 m，高 25 m，材料用不锈钢制造，工作空间为直径 4 m 的球，容器壁厚 20 mm，内表面抛光，容积 1 350 m³。上封头为全开的直径 8.5 m 大门，侧面开有直径 5 m 的侧门，大口径法兰垫圈用丁腈橡胶，小口径法兰垫圈用硅橡胶，容器上开有 62 个引线测量孔，系统简图见图 15‐45。

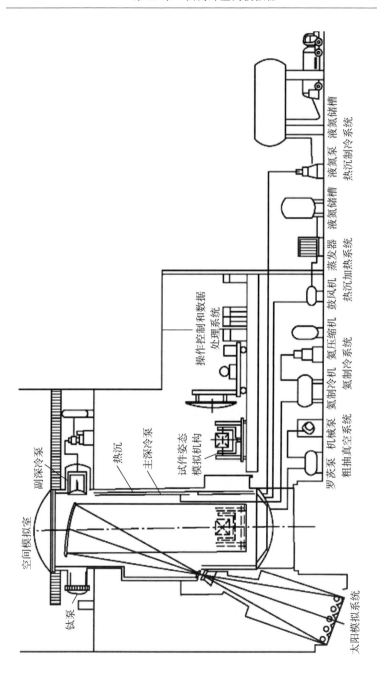

图 15 - 45　日本 JAXA 模拟室直径 8.5 m 的空间模拟器系统简图

热沉内径 8 m，温度 100 K，高温 70 ℃，内表面涂黑漆，吸收系数 0.95，热沉材料用铝材制造（A6063.A5083，A1100），热沉分九个部分。热沉液氮出口温度为 90 K，出口压力 0.5 MPa，热沉对水蒸气的抽速为 6.7×10^7 L/s。

真空系统中粗抽系统由 4 套 250 L/s 机械泵和 1 666 L/s 罗茨泵组成。高真空系统由低温泵（主低温泵抽速 5.54×10^6 L/s、副低温泵抽速 1.3×10^5 L/s）、3 台溅射离子泵（每台抽速 800 L/s）、2 台钛升华泵（每台抽速 5×10^4 L/s）所组成。用 7.5 h 真空度可以抽到 10^{-6} Pa。

太阳模拟器辐照面积直径为 4.2 m。准直镜整体加工制造，直径 5.5 m，表面镀铝，悬吊在立式容器的上封头，辐照强度为 3.64 kW/m，面均匀性为 $\pm 4\%$，体均匀性为 $\pm 5\%$，准直角为 2°3′。光源采用 19 支 30 kW 水冷氙灯。

15.3.9　印度空间研究院（ISRO）的空间模拟器

该设备建在印度孟加拉的印度空间研究院（ISRO）的卫星中心。主模拟室为立式，直径 9 m，高 14 m，副容器水平放置，直径 7 m，用于安装太阳模拟器，壁厚 22～29 mm，内表面抛光。主容器上有一个直径 4 m 的侧门，见图 15-46。

热沉温度 100 K，用 00Crl9Nil0 不锈钢制造，为单面凸出板管式结构。不锈钢的优点是焊接性能好、出气率低。热沉的外表面电抛光，内表面涂以 sikkens463-6-5 黑漆。最大工作压力为 690 kPa，热沉可以承受 100 kW 负荷。为了进行温度控制，整个热沉分成 42 个流量控制区。

真空系统：在主容器的 4 m 直径侧门上安装氦深冷板，对 N_2 的抽速为 2.5×10^5 L/s，氦制冷机/液化器可提供每小时 92 W/39 L 的液氦。还装备了两台对氦抽速为 55 000 L/s 的低温泵，两台残余气体分析仪，两台抽速为 2 200 L/s 的涡轮分子泵。粗抽系统由罗茨泵与机械泵组成。

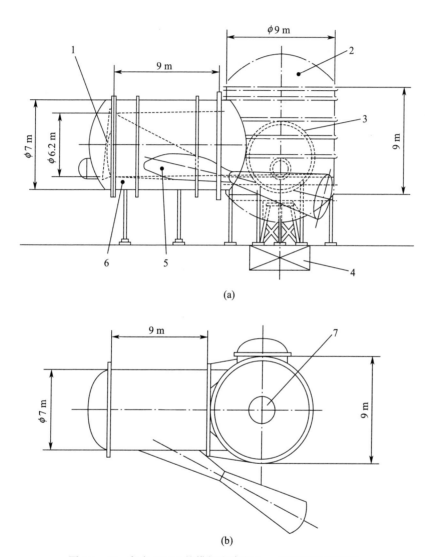

(a)

(b)

图 15-46　印度 ISRO 的模拟室直径 9 m 空间模拟器简图

1—准直镜；2—可移动大门；3—带有深冷泵直径 4 m 侧门；4—防振地基；5—冷却水管；

6—副容器；7—高度可调的直径 1.8 m 工作台

液氮系统采用离心式液氮泵，进行过冷状态下循环。

气氮系统：考虑主容器有 15 kW 的热负荷，局部热通量为 1.4 kW/m²，能以每分钟1 K 的速率在 100～273 K 之间按程序加热和冷却热沉。可以按预定程序在任意时间间隔内保持 173～373 K 之间的任意温度。

太阳模拟器辐照面积直径 4 m，面均匀性为 ±4%，光源用 20 kW氙灯 11 支（也可以增加到 14 支，辐照面积可扩大到直径 4.5 m），辐照强度由 0.65 kW/m²到 1.7 kW/m²可调，准直镜用 55 块六角形镜片拼装而成，装在副容器内的活动支架上，镜片为铝合金制成，灯组、光学传递系统、灯室壁板用去离子水冷却。

运动模拟器由铝合金制成，安装在隔振平台上，是一个两轴支架系统，可以倾斜±180°，自转速率 0～10 r/min 可调，在 24 h 内转速误差累积不超过 0.05 r/min。模拟器可以承受 3 000 kg 质量，静态不平衡力矩为 100 N·m，试件尺寸为直径 4 m、长 4.5 m。运动模拟器上也装有热沉，它的温度与主容器相同，而模拟器的主结构保持在接近常温，以保证轴承等关键机械部件的正常工作，支承结构与运动模拟器热沉之间用多层隔热毡隔热，以保证设计要求。

数据采集与测试、控制系统：空间模拟器各分系统的参数与航天器及其分系统进行试验都需要进行测试、数据处理和控制。系统主机为 32 位微机，另一台作备份，4 台 16 位实时监测装置能监测 1 024 对热电偶值、256 个电压值、256 个电流值、64 路电阻温度计值及 32 路应变值。

运动模拟器转轴上装有能测 600 路热电偶的多路转换装置，另有 4 台 16 位实时监测装置用于控制 128 个红外加热器，每台可监测 64 路热电偶、32 个电流值及 32 个电压值。

表 15-2 所示为国外主要典型空间模拟器；表 15-3 所示为美国载人试验用的空间环境模拟设备。

表 15 - 2　国外主要典型空间模拟器

序号	实验室	设备名称（代号）	外形尺寸/m（工作尺寸）	真空度/Pa	红外模拟器	太阳模拟器	用途
1	美国喷气推进实验室		$D \times H = 8.2 \times 15.8$	1×10^{-6}		有	各类卫星
2	美国通用电气公司		$D \times H = 9.7 \times 16.4$	$1 \times 10^{-4} \sim$ 1×10^{-7}		有	各类卫星
3	美国通用电气公司		球 $D = 11.9$	$1 \times 10^{-4} \sim$ 1×10^{-7}	有		各类卫星
4	美国国家航空航天局戈达德空间中心		$D \times H = 10.6 \times 18.2$	1×10^{-6}		有	各类卫星
5	美国国家航空航天局刘易斯中心		$D \times L = 9.1 \times 11.4$	2×10^{-4}	有		运载器与卫星
6	美国洛杉矶空间技术实验室		球 $D = 9.1$	3×10^{-4}		有	各类卫星
7	美国空军阿诺德工程发展中心	马克 1 号	$D \times H = 12.8 \times 24.9$	1×10^{-6}		有	运载器与卫星
8	美国国家航空航天局兰利研究中心（LRC）		$D \times H = 16.7 \times 16.7$	1×10^{-3}			各类航天器
9	美国 PDM 公司		$D \times L = 12.2 \times 24.4$	8×10^{-5}	有	有	航天器
10	美国国家航空航天局戈达德空间中心		$D \times H = 12 \times 20$	2×10^{-7}	有		航天器

续表

序号	实验室	设备名称（代号）	外形尺寸/m（工作尺寸）	真空度/Pa	红外模拟器	太阳模拟器	用途
11	美国无线电公司（RCA）		$D \times H = 7.3 \times 10.7$	$5 \times 10^{-4} \sim 10^{-7}$	有		各类卫星
12	美国无线电公司		球 $D = 16.7$（$D \times H = 10.6 \times 13.7$）	$5 \times 10^{-4} \sim 10^{-6}$	有		航天飞机
13	美国 TRW 公司		$D \times H = 6.7 \times 18.2$	1×10^{-4}	有	有	各类卫星
14	美国马丁-马丽埃搭公司		$D \times H = 9.6 \times 22$（$D \times H = 7.3 \times 15$）	5×10^{-5}	有	有	各类卫星
15	法国	(SIMLES)	$D \times H = 7.0 \times 8.9$	$5 \times 10^{-4} \sim 5 \times 10^{-5}$		有	各类卫星
16	欧洲空间研究与技术中心	(LSS)	$D \times H = 10 \times 15$	5×10^{-4}	有	有	各类卫星
17	日本 JAXA		$D \times H = 8.5 \times 25$	1×10^{-6}		有	各类卫星
18	苏联	(НИЙ)	$D \times H = 17.5 \times 40$	1×10^{-3}	有	有	航天飞机空间站
19	苏联	(ХИМАЩ)	$D \times H = 8 \times 14$	1×10^{-4}	有	有	航天器
20	德国 IABG		$D \times L = 6.8 \times 13$	$10^{-5} \sim 10^{-4}$		有	卫星
21	印度 ISRO		$D \times H = 9 \times 10$	1×10^{-5}		有	卫星
22	日本 JAXA		$D \times L = 14 \times 21$	1×10^{-5}	有	有	航天器
23	加拿大		$D \times H = 7.3 \times 10.7$	1×10^{-5}	有		卫星

注：表中 D—直径；H—高度；L—长度。

表 15 – 3　美国载人试验用的空间环境模拟设备

序号	设备名称	主容器		气闸舱			紧急恢复压力性能/kPa		试验使用情况
		尺寸/m	压力/Pa	类型	尺寸/m	压力/Pa	初级	再复压	
1	容器 A MSC	$D \times H = 19.8 \times 24.4$	1.33×10^{-3}	一单舱 一并联舱	并联舱每舱 $D \times L = 4 \times 4.6$ 门 1.07×2.13	6.7×10^{-1}	(30 s) →41.4	(60 s) →101	登月舱、阿波罗整体、航天飞机部段
2	容器 B MSC	$D \times H = 10.7 \times 12.8$	1.33×10^{-2}	一并联舱					登月舱、双子星座、出入活动
3	CSD 模拟舱	$D \times H = 6.10 \times 6.71$	3.6	串联舱	$D \times L = 3.05 \times 6.1$		(3 s) →34.5	(8 s) →101	双子星座舱、航天服综合试验
4	载人空间模拟器① BOEING	$D \times H = 12.2 \times 15.2$	8×10^{-3}	串并联舱	每舱 $D \times L = 3.05 \times 2.44$ 门 1.22×2.13	6.7×10^{-1}	(3 s) →20.7	(40 s) →101	船天员训练、阿波罗舱段
5	球形空间模拟器 MDAC	球 $D = 11.9$	1.33×10^{-3}	串联舱	$D \times L = 3.05 \times 3.66$ 门 1.22×2.13		(10 s) → 0.7 (15 s) →34.5	(40 s) →101 (30s) →101	天空实验室试验
6	载人空间模拟器 MDAC	$D \times L = 9.1 \times 10.8$	1.33×10^{-8}	串联舱			(15 s) →3 4.5	(270 s) →101	双子星座舱、飞船试验

续表

| 序号 | 设备名称 | 主容器 | | 气闸舱 | | | 紧急恢复压力性能/kPa | | 试验使用情况 |
		尺寸/m	压力/Pa	类型	尺寸/m	压力/Pa	初级	再复压	
7	载人空间模拟器 UAC-HSD	外 $D×L=4×3.5$ 内 $D×L=3.2×3.4$ $(6.7×10^{-3})$	$2.7×10^{-6}$	并联舱	$D=4$ 分隔成并舱 门 $0.91×1.98$	$6.7×10^{-3}$	$(5\ s)$ $→4.1$	$(25\ s)$ $→101$	航天服、航天员空间焊接训练、试验
8	载人空间模拟器	$D×L=4×9.1$	$1×10^{-5}$	单舱	$D×L=4×2.4$ 门 $D=0.58$		$(15\ s)$ $→20.7$	$(30\sim 60\ s)$ $→101$	阿波罗航天眼试验
9	载人环控模拟器	$D×L=5.5×5.2$	$1.33×10^{-2}$	单舱	$L=2.44$ $B=1.52$ $H=2.29$		$(4\ s)$ $→34.5$	$(105\ s)$ $→101$	载人环境控制系统试验
10	综合环境模拟器 LRL	球 $D=16.8$	$1×10^{-2}$						阿波罗载人试验
11	空间模拟器 GE	球 $D=9.75$	$1×10^{-4}$						航天员训练、生保系统试验

注：① 载人航天器试验空间模拟器，简称载人空间模拟器。
D—直径；H—高度；L—长度。

15.4　光学遥感器定标与功能评价的专用空间模拟器

光学遥感器是空间军事应用、国民经济建设和科学研究的重要工具。它随着空间事业的发展而迅速发展，并获得了越来越广泛的应用。

为了保证光学遥感器在轨道飞行环境条件下长期稳定地工作，必须在航天器发射前进行一系列的环境模拟试验、性能标定试验和飞行功能评价试验。试验设备除前述的空间环境模拟器中的高真空、太阳辐射与热沉三项参数外，还有以下六项特殊要求：

1）严格的隔振；

2）清洁的真空环境；

3）20 K 或更低的冷背景；

4）专用的精密光学系统；

5）特殊的靶源；

6）严格的试验工作与设备操作程序。

美国用于光学遥感器的空间模拟器约有 20 台（见表 15 - 4），专门研制的各类靶源也有十几台，有时还要利用大型空间环境模拟器。例如，美国国家航空航天局戈达德空间中心及喷气推进实验室分别于 1964 年和 1967 年先后建立了可见光遥感器试验设备，美国空军阿诺德工程发展中心 1968 年研制了长波红外遥感器的试验设备。

表 15 - 4　美国主要的光学遥感器的空间模拟器

序号	拥有单位	名称	技术性能	使用情况	备注
1	NASA -戈达德空间中心（GSFC）	真空光学试验台（VOB）	真空容器直径 2.3 m，高 7.6 m，工作真空度 10^{-4} Pa，配有光学系统、紫外单色仪、准直器及可动探针，有三个辐源，可测试直径 1 m、长 3 m、质量为 450 kg 试件	用于 OAO 卫星	建于 1967

续表

序号	拥有单位	名称	技术性能	使用情况	备注
2	喷气推进实验室（JPL）	热真空光学试验箱	真空度优于 1×10^{-2} Pa，配有准直角 $\pm1°$、均匀性 $\pm6\%$ 的离轴太阳模拟器，有温控能力，有严格的隔振系统	用于阿波罗望远镜装置（ATM）中太阳照相机试验	建于1967年
3	EXCALIBUR 公司	光谱仪校准设备	真空容器直径 76 cm，长 2 m，用全深冷抽气系统，真空度达 $10^{-4}\sim10^{-6}$ Pa，有温控能力，有隔振系统	用于 ATM 上 0.030 0 ～ 0.14 μm 光谱仪的试验	建于 20 世纪 70 年代初期
4	HONEY WELL 公司	红外校准设备	真空容器直径 1.06 m，长 4.87 m，真空度 10^{-4} Pa，有液氮冷屏，配有点源校准系统，使校准准确度达 1%	已用于 56 cm 直径的红外辐射计	建于 20 世纪 70 年代初期
5	麦·道公司	先进的遥感器评价与试验（ASET）设备	真空容器直径 2.4 m，长 4.3 m，真空度 10^{-6} Pa，配有准直器，研制了一台通用源，具有标准源和单色源两者的特性与能力，可在三种不同形式下工作，分别提供高、中、低辐射水平，有 20 K 冷背景	已使用	建于 20 世纪 70 年代初期
6	空军阿诺德工程发展中心（AEDC）	7V 红外遥感器试验设备	真空容器直径 2.4 m，长 4.3 m，内有液氮与气氦两层夹套，配有单腔型、双积分球型、通用型红外辐射源、准直镜和多靶模拟装备	已使用了长波长红外遥感器校准	建于 20 世纪 70 年代中期
7	美国阿诺德工程发展中心	12 V 红外遥感器试验设备	由垂直与水平两部分容器组成，下部水平容器配有气氦夹套与 7 V 型设备的固定靶源	已使用于遥感器对固定靶的搜索、捕获和跟踪试验	建于 20 世纪 70 年代中期

　　我国气象卫星、资源卫星系列或其他卫星上的扫描辐射计和红外分光计，通过定标为使用部门提供了需要的定标曲线和有关数据。

我国第一台专用的遥感定标设备,其主模拟室直径 2 m,长 4 m,热沉壁板温度 100 K,极限真空度为 1×10^{-6} Pa,冷屏尺寸为 0.6 m × 1.2 m,工作温度 25 K,大面积面源标准黑体光栅直径 300 mm,工作温度范围 200～300 K,温度场均匀性优于 0.2 K,黑度系数大于 0.996,冷氦气系统在 15 K 以下,提供 250 W 冷量。近十年来我国建立了直径分别为 4 m、6 m、8 m、10 m 的各种专用卫星光学遥感器定标的空间模拟器。

我国风云一号卫星的扫描辐射计定标研究试验是在 KM3 设备内进行的,先后进行了 7 次试验。这台设备直径为 3.6 m,冷屏温度可达到 30 K,带有大面积的面源标准黑体,真空度可达到 10^{-6} Pa。其不足之处是油扩散泵对光学系统易产生污染。目前已对该设备作无油化改造,增加点源系统、多光谱光学系统、太阳模拟系统等。可将其作为一台大型多光谱点源定标试验设备。资源卫星的扫描辐射计定标研究试验是在 KM6 空间模拟器的副模拟室内进行的。

15.5　火箭发动机启动和羽焰热真空试验的空间模拟器

导弹和运载器上的火箭发动机启动升空后即承受低气压环境的作用,给发动机材料、推力及工作性能带来一定影响。因此在火箭发动机研制中一般均应在预计的工作高度下进行诸如发动机的启动、运行和关闭等各类试验,以检验发动机的设计、工作性能和寿命等。利用低气压特性而设计的火箭发动机,只有在相应工作高度下进行试验,才能准确测定推力与比冲,评价启动与关闭性能,了解发动机与相邻物体表面的相互作用及干扰效应。进行这些试验的设备又称为火箭发动机高空试车台(见表 15-5)。

表 15-5 国外液体火箭发动机多次启动与羽焰试验空间模拟器

序号	所有者	名称	技术性能	使用情况	备注
1	美国马夸尔公司 (Marguardt)	9号试验舱	真空容器为直径6.1 m的球，工作真空度4 Pa，可试4台50磅推力的发动机	已使用多次	建于20世纪60年代后期
2	美国空军阿诺德工程发展中心	J2-A试验舱	真空容器直径5.5 m，长9.1 m，工作高度60 km，可试50磅推力发动机	已使用多次	建于20世纪60年代前期
3	美国NASA刘易斯中心	火箭羽焰效应原位试验设备	真空容器直径2 m，高4 m，极限真空度6×10^{-5} Pa，工作真空度$(8\sim3)\times10^{-3}$ Pa，可试5磅推力发动机	已使用多次	建于20世纪70年代初期
4	美国空军阿诺德工程发展中心	研究真空室 (RVC)	真空容器直径1.2 m，长3.0 m，工作真空度$10^{-1}\sim10^{-2}$ Pa，可试1磅推力发动机	已使用多次	建于20世纪70年代中期
5	美国空军阿诺德工程发展中心	10 V深冷室	真空容器直径3 m，长6.1 m，工作真空度1×10^{-3} Pa，可试5磅推力发动机	已使用多次	建于20世纪70年代中期
6	德国汉堡技术大学	高真空深冷试验舱	真空容器直径1.2 m，长3.0 m，真空度$(1\sim5)\times10^{-5}$ Pa，可试10 N推力发动机	已使用多次	建于1984年

　　不同类型的发动机因其设计参数和功能参数不同，对高空试车台的要求也有所不同，相应地被称为液体火箭发动机高空试车台、固体火箭发动机高空试车台、电火箭发动机试车台等，又称专用空间模拟器。

　　在不同高度下工作的火箭发动机有不同的试验内容。要求这类设备除具有一般的空间环境模拟器应有的模拟环境参数外，主要是将发动机工作时的高温、高速、大质量的定向气流及时排走，以维持试验要求的高度或真空条件。首先必须将 2 000～3 000 ℃的气体冷至室温；其次，抽气系统抽气量要比一般值大 3～5 个数量级；第三，要处理污染、腐蚀、燃烧或爆炸等安全问题。为进行羽焰的性能及效应试验，还需有足够大的试验空间（其直径一般为喷管出口半径的 15～20 倍），且内壁对羽焰成分的吸着能力应接近于 1。试车台一般分为低高空试车台（相当工作高度约为 20 km）、中高空试车台（相当工作高度约为 40 km）、高高空试车台（相当工作高度为 80 km 以上）和超高空试车台（相当工作高度约为 200 km）。

　　（1）低高空试车台

　　其结构主要有两种，一种是由试验舱（高空室）和排气装置组成的；另一种是无试验舱，试验时发动机在当地地平下点火，发动机排出气体经排气装置排入大气。

　　这类试车台一般用于工作高度低或试验高度低的发动机的推力测量，是作为导弹或运载器基级（第一级）的大型火箭发动机的主要试验设备。

　　我国液体火箭发动机和固体火箭发动机低高空试车台建有扩压器，其直径从 1.62 m 至 0.28 m 不等，可试验 1～100 t 推力发动机。

　　（2）中高空试车台

　　这类试车台一般用于导弹与运载器的顶级发动机、控制发动机、轨道机动与变轨发动机、航天器的姿态控制（合称空间推进系统）发动机的推力测量、多次启动能力、寿命与可靠性考核。

（3）高高空试车台

主要用于检验液体火箭发动机在外界压力低于燃料的三相点压力时的燃烧与工作性能，检验多次启动时是否出现爆轰而导致发动机毁坏及整个飞行失败。也可用于膨胀不充分下发动机羽焰性能、特性及干扰试验。美国在阿波罗计划中，为了对 222.4 N 推力的 R－4D发动机进行此类试验，马夸尔公司研制了 9 号试车台，空军阿诺德工程发展中心（AEDC）研制了 J－2A 试车台（见表 15－5）。

（4）超高空试车台

主要用于液体火箭发动机羽焰特性（成分、质量分布与堆积速率、辐射特性等）的测定，羽焰干扰作用（如碰撞力和加热速率等）的评价及污染效应的研究等试验。美国从 20 世纪 70 年代为了对 4.4 N 和 22.2 N 推力的液体火箭发动机进行此类试验，先后由美国国家航空航天局刘易斯研究中心建立了羽焰效应原位试验设备。

附录 A 实验室规划

A.1 概述

实验室规划是一个系统性的工程，不仅需要满足设备建设过程所需的场地环境及建设保障的水电气等必备条件，还需对设备交付后正常运行配套实验室、各种功能设备间、操作中心及办公室等进行规划和布局。空间环境模拟器通常为专项试验设备，在设备立项的同时需综合考虑具体的安装环境和安装位置。

空间环境模拟器根据容器大小及结构形式通常对空间的占用需求有所区别，例如卧式结构对实验室地面面积要求较大，立式或球型结构要求实验室有足够的层高，通常容器直径超过 3.5 m 的设备需要现场进行加工制造。根据建设周期和专项资金的情况，客观考虑利用已有实验室并根据具体情况改造或扩建，还是全新进行规划及工建设计。无论哪种情况，都需要有满足空间环境模拟器正常建设和运行所需的如下基本条件。

1）根据设备平面布局规划所需的立体空间，包括实验室内的地面大小和层高，以及实验室外部的配套空间；

2）满足设备建设和就位过程中所需的最大物流运输通道；

3）设备现场的水、电、气、供暖等环境保障条件。

A.2 空间模拟器实验室总体规划

空间模拟器设备为专用设备，其建设和布局是以真空容器为基础进行规划的，通常需要有室内空间和室外空间两部分，包括真空系统、氮系统、大门及运动机构、测控系统、气源及循环水系统、供配电系统等部分，针对设备本身的特殊性，具体空间模拟器实验室规划如图 A‑1 所示。

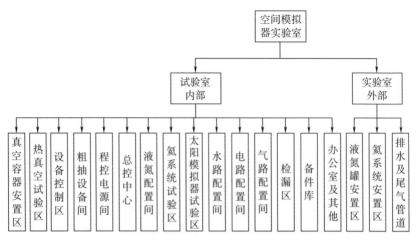

图 A‑1　空间模拟器实验室规划图

A. 2. 1　真空容器安置区

设备建设以真空容器为基础进行，首先要根据空间模拟器的具体几何尺寸确定真空容器的主体基础安装区域面积大小，并确定容器的大门开口方向和试验件对接通道。对安置区域需做如下要求。

1）环境温度：+18～+28 ℃；

2）环境湿度：30％～80％ RH；

3）层高要求：根据设备高度确定，如果是立式容器需增加大门开启的吊装高度；

4）地面：水磨石地面，承重不小于 50 kN/m²；

5）地基基础：需做隔振处理，通常容器安装基础通过隔振沟和建筑主体隔离，对于针对空间光学载荷专项空间环境模拟设备，外界的振动污染会严重影响试验的结果，通常将真空容器整体或试验平台放置在大型减振或隔振平台上；

6）配电箱：根据设备外围系统配套组件、控制柜等要求，在设备安装位置设置配电箱，供电功率根据具体设备核对后确认，配电输入从上级配电间引出；

7）设备接地：配置模拟器接地地线，同时配置试验件专用地线；

8）通信及广播：现场配置有为设备调试及运行所需的联络电话、广播等设施；

9）网络：配置集中网络控制器、局域网接口等；

10）监控：设备现场配置多路摄像头，用于监测现场操作以及现场设备运行情况；

11）测控线缆通道：设置有能够和其他测控区域连接的接口通道，避免现场飞线；

12）吊装及转运设备：现场有吊装天车、地车、安装车等配套设备，便于安装、维护；

13）其他接口需根据设备特点确定。

A. 2. 2　热真空试验区

热真空试验区是真空容器运行过程中的主要服务区域，通常和真空容器安置区域隔离，容器的大门开口就在该区域内，需满足试验过程的隔音、清洁、安全等条件，并能保证试验件顺利对接到真空室内的对接轨道上。对热真空试验区做如下要求。

1）环境温度：（20±5）℃；

2）环境湿度：30%～60% RH；

3）洁净度：ISO8 级净化；

4）层高要求：根据设备高度确定；

5）地面：环氧树脂，承重不小于 $50 \ kN/m^2$；

6）地面基础：根据需求做地面导轨或预理固定开门机构基础；

7）设备接地：配置模拟器专用接地地线，同时配置试验件专用地线，防静电接地端子，并对应配置防静电装置；

8）通信及广播：现场配置有为设备调试及运行所需的调度电话、广播等设施；

9）网络：配置集中网络控制器、局域网接口等，分为科研办公网络及试验网络；

10）监控：设备现场配置 2 路摄像头，用于监测现场大门开启操作以及现场设备就位情况；

11）吊装及转运设备：配置有吊车、转运对接车，以及产品转运通道等；

12）照明：不低于 500 lx；

13）人员通道：该区域进入的人员均需更换净化服，并通过风淋通道进入；

14）物流通道：保证清洁中转进入试验区。

A. 2. 3　粗抽设备间

粗抽设备间的规划位置根据设备的结构不同区别很大，立式或球型结构通常会规划到设备支撑位置的地下室内，卧式结构通常设置在距离容器较近的独立空间内。

粗抽设备间主要是用于独立放置具有振动和噪音的设备，通常需要将该设备间内的噪声降到低于 70 dB 以下，避免造成对整个试验区域的噪声污染。粗抽机组、低温泵压缩机、空气压缩机、冷水机组等一般放在该区域。

1）环境温度：+18～+28 ℃；

2）环境湿度：30％～80％ RH；

3）隔噪要求：操作间要采取隔振隔音措施，如需对粗抽泵组、压缩机等进行独立的增加隔音罩处理；

4）层高要求：根据设备对接管道位置确定；

5）地面：水磨石地面，承重不小于 50 kN/m²；

6）配电箱：根据设备外围系统配套组件、控制柜等要求，在设备安装位置设置配电箱，供电功率根据具体设备核对后确认，配电输入从上级配电间引出；

7）设备接地：配置模拟器壳体、保护地接地端子；

8）通信及广播：现场配置有为设备调试及运行所需的联络电话、广播等设施；

9）网络：配置集中网络控制器、局域网接口等；

10）监控：设备现场配置多路摄像头，用于监测现场操作以及现场设备运行情况；

11）具有转运及维修通道；

12）照明：不低于 150 lx；

13）其他接口需根据设备特点确定。

A.2.4 程控电源间

程控电源间用来放置热真空试验所需的程控电源，该房间内阵列化的电源设备通过加热电缆与真空容器法兰对接，须保证管线与测控电缆不交叉。

1）环境温度：＜30 ℃，并配置独立制冷空调，其出风口需根据电源位置确定，一般采用下出上回的送风方式；

2）环境湿度：20%～80% RH；

3）房间层高：电源间净高不低于 3 500 mm，利于电源散热；

4）地面：高档防静电架空地板，地板架空高度 300～350 mm，地板载荷不小于 500 kg/m²；

5）配电：根据配电容量需求确定，配电柜做双路供电，根据需求配置 UPS 供电；

6）照明：300 lx；

7）接地：测试地接地电阻小于 1 Ω，插座箱带有保护地；

8）通信及广播：现场配置有为设备调试及运行所需的联络电话、广播等设施；

9）网络：配置集中网络控制器、局域网接口等；

10）测控线缆通道：设置有与真空容器区域连接的线缆通道，

与总控间连接的通信线缆通道。

A.2.5　总控中心

总控中心负责集中控制设备的总体及分系统运行，通过网络连接各分系统，可通过总控中心的总控系统调用设备运行状态。总控中心设置有独立的监控室，负责实验室内部、设备内部和实验室外部所属区域的设备运行情况。

1）环境温度：$+18\sim+28$ ℃，并配置独立空调；

2）环境湿度：$20\%\sim80\%$ RH；

3）地面及层高：地面采用高档防静电架空地板，架空高度 $300\sim350$ mm，载荷300 kg/m^2，房间净高不低于 3.5 m；

4）网络：配置集中网络控制器、局域网接口等；

5）通信及广播：有和现场及分系统取得联络的电话、广播等设施；

6）供配电：根据设备用电容量配置双路供电，并根据需求配置 UPS 电源；

7）照明：不低于 300 lx。

A.2.6　液氮配置间

液氮系统是空间模拟器设备的主要分系统，液氮配置间负责对从液氮罐引入的液氮，或经汽化器汽化的氮气进行控制，并配置到对应的热沉部分，负责完成降温、温控或复压。配置间内通常有液氮泵、汽化器、加热器、管路、阀门等设备。如果有液氮系统，也同样规划到该区域内进行配置处理。

1）环境温度：$+18\sim+28$ ℃；

2）环境湿度：$20\%\sim80\%$ RH；

3）层高要求：根据设备对接管道位置确定；

4）地面：水磨石地面，承重 50 kN/m^2；

5）配电箱：根据设备外围系统配套组件、控制柜等要求，在设备安装位置设置双路配电箱，供电功率根据具体设备核对后确认，配电输入从上级配电间引出；

6）设备接地：配置模拟器接地线、壳体地、保护地等，接地电阻<1 Ω；

7）通信及广播：现场配置有为设备调试及运行所需的联络电话、广播等设施；

8）网络：配置集中网络控制器、局域网接口等；

9）监控：设备现场配置多路摄像头，用于监测现场操作以及现场设备运行情况；

10）氧传感器：该区域配置有对空气成分测量的传感器，当氮气含量超标等情况出现时要及时发出报警，避免造成操作人员窒息等情况发生；

11）照明：不低于 150 lx；

12）设备基础：根据需要预留液氮泵基础、液氮管道洞口、排风口、测试线缆地沟等；

13）其他：设备安装预埋件、设备维修通道、压缩空气接口等。

A.2.7　水路配置间

设备的冷却水系统是维护设备正常运行的保障系统，通常实验室将用水配置到设备附近。该配置间可以与粗抽设备间等合并，但是必须保证供水质量如下。

1）冷却循环水供应点水压 0.2～0.6 MPa；

2）入口水温度 20～25 ℃；

3）水流量：根据设备确定；

4）水质 pH 值在 6.0～8.0 之间，碳酸钙浓度低于 77 ppm；

5）短期内可实现和实验室管路供水切换备用，保证试验期间不间断供水；

6）循环水应清洁无杂质；

7）水路中配有水流量开关和压力表等仪器。

A.2.8　气路配置间

气路配置需要有满足设备阀门等开启的压缩空气，但对于试验所需的其他工艺气体如氮气、氦气、氙气等工艺性气体，要根据规范严格控制和管理。独立的气体配置间要能完成气体的成分混合、加热、回收等工作。

1）粗环境温度：18～28 ℃；

2）环境湿度：20%～80% RH；

3）地面：水磨石地面；

4）通信及广播：现场配置有为设备调试及运行所需的联络电话、广播等设施；

5）网络：配置集中网络控制器、局域网接口等；

6）监控：设备现场配置多路摄像头，用于监测现场操作以及现场设备运行情况；

7）传感器：该区域需配置对空气成分测量的传感器，当出现某种气体含量超标等情况时要及时发出报警，避免造成对操作人员的危害。

8）其他：需设置有配电柜及照明设施。

A.2.9　电路配置间

电路的配置需根据用电功率和用电需求进行统一管理，并能够将照明、强电、弱电、接地等做到有序配置。

A.2.10　液氮罐安置区

液氮罐安置在室外阴凉通风的区域，应考虑到和液氮配置间的距离尽可能小。对于液氮配置区要求如下。

1）通道：液氮罐区域附近要有能够满足液氮槽车通过的通道；

2）地基：根据选用液氮罐的大小，依照液氮罐厂家提供的图纸制作固定桩，同时规划区域内要能够放置对应的汽化器、管路等；

3）防护：液氮罐区域需做隔离防护；

4）配电：根据设备测量仪表需求供应电，并对供电做防水处理；

5）监控：设备现场配置多路摄像头，用于监测现场操作以及现场设备运行情况；

6）照明：该区域需配套对应的夜间照明设施。

A.2.11　其他

涉及通用办公区域或普通场地可满足的要求如检漏区、备件区、办公室可根据具体的场地确定。

对于与环境和安全相关的处理场地及排放位置，如排水、尾气管道、防火等处理设施的设置，需根据环保及安全指标按指定要求进行设置，做到处理后符合环保要求后再进行排放。

参 考 文 献

［1］ 黄本城. 空间模拟器设计. 北京：宇航出版社，1994.

［2］ 黄本诚，马有礼. 航天器空间环境试验技术. 北京：国防工业出版社，2002.

［3］ 黄本诚，陈金明. 空间真空环境与真空技术. 北京：国防工业出版社，2005.

［4］ 黄本诚，童靖宇. 空间环境工程学. 北京：中国科学技术出版社，2010.

［5］ 黄本诚. KM4 大型空间环境模拟设备. 真空科学与技术学报，1988 (6)：379 - 385.

［6］ 黄本诚. KM6 载人航天器空间环境试验设备. 中国空间科学技术，2002 (3)：1 - 5.

［7］ 黄本诚，刘国青，成致祥，等. 特大型空间环境试验设备的超高真空获得技术. 真空科学与技术学报，2001 (1)：1 - 4.

［8］ 龚洁，杨晓宁. 卫星真空热试验中红外加热笼的创新设计. 航天器环境工程，2006 (6)：46 - 49.

［9］ 刘波涛，茹晓勤，张立伟，等. 小卫星空间模拟器 KM3B 的研制. 航天器环境工程，2006 (4)：232 - 235.

［10］ 彭成荣. 航天器总体设计. 北京：中国科学技术出版社，2011.

［11］ 皮塞卡. 空间环境及其对航天器的影响. 张育林，等译. 北京：中国宇航出版社，2011.

［12］ 侯增祺，胡金刚. 航天器热控制技术. 北京：中国科学技术出版社，2007.

［13］ 胡其正，杨芳. 宇航概论. 北京：中国科学技术出版社，2010.

［14］ 王立. ZKM 载人航天空间环境试验设备载人试验系统设想. 环模技术，1990 (1)：10 - 15.

［15］ 达道安. 空间真空技术. 北京：宇航出版社，1995.

［16］ 何传大. 载人航天的热真空试验. 中国空间科学技术，1991 (4)：

37 - 41.

[17] 张春元，黄本诚，等．大型空间模拟器总体捡漏技术．航天器环境工程，1999（3）：29 - 37.

[18] 王晓冬，巴德纯，等．真空技术．北京：中国冶金出版社，2006.

[19] 童靖宇．我国空间环境试验的现状与发展建议．航天器环境工程，2008（3）：20 - 26.

[20] 周传良．航天器研制全过程污染控制工程．航天器环境工程，2005（6）：335 - 341.

[21] 张容，韩建军，臧友竹，等．大型太阳模拟器拼接准直镜技术．航天器环境工程，2005（1）：50 - 56.

[22] 庞贺伟，黄本诚，臧友竹．KM6 太阳模拟器设计概述．航天器环境工程，2006（3）：125 - 133.

[23] 臧卫国，于钱．石英晶体微量天平污染量测试准确性的试验验证．航天器环境工程，2006（6）：337 - 339.